“十三五”职业教育国家规划教材

Excel 数据处理与可视化

韩春玲 著

電子工業出版社
Publishing House of Electronics Industry
北京·BEIJING

内 容 简 介

本书是作者结合最流行的数据处理软件——Excel 2016，集作者的教学、企事业单位培训的经验与“韩老师讲 Office”微信公众平台数万粉丝提出的实际问题编写而成的。本书特别针对各行各业出现的数据处理问题，以真实数据分析为案例，以“提出问题—解决问题”为主线，带给读者最直观、最实用、最有效的数据处理技巧与方法，提升读者数据处理技能，大大提高读者的工作效率。

本书共分为 4 个部分，从数据采集与整理，到数据统计分析，再到数据可视化，并辅以常用函数与公式的使用详解，基本涵盖了 Excel 使用中的数据输入与规范、数据查找统计、数据条件输出与分析等重要操作实用技能。

本书可作为行业白领数据处理与分析的参考用书，也可作为高等院校和培训机构等计算机相关专业的教材，还可作为广大自学 Excel 的用户提高操作技能的自学用书。

图书在版编目（CIP）数据

Excel 数据处理与可视化 / 韩春玲著. —北京：电子工业出版社，2020.1

ISBN 978-7-121-36890-5

Ⅰ. ①E…　Ⅱ. ①韩…　Ⅲ. ①表处理软件—高等学校—教材　Ⅳ. ①TP391.13

中国版本图书馆 CIP 数据核字（2019）第 123403 号

责任编辑：靳　平
印　　刷：三河市华成印务有限公司
装　　订：三河市华成印务有限公司
出版发行：电子工业出版社
　　　　　北京市海淀区万寿路 173 信箱　邮编：100036
开　　本：787×1092　1/16　印张：32.75　字数：838.4 千字
版　　次：2020 年 1 月第 1 版
印　　次：2023 年 2 月第 15 次印刷
定　　价：79.00 元

凡所购买电子工业出版社图书有缺损问题，请向购买书店调换。若书店售缺，请与本社发行部联系，联系及邮购电话：（010）88254888，88258888。

质量投诉请发邮件至 zlts@phei.com.cn，盗版侵权举报请发邮件至 dbqq@phei.com.cn。

本书咨询联系方式：（010）88254609 或 hzh@phei.com.cn。

前言

Preface

本书编写的主旨是帮助企事业单位利用 Excel 进行数据处理，从而达到提高工作效率的目的。

本书的主要内容如下。

第 1 部分为数据采集与整理，包括数据录入与基本设置，合并单元格，数据规范，行列设置，数据维度转换，数据格式转换，数据筛选，排序和排名，数据去重复，多个工作簿、工作表合并、汇总与拆分，图片处理。

第 2 部分为数据统计分析，包括数据查询和匹配，数据统计，日期、时间范围统计，数据透视表，数据专业分析。

第 3 部分为数据可视化，包括条件展现、典型图表及应用、动态图表、打印输出。

第 4 部分为函数与公式，包括公式综述、统计函数、文本函数、时间与日期函数、数学函数、查找与引用函数、信息与逻辑函数。

本书具有如下特色。

- 案例均来自企事业单位的实际问题。作者以微信公众号为平台，历时近两年收集数万粉丝提出的各种问题，经过精选汇总，终成此书。
- 案例均采用“提出问题—解决问题”为主线编写，开门见山，深入浅出，既注重解题思路，又注重活学活用，可起到事半功倍的学习效果。

由于编者的时间与精力有限，不足甚至疏漏之处在所难免，敬请广大读者谅解并提出宝贵意见，作者不胜感激！

本书案例皆来自微信公众平台的粉丝，在此，向各位帮助作者的粉丝们表示深深的感谢！同时，如果案例中的数据涉及贵单位的信息，也请谅解，并向作者提出。

本书网络版文字可关注微信公众号“韩老师讲 Office”，素材也可从该公众号二维码下载。敬请读者关注并与作者交流。

作者

目录

Contents

第 1 部分

数据采集与整理

1.1 数据录入与基本设置

1.1.1 使用特殊符号自定义单元格格式

在 Excel 单元格中，常使用特殊符号自定义单元格格式。

1. “0”数字占位符

当使用“0”数字占位符自定义单元格格式时，如果单元格中的数字位数大于指定占位符的位数，则如实显示该数字；如果该数字位数小于占位符的位数，则用 0 补足该数字位数为占位符的位数。

如图 1-1 所示，“0000”代表自定义单元格格式为 4 位整数，其中 A1 单元格中数字 123456 位数大于 4 位，则显示为“123456”；A2 单元格中数字 123 位数只有 3 位，则要将该数字用 0 补足为 4 位，即显示为“0123”。

如图 1-2 所示，“00.00”代表自定义单元格格式为小数部分保留两位。其中，A1 单元格中数字为 1.56，显示为“01.56”；A2 单元格中数字为 123.57，显示为“123.57”；A3 单元格中数字为 1.5，显示为“01.50”。

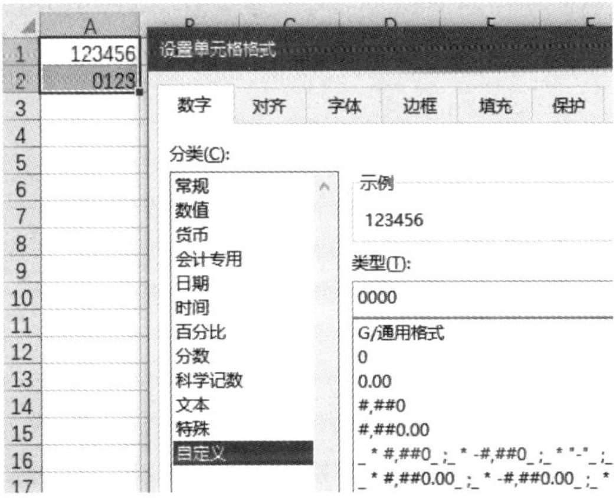

图 1-1 单元格格式为“0000”

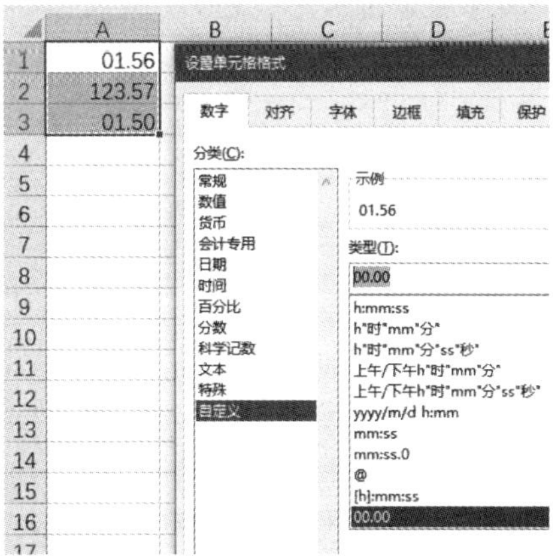

图 1-2 单元格格式为“00.00”

2. “#”数字占位符

当使用“#”数字占位符自定义单元格格式时，只显示数字有意义的零，不显示数字无意义的零。在小数点后，数字位数如果大于“#”的位数，则按“#”的位数四舍五入。

如图 1-3 所示，自定义单元格格式为“#.##”。其中，A1 单元格中数字 123.456 显示为“123.46”；A2 单元格中数字 123 显示为“123.”；A3 单元格中数字 121.1 显示为“121.1”。

3. “?”数字占位符

当使用“?”数字占位符自定义单元格格式时，在小数点两边为无意义的零添加空格，以实现数字按小数点对齐。

如图 1-4 所示，自定义单元格格式为“???.????”，其中，A1 单元格中数字 123.456 显示为“123.456 ”，A2 单元格中数字 123 显示为“123.   ”，A3 单元格中数字 121.1 显示为“121.1   ”，且以小数点对齐。

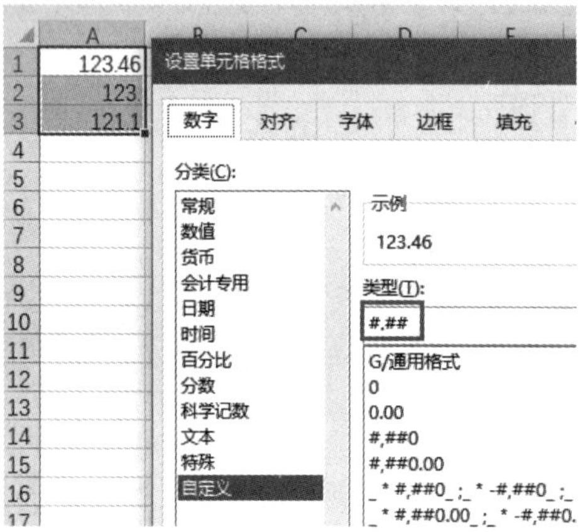

图 1-3　使用“#”数字占位符自定义单元格格式

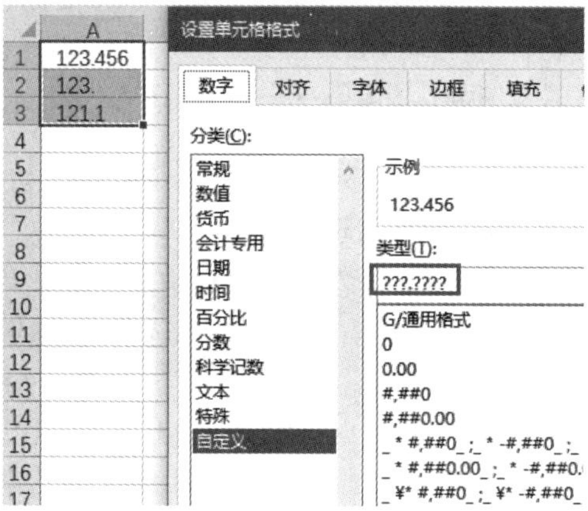

图 1-4　使用“?”数字占位符自定义单元格格式

4. “,”千分位分隔符

当使用“,”千分位分隔符自定义单元格格式时，在数字中，每隔 3 位数加进一个逗号，也就是千位分隔符，以免数字位数太多不好读取。可自定义添加千分位分隔符，如图 1-5 所示。

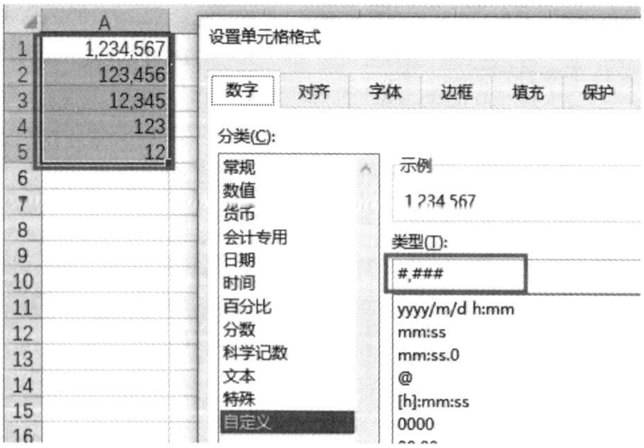

图 1-5　使用“,”千分位分隔符自定义单元格格式

5. “@” 文本占位符

单个@的作用是引用固定文本。

如图 1-6 所示，如要在输入数据之前自动添加文本“韩老师讲 Office”，可以自定义单元格格式为“"韩老师讲 Office"@”，则在单元格中，输入“666”后，会在“666”前自动添加文本“韩老师讲 Office”；如图 1-7 所示，如要在输入数据之后自动添加文本，可以自定义单元格格式为“@"韩老师讲 Office"”，则在单元格中，输入“666”后，会在“666”后自动添加文本“韩老师讲 Office”。

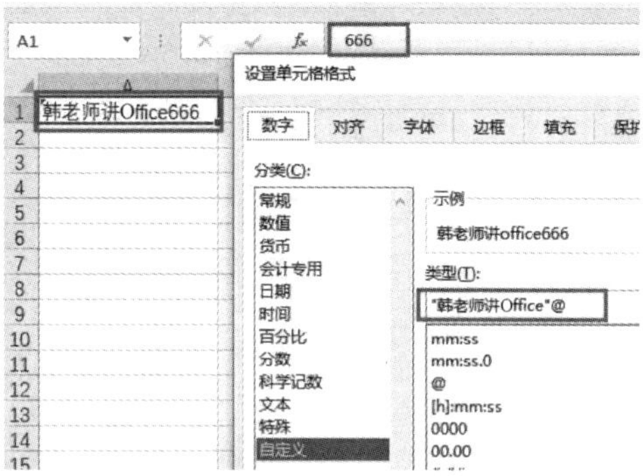

图 1-6　在输入数据之前自动添加文本

图 1-7　在输入数据之后自动添加文本

@文本占位符的位置决定了输入数据相对于添加文本的位置。如果使用多个@文本占位符，则可以重复文本。如图 1-8 所示，自定义单元格格式为“@"韩老师讲 Office"@”，则在单元格中，输入 666 后，会在文本“韩老师讲 Office”前后重复显示“666”。

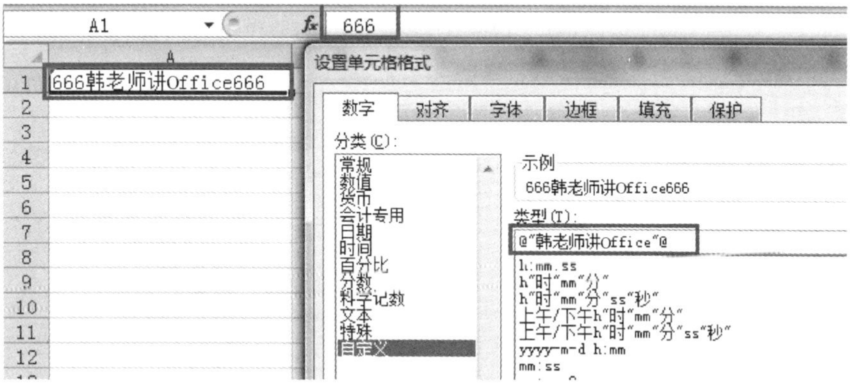

图 1-8　使用多个@文本占位符可以重复显示文本

6. “!” 原样显示后面的符号

在单元格格式中，“、”“#”“？”等都是有特殊意义的字符。如果想在单元格中显示这些字符，则要在符号前加“!”。如图 1-9 所示，如果想在单元格中显示“666"#”，可以自定义单元格格式为“#!"!#”（第一个“#”为数字占位符）。

7. “*” 重复后面的字符

当使用“*”重复后面的字符时，可以重复显示“*”后面的字符，直到充满整个单元格。

如图 1-10 所示，在单元格中，如要在“666”后重复显示“-”，直至充满单元格，可自定义单元格格式为“#*-”（第一个“#”为数字占位符）。

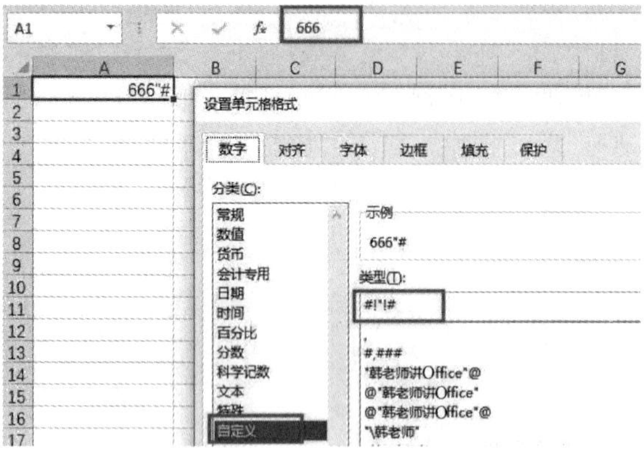

图 1-9　使用“!”原样显示后面的符号自定义单元格格式

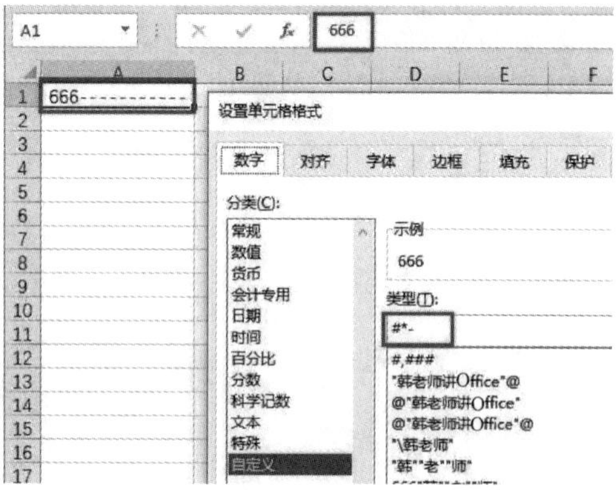

图 1-10　使用“*”重复后面的字符自定义单元格格式

8. 颜色显示符

当自定义单元格格式为“[红色];[蓝色];[黑色];[绿色]”时显示结果如图 1-11 所示，正数为红色，负数显示为蓝色，零显示为黑色，文本则显示为绿色。

有 8 种颜色可选：红色、黑色、黄色、绿色、白色、蓝色、青色和洋红。

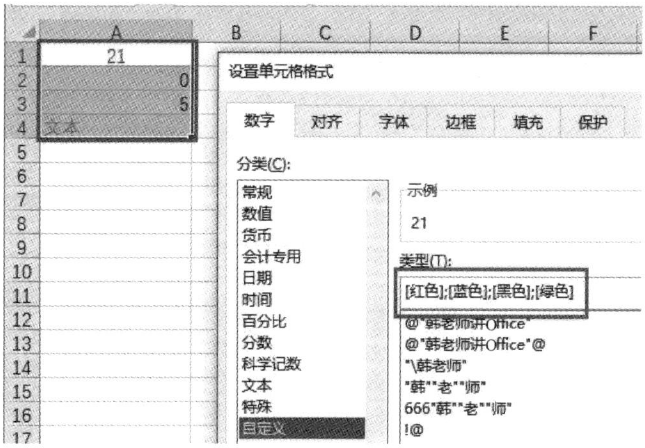

图 1-11　颜色显示符

1.1.2　设置数字以小数点对齐

【问题】

如图 1-12 所示，样表数据列设置为居中显示，不能一眼看出数字的大小。

如图 1-13 所示，设置数字以小数点对齐后，可以很明了地看出数字的大小。

	A	B
1	产品	销售额
2	产品1	1.01
3	产品2	12543.0127
4	产品3	1.256
5	产品4	36
6	产品5	562.23564
7	产品6	1.0002
8	产品7	23.00123
9	产品8	1256.235
10	产品9	1.2356
11	产品10	1110000.23
12	产品11	25.362132

图 1-12　样表

	A	B
1	产品	销售额
2	产品1	1.01
3	产品2	12543.0127
4	产品3	1.256
5	产品4	36.0
6	产品5	562.23564
7	产品6	1.0002
8	产品7	23.00123
9	产品8	1256.235
10	产品9	1.2356
11	产品10	1110000.23
12	产品11	25.362132

图 1-13　设置数字以小数点对齐

【实现方法】

（1）设置数据右对齐，如图 1-14 所示。

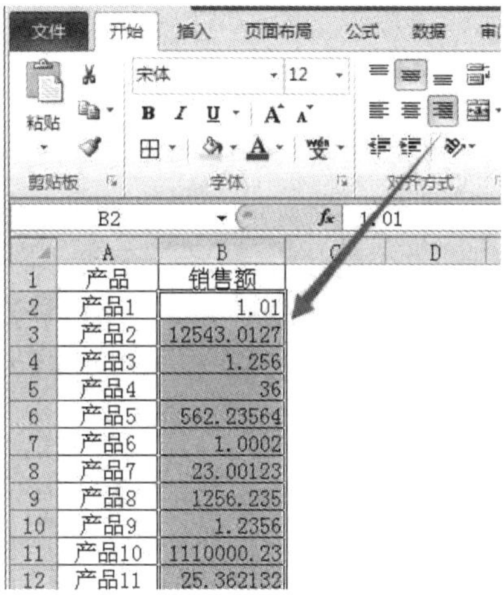

图 1-14　设置数据右对齐

（2）设置单元格格式，自定义单元格格式为“#.0?????”，即可得数字以小数点对齐的效果，如图 1-15 所示。

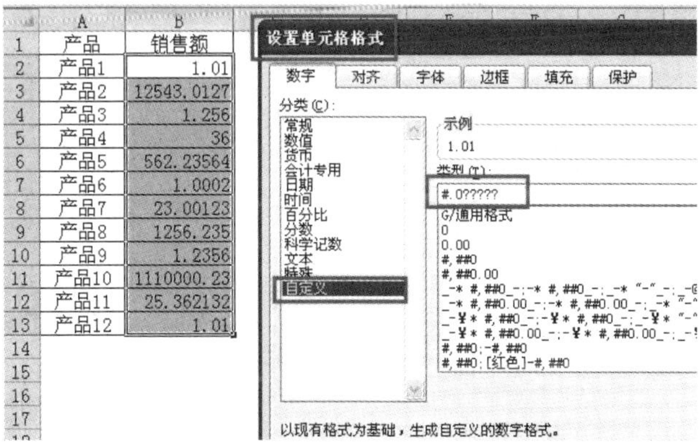

图 1-15　单元格格式为“#.0?????”

【格式解析】

#：保留原有整数位数。

0：1位数。

?：数字占位符，1个“？”占1位，5个“？”占5位。

本示例数字中，最多的小数位数是6位，如果是整数，保留1位小数，所以写成“#.0?????”；即使没有6位小数，也要占6位小数的位置。

1.1.3 单元格数据换行

【问题】

当填写表格时，单元格中的文字要换行，但只按Enter键是不能实现的，此时可以用以下两种方法轻松实现。

【实现方法】

1）自动换行

单击“开始”→“自动换行”，如图1-16所示。

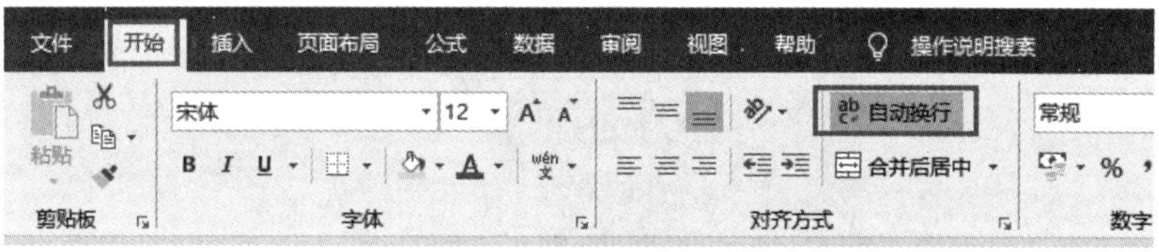

图1-16 自动换行

只要选择此功能，就能实现单元格中的内容自动换行功能，并且根据单元格中的内容自动调整行高。但是，这种方法有一个局限，即换行后的单元格中的内容不能变成真正的段落，只是适应了单元格的大小。

如果想要实现真正的“另起一段”式的换行，就要按Alt+Enter组合键。

2）Alt+Enter组合键

将光标放在想要换行的地方，按Alt+Enter组合键即可实现换行，如图1-17所示。

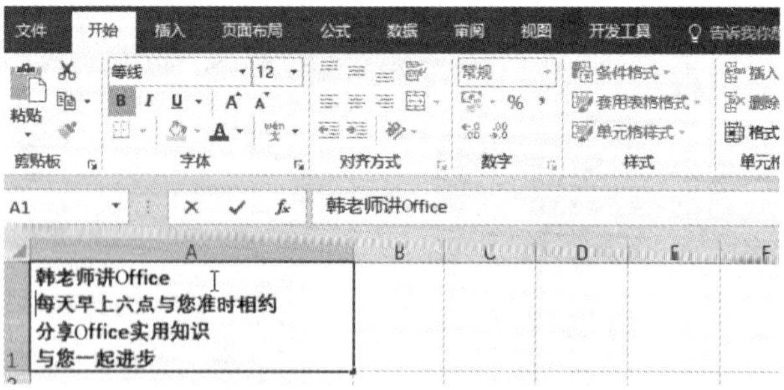

图1-17 按Alt+Enter组合键换行

取消换行的方法有以下两种：

（1）对于利用“自动换行”按钮实现的换行，只要直接取消“自动换行”就可以了。

（2）对于按 Alt+Enter 组合键（手动换行）实现的换行，如果要取消，可采取两种方式：如果换行较少，可以直接删除手动换行；如果换行较多，可以打开“查找和替换”对话框，在“查找内容”中输入“Alt+10”或“Ctrl+J”，在“替换为”中什么也不用输入，直接替换即可，如图 1-18 所示。

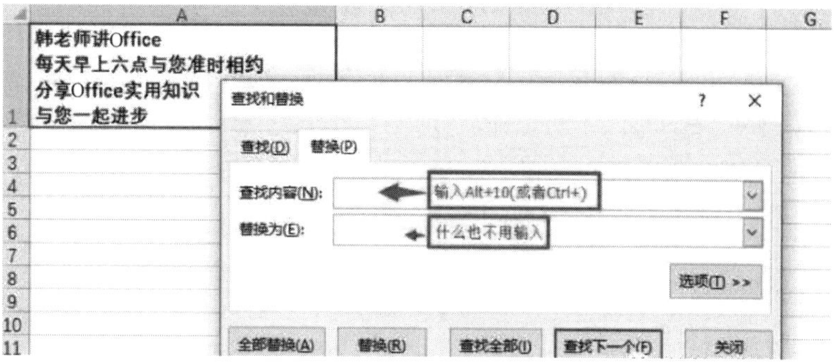

图 1-18　替换手动换行

1.1.4　设置不能隔行或隔列填写数据

【问题】

某仓库管理员经常发表格给各个分仓库管理员，让其填写商品数据。可管理员们填写的商品数据表格很不规范。在表格中，时常会多出很多空白单元格，或者是少填写某项数据，这给后续数据统计工作带来很多麻烦。能不能限定填写数据时不能隔行或隔列填写呢？

可以用数据验证（数据有效性）来解决这个问题。

【实现方法】

（1）单击“数据验证”项。

选中要填写的区域，单击“数据”菜单中的“数据验证”项，如图 1-19 所示。

图 1-19　单击“数据验证”项

（2）设置验证条件。

在打开的“数据验证”对话框的“设置”选项卡中，将“验证条件”的“允许”设为

“自定义”，“公式”设为“=COUNTBLANK($A$2:A2)=0”，如图 1-20 所示。

（3）设置出错警告。

选中“数据验证”对话框的“出错警告”选项卡，勾选“输入无效数据时显示出错警告”项，将“样式”设为“停止”，“错误信息”设为“不能隔行或隔列填写”，如图 1-21 所示。

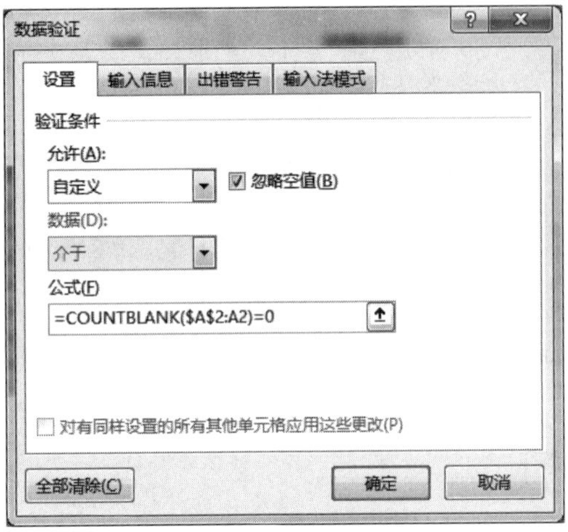

图 1-20　设置验证条件

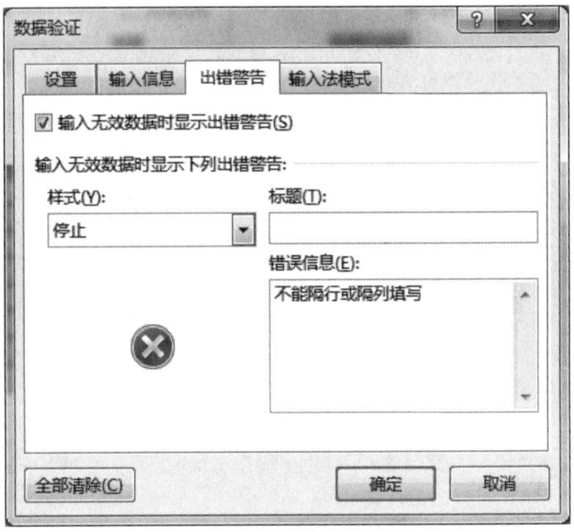

图 1-21　设置出错警告

通过以上步骤，即可实现不能隔行或隔列填写。

【公式解析】

- $A$2:A2：一个变化的区域，起始位置为 A2，结束位置是当前输入单元格。
- COUNTBLANK($A$2:A2)：用于统计动态区域内空白单元格的数量。
- COUNTBLANK($A$2:A2)=0：表示如果区域内空白单元格数量为 0，则允许输入。

例如，要在输入 C4 单元格数据，如果 A2:C4 区域内空白单元格数量为 0，则允许输入 C4 单元格数据。

1.1.5　设置倾斜的列标签

【问题】

经常会遇到 Excel 表格列标签内容较多，造成列很宽的情况。如图 1-22 所示，以日期为列标签时就会出现这样的情况：本来没几列数据，可整个数据表却很宽。

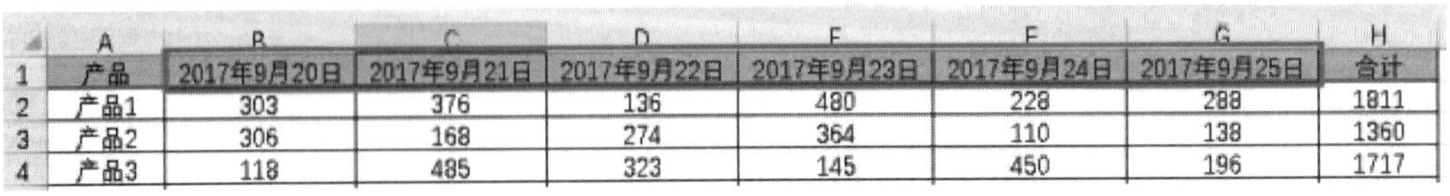

	A	B	C	D	E	F	G	H
1	产品	2017年9月20日	2017年9月21日	2017年9月22日	2017年9月23日	2017年9月24日	2017年9月25日	合计
2	产品1	303	376	136	480	228	288	1811
3	产品2	306	168	274	364	110	138	1360
4	产品3	118	485	323	145	450	196	1717

图 1-22　列标签内容较多，造成列很宽

但做成倾斜的列标签，情况就好多了，如图 1-23 所示。

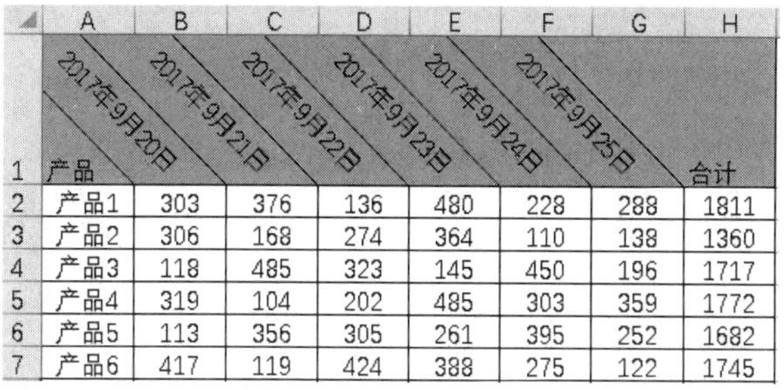

产品	2017年9月20日	2017年9月21日	2017年9月22日	2017年9月23日	2017年9月24日	2017年9月25日	合计
产品1	303	376	136	480	228	288	1811
产品2	306	168	274	364	110	138	1360
产品3	118	485	323	145	450	196	1717
产品4	319	104	202	485	303	359	1772
产品5	113	356	305	261	395	252	1682
产品6	417	119	424	388	275	122	1745

图 1-23　倾斜的列标签

【实现方法】

单击“开始”菜单的“对齐方式”功能区中的“方向”按钮，就可以沿对角或垂直方向旋转文字，这是标记窄列的好方式，如图 1-24 所示。

图 1-24　“方向”按钮

设置了倾斜的列标签后，怎么再返回到列标签普通的横向显示状态呢？只要单击“方向”按钮，在下拉列表中选择“设置单元格对齐方式”命令，如图 1-25 所示。

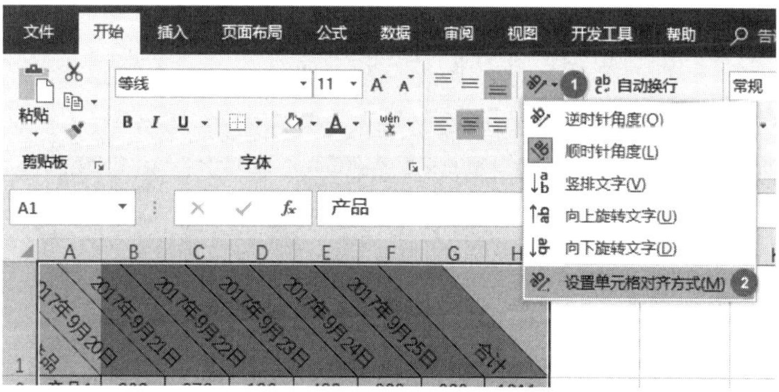

图 1-25　设置单元格对齐方式

在打开的“设置单元格格式”对话框中，将文字“方向”设为“0”度即可，如图 1-26 所示。

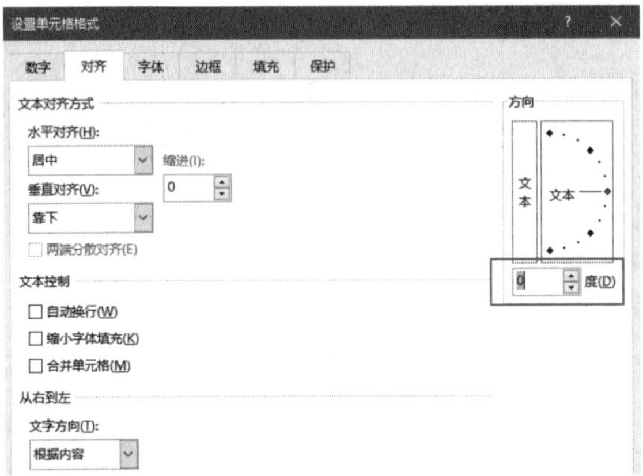

图 1-26　将文字“方向”设为“0”度

1.1.6　给单元格数据加滚动条显示

【问题】

经常要在 Excel 单元格中输入简介性质的文字，而又想保持表格的美观，不想把单元格拉得太大，能不能在单元格中加个滚动条来拖动显示呢？如图 1-27 所示，将所有文字都放在 A2 单元格中，通过拖动右侧滚动条来显示。

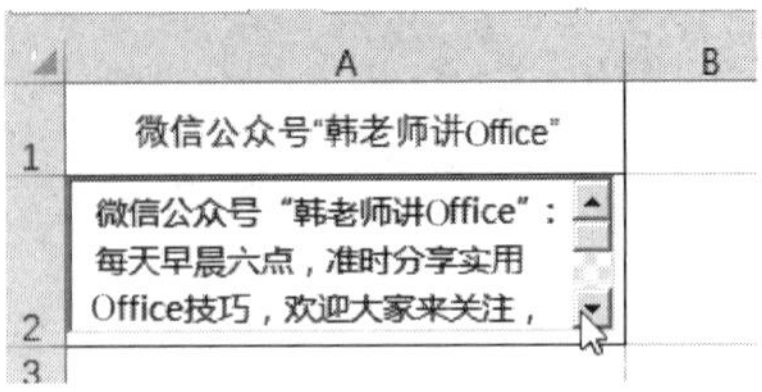

图 1-27　给单元格加滚动条来拖动显示

【实现方法】

（1）插入文本框控件。单击“开发工具”→“插入”→“文本框（Activex 控件）”，如图 1-28 所示。

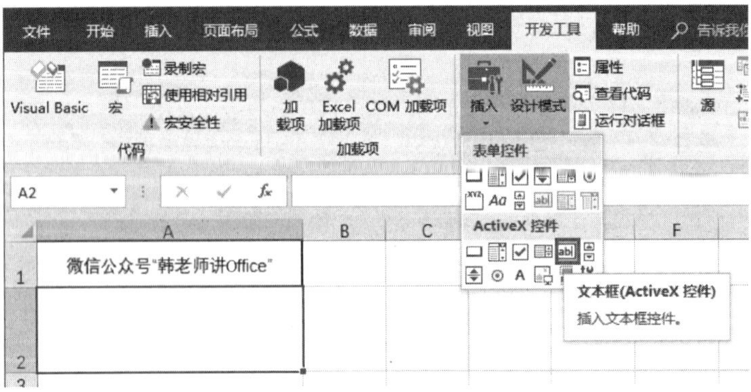

图 1-28　插入文本框控件

（2）设置文本框控件属性。右击文本框控件，在弹出的快捷菜单中选择“属性”命令。其中，更改“MultiLine”属性为“True”，即可实现自动换行；更改“ScrollBars”属性为“2-fmScrollBarsVertical”，即可实现纵向滚动条，如图 1-29 所示。

图 1-29　设置文本框控件属性

（3）关闭设计模式，输入文字。在“开发工具”菜单中，关闭“设计模式”，然后在文本框中输入文字，当文字不能完全显示在当前文本框内时，即可自动出现滚动条，实现滚动显示，如图 1-30 所示。

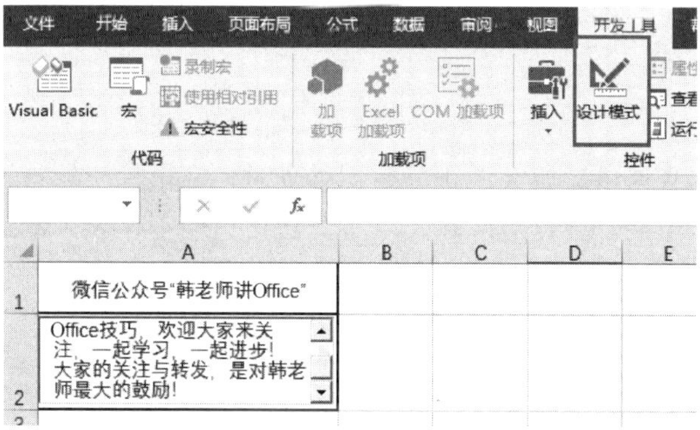

图 1-30　取消设计模式，输入文字

如果想修改文本框控件的大小等属性，可选中“设计模式”进行修改。

注：如果“菜单”中没有“开发工具”，则要单击“文件”→“选项”，在打开的“Excel选项”对话框中选择“自定义功能区”命令，在其右侧的“主选项卡”中，勾选“开发工具”项，如图 1-31 所示。

图 1-31　勾选“开发工具”项

1.1.7　冻结窗格，轻松查看行、列数据

【问题】

如果工作表中的数据量比较大，进行数据处理时，在鼠标滚轮被滚上滚下或滚动条被拖来拖去后，就不知道某个数据对应哪一项了，还要返回工作表顶部或左侧去查看，这样上下左右地查来看去，处理数据的效率就会很低。

冻结窗格可以永远看到数据的对应项。

【实现方法】

1）冻结行

冻结行的结果：不管在工作表中怎样向下翻看数据，被冻结的行永远在数据的上方。

冻结行的关键步骤：将光标放在要被冻结行的下一行的第一个单元格，单击“视图”→“冻结窗格”→“冻结窗格”，如图 1-32 所示。

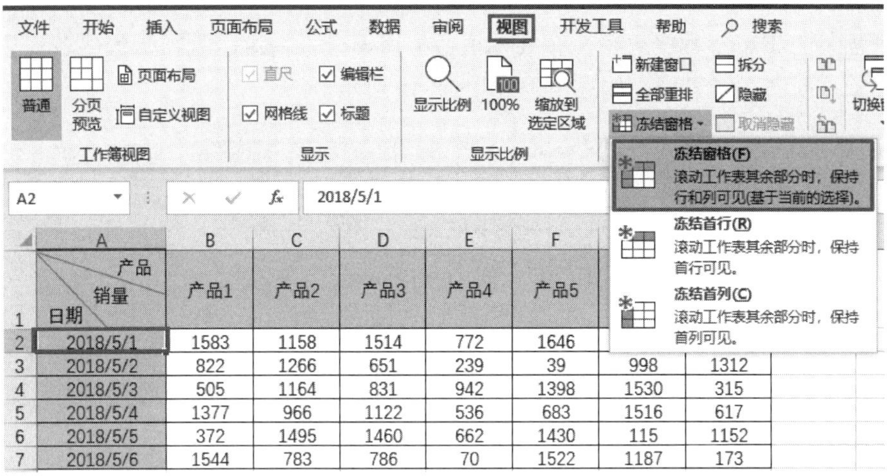

图 1-32　冻结行

当然，如果冻结的是第一行，也可以直接选择“视图”→“冻结窗格”→“冻结首行”。

2）冻结列

冻结列的结果：不管在工作表中怎样向右翻看数据，被冻结的列永远在数据的左侧。当然，如果冻结的是第一列，也可以直接选择“视图”→“冻结窗格”→“冻结首列”。

3）冻结行和列

想知道数据对应的行、列的意义，最好是同时冻结行和列。

冻结行和列的关键步骤：将光标放在要被冻结行下、列右的第一个单元格，再单击“视图”→“冻结窗格”→“冻结窗格”，如图 1-33 所示。

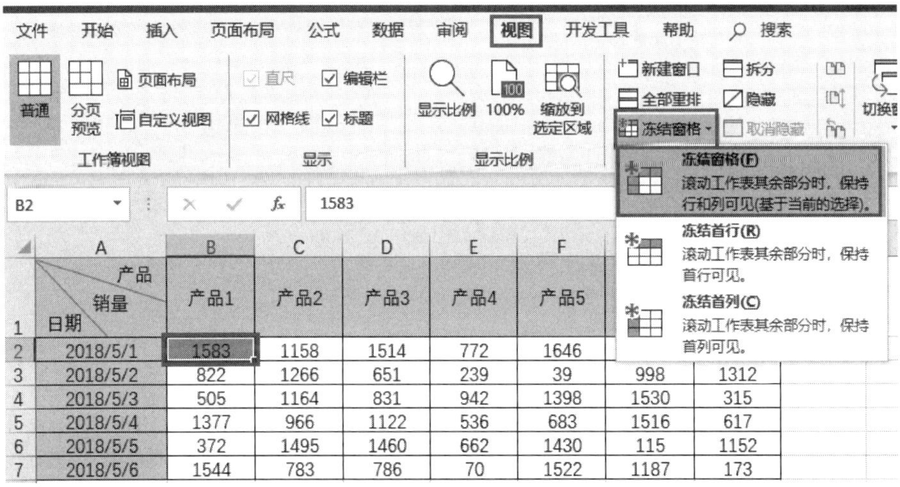

图 1-33　冻结行和列

灵活使用冻结窗格，可以大大提高工作效率。

1.1.8 轻松绘制单斜线、双斜线表头

【问题】

在稍复杂的 Excel 数据表中，须要知道数据区第一行、第一列、数值区各属于什么类别，因此须要绘制斜线表头，如图 1-34 和图 1-35 所示。

图 1-34 单斜线表头

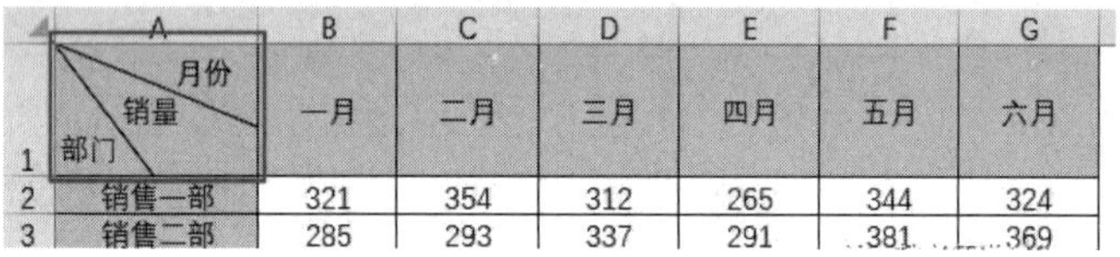

图 1-35 双斜线表头

【实现方法】

1）单斜线表头

在“月份”“部门”之间按 Alt+Enter 组合键，将它们分为两行。在“月份”“销量”前加空格以调整它们的位置。

在绘制表头的单元格上右击，在弹出的快捷菜单中选择“边框”→“其他边框”，也可以直接打开“设置单元格格式”对话框来设置斜线边框，如图 1-36 所示。

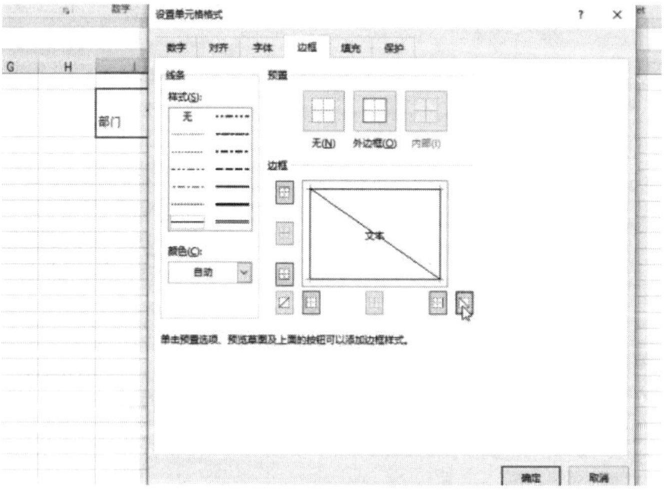

图 1-36 绘制单斜线表头

2）双斜线表头

（1）在“月份”“销量”“部门”之间按 Alt+Enter 组合键，将它们分成 3 行。在“月份”“销量”前加空格以调整它们的位置。

（2）在插入“直线”形状时，要按住 Alt 键以绘制出与边框等长的直线形状，再调整直线形状的高度与宽度，如图 1-37 所示。

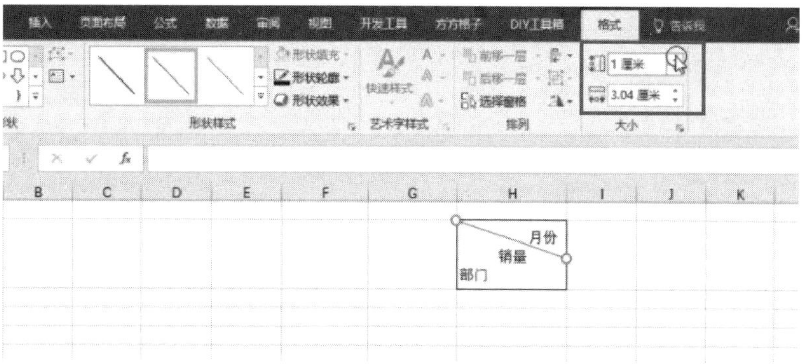

图 1-37　绘制双斜线表头

1.1.9　如何让数字以“万”为计数单位来显示

【问题】

按国际通用方法，Excel 的数字计数方式为“千分位分隔符”，但这种计数方式不太适合中国人用“万”来计数的习惯。

【实现方法】

1）设置单元格格式

选择单元格或区域，右击，在弹出的快捷菜单中选择“设置单元格格式”命令，在打开的“设置单元格格式”对话框的“数字”选项卡中选择“自定义”命令，并在“类型”中输入“0!.0,”，单击“确定”按钮，数字即可按“万”位显示，如图 1-38 所示，其设置结果如图 1-39 所示。

图 1-38　设置按“万”位显示

B
万元（保留1位小数）
12345.7
12.3
1.0
0.0
-1.0
-12.3

图 1-39　按“万”位显示的设置结果

由图 1-39 可见，数字只保留了 1 位小数。如果想使数字后面带有“万”字，可以在“类型”中输入“0!.0,万”后，单击“确定”按钮，如图 1-40 所示，其设置结果如图 1-41 所示。

图 1-40　设置显示单位“万”

12345.7万
12.3万
1.0万
0.0万
-1.0万
-12.3万

图 1-41　显示单位“万”的设置结果

如果想保留 4 位小数，则在“类型”中输入“0!.0000”后，单击“确定”按钮，如图 1-42 所示，其设置结果如图 1-43 所示。

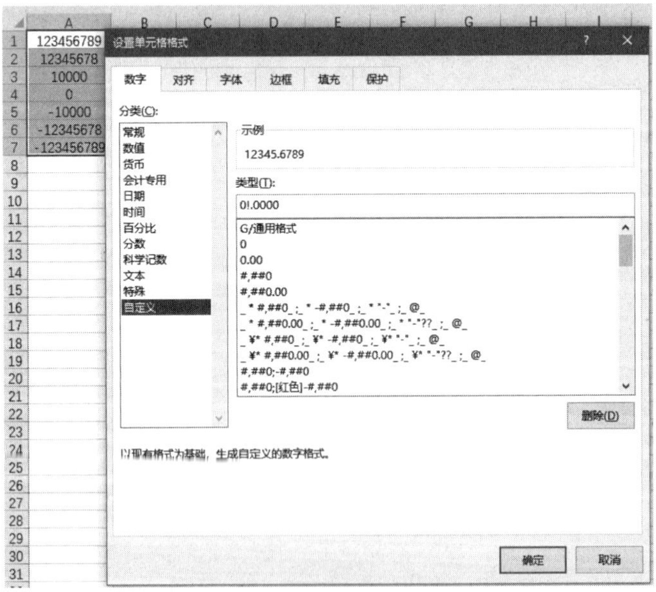

图 1-42　设置保留 4 位小数

万元（保留4位小数）
12345.6789
12.3457
1.0000
0.0000
-1.0000
-12.3457

图 1-43　保留 4 位小数的设置结果

由于“万”位与国际上通用的“千位分隔符”相差一位，所以采用这种自定义方法生成显示“万”位的数字，必须将其保留 1 位或 4 位小数，不可将其只保留到整数位。

2）选择性粘贴除以 10000

任意添加一个辅助单元格，并输入 10000，然后复制，再选中要变“万”位的单元格并右击，在弹出的快捷菜单中选择“选择性粘贴”命令，如图 1-44 所示。在弹出的“选择性粘贴”对话框中，在“运算”中选择“除”，如图 1-45 所示，就可得到以“万”计数的数值，这样得出的数值，对其保留的小数位数可以不加限制，而且用过的辅助单元格是可以删除的。

图 1-44　选择“选择性粘贴”命令

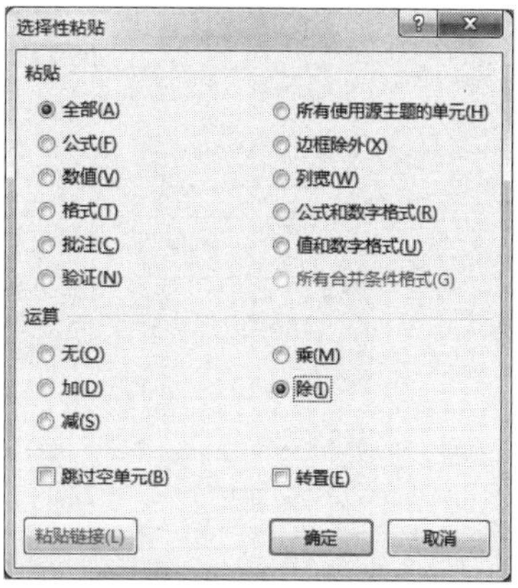

图 1-45　在“运算”中选择“除”

1.1.10　设置仅能修改部分单元格数据

【问题】

小夏是某公司业务主管的助理，经常会将 Excel 表格发送给各个部门人员去填写。填写好后的 Excel 表格再上交给她，由她来汇总。然而，小夏常会遇到 Excel 表格的固有内容被修改得面目全非的情况。

如果 Excel 表格中只有部分单元格能被修改，就能解决这个问题。

如图 1-46 所示，除了工作表中 E3:G23 单元格数据是能被修改的，其他单元格区域是不能被修改的。

员工工资资料表

部门	姓 名	职务	基本工资	本月销售业绩（元）	销售提成百分比	工资总额
市场1部	王一	高级工程师		25215		
市场2部	张二	中级工程师		4562		
市场3部	林三	高级工程师		45215		
市场1部	胡四	助理工程师		16232		
市场2部	吴五	高级工程师		2230		
市场3部	章六	高级工程师		3200		
市场1部	陆七	中级工程师		51000		
市场2部	苏八	工程师		8560		
市场3部	韩九	助理工程师		25230		
市场1部	徐一	高级工程师		1423		
市场2部	项二	中级工程师		4521		
市场3部	贾三	工程师		1253		
市场1部	孙四	高级工程师		12200		
市场2部	姚五	工程师		7850		
市场3部	周六	工程师		8600		
市场1部	金七	高级工程师		4500		
市场2部	赵八	中级工程师		7630		
市场3部	许九	中级工程师		1200		
市场1部	陈一	高级工程师		1300		
[illegible]	[illegible]	[illegible]		1100		

图 1-46　可修改区域

【实现方法】

（1）解除“锁定”。

选定可以修改的E3:G23区域，右击，在弹出的快捷菜单中选择“设置单元格格式”命令，如图1-47所示。

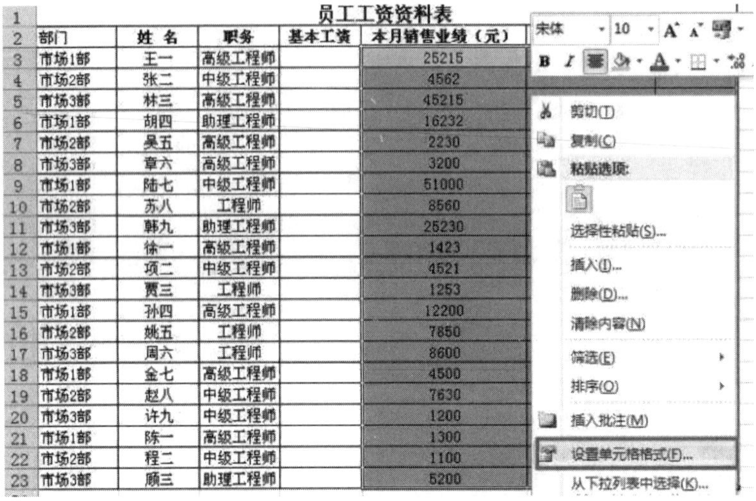

图 1-47 选择“设置单元格格式”命令

在打开的“设置单元格格式”对话框的“保护”选项卡中，去掉“锁定”前面的钩，如图1-48所示。

图 1-48 去除锁定

（2）设置保护。

单击“审阅”→“保护工作表”，在打开的“保护工作表”对话框中勾选“选定未锁定的单元格”项，如图1-49所示。

图 1-49 勾选“选定未锁定的单元格”

注：如果同时勾选了“选定锁定单元格”项，那锁定的单元格可以被选中，但不能被修改；如果不勾选该项，那么锁定单元格既不能被选中，更不能被修改。

在弹出的“确认密码”对话框中，两次输入密码，单击“确定”按钮后即可，如图 1-50 所示。

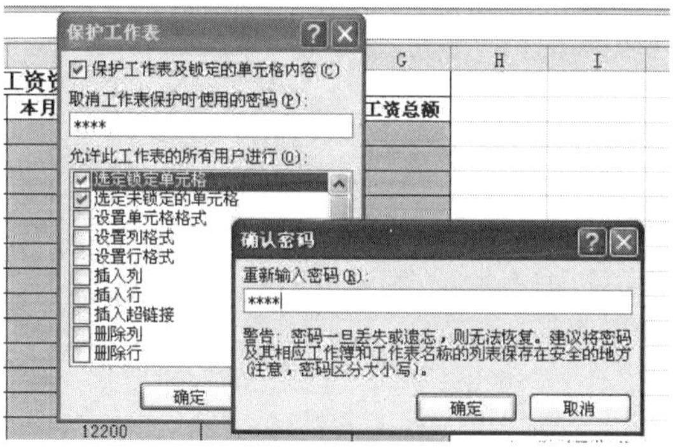

图 1-50 输入密码

在 E3:G23 区域可以输入数据，但在 E3:G23 区域以外的其他区域，更改或输入内容时，就会出现如图 1-51 所示的提示。

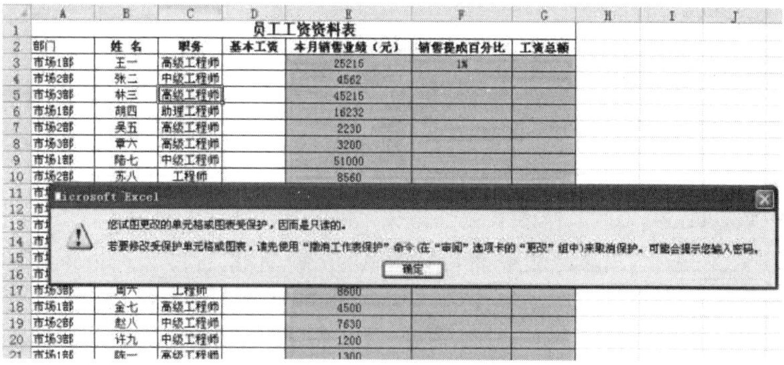

图 1-51 出现的提示

经过这样的设置后，Excel 表格仅有部分单元格数据可以被修改，而且不需要密码就能打开其工作簿。

如果撤销以上操作，让所有的单元格都能被修改，可以选择“审阅”→“撤销工作表保护”，然后在打开的对话框中输入密码就可以了，如图 1-52 所示。

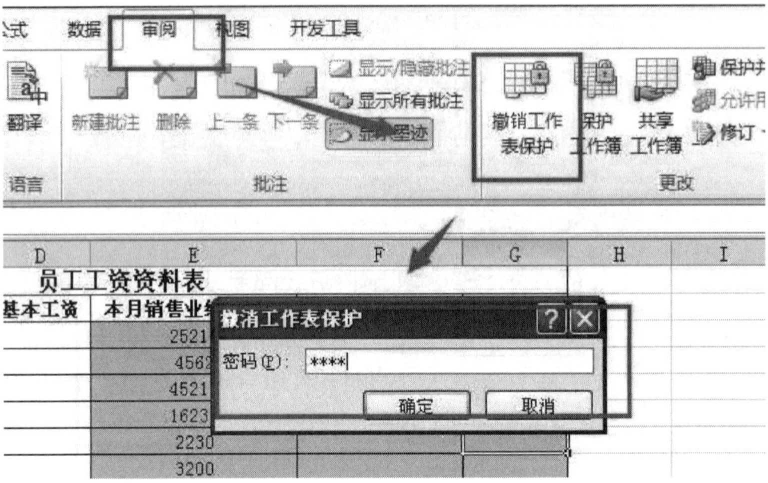

图 1-52　撤销工作表保护

1.1.11　隐藏工作表

【问题】

在很多时候，为了保护数据不被修改，须要将工作表隐藏起来。此时，可以利用 VBA 来改变工作表属性的隐藏方式。

【实现方法】

（1）打开 VBA 对话框。

按 Alt+F11 组合键，打开 VBA 对话框。

（2）设置要隐藏的工作表属性。

在“工程”对话框中，选择要隐藏的工作表。如要隐藏 Sheet1，选择该表，再修改“属性”对话框中的“Visible”属性，如图 1-53 所示。

“Visible”属性有以下 3 种。

- -1-xlSheetVisible：工作表完全可见。
- 0-xlSheetHidden：工作表隐藏。
- 2-xlSheetVeryHidden：工作表彻底隐藏。

如果想找到隐藏的工作表，须重新设置其 Visible 属性为“-1-xlSheetVisible”。

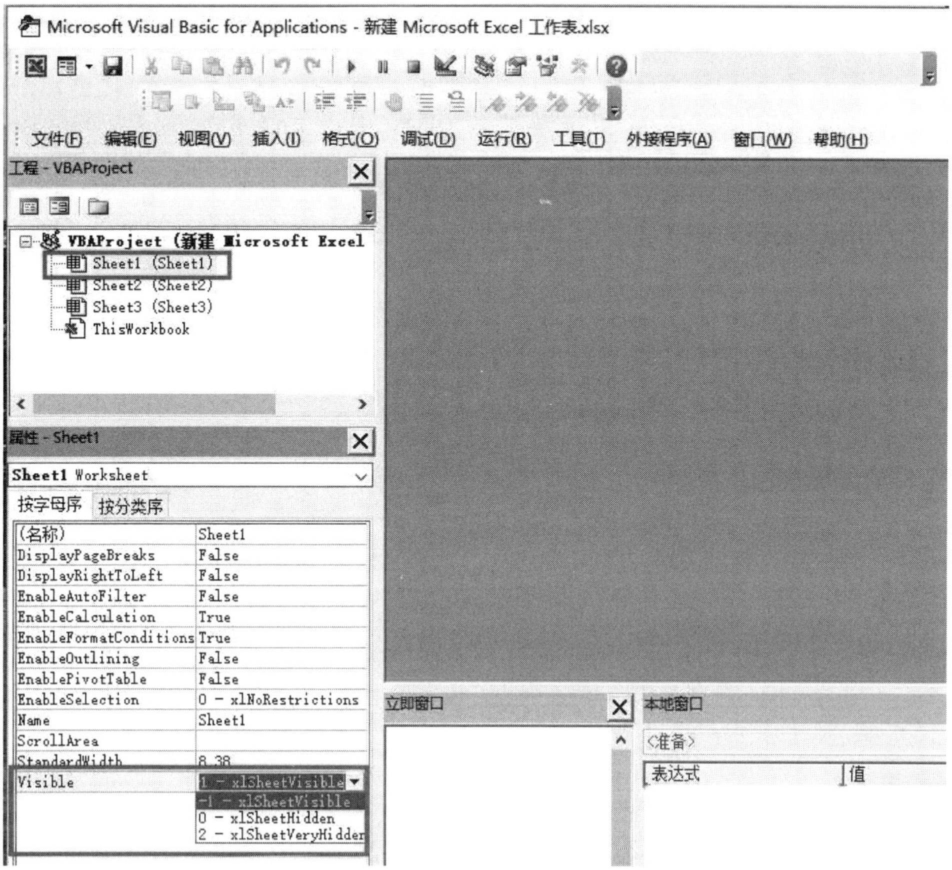

图 1-53　设置工作表的可见属性

1.2　合并单元格

1.2.1　批量合并单元格

【问题】

如图 1-54 所示的数据表样例，想要将表 A 中同一部门名称的单元格合并，即由表 A 变为表 B，此时采用一次一次地选中同一部门名称的单元格，然后单击“合并单元格”按钮来实现吗？那么，如果有很多同一部门名称的单元格，这种方法显然是不可取的。

【实现方法】

关键操作：巧用分类汇总与定位批量合并单元格。

（1）选中所有数据，选择“数据”→“分类汇总”，在打开的“分类汇总”对话框中，将“分类字段”设为“部门”，“汇总方式”设为“计数”，在“选定汇总项”中勾选“部门”

项，如图 1-55 所示。

	A	B	C
1	部门	姓 名	职务
2	市场1部	王一	高级工程师
3	市场1部	苏八	工程师
4	市场1部	周六	工程师
5	市场1部	祝四	工程师
6	市场2部	郁九	高级工程师
7	市场2部	邹七	助理工程师
8	市场2部	张二	中级工程师
9	市场2部	韩九	助理工程师
10	市场2部	金七	高级工程师
11	市场3部	叶五	中级工程师
12	市场3部	朱一	中级工程师
13	市场3部	郑五	高级工程师
14	市场4部	刘八	高级工程师
15	市场4部	林三	高级工程师
16	市场5部	徐一	高级工程师
17	市场5部	赵八	中级工程师
18	市场5部	杨六	高级工程师
19	市场6部	夏二	助理工程师
20	市场6部	沈六	中级工程师
21	市场6部	历九	高级工程师
22	市场6部	胡四	助理工程师
23	市场6部	项二	中级工程师

表A

	A	B	C
1	部门	姓 名	职务
2	市场1部	王一	高级工程师
3		苏八	工程师
4		周六	工程师
5		祝四	工程师
6	市场2部	郁九	高级工程师
7		邹七	助理工程师
8		张二	中级工程师
9		韩九	助理工程师
10		金七	高级工程师
11	市场3部	叶五	中级工程师
12		朱一	中级工程师
13		郑五	高级工程师
14	市场4部	刘八	高级工程师
15		林三	高级工程师
16	市场5部	徐一	高级工程师
17		赵八	中级工程师
18		杨六	高级工程师
19	市场6部	夏二	助理工程师
20		沈六	中级工程师
21		历九	高级工程师
22		胡四	助理工程师
23		项二	中级工程师

表B

图 1-54　数据表样例

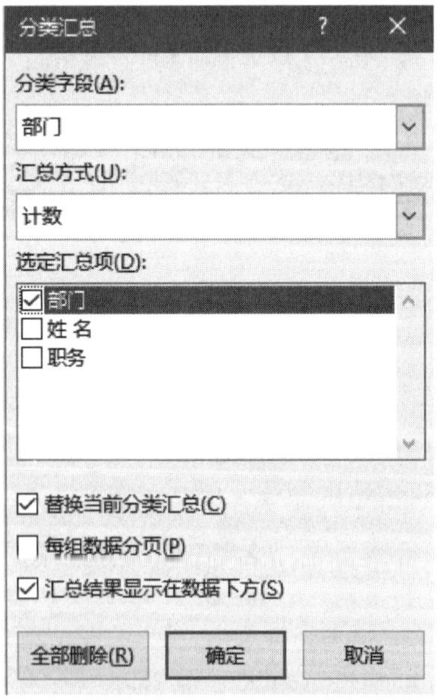

图 1-55　分类汇总中选定汇总项

（2）选中 B2:B28，按 Ctrl+G 组合键，打开“定位”对话框，单击“定位条件”按钮，在弹出的“定位条件”对话框的“选择”中选择“常量”项，如图 1-56、图 1-57

所示。

（3）选择“开始”→“合并后居中”，弹出“合并单元格时，仅保留左上角的值，而放弃其他值”提示框，多次单击“确定”按钮，如图 1-58 所示。

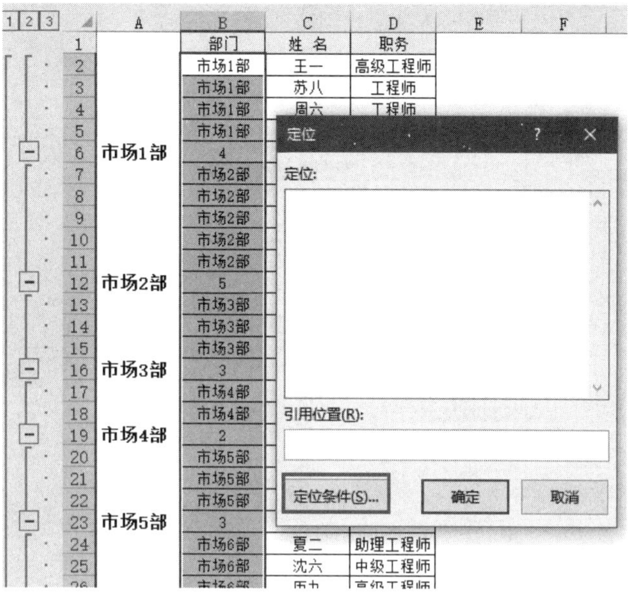

图 1-56　选择定位条件

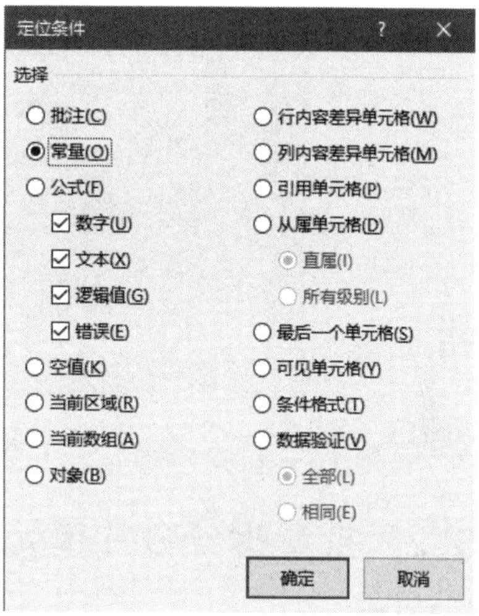

图 1-57　选择定位条件为“常量”

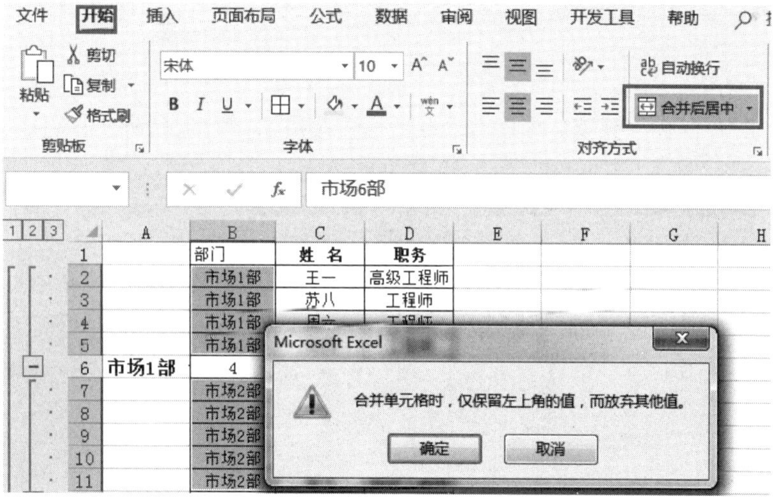

图 1-58　合并后居中

（4）将光标放在数据区，选择“数据”→“删除全部分类汇总”，在弹出的“分类汇总”对话框中单击“全部删除”按钮，如图 1-59 所示，然后删除 A 列，即可完成相同内容单元格的合并。

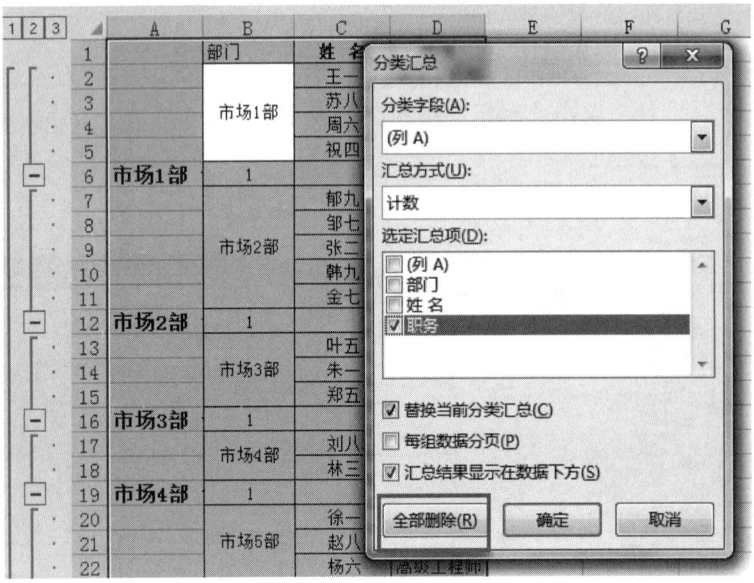

图 1-59　删除全部分类汇总

1.2.2　批量拆分合并单元格

【问题】

有时合并单元格会给后续的数据统计带来不便，所以在必要时，要对合并单元格进行拆分。

【实现方法】

（1）选中所有合并单元格，单击“合并后居中”按钮，则会取消合并后居中，如图 1-60 所示。

图 1-60　取消合并后居中

（2）按 Ctrl+G 组合键，打开“定位”对话框，单击“定位条件”按钮，在“定位条件”对话框的“选择”中选择“空值”项，如图 1-61 和图 1-62 所示。

（3）在 A3 单元格中输入公式“=A2”，按 Ctrl+Enter 组合键执行计算，如图 1-63 所示。

图 1-61 选择定位条件

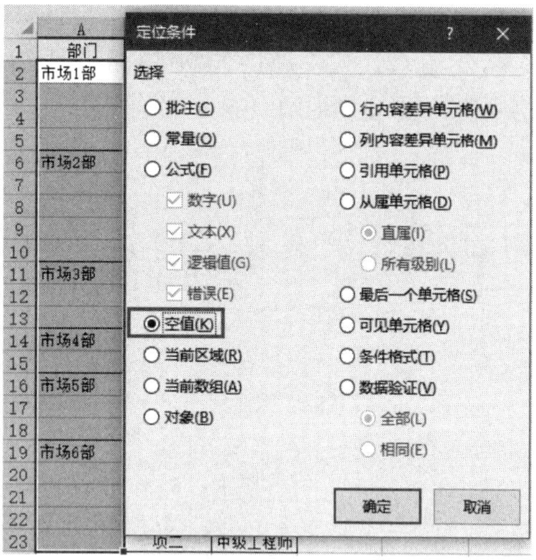

图 1-62 定位到空值

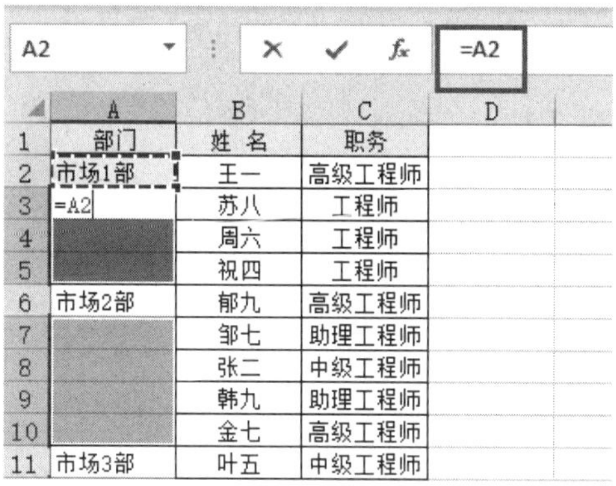

图 1-63 输入公式

1.2.3 给合并单元格填充序号

【问题】

合并后的单元格往往大小不一，用普通方法不能给合并单元格填充序号。

【实现方法】

选中整个合并单元格区域，输入公式“=MAX($A$1:A1)+1”，按 Ctrl+Enter 组合键执行计算，如图 1-64 所示。

【公式解析】

- MAX：表示从一组数值中提取最大值。

● \$A\$1:A1：混合引用一个区域，在将公式向下填充时，引用区域的范围总以 A1 单元格为起始单元格，结束单元格是公式所在单元格的上一个合并单元格。

● A1：是一个文本，MAX(\$A\$1:A1)的返回值是 0，MAX(\$A\$1:A1)+1 的返回值是 1，就是第一个合并单元格中的序号。

● 在输入公式“=MAX(\$A\$1:A1)+1”时，表示选中了整个合并单元格区域，所以在公式结束时，要使用 Ctrl+Enter 组合键。

图 1-64　给合并单元格填充序号

1.2.4　合并单元格计算

【问题】

合并后的单元格大小不一，用“先计算出第一个合并单元格结果，再填充”的常规函数方法并不能实现批量计算。

【实现方法】

（1）合并单元格求和。

选中 C 列所有合并单元格区域，输入公式“=SUM(B2:B21)-SUM(C3:C21)”，按 Ctrl+Enter 组合键结束，即可计算出每个合并单元格对应的 B 列数据和，如图 1-65 所示。

（2）合并单元格计数。

选中 E 列所有合并单元格区域，输入公式“=COUNT(B2:B21)-SUM(E3:E21)”，按 Ctrl+Enter 组合键结束，即可计算出每个合并单元格对应的 B 列数据个数，如图 1-66 所示。

（3）合并单元格平均值。

选中 D 列所有合并单元格区域，输入公式“=C2/E2”，按 Ctrl+Enter 组合键结束，即可计算出每个合并单元格对应的 B 列数据平均值，如图 1-67 所示。

切记：

● 每次函数输入之前，要把所要填入结果的整个区域选中。

● 每次函数结束之时，都要使用 Ctrl+Enter 组合键。

C2　=SUM(B2:B21)-SUM(C3:C21)

	A	B	C	D	E
1	组别	数据	每组总和	每组平均值	数据个数
2	1	10	60		
3		20			
4		30			
5	2	40	220		
6		50			
7		60			
8		70			
9	3	80	170		
10		90			
11	4	100	330		
12		110			
13		120			
14	5	130	420		
15		140			
16		150			

图 1-65　合并单元格求和

E2　=COUNT(B2:B21)-SUM(E3:E21)

	A	B	C	D	E
1	组别	数据	每组总和	每组平均值	数据个数
2	1	10	60	20	3
3		20			
4		30			
5	2	40	220	55	4
6		50			
7		60			
8		70			
9	3	80	170	85	2
10		90			
11	4	100	330	110	3
12		110			
13		120			
14	5	130	420	140	3
15		140			
16		150			

图 1-66　合并单元格计数

D2　=C2/E2

	A	B	C	D	E
1	组别	数据	每组总和	每组平均值	数据个数
2	1	10	60	20	3
3		20			
4		30			
5	2	40	220	55	4
6		50			
7		60			
8		70			
9	3	80	170	85	2
10		90			
11	4	100	330	110	3
12		110			
13		120			
14	5	130	420	140	3
15		140			
16		150			

图 1-67　合并单元格平均值

1.2.5　合并单元格筛选

【问题】

在对合并单元格进行筛选时，往往只能筛选出第一项。如图 1-68 所示的原数据，筛选 A 仓库的数据时，只能筛选出第一种商品“鼠标”，其他商品则无法显示，如图 1-69 所示的筛选结果。

	A	B	C
1	仓库	商品	出货量
2	A仓库	鼠标	591
3		键盘	924
4		显示屏	707
5	B仓库	鼠标	306
6		键盘	297
7		显示屏	854
8	C仓库	鼠标	449
9		键盘	221
10		显示屏	912

图 1-68　原数据

	A	B	C
1	仓库	商品	出货量
2	A仓库	鼠标	591
11			
12			

图 1-69　筛选结果

【实现方法】

（1）选择合并单元格，并复制到另一列，进行备用，如图 1-70 所示。

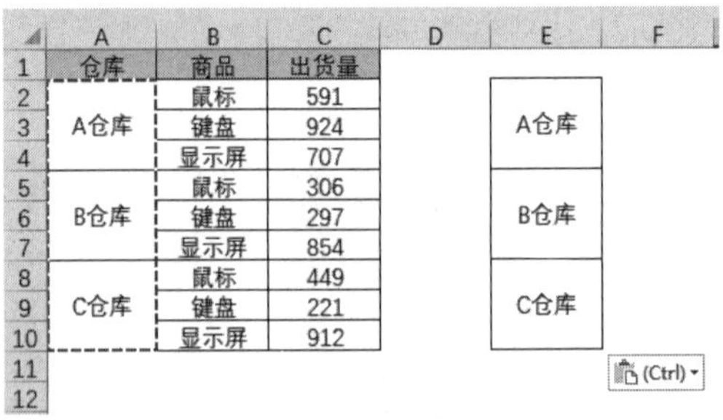

图 1-70　复制合并单元格备用

（2）选中原合并单元格，单击“开始”→“合并单元格”→“取消单元格合并”，如图 1-71 所示。

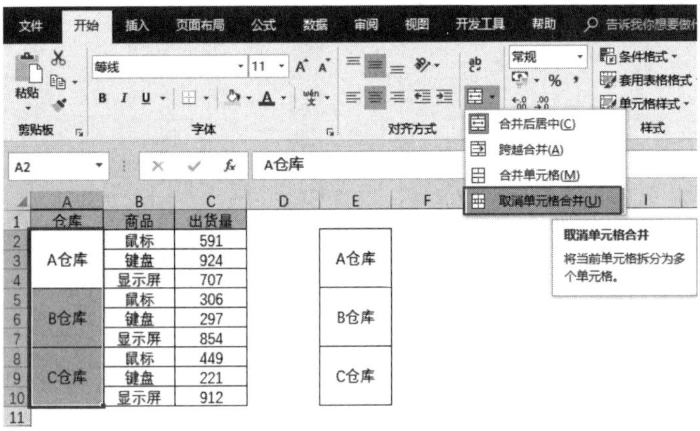

图 1-71　取消单元格合并

（3）按 Ctrl +G 组合键，打开“定位”对话框。单击“定位条件”按钮，再在打开的“定位条件”对话框的“选择”中选择“空值”项，如图 1-72 和图 1-73 所示。

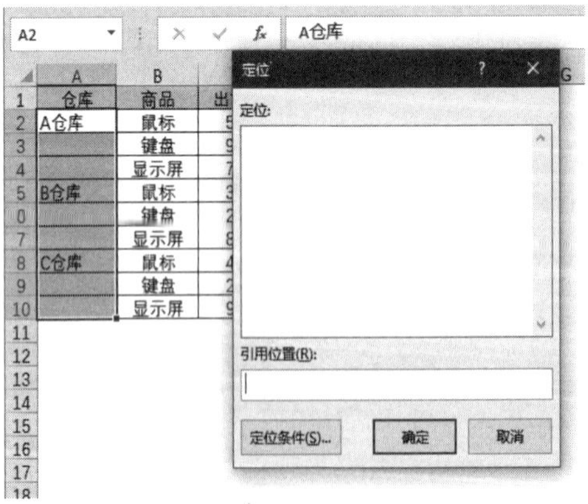

图 1-72　打开定位

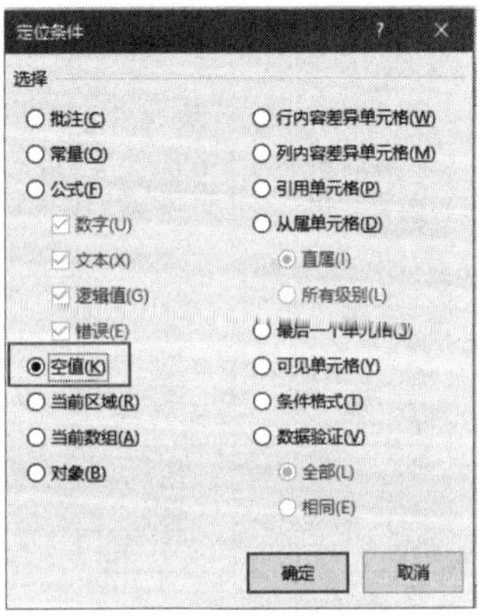

图 1-73　定位到空值

（4）在 A3 单元格中输入公式“=A2”，按 Ctrl+Enter 组合键结束公式，所有的合并单元格被拆分，且填充上内容，如图 1-74 和图 1-75 所示。

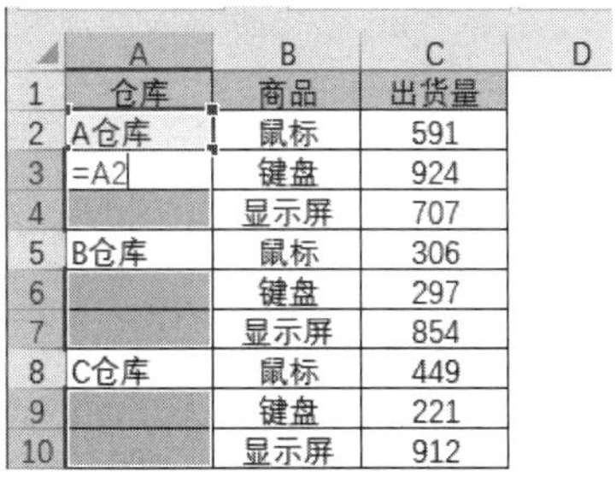

图 1-74 输入公式

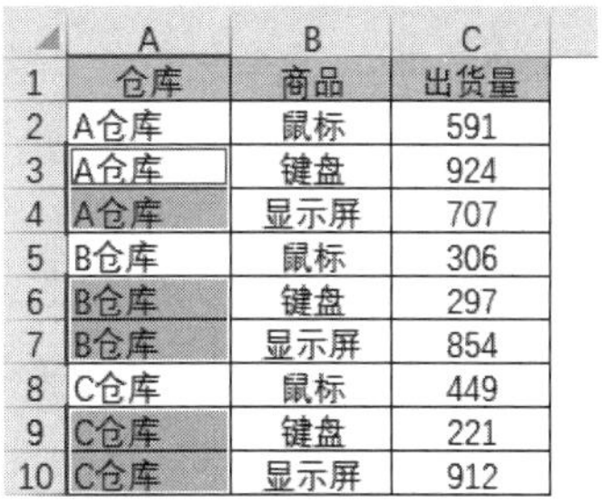

图 1-75 完成拆分

（5）选中备用的合并单元格区域，单击“格式刷”按钮，将拆分后的单元格重新刷成合并格式，如图 1-76 和图 1-77 所示。

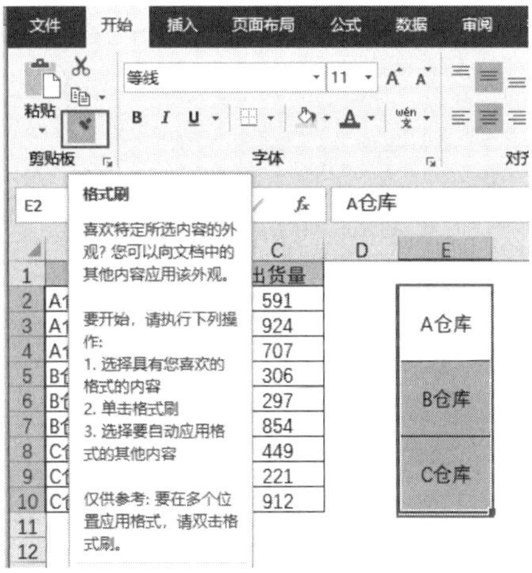

图 1-76 启用格式刷

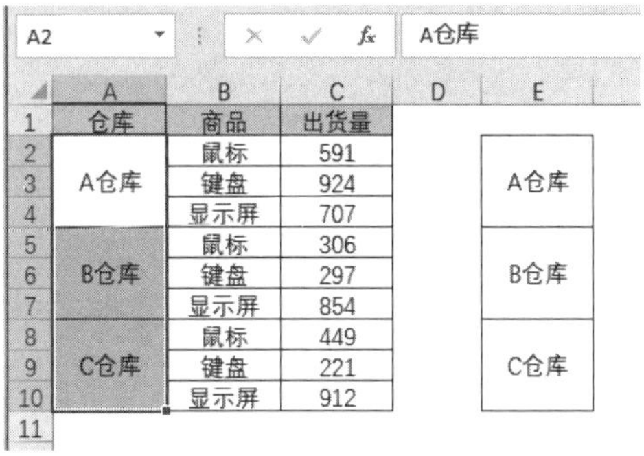

图 1-77 将拆分后的单元格重新合并

（6）删除备用的合并单元格。

（7）利用筛选功能，就能筛选出所有合并单元格对应的数据，如图 1-78 所示。

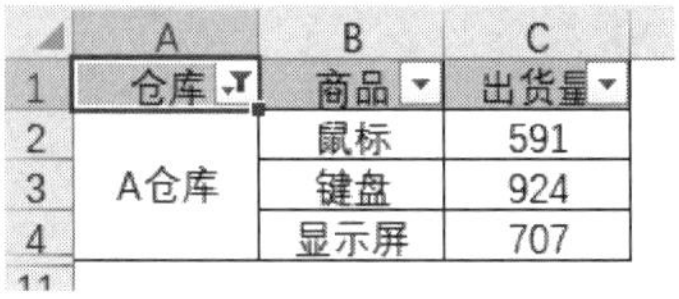

图 1-78 筛选结果

1.2.6 合并单元格数据查询

【问题】

有合并单元格的数据表如图 1-79 所示。“仓库”一列已按照仓库名称进行了合并，要求可以根据给定的仓库与商品，查询出对应的销量。

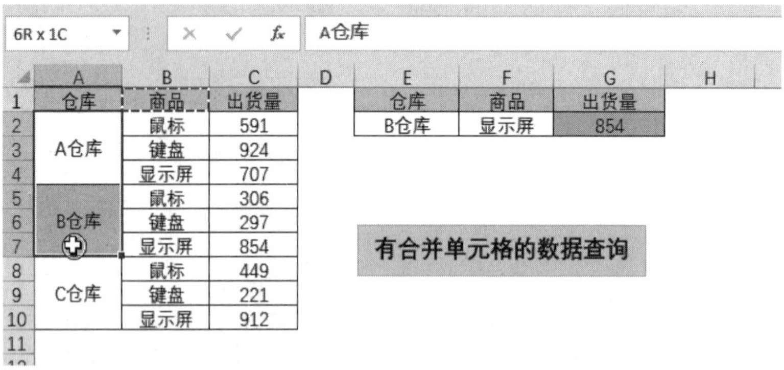

仓库	商品	出货量
A仓库	鼠标	591
	键盘	924
	显示屏	707
B仓库	鼠标	306
	键盘	297
	显示屏	854
C仓库	鼠标	449
	键盘	221
	显示屏	912

仓库	商品	出货量
B仓库	显示屏	854

图 1-79　有合并单元格的数据表

【实现方法】

在 G2 单元格中输入公式“=VLOOKUP(F2,OFFSET(B1:C1,MATCH(E2,A2:A10,0),,3),2,)”，即可实现查询效果，如图 1-80 所示。

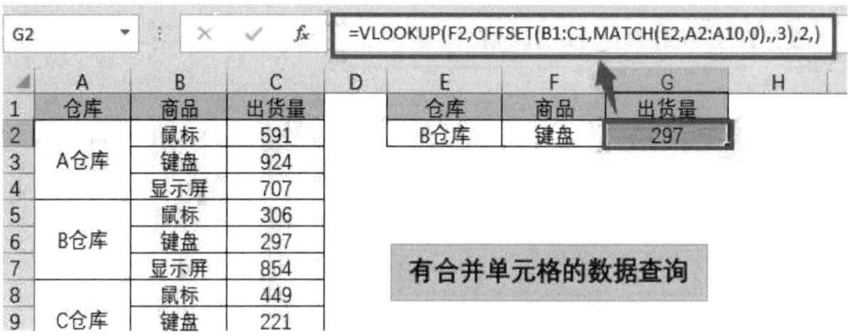

仓库	商品	出货量
A仓库	鼠标	591
	键盘	924
	显示屏	707
B仓库	鼠标	306
	键盘	297
	显示屏	854
C仓库	鼠标	449
	键盘	221

仓库	商品	出货量
B仓库	键盘	297

图 1-80　输入查询公式

【公式解析】

● MATCH(E2,A2:A10,0)：在 A2:A10 区域匹配 E2 单元格仓库所在的行；合并单元格的默认行是合并单元格的首行。例如，A 仓库默认地址是 A2 单元格，B 仓库默认地址是 A5 单元格，C 仓库默认地址是 A8 单元格。

本部分匹配的结果是：在 A2:A10 区域，A 仓库是第 2 行，B 仓库是第 5 行，C 仓库是第 8 行。

● OFFSET(B1:C1,MATCH(E2,A2:A10,0),,3)：以 B1:C1 区域为基准，向下偏移 E2 仓库的所在行数，取 3 行 2 列的区域。例如，E2 为 B 仓库，那么以 B1:C1 区域为基准，向下偏移 4 行，然后取 B5:C7（3 行 2 列）区域。

● VLOOKUP(F2,OFFSET(B1:C1,MATCH(E2,A2:A10,0),,3),2,)：在上述 B5:C7 区域中，查找 F2 单元格商品所对应的第二列出货量。

1.3 数据规范

1.3.1 利用数据验证（数据有效性）规范数据输入

在 Excel 单元格中输入数据时，经常会输入不规范或无效的数据，给数据的统计工作带来很大的麻烦。

数据验证能够建立特定的规则，限制输入单元格的内容，从而规范数据输入，提高数据统计与分析效率。

在 Excel 2010 及以前的版本中，数据验证称为“数据有效性”。

1. 规范性别输入

利用数据验证输入性别，不仅规范而且快速。

单击“数据”→“数据验证”，在打开的“数据验证”对话框中选择“设置”选项卡，将“允许”设为“序列”，在“来源”中选择“男，女”，如图 1-81 所示。

设置了数据验证后，输入性别时只要选择“男”或“女”就可以了。

特别注意：

（1）在序列来源中，“男”“女”两个字之间一定是“英文状态”下的逗号，即半角逗号。

（2）只要对一个单元格设置了数据验证，就可通过鼠标拖动单元格右下角填充柄，将数据验证的设置填充到其他单元格。

图 1-81 规范性别输入

2. 限定输入内容

在很多时候，要求只在某些特定值内选择输入单元格的内容。例如，如图 1-82 所示的“评定等级”只有优秀、良好、合格、不合格，所有姓名对应的等级必须出自其中之一，而再无其他值，这时就可以利用数据验证来规范等级输入。

在“数据验证”对话框中选择“设置”选项卡，将“允许”设为“序列”，在“来源”中选择 4 个等级所在的 L2:L5 区域，如图 1-82 所示。

设置了数据验证后，输入等级时只要选择其中之一就可以了。

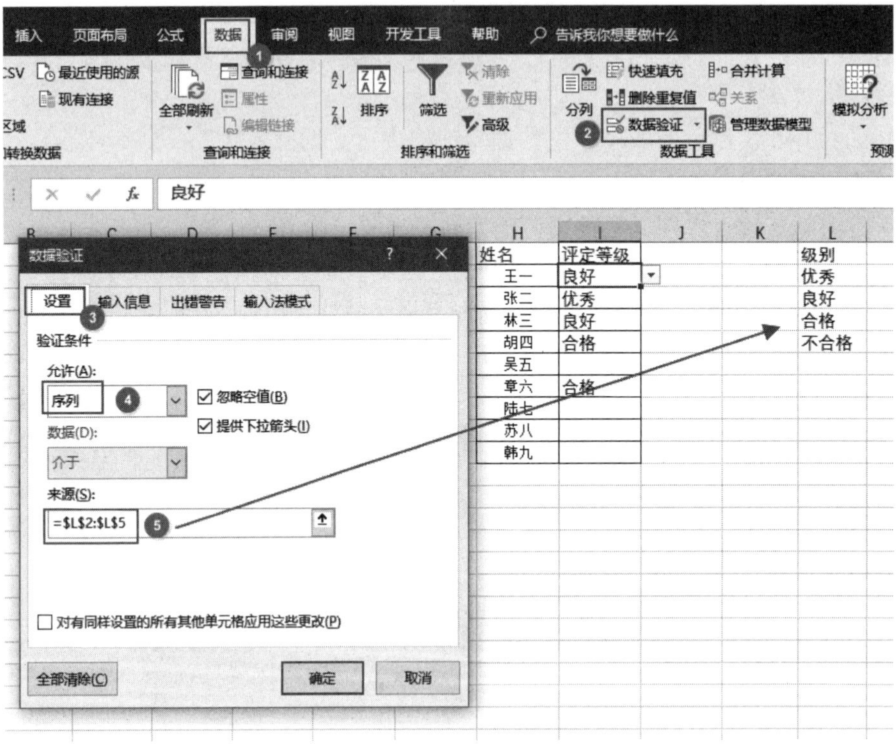

图 1-82　限制输入内容

3. 限定数值范围

在“数据验证”对话框中选择“设置”选项卡，将“允许”设为“整数”，“数据”设为“介于”，即可限定输入数值范围。

（1）静态限制输入数值范围。直接输入“最大值”“最小值”，如图 1-83 所示。

（2）动态限制输入数值范围。在设置了数据验证以后，可以通过修改“最小值”“最大值”单元格的数值，动态调整数据的允许输入数值范围，如图 1-84 所示。

4. 限定文本长度

在“数据验证”对话框中选择“设置”选项卡，将“允许”设为“文本长度”，“数据”设为“等于”，“长度”设为“11”，如图 1-85 所示。

图 1-83　静态限制输入数值范围

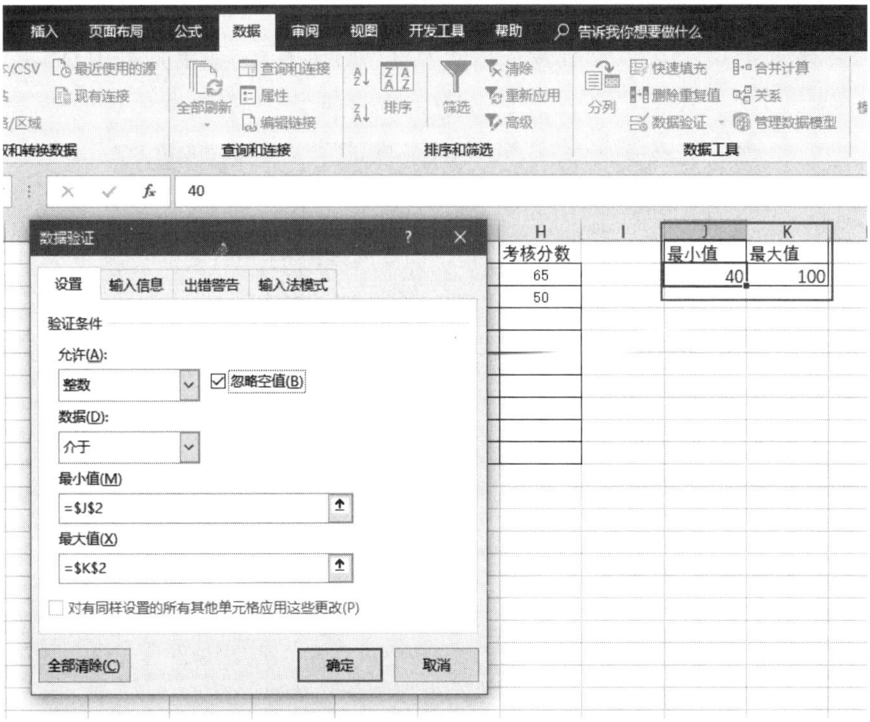

图 1-84　动态限制输入数值范围

图 1-85　限定文本长度

5. 限制输入重复值

单击“数据”→“数据验证”，在弹出的“数据验证”对话框中选择“设置”选项卡，将“允许”设为“自定义”，在“公式”中输入“=COUNTIF(H:H,H1)=1”，如图 1-86 所示，单击“确定”按钮可以禁止输入重复值。

其中，公式的含义：H 列中 H1 单元格的内容只出现 1 次。如果 H 列中 H1 单元格的内容出现次数超过 1，则被禁止输入。

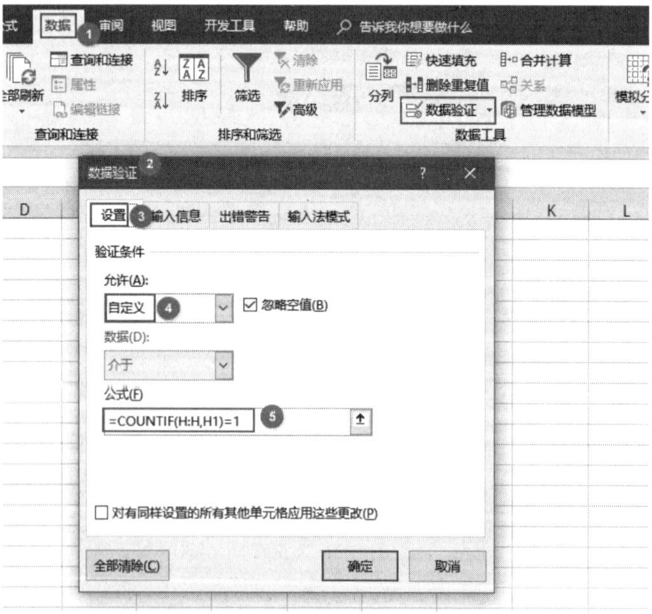

图 1-86　禁止输入重复值

6. 限定身份证号码

单击“数据”→“数据验证”，在打开的“数据验证”对话框中选择“设置”选项卡，将“允许”设为“自定义”，在“公式”中输入“=AND(LEN(11)=18,COUNTIF(D: D,D1&"*")=1)”，如图 1-87 所示。

图 1-87　限定输入 18 位身份证号码

【公式解析】

- LEN(D1)=18：表示 D1 单元格数据的长度为 18 位。
- COUNTIF(D:D,D1&"*")=1：表示在 D 列中，D1 单元格数据只出现 1 次，也就是不能重复出现。
- AND(LEN(D1)=18,COUNTIF(D:D,D1&"*")=1)：表示要满足 D1 单元格数据的长度为 18 位且 D1 单元格数据不能重复出现这两个条件。

7. 限制输入空格

单击“数据”→“数据验证”，在打开的“数据验证”对话框中选择“设置”选项卡，“允许”设为“自定义”，在“公式”中输入“=ISERR(FIND("",ASC(D1)))”，如图 1-88 所示。

【公式解析】

- ASC(D1)：表示将 D1 单元格的全角空格转换为半角空格。
- FIND("",ASC(D1))：表示在 D1 单元格中查找空格，如果包含空格，则返回空格在 D1 单元格的位置，即一个数字；如果不包含空格，则返回错误值#VALUE。
- ISERR(FIND("",ASC(D1)))：表示通过 ISERR 函数，将不包含空格时返回的错误值转换为逻辑值 TRUE，表示允许输入；将包含空格时返回的数值转换为逻辑值 FALSE，表示禁止输入。

图 1-88　限制输入空格

1.3.2　设置只能输入规范的日期

【问题】

经常要在 Excel 单元格中输入日期型数据。日期型数据的格式有很多种，规范的如“2017 年 11 月 27 日”“2017/11/27”“2017-11-27”等；不规范的如“2017、11、27”“2017,11,27”“2017*11*27”等。

如果在同一个数据表中日期型数据的格式不合规范，势必会影响后期的数据处理与计算。

【实现方法】

（1）设置日期格式。选中要填充日期的单元格区域，右击，在弹出的快捷菜单中选择“设置单元格格式”命令，在打开的“设置单元格格式”对话框中，将“类型”设置为要求输入的格式，这里选择常用的“*2012/3/14”格式，如图 1-89 所示。

（2）利用数据验证规范日期区间。选中要填充日期的单元格区域，在“数据验证”对话框中选择“设置”选项卡，将“允许”设为“日期”，“数据”设为“介于”，“开始日期”设为“2000/1/1”，“结束日期”设为“=today()”，如图 1-90 所示。

选中“出错警告”选项卡，将“样式”设为“停止”，“标题”设为“请重新输入：”，“错误信息”设为“请输入格式如 2012/03/14 的日期，并且起始日期介于 2000/1/1 与今天之间。”，如图 1-91 所示。

通过以上步骤的设置，单元格中就只允许输入规范格式、特定区域的日期。

图 1-89　设置日期格式

图 1-90　设置日期范围

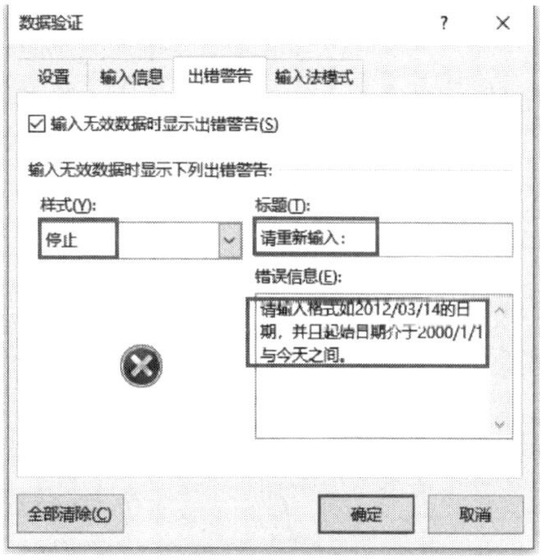

图 1-91　设置“出错警告”选项卡

1.3.3　巧用数据验证规范时间格式

【问题】

如图 1-92 所示的单位客户接待登记表，其中在“到达时间”一列，由于是被几个人录入的，所以“到达时间”的格式是五花八门的，这影响了表格的美观及后期的数据计算分析。

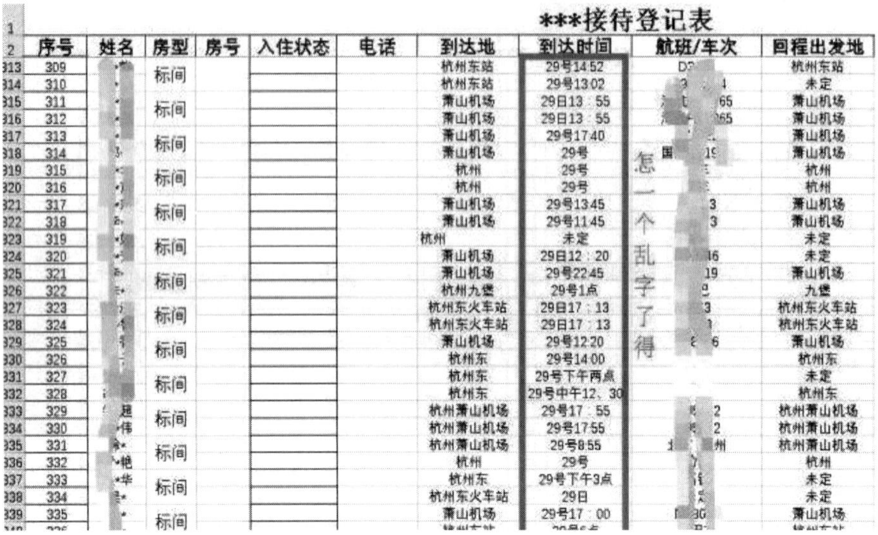

***接待登记表

	序号	姓名	房型	房号	入住状态	电话	到达地	到达时间	航班/车次	回程出发地
313	309		标间				杭州东站	29号14:52		杭州东站
314	310						杭州东站	29号13:02		未定
315	311		标间				萧山机场	29日13：55		萧山机场
316	312						萧山机场	29日13：55		萧山机场
317	313		标间				萧山机场	29号17:40		萧山机场
318	314						萧山机场	29号		萧山机场
319	315		标间				杭州	29号		杭州
320	316						杭州	29号		杭州
321	317		标间				萧山机场	29号13:45		萧山机场
322	318						萧山机场	29号11:45		萧山机场
323	319		标间				杭州	未定		未定
324	320						萧山机场	29日12：20		未定
325	321		标间				萧山机场	29号22:45		萧山机场
326	322						杭州九堡	29号1点		九堡
327	323		标间				杭州东火车站	29日17：13		杭州东火车站
328	324						杭州东火车站	29日17：13		杭州东火车站
329	325		标间				萧山机场	29号12:20		萧山机场
330	326						杭州东	29号14:00		杭州东
331	327		标间				杭州东	29号下午两点		未定
332	328						杭州东	29号中午12、30		杭州东
333	329		标间				杭州萧山机场	29号17：55		杭州萧山机场
334	330						杭州萧山机场	29号17:55		杭州萧山机场
335	331		标间				杭州萧山机场	29号8:55		杭州萧山机场
336	332						杭州	29号		杭州
337	333		标间				杭州东	29号下午3点		未定
338	334						杭州东火车站	29日		未定
339	335		标间				萧山机场	29号17：00		萧山机场

图 1-92　单位客户接待登记表

其实，这种情况是可以利用数据验证来有效预防的。

【实现方法】

（1）借助一个辅助单元格，这里是 E2。在 E2 中，输入公式“=NOW()”，显示当前时间。

（2）单击“数据”→“数据验证”，在打开的“数据验证”对话框中选择“设置”选项卡，将“允许”设为“序列”，“来源”设为“=$E$2”，如图 1-93 所示。在“输入信息”选项卡中，在“输入信息”中输入“请输入当前时间”，如图 1-94 所示。

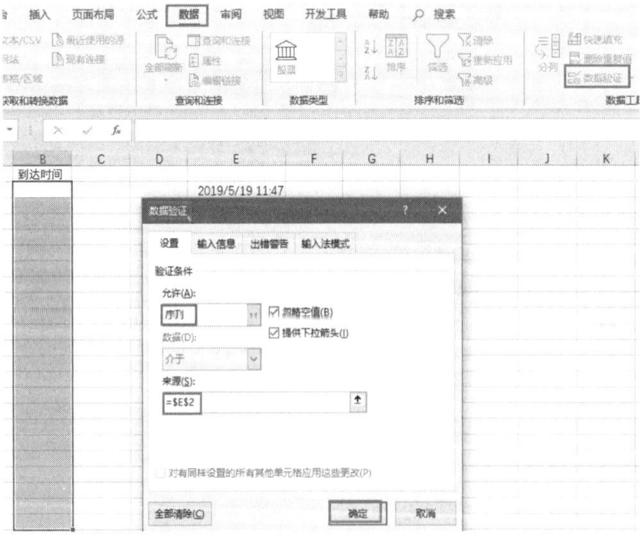

图 1-93　设置“设置”选项卡

图 1-94　设置“输入信息”选项卡

（3）设置时间格式，如图 1-95 所示。最后，单击“确定”按钮即可。

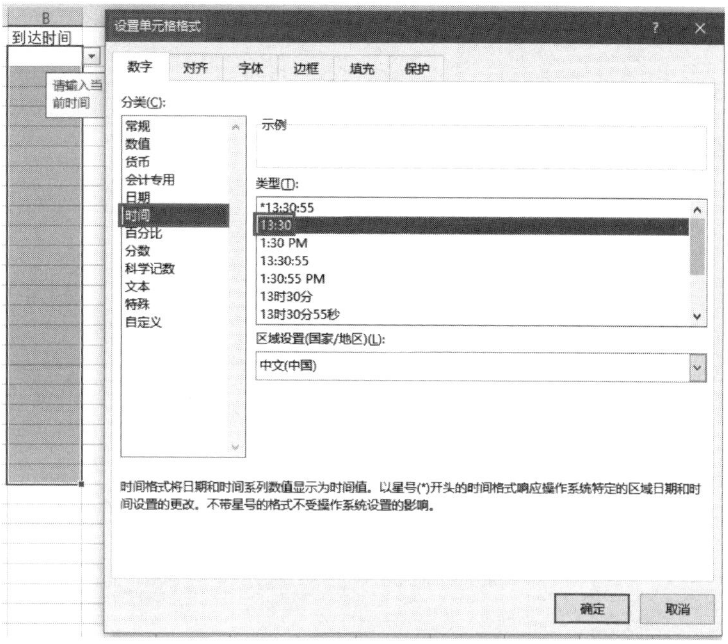

图 1-95　设置时间格式

1.3.4　数据输入不规范，部分数据带数量单位，此时怎么计算平均值

【问题】

某公司进行员工考核，并将考核分数录入 Excel 表格中，但这些考核分数被录入得不规范，如图 1-96 所示，部分考核分数带有数量单位“分”。现在要计算员工平均的考核分数。

	A	B
1	姓 名	考核分数
2	王一	75
3	张二	82分
4	林三	68
5	胡四	78
6	吴五	79分
7	章六	68
8	陆七	88
9	苏八	91分
10	韩九	65
11	平均分	

图 1-96　不规范数据

【实现方法】

（1）统一去单位。

数量单位“分”属于文本，不能参与计算。所以，在写公式时，首先要把单位去除。

去除数量单位“分”文本要用 SUBSTITUTE 函数，即{=SUBSTITUTE(B2:B10,"分",)}。因为要进行的是数组计算，所以按 Ctrl+Shift+Enter 组合键执行计算，如图 1-97 所示。

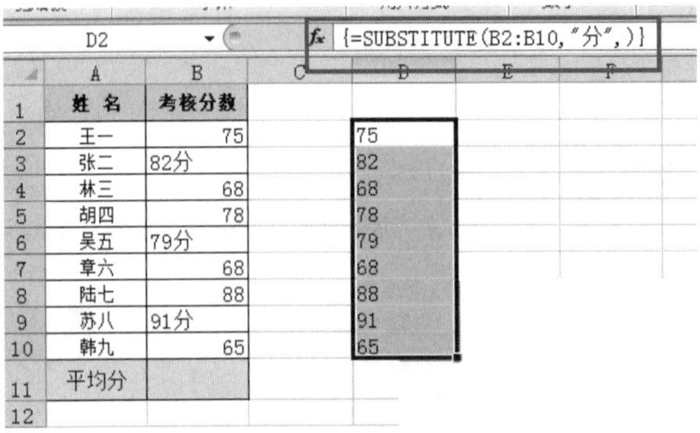

图 1-97　统一去数量单位“分”

（2）计算平均值。在 B11 单元格中输入公式“{=AVERAGE(--SUBSTITUTE(B2:B10,"分",))}”，按 Ctrl+Shift+ Enter 组合键执行计算，如图 1-98 所示。

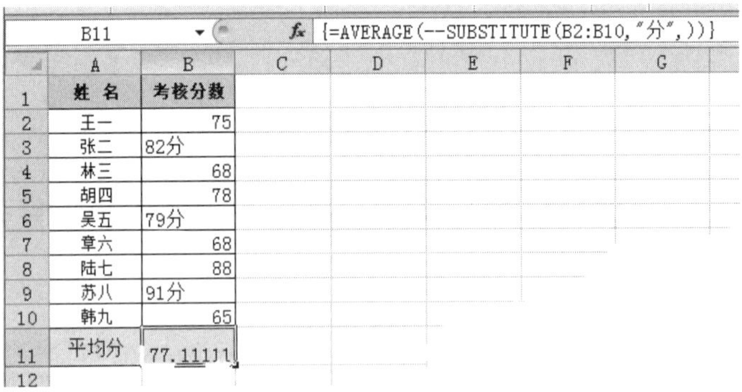

图 1-98　计算平均值

其中，公式内“--”为“减负运算”，SUBSTITUTE(B2:B10,"分",)的结果是一串文本，前面加一个“-”，表示通过取负数将文本转换成数值，再加一个“-”，即负负得正。

“减负运算”常用于将文本转换为数值，如图 1-99 所示。

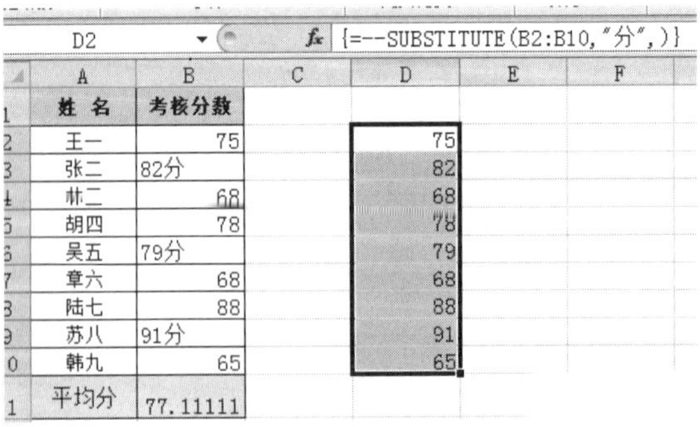

图 1-99　减负运算

（3）规范数据，使其保留两位小数。将 B11 单元格中输入的公式完善为“{=ROUND (AVERAGE(--SUBSTITUTE (B2:B10,″分″,)),2)}”，使最终数据保留两位小数，如图 1-100 所示。

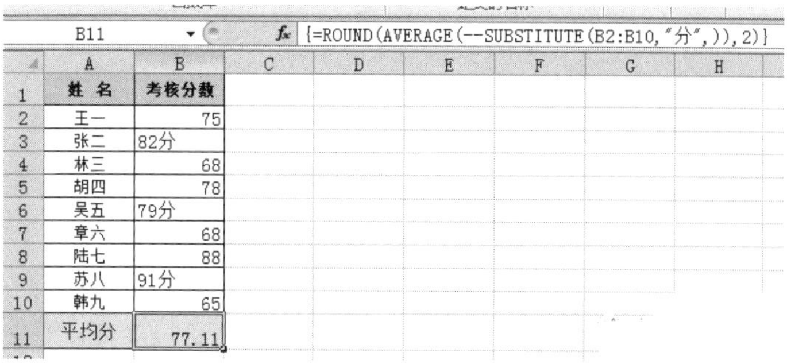

图 1-100 使最终数据保留两位小数

1.3.5 一键添加“能计算”的数量单位

【问题】

在很多正规的 Excel 表格中，数量单位是不可缺少的。但在很多时候，添加数量单位会妨碍统计计算的，其原因是数量单位是文本，数字和文本混合在一个单元格中，是不可能进行加、减、乘、除等统计计算的。

通过自定义单元格格式，既可以添加数量单位，又不妨碍统计计算。

【实现方法】

选中数据单元格区域，右击，在弹出的快捷菜单中选择“设置单元格格式”命令，打开“设置单元格格式”对话框。在“分类”中选择“自定义”，直接在“类型”的“G/通用格式”后输入数量单位，就可以了，如图 1-101 和图 1-102 所示。

这是一种非常快捷的规范数据的方式。

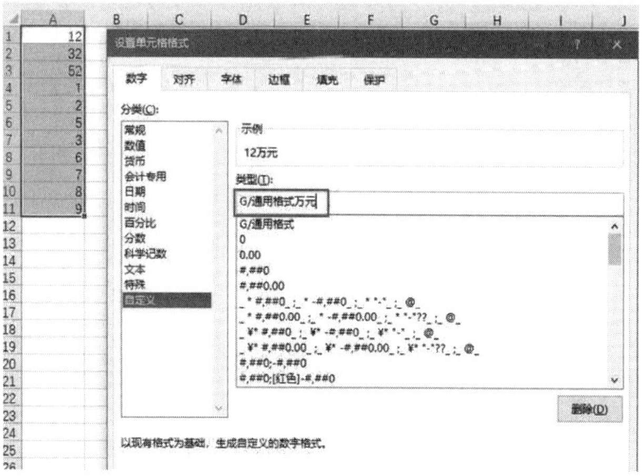

图 1-101 设置统一单位

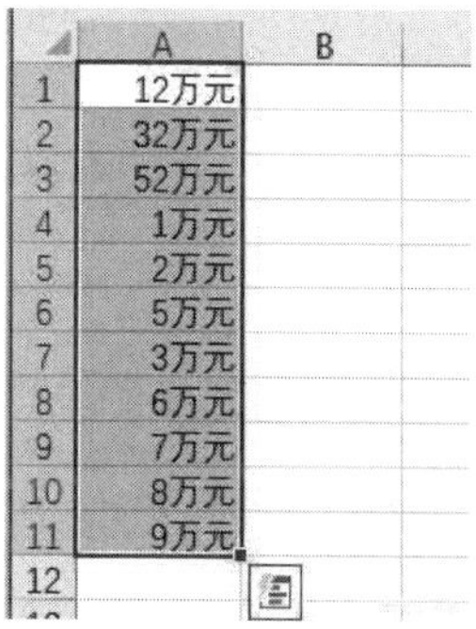

图 1-102 设置统一单位的结果

1.3.6 使用多级联动菜单规范数据输入

【问题】

人事部每次下发 Excel 表格给员工去填写。但在交上来的 Excel 表格中，数据都被填写得不规范，这给统计工作带来很多麻烦。

使用多级联动菜单，可以有效规范数据输入。

联动菜单的使用如图 1-103 和图 1-104 所示，对单元格中输入的内容根据上一层菜单做了限制。

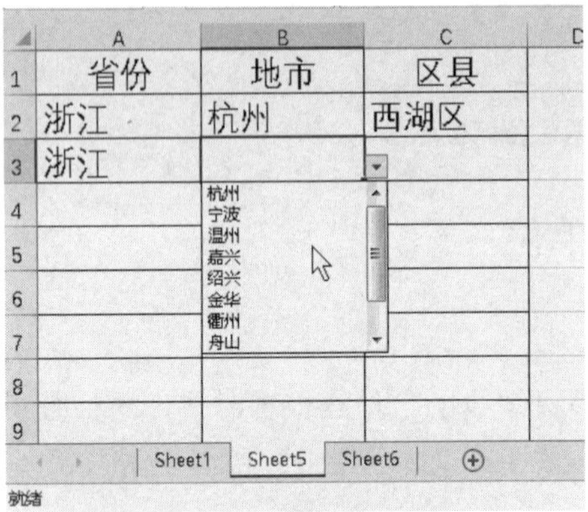

图 1-103 根据省份选择地市

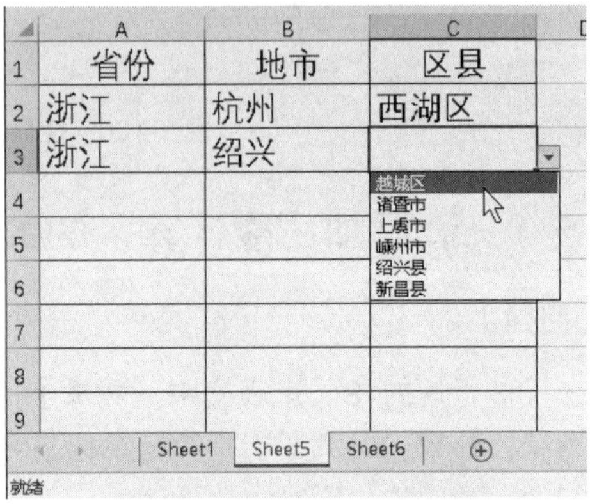

图 1-104 根据地市选择区县

【实现方法】

（1）分级数据整理。如图 1-105 所示，红色（深颜色）部分的省份数据是一级菜单，黄色（浅颜色）部分的地市数据是二级菜单，无填充部分的数据是三级区县数据。

	A	B	C	D	E	F	G	H
1	省份	浙江	山东	杭州	绍兴	济南	青岛	聊城
2	浙江	杭州	济南	上城区	越城区	历下区	市南区	东昌府区
3	山东	宁波	青岛	下城区	诸暨市	市中区	市北区	开发区
4		温州	淄博	江干区	上虞市	槐荫区	四方区	临清市
5		嘉兴	枣庄	拱墅区	嵊州市	天桥区	李沧区	冠县
6		绍兴	东营	西湖区	绍兴县	历城区	崂山区	莘县
7		金华	烟台	滨江区	新昌县	长清区	城阳区	阳谷县
8		衢州	潍坊	萧山区		章丘市	黄岛区	东阿县
9		舟山	济宁	余杭区		平阴县	即墨市	茌平县
10		台州	泰安	建德市		济阳县	胶州市	高唐县
11		丽水	威海	富阳市		商河县	胶南市	
12			日照			高新区	平度市	
13			莱芜				莱西市	
14			临沂					
15			德州					
16			聊城					
17			滨州					
18			菏泽					

图 1-105 分级数据整理

（2）自定义名称。选中分级后的数据单元格区域，单击“公式”→“定义名称”→“根据所选内容创建”，在弹出的“根据所选内容创建名称”对话框中，勾选“首行”项，单击“确定”按钮，如图 1-106 所示。

图 1-106 创建名称

在打开的“名称管理器”对话框中，可以看到已经建立的名称，如图 1-107 所示。

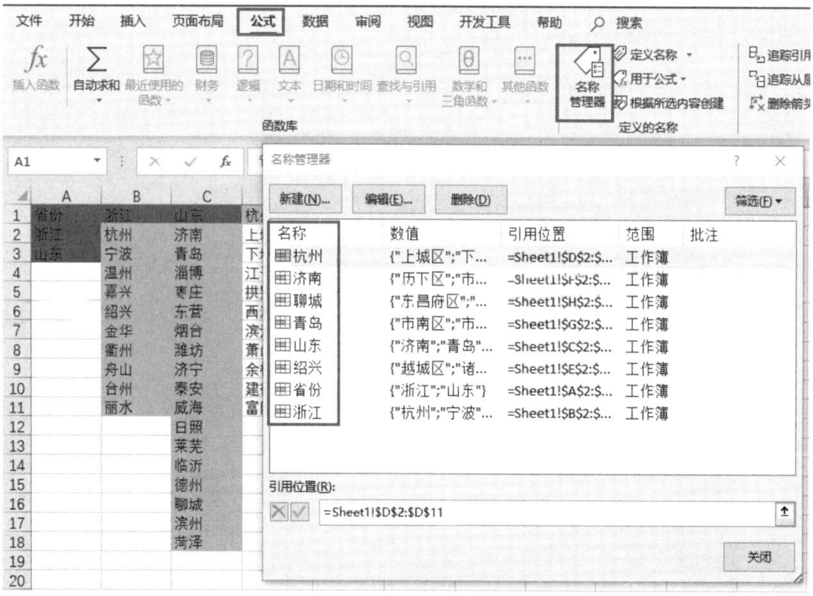

图 1-107 “名称管理器”对话框

（3）建立各级菜单。

一级菜单：选中要添加省份的单元格区域，单击“数据”→“数据验证”，在打开的“数据验证”对话框的“设置”选项卡中，将“允许”设为“序列”，在“来源”中输入公式“=省份”，“省份”是上一步建立的名称之一，如图 1-108 所示。

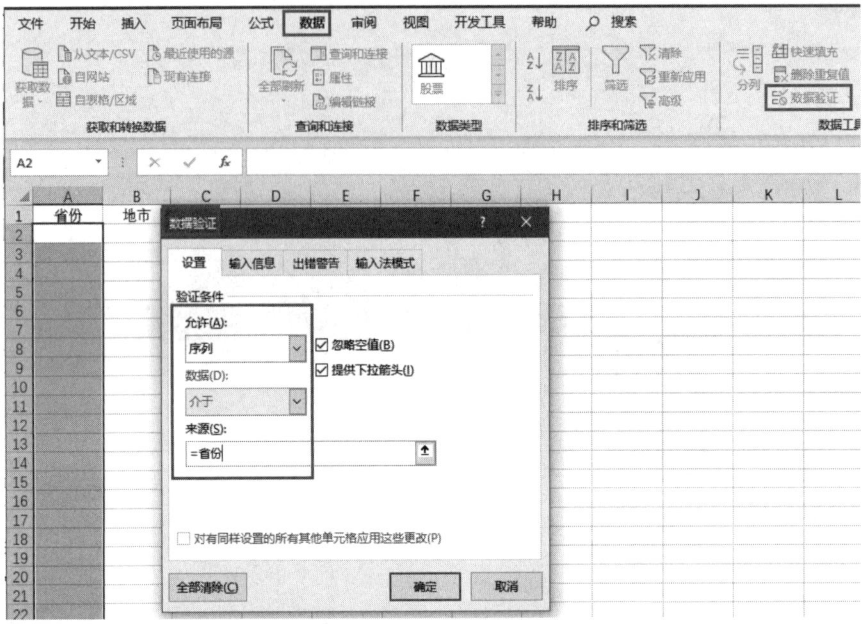

图 1-108　建立一级菜单

二级菜单：选中要添加地市的单元格区域，单击“数据”→“数据验证”，在打开的“数据验证”对话框的“设置”选项卡中，将“允许”设为“序列”，在“来源”中输入公式“=INDIRECT($A2)”，如图 1-109 所示。

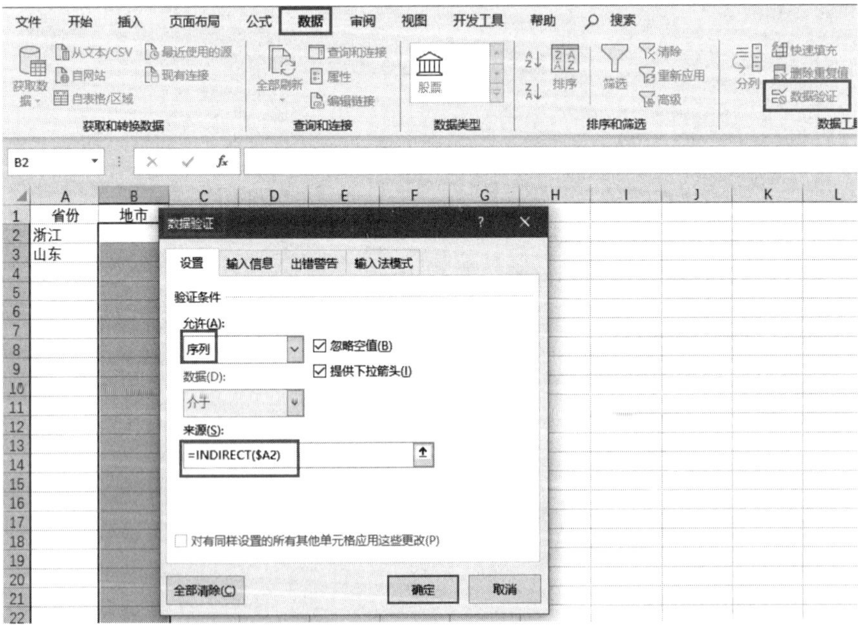

图 1-109　建立二级菜单

三级菜单：选中要添加区县的单元格区域，单击“数据”→“数据验证”，在打开的“数据验证”对话框的“设置”选项卡中，将“允许”设为“序列”，在“来源”中输入公式“=INDIRECT($B2)”，单击“确定”按钮，如图 1-110 所示。

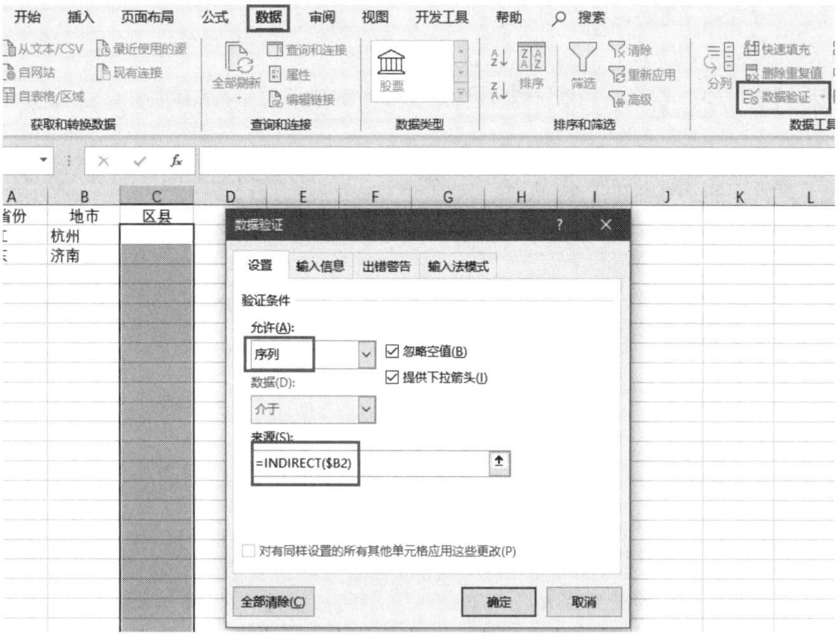

图 1-110 建立三级菜单

1.3.7 处理不能计算的“数值”

【问题】

如图 1-111 所示，在 A2:A11 单元格区域内，既有数值型数字，又有文本型数字。文本型数字是不能直接参与计算的，所以直接用求和公式是计算不出正确结果的。

图 1-111 数值型数字与文本型数字夹杂，影响计算

【实现方法】

1）选择性粘贴

复制 A2:A11 单元格区域。将光标定位在 B2 单元格，右击，在弹出的快捷菜单中选择“选择性粘贴”命令，如图 1-112 所示。在打开的对话框中，在“运算”中选择“加”项，如图 1-113 所示。

通过上述步骤，将 A2:A11 单元格区域中的文本型数字转换成了数值型数字，即可进行正常计算。

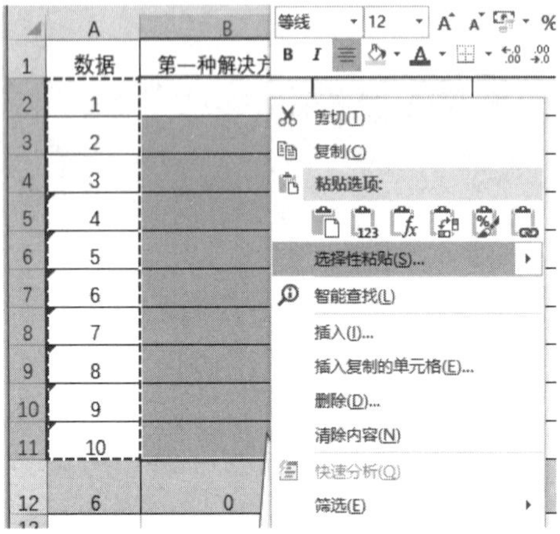

图 1-112 “选择性粘贴”命令

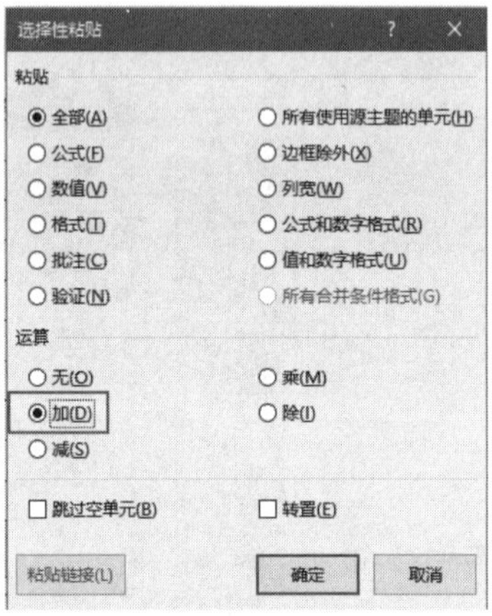

图 1-113 选择“加”项

2）数据分列

选中 A2:A11 单元格区域，单击“数据”菜单“数据工具”功能区中的“分列”按钮，在打开的“文本分列向导”对话框的“目标区域”中输入公式“=$C$2”，单击“完成”按钮，则将 A2:A11 单元格区域中的文本型数字转换成了数值型数字，如图 1-114 所示。

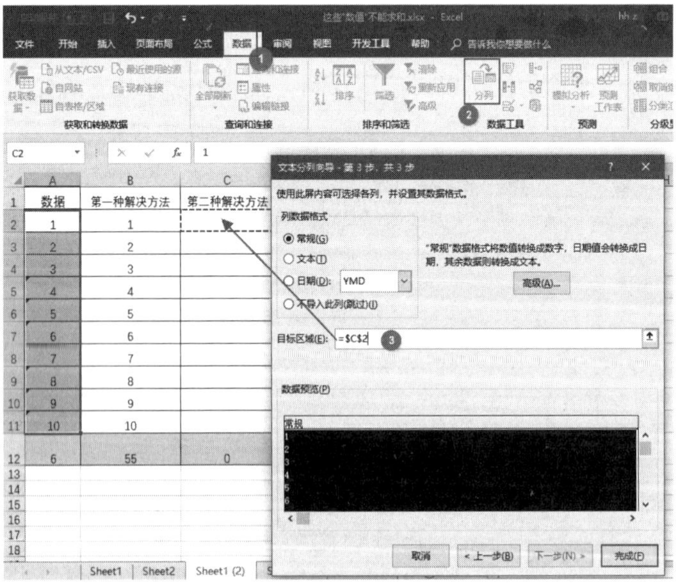

图 1-114 “文本分列向导”对话框

3）VALUE 函数

在 D2 单元格中输入公式“=VALUE(A2)”，可将 A2 单元格数字转换成数值型数字，再将公式向下填充，即可将 A2:A11 单元格区域中文本型数字转换为数值型数字，如图 1-115 所示。

4）SUMPRODUCT 函数

在 E12 单元格中输入公式“=SUMPRODUCT(--E2:E11)”，即可完成 A2:A11 单元格区域求和运算，如图 1-116 所示。

	A	B	C	D
1	数据	第一种解决方法	第二种解决方法	第三种解决方法
2	1	1	1	1
3	2	2	2	2
4	3	3	3	3
5	4	4	4	4
6	5	5	5	5
7	6	6	6	6
8	7	7	7	7
9	8	8	8	8
10	9	9	9	9
11	10	10	10	10
12	6	55	55	55

图 1-115　利用 VALUE 函数

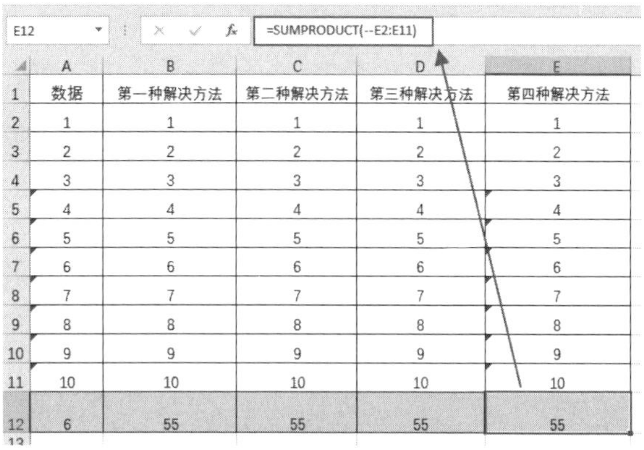

	A	B	C	D	E
1	数据	第一种解决方法	第二种解决方法	第三种解决方法	第四种解决方法
2	1	1	1	1	1
3	2	2	2	2	2
4	3	3	3	3	3
5	4	4	4	4	4
6	5	5	5	5	5
7	6	6	6	6	6
8	7	7	7	7	7
9	8	8	8	8	8
10	9	9	9	9	9
11	10	10	10	10	10
12	6	55	55	55	55

图 1-116　利用 SUMPRODUCT 函数

1.3.8　规范全角、半角数据

【问题】

如图 1-117 所示，“详址”一栏中的数字既有全角的又有半角的，如果数据少，通过手工修改即可实现数据全角或半角的统一，但如果数据量大，通过手工修改实现数据全角或半角的统一是不现实的。

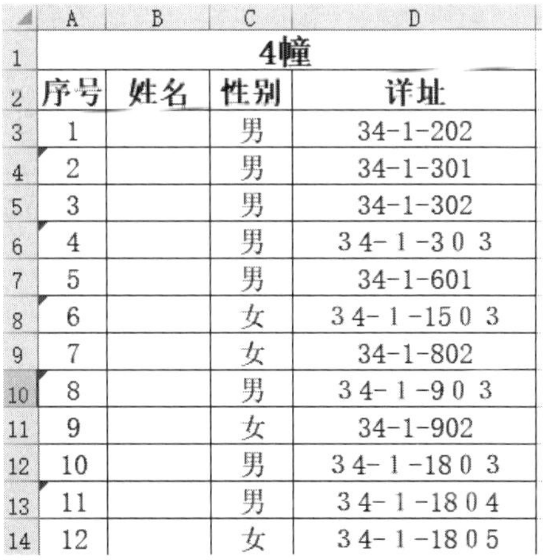

	A	B	C	D
1	4幢			
2	序号	姓名	性别	详址
3	1		男	34-1-202
4	2		男	34-1-301
5	3		男	34-1-302
6	4		男	３４-１-３０３
7	5		男	34-1-601
8	6		女	３４-１-15０３
9	7		女	34-1-802
10	8		男	３４-１-９０３
11	9		女	34-1-902
12	10		男	３４-１-18０３
13	11		男	３４-１-18０４
14	12		女	３４-１-18０５

图 1-117　全角、半角混杂的数据

【实现方法】

（1）在 E3 单元格中输入公式“=ASC(D3)”，按 Enter 键执行计算，然后将公式向下填充。ASC 函数的作用是将全角（双字节）字符转换成半角（单字节）字符，如图 1-118 所示。

（2）在 F3 单元格中输入公式“=WIDECHAR(D3)”，按 Enter 键执行计算，然后将公式向下填充。WIDECHAR 函数的作用是将半角（单字节）字符转换成全角（双字节）字符，如图 1-119 所示。

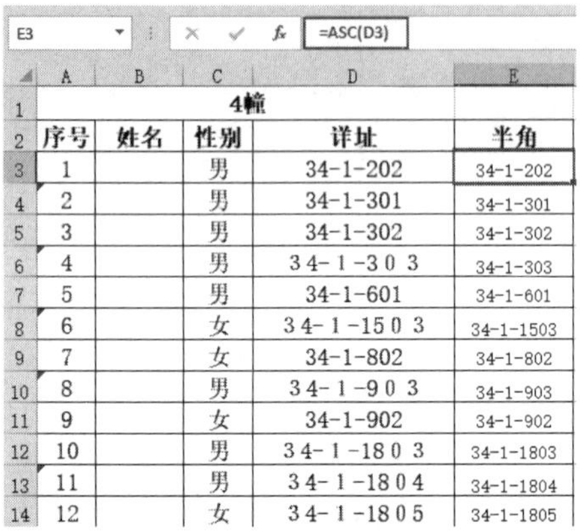

E3 =ASC(D3)

	A	B	C	D	E
1	4幢				
2	序号	姓名	性别	详址	半角
3	1		男	34-1-202	34-1-202
4	2		男	34-1-301	34-1-301
5	3		男	34-1-302	34-1-302
6	4		男	３４-１-３０３	34-1-303
7	5		男	34-1-601	34-1-601
8	6		女	３４-１-15０３	34-1-1503
9	7		女	34-1-802	34-1-802
10	8		男	３４-１-９０３	34-1-903
11	9		女	34-1-902	34-1-902
12	10		男	３４-１-18０３	34-1-1803
13	11		男	３４-１-18０４	34-1-1804
14	12		女	３４-１-18０５	34-1-1805

图 1-118　ASC 函数

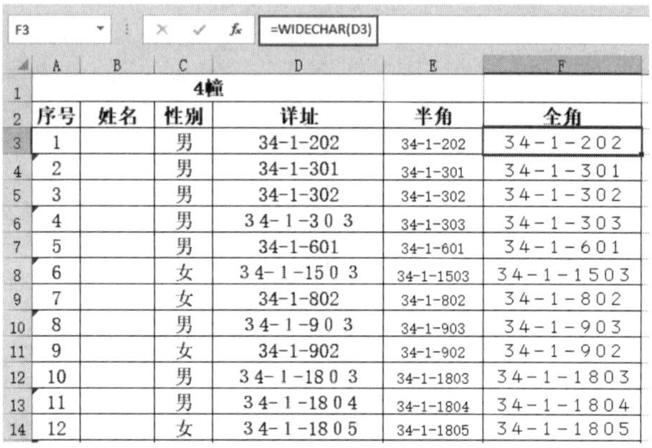

F3 =WIDECHAR(D3)

	A	B	C	D	E	F
1	4幢					
2	序号	姓名	性别	详址	半角	全角
3	1		男	34-1-202	34-1-202	３４－１－２０２
4	2		男	34-1-301	34-1-301	３４－１－３０１
5	3		男	34-1-302	34-1-302	３４－１－３０２
6	4		男	３４-１-３０３	34-1-303	３４－１－３０３
7	5		男	34-1-601	34-1-601	３４－１－６０１
8	6		女	３４-１-15０３	34-1-1503	３４－１－１５０３
9	7		女	34-1-802	34-1-802	３４－１－８０２
10	8		男	３４-１-９０３	34-1-903	３４－１－９０３
11	9		女	34-1-902	34-1-902	３４－１－９０２
12	10		男	３４-１-18０３	34-1-1803	３４－１－１８０３
13	11		男	３４-１-18０４	34-1-1804	３４－１－１８０４
14	12		女	３４-１-18０５	34-1-1805	３４－１－１８０５

图 1-119　WIDECHAR 函数

1.3.9　数字与文本分离的方法

【问题】

如图 1-120 所示，为规范数据，如何将 A 列中的姓名和工号分开到 B 列和 C 列呢？

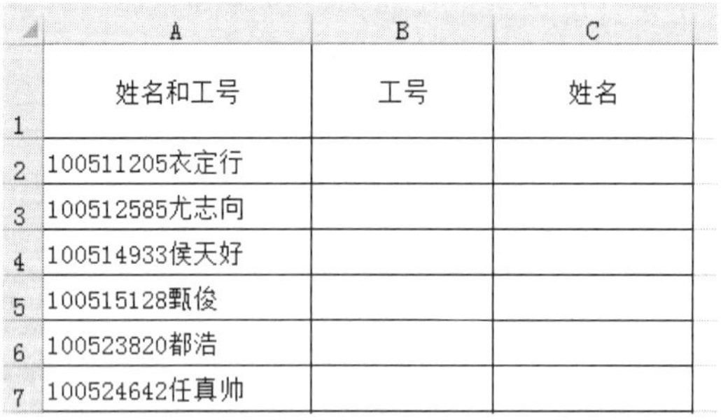

	A	B	C
1	姓名和工号	工号	姓名
2	100511205衣定行		
3	100512585尤志向		
4	100514933侯天好		
5	100515128甄俊		
6	100523820都浩		
7	100524642任真帅		

图 1-120　姓名和工号在同一单元格中

【实现方法】

1）函数法

（1）先将文本分离。在 C2 单元格中输入公式“=RIGHT(A2,LENB(A2)- LEN(A2))”，按 Enter 键执行计算，再将公式向下填充，即可提取所有员工姓名，如图 1-121 所示。

C2 =RIGHT(A2,LENB(A2)-LEN(A2))

	A	B	C	D
1	姓名和工号	工号	姓名	
2	100511205衣定行		衣定行	
3	100512585尤志向		尤志向	
4	100514933侯天好		侯天好	
5	100515128甄俊		甄俊	
6	100523820都浩		都浩	
7	100524642任真帅		任真帅	

图 1-121　利用函数提取员工姓名

【公式解析】

● LENB(A2)和 LEN(A2)：都用于计算 A2 单元格的字符数，不同的是，LENB 函数是将每个汉字的字符数按照 2 进行计算的，而 LEN 函数是将每个汉字的字符数按照 1 计算的，所以，两者的差值是汉字的个数。

● =RIGHT(A2,LENB(A2)-LEN(A2))：是指从 A2 单元格的字符右侧开始按照汉字个数取出汉字。

（2）再将数字分离。在 B2 单元格中输入公式“=LEFT(A2,LENB(A2)-LENB(C2))”，向下填充，即可提取所有员工的工号，如图 1-122 所示。

B2 =LEFT(A2,LENB(A2)-LENB(C2))

	A	B	C	D
1	姓名和工号	工号	姓名	
2	100511205衣定行	100511205	衣定行	
3	100512585尤志向	100512585	尤志向	
4	100514933侯天好	100514933	侯天好	
5	100515128甄俊	100515128	甄俊	
6	100523820都浩	100523820	都浩	
7	100524642任真帅	100524642	任真帅	

图 1-122　利用函数提取员工的工号

【公式解析】

● LENB(A2)-LENB(C2)：是指用 A2 单元格中的字符数减去 C2 单元格中的字符数，即数字的个数。

● =LEFT(A2,LENB(A2)-LENB(C2))：是指从 A2 单元格数据的最左侧开始按数字个数取出所有数字。

2）分列法

选中要分列的数字与文本单元格区域，单击“数据”→“分列”，在打开的“文本分列向导-第 1 步”对话框中选择“固定宽度”命令，然后单击“下一步”按钮，如图 1-123 所示。

图 1-123　选择固定列宽

在“文本分列向导-第 2 步”对话框中的“数据预览”区，在标尺上对准数字与文字分界处单击，会出现一条分隔线，如图 1-124 所示，单击“下一步“按钮。

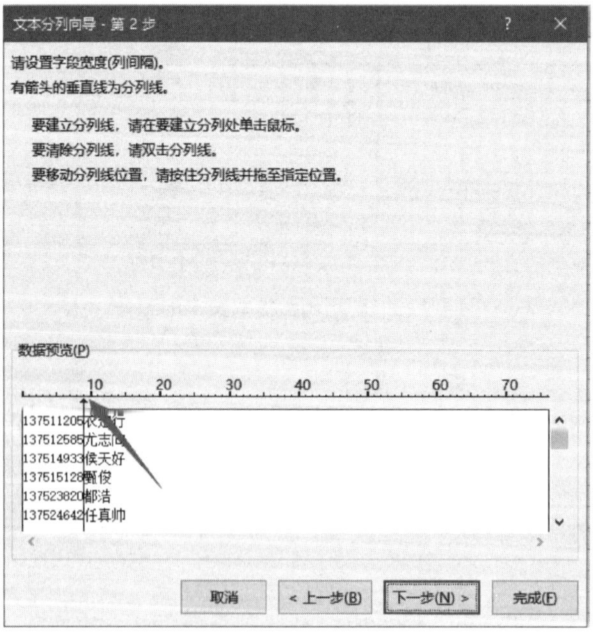

图 1-124　添加分割线

在“文本分列向导-第 3 步”对话框中，选择“目标区域”为 B2，即“=$B$2”，分离后的数字和文本以 B2 单元格为起始位置向后填充，如图 1-125 所示。分列结果如图 1-126 所示。

图 1-125 选择数据放置目标区域

	A	B	C
1	姓名和工号	工号	姓名
2	100511205衣定行	100511205	衣定行
3	100512585尤志向	100512585	尤志向
4	100514933侯天好	100514933	侯天好
5	100515128甄俊	100515128	甄俊
6	100523820都浩	100523820	都浩
7	100524642任真帅	100524642	任真帅

图 1-126 分列结果

但这种分列方式，仅限于要分离的两个部分中第一部分位数一致的情况，如本示例中，工号的位数是一致的。

3）快速填充法

快速填充是 Excel 2016 特有的填充方式，不用函数就可以实现数字与文本的分离，且不受数字与文本个数的限制。

将第 1 位员工的工号输入 B2 单元格中，按住鼠标左键拖动填充柄往下填充，单击“自动填充选项”，→“快速填充”，如图 1-127 所示，即可完成工号提取。姓名的提取也可用同样方法完成。

快速填充也可以使用 Ctrl+E 组合键，只要录入第一个单元格，直接按 Ctrl+E 组合键，就实现了向下所有单元格数据的填充。

	A	B	C	D
1	姓名和工号	工号	姓名	
2	100511205衣定行	100511205		
3	100512585尤志向	100512585		
4	100514933侯天好	100514933		
5	100515128甄俊	100515128		
6	100523820都浩	100523820		
7	100524642任真帅	100524642		
8	100513953党明星	100513953		

图 1-127　快速填充

1.3.10　LOOKUP+FIND 函数组合规范标准名称

【问题】

作为管理或者统计工作者，从各个部门收集上来的数据往往填写得非常不规范，如图 1-128 所示。

	A	B
1	商品名称	标准名称
2	24口交换机	
3	4口路由	
4	MF3010	
5	艾泰交换机	
6	艾泰路由	
7	艾泰路由器	
8	仓库打印机	
9	佳能打印机	
10	明基投影仪	
11	佳能一体机	
12	交换机	
13	路由器	
14	明基投影机	
15	投影机	

图 1-128　不规范的数据

A 列中同样的设备，填写的名称不一样，这将给后期的数据统计与分析带来麻烦。因此要把这些不规范的设备名称改写成标准名称。

【实现方法】

（1）建立关键字与标准名称的对应表。首先对不规则的商品名称进行分析，提取出关键字，再建立关键字与标准名称之间的对应关系表，如图 1-129 所示。

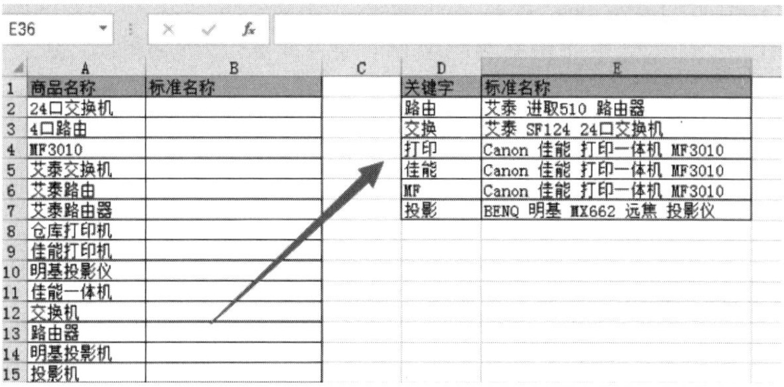
E36

	A	B	C	D	E
1	商品名称	标准名称		关键字	标准名称
2	24口交换机			路由	艾泰 进取510 路由器
3	4口路由			交换	艾泰 SF124 24口交换机
4	MF3010			打印	Canon 佳能 打印一体机 MF3010
5	艾泰交换机			佳能	Canon 佳能 打印一体机 MF3010
6	艾泰路由			MF	Canon 佳能 打印一体机 MF3010
7	艾泰路由器			投影	BENQ 明基 MX662 远焦 投影仪
8	仓库打印机				
9	佳能打印机				
10	明基投影仪				
11	佳能一体机				
12	交换机				
13	路由器				
14	明基投影机				
15	投影机				

图 1-129 建立规范名称表

（2）函数实现。在 B2 单元格中输入公式“=LOOKUP(1,0/FIND($D$2:$D$7,A2),$E$2:$E$7)”，按 Enter 键执行计算，再将公式向下填充，就可以写出所有的标准名称，如图 1-130 所示（这种用来填写标准名称的方法，还可用在给物品分类）。

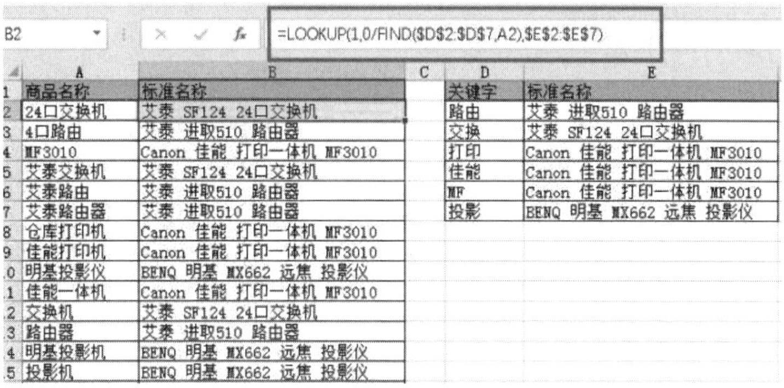
B2 =LOOKUP(1,0/FIND($D$2:$D$7,A2),$E$2:$E$7)

	A	B	C	D	E
1	商品名称	标准名称		关键字	标准名称
2	24口交换机	艾泰 SF124 24口交换机		路由	艾泰 进取510 路由器
3	4口路由	艾泰 进取510 路由器		交换	艾泰 SF124 24口交换机
4	MF3010	Canon 佳能 打印一体机 MF3010		打印	Canon 佳能 打印一体机 MF3010
5	艾泰交换机	艾泰 SF124 24口交换机		佳能	Canon 佳能 打印一体机 MF3010
6	艾泰路由	艾泰 进取510 路由器		MF	Canon 佳能 打印一体机 MF3010
7	艾泰路由器	艾泰 进取510 路由器		投影	BENQ 明基 MX662 远焦 投影仪
8	仓库打印机	Canon 佳能 打印一体机 MF3010			
9	佳能打印机	Canon 佳能 打印一体机 MF3010			
10	明基投影仪	BENQ 明基 MX662 远焦 投影仪			
11	佳能一体机	Canon 佳能 打印一体机 MF3010			
12	交换机	艾泰 SF124 24口交换机			
13	路由器	艾泰 进取510 路由器			
14	明基投影机	BENQ 明基 MX662 远焦 投影仪			
15	投影机	BENQ 明基 MX662 远焦 投影仪			

图 1-130 方法实现

【公式解析】

总公式为“=LOOKUP(1,0/FIND($D$2:$D$7,A2),$E$2:$E$7)”

- FIND($D$2:$D$7,A2)：FIND 函数返回一个字符串在另一个字符串中的起始位置，如果找不到要查找字符或字符串，返回错误值#VALUE!。

本示例中的含义是：依次查找$D$2:$D$7 区域中的关键字在 A2 字符串中的起始位置，如果查找到了，就返回关键字在 A2 字符串中的起始位置，如果查找不到，就返回错误值#VALUE!。

所以，本部分函数，在本示例中的返回值是由起始位置与错误值#VALUE!组成的数组（为描述方便，称为数组 1）：{#VALUE;4;#VALUE;#VALUE;#VALUE;#VALUE}。

- 0/FIND($D$2:$D$7,A2)：用 0 除以数组 1，得到由 0 和错误值#VALUE!组成的新数组（数组 2），即{#VALUE;0;#VALUE;#VALUE;#VALUE;#VALUE}。

● LOOKUP(1,0/FIND($D$2:$D$7,A2),$E$2:$E$7)：LOOKUP 函数用 1 作为查找值，由于在数组 2 中，所有的数字都小于 1，所以按照小于 1 的最大值 0 进行匹配，匹配出第 3 个参数$E$2:$E$7 数组与数组 2 中 0 对应位置的值，即 E3 单元格的数据。

1.3.11 给同一单元格的姓名和电话号码中间加分隔符号

【问题】

样表如图 1-131 所示，名字和电话号码都写在一个单元格中，这样太不规范了，须要在中间加个中文冒号“：”。

	A	B
1	姓名及联系方式	
2	林黛玉13111112221	
3	贾宝玉13222221212	
4	薛宝钗13322221111	
5	王熙凤13555550505	
6	贾琏13666661111	
7	焦大17070702222	
8	鲍二家的13113131313	

图 1-131　姓名和电话号码

【实现方法】

在 B2 单元格中输入公式“=REPLACEB(A2,SEARCHB("?",A2),0,"：")，按 Enter 键执行计算，然后将公式向下填充，即完成对所有单元格名字与电话号码之间“：”的添加，如图 1-132 所示。

B2　=REPLACEB(A2,SEARCHB("?",A2),0,"：")

	A	B	C	D	E
1	姓名及联系方式				
2	林黛玉13111112221	林黛玉：13111112221			
3	贾宝玉13222221212	贾宝玉：13222221212			
4	薛宝钗13322221111	薛宝钗：13322221111			
5	王熙凤13555550505	王熙凤：13555550505			
6	贾琏13666661111	贾琏：13666661111			
7	焦大17070702222	焦大：17070702222			
8	鲍二家的13113131313	鲍二家的：13113131313			

图 1-132　公式计算结果

【公式解析】

● SEARCHB("?",A2)：自左向右，查找并返回第一个数值字符在 A2 字符串中的位置。

● REPLACEB(A2,SEARCHB("?",A2),0,"：")：在 A2 字符串的第一个数值字符位置处开始替换，替换掉 0 个字符，也就是只添加一个“：”。

1.4　行列设置

1.4.1　快速删除空白行

【问题】

在用 Excel 处理数据时，由于添加、删除、剪切、复制等操作，经常会造成数据区出现空行的现象，这时要删除空行。

【实现方法】

（1）纯空白行，无其他空白单元格。

当数据区除了有整行空白，没有其他空白单元格时，采用快速删除空白行的方法为：按 Gtrl+G 组合键，打开“定位”对话框。单击“定位条件”按钮，打开“定位条件”对话框，“选择”栏下选择“空值”项，单击“确定”按钮后，右击，在弹出的快捷菜单中选择“删除”→“整行”，如图 1-133 所示。

图 1-133　删除整行

（2）既有空白行，又有空白单元格。

如果数据区域除了空白行，还有空白单元格，采用正确的方法是：

建立辅助列；在 H2 单元格中输入公式“=COUNTA(A2:G2)，按 Enter 键执行计算，然后将公式向下填充，如图 1-134 所示；筛选出辅助列中为 0 的行，并选中；按 Alt+；组合键，显示可见行，右击，在弹出的快捷菜单中选择“删除行”，如图 1-135 所示。Excel 2010 以上版本，可以直接将选中筛选出的行删除。

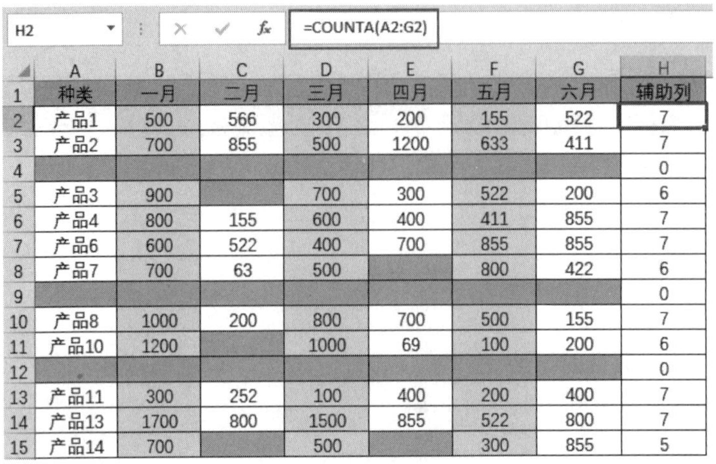

H2 =COUNTA(A2:G2)

	A	B	C	D	E	F	G	H
1	种类	一月	二月	三月	四月	五月	六月	辅助列
2	产品1	500	566	300	200	155	522	7
3	产品2	700	855	500	1200	633	411	7
4								0
5	产品3	900		700	300	522	200	6
6	产品4	800	155	600	400	411	855	7
7	产品6	600	522	400	700	855	855	7
8	产品7	700	63	500		800	422	6
9								0
10	产品8	1000	200	800	700	500	155	7
11	产品10	1200		1000	69	100	200	6
12								0
13	产品11	300	252	100	400	200	400	7
14	产品13	1700	800	1500	855	522	800	7
15	产品14	700		500		300	855	5

图 1-134　添加辅助列

图 1-135　删除空白行

1.4.2　插入行或删除行后，都可自动填写序号

【问题】

在数据处理过程中，插入行、删除行后，原有序号就会变得不连续了：新插入的行，序号是空的；删除行，序号则会间断了。

遇到这种情况，数据少时，可以手工修正，但数据如果有几千行，手工修正的效率就太低了。

【实现方法】

1）ROW 函数

用公式“=ROW()-1”代替原有序号，如图 1-136 所示。

因为序号是从第二行开始填写的，所以，序号=本行行号减 1。当插入新行后，原有行则被向下“推”，序号也自动改变。但是，新插入的行，序号并不会自动出现，须要采用公式来填充。

图 1-136　用公式 ROW()-1 代替原有序号

2）ROW 函数+表格

将序号用公式“=ROW()-1 代替”，再将原数据通过单击“插入”→“表格”转换为表格，即可实现序号自动出现，如图 1-137 所示。

但是，通过上述两种方法添加的序号，筛选以后，序号却不能从 1 开始，这将影响筛选结果的个数与后期的分类打印。

3）SUBTOTAL 函数

在 A2 单元格中输入公式“=SUBTOTAL(3,$B$2:B2)”， 按 Enter 键执行计算，再将公式向下填充。

这样得到的序号，无论怎么筛选，序号都是连续的，如图 1-138 所示。

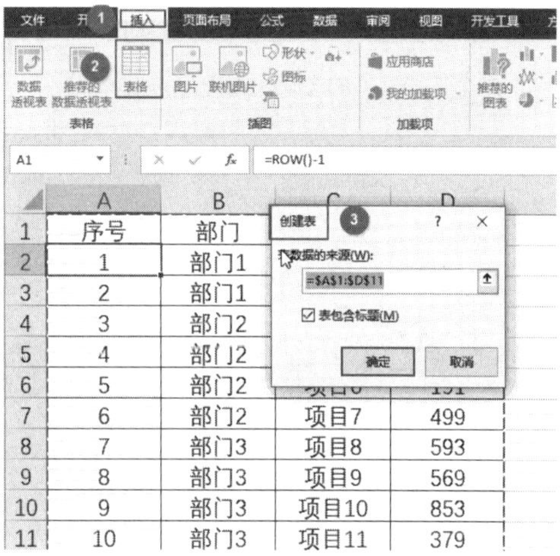

图 1-137　ROW 函数+表格

图 1-138　SUBTOTAL 函数

1.4.3　数据转置与跳过单元格复制

【问题】

如图 1-139 所示，能不能直接将表格 1 的数据转变成表格 3 的数据呢？能不能一次将表格 2 的所有红色斜体数字复制到表格 1 和表格 3 中呢？

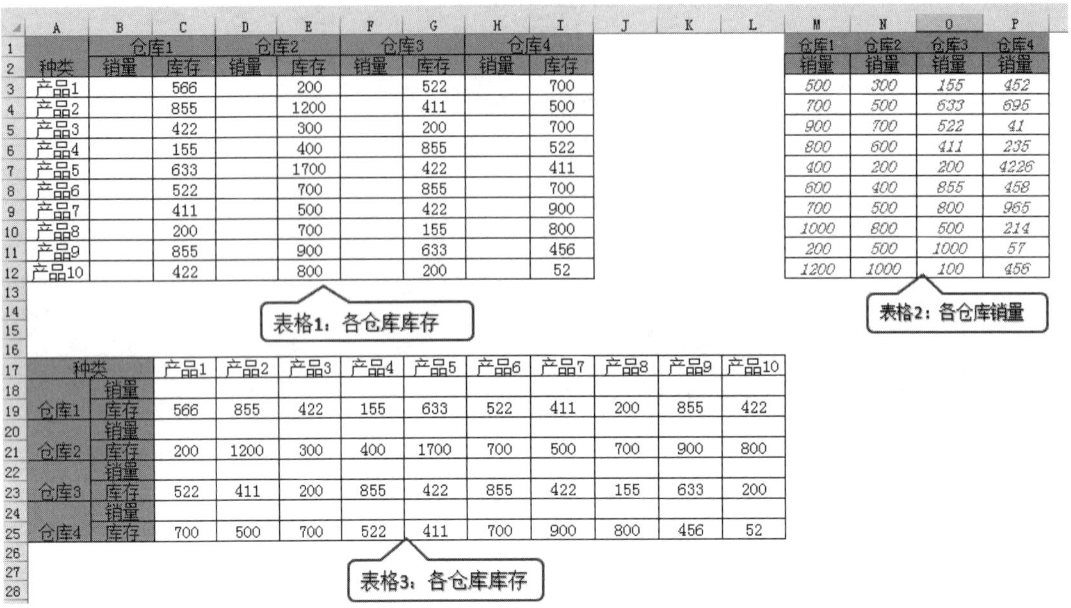

表格1：各仓库库存

种类	仓库1 销量	仓库1 库存	仓库2 销量	仓库2 库存	仓库3 销量	仓库3 库存	仓库4 销量	仓库4 库存
产品1		566		200		522		700
产品2		855		1200		411		500
产品3		422		300		200		700
产品4		155		400		855		522
产品5		633		1700		422		411
产品6		522		700		855		700
产品7		411		500		422		900
产品8		200		700		155		800
产品9		855		900		633		456
产品10		422		800		200		52

表格2：各仓库销量

仓库1 销量	仓库2 销量	仓库3 销量	仓库4 销量
500	*300*	*155*	*452*
700	*500*	*633*	*695*
900	*700*	*522*	*41*
800	*600*	*411*	*235*
400	*200*	*200*	*4226*
600	*400*	*855*	*458*
700	*500*	*800*	*965*
1000	*800*	*500*	*214*
200	*500*	*1000*	*57*
1200	*1000*	*100*	*456*

表格3：各仓库库存

种类		产品1	产品2	产品3	产品4	产品5	产品6	产品7	产品8	产品9	产品10
仓库1	销量										
	库存	566	855	422	155	633	522	411	200	855	422
仓库2	销量										
	库存	200	1200	300	400	1700	700	500	700	900	800
仓库3	销量										
	库存	522	411	200	855	422	855	422	155	633	200
仓库4	销量										
	库存	700	500	700	522	411	700	900	800	456	52

图 1-139　样表数据

【实现方法】

（1）选择性粘贴，数据转置的使用。

选择表格 1 全部数据，右击，在弹出的快捷菜单中选择“复制”命令，然后选中 A17 单元格，右击，在弹出的快捷菜单中选择“选择性粘贴”命令，在打开的“选择性粘贴”对话框中勾选“转置”项，单击“确定”按钮，即可得到表格 3，如图 1-140～图 1-143 所示。

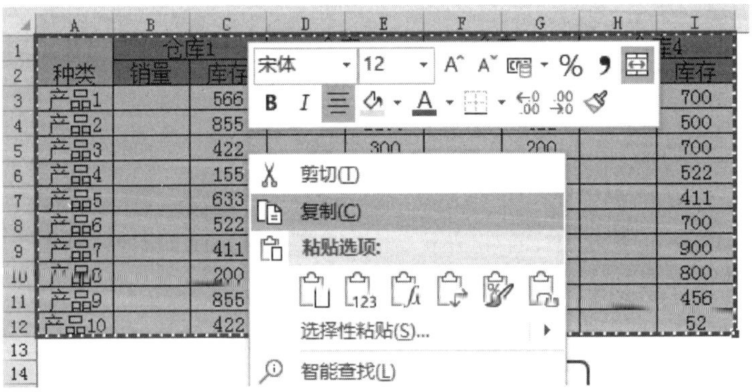

图 1-140　复制表格 1 数据

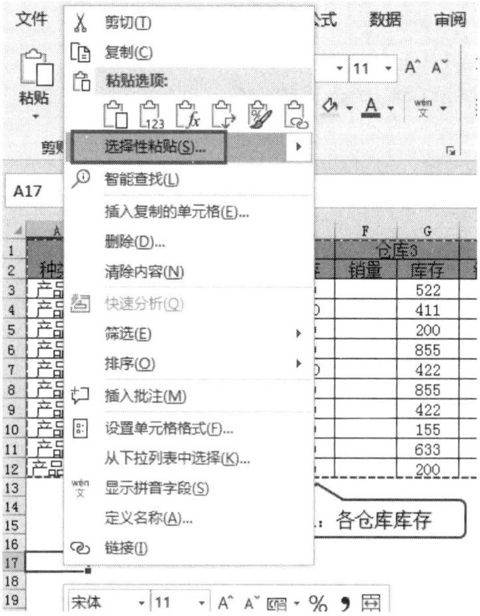

图 1-141　选择“选择性粘贴”

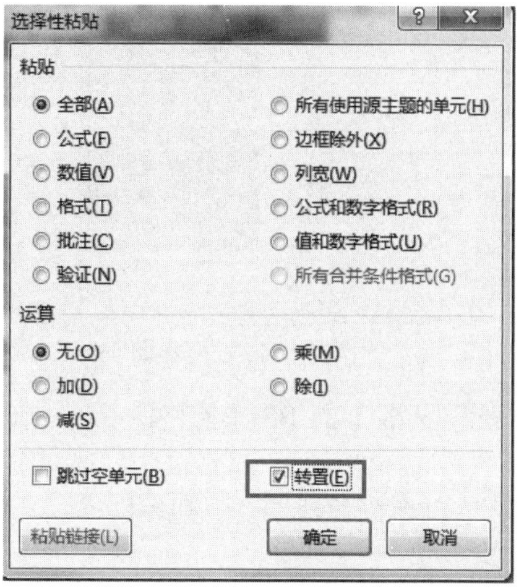

图 1-142　勾选转置

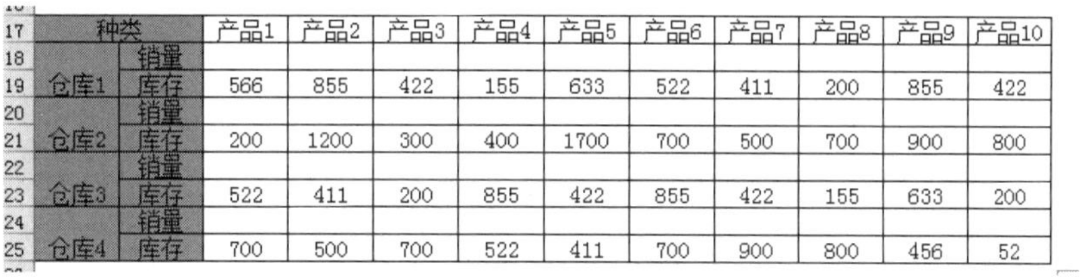

种类		产品1	产品2	产品3	产品4	产品5	产品6	产品7	产品8	产品9	产品10
仓库1	销量										
	库存	566	855	422	155	633	522	411	200	855	422
仓库2	销量										
	库存	200	1200	300	400	1700	700	500	700	900	800
仓库3	销量										
	库存	522	411	200	855	422	855	422	155	633	200
仓库4	销量										
	库存	700	500	700	522	411	700	900	800	456	52

图 1-143　行、列转置成表格 3

（2）跳过单元格复制。

在表格 2 中，先选中 N 列，再按住 Ctrl 键选中 O 列、P 列，右击，在弹出的快捷菜单中选择“插入”命令，即可在原来 O 列、P 列前插入空列，如图 1-144 和图 1-145 所示。

图 1-144　选择数据列

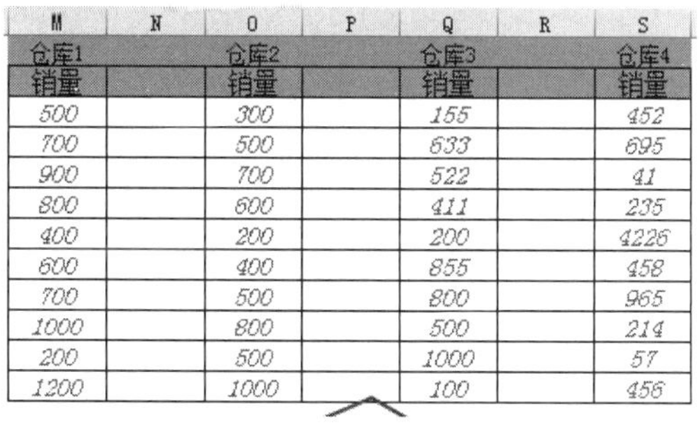

图 1-145　插入空白列

选择 M3:S12 数据区域，右击，在弹出的快捷菜单中选择“复制”命令，如图 1-146 所示。

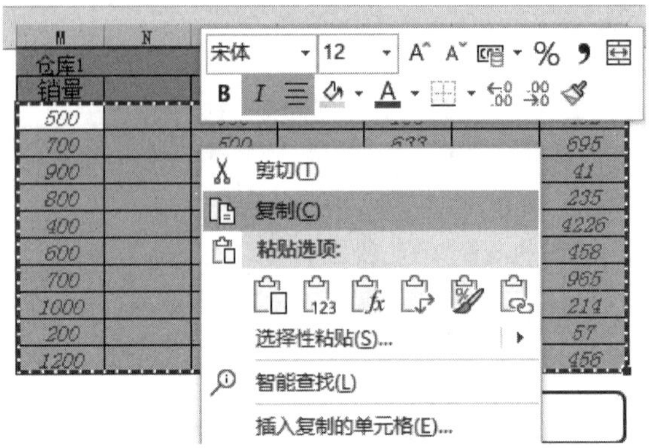

图 1-146　复制 M3:S12 数据区域

选中表格 1 的 B3 单元格，右击，在弹出的快捷菜单中选择“选择性粘贴”命令，在打开的“选择性粘贴”对话框中勾选“跳过空单元”项，单击“确定”按钮，即可将表格 2 的所有红色斜体数字复制到表格 1 中，如图 1-147～图 1-149 所示。

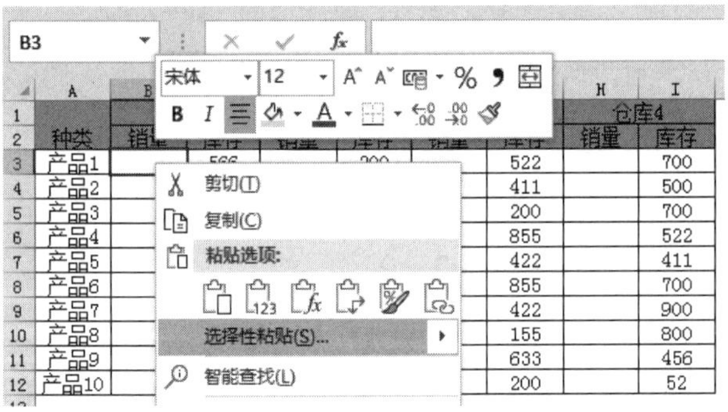

图 1-147　“选择性粘贴”命令

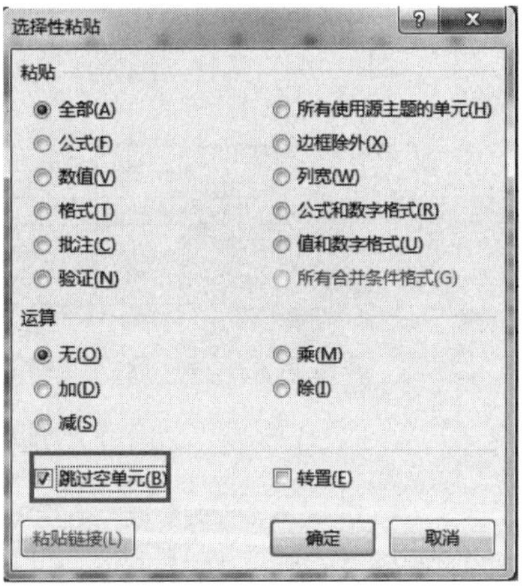

图 1-148　勾选“跳过空单元”

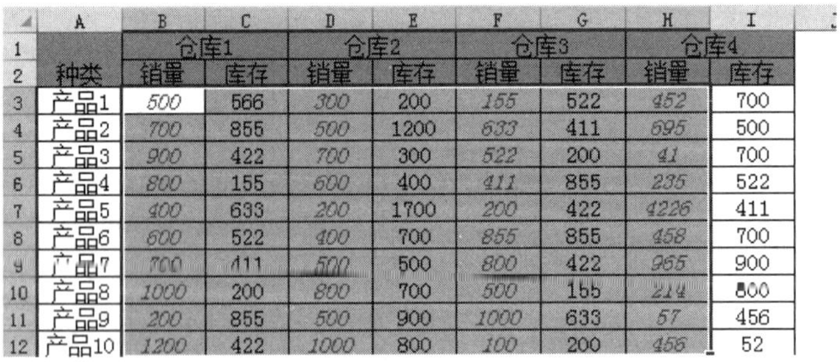

种类	仓库1 销量	仓库1 库存	仓库2 销量	仓库2 库存	仓库3 销量	仓库3 库存	仓库4 销量	仓库4 库存
产品1	500	566	300	200	155	522	452	700
产品2	700	855	500	1200	633	411	695	500
产品3	900	422	700	300	522	200	41	700
产品4	800	155	600	400	411	855	235	522
产品5	400	633	200	1700	200	422	4226	411
产品6	600	522	400	700	855	855	458	700
产品7	700	411	500	500	800	422	965	900
产品8	1000	200	800	700	500	155	214	800
产品9	200	855	500	900	1000	633	57	456
产品10	1200	422	1000	800	100	200	456	52

图 1-149　复制结果

选中表格 3 的 C17 单元格，右击，在弹出的快捷菜单中选择“选择性粘贴”命令，在打开的“选择性粘贴”对话框中勾选“跳过空单元”“转置”两项，单击“确定”按钮，即可将表格 2 的所有红色斜体数字复制到表格 3 中，如图 1-150 和图 1-151 所示。

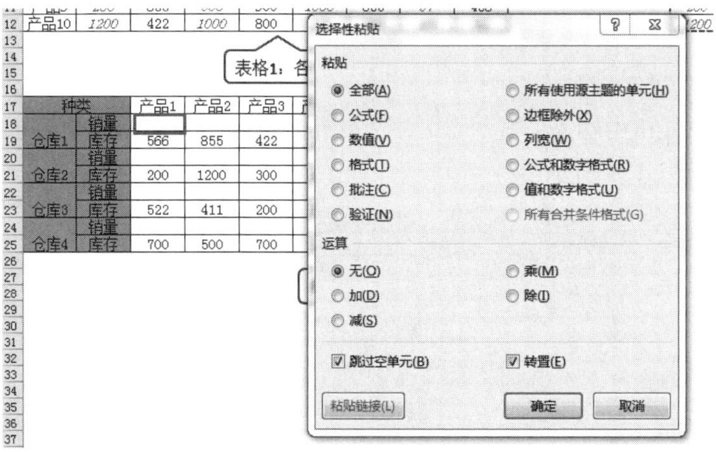

图 1-150　勾选“跳过空单元”“转置”

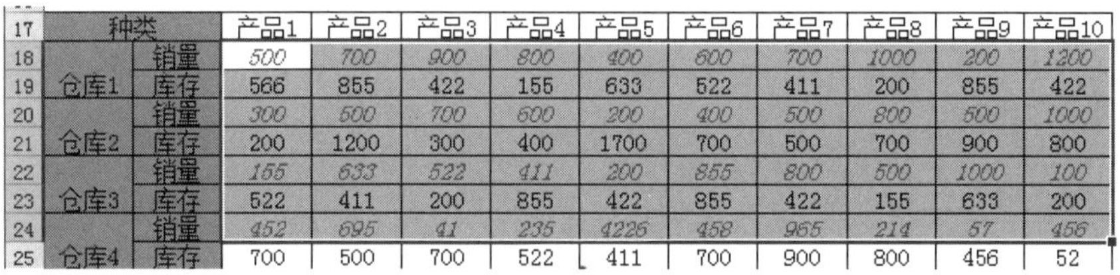

17	种类		产品1	产品2	产品3	产品4	产品5	产品6	产品7	产品8	产品9	产品10
18		销量	500	700	900	800	400	600	700	1000	200	1200
19	仓库1	库存	566	855	422	155	633	522	411	200	855	422
20		销量	300	500	700	600	200	400	500	800	500	1000
21	仓库2	库存	200	1200	300	400	1700	700	500	700	900	800
22		销量	155	633	522	411	200	855	800	500	1000	100
23	仓库3	库存	522	411	200	855	422	855	422	155	633	200
24		销量	452	695	41	235	4226	458	965	214	57	456
25	仓库4	库存	700	500	700	522	411	700	900	800	456	52

图 1-151　表格 3 的数据

1.4.4　最快捷的一列转多列方式

【问题】

数据如图 1-152 所示，如何将左侧 A 列数据快速转为右侧多行多列呢？

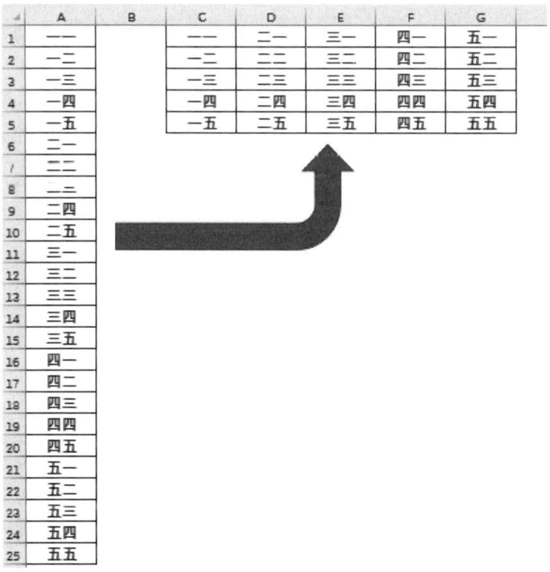

图 1-152　一列转多列示例数据

【实现方法】

（1）将数据复制到 C 列。

（2）在 D1 单元格中输入公式“=C6”，按 Enter 键执行计算。因为从 C6 开始名字将另起一列显示，如图 1-153 所示。

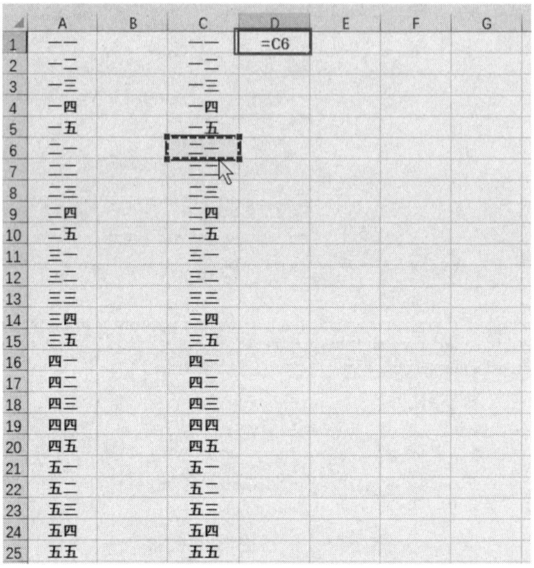

	A	B	C	D	E	F	G
1	一一		一一	=C6			
2	一二		一二				
3	一三		一三				
4	一四		一四				
5	一五		一五				
6	二一		二一				
7	二二		二二				
8	二三		二三				
9	二四		二四				
10	二五		二五				
11	三一		三一				
12	三二		三二				
13	三三		三三				
14	三四		三四				
15	三五		三五				
16	四一		四一				
17	四二		四二				
18	四三		四三				
19	四四		四四				
20	四五		四五				
21	五一		五一				
22	五二		五二				
23	五三		五三				
24	五四		五四				
25	五五		五五				

图 1-153　输入公式

（3）公式向下填充，再向右填充，在 C1:G5 区域会囊括原来一整列分布的数据。

（4）选中 D1:G5 区域，复制，再进行选择性粘贴，用数值覆盖原有的公式。

（5）删除 C1:G5 区域以外的数据。

一整列数据即可呈现为多列分布，如图 1-154 所示。

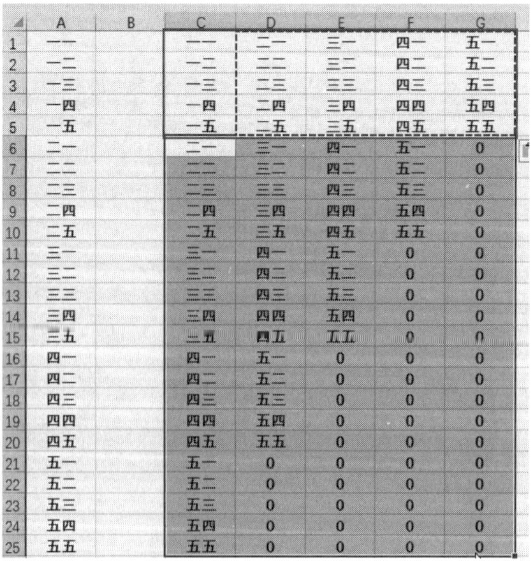

	A	B	C	D	E	F	G
1	一一		一一	二一	三一	四一	五一
2	一二		一二	二二	三二	四二	五二
3	一三		一三	二三	三三	四三	五三
4	一四		一四	二四	三四	四四	五四
5	一五		一五	二五	三五	四五	五五
6	二一		二一	三一	四一	五一	0
7	二二		二二	三二	四二	五二	0
8	二三		二三	三三	四三	五三	0
9	二四		二四	三四	四四	五四	0
10	二五		二五	三五	四五	五五	0
11	三一		三一	四一	五一	0	0
12	三二		三二	四二	五二	0	0
13	三三		三三	四三	五三	0	0
14	三四		三四	四四	五四	0	0
15	三五		三五	四五	五五	0	0
16	四一		四一	五一	0	0	0
17	四二		四二	五二	0	0	0
18	四三		四三	五三	0	0	0
19	四四		四四	五四	0	0	0
20	四五		四五	五五	0	0	0
21	五一		五一	0	0	0	0
22	五二		五二	0	0	0	0
23	五三		五三	0	0	0	0
24	五四		五四	0	0	0	0
25	五五		五五	0	0	0	0

图 1-154　数据呈现多列分布，并删除多余数据

1.4.5 聚光灯效果（阅读模式）改变当前行和列的颜色

【问题】

阅读模式，即通过鼠标单击到哪个单元格，该单元格对应的行和列都同时变成一种颜色。这种阅读模式，又叫聚光灯效果，能快速准确定位和修改相应数据，如图 1-155 所示。

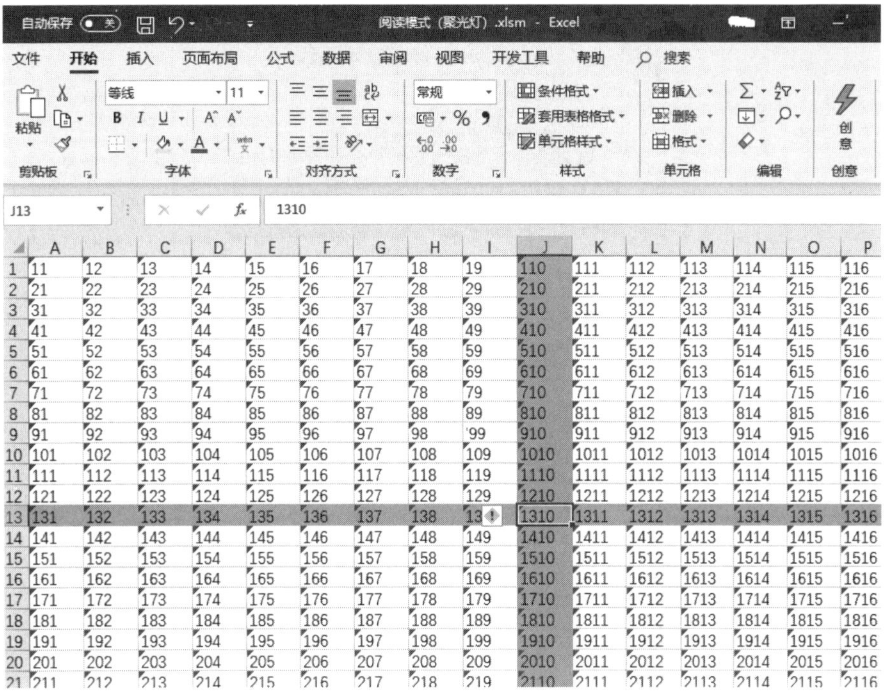

图 1-155　聚光灯效果

【实现方法】

（1）条件格式设计颜色。

选中数据区“开始”→“条件格式”→“新建规则”，弹出“新建规则”对话框。在打开的“编辑格式规则”对话框中选择“使用公式确定要设置格式的单元格”，然后输入公式“=(CELL("row")= ROW())+(CELL("col")=COLUMN())”，该公式的含义是，当前单元格的行号或列号等于活动单元格的行号列号时，执行条件格式，如图 1-156 所示。

虽然 CELL()是易失性函数，但在使用时，颜色并不能随活动单元格的变化而自动的随之移动，还要进一步设置。

（2）颜色随单元格改变而移动。

- 第 1 种方式，手动按 F9 键。先选择单元格，然后按 F9 键，行和列的颜色就移动到当前单元格了。但这种方式不是自动方式。
- 第 2 种方式，使用 VBA 代码。只要一小段 VBA 代码就能实现完全自动颜色的移动。按 Alt+F11 组合键，打开 VAB，执行如图 1-157 所示操作。

图 1-156　设置条件格式

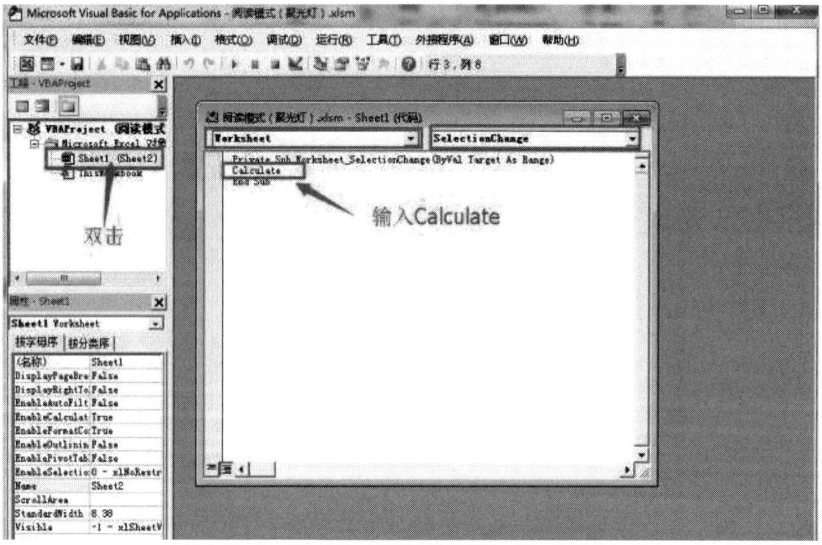

图 1-157　代码设置颜色随单元格移动

图 1-157 所示的这段代码的意思是，当活动单元格改变时就执行一次计算。

（3）工作簿的保存。

添加了 VBA 代码的工作簿一定要保存成“启用宏的工作簿”，下次打开后，要选择“启用宏”命令，才能正常使用。

1.4.6　将同部门员工姓名合并到同一单元格

【问题】

如图 1-158 所示，左侧每个员工姓名对应一个数据行，如何快速变成右侧每个部门对应一个数据行？

A	B
部门	姓名
财务处	洪*武
财务处	黄*杰
财务处	黄*霞
财务处	毛*东
财务处	王*杰
财务处	杨*
财务处	张*宏
财务处	张*学
开发部	陈*东
开发部	斯*苗
开发部	王*
开发部	王*斌
开发部	谢*一
开发部	许*英
开发部	张*
开发部	张*艳
人事处	陈*
人事处	黄*
人事处	李*斌
人事处	李*林
人事处	刘*程
人事处	吴*林
人事处	周*
销售部	陈*斯
销售部	李*
销售部	刘*
销售部	刘*名
销售部	孟*花
销售部	王*乐
销售部	张*江
销售部	赵*祝

D	E	F
部门	姓名	各部门所有人员
财务处	洪*武	洪*武, 黄*杰, 黄*霞, 毛*东, 王*杰, 杨*, 张*宏, 张*学
开发部	陈*东	陈*东, 斯*苗, 王*, 王*斌, 谢*一, 许*英, 张*, 张*艳
人事处	陈*	陈*, 黄*, 李*斌, 李*林, 刘*程, 吴*林, 周*
销售部	陈*斯	陈*斯, 李*, 刘*, 刘*名, 孟*花, 王*乐, 张*江, 赵*祝

图 1-158　数据样例

【实现方法】

（1）先按照部门进行排序。

（2）在 D2 单元格中输入公式“=IF(A2=A3,B2&","&D3,B2)”，按 Enter 键执行计算，再将公式向下填充，得到的结果如图 1-159 所示。

D2　=IF(A2=A3,B2&","&D3,B2)

	A	B	C	D	E
1	部门	姓名			
2	财务处	洪*武		洪*武, 黄*杰, 黄*霞, 毛*东, 王*杰, 杨*, 张*宏, 张*学	
3	财务处	黄*杰		黄*杰, 黄*霞, 毛*东, 王*杰, 杨*, 张*宏, 张*学	
4	财务处	黄*霞		黄*霞, 毛*东, 王*杰, 杨*, 张*宏, 张*学	
5	财务处	毛*东		毛*东, 王*杰, 杨*, 张*宏, 张*学	
6	财务处	王*杰		王*杰, 杨*, 张*宏, 张*学	
7	财务处	杨*		杨*, 张*宏, 张*学	
8	财务处	张*宏		张*宏, 张*学	
9	财务处	张*学		张*学	
10	开发部	陈*东		陈*东, 斯*苗, 王*, 王*斌, 谢*一, 许*英, 张*, 张*艳	
11	开发部	斯*苗		斯*苗, 王*, 王*斌, 谢*一, 许*英, 张*, 张*艳	
12	开发部	王*		王*, 王*斌, 谢*一, 许*英, 张*, 张*艳	
13	开发部	王*斌		王*斌, 谢*一, 许*英, 张*, 张*艳	
14	开发部	谢*一		谢*一, 许*英, 张*, 张*艳	
15	开发部	许*英		许*英, 张*, 张*艳	
16	开发部	张*		张*, 张*艳	
17	开发部	张*艳		张*艳	
18	人事处	陈*		陈*, 黄*, 李*斌, 李*林, 刘*程, 吴*林, 周*	
19	人事处	黄*		黄*, 李*斌, 李*林, 刘*程, 吴*林, 周*	
20	人事处	李*斌		李*斌, 李*林, 刘*程, 吴*林, 周*	
21	人事处	李*林		李*林, 刘*程, 吴*林, 周*	
22	人事处	刘*程		刘*程, 吴*林, 周*	
23	人事处	吴*林		吴*林, 周*	
24	人事处	周*		周*	
25	销售部	陈*斯		陈*斯, 李*, 刘*, 刘*名, 孟*花, 王*乐, 张*江, 赵*祝	
26	销售部	李*		李*, 刘*, 刘*名, 孟*花, 王*乐, 张*江, 赵*祝	
27	销售部	刘*		刘*, 刘*名, 孟*花, 王*乐, 张*江, 赵*祝	
28	销售部	刘*名		刘*名, 孟*花, 王*乐, 张*江, 赵*祝	
29	销售部	孟*花		孟*花, 王*乐, 张*江, 赵*祝	
30	销售部	王*乐		王*乐, 张*江, 赵*祝	
31	销售部	张*江		张*江, 赵*祝	
32	销售部	赵*祝		赵*祝	

图 1-159　初步结果

（3）将结果复制，并进行选择性粘贴，只保留数值，放到 C 列相应的位置，并删除 D 列。

（4）在 D2 单元格中输入公式“=COUNTIF($A$2:A2,A2)”，再将公式向下填充，得到的结果是每个部门中的第一行编号都是 1，即姓名最全的一行，如图 1-160 所示。

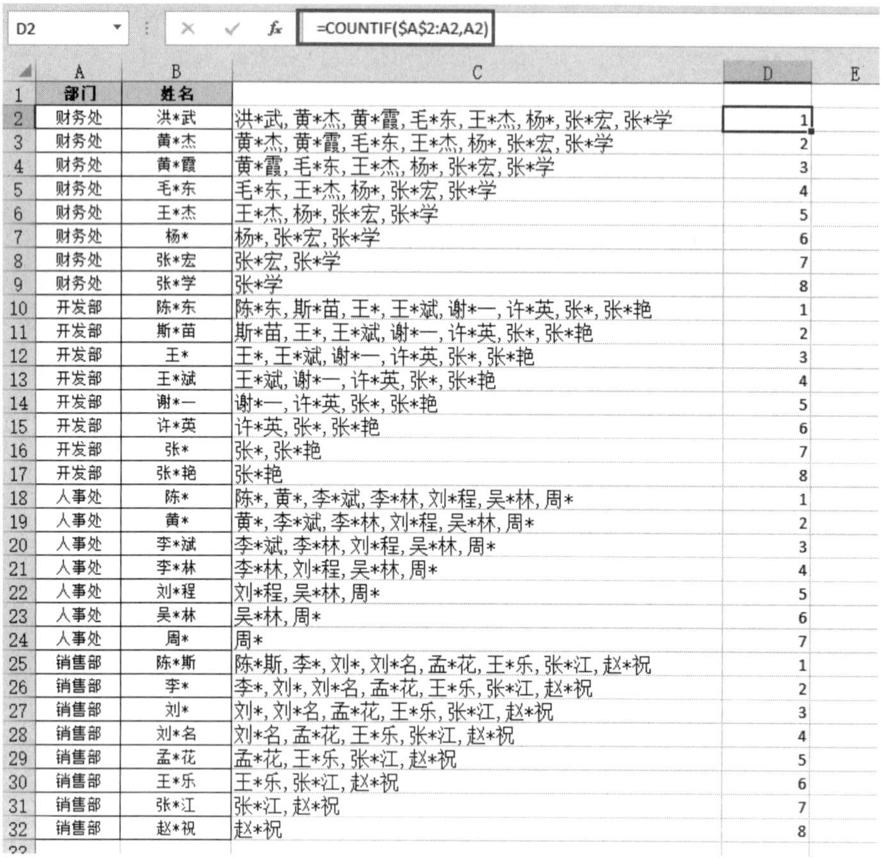

D2 =COUNTIF($A$2:A2,A2)

	A	B	C	D
1	部门	姓名		
2	财务处	洪*武	洪*武, 黄*杰, 黄*霞, 毛*东, 王*杰, 杨*, 张*宏, 张*学	1
3	财务处	黄*杰	黄*杰, 黄*霞, 毛*东, 王*杰, 杨*, 张*宏, 张*学	2
4	财务处	黄*霞	黄*霞, 毛*东, 王*杰, 杨*, 张*宏, 张*学	3
5	财务处	毛*东	毛*东, 王*杰, 杨*, 张*宏, 张*学	4
6	财务处	王*杰	王*杰, 杨*, 张*宏, 张*学	5
7	财务处	杨*	杨*, 张*宏, 张*学	6
8	财务处	张*宏	张*宏, 张*学	7
9	财务处	张*学	张*学	8
10	开发部	陈*东	陈*东, 斯*苗, 王*, 王*斌, 谢*一, 许*英, 张*, 张*艳	1
11	开发部	斯*苗	斯*苗, 王*, 王*斌, 谢*一, 许*英, 张*, 张*艳	2
12	开发部	王*	王*, 王*斌, 谢*一, 许*英, 张*, 张*艳	3
13	开发部	王*斌	王*斌, 谢*一, 许*英, 张*, 张*艳	4
14	开发部	谢*一	谢*一, 许*英, 张*, 张*艳	5
15	开发部	许*英	许*英, 张*, 张*艳	6
16	开发部	张*	张*, 张*艳	7
17	开发部	张*艳	张*艳	8
18	人事处	陈*	陈*, 黄*, 李*斌, 李*林, 刘*程, 吴*林, 周*	1
19	人事处	黄*	黄*, 李*斌, 李*林, 刘*程, 吴*林, 周*	2
20	人事处	李*斌	李*斌, 李*林, 刘*程, 吴*林, 周*	3
21	人事处	李*林	李*林, 刘*程, 吴*林, 周*	4
22	人事处	刘*程	刘*程, 吴*林, 周*	5
23	人事处	吴*林	吴*林, 周*	6
24	人事处	周*	周*	7
25	销售部	陈*斯	陈*斯, 李*, 刘*, 刘*名, 孟*花, 王*乐, 张*江, 赵*祝	1
26	销售部	李*	李*, 刘*, 刘*名, 孟*花, 王*乐, 张*江, 赵*祝	2
27	销售部	刘*	刘*, 刘*名, 孟*花, 王*乐, 张*江, 赵*祝	3
28	销售部	刘*名	刘*名, 孟*花, 王*乐, 张*江, 赵*祝	4
29	销售部	孟*花	孟*花, 王*乐, 张*江, 赵*祝	5
30	销售部	王*乐	王*乐, 张*江, 赵*祝	6
31	销售部	张*江	张*江, 赵*祝	7
32	销售部	赵*祝	赵*祝	8

图 1-160　添加编号

（5）筛选出“编号”不是 1 的各行，然后删除，即得结果，如图 1-161 所示。

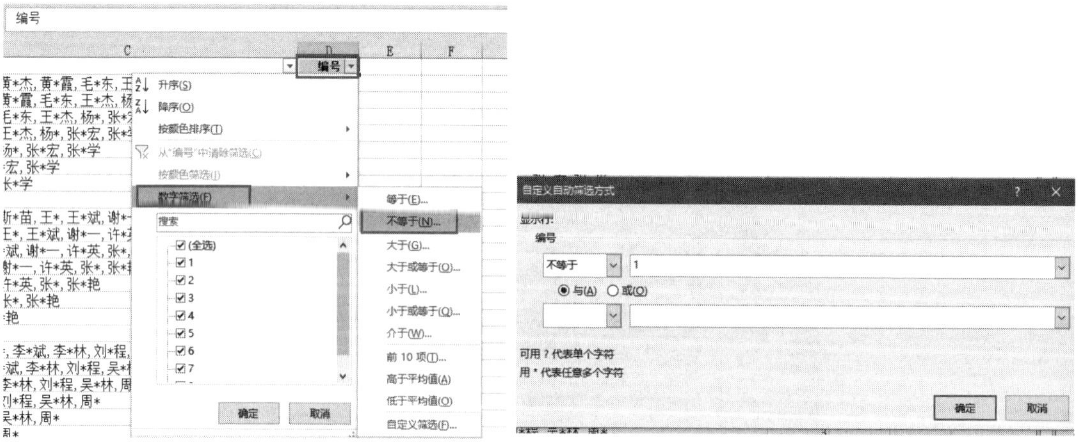

图 1-161　删除编号不是 1 的行

1.4.7　将同一单元格的同部门员工姓名分行显示

【问题】

如图 1-162 所示，怎样把写在同一单元格中的员工姓名进行分行显示呢？

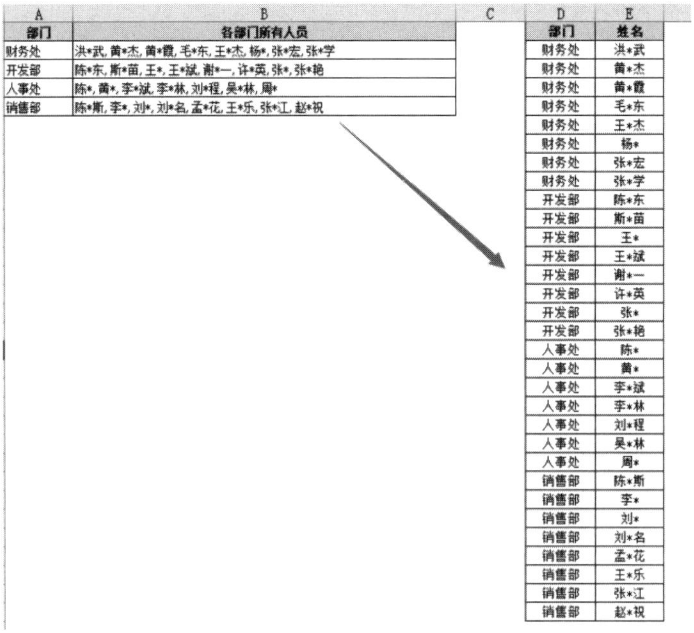

部门	各部门所有人员
财务处	洪*武, 黄*杰, 黄*霞, 毛*东, 王*杰, 杨*, 张*宏, 张*学
开发部	陈*东, 斯*苗, 王*, 王*斌, 谢*一, 许*英, 张*, 张*艳
人事处	陈*, 黄*, 李*斌, 李*林, 刘*程, 吴*林, 周*
销售部	陈*斯, 李*, 刘*, 刘*名, 孟*花, 王*乐, 张*江, 赵*祝

部门	姓名
财务处	洪*武
财务处	黄*杰
财务处	黄*霞
财务处	毛*东
财务处	王*杰
财务处	杨*
财务处	张*宏
财务处	张*学
开发部	陈*东
开发部	斯*苗
开发部	王*
开发部	王*斌
开发部	谢*一
开发部	许*英
开发部	张*
开发部	张*艳
人事处	陈*
人事处	黄*
人事处	李*斌
人事处	李*林
人事处	刘*程
人事处	吴*林
人事处	周*
销售部	陈*斯
销售部	李*
销售部	刘*
销售部	刘*名
销售部	孟*花
销售部	王*乐
销售部	张*江
销售部	赵*祝

图 1-162　分行显示同部门的员工姓名

【实现方法】

（1）打开查询编辑器。

将光标放在数据区的任意位置，选择“数据”→“自表格/区域”，弹出“创建表”对话框，如图 1-163 所示。

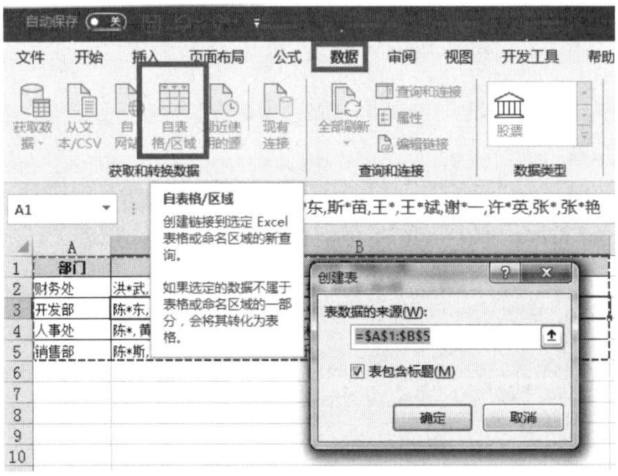

图 1-163　选择从表格

选择 A1:B5 区域后，单击“确定”按钮，打开查询编辑器，如图 1-164 所示。

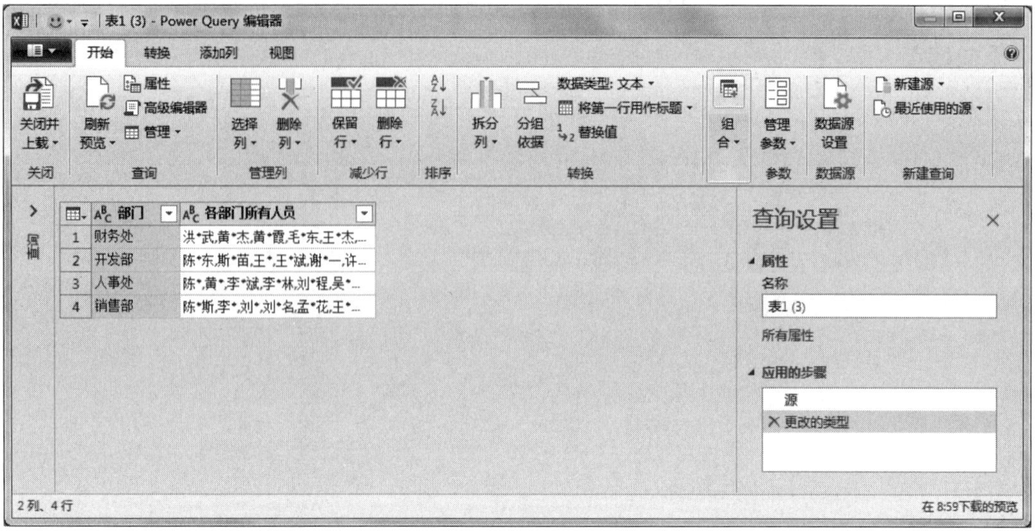

图 1-164　查询编辑器

（2）姓名的分列显示。单击“各部门所有人员”列标签，选择“转换”→“拆分列”→“按分隔符”，如图 1-165 所示。

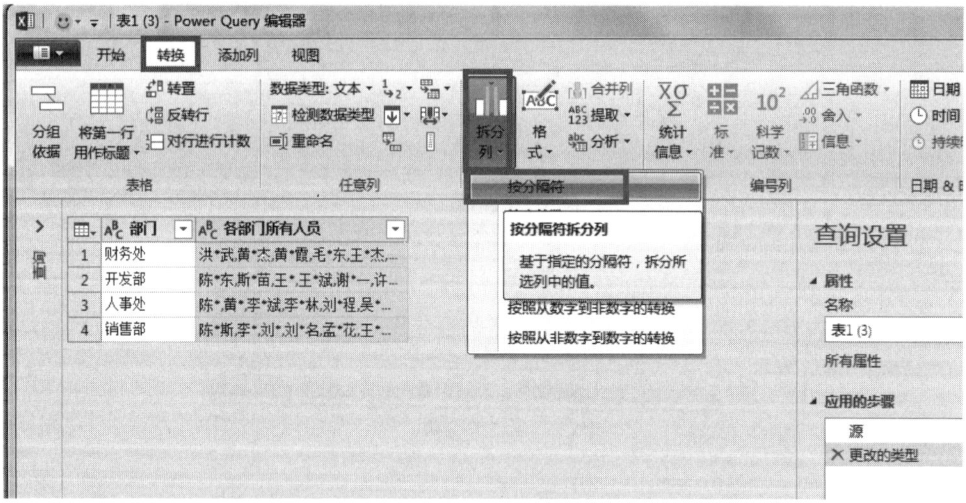

图 1-165　姓名分列显示

原数据区姓名之间是由“,”隔开的，所以“选择或输入分隔符”内，选择“逗号”命令，单击“确定”按钮，如图 1-166 所示。实现了姓名的分列显示，如图 1-167 所示。

（3）逆透视列。按住 Ctrl 键，选中所有的姓名列，然后选择“转换”→“逆透视列”，如图 1-168 所示。

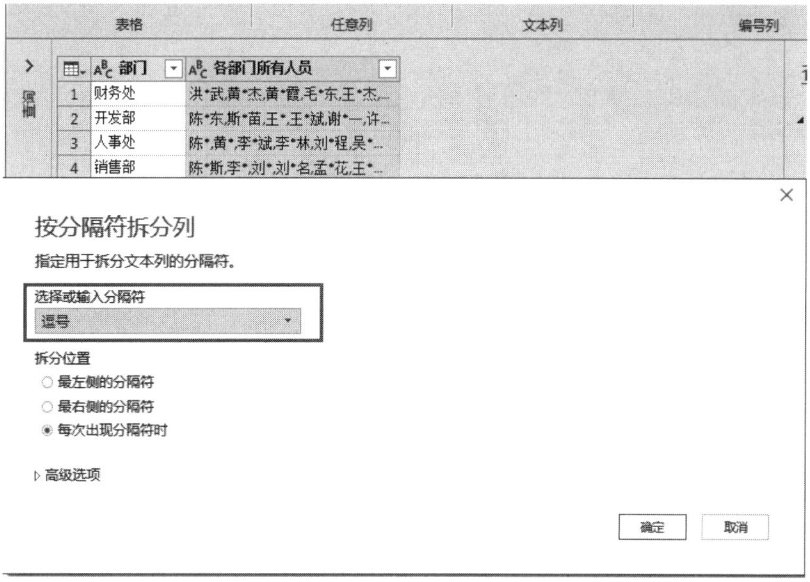

图 1-166　输入分隔符

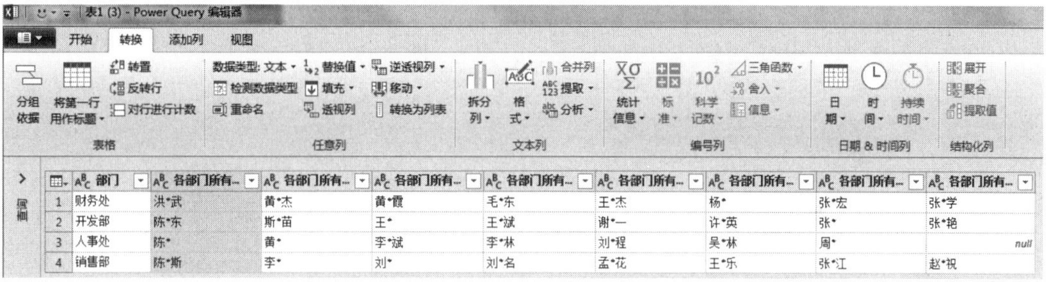

图 1-167　姓名分列显示结果

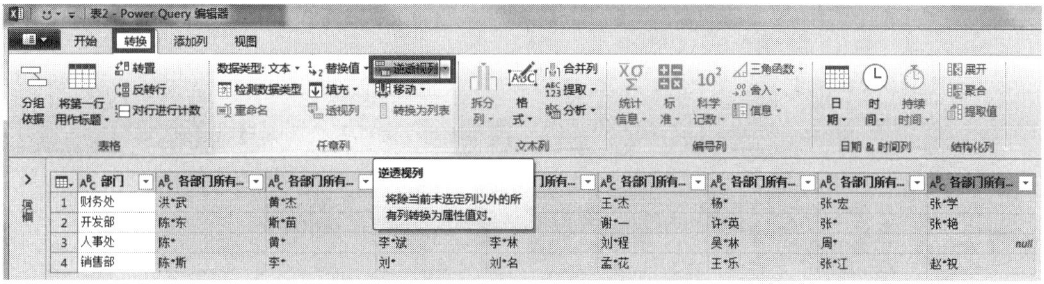

图 1-168　逆透视序列

各部门所有姓名同列显示，然后删除属性列，如图 1-169 和图 1-170 所示。

（4）关闭并上载。选择“开始”→“关闭并上载”，姓名出现在同列，并以“表格”的形式显示，如图 1-171 和图 1-172 所示。

将光标放在表格内，选择“设计”→“转换为区域”，可变为普通工作表数据，即得样表所示的结果，如图 1-173 所示。

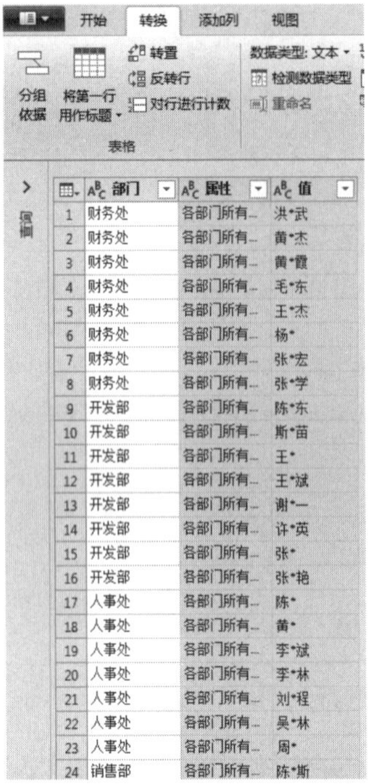

图 1-169　各部门姓名同列显示

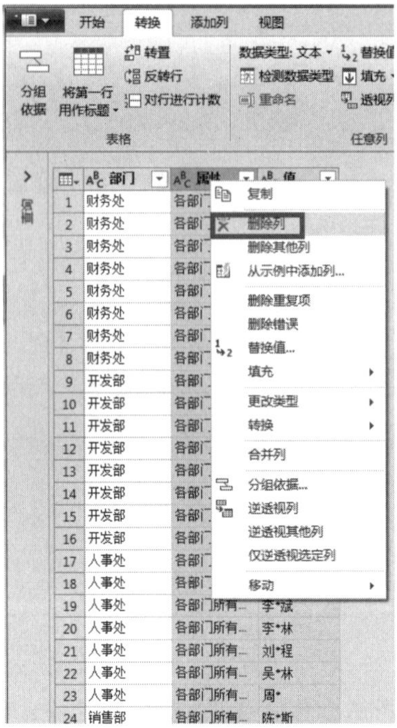

图 1-170　删除属性列

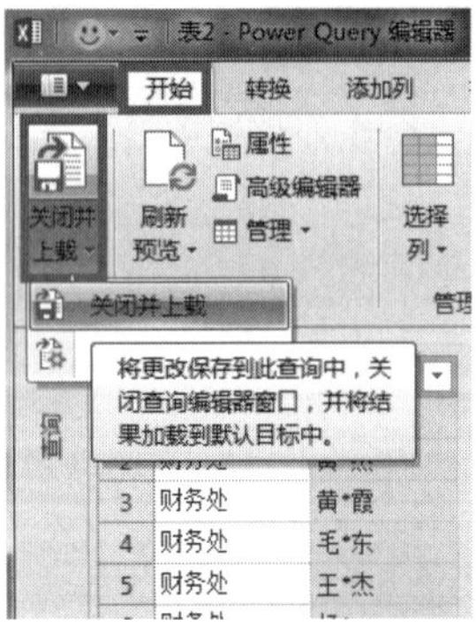

图 1-171　关闭并上载

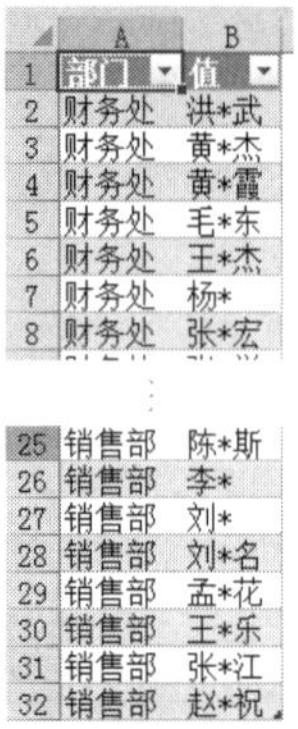

图 1-172　表格形式同列显示姓名

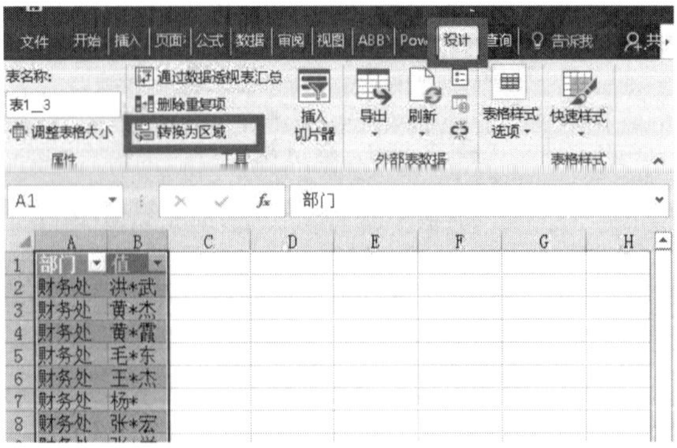

图 1-173　转换为普通工作表区域

1.5 数据维度转换

1.5.1 使用函数建立目录

【问题】

有时，一个工作簿中会有很多工作表，为了方便查找，要给若干个工作表建立目录，如图 1-174 所示。

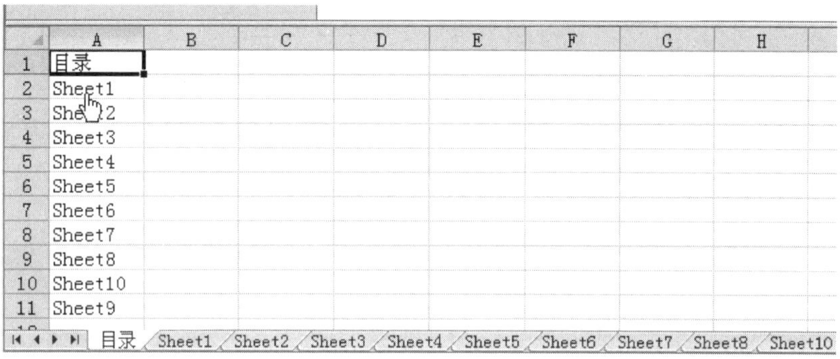

图 1-174 目录

【实现方法】

将光标放在 A1 单元格上，选择“公式”“定义名称”，在打开的“新建名称”对话框的“名称”框中输入“目录”，在“引用位置”中输入公式“=INDEX(GET.WORKBOOK(1),ROW(A1))&T(NOW())”，如图 1-175 所示。

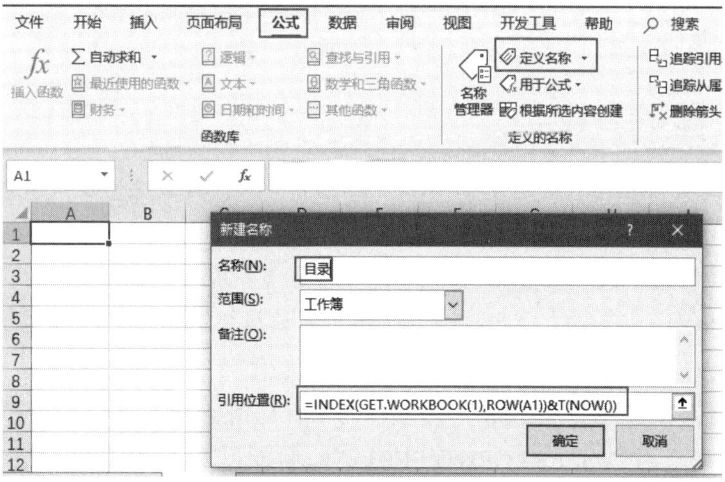

图 1-175 自定义名称

在 A1 单元格中输入公式“=IFERROR(HYPERLINK(目录&"!A1",MID(目录,FIND("]",

目录)+1,99)),"")”，按 Enter 键执行计算，再将公式向下填充，即得到所有工作表的目录，如图 1-176 所示。

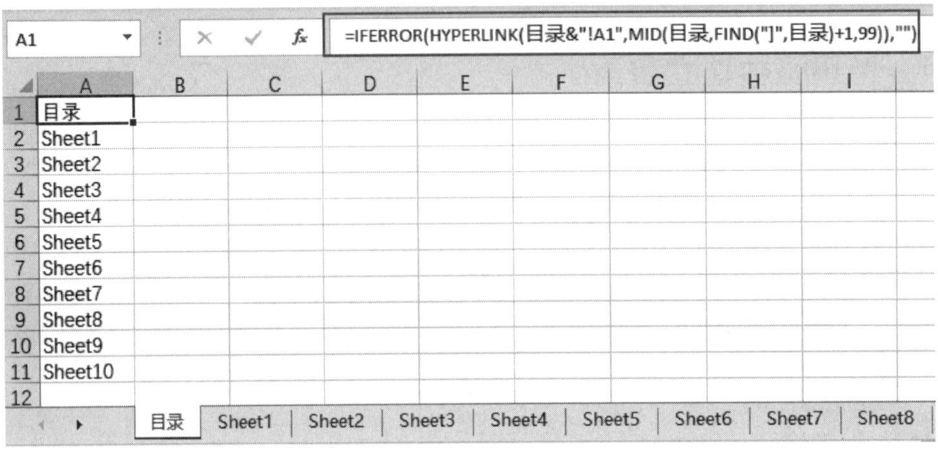

图 1-176　目录公式

在目录工作表以外的合适位置，输入公式“=HYPERLINK("#目录!A1","返回目录")，即可得到“返回目录”的链接，如图 1-177 所示。

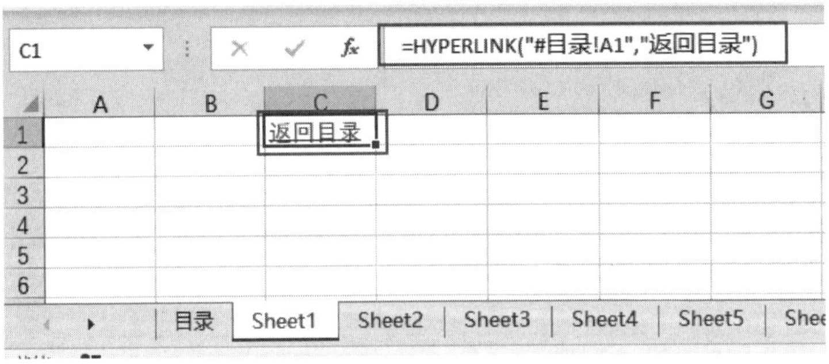

图 1-177　返回目录公式

【公式解析】

（1）总公式为“=INDEX(GET.WORKBOOK(1),ROW(目录!A1))&T(NOW())”。

- GET.WORKBOOK(1)：用于提取当前工作簿中所有的工作表名称。
- INDEX：按 ROW(A1)返回的数字决定要显示第几张工作表的名称。
- GET.WORKBOOK(1)：在数据变动时不会自动重算，而 NOW()是易失性函数，因此在公式中加上 NOW()函数会让公式自动重算。
- T()：将 NOW()产生的数值转为空文本，也就是相当于在工作表名称后加上&""。

（2）目录公式为“=IFERROR(HYPERLINK(目录&"!A1",MID(目录,FIND("]",目录)+1,99)),"")”。

- FIND("]",目录)：用于查找符号“]”在自定义名称“目录”计算结果中的位置。

● MID(目录,FIND("]",目录)+1,99)：表示从“目录”中的“]”符号后一个字符处取值，取值长度为比较大的字符，这里设为“99”，也可自行设置其他长度。

● HYPERLINK：Excel 超级链接的函数实现方法。当单击函数 HYPERLINK 所在的单元格时，Excel 将打开链接的文件或跳转到指定的工作表的单元格。

● IFERROR：用于屏蔽错误。

（3）返回目录公式为“=HYPERLINK("#目录!A1","返回目录")”。HYPERLINK 函数格式为“HYPERLINK(link_location，[friendly_name])”。

● link_location：必需，可以作为文本打开文档的路径和文件名。

● friendly_name：可选，单元格中显示的跳转文本或数字值。friendly_name 显示为蓝色并带有下画线。如果省略 friendly_name，单元格会将 link_location 显示为跳转文本。friendly_name 可以为数值、文本字符串、名称或包含跳转文本或数值的单元格。

*特别注意：因为引用了宏表函数，所以文件保存时要保存成“启用宏的工作簿.xlsm”。

1.5.2　不使用函数建立目录

【问题】

在 1.5.1 节中，使用函数建立目录，下面介绍一种不使用函数建立目录的方法。

【实现方法】

（1）选定所有工作表。在工作表标签上面，右击，在弹出的快捷菜单中选择“选定全部工作表”命令，如图 1-178 所示。

图 1-178　选定所有工作表

（2）输入公式。此时，所有工作表处于选定状态，在 A1 单元格中输入“=XFD1”，按 Enter 键执行计算，此函数返回值为“0”，如图 1-179 所示。

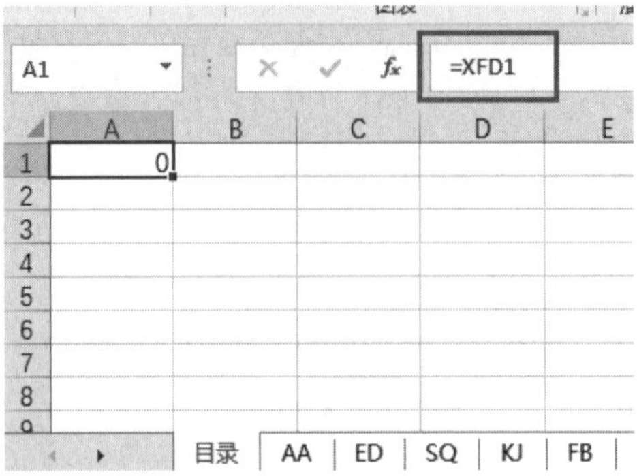

图 1-179　输入公式

Excel 2003 及之前的版本文件有 256（2 的 8 次方）列，即到 IV 列；Excel 2007 及以后的版本有 16384（2 的 14 次方）列，即到 XFD 列。这里引用 XFD1 单元格的数值，为 0。

（3）自动生成“兼容性报表”。单击“文件”→“信息”→“检查问题”→“检查兼容性”，如图 1-180 所示。

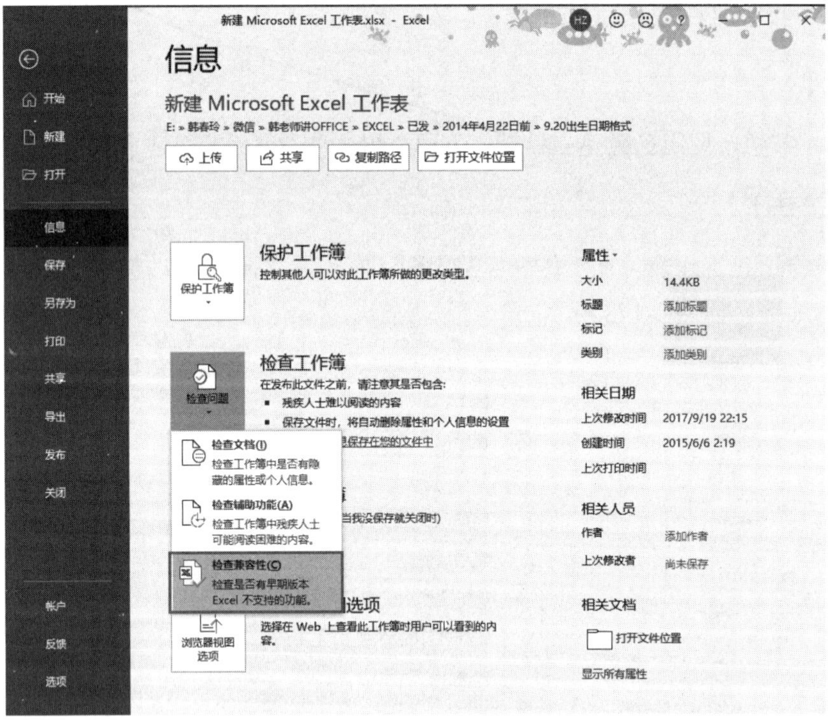

图 1-180　打开兼容性检查器

在打开的“Microsoft Excel -兼容性检查器”中单击“复制到新表”按钮，如图 1-181 所示。自动添加一个工作表，名为“兼容性报表”，报表中自动生成目录，如图 1-182 所示。

（4）复制目录到“目录”工作表。复制“兼容性报表”中的目录到“目录”工作表中，如图 1-183 所示。

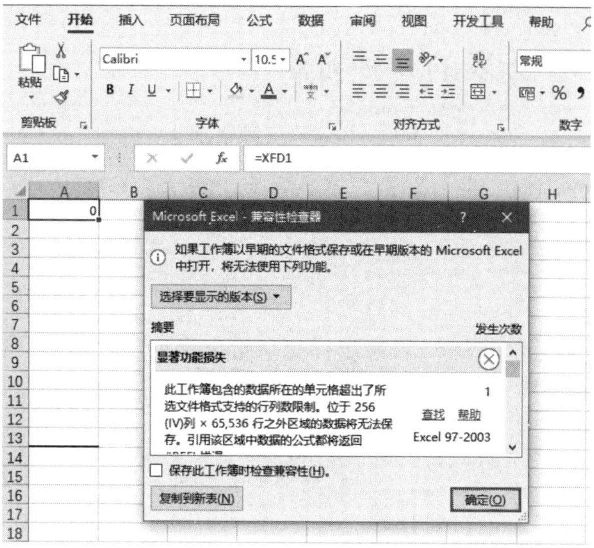

图 1-181　复制到新表

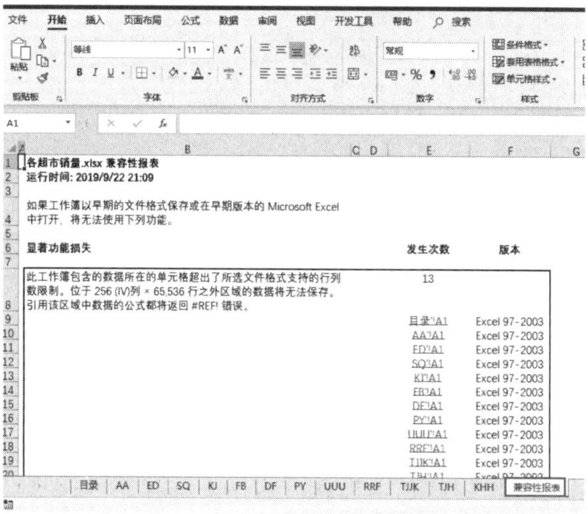

图 1-182　生成兼容性报表

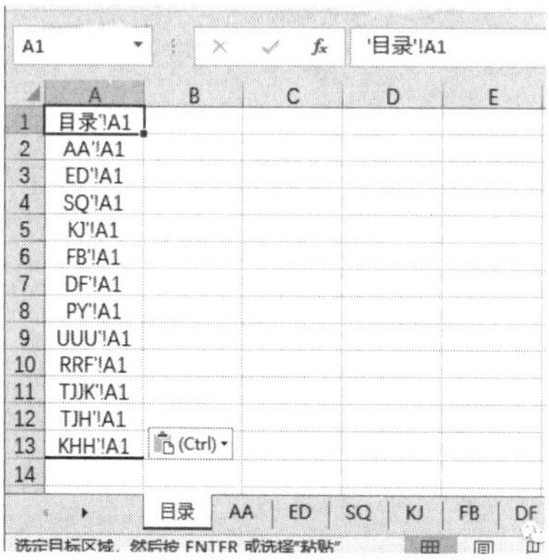

图 1-183　复制兼容性报表中的目录

1.5.3 链接到另一张表的 4 种方法

【问题】

由一张工作表链接到另一张工作表有 4 种方法，即文字、形状、图标、ActiveX 控件。

【实现方法】

1）文字

文字形式的超链接设置最简单，直接选择文字所在单元格，右击，在弹出的快捷菜单中选择“链接”→“插入超链接”→“本文档中的位置”→“工资明细表”，如图 1-184 所示。

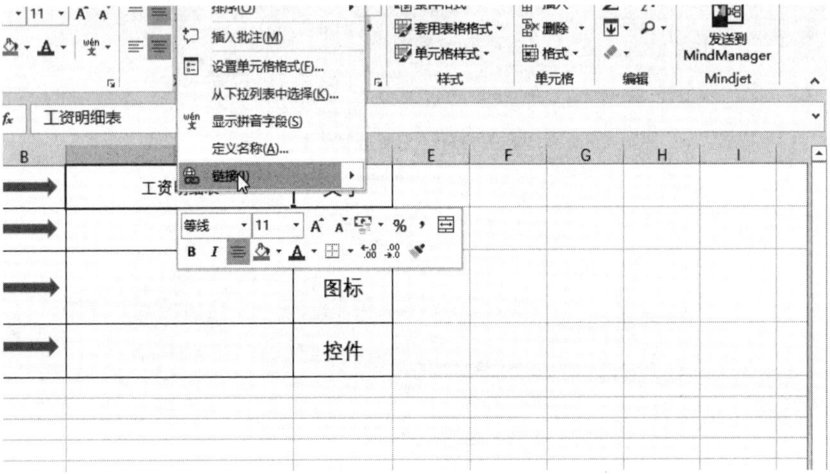

图 1-184　文字超链接

2）形状

（1）插入形状。

（2）设置形状超链接的步骤：选中形状，右击，在弹出的快捷菜单中选择“链接”→“插入超链接”→“本文档中的位置”→“工资明细表”，如图 1-185 所示。

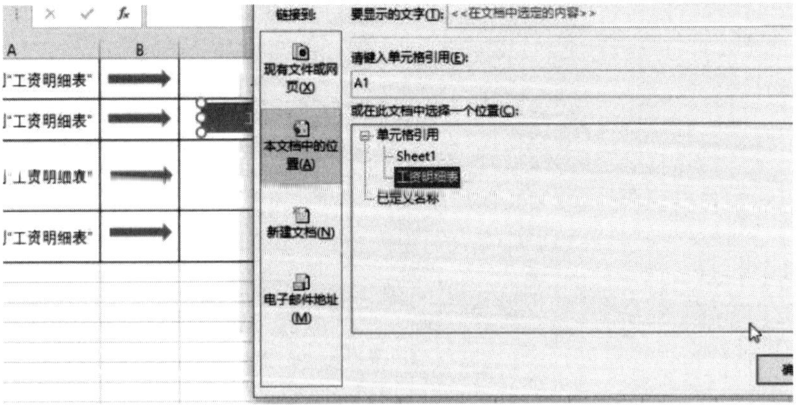

图 1-185　形状超链接

3）图标

（1）插入图标：首先单击“插入”→“图标”，再选择合适图标。

（2）图标超链接和形状超链接、文字超链接的设置步骤一致：选中图标，右击，在弹出的快捷菜单中选择“链接”→“插入超链接”→“本文档中的位置”→“工资明细表”，如图 1-186 所示。

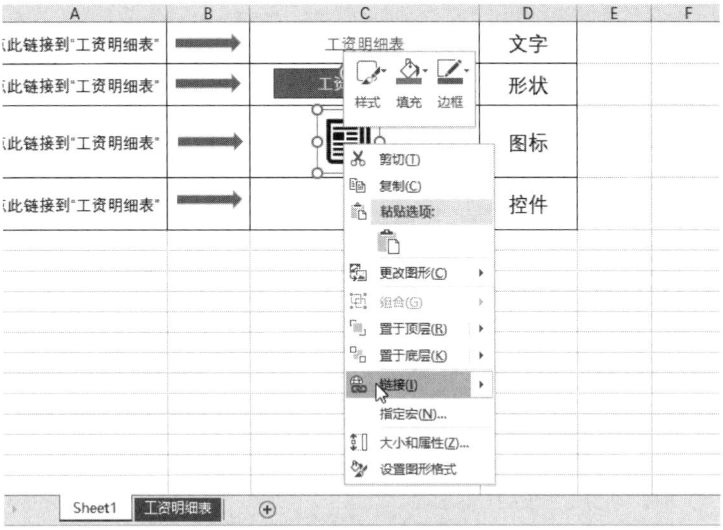

图 1-186 图标超链接

4）ActiveX 控件

（1）插入控件。单击“开发工具”→“插入”→“命令按钮”，然后选中该命令按钮，单击“属性”，改“Caption”为“工资明细表”，如图 1-187 所示。

图 1-187 改“caption”为“工资明细表”

（2）选中该命令按钮，单击“查看代码”，或按 Alt+F11 组合键，打开“VBA”对话框，输入代码，如图 1-188 所示。

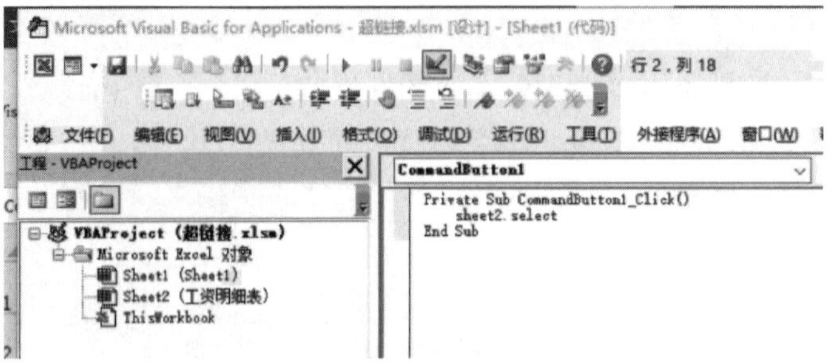

图 1-188　输入代码

注意：

● 命令按钮，只有在关闭“设计模式”下才能触发。要修改该按钮，要选中“设计模式”选项，如图 1-189 所示。

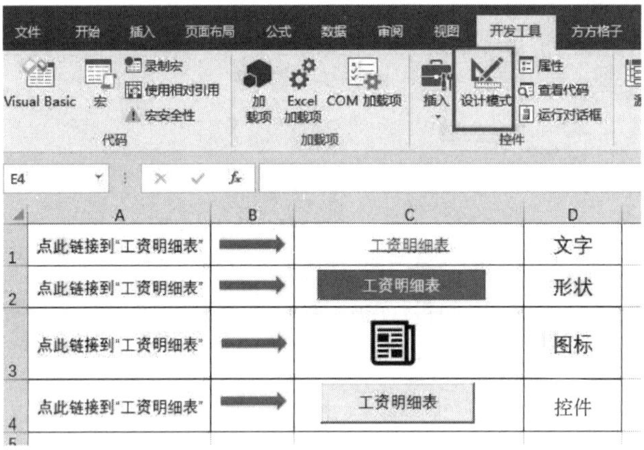

图 1-189　设计模式

● 带有 VBA 命令的工作表保存时要选择“启用宏的工作簿（.xlsm）”格式，下次打开时，要单击“启用内容”按钮，如图 1-190 所示。

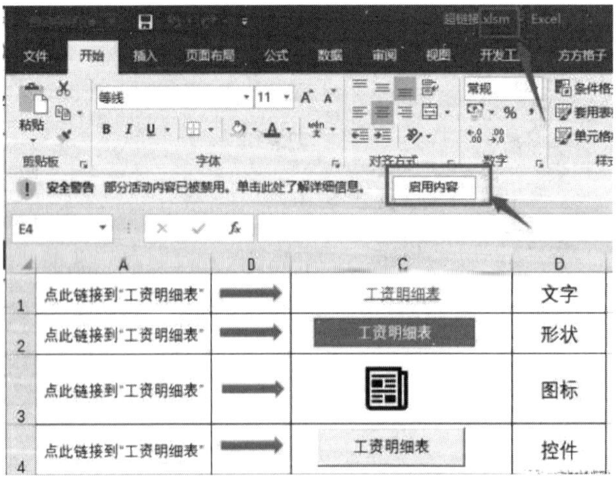

图 1-190　选择“启用内容”

以上就是链接到其他表格的 4 种方法，在使用时，可选用适合当前数据的方式。

1.5.4 单击订单名称，即可跳到订单详情工作表

【问题】

年末汇总表格时，“订单完成表”与“订单详情表”不在一个表格中，能不能在“订单完成表”中单击某订单，即可跳转到“订单详情表”中该订单所在行呢？

【实现方法】

这可以用 HYPERLINK 函数来解决。

在 E2 单元格中输入公式“=HYPERLINK("#订单详情!A"&MATCH(C2,订单详情!A:A,0),订单详情!A3)”，按 Enter 键执行计算，再将公式向下填充，即可得到所有订单编号。单击订单编号，即可跳转到“订单详情表”内对应编号的订单详情，如图 1-191 所示。其中订单详情表，如图 1-192 所示。

E2 =HYPERLINK("#订单详情!A"&MATCH(C2,订单详情!A:A,0),订单详情!A3)

	A	B	C	D	E	F
1	编号	办结日期	订单编号	客户名称	查阅订单详情	
2	1	2017/12/24	DD-2017-12-007	**五金机电商行	DD-2017-12-007	
3	2	2017/12/24	DD-2017-12-008	沈阳**公司	DD-2017-12-008	
4	3	2017/12/24	DD-2017-12-009	**公司	DD-2017-12-009	
5	4	2017/12/24	DD-2017-12-010	广东**	DD-2017-12-010	
6	5	2017/12/25	DD-2017-12-011	**有限公司	DD-2017-12-011	
7	6	2017/12/25	DD-2017-12-012	**科技开发有限公司	DD-2017-12-012	

图 1-191 订单完成表

	A	B	C	D	E	F
1–2	订单编号	客户名称	实际发货日期	包装箱件数	承运物流名称	运单号
3	DD-2017-12-007	**五金机电商行	2010/12/3	1	中通	680093987293
4	DD-2017-12-008	沈阳**公司	2010/12/9	1	中通	618117721608
5	DD-2017-12-009	**公司	2010/12/24	1	中通	680098936744
6	DD-2017-12-010	广东**	2010/12/20	1	铁路	A001369
7	DD-2017-12-011	**有限公司	2010/12/14	1	中通	680096936914

图 1-192 订单详情表

【公式解析】

- MATCH(C2,订单详情!A:A,0)：用 MATCH 函数精确匹配出 C2 订单在“订单详情表”中的行数。将“订单详情表中”中 A 与 C2 匹配出的行数用文本连接符（&）链接，组成单元格地址；如 C2 行数是 3，则单元格地址是“订单详情表”中的 A2；前加“#”指单元格地址，该符号千万不能省略。
- HYPERLINK("#订单详情!A"&MATCH(C2,订单详情!A:A,0)，订单详情!A3)：表示跳转到“订单详情表”中的对应订单，并将链接名称显示为该订单号。

1.6 数据格式转换

1.6.1 数值取整的 9 种方法

【问题】

数据取整是 Excel 数据处理最常用的方式。可能大家最经常用的是 INT 函数，但 INT 函数并不能满足所有的取整要求。本节将总结各种取整函数的方法，基本能满足不同的取整要求。

【实现方法】

1）INT 函数取整

特征：

（1）当数值为正数时，直接截掉数值的小数部分。

（2）当数值为负数时，截掉数值的小数部分再−1。

INT 函数取整举例如图 1-193 所示。

2）TRUNC 函数取整

特征：不管数值是正数还是负数，都直接截掉数值的小数。

TRUNC 函数取整举例如图 1-194 所示。

	A	B	C
1	数值	取整	公式
2	5.12	5	=INT(A2)
3	5.86	5	=INT(A3)
4	5	5	=INT(A4)
5	-5.12	-6	=INT(A5)
6	-5.86	-6	=INT(A6)

图 1-193　INT 函数取整举例

	A	B	C
1	数值	取整	公式
2	5.12	5	=TRUNC(A2)
3	5.86	5	=TRUNC(A3)
4	5	5	=TRUNC(A4)
5	-5.12	-5	=TRUNC(A5)
6	-5.86	-5	=TRUNC(A6)

图 1-194　TRUNC 函数取整举例

3）ROUND 函数小数取整

特征：当 ROUND 函数的第 2 个参数为 0 时，对数值采取四舍五入方式取整。

ROUND 函数对小数取整举例如图 1-195 所示。

4）ROUND 函数整数取整

特征：当 ROUND 函数的第 2 个参数为负数时，将数值四舍五入到其小数点左边的相应位数取整。

ROUND 函数整数取整举例如图 1-196 所示，ROUND（A2，−3）是指将数值 12345 四舍五入到千位数。

5）ROUNDUP（向上舍入）函数

特征：

（1）朝着远离 0（零）的方向将数字进行向上舍入。

（2）如果第 2 个参数为 0，则将数字向上舍入到最接近的整数。

	A	B	C
1	数值	取整	公式
2	5.12	5	=ROUND(A2,0)
3	5.86	6	=ROUND(A3,0)
4	5	5	=ROUND(A4,0)
5	-5.12	-5	=ROUND(A5,0)
6	-5.86	-6	=ROUND(A6,0)

图 1-195 ROUND 函数对小数取整举例

	A	B	C
1	数值	取整	公式
2	12345	12000	=ROUND(A2,-3)
3	12655	13000	=ROUND(A3,-3)
4	12345	12350	=ROUND(A4,-1)
5	-12345	-12000	=ROUND(A5,-3)
6	-12645	-13000	=ROUND(A6,-3)

图 1-196 ROUND 函数整数取整举例

（3）如果第 2 个参数小于 0，则将数字向上舍入到小数点左边的相应位数。

ROUNDUP 函数取整举例如图 1-197 所示。

6）ROUNDDOWN（向下舍入）函数

特征：

（1）朝着零的方向将数字进行向下舍入。

（2）如果第 2 个参数为 0，则将数字向下舍入到最接近的整数。

（3）如果第 2 个参数小于 0，则将数字向下舍入到小数点左边的相应位数。

ROUNDDOWN 函数取整举例如图 1-198 所示。

	A	B	C
1	数值	取整	公式
2	5.12	6	=ROUNDUP(A2,0)
3	5.86	6	=ROUNDUP(A3,0)
4	5	5	=ROUNDUP(A4,0)
5	-5.12	-6	=ROUNDUP(A5,0)
6	-5.86	-6	=ROUNDUP(A6,0)
7	-5.86	-10	=ROUNDUP(A7,-1)
8	-15.86	-20	=ROUNDUP(A8,-1)
9	-115.86	-200	=ROUNDUP(A9,-2)

图 1-197 ROUNDUP 函数取整举例

	A	B	C
1	数值	取整	公式
2	5.12	5	=ROUNDDOWN(A2,0)
3	5.86	5	=ROUNDDOWN(A3,0)
4	5	5	=ROUNDDOWN(A4,0)
5	-5.12	-5	=ROUNDDOWN(A5,0)
6	-5.86	-5	=ROUNDDOWN(A6,0)
7	-5.86	0	=ROUNDDOWN(A7,-1)
8	-15.86	-10	=ROUNDDOWN(A8,-1)
9	-115.86	-100	=ROUNDDOWN(A9,-2)

图 1-198 ROUNDDOWN 函数取整举例

7）MROUND 函数

特征：

（1）返回参数按指定基数舍入后的数值。

（2）采取四舍五入的方式。

（3）数值和基数参数的符号必须相同。如果不相同，将返回错误值“#NUM!”。

MROUND 函数取整举例如图 1-199 所示。

	A	B	C	D
1	数值	舍入到偶数	公式	含义
2	4.59	4	=MROUND(A2,2)	将 4.59 四舍五入到最接近 2的倍数
3	5.86	6	=MROUND(A3,2)	将 5.86 四舍五入到最接近 2的倍数
4	5	6	=MROUND(A4,2)	将 5 四舍五入到最接近 2的倍数
5	1.2	2	=MROUND(A5,2)	将1.2四舍五入到最接近 2的倍数
6	0.9	0	=MROUND(A6,2)	将0.9四舍五入到最接近 2的倍数
7	-0.75	#NUM!	=MROUND(A7,2)	因为数值与舍入的倍数符号不一致
8	-2.75	#NUM!	=MROUND(A8,2)	
9	-3.12	-4	=MROUND(A9,-2)	将 -3.12 四舍五入到最接近 2的倍数
10	-5.86	-6	=MROUND(A10,-2)	将 -5.68四舍五入到最接近 2的倍数

图 1-199 MROUND 函数取整举例

8）CEILING 函数

特征：

（1）向上舍入（沿绝对值增大的方向）为最接近指定基数的倍数。

（2）如果数值为正值，基数为负值，则返回错误值“#NUM!”。

（3）如果数值为负，基数为正，则对值按朝向 0 的方向进行向上舍入。

（4）如果数值和基数都为负，则对值按远离 0 的方向进行向下舍入。

CEILING 函数取整举例如图 1-200 所示。

	A	B	C	D	E
1	数值	取整	公式	取整	公式
2	5.12	10	=CEILING(A2,5)	10	=CEILING(A2,10)
3	3.15	5	=CEILING(A3,5)	10	=CEILING(A3,10)
4	3.15	#NUM!	=CEILING(A4,-5)	#NUM!	=CEILING(A4,-10)
5	3	5	=CEILING(A5,5)	10	=CEILING(A5,10)
6	-3.12	0	=CEILING(A6,5)	0	=CEILING(A6,10)
7	-15.86	-15	=CEILING(A7,5)	-10	=CEILING(A7,10)

图 1-200　CEILING 函数取整举例

9）FLOOR 函数

特征：

（1）将数值向下舍入（沿绝对值减小的方向）为最接近的指定基数的倍数。

（2）如果数值为正值，基数为负值，则返回错误值“#NUM!”。

（3）如果数值为负，基数为正，则对值按远离 0 的方向进行向下舍入。

（4）如果数值和基数都为负，则对值按朝向 0 的方向进行向上舍入。

FLOOR 函数取整举例如图 1-201 所示。

	A	B	C	D	E
1	数值	取整	公式	取整	公式
2	5.12	5	=FLOOR(A2,5)	0	=FLOOR(A2,10)
3	3.15	0	=FLOOR(A3,5)	0	=FLOOR(A3,10)
4	3.15	#NUM!	=FLOOR(A4,-5)	#NUM!	=FLOOR(A4,-10)
5	3	0	=FLOOR(A5,5)	0	=FLOOR(A5,10)
6	-3.12	-5	=FLOOR(A6,5)	-10	=FLOOR(A6,10)
7	-15.86	-20	=FLOOR(A7,5)	-20	=FLOOR(A7,10)

图 1-201　FLOOR 函数取整举例

1.6.2　数值的特殊舍入方式

【问题】

舍入到偶数或奇数，在很多特殊数据处理场合下使用。

【实现方法】

1）舍入到偶数

（1）MROUND 函数四舍五入到偶数的用法举例如图 1-202 所示。

	A	B	C	D
1	数值	舍入到偶数	公式	含义
2	4.59	4	=MROUND(A2,2)	将 4.59 四舍五入到最接近 2的倍数
3	5.86	6	=MROUND(A3,2)	将 5.86 四舍五入到最接近 2的倍数
4	5	6	=MROUND(A4,2)	将 5 四舍五入到最接近 2的倍数
5	1.2	2	=MROUND(A5,2)	将1.2四舍五入到最接近 2的倍数
6	0.9	0	=MROUND(A6,2)	将0.9四舍五入到最接近 2的倍数
7	-0.75	0	=MROUND(A7,-2)	将 -2.75四舍五入到最接近 2的倍数
8	-2.75	-2	=MROUND(A8,-2)	将 -2.75四舍五入到最接近 2的倍数
9	-3.12	-4	=MROUND(A9,-2)	将 -3.12 四舍五入到最接近 2的倍数
10	-5.86	6	=MROUND(A10,-2)	将 -5.68四舍五入到最接近 2的倍数

图 1-202　MROUND 函数四舍五入到偶数的用法举例

注意：

- 偶数是指能被 2 整除的数，所以，MROUND 函数的第 2 个参数，即基数为 2 或者为负 2。
- 如果第 2 个参数是 2，结果为正偶数。
- 如果第 2 个参数是负 2，结果为负偶数。
- 数值和基数参数的符号必须相同。如果不相同，结果将返回#NUM！错误。

（2）CEILING 函数的用法举例如图 1-203 所示。

	A	B	C
1	数值	舍入到偶数	公式
2	5.12	6	=CEILING(A2,2)
3	3.15	4	=CEILING(A3,2)
4	1.15	#NUM!	=CEILING(A4,-2)
5	0.75	2	=CEILING(A5,2)
6	-3.12	-2	=CEILING(A6,2)
7	-3.12	-4	=CEILING(A7,-2)
8	-15.86	-14	=CEILING(A8,2)
9	-15.86	-16	=CEILING(A9,-2)

图 1-203　CEILING 函数的用法举例

	A	B	C
1	数值	舍入到偶数	公式
2	5.12	4	=FLOOR(A2,2)
3	3.15	2	=FLOOR(A3,2)
4	2.15	2	=FLOOR(A4,2)
5	3	#NUM!	=FLOOR(A5,-2)
6	-3.12	-2	=FLOOR(A6,-2)
7	-3.12	-4	=FLOOR(A7,2)
8	-15.86	-14	=FLOOR(A8,-2)
9	-15.86	-16	=FLOOR(A9,2)

图 1-204　FLOOR 函数的用法举例

用 CEILING 函数舍入到偶数时应注意：

- 基数，即第 2 个参数为 2 或者为负 2。
- 如果数值为正值，基数为 2，则向上舍入。
- 如果数值为正值，基数为负 2，则返回错误值“#NUM!”。
- 如果数值为负，基数为 2，则对值按朝向 0 的方向进行向上舍入。
- 如果数值和基数都为负 2，则对值按远离 0 的方向进行向下舍入。

（3）FLOOR 函数的用法举例如图 1-204 所示。

用 FLOOR 函数舍入到偶数时应注意：

- 基数，即第 2 个参数为 2 或者为负 2。
- 如果数值为正值，基数为 2，则向下舍入。
- 如果数值为正值，基数为负 2，则返回错误值“#NUM!”。
- 如果数值为负，基数为 2，则对值按远离 0 的方向进行向下舍入。
- 如果数值和基数都为负 2，则对值按朝向 0 的方向进行向上舍入。

（4）EVEN 函数。EVEN 函数是为舍入到偶数量身定制的函数。EVEN 函数的用法举例如图 1-205 所示。

EVEN 函数的特征：

- 参数只有一个，即要舍入的数值。
- 舍入方式为沿绝对值增大的方向返回最接近的偶数。

2）舍入到奇数

ODD 函数为舍入到奇数量身定制的函数。

ODD 函数的用法举例如图 1-206 所示。

	A	B	C
1	数值	舍入到偶数	公式
2	5.12	6	=EVEN(A2)
3	3.15	4	=EVEN(A3)
4	1.15	2	=EVEN(A4)
5	0.25	2	=EVEN(A5)
6	-0.12	-2	=EVEN(A6)
7	-3.12	-4	=EVEN(A7)
8	-15.86	-16	=EVEN(A8)
9	-15.86	-16	=EVEN(A9)

图 1-205　EVEN 函数的用法举例

	A	B	C
1	数值	舍入到奇数	公式
2	5.12	7	=ODD(A2)
3	3.15	5	=ODD(A3)
4	1.15	3	=ODD(A4)
5	0.25	1	=ODD(A5)
6	-0.12	-1	=ODD(A6)
7	-3.12	-5	=ODD(A7)
8	-15.86	-17	=ODD(A8)
9	-15.86	-17	=ODD(A9)

图 1-206　ODD 函数的用法举例

特征：

（1）参数只有一个，即要舍入的数值。

（2）舍入方式为沿绝对值增大的方向返回最接近的奇数。

1.6.3　NUMBERSTRING 函数和 TEXT 函数

【问题】

在进行数据处理时，经常会遇到阿拉伯数字与中文数字之间的转换（尤其遇到“钱”的问题时），而 Excel 提供的设置单元格格式功能，根本满足不了这种需求。

本节讲述利用 NUMBERSTRING 函数和 TEXT 函数实现在阿拉伯数字与中文数字之间的转换。

【实现方法】

1）阿拉伯数字转中文数字

阿拉伯数字转中文数字常用的两种函数是：NUMBERSTRING 和 TEXT。

（1）NUMBERSTRING 函数。它是指数字到文本的转换。该函数在 Excel 里是隐藏的，输入时，须要输入函数名，而且不会提示参数。

NUMBERSTRING 函数的参数有两个，其语法为：

```
NUMBERSTRING（要转换成中文字符串的数值格式参数）
```

其中，格式参数可以有 1、2、3 这 3 个值。

- 格式参数为 1：返回值采用普通的大写格式，如“七百八十九”。
- 格式参数为 2：返回值采用财务专用大写格式，如“柒佰捌拾玖”。

● 格式参数为 3：返回值采用仅数字大写格式，如“七八九”。

以“123456789”为例，不同的格式参数，转换成为的中文数字格式也不同，结果如图 1-207 所示。

	A	B	C
1	阿拉伯数字	中文数字	对应公式
2	123456789	一亿二千三百四十五万六千七百八十九	=NUMBERSTRING(A2,1)
3	123456789	壹亿贰仟叁佰肆拾伍万陆仟柒佰捌拾玖	=NUMBERSTRING(A3,2)
4	123456789	一二三四五六七八九	=NUMBERSTRING(A4,3)

图 1-207 NUMBERSTRING 不同格式参数的返回值

NUMBERSTRING 函数的局限是：仅能计算整数。

（2）TEXT 函数。它用来将数字转成中文大写格式，其语法为：

```
TEXT（要转换成中文字符串的数值，格式参数）
```

● 格式参数为"[dbnum1]"：返回值采用普通的大写格式，如“七百八十九”。

● 格式参数为"[dbnum2]"：返回值采用财务专用大写格式，如“柒佰捌拾玖”。

● 格式参数为"[dbnum3]"：返回值采用阿拉伯数字之间加单位格式，如“ 7 百 8 十 9 ”。

以“123456789”为例，不同的格式参数，转换成为的中文数字格式也不同，结果如图 1-208 所示。

	A	B	C
1	阿拉伯数字	中文数字	对应公式
2	123456789	一亿二千三百四十五万六千七百八十九	=TEXT(A5,"[dbnum1]")
3	123456789	壹亿贰仟叁佰肆拾伍万陆仟柒佰捌拾玖	=TEXT(A6,"[dbnum2]")
4	123456789	1亿2千3百4十5万6千7百8十9	=TEXT(A7,"[dbnum3]")

图 1-208 TEXT 函数不同格式参数的返回值

2）中文数字转为阿拉伯数字

不同形式的中文数字转为阿拉伯数字的公式参数也不同，如图 1-209 所示。

	A	B	C	D
1	中文数字	阿拉伯数字	对应公式	
2	一万二千三百四十五	12345	{=MAX((TEXT(ROW($1:$99999),"[dbnum1]")=A2)*ROW($1:$99999))}	
3	壹万贰仟叁佰肆拾伍	12345	{=MAX((TEXT(ROW($1:$99999),"[dbnum2]")=A3)*ROW($1:$99999))}	
4	一二三四五	12345	{=MAX((NUMBERSTRING(ROW($1:$99999),3)=A4)*ROW($1:$99999))}	

图 1-209 中文数字转为阿拉伯数字的公式

公式为“{=MAX((TEXT(ROW($1:$99999),"[dbnum1]")=A2)*ROW($1:$99999))}”，其解释如下。

● 计算 ROW($1:$99999)，此步的结果是返回 1～99999 之间的整数。因为本示例要转换的数字有 5 位，所以用 1～99999，如果有 3 位，用 1～999；如果有六位，用 1～999999。

● 计算 TEXT(ROW($1:$99999),"[dbnum1]")，将 1～99999 之间的整数转换为“一万二千三百四十五”格式的中文数字。

● 计算 TEXT(ROW($1:$99999),"[dbnum1]")=A2，将 1～99999 之间格式为“一万二千三百四十五”的中文数字与 A2 单元格的中文数字做比较。如果相等，则返回 TRUE；如果不相等，则返回 FALSE。所以，此步返回的是由一个 TRUE 和 99998 个 FALSE 组成的数组。

● 计算(TEXT(ROW($1:$99999),"[dbnum1]")=A2)*ROW($1:$99999)，由一个 TRUE 和 99998 个 FALSE 组成的数组，分别与对应的 1～99999 相乘，TRUE 相当于 1，FALSE 相当于 0，所以，此步的结果是返回 1 个阿拉伯数字与 99998 个 0 组成的数组，而该阿拉伯数字就是与 A2 单元格相对应的数字。

● 计算{=MAX((TEXT(ROW($1:$99999),"[dbnum1]")=A2)*ROW($1:$99999))}，在 1 个阿拉伯数字与 99998 个 0 组成的数组中取最大值，也就是与 A2 单元格相对应的数字。

因为这里进行的计算是数组计算，所以，按 Ctrl+Shift+Enter 组合键执行计算公式输入。由于数组中的数据有 99999 个，所以公式运行稍有点慢。

1.6.4　怎么计算长短不一的文本算式结果

【问题】

如图 1-210 所示，这样的交易记录怎么计算存货量？

	A	B	C
1	货	交易记录	目前存货
2	A	122+35-23*2+52+22*3	
3	B	100-25+26-23*3+21-52*3+56	
4	C	500+22*3-56*2	
5	D	500-65+52-55*3+24*2	
6	E	300-62-53+56-2*3+52*3-45*3	
7	F	200+32+32*3-56	
8	G	80+96-65*2+100	

图 1-210　交易记录

【实现方法】

（1）选项设置。单击“文件”→“选项”→“高级”，勾选“转换 Lotus 1-2-3 公式”项，如图 1-211 所示。

图 1-211　勾选“转换 Lotus 1-2-3 公式”项

（2）数据分列。复制 B2:B8 区域到 C2:C8 区域，如图 1-212 所示。

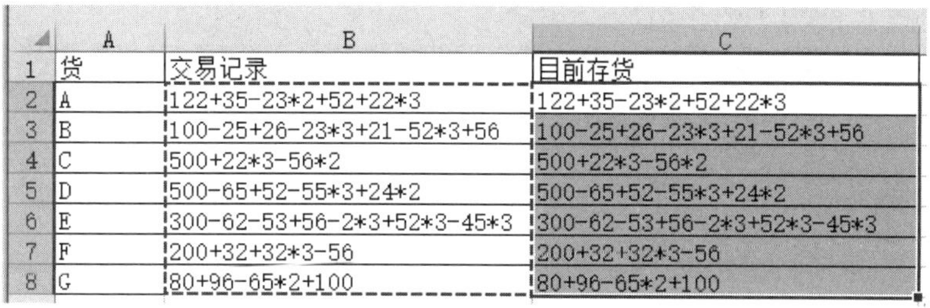

	A	B	C
1	货	交易记录	目前存货
2	A	122+35-23*2+52+22*3	122+35-23*2+52+22*3
3	B	100-25+26-23*3+21-52*3+56	100-25+26-23*3+21-52*3+56
4	C	500+22*3-56*2	500+22*3-56*2
5	D	500-65+52-55*3+24*2	500-65+52-55*3+24*2
6	E	300-62-53+56-2*3+52*3-45*3	300-62-53+56-2*3+52*3-45*3
7	F	200+32+32*3-56	200+32+32*3-56
8	G	80+96-65*2+100	80+96-65*2+100

图 1-212 复制算式到结果区

选中 C2:C8 区域，单击“数据”→“分列”按钮，在打开的“文本分列向导-第 1 步”对话框中不做特殊修改，直接单击“完成”按钮，如图 1-213 所示。

图 1-213 分列步骤

完成以后的结果，如图 1-214 所示。

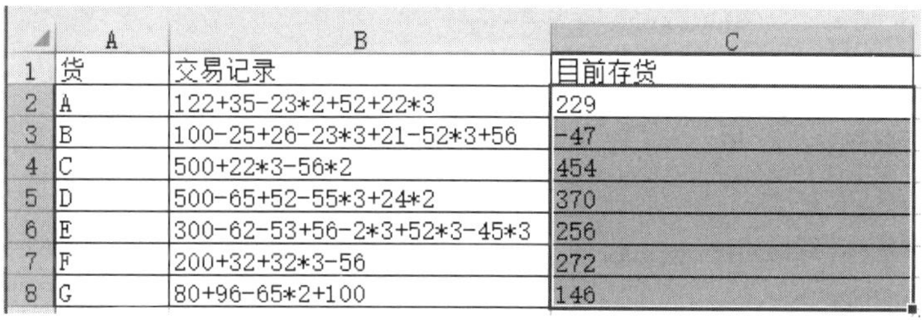

	A	B	C
1	货	交易记录	目前存货
2	A	122+35-23*2+52+22*3	229
3	B	100-25+26-23*3+21-52*3+56	-47
4	C	500+22*3-56*2	454
5	D	500-65+52-55*3+24*2	370
6	E	300-62-53+56-2*3+52*3-45*3	256
7	F	200+32+32*3-56	272
8	G	80+96-65*2+100	146

图 1-214 分列结果

（3）选项设置。单击“文件”→“选项”→“高级”→“转换 Lotus 1-2-3 公式”，将其前面的钩去除，如图 1-215 所示。

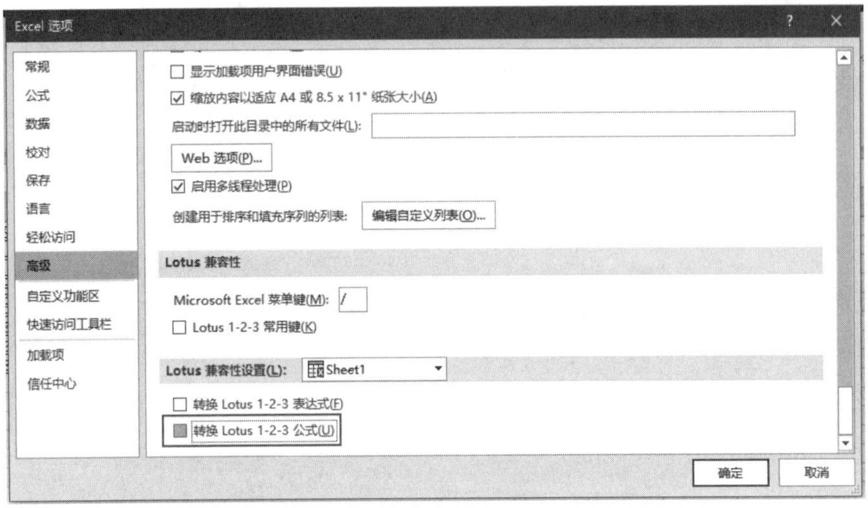

图 1-215 “转换 Lotus 1-2-3 公式”去除勾选

去除这个选项的目的是：防止影响日期等类型数据的正常输入。

特别提醒：这样计算出来的结果，不会随着源数据的修改而改变！要想真正利用 Excel 记账，一定要预先设计好表结构哦！

1.6.5 阿拉伯数字（小写）转为中文数字（大写）来表示人民币的金额

【问题】

1.6.3 节讲述了利用 NUMBERSTRING 和 TEXT 函数实现阿拉伯数字和中文数字的转换，并提到使用 NUMBERSTRING 函数，将阿拉伯数字（小写）转为中文数字（大写）来表示人民币的金额，但 NUMBERSTRING 函数的局限是：仅能计算整数，小数部分则要四舍五入，如图 1-216 所示。

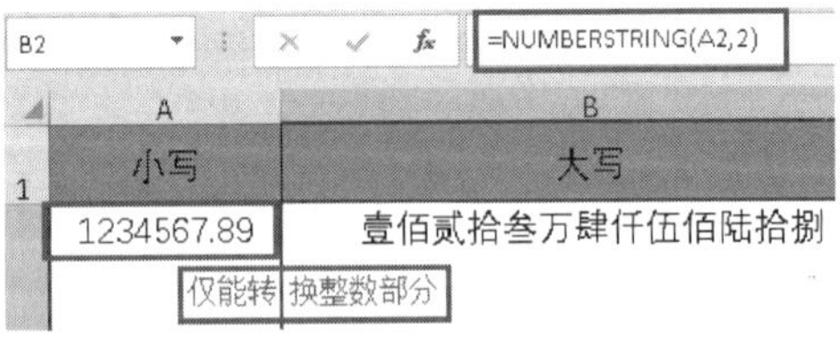

图 1-216 NUMBERSTRING 函数的缺陷

还有一种方法：设置单元格格式，也可以将阿拉伯数字（小写）转为中文数字（大写）。如图 1-217 所示，在“设置单元格格式”对话框的“分类”栏中选择“特殊”，在“类型”中选择“中文大写数字”。但这种方法也有局限：小数部分只能“逐字直译”成大写，不能写成“几角几分”。

以上两种方法都不完美，只能求助函数了。

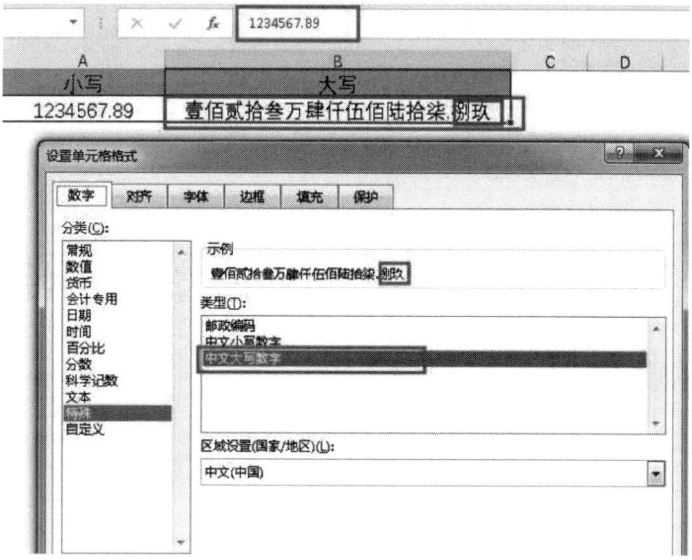

图 1-217　设置人民币阿拉伯数字转成中文大写

【实现方法】

如图 1-218 所示，在 B2 单元格中输入公式“=SUBSTITUTE(SUBSTITUTE(IF(-RMB(A2,2),TEXT(A2,";负")&TEXT(INT(ABS(A2)+0.5%),"[dbnum2]G/通用格式元;;")&TEXT(RIGHT(RMB(A2,2),2),"[dbnum2]0角0分;;整"),"零元整"),"零角",IF(A2^2<1,,"零")),"零分","整")”，按 Enter 键执行计算，再将公式向下填充，可实现完美转换。

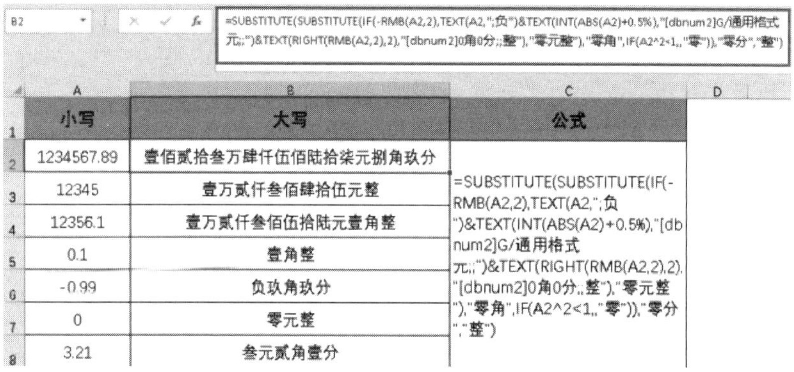

图 1-218　“方法实现”人民币数字转成中文大写

【公式解析】

- -RMB(A2,2)：按人民币格式将数值四舍五入到两位数并转换成文本。
- TEXT(A2,";负")：如果 A2 的金额小于 0，则返回字符“负”。
- TEXT(INT(ABS(A2)+0.5%),"[dbnum2]G/通用格式元;;")：金额取绝对值，整数部分转换为大写格式，参数+0.5%用于避免 0.999 元等的情况下计算出现错误。
- TEXT(RIGHT(RMB(A2,2),2),"[dbnum2]0 角 0 分;;整")：金额小数部分转换为大写。

• IF(-RMB(A2,2),TEXT(A2,";负")&TEXT(INT(ABS(A2)+0.5%),"[dbnum2]G/通用格式元;;")&TEXT(RIGHT(RMB(A2,2),2),"[dbnum2]0角0分;;整"),"零元整")：IF函数用于判断，如果金额不是0分，则返回大写格式的结果，否则返回零元整。

• 用两个SUBSTITUTE函数替换“零角”为“零”，“零分”为“整”。

1.7 数据筛选

1.7.1 数据筛选基础

将Excel表中符合或者不符合条件的数据筛选出来，是日常工作应用中比较常见的。下面介绍筛选的基础知识。

在“数据”菜单中启动“筛选”，可以看到数字筛选的各种方式，如图1-219所示。

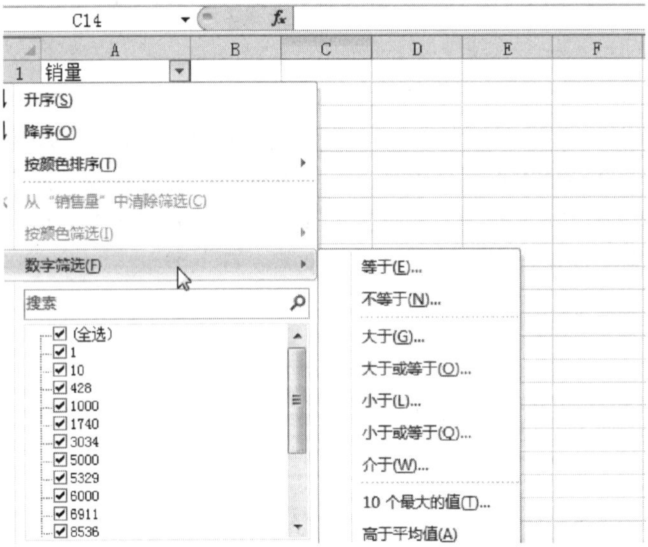

图1-219　数字筛选的各种方式

（1）筛选指定某值。这是筛选方式中最简单的方式，如筛选“销量”为10000的数据，如图1-220所示；还可以同时筛选两个数值，如筛选“销量”为1000和10000的数据，如图1-221所示。

（2）排除指定值筛选。可以筛选出指定值以外的数据，如筛选“销量”不等于10000的数据，如图1-222所示；筛选“销量”不等于1000和10000的数据，如图1-223所示。

（3）高于指定值筛选。可以用“大于（或等于）”筛选出高于指定值的数据，如筛选“销量”大于1000（或等于10000）的数据，如图1-224所示。

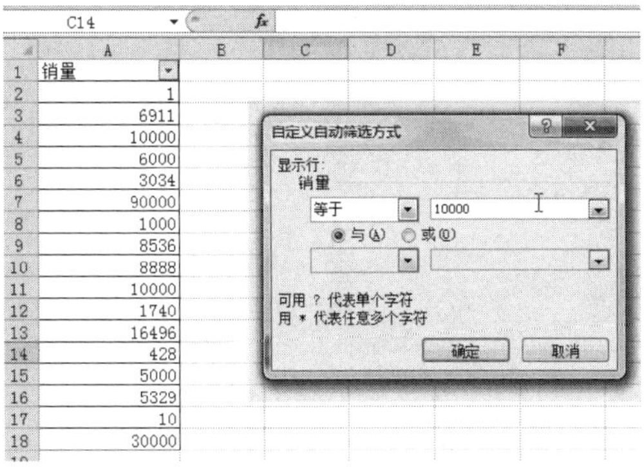

图 1-220　筛选销量为 10000 的数据

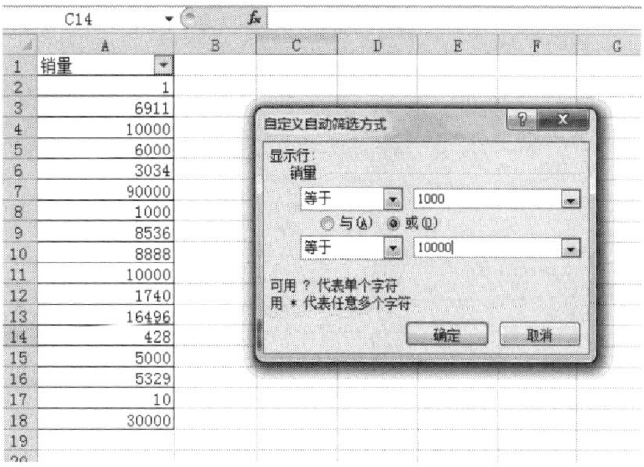

图 1-221　筛选销量为 1000 和 10000 的数据

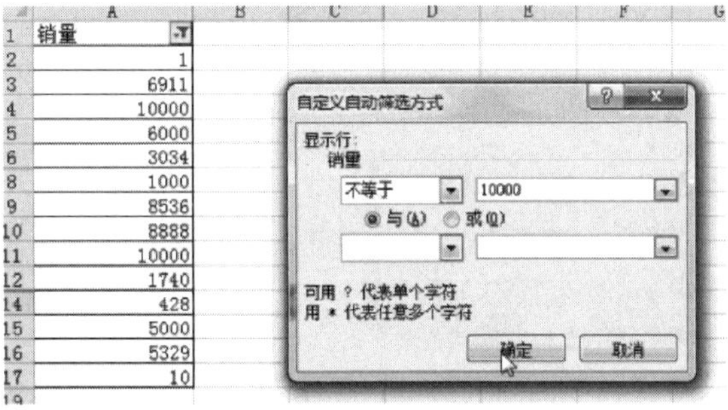

图 1-222　排除 1 个指定值的数据

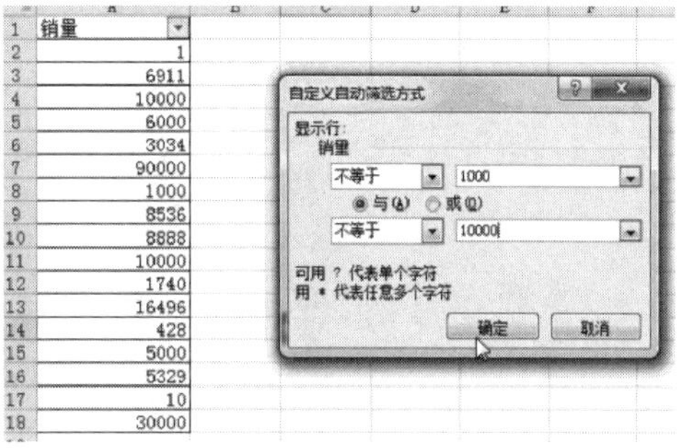

图 1-223　排除 2 个指定值的数据

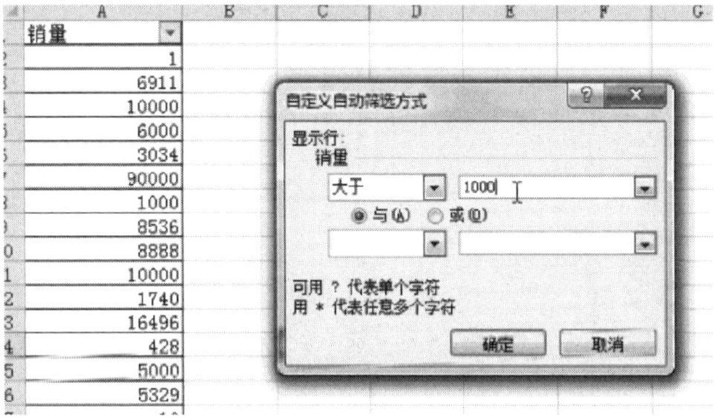

图 1-224　高于指定值筛选

用“小于（或等于）”筛选出低于指定值的数据的方法，与上述方法一致，不再赘述。

（4）筛选指定范围数值。可以用“介于”筛选出指定区域的数据，如筛选“销量“在 1000 与 10000 之间的数值，如图 1-225 所示。

（5）筛选前几位数值。可以用“自动筛选前 10 个”筛选指定前几位的数值，此处“10”是可以自行改变的。如筛选量前 5 位的数值，如图 1-226 所示。

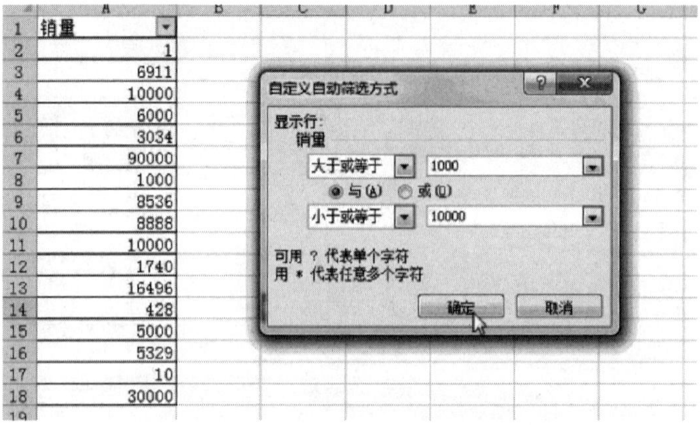

图 1-225　筛选指定范围数值

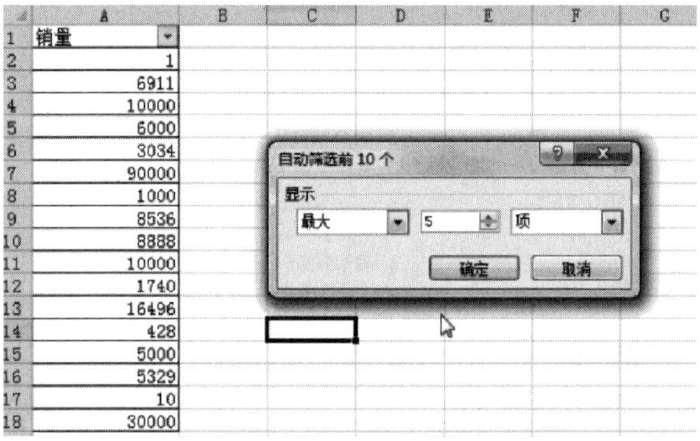

图 1-226　筛选前几位数值

（6）高于平均值筛选。可以用数字“筛选”→“高于平均值”筛选出大于平均值的数据，也可以用“低于平均值”筛选出小于平均值的数据，如图 1-227 和图 1-228 所示。

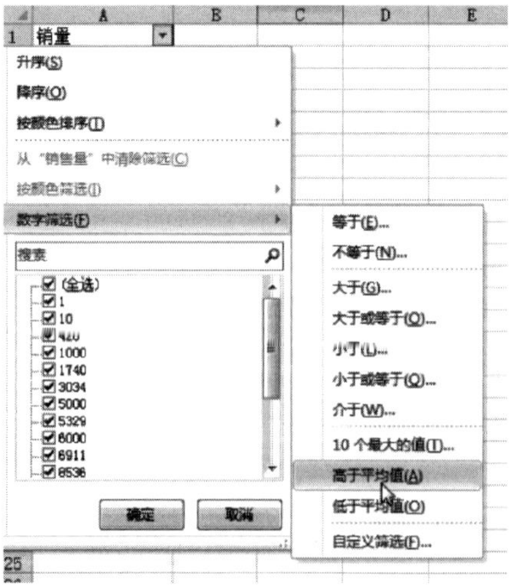

图 1-227　高于平均值筛选

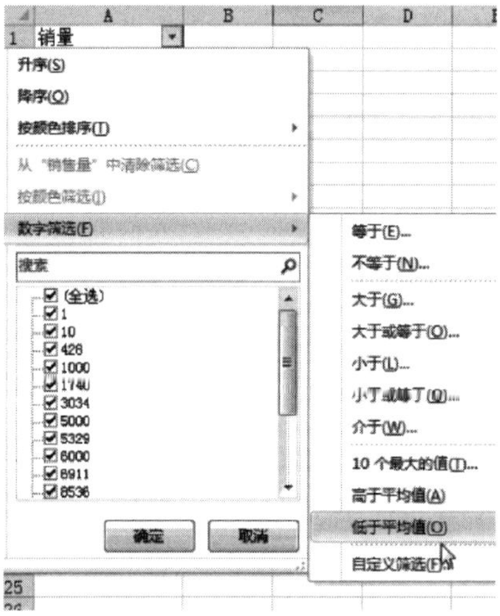

图 1-228　低于平均值筛选

1.7.2 高级筛选

【问题】

样表如图 1-229 所示，如何一次筛选出报考一中院的男硕士研究生呢？

	A	B	C	D	E	F	G	H
1	报考单位	报考职位	准考证号	姓名	性别	出生年月	学历	成绩
2	市高院	法官(刑事)	050008502132	王一	女	1973/03/07	博士研究生	62
3	区法院	法官(刑事)	050008505460	张二	男	1973/07/15	本科	60
4	一中院	法官(刑事)	050008501144	林三	女	1971/12/04	博士研究生	79
5	市高院	法官(刑事)	050008503756	胡四	女	1969/05/04	本科	76
6	市高院	法官(民事、行政)	050008502813	吴五	男	1974/08/12	大专	77
7	三中院	法官(民事、行政)	050008503258	章六	男	1980/07/28	本科	87
8	市高院	法官(民事、行政)	050008500383	陆七	男	1979/09/04	硕士研究生	72
9	区法院	法官(民事、行政)	050008502550	苏八	男	1979/07/16	本科	60
10	市高院	法官(民事、行政)	050008504650	韩九	男	1973/11/04	硕士研究生	64
11	三中院	法官(民事、行政)	050008501073	徐一	男	1972/12/11	本科	81
12	一中院	法官(刑事、男)	050008502309	项二	男	1970/07/30	硕士研究生	85
13	一中院	法官(民事、男)	050008501663	贾三	男	1979/02/16	硕士研究生	78
14	一中院	法官(民事、男)	050008504259	孙四	男	1972/10/31	硕士研究生	84
15	三中院	法官	050008500508	姚五	男	1972/06/07	本科	69
16	区法院	法官(男)	050008505099	周六	男	1974/04/14	大专	61
17	区法院	法官(民事)	050008503790	金七	男	1977/03/04	本科	86

图 1-229 示例数据

【实现方法】

“报考一中院的男硕士研究生”隐藏了 3 个条件：报考单位是一中院、性别是男、学历是硕士研究生。这种多条件筛选，可以用高级筛选一次完成。

高级筛选的关键点：

（1）必须按照筛选要求自己写一个条件区域。

（2）高级筛选的原数据区域第一行（列标签）一定要包含条件区域的第一行（列标签）。

（3）高级筛选条件区域，一定要注意各条件之间的关系。

如果各条件是“且”的关系，即同时符合多个条件，各条件都写在同一行，如图 1-230 所示，表示同时满足：报考单位是一中院、性别是男性、学历是硕士研究生这 3 个条件。

如果各条件是“或”的关系，则各条件不写在同一行，如图 1-231 所示，表示比重介于 1 和 1.5 之间（包含 1 和 1.5），或者比热大于或等于 4。

报考单位	性别	学历
一中院	男	硕士研究生

图 1-230 高级筛选同时符合多个条件

比重	比重	比热
>=1	<=1.5	
		>=4

图 1-231 筛选条件之间是“或”的关系

（4）如果高级筛选要求将筛选结果显示在其他区域，则在“高级筛选”对话框中选择

“在原有区域显示筛选结果”项，如图 1-232 所示；如果高级筛选要求将筛选结果显示在其他区域，则在“高级筛选”对话框中选择“将筛选结果复制到其他位置”项，并在“复制到”框中选定其他位置的起始单元格，如图 1-233 所示。

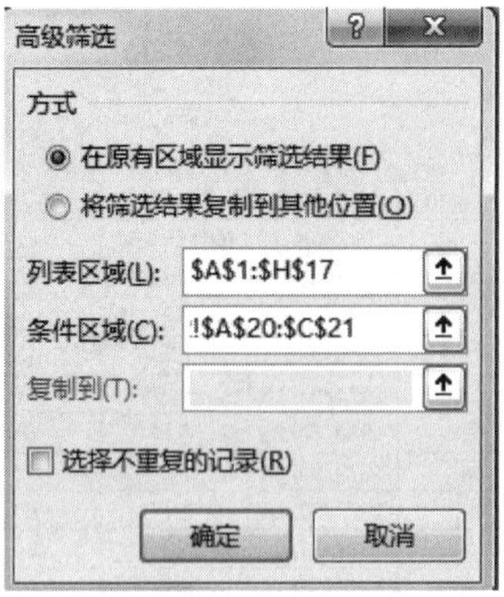

图 1-232　筛选结果显示在原区域

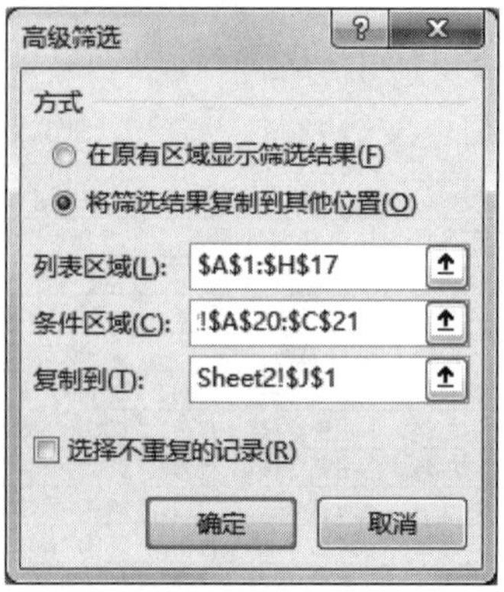

图 1-233　筛选结果显示在其他区域

（5）条件区域一定要与最终筛选结果放在同一工作表中，并在放置最终结果的工作表中选择“高级”筛选命令。

本示例中，如果将筛选结果在原数据区显示，过程如图 1-234 所示。

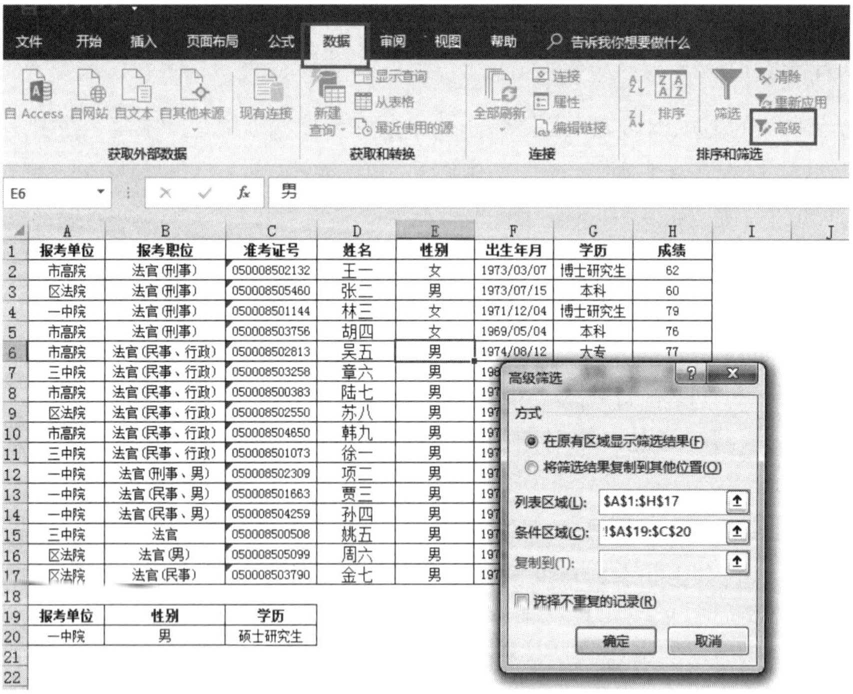

图 1-234　原数据区显示

如果将筛选结果显示在其他区域，过程则如图 1-235 所示。

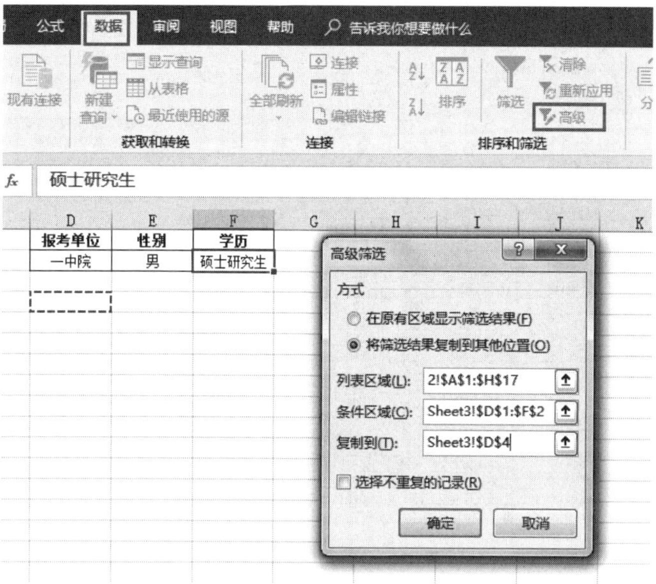

图 1-235 筛选结果显示在其他区域

1.7.3 筛选符合条件的两种方法

【问题】

如图 1-236 所示的是所有学生名单，如图 1-237 所示的是体育不及格的学生名单。

	A	B	C	D
1	班级名称	学号	姓名	身份证号码
2	12电商2班	124010222	蔡五	33062119******8080
3	12电艺5班	122010501	曹贝	33028319******7745
4	12电商1班	124010122	陈曾	33028119******1045
5	12电艺3班	122010328	陈豪	33048319******0511
6	12商务2班	125010202	陈慧	33038219******3625
7	12金融2班	124050202	陈晶	33068119******0480
8	12国贸1班	125030104	陈敏	33032919******1735
9	12国贸1班	125030105	陈诺	33102219******2215
10	12金融1班	124050131	陈强	33020419******2016
11	12国贸3班	125030304	陈婷	33052219******0614
12	12国贸3班	125030302	陈瑶	33028119******3319
13	12商务2班	125010201	陈站	33018319******3621
14	12电艺5班	122010502	程用	33030419******0921
15	12商务2班	125010231	丁彬	33068119******1069
16	12电艺5班	122010504	方天	33018419******0042
17	12商务2班	125010208	冯婷	33052319******0523
18	12电艺3班	122010329	傅州	33108119******2616
19	12电艺6班	122010605	高霞	33062119******7404
20	12国贸2班	125030205	葛妮	33032719******7274

全部名单 | 体育不及格

图 1-236 所有学生名单

	A	B	C
1	学号	姓名	
2	124010122	陈曾	
3	125030104	陈敏	
4	125030105	陈诺	
5	122010502	程用	
6	122010329	傅州	
7	122010605	高霞	
8	124050134	韩祥	
9	122010306	胡捷	
10	125030234	黄博	
11	125010233	金亮	
12	125030210	金七	
13	124010228	金宇	
14	122010512	李莉	
15	124010207	李林	
16			
17			

全部名单 | 体育不及格

图 1-237 体育不及格名单

如何从全部名单中筛选出体育不及格的学生信息呢？可以采用两种方法：IF+COUNTIF、高级筛选。

1）IF+COUNTIF

在“全部名单”表中，添加 E 列辅助列，在 E2 单元格中输入公式“=IF(COUNTIF(体育不及格!$A$2:$A$15,全部名单!B2)< >0,"F","T")”，按 Enter 键执行计算，再将公式向下填充。其中，单元格中显示为F的，就是体育成绩不及格的学生；显示为T的，就是体育成绩及格的学生。

再用筛选功能，筛选出“F”的学生信息，即可完成，如图1-238所示。

图1-238　公式结果

【公式解析】

• COUNTIF(体育不及格!$A$2:$A$15,全部名单!B2)：表示在所有体育成绩不及格学生的学号中，查找B2单元格的学号。公式向下填充时，所有体育成绩不及格学生学号的区域不变，所以采用绝对引用。

• IF(COUNTIF(体育不及格!$A$2:$A$15,全部名单!B2)< >0,"F","T")：表示如果查找出B2单元格的学号个数不等于0，则E2单元格返回F，否则返回T。

2）高级筛选

将光标放在“全部名单”表的任何一个数据单元格，选择“数据”→“排序和筛选”→“高级”，打开“高级筛选”对话框。“列表区域”默认为“全部名单”，选择“条件区域”为“体育不及格”名单A1:B15单元格，单击“确定”按钮，即可筛选出体育成绩不及格的全部学生信息，如图1-239所示。

图1-239　高级筛选

1.7.4 不用公式的跨表查询

【问题】

如图 1-240 所示的消费记录表，如何在另一张“查询”工作表中筛选出李四的购买记录。这里可以用“高级筛选”功能来完成。

【实现方法】

（1）写条件。在要放查询结果的工作表中，写一个条件区域，如图 1-241 所示，查询条件一定要包含列标签“姓名”。

图 1-240 消费记录表

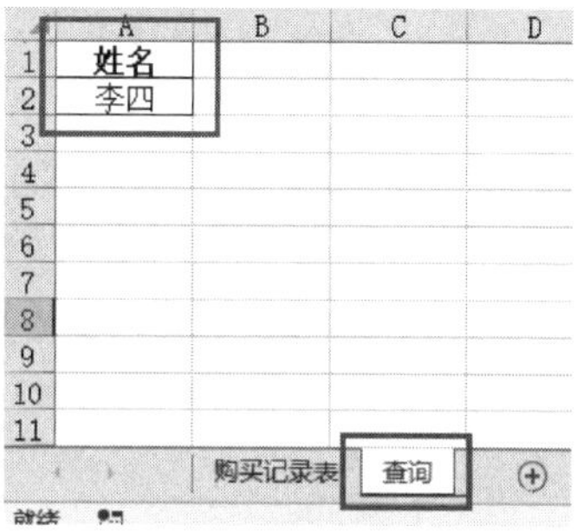

图 1-241 查询条件

（2）高级筛选。在要放结果的“查询”工作表中，选择“数据”→“排序和筛选”→“高级”命令，打开“高级筛选”对话框。选择“将筛选结果复制到其他位置”项，“列表区域”选择“购买记录表”中的所有记录，“条件区域”选择上一步中输入的条件区，“复制到”设为指定的单元格，单击“确定”按钮完成高级筛选，如图 1-242 所示。

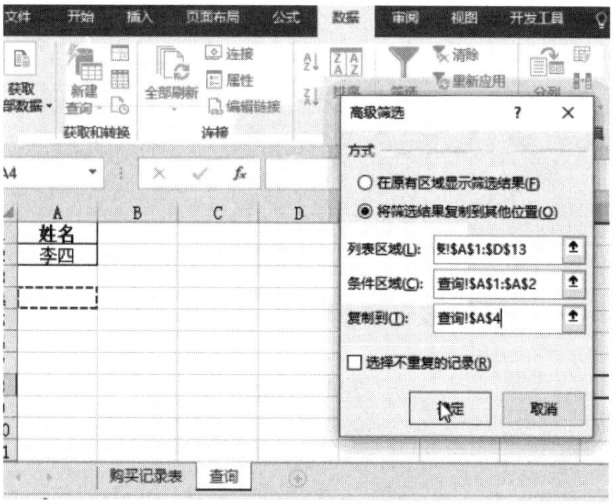

图 1-242 高级筛选

高级筛选设置较简单，可以选择指定姓名购买记录，但姓名一旦更改，须要重新进行筛选。

1.7.5 CELL+SUMIF 函数组合使隐藏列不参与汇总

【问题】

Excel 没有提供忽略隐藏列汇总的函数，如图 1-243 所示。

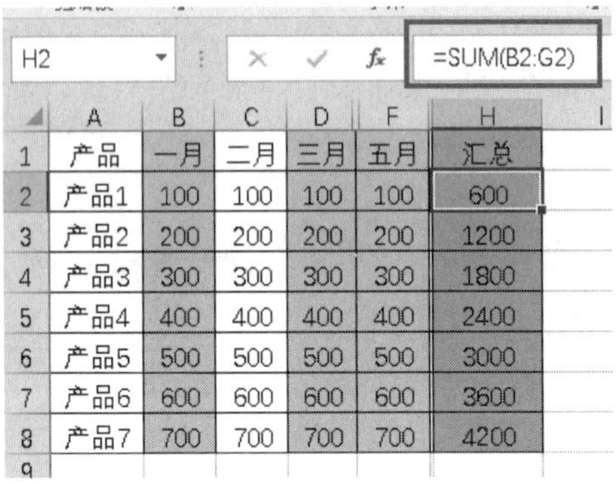

H2 =SUM(B2:G2)

	A	B	C	D	F	H
1	产品	一月	二月	三月	五月	汇总
2	产品1	100	100	100	100	600
3	产品2	200	200	200	200	1200
4	产品3	300	300	300	300	1800
5	产品4	400	400	400	400	2400
6	产品5	500	500	500	500	3000
7	产品6	600	600	600	600	3600
8	产品7	700	700	700	700	4200

图 1-243　数据列隐藏，但依然参与计算

虽然 E 列（四月数据）与 G 列（六月数据）隐藏了，但 E、G 两列的数据还是参与了求和汇总操作。

如何使隐藏列的数据不参与汇总操作呢？

【实现方法】

（1）建立辅助行。在第 11 行建立辅助行，B11 单元格中输入公式“=CELL("width",B1)”，然后向右填充，计算出 B 列到 G 列各列的列宽，如图 1-244 所示。

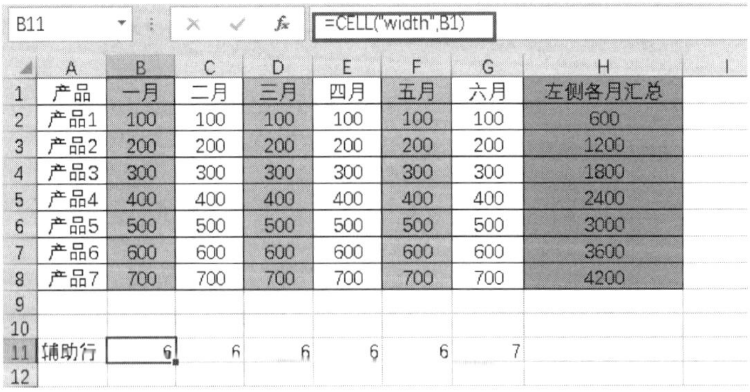

B11 =CELL("width",B1)

	A	B	C	D	E	F	G	H
1	产品	一月	二月	三月	四月	五月	六月	左侧各月汇总
2	产品1	100	100	100	100	100	100	600
3	产品2	200	200	200	200	200	200	1200
4	产品3	300	300	300	300	300	300	1800
5	产品4	400	400	400	400	400	400	2400
6	产品5	500	500	500	500	500	500	3000
7	产品6	600	600	600	600	600	600	3600
8	产品7	700	700	700	700	700	700	4200
9								
10								
11	辅助行	6	6	6	6	6	7	
12								

图 1-244　计算列宽

如果列被隐藏，隐藏列的列宽为 0。

（2）函数实现。先在 H2 单元格中输入公式“=SUMIF($B$11:$G$11,">0",B2:G2)”，再向下填充到 H8，如图 1-245 所示。

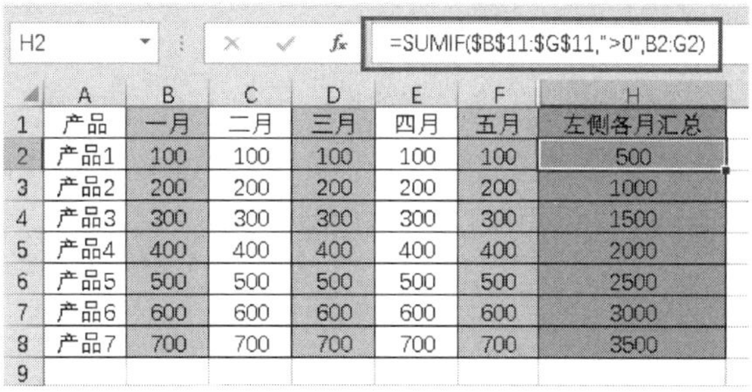

H2　=SUMIF($B$11:$G$11,">0",B2:G2)

	A	B	C	D	E	F	H
1	产品	一月	二月	三月	四月	五月	左侧各月汇总
2	产品1	100	100	100	100	100	500
3	产品2	200	200	200	200	200	1000
4	产品3	300	300	300	300	300	1500
5	产品4	400	400	400	400	400	2000
6	产品5	500	500	500	500	500	2500
7	产品6	600	600	600	600	600	3000
8	产品7	700	700	700	700	700	3500
9							

图 1-245　忽略隐藏列求和

隐藏 B～G 列任意列的内容，并按 F9 键刷新公式，即重新计算，可得到忽略隐藏列的汇总结果，效果如图 1-243 所示。

【公式解析】

CELL("width",B1)：表示得到 B 列的列宽，其中第 2 个参数只要是 B 列单元格就可以了。再向右填充，当公式所在列隐藏时，列宽返回值为 0。

SUMIF($B$11:$G$11,">0",B2:G2)：SUMIF 函数的第 1 个参数为$B$11:$G$11，再将公式向下填充时，引用区域永远是辅助行所在区域；第 2 个参数，即求和条件是">0"，也就是$B$11:$G$11 中大于 0 对应的 B2:G2 单元格区域的和，不管 B 到 G 列中的哪一列被隐藏了，隐藏列对应的列宽等于 0，也就是不参与求和，从而实现排除隐藏列汇总操作。

1.7.6　序号经过筛选后仍然不乱

【问题】

如图 1-246 所示，序号是连续的，但如果数据进行了筛选，如按照部门筛选以后，员工的序号都是原来的序号，不能从 1 开始有序排列，如图 1-247 所示。如果要打印每个部门的数据，每次打印前都要进行手工填写序号，很麻烦。

序号	部门	姓名
1	人事处	陈*
2	开发部	陈*东
3	销售部	陈*斯
4	财务处	洪*武
5	人事处	黄*
6	财务处	黄*杰
7	财务处	黄*霞
8	销售部	李*
9	人事处	李*斌
10	人事处	李*林
11	销售部	刘*
12	人事处	刘*程
13	销售部	刘*名
14	财务处	毛*东
15	销售部	孟*花
16	开发部	斯*苗

图 1-246　筛选前数据

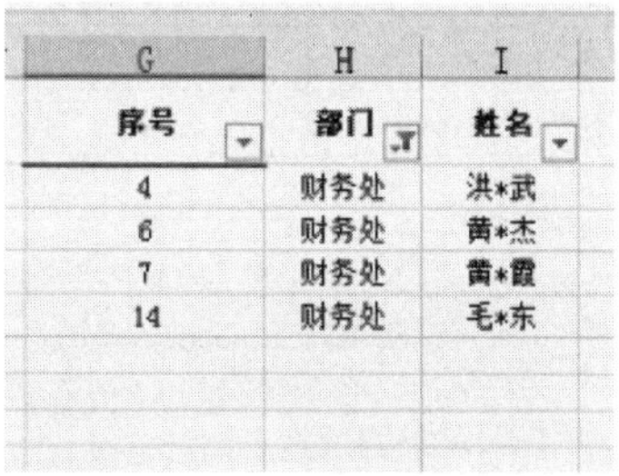

序号	部门	姓名
4	财务处	洪*武
6	财务处	黄*杰
7	财务处	黄*霞
14	财务处	毛*东

图 1-247　筛选后序号

【实现方法】

可以用 SUBTOTAL 函数实现无论如何筛选，序号总保持连续。

在 G2 单元格中输入公式“=SUBTOTAL(3,$H$2:H2)*1”，按 Enter 键执行计算，再将公式向下填充，得到的新序号代替原来的数字序号，即可实现筛选后序号有序，如图 1-248 和图 1-249 所示。

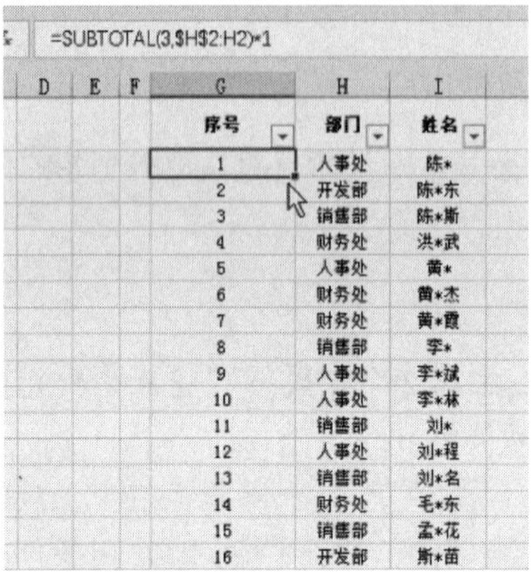

序号	部门	姓名
1	人事处	陈*
2	开发部	陈*东
3	销售部	陈*斯
4	财务处	洪*武
5	人事处	黄*
6	财务处	黄*杰
7	财务处	黄*霞
8	销售部	李*
9	人事处	李*斌
10	人事处	李*林
11	销售部	刘*
12	人事处	刘*程
13	销售部	刘*名
14	财务处	毛*东
15	销售部	孟*花
16	开发部	斯*苗

图 1-248　公式代替原有序号

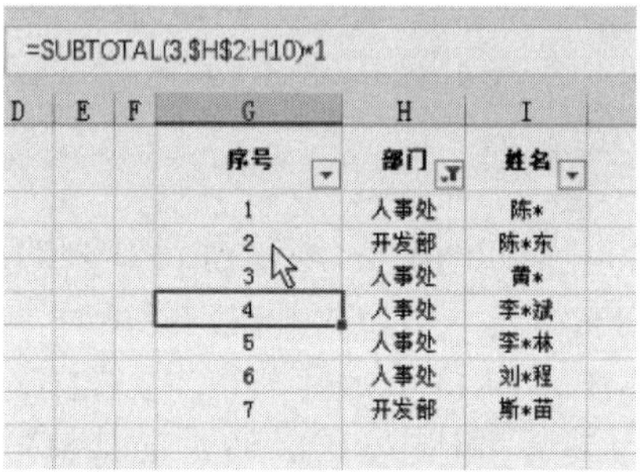

序号	部门	姓名
1	人事处	陈*
2	开发部	陈*东
3	人事处	黄*
4	人事处	李*斌
5	人事处	李*林
6	人事处	刘*程
7	开发部	斯*苗

图 1-249　公式序号筛选后的结果

【函数简介】

SUBTOTAL 函数

语法：SUBTOTAL(function_num,ref1,ref2,...)

● function_num：为 1～11（包含隐藏值）或 101～111（忽略隐藏值）之间的数字，指定使用何种函数在列表中进行分类汇总计算。ref1～ref*n* 参数为要对其进行分类汇总计算的第 1～29 个命名区域或引用，必须是对单元格区域的引用。

● function_num（包含隐藏值）：为 1～11 之间的自然数，用来指定分类汇总计算使用的函数，如表 1-1 所示。

表 1-1　function_num 为 1～11 之间的自然数

值	相当于函数
1	AVERAGE
2	COUNT
3	COUNTA
4	MAX
5	MIN
6	PRODUCT
7	STDEV
8	STDEVP
9	SUM
10	VAR
11	VARP

function_num（忽略隐藏值）为 101～111 之间的自然数，如表 1-2 所示。

表 1-2　function_num 为 101～111 之间的自然数

值	相当于函数
101	AVERAGE
102	COUNT
103	COUNTA
104	MAX
105	MIN
106	PRODUCT
107	STDEV
108	STDEVP
109	SUM
110	VAR
111	VARP

1.8　排序和排名

1.8.1　多个排序条件的排序

【问题】

数据表如图 1-250 所示。

	A	B	C	D
1	部门	入职日期	姓　名	基本工资
2	人事部	2016/5/5	王一	4082
3	财务处	2017/4/11	苏八	5051
4	后勤处	2016/4/2	周六	4952
5	财务处	2015/4/5	祝四	5108
6	市场部	2016/7/19	郁九	4470
7	人事部	2016/4/10	邹七	5870
8	市场部	2016/4/11	张二	4785
9	财务处	2017/10/12	韩九	4990
10	后勤处	2016/4/13	金七	4210
11	后勤处	2015/4/26	叶五	4686
12	市场部	2016/2/9	朱一	4812
13	人事部	2012/4/27	郑五	5228
14	市场部	2015/10/11	刘八	5331

图 1-250　数据表

按以下要求进行排序：

（1）按人事部、财务处、市场部、后勤处的顺序对部门进行排序。

（2）同部门内，入职日期按升序排列。

（3）同部门、同入职日期，按姓名字母升序排列。

（4）如果存在姓名相同的，按基本工资降序排列。

【实现方法】

（1）将光标放在数据区，单击“数据”→“排序”，如图 1-251 所示。

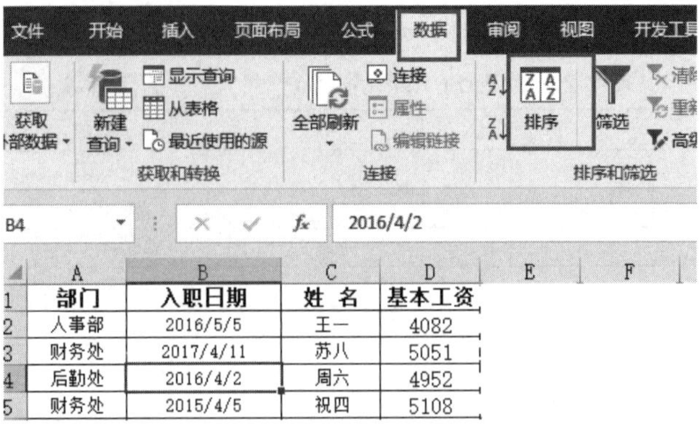

图 1-251 数据排序

（2）在打开的“排序”对话框中，单击“添加条件”按钮，可以添加很多排序条件，如图 1-252 所示。

图 1-252 添加排序条件

（3）如果想要按指定顺序排序，则可以自定义排序序列，就像本示例中按指定部门顺序排序。

1.8.2 数据按行排序

【问题】

今天，朋友传来一份简化的商场消费记录，问：能否在不改变表格结构的情况下按行排序？如图 1-253 所示。

	A	B	C	D	E	F	G	H	I	J	K	L	M
1	姓名	王一	张二	张二	张二	林三	林三	李五	李五	李五	胡九	张二	胡九
2	消费记录	9924	7478	7273	590	6703	2396	4387	11200	8530	3876	2789	7764
3	消费时间	2017/8/10	2017/8/10	2017/7/18	2017/8/13	2017/8/15	2017/8/10	2017/8/11	2017/8/14	2017/8/17	2017/8/10	2017/8/10	2017/8/12
4	消费方式	刷卡	刷卡	支付宝	刷卡	刷卡	现金	现金	刷卡	刷卡	支付宝	现金	支付宝
5	收银台	1	1	3	3	2	1	2	1	1	3	2	3

图 1-253 按行排序数据表

将消费记录为第一排序条件、消费方式为第二排序条件，对数据进行排序。

【实现方法】

经常用按列排序，即把一列数据按照指定关键字进行排序，而忽略“按行排序”这一功能。

（1）选定除了行标题（首列）的所有数据，单击“数据”→“排序”，在打开的“排序”对话框中单击“选项”按钮，在打开的“排序选项”对话框中选中“按行排序”选项，如图 1-254 所示。

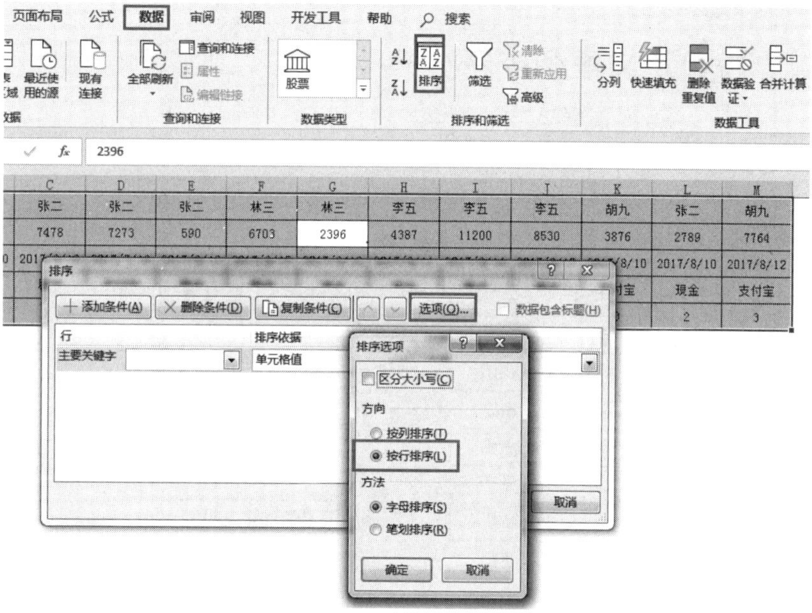

图 1-254　选择按行排序

（2）选择“主要关键字”为消费记录所在“行 2”，“次序”为“降序”；单击“添加条件”按钮，添加“次要关键字“选择消费方式所在的“行 4”，根据要求选择“升序”或者“降序”，如图 1-255 所示；单击“确定”按钮，即实现按行排序。

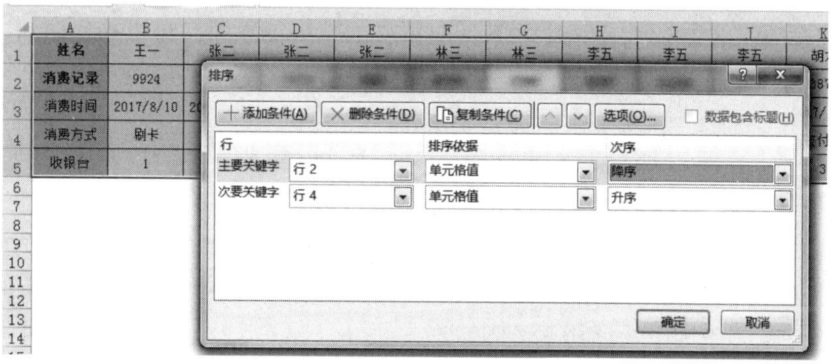

图 1-255　选择关键字

排序以后的数据，首先按照消费记录由高到低排序，然后再按照消费方式排序，如图1-256 所示。

	A	B	C	D	E	F	G	H	I	J	K	L	M
1	姓名	李五	王一	李五	胡九	张二	张二	林三	李五	胡九	张二	林三	张二
2	消费记录	11200	9924	8530	7764	7478	7273	6703	4387	3876	2789	2396	590
3	消费时间	2017/8/14	2017/8/10	2017/8/17	2017/8/12	2017/8/10	2017/7/18	2017/8/15	2017/8/11	2017/8/10	2017/8/10	2017/8/10	2017/8/13
4	消费方式	刷卡	刷卡	刷卡	支付宝	刷卡	支付宝	刷卡	现金	支付宝	现金	现金	刷卡
5	收银台	1	1	1	3	1	3	2	2	3	2	1	3

图 1-256　排序结果

1.8.3　数据按自定义序列排序

【问题】

如图 1-257 所示，不管是升序排序还是降序排序，都不能按照职务等级由高到低或由低到高进行排列。

姓 名	职务等级
吴五	初级
胡四	初级
王一	高级
韩九	高级
林三	见习
章六	特级
徐一	特级
苏八	中级
张二	助理
陆七	助理

升序

姓 名	职务等级
张二	助理
陆七	助理
苏八	中级
章六	特级
徐一	特级
林三	见习
王一	高级
韩九	高级
吴五	初级
胡四	初级

降序

图 1-257　升序或降序排列

其原因是 Excel 默认的文本排序是按照拼音首字母排序的，如果想按照自己的意愿排序，须要用自定义进行序列。

【实现方法】

（1）将光标放在要排序的列时，单击“数据”→“排序”，在打开的“排序”对话框中选择“自定义序列”，如图 1-258 所示。

（2）在打开的“自定义序列”对话框的“输入序列”中输入“见习、助理、初级、中级、高级、特级”，如图 1-259 所示。

（3）单击“确定”按钮，依次返回，即可实现职务由低到高排序。

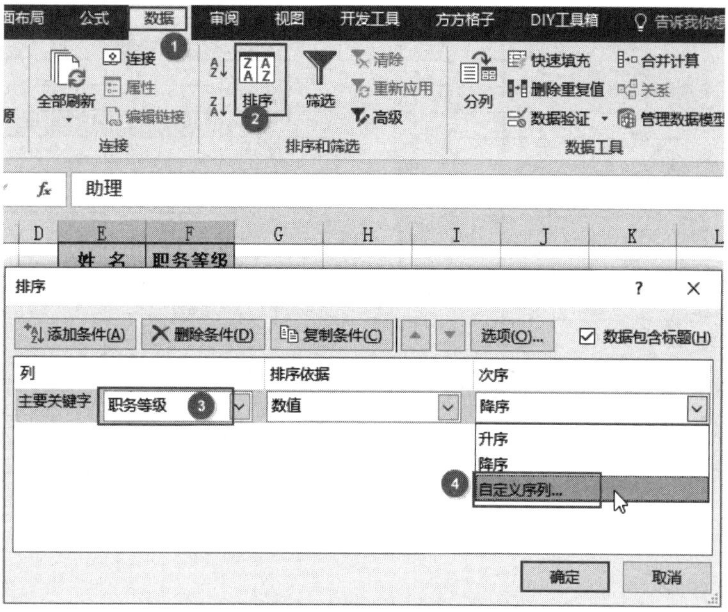

图 1-258　选择自定义序列

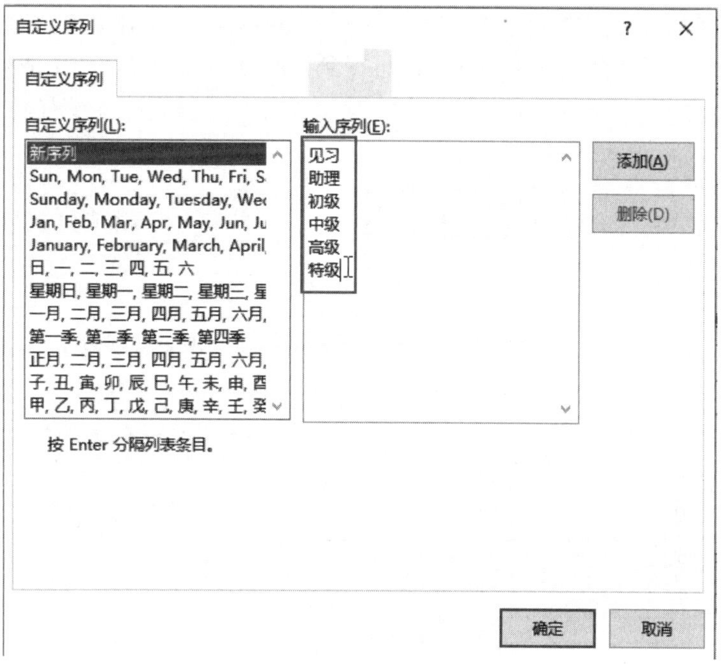

图 1-259　输入自定义序列

1.8.4　剔除 0 值排名次，升序、降序由你定

【问题】

如图 1-260 所示数据，如何实现成绩为 0 的不参加排名次？

剔除0值降序排名

	A	B	C
1	姓名	成绩	名次
2	王一	66	9
3	张二	43	11
4	林三	88	4
5	胡四	65	10
6	吴五	0	
7	章六	70	8
8	陆七	99	1
9	苏八	90	3
10	韩九	80	6
11	徐一	77	7
12	项二	91	2
13	贾三	0	
14	孙四	41	12
15	姚五	0	
16	周六	85	5
17			

剔除0值升序排名

	A	B	C
1	姓名	百米成绩	名次
2	王一	0°12′50	11
3	张二	0°10′43	8
4	林三	0°08′23	1
5	胡四	0°11′55	9
6	吴五	0°00′00	
7	章六	0°10′17	6
8	陆七	0°09′19	4
9	苏八	0°09′08	2
10	韩九	0°10′08	5
11	徐一	0°00′00	
12	项二	0°09′18	3
13	贾三	0°12′12	10
14	孙四	0°10′41	7
15	姚五	0°00′00	
16	周六	0°15′08	12
17			

图 1-260　示例数据与结果

【实现方法】

（1）剔除 0 值降序排。降序排列是指数值大的排名在前，最大数值排第一名。

如图 1-261 所示，在 C2 单元格中输入公式“=IF(B2=0,"",RANK(B2,$B$2:$B$16))，按 Enter 键执行计算，再将公式向下填充，即可得到剔除 0 值降序排，学生成绩越高的，其排名越靠前（名次越小），而学生成绩为 0 的，则其从排名中被剔除（没有名次）。

【公式解析】

● IFCB2=O，""，RANK（B2，$B$2：$B$16)：表示如果 B2=0，返回空值，否则参与排序。

其中，

● RANK(B2,$B$2:$B$16)：第 3 个参数[指定数字排位方式的数字]省略，表示按降序排列。

C2　=IF(B2=0,"",RANK(B2,$B$2:$B$16))

	A	B	C	D	E	F
1	姓名	成绩	名次			
2	王一	66	9			
3	张二	43	11			
4	林三	88	4			
5	胡四	65	10			
6	吴五	0				
7	章六	70	8			
8	陆七	99	1			
9	苏八	90	3			
10	韩九	80	6			
11	徐一	77	7			
12	项二	91	2			
13	贾三	0				
14	孙四	41	12			
15	姚五	0				
16	周六	85	5			
17						

图 1-261　剔除 0 值降序排列

（2）剔除 0 值升序排名。升序排列是指数值小的排名在前，最小数值排第一名。

如图 1-262 所示，在 C2 单元格中输入公式“=IF(B2=0,"",RANK(B2,$B$2:$B$16,1)-COUNTIF($B$2:$B$16,0))”，按 Enter 键执行计算，再将公式向下填充，即可得剔除 0 值的升序排名，学生百米成绩用时越短，排名越靠前。

C2 =IF(B2=0,"",RANK(B2,$B$2:$B$16,1)-COUNTIF($B$2:$B$16,0))

	A	B	C
1	姓名	百米成绩	名次
2	王一	0°12'50	11
3	张二	0°10'43	8
4	林三	0°08'23	1
5	胡四	0°11'55	9
6	吴五	0°00'00	
7	章六	0°10'17	6
8	陆七	0°09'19	4
9	苏八	0°09'08	2
10	韩九	0°10'08	5
11	徐一	0°00'00	
12	项二	0°09'18	3
13	贾三	0°12'12	10
14	孙四	0°10'41	7
15	姚五	0°00'00	
16	周六	0°15'08	12

图 1-262 剔除 0 值升序排列

【公式解析】

● IF（B2=0，""，RANK（B2，$B$2：$B$16，1）-COUNTIF（$B$2：$B$16，0））：表示如果 B2=0，返回空值，否则排序。

其中，

● RANK(B2,$B$2:$B$16,1)：第 3 个参数[指定数字排位方式的数字]为 0，就是升序排列。

● RANK(B2,$B$2:$B$16,1)-COUNTIF($B$2:$B$16,0))：B2 的升序排名的位次减掉 0 值的个数，有几个 0 值就有几个 0 值的排名。

【函数简介】

RANK 函数

语法：RANK(number,ref,[order])

中文语法：RANK(要找到其排位的数字,数字列表的数组,[指定数字排位方式的数字])

● number：必需，要找到其排位的数字。

● ref：必需，数字列表的数组，对数字列表的引用。ref 中的非数字值会被忽略。

● order：可选，一个用于指定排位方式的数字，如果 order 为 0（零）或省略，按照降序排列；如果 order 不为零，按照升序排列。

1.8.5 只给有销量的产品添加序号

【问题】

数据如图 1-263 所示，如何只给销量不为 0 的产品添加序号？

	A	B	C	D
1	序号	产品	销量	
2		产品1	0	
3		产品2	155	
4		产品3	666	
5		产品4	0	
6		产品5	0	
7		产品6	586	
8		产品7	0	
9		产品8	0	
10		产品9	963	
11		产品10	0	
12		产品11	20	

图 1-263 示例数据

【实现方法】

在 A2 单元格中输入公式“=IF(C2=0,"",(C2< >0)*(COUNT($C$2:C2)-COUNTIF($C$2:C2,"0")))”，按 Enter 键执行计算，再将公式向下填充，即得结果，如图 1-264 所示。

A2 =IF(C2=0,"",(C2<>0)*(COUNT($C$2:C2)-COUNTIF($C$2:C2,"0")))

	A	B	C	D	E	F	G
1	序号	产品	销量				
2		产品1	0				
3	1	产品2	155				
4	2	产品3	666				
5		产品4	0				
6		产品5	0				
7	3	产品6	586				
8		产品7	0				
9		产品8	0				
10	4	产品9	963				
11		产品10	0				
12	5	产品11	20				

图 1-264 只给有销量的产品添加序号

【公式解析】

IF(C2=0,"",(C2< >0)*(COUNT($C$2:C2)-COUNTIF($C$2:C2,"0")))：表示如果 C2=0，则返回值是 0，否则返回(C2< >0)*(COUNT($C$2:C2)-COUNTIF($C$2: C2,"0"))的计算结果。

● (C2<>0)*(COUNT($C$2:C2)-COUNTIF($C$2:C2,"0"))：表示 C2< >0 结果是一个逻辑值：如果满足 C2< >0，则返回 TRUE，计算时按 1 计算；如果 C2=0，则返回 FALSE，计算时按 0 计算。即如果 C2< >0，则 1*(COUNT($C$2:C2)-COUNTIF($C$2:C2,"0"))；如果 C2=0，则 0*(COUNT($C$2:C2)-COUNTIF($C$2:C2,"0"))。

● COUNT($C$2:C2)-COUNTIF($C$2:C2,"0"))：表示$C$2:C2 是随公式向下填充的，始终以 C2 为起始单元格的、范围逐渐扩大的动态区域，所以本部分的含义是，从区域中所有单元格数量中减去为 0 的单元格数量，就是不为 0 的单元格数量。

1.8.6 RANK.EQ 函数引用合并区域，实现多列数据排名

【问题】

如图 1-265 所示，要求对 4 个销售部的员工按照销售额进行排名。

原来也讲过使用 RANK.EQ 函数进行数据排名，但是，其排名的数据是位于同一列的，而这里的数据却要求 4 列数据同时排名，这就必须用到合并区域引用的方法。

	A	B	C	D	E	F	G	H	I	J	K	L
1	销售1部			销售2部			销售3部			销售4部		
2	姓 名	销售额	排名	姓 名	销售额	排名	姓 名	销售额	排名	姓 名	销售额	排名
3	王一	60		赵八	100		徐一	35		石八	44	
4	张二	82		许九	33		项二	2		郁九	78	
5	林三	39		陈一	83		贾三	53		朱一	26	
6	胡四	25		程二	18		孙四	96		夏二	18	
7	吴五	13		顾三	11		姚五	100		时三	4	
8	章六	89		祝四	59		周六	10		钱四	30	
9	陆七	98		叶五	52		金七	95		郑五	41	
10	苏八	32		杨六	38		刘八	59		沈六	98	
11	韩九	87		赖七	77		历九	43		邹七	21	

图 1-265 四个销售部的员工按照销售额进行排名

【实现方法】

在 C3 单元格中输入公式“=RANK.EQ(B3,($B$3:$B$11,$E$3:$E$11,$H$3:$H$11,$K$3:$K$11))”，按 Enter 键执行计算，然后向下填充。

再复制公式到 F3、I3、L3，把公式中的 B3 改为 E3、H3、K3，然后向下填充，即得 4 列数据的全部排名，如图 1-266 所示。

C3 =RANK.EQ(B3,($B$3:$B$11,$E$3:$E$11,$H$3:$H$11,$K$3:$K$11))

	A	B	C	D	E	F	G	H	I	J	K	L
1	销售1部			销售2部			销售3部			销售4部		
2	姓 名	销售额	排名	姓 名	销售额	排名	姓 名	销售额	排名	姓 名	销售额	排名
3	王一	60	13	赵八	100	1	徐一	35	23	石八	44	18
4	张二	82	10	许九	33	24	项二	2	36	郁九	78	11
5	林三	39	21	陈一	83	9	贾三	53	16	朱一	26	27
6	胡四	25	28	程二	18	30	孙四	96	5	夏二	18	30
7	吴五	13	32	顾三	11	33	姚五	100	1	时三	4	35
8	章六	89	7	祝四	59	14	周六	10	34	钱四	30	26
9	陆七	98	3	叶五	52	17	金七	95	6	郑五	41	20
10	苏八	32	25	杨六	38	22	刘八	59	14	沈六	98	3
11	韩九	87	8	赖七	77	12	历九	43	19	邹七	21	29

图 1-266 合并区域排名实现

公式的“($B$3:$B$11,$E$3:$E$11,$H$3:$H$11,$K$3:$K$11)”部分，即为合并区域引用。

合并区域引用是对同一个工作中不同连续区域进行引用，使用联合运算符“,”将各个区域的引用间隔开，并在两端添加半角括号“()”。

【函数简介】

RANK.EQ 函数

语法：RANK.EQ(number,ref,[order])

其中，

- number：必需，要找到其排位的数字。
- ref：必需，数字列表的数组，对数字列表的引用。ref 中的非数字值会被忽略。
- order：可选，一个用于指定数字排位方式的数字。

1.8.7 SUMPRODUCT 函数实现中式排名

【问题】

前面介绍过利用 RANK 和 RANK.EQ 函数进行排名次，但这两个排名函数的结果是：如果有相同的数值会出现相同的排名，再继续排下去，会出现名次“间断”的情况，如图 1-267，两个第 3 名后，会直接出现第五名，而没有第 4 名，这种“不连续”名次为美式排名，如何实现名次不间断的“中式排名”呢？

商品	出货量	美式排名	中式排名
鼠标	500	1	
键盘	400	2	
路由器	300	3	
显示屏	300	3	
硬盘	200	5	
U盘	100	6	

图 1-267　名次间断

【实现方法】

可以借助 SUMPRODUCT 函数。在 D2 单元格中输入公式“=SUMPRODUCT(($B$2:$B$7>=B2)/COUNTIF($B$2:$B$7,$B$2: $B$7))”，按 Enter 键执行计算，再将公式向下填充，即可实现，如图 1-268 所示。

D6　=SUMPRODUCT(($B$2:$B$7>=B6)/COUNTIF($B$2:$B$7,$B$2:$B$7))

商品	出货量	美式排名	中式排名
鼠标	500	1	1
键盘	400	2	2
路由器	300	3	3
显示屏	300	3	3
硬盘	200	5	4
U盘	100	6	5

图 1-268　不间断排名

【公式解析】

● ($B$2:$B$7>=B2)：表示将 B2:B7 单元格区域中每个单元格数值依次与 B2 中的数值对比，如果大于或等于 B2，返回 TRUE，否则返回 FALSE，所以此部分返回数值为{TRUE;FALSE;FALSE;FALSE;FALSE;FALSE}，即{1;0;0;0;0;0}。

● COUNTIF($B$2:$B$7,$B$2:$B$7)：表示依次计算 B2:B7 单元格区域中每个单元格数值出现的个数，返回数组为{1;1;2;2;1;1}。

● SUMPRODUCT(($B$2:$B$7>=B2)/COUNTIF($B$2:$B$7,$B$2:$B$7))：表示把上述两个数组对应数值相乘，再求和，即得名次为 1。

再对该公式进一步解释：

当向下填充到 D5 单元格时，公式变化为"=SUMPRODUCT(($B$2:$B$7>=B5)/COUNTIF($B$2:$B$7,$B$2:$B$7))"。

($B$2:$B$7>=B5)，其返回值是{TRUE;TRUE;TRUE;TRUE;FALSE;FALSE}，即{1;1;1;1;0;0}。

COUNTIF($B$2:$B$7,$B$2:$B$7)的返回值是{1;1;2;2;1;1}。

总公式"=SUMPRODUCT(($B$2:$B$7>=B5)/COUNTIF($B$2:$B$7,$B$2:$B$7))"表示 SUMPRODUCT({1;1;0.5;0.5;0;0})，即得名次为 3。

1.8.8 SUMPRODUCT 函数实现分组排名

样表如图 1-269 所示，要求在不改变现有排序的情况下，计算出每位员工在组内的排名。

	A	B	C	D	E
1	序号	姓名	组别	成绩	组内排名
2	1	李*林	A	96	
3	2	王*乐	B	97	
4	3	吴*林	C	76	
5	4	张*	A	97	
6	5	刘*名	B	86	
7	6	张*艳	C	63	
8	7	张*学	B	80	
9	8	刘*	C	61	
10	9	张*宏	A	61	
11	10	洪*武	B	60	
12	11	斯*苗	B	74	
13	12	林*高	C	70	
14	13	陈*	A	91	

图 1-269 计算组内排名

【实现方法】

在 E2 单元格中输入公式"=SUMPRODUCT(($C$2:$C$14=C2)*($D$2:$D$14>=D2)/COUNTIFS($C$2:$C$14,$C$2:$C$14,$D$2:$D$14,$D$2:$D$14))"，按 Enter 键执行计算，再将公式向下填充，即可得组内排名，如图 1-270 所示。

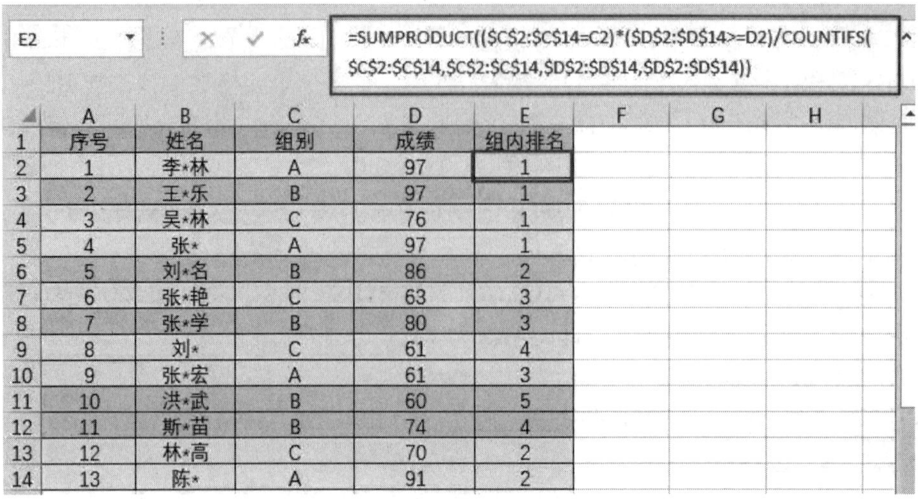

序号	姓名	组别	成绩	组内排名
1	李*林	A	97	1
2	王*乐	B	97	1
3	吴*林	C	76	1
4	张*	A	97	1
5	刘*名	B	86	2
6	张*艳	C	63	3
7	张*学	B	80	3
8	刘*	C	61	4
9	张*宏	A	61	3
10	洪*武	B	60	5
11	斯*苗	B	74	4
12	林*高	C	70	2
13	陈*	A	91	2

图 1-270　组内排名

【公式解析】

● $C$2:$C$14=C2：将 C2:C14 单元格区域中的每一个单元格与 C2 作比较，如果相等返回 TRUE，否则返回 FALSE。本部分返回数组{TRUE;FALSE;FALSE;TRUE;FALSE;FALSE;FALSE;FALSE;TRUE;FALSE;FALSE;FALSE;TRUE}（数组 1）

● $D$2:$D$14>=D2：将 D2:D14 单元格区域中的每一个单元格与 D2 作比较，如果大于或等于 D2 返回 TRUE，否则返回 FALSE。本部分返回数组：{TRUE;TRUE;FALSE;TRUE;FALSE;FALSE;FALSE;FALSE;FALSE;FALSE;FALSE;FALSE;FALSE}（数组 2）

● COUNTIFS($C$2:$C$14,$C$2:$C$14,$D$2:$D$14,$D$2:$D$14)：查找 C 列 D 列从第 2 行到第 14 行每一行出现的次数。本部分得到的数组为{2;1;1;2;1;1;1;1;1;1;1;1;1}（数组 3）。

● SUMPRODUCT(($C$2:$C$14=C2)*($D$2:$D$14>=D2)/COUNTIFS($C$2:$C$14,$C$2:$C$14,$D$2:$D$14,$D$2:$D$14))：数组 1*数组 2/数组 3，得到的数组为{0.5;0;0;0.5;0;0;0;0;0;0;0;0;0}，数组内数据加和，即得第 1 位的排名。

1.8.9　利用公式自动生成字母序列

【问题】

Excel 默认的序列中没有 26 个字母序列，可以用公式快速生成，如图 1-271 所示，横排大小写字母序列；如图 1-272 所示，竖排大小写字母序列。

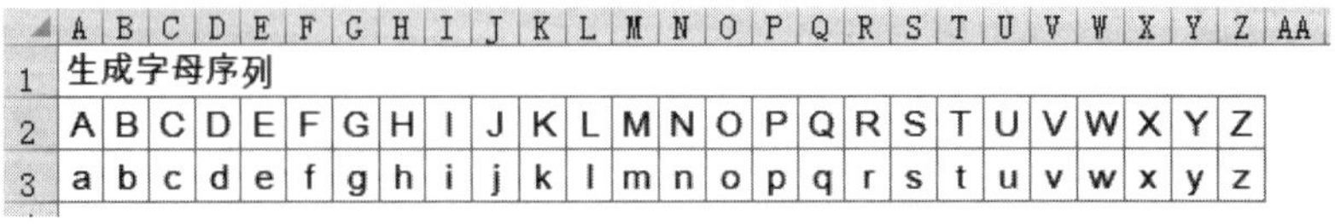

图 1-271　横排大小写字母序列

	A	B
1	生成字母序列	
2	A	a
3	B	b
4	C	c
5	D	d
6	E	e
7	F	f
8	G	g
9	H	h
10	I	i
11	J	j
12	K	k
13	L	l
14	M	m
15	N	n
16	O	o
17	P	p
18	Q	q
19	R	r
20	S	s
21	T	t
22	U	u
23	V	v
24	W	w
25	X	x
26	Y	y
27	Z	z

图 1-272　竖排大小写字母序列

【实现方法】

1）横排序列

在 A2 单元格中输入公式“=CHAR(COLUMN(A1)+64)”，向右填充即得大写字母序列，如图 1-273 所示。

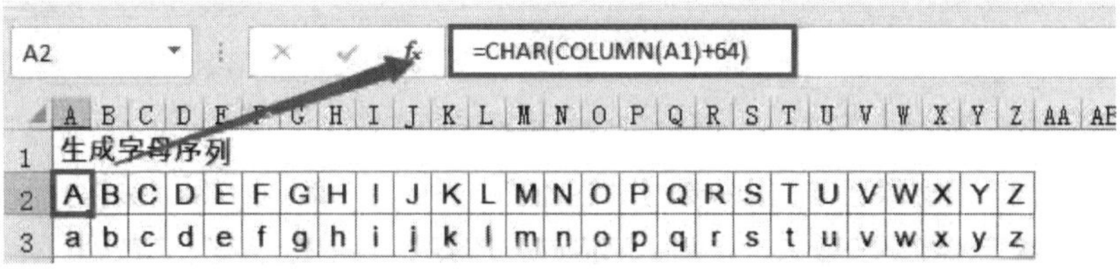

图 1-273　横排大写字母序列

在 A3 单元格中输入公式“=CHAR(COLUMN()+96)”，按 Enter 键执行计算，再将公式向右填充，即得小写字母序列，如图 1-274 所示。

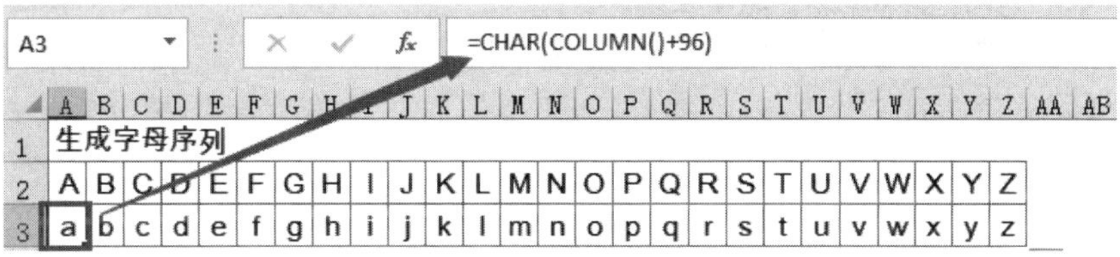

图 1-274　横排小写字母序列

2）竖排序列

在 A2 单元格中输入公式“=CHAR(ROW(A1)+64)”，按 Enter 键执行计算，再将公式向下填充，即得大写字母序列，如图 1-275 所示。

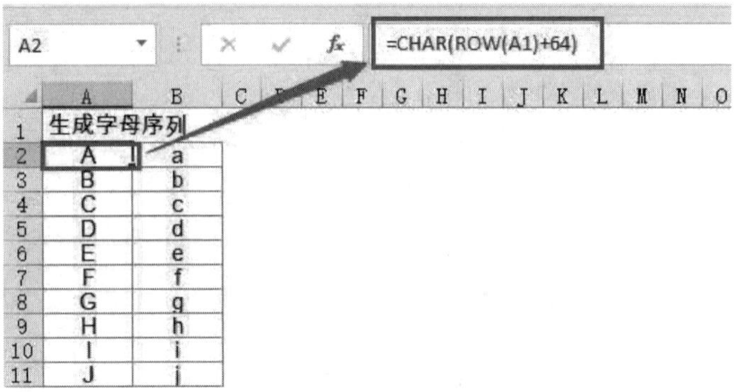

图 1-275　竖排大写字母序列

在 B2 单元格中输入公式“=CHAR(ROW(B1)+96)”，按 Enter 键执行计算，再将公式向下填充，即得小写字母序列，如图 1-276 所示。

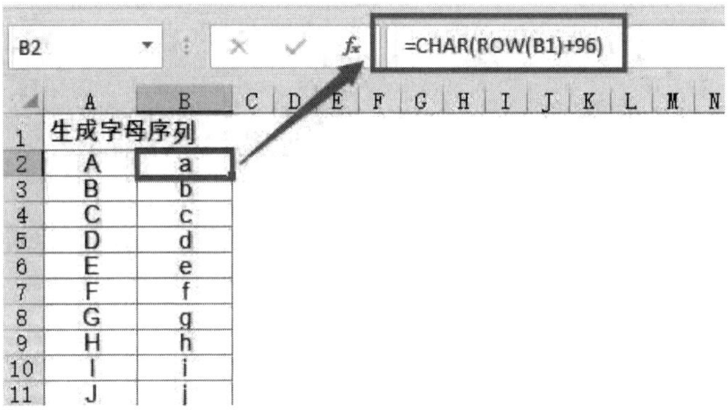

图 1-276　竖排小写字母序列

【公式解析】

该公式用 CHAR 函数将计算机 ASCII 转换成其所代表的字符。

其中，ASCII 65～90 代表 26 个大写字母 A～Z，97～122 代表 26 个小写字母 a～z，因此在某个单元格中录入公式“=CHAR(65)”就会返回大写字母 A，以此类推。

1.8.10　数据透视表实现排名

【问题】

“排名”问题，在 Excel 数据处理中是一个永恒的话题。本节将给出一种不用公式的中式排名法：用数据透视表实现，示例数据如图 1-277 所示。

	A	B	C
1	商品	出货量	名次
2	产品1	560	
3	产品2	250	
4	产品3	762	
5	产品4	1413	
6	产品5	1413	
7	产品6	821	
8	产品7	259	
9	产品8	789	
10	产品9	919	
11	产品10	774	
12	产品11	221	
13	产品12	714	
14	产品13	781	
15	产品14	259	
16	产品15	781	
17	产品16	1000	
18	产品17	1176	
19	产品18	844	
20	产品19	159	

图 1-277　数据透视表排名示例数据

【实现方法】

（1）建立数据透视表。为了突出数据对比，将“创建数据透视表”对话框与数据并列放置，如图 1-278 所示。

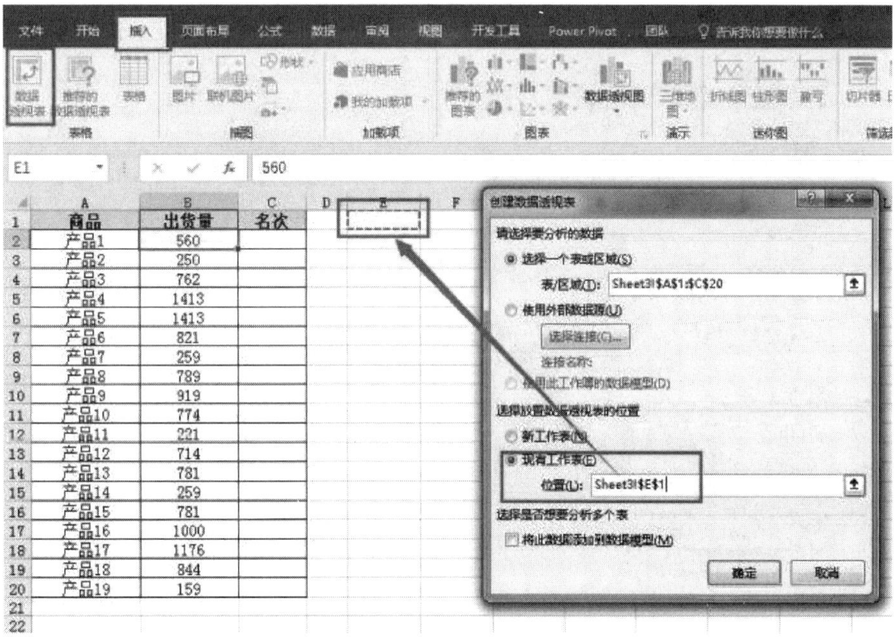

图 1-278　建立数据透视表

（2）将“商品”添加到“行”字段，在“值”字段中拖入两个“出货量”（求和项出货量和求和项出货量 2），如图 1-279 所示。

（3）在数据透视表第二个“求和项：出货量”列任意单元格中，右击，在弹出的快捷菜单中选择“值显示方式”→“降序排列”，如图 1-280 所示。

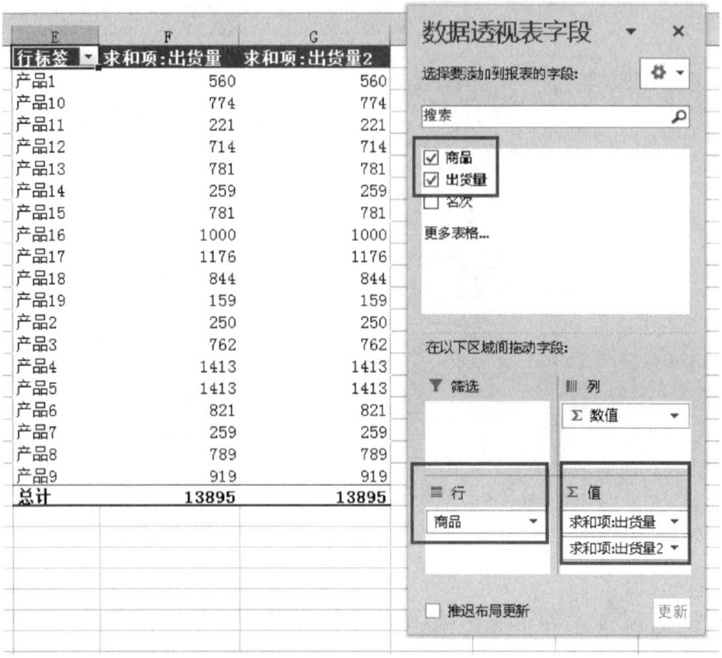

图 1-279　添加数据透视表字段

图 1-280　选择排序

（4）弹出如图 1-281 所示提示框，单击“确定”按钮，即可显示出货量的排名，如图 1-281 所示。

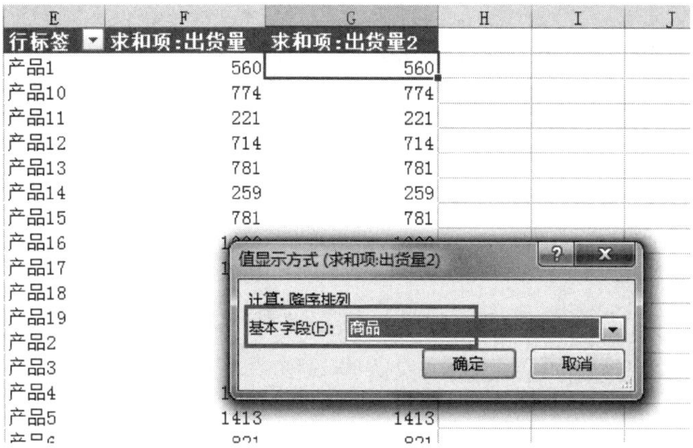

图 1-281　选择值显示方式

（5）后期加工。保留名次排列、删除总计行、修改字段名等处理。注意：重命名的字段名不能和源数据的字段名一样。

以上过程如图 1-282～图 1-284 所示。

图 1-282　保留名次排列

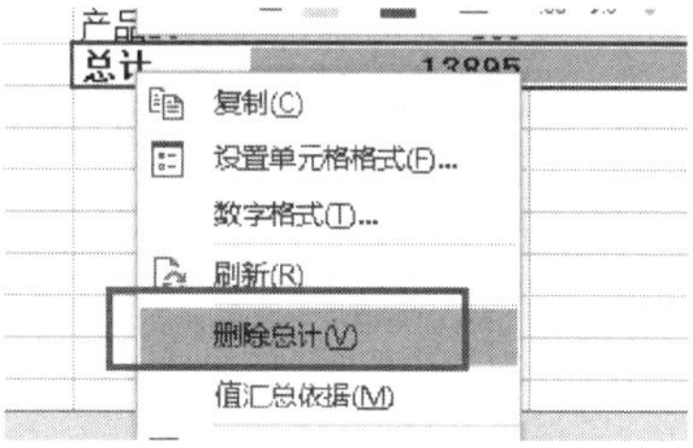

图 1-283　删除总计行

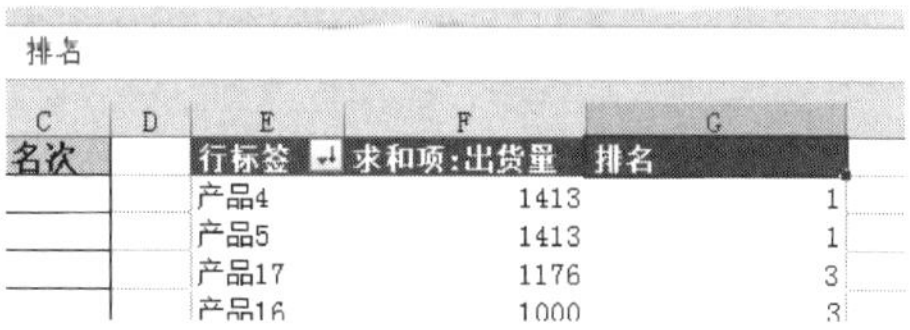

图 1-284　重命名字段名

如果不喜欢数据透视表的外观，则有两个选择：

- 保证源数据表与数据透视表商品名排列顺序完全一致的情况下，将名次复制到原表，并删除数据透视表。
- 直接复制数据透视表，然后选择“选择性粘贴”→“粘贴为数值”，代替原来的数据表。

1.9 数据去重复

1.9.1 删除重复项

【问题】

数据处理时，经常会遇到数据重复的问题。选择“数据”→“删除重复值”，可以在单列数据或多列数据中快速删除重复项，保留唯一值。

【实现方法】

（1）只有一列数据。选择有重复值的一列数据，选择“数据”→“删除重复值”，即可删除同列中重复的值，保留唯一值，如图 1-285 和图 1-286 所示。

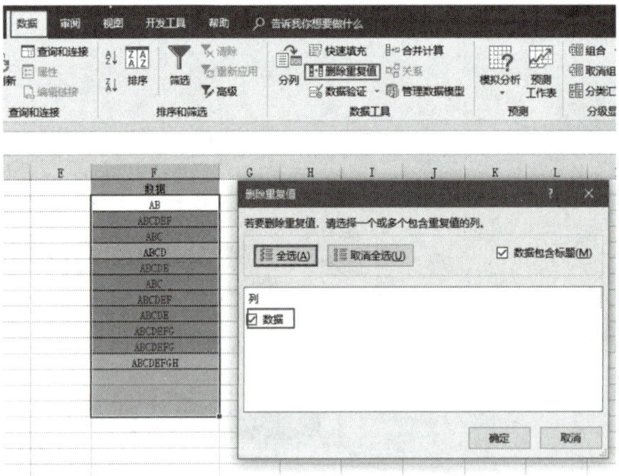

图 1-285　删除单列重复值

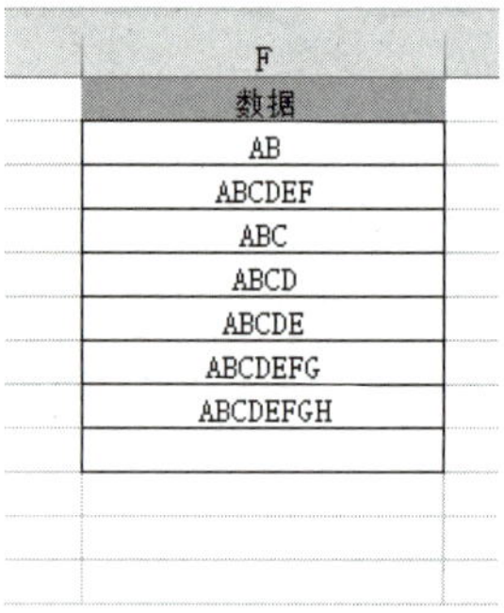

图 1-286　保留唯一值

（2）数据有多列，数据如图 1-287 所示。

年份	数量	名称	性质	门类
2015	2	club	商业连锁	连锁门店
2017	1	G1	商业连锁	百货商场
2016	2	Adwords	商业连锁	连锁门店
2015	4	HOT	企业	房地产
2016	1	KK	企业	其他
2016	2	KK	商业连锁	连锁门店
2016	3	KTV	企业	其他
2015	3	NULL	企业	知名制造业
2015	4	NULL	企业	知名制造业
2016	1	家用电器	企业	企业办公
2016	3	酒店	酒店	连锁酒店
2016	4	自然村	运营商	政府-其他
2016	4	自然村	政府	政府信息中心
2015	4	广场	商业连锁	百货商场
2015	3	家具	企业	知名制造业

图 1-287　多列重复的数据

- 不考虑其他列，只留唯一“名称”：将光标放在数据区任一位置，单击“数据”→“删除重复值”，在打开的“删除重复值”对话框中只勾选“名称”项，如图 1-288 所示，单击“确定”按钮，即得结果，如图 1-289 所示。

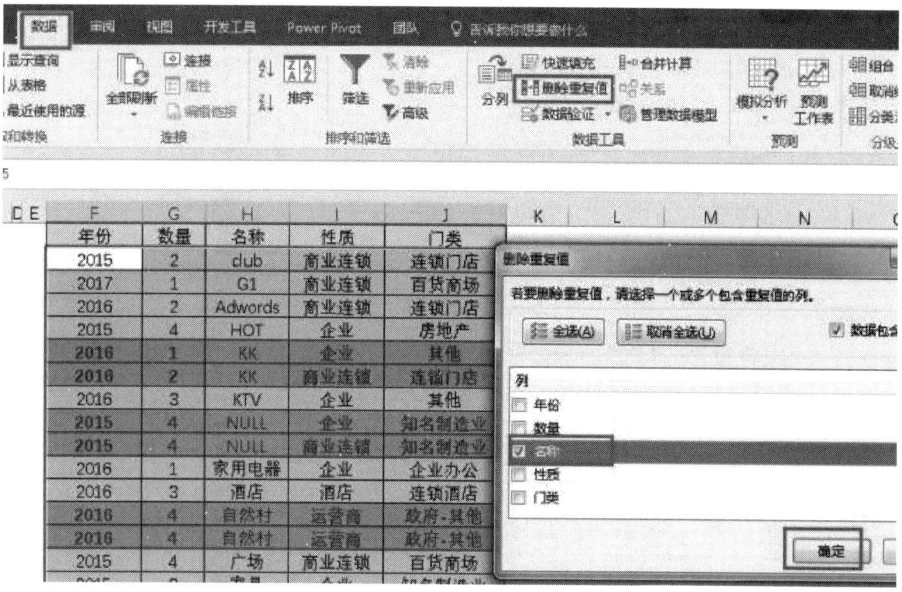

图 1-288 只删除重复名称

由图 1-289 所示结果可以看出：“名称”列以外的数据，不管是否重复，都随着重复名称的删除而整行删除，只留“名称”唯一值，且名称相同的数据行，默认保留第一行数据。

年份	数量	名称	性质	门类
2015	2	club	商业连锁	连锁门店
2017	1	G1	商业连锁	百货商场
2016	2	Adwords	商业连锁	连锁门店
2015	4	HOT	企业	房地产
2016	1	KK	企业	其他
2016	3	KTV	企业	其他
2015	4	NULL	企业	知名制造业
2016	1	家用电器	企业	企业办公
2016	3	酒店	酒店	连锁酒店
2016	4	自然村	运营商	政府-其他
2015	4	广场	商业连锁	百货商场
2015	3	家具	企业	知名制造业

图 1-289 保留唯一名称

● 考虑多列。若在“删除重复值”对话框中，勾选“数量”“名称”项，如图 1-290 所示，单击“确定”按钮，即得结果，如图 1-291 所示。

由图 1-291 所示结果可以看出：“名称”“数量”列中的重复行都被删除了。

若在“删除重复值”对话框中，勾选“名称”、“数量”和“性质”项，如图 1-292 所示，单击“确定”按钮，即得结果，如图 1-293 所示。

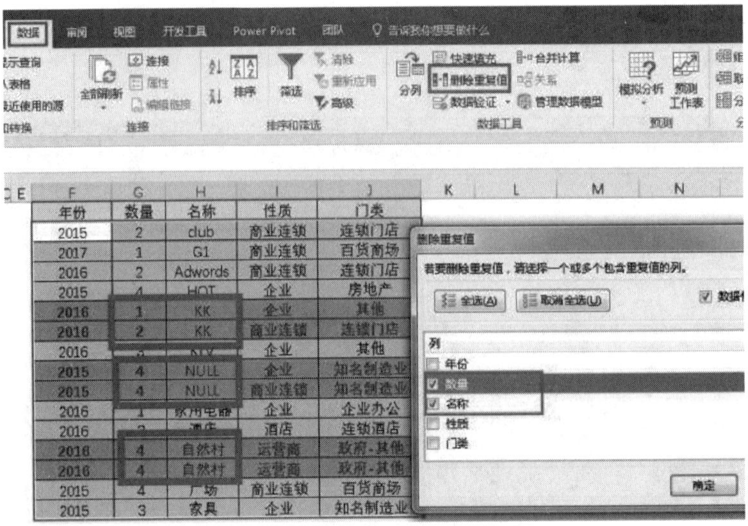

图 1-290　删除两列重复值

年份	数量	名称	性质	门类
2015	2	club	商业连锁	连锁门店
2017	1	G1	商业连锁	百货商场
2016	2	Adwords	商业连锁	连锁门店
2015	4	HOT	企业	房地产
2016	1	KK	企业	其他
2016	2	KK	商业连锁	连锁门店
2016	3	KTV	企业	其他
2015	4	NULL	企业	知名制造业
2016	1	家用电器	企业	企业办公
2016	3	酒店	酒店	连锁酒店
2016	4	自然村	运营商	政府-其他
2015	4	广场	商业连锁	百货商场
2015	3	家具	企业	知名制造业

图 1-291　删除“名称”“数量”重复的行

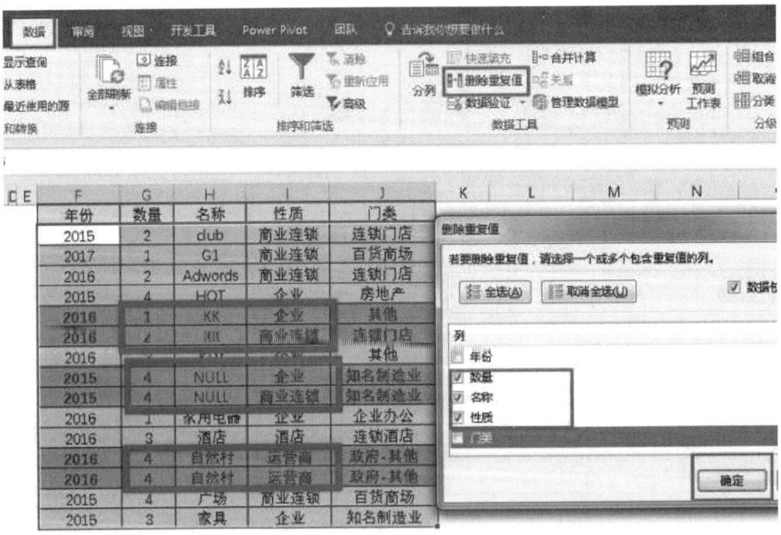

图 1-292　删除 3 列重复值

年份	数量	名称	性质	门类
2015	2	club	商业连锁	连锁门店
2017	1	G1	商业连锁	百货商场
2016	2	Adwords	商业连锁	连锁门店
2015	4	HOT	企业	房地产
2016	1	KK	企业	其他
2016	2	KK	商业连锁	连锁门店
2016	3	KIV	企业	其他
2015	4	NULL	企业	知名制造业
2015	4	NULL	商业连锁	知名制造业
2016	1	家用电器	企业	企业办公
2016	3	酒店	酒店	连锁酒店
2016	4	自然村	运营商	政府-其他
2015	4	广场	商业连锁	百货商场
2015	3	家具	企业	知名制造业

图 1-293 删除“数量”“名称”“性质”3 列同时重复的行

由图 1-293 所示结果可以看出：“名称”“数量”“性质”列中同时的重复的行都被删除了。

总结：删除重复值，不仅可以对单列数据进行删除，还可以对多列数据同时进行操作。在“删除重复值”对话框中勾选多列（多列之间都是“AND”的关系），数据同时重复的行，才能被删除。

1.9.2 计算报名人数

【问题】

运动会报名数据如图 1-294 所示，有的学生报了 1 个项目，有的学生报了 2 个项目，还有的学生报了 3 个项目，到底有多少名学生报名了？

	A	B	C	D	E
1	姓名	项目		报名人数	
2	王一	跳高			?
3	张二	跳远			
4	林三	1500米			
5	李五	800米			
6	胡九	铅球			
7	张二	铁饼			
8	陈七	撑杆跳			
9	王一	跳远			
10	王一	撑杆跳			
11	张二	撑杆跳			
12	胡九	铁饼			
13	张二	铅球			
14	林三	800米			
15	李五	1500米			
16	林三	跳远			

图 1-294 运动会报名数据

其实，这就是统计有多少个不重复值的问题。

【实现方法】

在 D2 单元格中输入公式“=SUMPRODUCT(1/COUNTIF($A$2:$A$16,$A$2:$A$16))”,

即可统计出报名人数，如图 1-295 所示。

D2 =SUMPRODUCT(1/COUNTIF($A$2:$A$16,$A$2:$A$16))

	A	B	C	D	E	F
1	姓名	项目		报名人数		
2	王一	跳高		6		
3	张二	跳远				
4	林三	1500米				
5	李五	800米				
6	胡九	铅球				
7	张二	铁饼				
8	陈七	撑杆跳				
9	王一	跳远				
10	王一	撑杆跳				
11	张二	撑杆跳				
12	胡九	铁饼				
13	张二	铅球				
14	林三	800米				
15	李五	1500米				
16	林三	跳远				

图 1-295　计算共有多少人报名

【公式解析】

● COUNTIF($A$2:$A$16,$A$2:$A$16)：表示在区域 A2:A16 中依次查找 A2～A16 各个单元格出现的次数，组成一数组{3;4;3;2;2;4;1;3;3;4;2;4;3;2;3}。

● 1/COUNTIF($A$2:$A$16,$A$2:$A$16)：表示用 1 除以数组中的每一值，组成新的数组{1/3;1/4;1/3;1/2;1/2;1/4;1;1/3;1/3;1/4;1/2;1/4;1/3;1/2;1/3}。

● SUMPRODUCT(1/COUNTIF($A$2:$A$16,$A$2:$A$16))：将上述数组内的值相加，即得总人数。

1.9.3　利用 COUNT+MATCH 函数组合统计两列重复值

【问题】

前两个季度销售进入前 10 名的员工姓名数据如图 1-296 所示，如何统计有多少员工两个季度都排入了前 10 名？

	A	B
1	第1季度销售前10名	第二季度销售前10名
2	王一	胡四
3	张二	吴五
4	林三	王一
5	胡四	张二
6	吴五	陆七
7	章六	苏八
8	陆七	徐
9	苏八	贾三
10	韩九	姚五
11	徐一	金七

图 1-296　两个季度前 10 名人数

【实现方法】

在 D2 单元格中输入公式“=COUNT(MATCH(A2:A11,B2:B11,0))”，按 Ctrl+Shift+Enter

组合键，即可计算出两个季度同时进入前 10 名的人数，如图 1-297 所示。

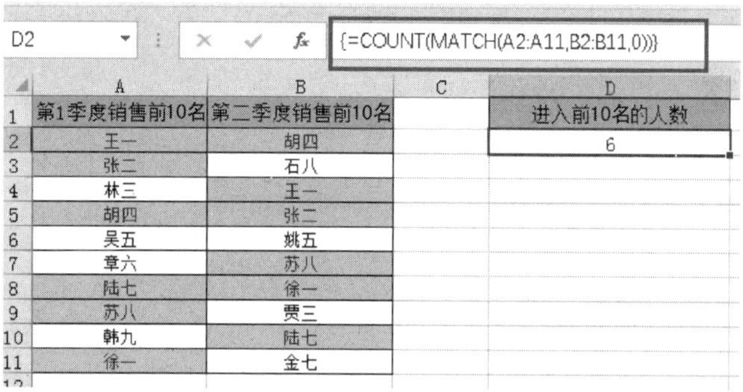

D2 | {=COUNT(MATCH(A2:A11,B2:B11,0))}

	A	B	C	D
1	第1季度销售前10名	第二季度销售前10名		进入前10名的人数
2	王一	胡四		6
3	张二	石八		
4	林三	王一		
5	胡四	张二		
6	吴五	姚五		
7	章六	苏八		
8	陆七	徐一		
9	苏八	贾三		
10	韩九	陆七		
11	徐一	金七		

图 1-297　两个季度都进入前 10 名的人数

【公式解释】

● MATCH(A2:A11,B2:B11,0)：表示 MATCH 函数使用 A2:A11 单元格区域的数据为查询值，在 B2:B11 单元格区域中进行依次查找，查找方式为 0，即精确查找，结果返回 A2:A11 单元格区域在 B2:B11 单元格区域首次出现的位置。如果 A2:A11 单元格区域中的数据在 B2:B11 单元格区域中存在，则返回出现的位置数值；如果不存在，则返回错误值#N/A，所以此部分公式运算结果为数字与#N/A 组成的数组{3;4; #N/A;1;#N/A;#N/A;9;6;#N/A;7}。

● COUNT：最后使用 COUNT 函数对上述数组中的数字数量进行统计计数，即可得到两列数据重复值的个数。

1.9.4　利用 EXACT 函数设置条件格式，标记两组不同的数据

【问题】

两列身份证号码如图 1-298 所示，身份证号码绝大部分是相同的，只有小部分数据不同，且两列的排序不同，如何标识出两列中不相同的身份证号码呢？

	A	B
1	身份证1	身份证2
2	330675195302215412	330675196708154432
3	330675195308032859	330675196706154485
4	330675195410032275	330675196604202874
5	330675195806107845	330675196403312114
6	330675195905128755	330675196403202217
7	330675196403202217	330675195905128755
8	330675196403312514	330675195806107845
9	330675196604202874	330675195410032235
10	330675196706154485	330675195308032809
11	330675196708154432	330675195302215412
12	330675197209012581	330675198807015258
13	330675197211045896	330675198603301816
14	330675197304178789	330675198505088895
15	330675197608145853	330675198305041417
16	330675197711252148	330675198109162356
17	330675198109162356	330675197711252148
18	330675198305041417	330675197608145853
19	330675198505088825	330675197304178789
20	330675198603301836	330675197211045896
21	330675198807015258	330675197209019501

图 1-298　两列身份证数据

【实现方法】

（1）选中 A2:A21 区域，选择“开始”→“条件格式”→“新建规则”，如图 1-299 所示。

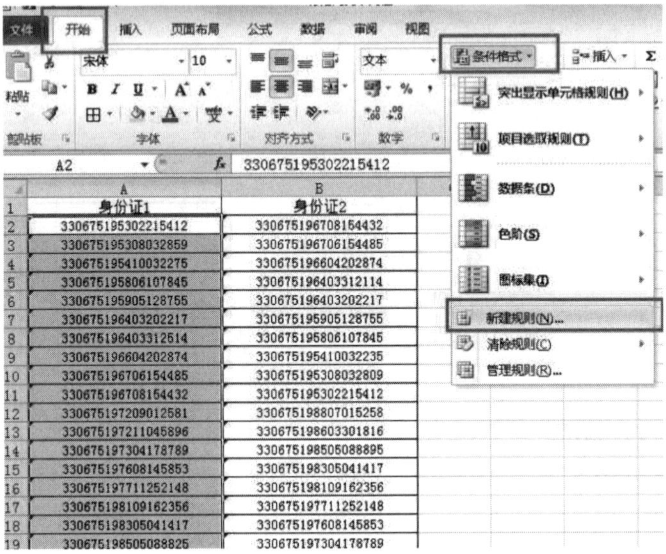

图 1-299　“新建规则”命令

（2）在“编辑格式规则”对话框中，选择“选择规则类型”的“使用公式确定要设置格式的单元格”项，并在“为符合此公式的值设置格式”中输入公式“=OR(EXACT(A2,$B$2:$B$21))=FALSE”，如图 1-300 所示。

（3）单击“格式”按钮，在弹出的“设置单元格格式”对话框中选中“填充”选项卡，选择一种背景颜色，单击“确定”按钮，如图 1-301 所示。

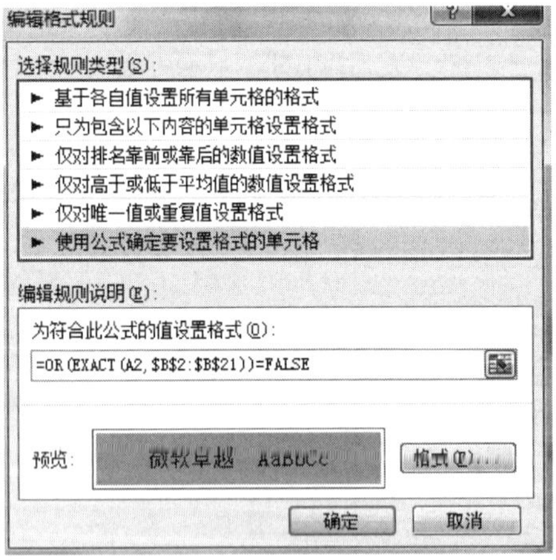

图 1-300　编辑规则

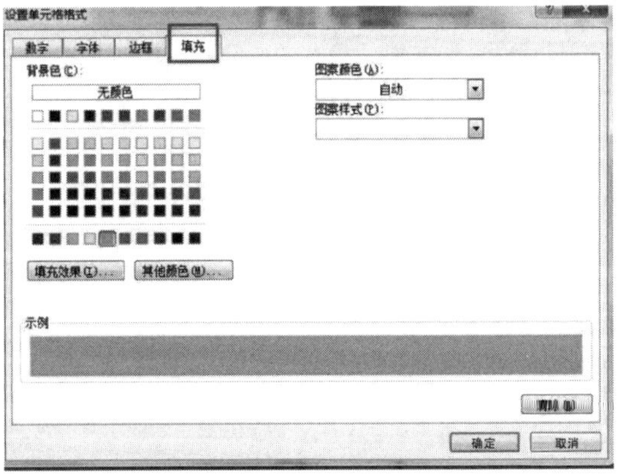

图 1-301　设置格式

（4）选中 B2:B21 数据区域，重复以上 3 个步骤，将第（2）步中的公式改为“=OR(EXACT(B2,$A$2:$A$21))=FALSE”，将两列中不同的身份证号码填充了颜色，从而标识出两列中不同的数据，结果如图 1-302 所示。

	A	B
1	身份证1	身份证2
2	330675195302215412	330675196708154432
3	330675195308032859	330675196706154485
4	330675195410032275	330675196604202874
5	330675195806107845	330675196403312114
6	330675195905128755	330675196403202217
7	330675196403202217	330675195905128755
8	330675196403312514	330675195806107845
9	330675196604202874	330675195410032235
10	330675196706154485	330675195308032809
11	330675196708154432	330675195302215412
12	330675197209012581	330675198807015258
13	330675197211045896	330675198603301816
14	330675197304178789	330675198505088895
15	330675197608145853	330675198305041417
16	330675197711252148	330675198109162356
17	330675198109162356	330675197711252148
18	330675198305041417	330675197608145853
19	330675198505088825	330675197304178789
20	330675198603301836	330675197211045896
21	330675198807015258	33067519720[illegible]

图 1-302　标识两列不同值

【公式解析】

公式为“=OR(EXACT(A2,$B$2:$B$21))=FALSE”。

● EXACT(A2,$B$2:$B$21)：表示比较 A2 单元格与$B$2:$B$21 单元格区域的数据是否完全相同，共返回 20 个逻辑值，数据相同的返回 TRUE，不同的则返回 FALSE。

当 A2 与$B$2:$B$21 单元格区域的数据完全不相同时，满足 OR(EXACT(A2,$B$2:$B$21))=FALSE，执行单元格格式设置。

1.10　多个工作簿、工作表合并、汇总与拆分

1.10.1　利用数据查询功能实现多个工作表合并

【问题】

9 个工作表如图 1-303 所示，利用 Excel 2016 中的数据查询功能可以轻松地将这 9 个工作表进行合并。

	A	B	C
1	工作表	数据1	数据2
2	表1	A	1
3	表1	A	1
4	表1	A	1
5	表1	A	1
6	表1	A	1
7	表1	A	1
8	表1	A	1
9	表1	A	1
10	表1	A	1
11	表1	A	1
12	表1	A	1
13	表1	A	1
14			

工作表1

	A	B	C	D
1	工作表	数据1	数据2	
2	表2	B	2	
3	表2	B	2	
4	表2	B	2	
5	表2	B	2	
6	表2	B	2	
7	表2	B	2	
8	表2	B	2	
9	表2	B	2	
10	表2	B	2	
11	表2	B	2	
12	表2	B	2	
13	表2	B	2	
14				

工作表1　工作表2

……

	A	B	C	D
1	工作表	数据1	数据2	
2	表9	I	9	
3	表9	I	9	
4	表9	I	9	
5	表9	I	9	
6	表9	I	9	
7	表9	I	9	
8	表9	I	9	
9	表9	I	9	
10	表9	I	9	
11	表9	I	9	
12				
13				
14				

… 工作表8　工作表9

图 1-303　9 个工作表

【实现方法】

（1）打开查询编辑器。选择“数据”→“新建查询”→“从文件”→“从工作簿”，如图 1-304 所示。

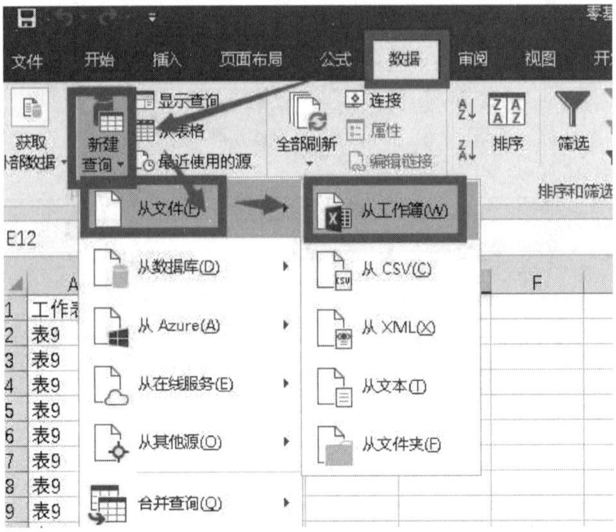

图 1-304　新建查询

选择要进行合并工作表的工作簿，单击“导入”按钮，如图 1-305 所示。

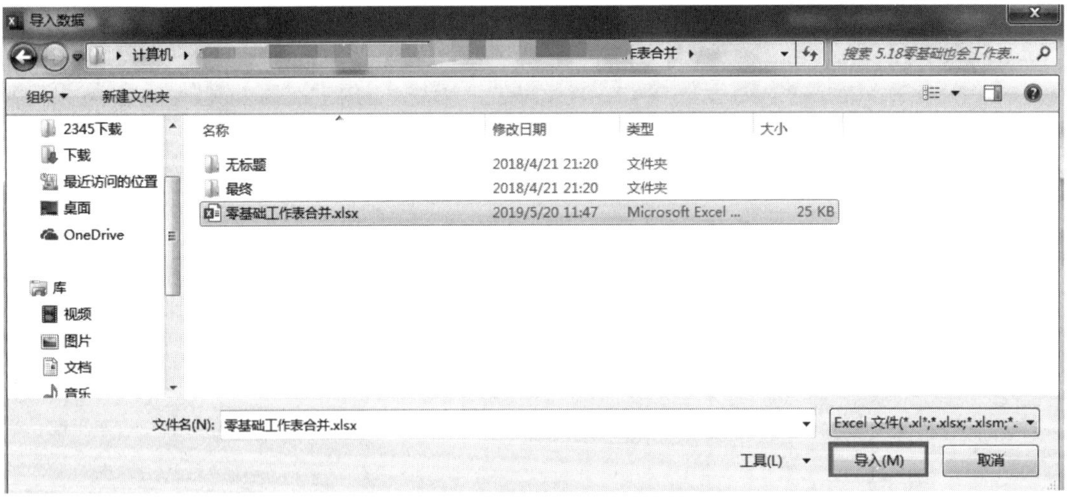

图 1-305　选择工作表所在工作簿

在打开的“导航器”对话框中勾选“选择多项”项，然后勾选要进行合并的所有工作表，单击“转换数据”按钮，如图 1-306 所示。

打开“查询编辑器”，如图 1-307 所示。

（2）追加查询。在“查询编辑器”中，单击“开始”→“追加查询”，如图 1-308 所示。

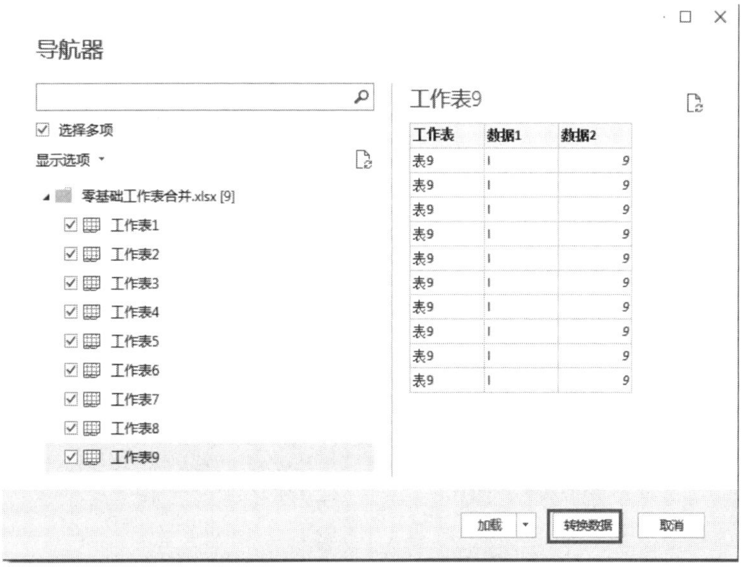

图 1-306　勾选工作表

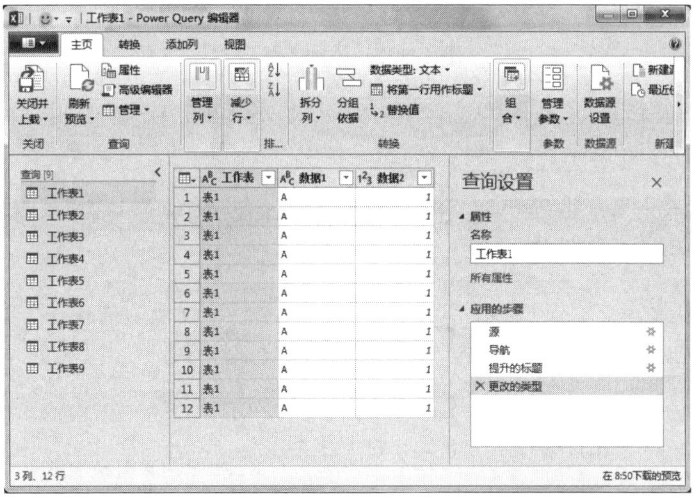

图 1-307　查询编辑器

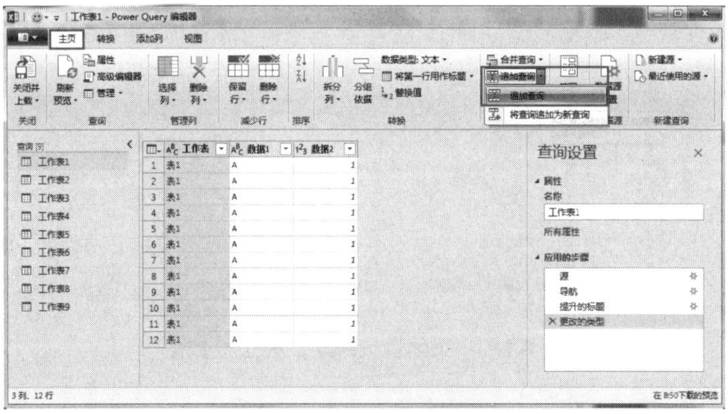

图 1-308　追加查询

将要合并的 9 个工作表添加到右侧“要追加的表”中，单击“确定”按钮，如图 1-309 所示。

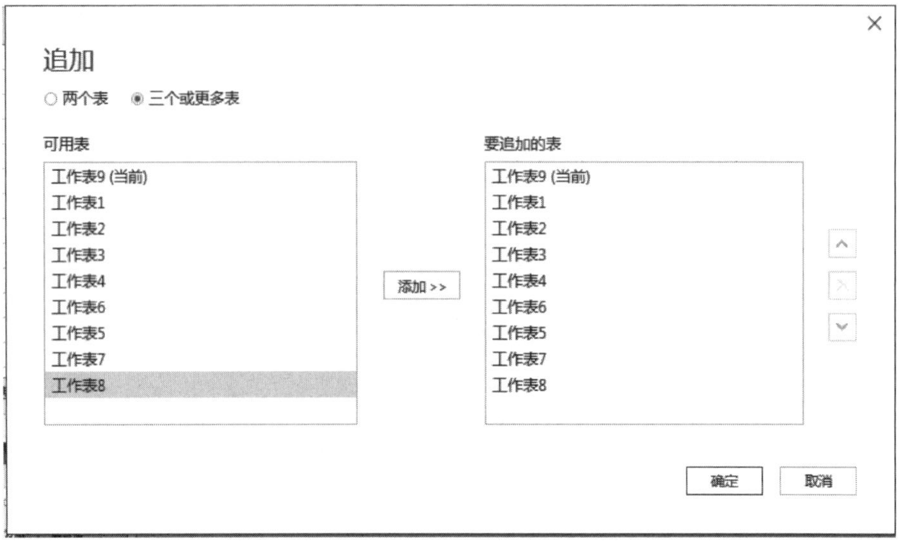

图 1-309　添加工作表

（3）在“查询编辑器”中，单击“开始”→“关闭并上载”，关闭“查询编辑器”，并上载数据，如图 1-310 所示。

图 1-310　关闭查询编辑器并上载数据

删除生成的多余工作表，关闭工作簿查询，就完成了多个工作表的合并，如图 1-311 所示。

图 1-311　完成合并

1.10.2　利用 Power Query 编辑器实现多个工作簿合并与刷新

【问题】

如图 1-312 所示，要对多个工作簿中的数据进行汇总计算，该如何实现？

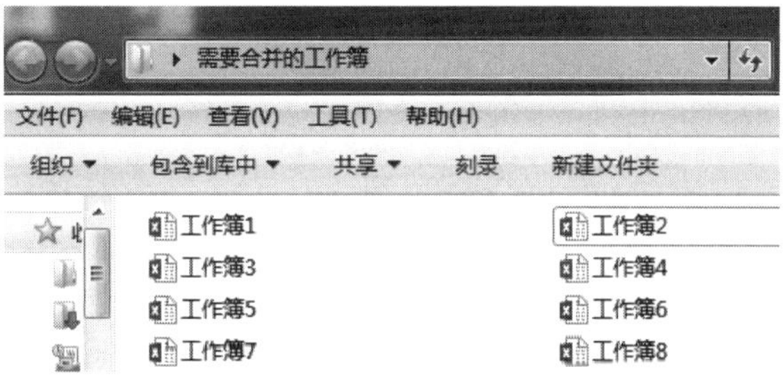

图 1-312　要合并的多个工作簿

【实现方法】

Excel 2016 提供了强大的 Power Query 编辑器即数据查询功能，可以不用费时费力粘贴、不用专业的 SQL 查询语句，只要单击几下，就能完成多工作簿的数据汇总。当然，中间要输入一个非常简单的小公式。

（1）在新建的“合并”工作簿中，选择“数据”→“新建查询”→“从文件”命令，如图 1-313 所示。

图 1-313 新建查询

（2）单击“浏览”按钮，在打开的对话框中找到要合并的多个工作簿所在的文件夹，如图 1-314 所示。

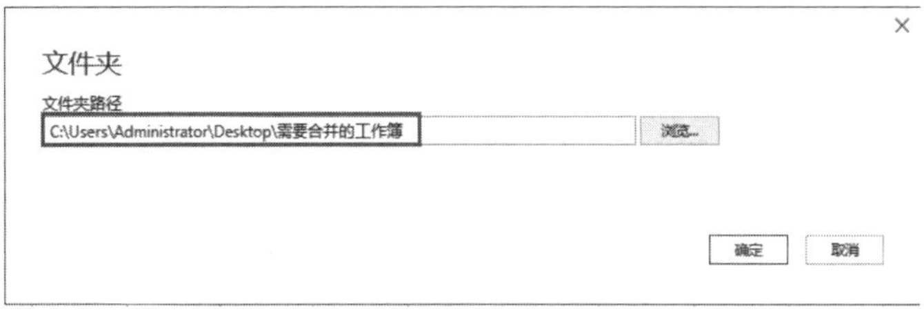

图 1-314 浏览多个工作簿文件夹

（3）可以看到文件夹中要合并的工作簿，单击“转换数据”按钮，可以打开“Power Query 编辑器”，如图 1-315 和图 1-316 所示。

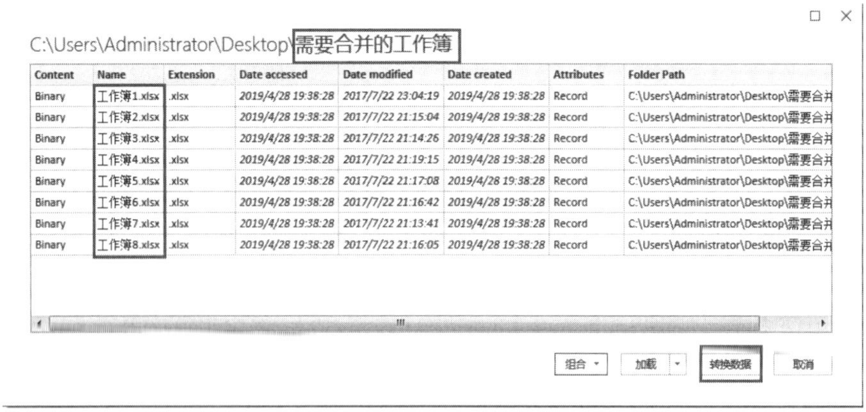

图 1-315 选择编辑

（4）删除多余数据列。在“Power Query 编辑器”中，选中“Content”“Name”两列数据，选择“开始”→“删除列”→“删除其他列”，将其他数据列删除，如图 1-317 所示。删除结果如图 1-318 所示。

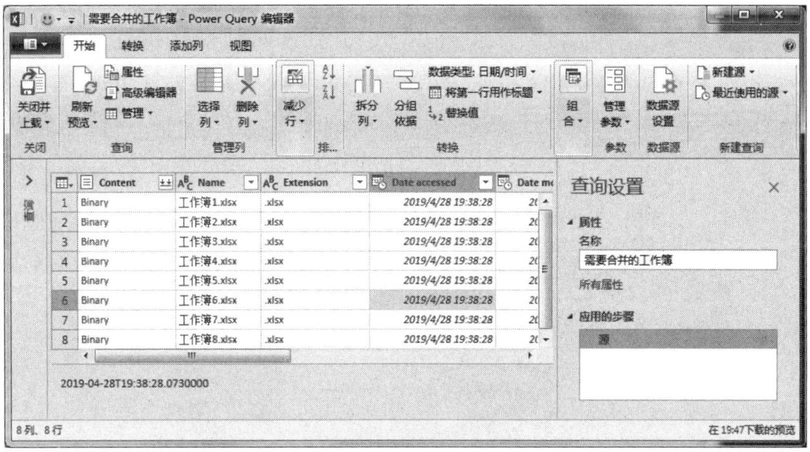

图 1-316 Power Query 编辑器

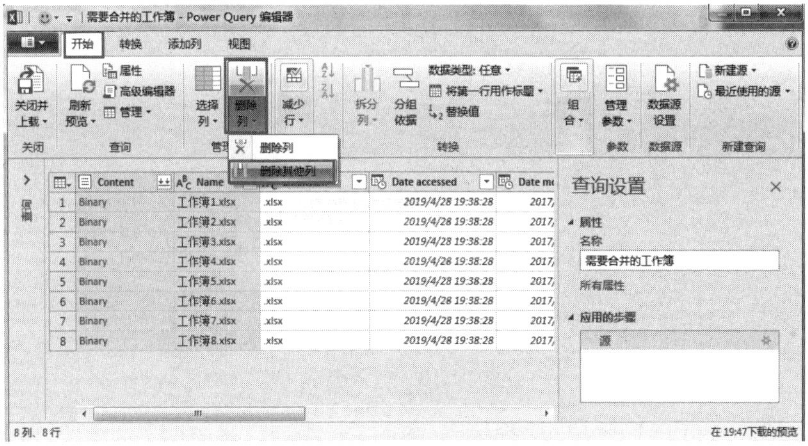

图 1-317 删除其他数据列

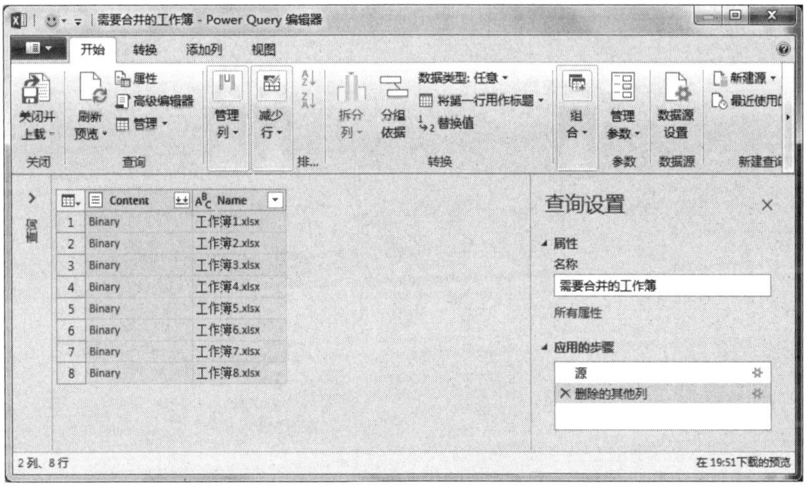

图 1-318 删除其他数据列的结果

（5）添加列选项。

单击“添加列”→“自定义列”，打开“自定义列”对话框。在打开的“自定义列”对话框的“自定义列公式”文本框中输入公式“=Excel.Workbook([Content])。该公式中的参数[Content]是通过在右侧“可用列”栏中选择“Content”→“插入”的方式输入的（特别注意：此处公式区分大小写）。单击“确定”按钮，即可完成“自定义列”的添加，如图1-319所示。

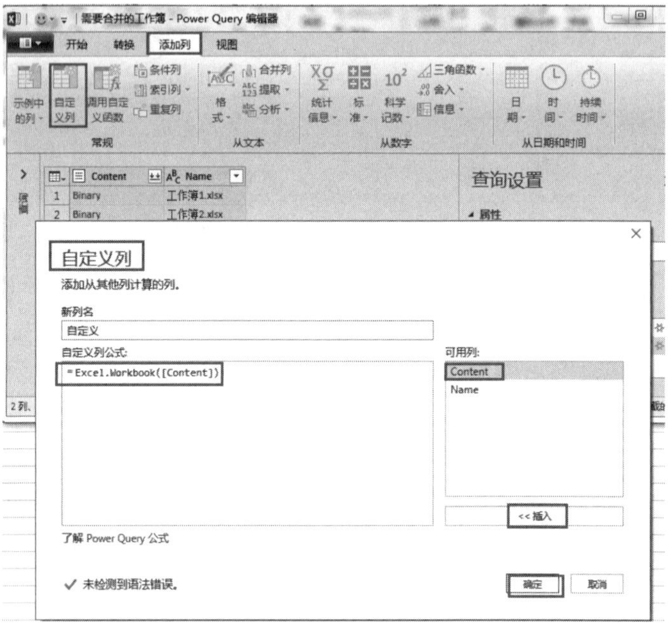

图 1-319　输入公式

“自定义列”添加完成以后，在“Power Query 编辑器”中增加了内容为“Table”的“自定义”列，要合并的工作簿数据表就隐藏在此列中，如图1-320所示。

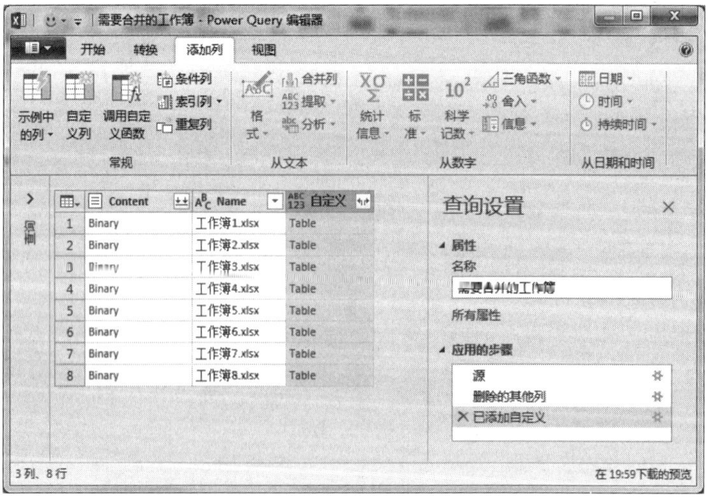

图 1-320　增加了内容为“Table”的“自定义”列

单击“自定义”列标签右侧的按钮，如图 1-321 所示。

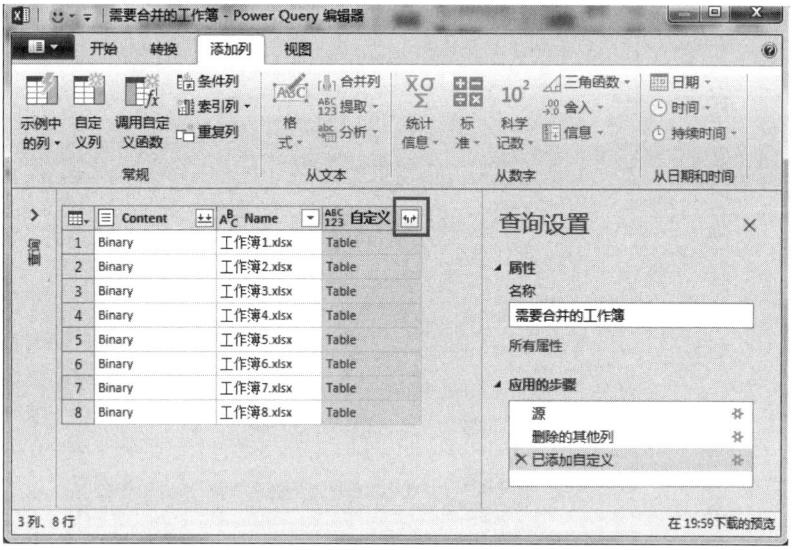

图 1-321 单击自定义按钮

在打开的“自定义”列设置窗口中，勾选“展开”→“Data”项，单击“确定”按钮，可将“自定义”列展开，如图 1-322 所示。

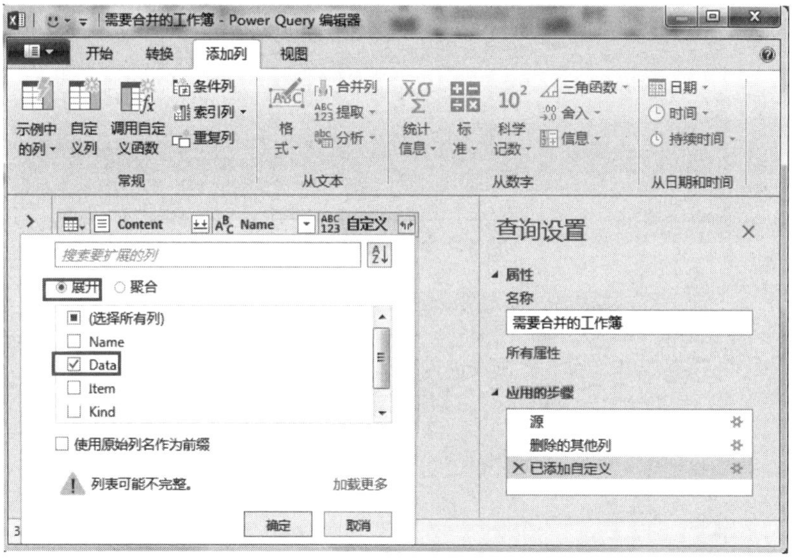

图 1-322 勾选“展开”“Data”

展开的“自定义”列的列标签会自动修改为“Data”，要合并的多个工作簿数据即隐藏于该列中，如图 1-323 所示。

单击“Data”列标签右侧的按钮，可展开“Data”列数据，如图 1-324 所示。

在打开的“Data”列数据展开窗口中，勾选“展开”→“(选择所有列)”，单击“确定”按钮，如图 1-325 所示。

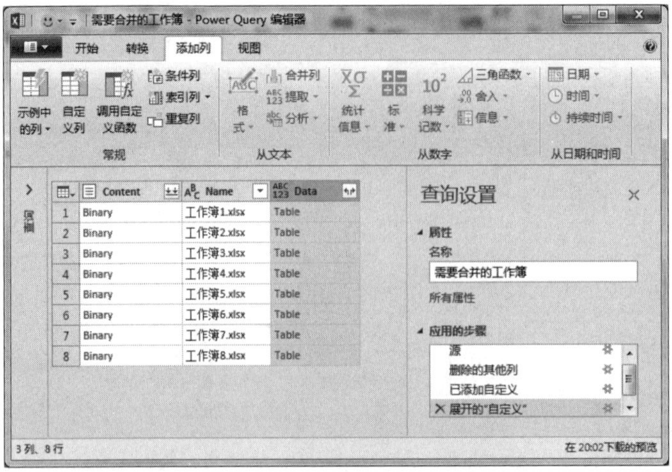

图 1-323 出现隐藏的表格

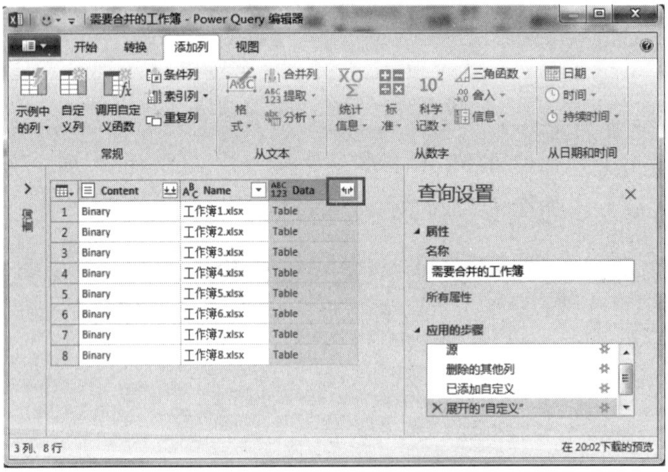

图 1-324 自定义按钮

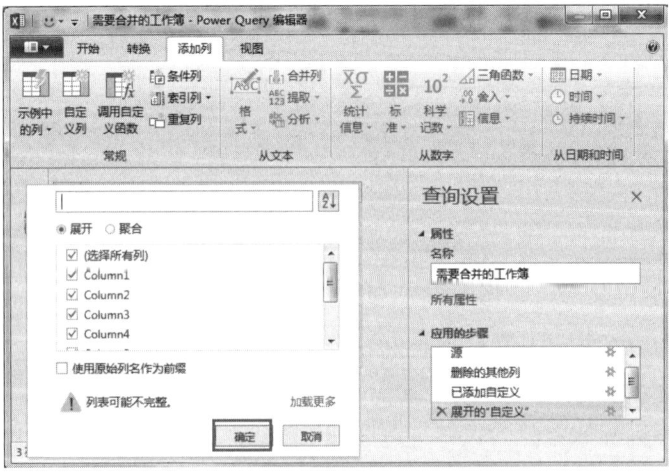

图 1-325 直接确定

文件夹中要合并的所有工作簿数据都合并在了一起，如图 1-326 所示。

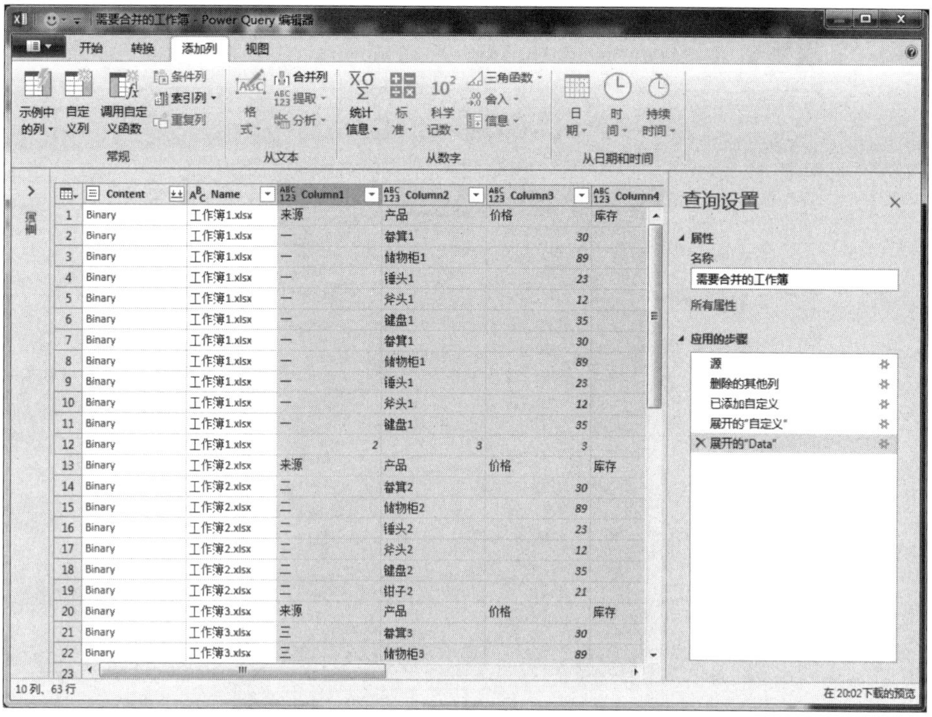

图 1-326　工作簿实现合并

（6）数据加工。

在通过以上步骤合并完成的数据表中，有几个被合并的工作簿，就会有几行列标签，如图 1-327 所示。

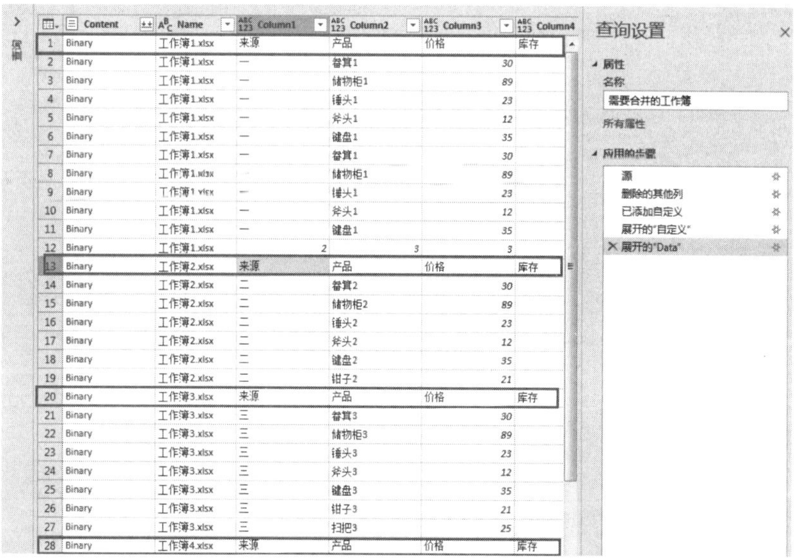

图 1-327　多几行重复的列标签

选中“Content”列，单击“开始”→“删除列”，将该列数据删除，如图 1-328 所示。

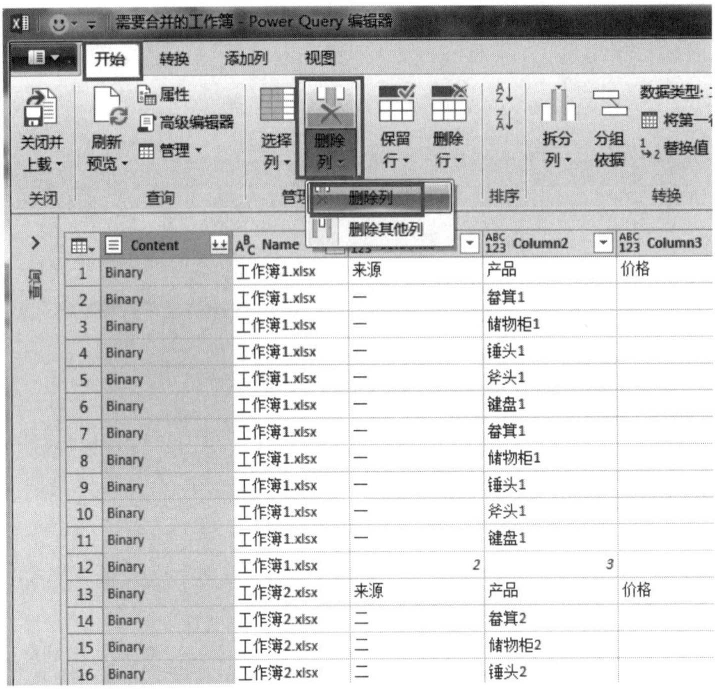

图 1-328　删除“Content”列

单击“开始”→“将第一行用作标题”，可以看到工作簿 1 的列标签成为合成后工作簿的列标签，如图 1-329 所示。

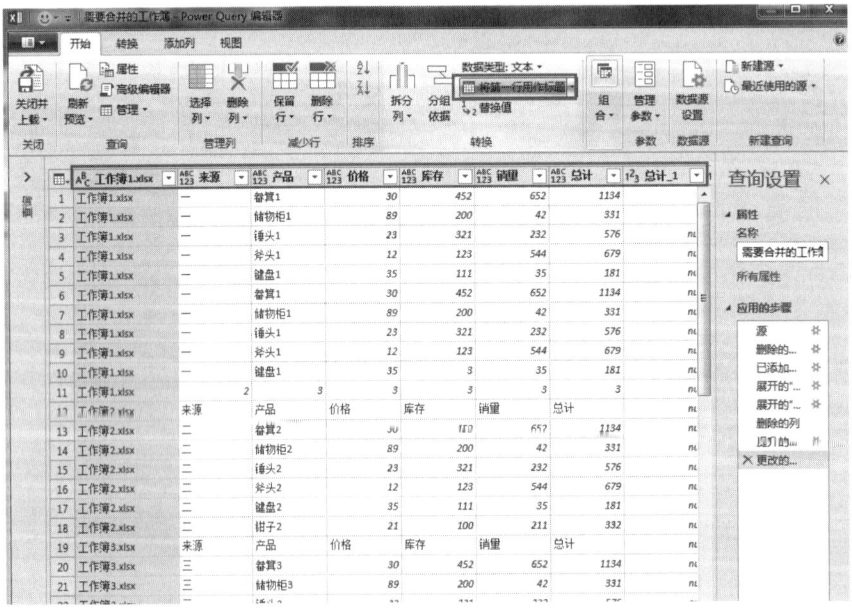

图 1-329　工作簿 1 的列标签成为合成后工作簿的列标签

其他工作簿的列标签依然存在。在任意一个列标签中单击“筛选”按钮，如此处打开“来源”列标签右侧的筛选按钮，去掉“来源”前的钩，就会去掉合并前每一个工作簿原有的列标签，如图 1-330 所示。

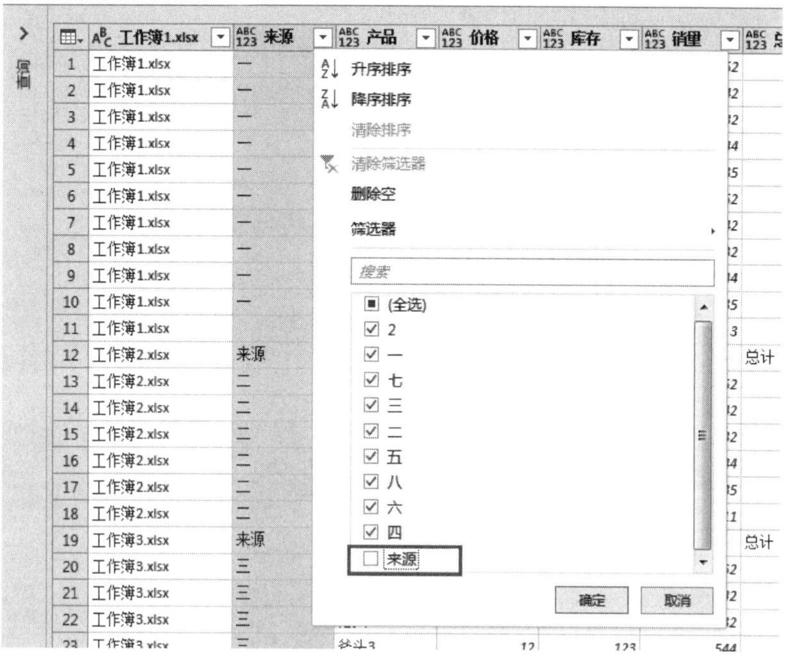

图 1-330 隐藏每一个工作簿原有的列标签

此时合并以后的每一列数据类型都是“任意”的，可以单击“开始”→“数据类型：任意”来根据实际情况设置各个字段数据类型，如图 1-331 所示。

图 1-331 设置各个字段数据类型

（7）数据加载到表格。

单击“开始”→“关闭并上载”，关闭“Power Query 编辑器”并上载数据，如图 1-332 所示。

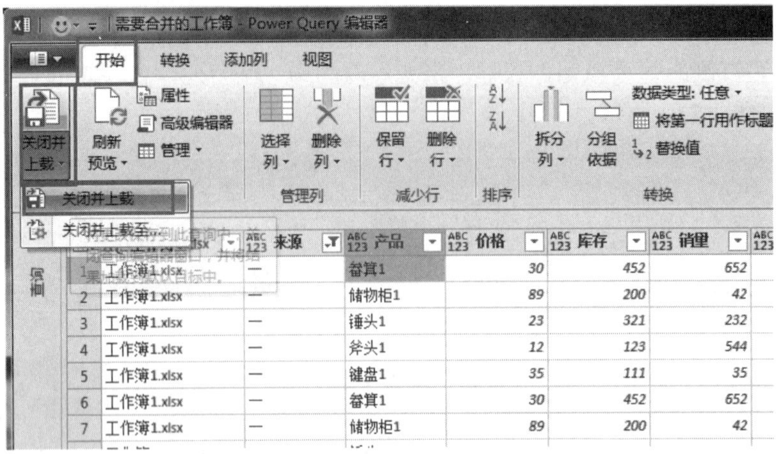

图 1-332　关闭并上载

最终实现了多工作簿的合并，如图 1-333 所示。

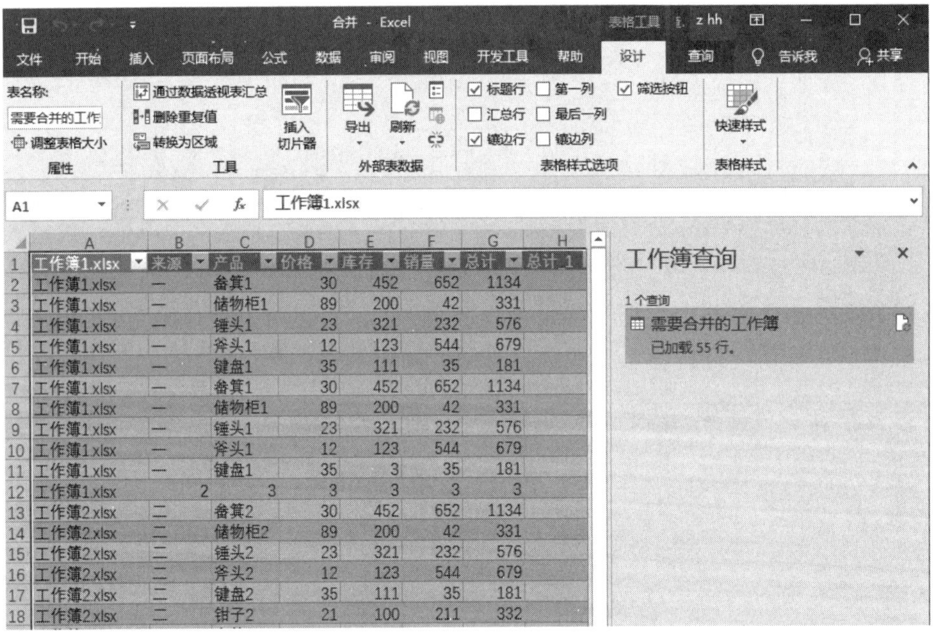

图 1-333　完成工作簿合并

（8）数据刷新。

如果合并前的工作簿数据进行了更新，合并后的工作簿可以通过单击“设计”→“刷新”，或者单击“数据”→“全部刷新”来更新，如图 1-334 所示。

特别注意：

- 如果合并以后的数据不再是表格，而是转为了“区域”，合并前的工作簿数据更新后，合并后的数据则不能随之更新，如图 1-335 所示。
- 打开带有查询功能的工作簿时，要选择启用外部数据连接，才能进行随原工作簿数据的更新而更新，如图 1-336 所示。

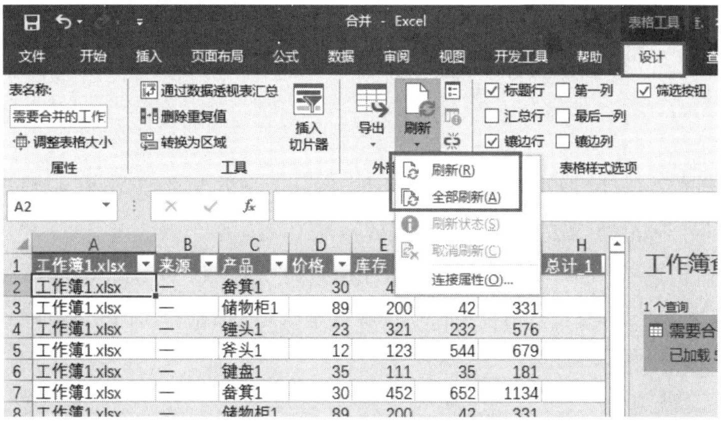

图 1-334 通过“设计”→“刷新”（或“全部刷新”）更新数据

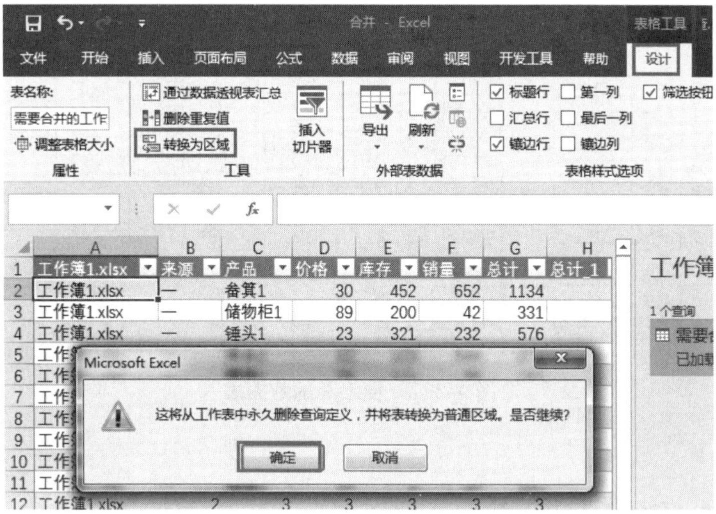

图 1-335 表格转成普通数据区域

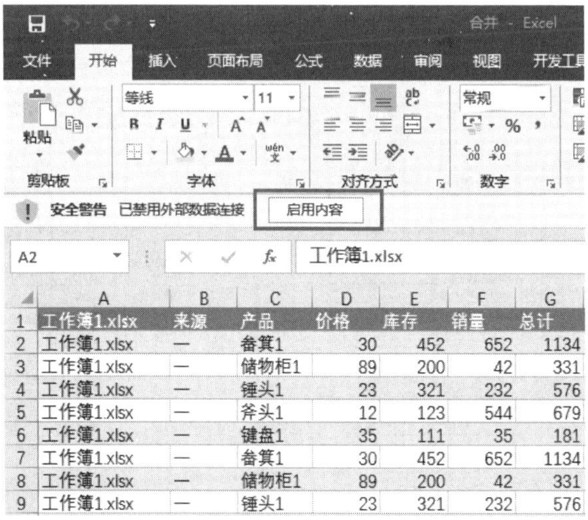

图 1-336 带有查询功能的工作簿打开时，要选择启用外部数据连接

1.10.3 多个工作表数据汇总

【问题】

在数据统计时都会遇到这样的问题：不同部门、不同月份或年份的数据存放在不同的工作表里，要对分表的相同数据项进行汇总统计。

示例数据如图 1-337 所示，共 12 个月的数据分别存放在 12 个不同工作表中，要求不用合并，直接汇总每位员工“年销售业绩”到“汇总”表中。其中，各分表的结构一致，姓名都在 B 列，求和的数据都在 C 列。

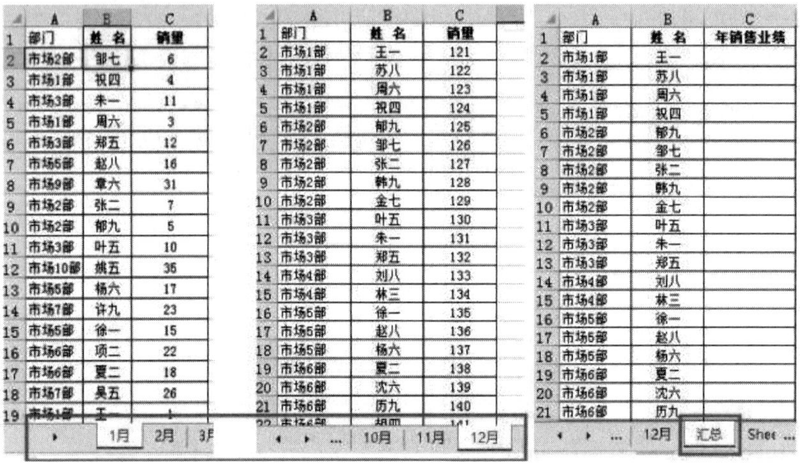

图 1-337 要汇总的数据表

【实现方法】

1）所有表中“姓名”排序一致

这种汇总求和方法很简单，在“汇总”工作表 C2 单元格中输入公式“=SUM('*'!C2)”，按 Enter 键执行计算，公式自动变为“=SUM('1 月:12 月'!C2)”，再将公式向下填充，即可完成所有员工“年销售业绩”的汇总计算，如图 1-338 所示。

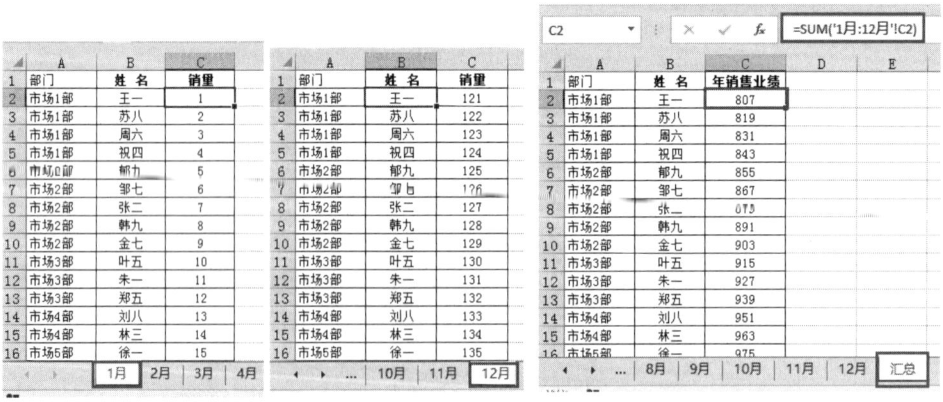

图 1-338 所有表“姓名”排序一致

2）所有表中“姓名”排序不一致

这种汇总求和方法较麻烦，如图 1-339 所示，在“汇总”工作表的 C2 单元格中输入公式“=SUMPRODUCT(SUMIF(INDIRECT(ROW($1:$12)&"月!$B$2:$B$37"),汇总!B2,INDIRECT(ROW($1:$12)&"月!c2:c37")))”，按 Enter 键执行计算，再将公式向下填充，即可完成所有员工“年销售业绩”汇总计算，结果如图 1-340 所示。

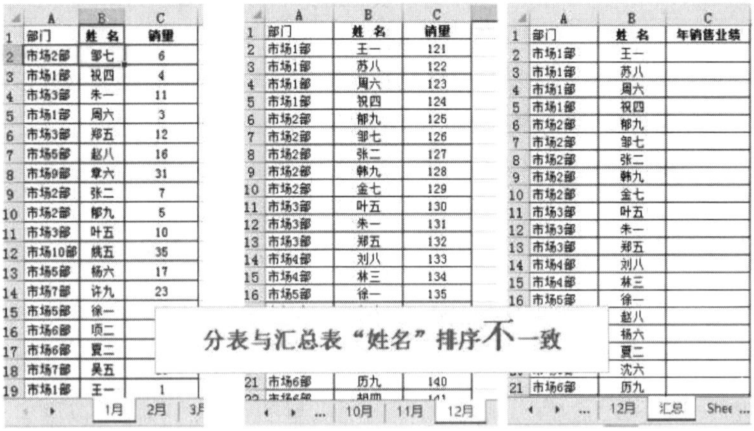

图 1-339 所有表中“姓名”排序不一致

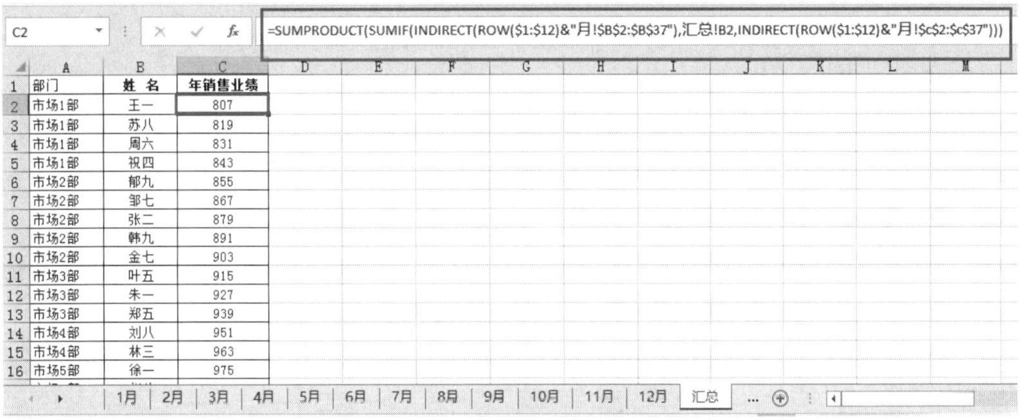

图 1-340 多函数组合实现汇总

【公式解析】

- ROW($1:$12)：产生 1～12 月序号数组：{1;2;3;4;5;6;7;8;9;10;11;12}。
- INDIRECT(ROW($1:$12)&"月!$B$2:$B$37")：使用 INDIRECT 函数产生多维引用，生成对多个表区域的引用，本部分返回每个月销售记录表的$B$2:$B$37 区域，共 12 个区域，即{"1 月!$B$2:$B$37";"2 月!$B$2:$B$37";"3 月!$B$2:$B$37";"4 月!$B$2:$B$37";"5 月!$B$2: $B$37";"6 月!$B$2:$B$37";"7 月!$B$2:$B$37";"8 月!$B$2:$B$37";"9 月!$B$2:$B$37";"10 月!$B$2:$B$37";"11 月!$B$2:$B$37";"12 月!$B$2:$B$37"}。
- INDIRECT(ROW($1:$12)&"月!$C$2:$C$37")：同样使用 INDIRECT 函数产生多维引

用，生成对多个表区域的引用，本部分返回每个月销售记录表的$C$2:$C$37 区域，共 12 个区域，即{"1 月!$C$2:$C$37";"2 月!$C$2:$C$37";"3 月!$C$2:$C$37";"4 月!$C$2:$C$37";"5 月 !$C$2:$C$37";"6 月 !$C$2:$C$37";"7 月 !$C$2:$C$37";"8 月 !$C$2:$C$37";"9 月 !$C$2:$C$37";"10 月!$C$2:$C$37";"11 月!$C$2:$C$37";"12 月!$C$2:$C$37"}。

- SUMIF(INDIRECT(ROW($1:$12)&"月!$B$2:$B$37"),汇总!B2,INDIRECT(ROW($1:$12)&"月!c2:c37"))：将每个月销售记录表$B$2:$B$37 区域中的员工姓名与“汇总”表 B2 单元格中姓名相同的员工的销量提取，得到 12 个月该员工的销量数组。
- SUMPRODUCT(SUMIF(INDIRECT(ROW($1:$12)&"月!$B$2:$B$37"),汇总!B2,INDIRECT(ROW($1:$12)&"月!c2:c37")))：将与“汇总”表 B2 单元格中姓名相同的员工的 12 个月的销量数组内的所有数值加和，得到该员工 12 个月的总销售业绩。

1.10.4 对于结构一致的多个工作表，合并计算是最好的汇总方法

【问题】

6 个工作表如图 1-341 所示，每个工作表 A 列都是姓名，B 列都是每个月的业绩数据，即 6 个工作表的结构一致，这种情况下统计每位员工的业绩总和，可以用“合并计算”来完成。

1月：

姓名	1月业绩
王一	11
程二	12
顾三	13
杨六	14
胡四	15
叶五	16
金七	17
赖七	18
章六	19

2月：

姓名	2月业绩
徐一	21
许九	22
杨六	23
姚五	24
钱四	25
石八	26
时三	27
苏八	28
林三	29

3月：

姓名	3月业绩
祝四	55
朱一	54
周六	53
赵八	52
章六	51
郁九	50
叶五	49
姚五	48
杨六	47
许九	46
徐一	45
项二	44
夏二	43
吴五	42
王一	41
孙四	40
苏八	39
时三	38
石八	37
钱四	36
陆七	35
林三	34
赖七	33
金七	32
贾三	31

4月：

姓名	4月业绩
韩九	44
程二	42
林三	49
贾三	46
苏八	54
石八	52
钱四	51
赖七	48
胡四	45
金七	47
顾三	43
孙四	55
陈一	41
时三	53
陆七	50

5月：

姓名	5月业绩
韩九	54
吴五	67
林三	59
贾三	56
顾三	53
赖七	58
苏八	64
时三	63
徐一	70
金七	57
夏二	68
胡四	55
程二	52
杨六	72
王一	66
许九	71
项二	69
姚五	73
钱四	61
郁九	75
孙四	65
陆七	60
张二	76
陈一	51
叶五	74
石八	62
章六	77

6月：

姓名	6月业绩
陈一	61
程二	62
顾三	63
韩九	64
胡四	65
贾三	66
金七	67
赖七	68
林三	69
陆七	70
钱四	71
石八	72
时三	73
苏八	74
孙四	75
王一	76
吴五	77
夏二	78
项二	79
徐一	80
许九	81
杨六	82
姚五	83
叶五	84
郁九	85
张二	86
章六	87
赵八	88
周六	89
朱一	90
祝四	91

图 1-341 示例工作表

【实现方法】

在“汇总”工作表中，单击“数据”→“合并计算”，打开“合并计算”对话框，在“所有引用位置”中，依次选择 1～6 月多个工作表中要汇总的单元格区域，单击“添加”按钮，再勾选“首行”“最左列”两项，单击“确定”按钮，合并计算就完成了，如图 1-342 所示。

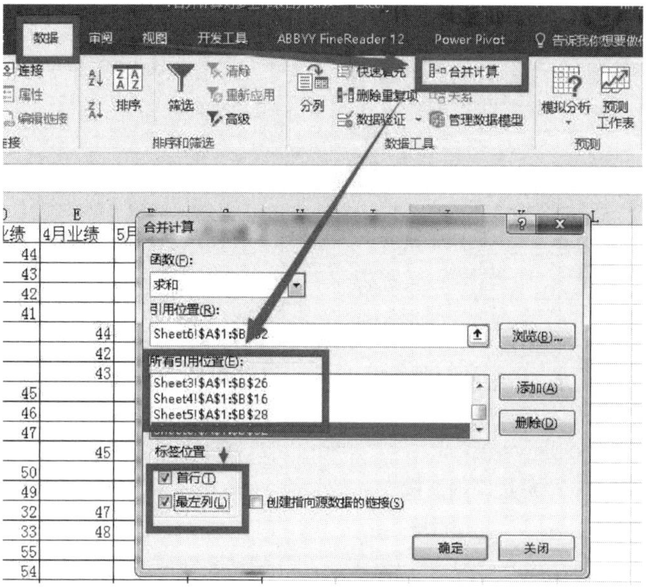

图 1-342 合并计算

汇总后的结果如图 1-343 所示。

	A	B	C	D	E	F	G
1		1月业绩	2月业绩	3月业绩	4月业绩	5月业绩	6月业绩
2	项二			44		69	79
3	夏二			43		68	78
4	吴五			42		67	77
5	王一	11		41		66	76
6	韩九				44	54	64
7	程二	12			42	52	62
8	顾三	13			43	53	63
9	徐一		21	45		70	80
10	许九		22	46		71	81
11	杨六	14	23	47		72	82
12	胡四	15			45	55	65
13	郁九			50		75	85
14	叶五	16		49		74	84
15	金七	17		32	47	57	67
16	赖七	18		33	48	58	68
17	祝四			55			91
18	朱一			54			90
19	周六			53			89
20	赵八			52			88
21	章六	19		51		77	87
22	姚五		24	48		73	83
23	钱四		25	36	51	61	71
24	石八		26	37	52	62	72
25	张二					76	86
26	陈一				41	51	61
27	时三		27	38	53	63	73
28	孙四			40	55	65	75
29	苏八		28	39	54	64	74
30	陆七			35	50	60	70
31	林三		29	34	49	59	69

图 1-343 汇总结果

1.10.5 多个工作表，不用合并，直接查询

【问题】

6 个月员工的业绩表如图 1-344 所示，6 个工作表的结构一致，都含有月份、姓名、业

绩三个字段。6 个工作表内的数据多多少少会不一致，即行数不一样。如何在不合并数据表的情况下，直接查询员工各月的销售业绩？效果如图 1-345 所示，选择员工姓名，即可查询出该员工每个月的业绩数据。

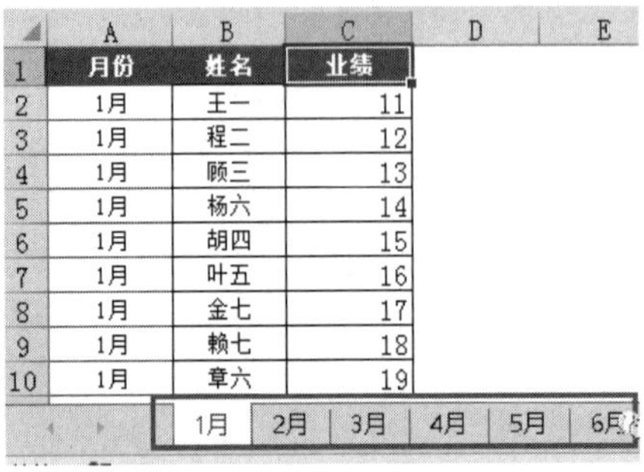

图 1-344　6 个月员工的业绩表

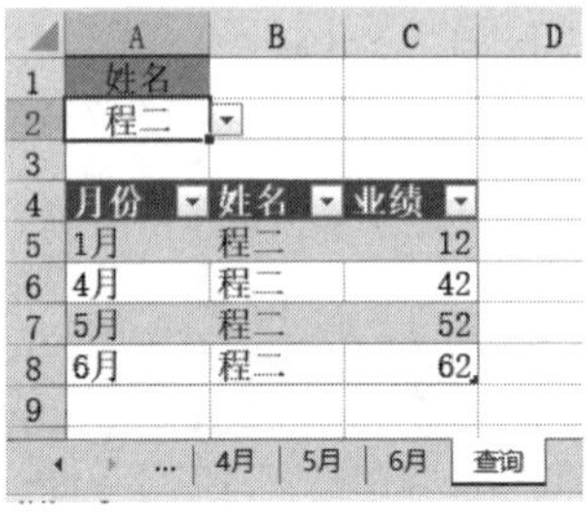

图 1-345　查询选定员工的各月业绩

【实现方法】

（1）新建“查询”工作表，选择 A2 单元格，单击“数据”→“数据验证”，在打开的“数据验证”对话框中，“验证条件”的“允许”设为“序列”，“来源”文本框选择“6 月”工作表中的“姓名”列（因为 1～6 月数据中 6 月的姓名数据最全），生成“姓名”下拉选择列表，如图 1-346 所示。

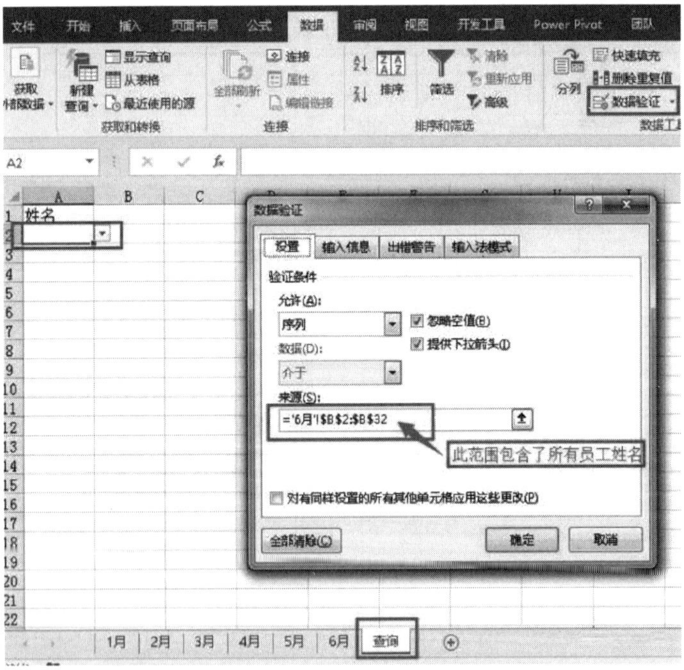

图 1-346　建立姓名下拉菜单

（2）在“查询”工作表中，选择“数据”→“自其他来源”→“来自 Microsoft Query”，如图 1-347 所示。

图 1-347　选择数据来源

（3）在打开的“选择数据源”对话框的“数据库”→“ExcelFiles”，单击“确定”按钮，如图 1-348 所示。

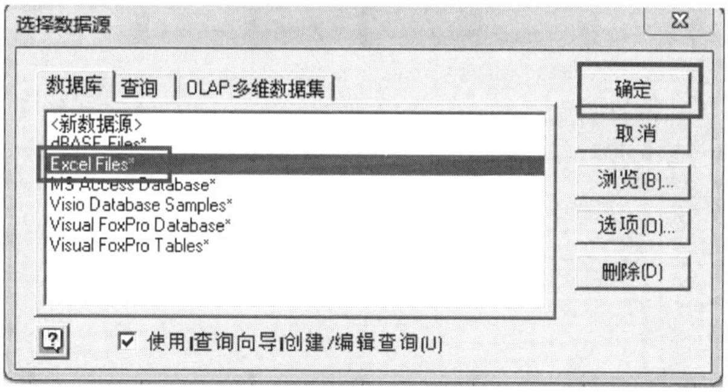

图 1-348　选择“ExcelFiles”

（4）在打开的“选择工作簿”对话框中选择当前编辑的 Excel 文件名，单击“确定”按钮，如图 1-349 所示。

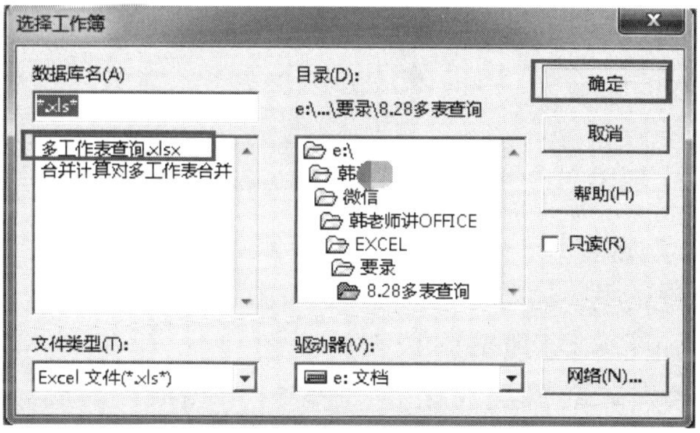

图 1-349　当前 Excel 文件名

（5）在打开的“查询向导-选择列”对话框中，将左侧“可用的表和列”中的“‘1月$’”表的列添加到右侧“查询结果中的列”的预览框中，如图1-350所示。

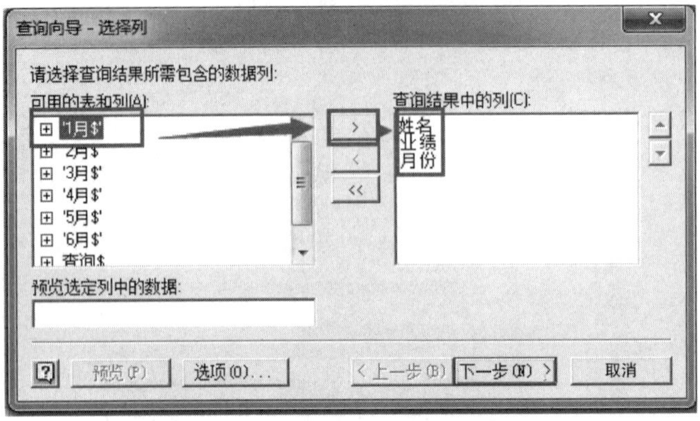

图1-350　添加第一个表到查询结果

如果在此步骤中，“查询向导-选择列”对话框中的“可用的表和列”预览框为空，则单击“查询向导-选择列”对话框中的“选项”按钮，在打开“表选项”对话框的“显示”区中勾选“系统表”项，单击“确定”按钮，则可将工作簿的工作表添加到“可用的表和列”中，如图1-351所示。

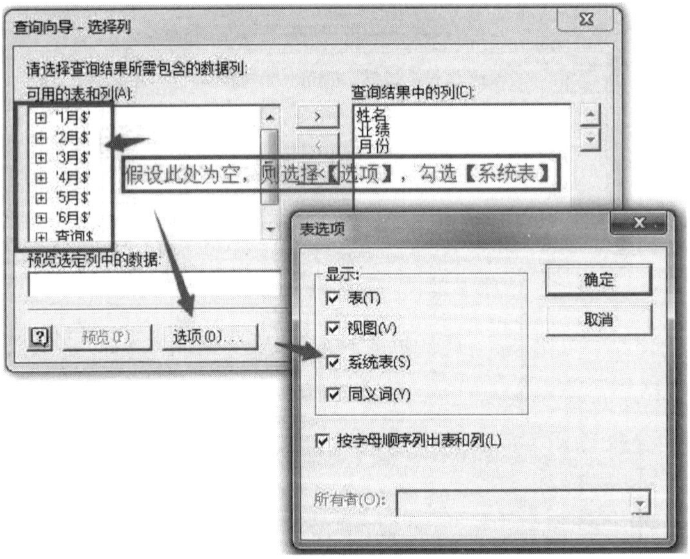

图1-351　“可用的表和列”如果为空的处理方式

（6）在“查询向导-选择列”对话框中，将左侧“可用的表和列”中的“‘1月$’”表的列添加到右侧“查询结果中的列”预览框中，单击“下一步”按钮，可打开“查询向导-筛选数据”对话框，如图1-352所示。

（7）在打开的“查询向导-筛选数据”对话框中，保留默认设置，单击“下一步”按钮，可打开“查询向导-排序顺序”对话框，如图1-353所示。

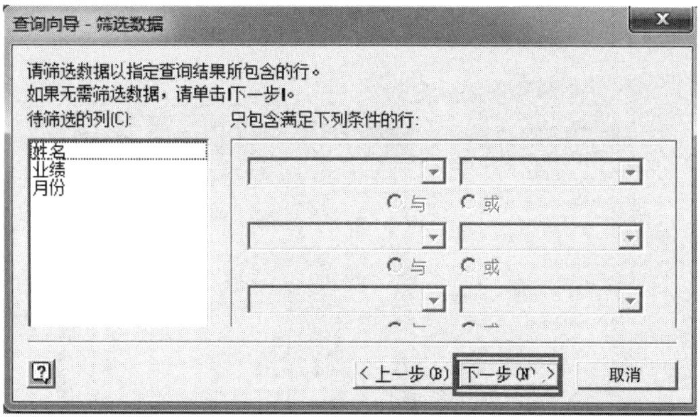

图 1-352　筛选数据默认

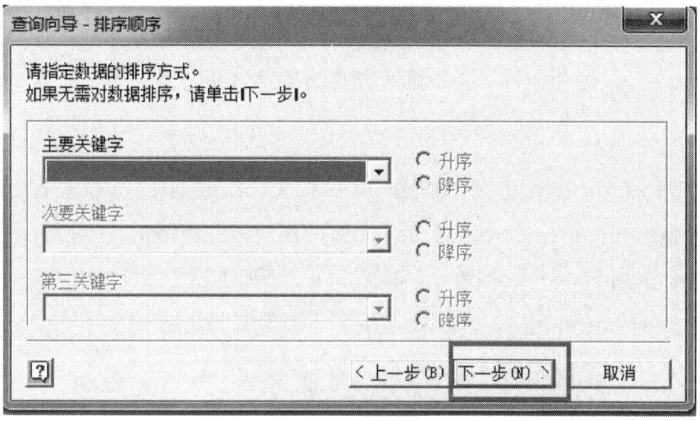

图 1-353　排序顺序默认

（8）在打开的“查询向导-排序顺序”对话框中，保留默认设置，单击“下一步”按钮，可打开“查询向导-完成”对话框，如图 1-354 所示。

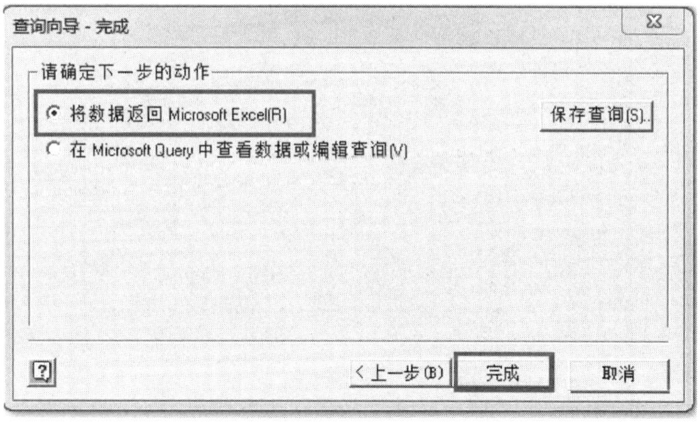

图 1-354　返回 Excel，完成

（9）在打开的“查询向导-完成”对话框中勾选“将数据返回 Microsoft Excel”项，单击“完成”按钮，即可打开“导入数据”对话框，设置“请选择该数据在工作簿中的显示方式”为“表”，指定“数据的放置位置”为“现有工作表”，再在下方的框中设为“查询”

工作表的 A4 单元格（=查询！$A$4），单击“属性”按钮，如图 1-355 所示。

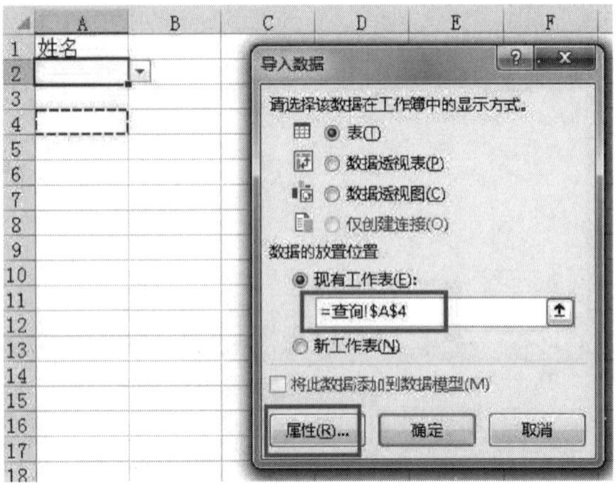

图 1-355　选择显示方式为表并选择放置位置

（10）在“连接属性”对话框的“定义”选项卡下“命令文本”中，输入以下命令：select* from(select*from[1 月$]union all select*from[2 月$]union all select*from[3 月$] union all select*from[4 月$]union all select*from[5 月$]union all select*from[6 月$])where 姓名=?（此语句都是重复的 select*from[1 月$]union all 模式，只改其中的工作表名字，有几个工作表就重复几次，最后一次去掉 union all），单击“确定”按钮，如图 1-356 所示。

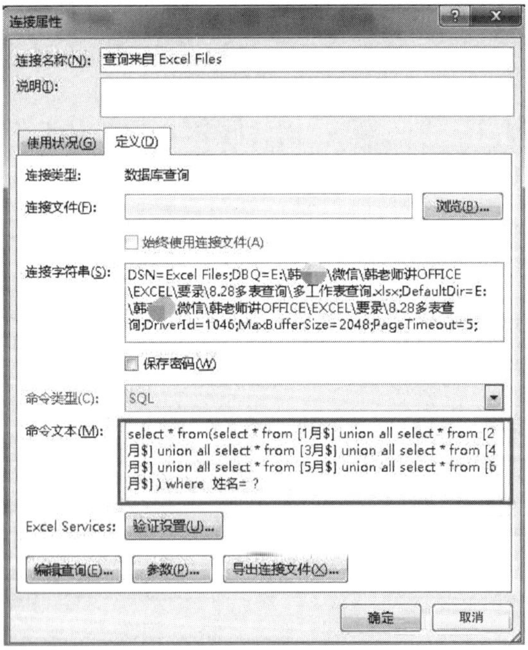

图 1-356　输入命令文本

（11）在弹出的“输入参数值”对话框中，指定参数为“查询”工作表中的 A2 单元格（姓名下拉列表所在单元格=查询！$A$2），并勾选“在以后的刷新中使用该值或该引用”“当单元格值更改时自动刷新”两项，如图 1-357 所示。

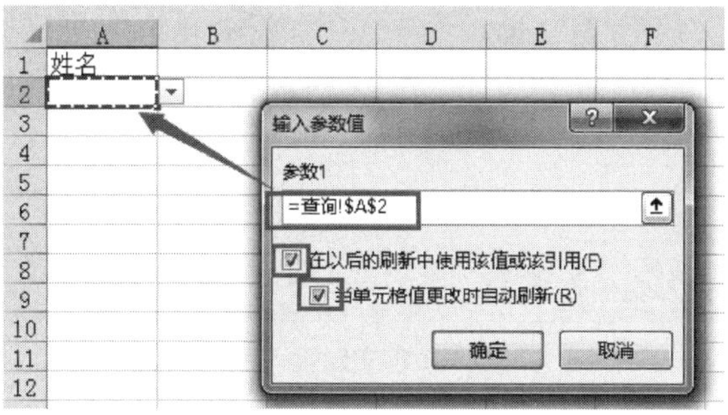

图 1-357　指定参数

通过以上（1）～（11）步，最终完成了数据导入，在 A2 单元格中选择姓名，即可跨表查询该员工的业绩，效果如图 1-345 所示。

1.11　图 片 处 理

1.11.1　批量导入文件名

【问题】

同一个文件夹中有许多图片，如何将这些图片名称一次性地导入 Excel 工作表呢？

【实现方法】

（1）生成包含图片名称的文本文档。

在图片所在的文件夹中，新建一个文本文档，如图 1-358 所示。

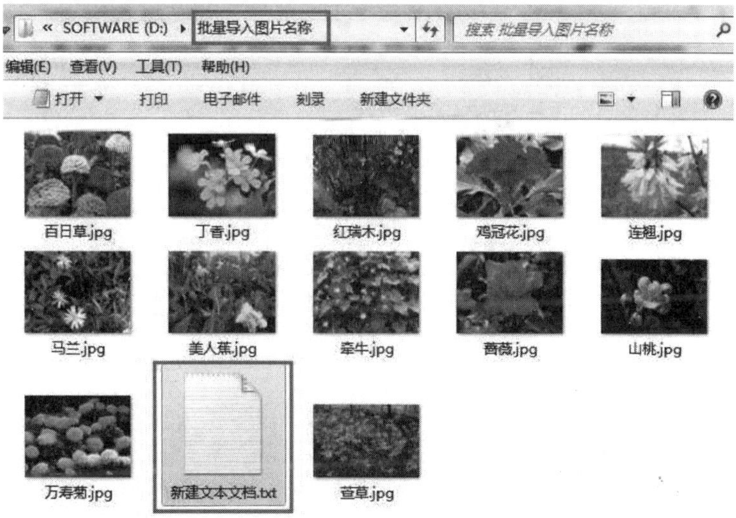

图 1-358　建立文本文档

打开新建的文本文档，输入“dir>1.txt”，保存并关闭，如图 1-359 所示。

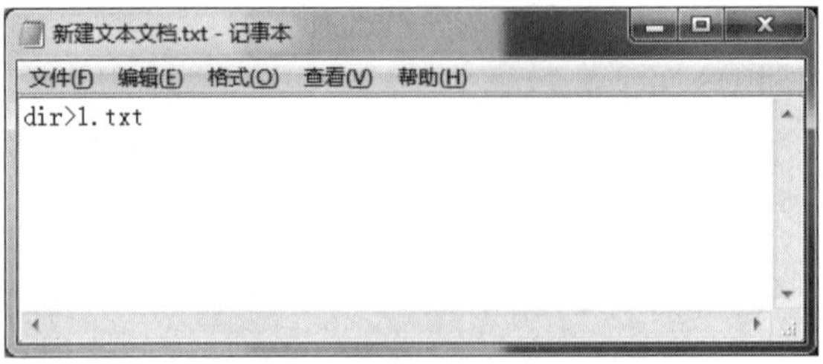

图 1-359　文本文档键入制定内容

把新建的文本文档的扩展名改为“.bat”，文档即改为批处理文档，如图 1-360 所示。

图 1-360　更改文档扩展名

双击运行此批处理文档，在同一个文件夹下会生成文本文档“1.txt”，如图 1-361 所示。

图 1-361　生成新的文本文档

文本文档“1.txt”的内容，如图 1-362 所示。

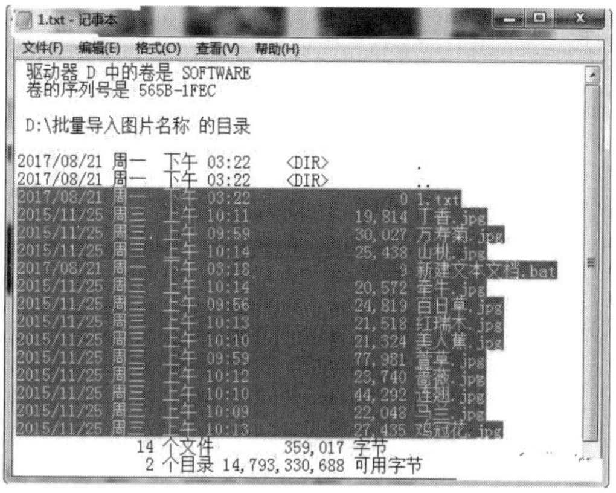

图 1-362 新生成文档的内容

文本文档的内容除了要导入 Excel 的文件名，还有文档建立时间、大小等信息，还包括文本文档“1.txt”的详细信息。

（2）生成 Excel 文件。

将文本文档“1.txt”的名称信息复制，粘贴到 Excel 中，如图 1-363 所示。

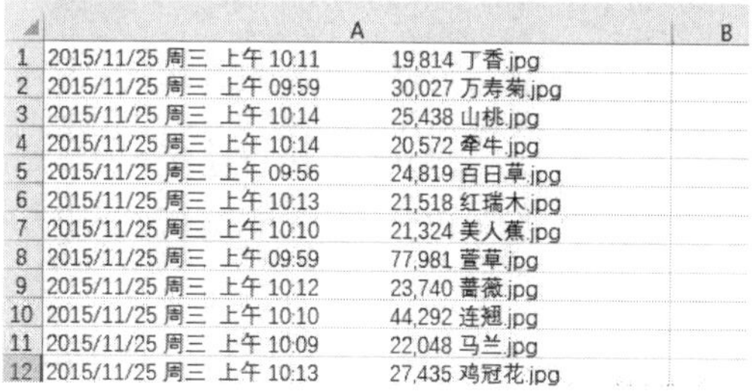

图 1-363 复制名称信息到 Excel 工作表中

粘贴过来的内容都默认保存在 A 列。

单击“数据”→“分列”，分离出文件名称，如图 1-364 所示。

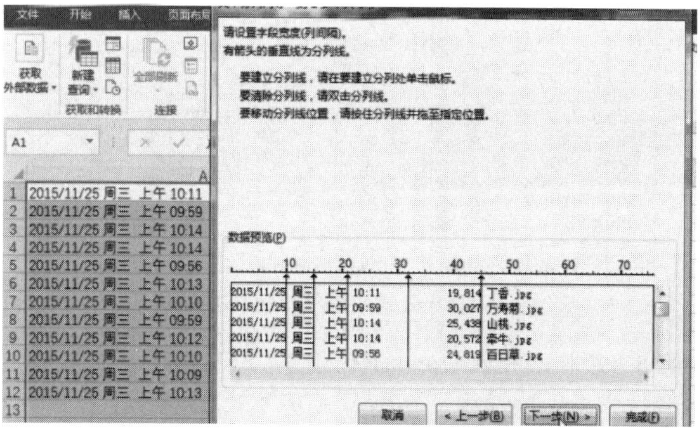

图 1-364 “分列”提取文件名

最终将文件名批量导入 Excel 文档中。

其他类型文件名称，也可以利用此方法导入 Excel 中。

1.11.2　工作表中批量插入照片

【问题】

某公司要求把员工照片插入员工信息工作表中，公司员工有 300 多人，如果手工插入，费时且易出错，如何批量插入呢？

【实现方法】

（1）在 C2 单元格中输入公式 “="<table><imgsrc=""E:\图片\"&B2&".jpg""width=""100" "height=""100"">"”，按 Enter 键执行计算，再将公式向下填充，如图 1-365 所示。

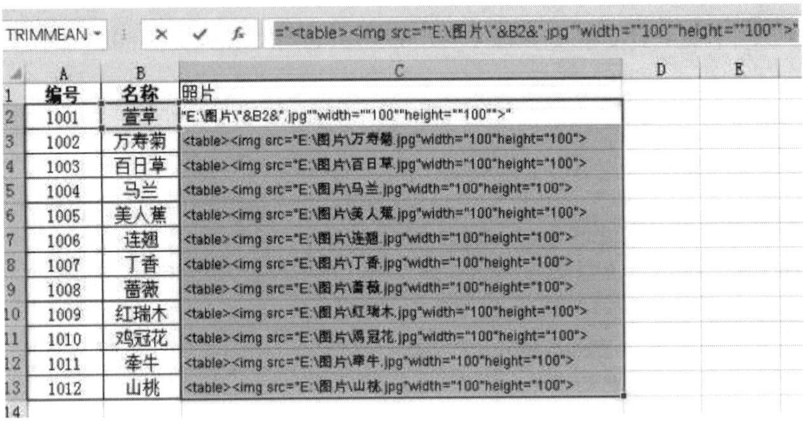

TRIMMEAN　=“<table><img src=""E:\图片\"&B2&".jpg""width=""100""height=""100"">"

	A	B	C
1	编号	名称	照片
2	1001	萱草	"E:\图片\"&B2&".jpg""width=""100""height=""100"">"
3	1002	万寿菊	<table><img src="E:\图片\万寿菊.jpg"width="100"height="100">
4	1003	百日草	<table><img src="E:\图片\百日草.jpg"width="100"height="100">
5	1004	马兰	<table><img src="E:\图片\马兰.jpg"width="100"height="100">
6	1005	美人蕉	<table><img src="E:\图片\美人蕉.jpg"width="100"height="100">
7	1006	连翘	<table><img src="E:\图片\连翘.jpg"width="100"height="100">
8	1007	丁香	<table><img src="E:\图片\丁香.jpg"width="100"height="100">
9	1008	蔷薇	<table><img src="E:\图片\蔷薇.jpg"width="100"height="100">
10	1009	红瑞木	<table><img src="E:\图片\红瑞木.jpg"width="100"height="100">
11	1010	鸡冠花	<table><img src="E:\图片\鸡冠花.jpg"width="100"height="100">
12	1011	牵牛	<table><img src="E:\图片\牵牛.jpg"width="100"height="100">
13	1012	山桃	<table><img src="E:\图片\山桃.jpg"width="100"height="100">

图 1-365　输入公式

“E:\图片\” 是图片所在文件夹路径，该公式同时规定了上传以后图片的大小。

（2）复制 C2:C13 区域中的内容，粘贴到文本文档，如图 1-366 所示。

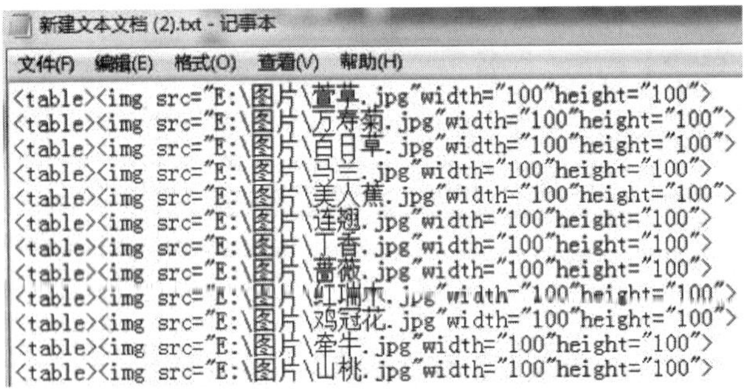

新建文本文档 (2).txt - 记事本

文件(F)　编辑(E)　格式(O)　查看(V)　帮助(H)

```
<table><img src="E:\图片\萱草.jpg"width="100"height="100">
<table><img src="E:\图片\万寿菊.jpg"width="100"height="100">
<table><img src="E:\图片\百日草.jpg"width="100"height="100">
<table><img src="E:\图片\马兰.jpg"width="100"height="100">
<table><img src="E:\图片\美人蕉.jpg"width="100"height="100">
<table><img src="E:\图片\连翘.jpg"width="100"height="100">
<table><img src="E:\图片\丁香.jpg"width="100"height="100">
<table><img src="E:\图片\蔷薇.jpg"width="100"height="100">
<table><img src="E:\图片\红瑞木.jpg"width="100"height="100">
<table><img src="E:\图片\鸡冠花.jpg"width="100"height="100">
<table><img src="E:\图片\牵牛.jpg"width="100"height="100">
<table><img src="E:\图片\山桃.jpg"width="100"height="100">
```

图 1-366　公式结果复制到文本文档

（3）粘贴 Unicode 文本。清除 Excel 工作表中原 C2:C13 区域中的内容，再复制文本文档的内容，粘贴到 C2:C13 区域中，粘贴方式是“选择性粘贴”→“Unicode 文本”，如

图 1-367 所示。

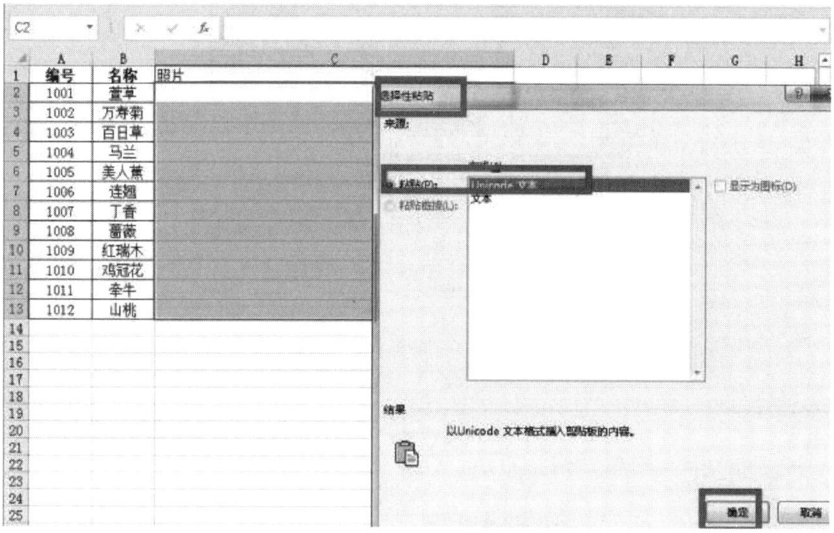

图 1-367　文本内容复制到工作表

所有的照片就添加到了 Excel 中，如图 1-368 所示。调整行高，得到最终结果，如图 1-369 所示。

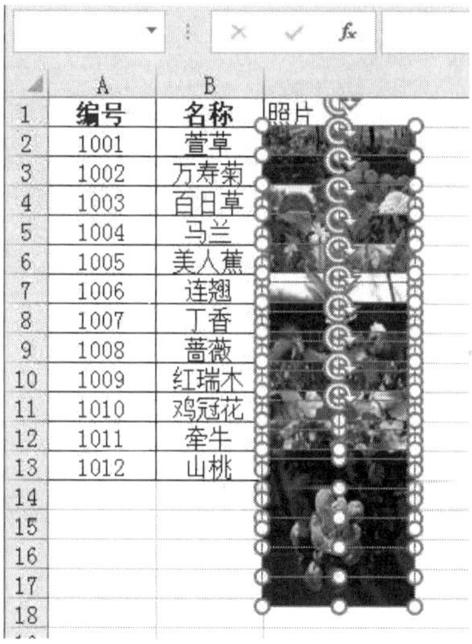

图 1-368　显示图片

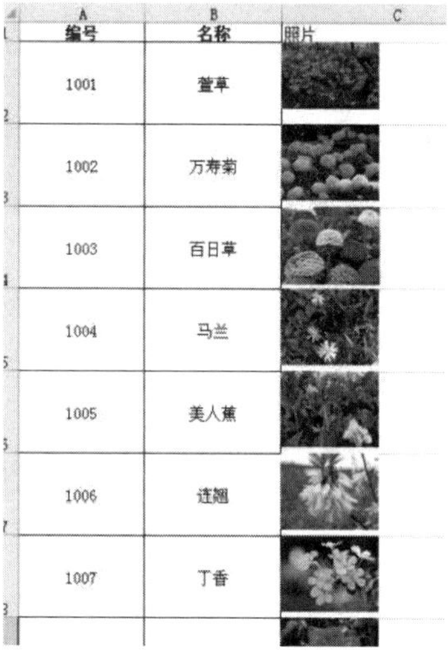

图 1-369　调整行高得到最终结果

1.11.3　在批注中插入图片

【问题】

批注内也可插入图片，如在员工姓名单元格插入照片做批注，既可查看某位员工的照片，也不会因为照片加大行高和列宽而影响表格美观，如图 1-370 所示。

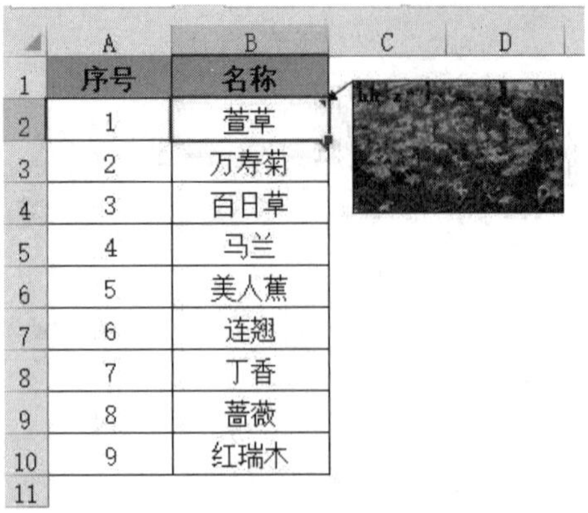

图 1-370　带照片的批注

【实现方法】

（1）选中要插入批注的单元格，右击，在弹出的快捷菜单中选择“插入批注”命令，如图 1-371 所示。

（2）选中批注边框，右击，在弹出的快捷菜单中选择“设置批注格式”命令，如图 1-372 所示。

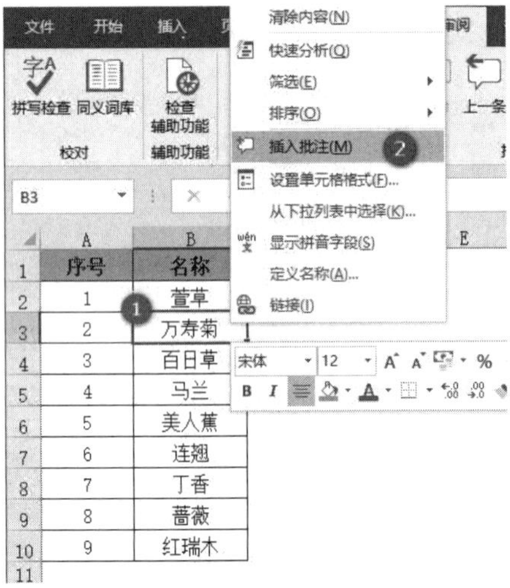

图 1-371　插入批注

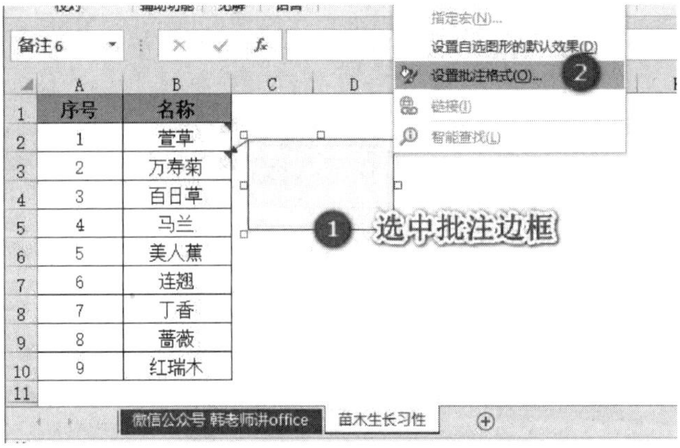

图 1-372　设置批注格式

（3）在弹出“设置批注格式”对话框的“颜色与线条”选项卡中，选择“填充”的“颜色”为“填充效果”命令，单击“确定”按钮，如图 1-373 所示。

（4）在弹出“填充效果”对话框的“图片”选项卡中，单击“选择图片”按钮，如图 1-374 所示。

（5）单击“浏览”按钮，如图 1-375 所示。

（6）在弹出的“选择图片”对话框中，选中相应图片，单击“插入”按钮，即可完成批注中插入图片的操作，如图 1-376 所示。

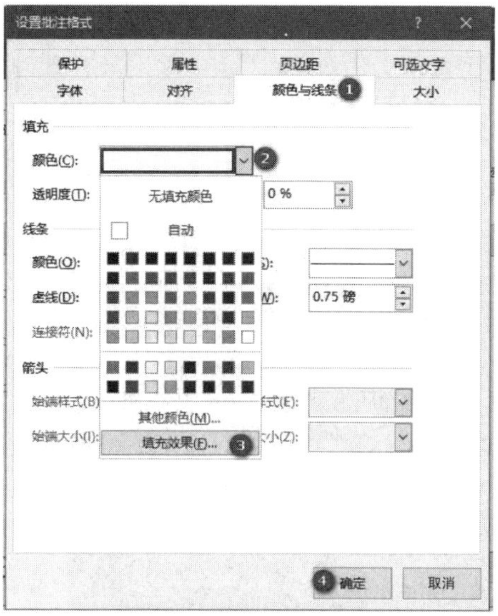

图 1-373　设置填充效果

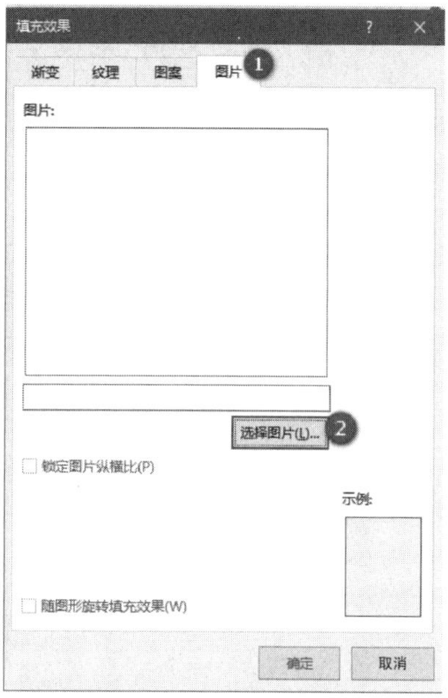

图 1-374　设置图片填充

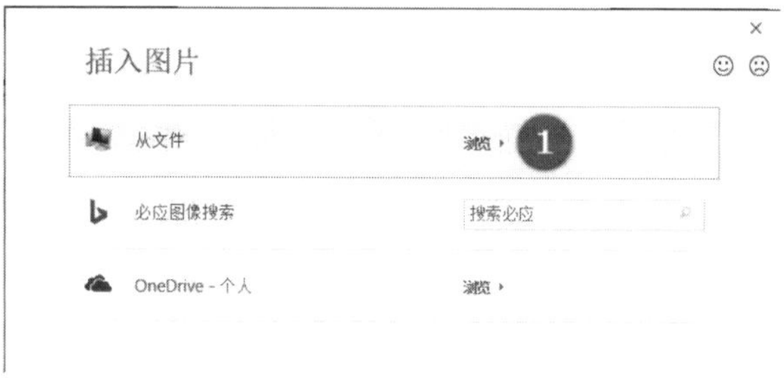

图 1-375　选择浏览

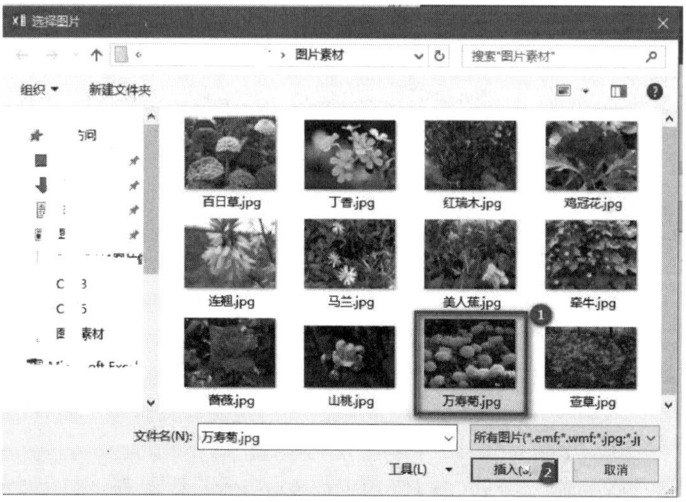

图 1-376　选择相应图片

1.11.4 图片放在文件夹里，Excel 也能查看

【问题】

数据表如图 1-377 所示，如不把图片插入数据表或者批注中，只在要查看时单击图片链接就能显示图片，该如何完成呢？

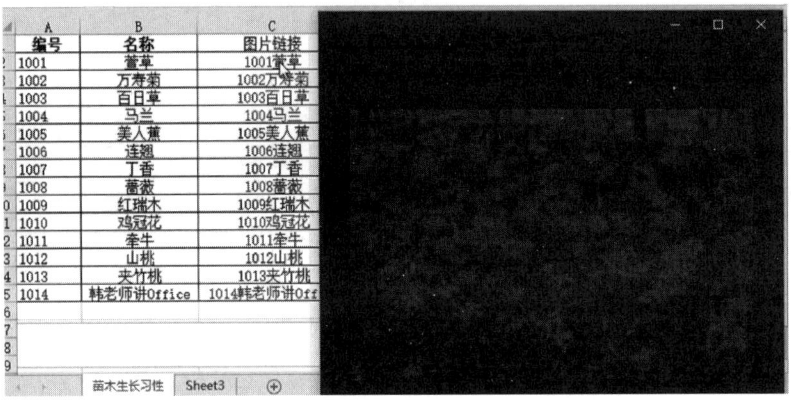

图 1-377 单击图片链接查看图片

【实现方法】

（1）将图片整理到文件夹中。这一个步骤特别要注意，图片命名要和 Excel 表中的名称一致。

（2）复制文件夹路径。选择放置图片的文件夹，按住 Shfit 键，同时右击，在弹出的快捷菜单中选择“复制为路径”命令，即可将图片文件夹路径复制，如图 1-378 所示。

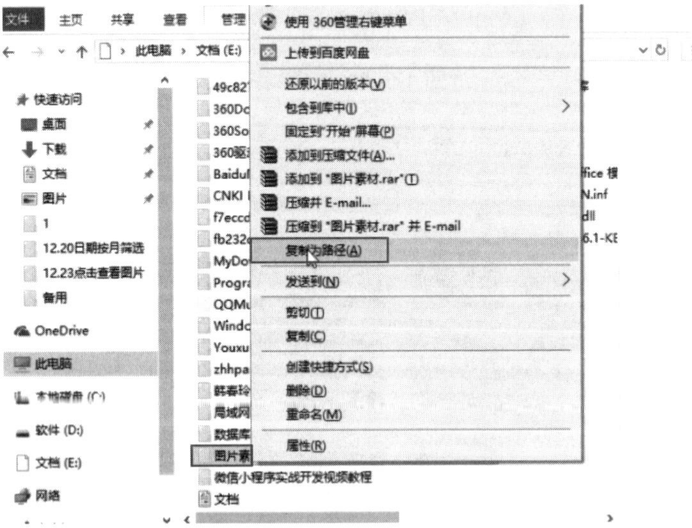

图 1-378 复制为路径

（3）在 C2 单元格中输入公式“=HYPERLINK("E:\图片素材\"&B2&".jpg",B2)”，其中“E:\图片素材\”为图片文件夹路径，按 Enter 键执行计算，可以得到第一幅图片链接，再将

公式向下填充，即可得到所有图片的链接，如图 1-379 所示。

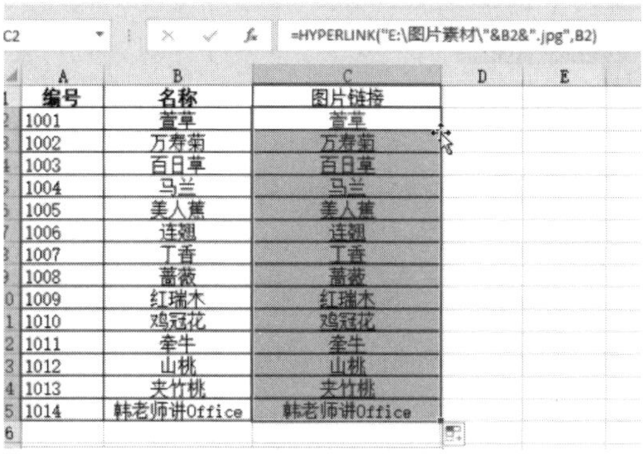

编号	名称	图片链接
1001	萱草	萱草
1002	万寿菊	万寿菊
1003	百日草	百日草
1004	马兰	马兰
1005	美人蕉	美人蕉
1006	连翘	连翘
1007	丁香	丁香
1008	蔷薇	蔷薇
1009	红瑞木	红瑞木
1010	鸡冠花	鸡冠花
1011	牵牛	牵牛
1012	山桃	山桃
1013	夹竹桃	夹竹桃
1014	韩老师讲Office	韩老师讲Office

图 1-379 输入公式

1.11.5 一次为上千幅图片重命名

【问题】

有很多照片须要被重新命名，一张一张地逐一修改会很麻烦，利用 Excel 就可以完成很多图片的批量重命名。

【实现方法】

（1）打开图片所在文件夹，单击“工具”→“文件夹选项”，在打开的“文件夹选项”对话框的“查看”选项卡的“高级设置”中，把“隐藏已知文件类型的扩展名”前面的“√”去掉，如图 1-380 所示。

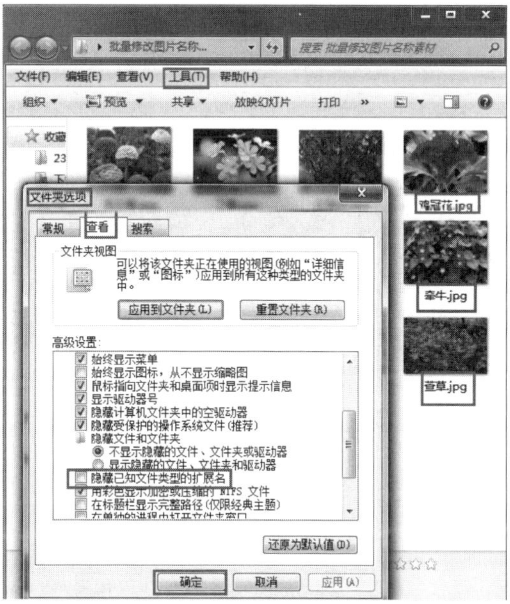

图 1-380 查看扩展名

可以看到图片的扩展名，为下一步写公式做准备，本示例图片扩展名为“.jpg”。

（2）在图片所在文件夹中新建 Excel 文件，打开此文件，在 C2 单元格中输入公式“="ren"&B2&".jpg"&A2&B2&".jpg"”，按 Enter 键执行计算，再将公式向下填充。其中“ren”用于 Excel 改名命令，此公式的含义是在图片原文件名前添加编号，如图 1-381 所示。

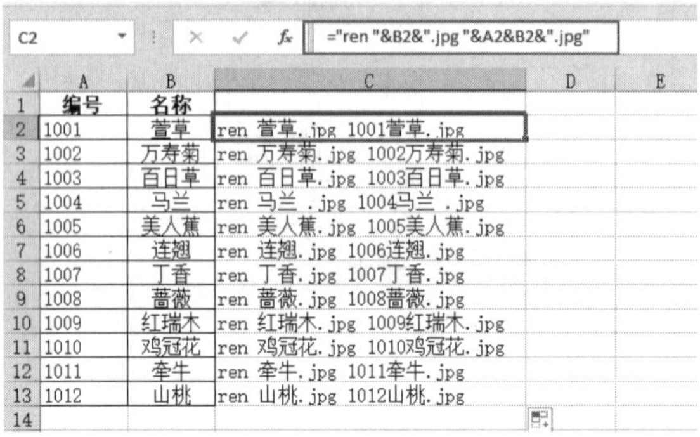

图 1-381 输入公式

书写该公式的注意事项，如图 1-382 所示。

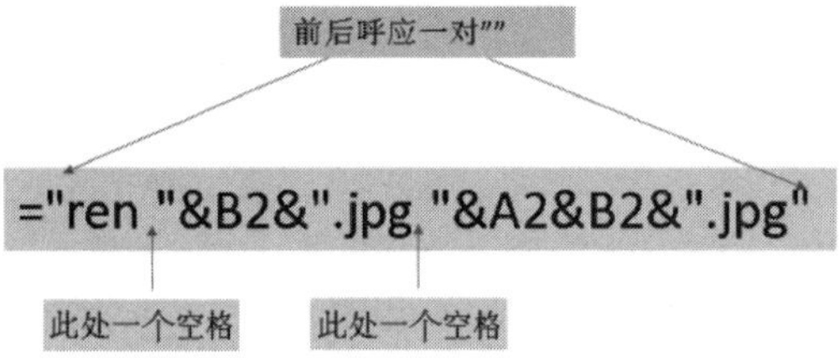

图 1-382 公式注意事项

（3）和图片在同一个文件夹下，建立一个记事本文档，把第（2）步 Excel 文件 C2:C13 区域中改名命令得出的结果复制到这个文档中，并保存，如图 1-383 所示，然后关闭。

图 1-383 新建文本文档

（4）选中此记事本文档，右击，在弹出的快捷菜单中选择“重命名”命令，把文本文档扩展名强行改成“.bat”，文件类型变为批处理文档，如图 1-384 所示。

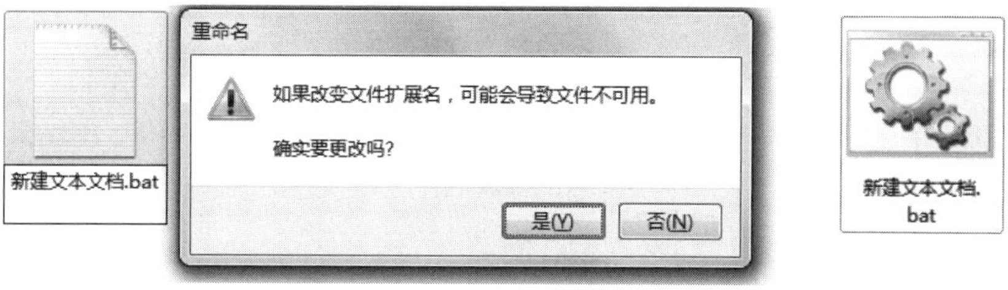

图 1-384 改文本文档为批处理文档

（5）双击运行批处理文档，即可将图片改名，结果如图 1-385 所示。

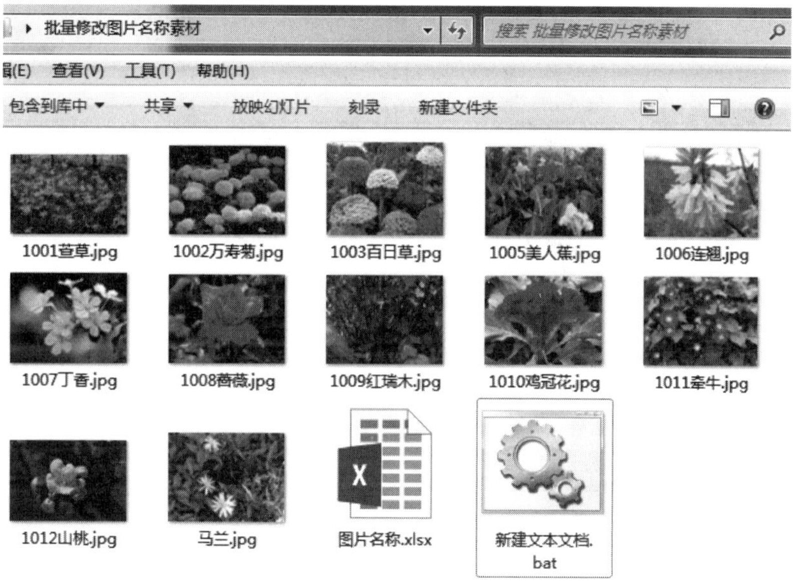

图 1-385 实现图片改名

1.11.6 利用 Excel 照相机自动匹配图片

【问题】

如图 1-386 所示，在工作表右侧的查询区，选择植物名称，会自动弹出该植物的照片，实现照片与名称的查询匹配，这个功能该如何实现呢？

【实现方法】

（1）打开“照相机”功能。图片匹配功能，须要用到“照相机”功能。该功能的调用方式是：单击“开始”→“选项”→“自定义功能区”→“不在功能区的命令”，将“照相机”添加到主选项卡中的某菜单中，如图 1-387 所示，这里将它添加到“开始”菜单的“新建”功能组内。

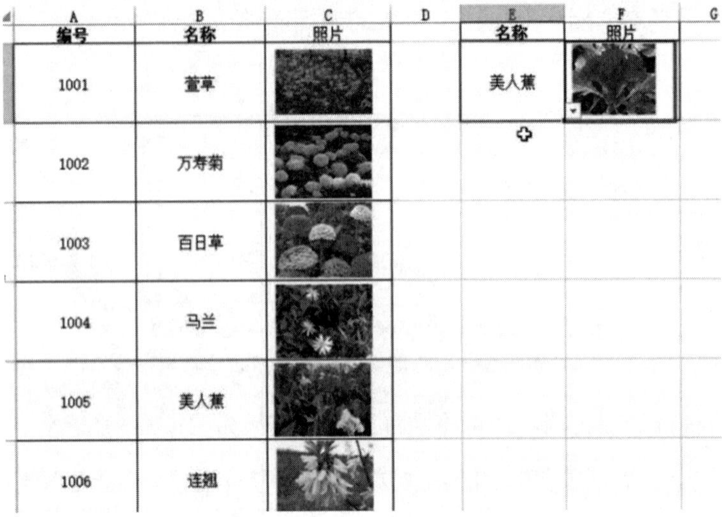

图 1-386　自动匹配照片

图 1-387　添加照相机

（2）给图片拍照。选中 C 列任意图片所在单元格（一定是单元格，而不是图片本身），单击“照相机”按钮，然后在要匹配图片的 F2 单元格处按住鼠标左键拖动，画出照片，如图 1-388 所示。

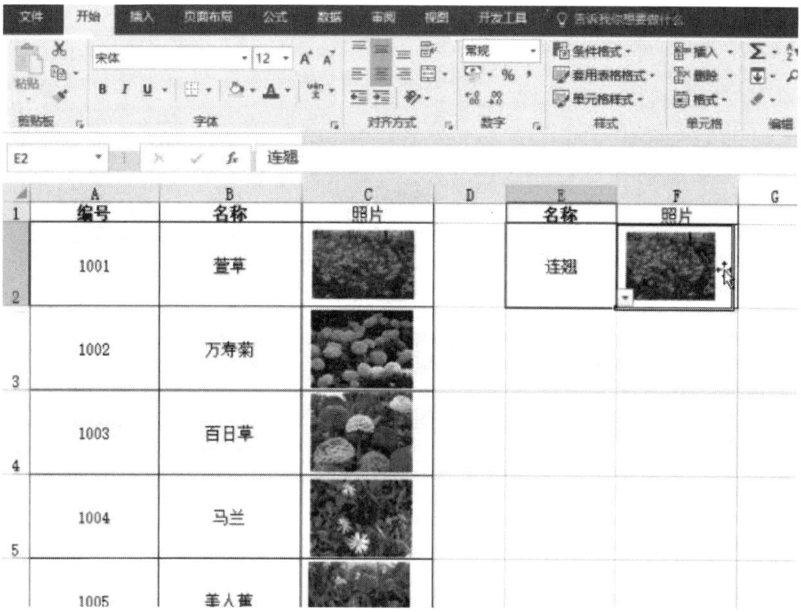

图 1-388　用“照相机”画出照片

（3）定义名称。单击“公式”→“定义名称”。在打开的“编辑名称”对话框中“名称”输入“tupian”，“引用位置”输入公式“=INDIRECT ("c"&MATCH(苗木生长习性!$E$2,苗木生长习性!$B:$B,0))”， 如图 1-389 所示。

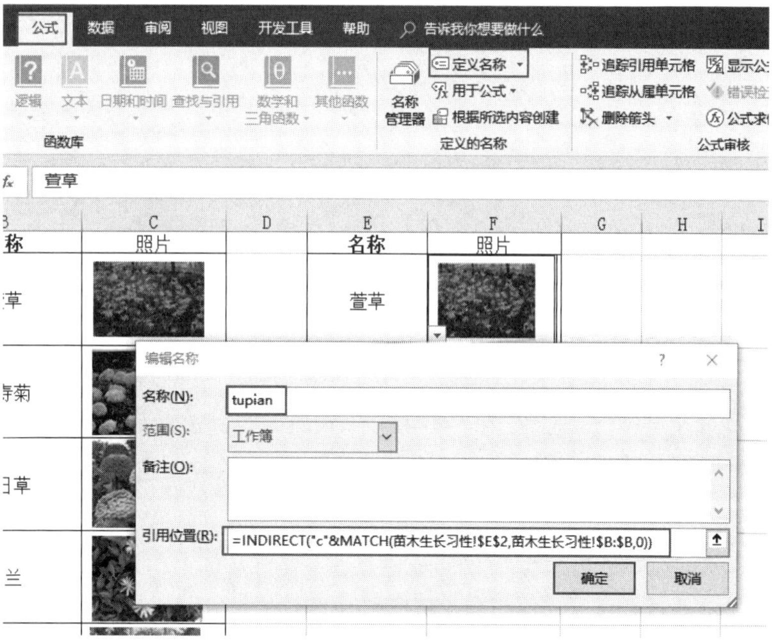

图 1-389　定义名称

（4）输入名称。选中 F2 单元格中的图片（照相机贴出的照片），在地址栏中输入公式“=tupian”，即可完成图片的匹配，在 E2 单元格中选择任意名称，F2 单元格中即出现该名称对应的图片，如图 1-390 所示。

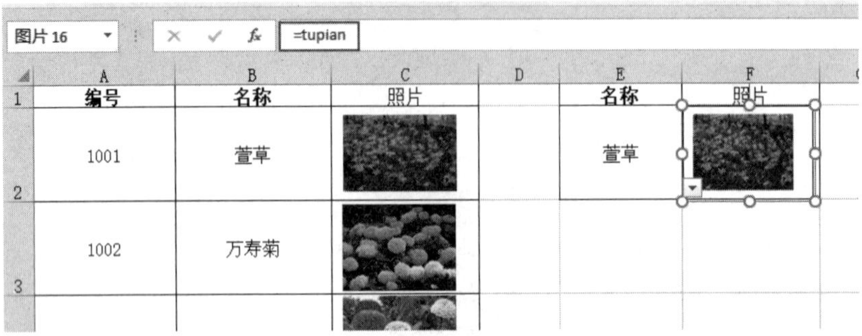

图 1-390　输入公式

第 2 部分

数据统计分析

2.1　数据查询和匹配

2.1.1　查找得票最多的姓名

【问题】

得票统计样表如图 2-1 所示，B 列是每个人的得票情况，当某人每得一票，其姓名就会出现一次，要求统计出得票最多的姓名。

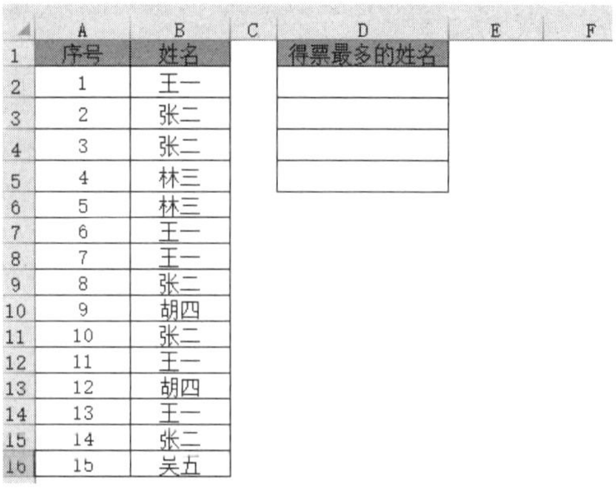

	A	B	C	D	E	F
1	序号	姓名		得票最多的姓名		
2	1	王一				
3	2	张二				
4	3	张二				
5	4	林三				
6	5	林三				
7	6	王一				
8	7	王一				
9	8	张二				
10	9	胡四				
11	10	张二				
12	11	王一				
13	12	胡四				
14	13	王一				
15	14	张二				
16	15	吴五				

图 2-1　得票统计样表

【实现方法】

在 D2 单元格中输入公式“=IFERROR(INDEX(B$2:B$16,SMALL(MODE.MULT(MATCH(B$2:B$16,B$2:B$16,)),ROW(A1))),"")”，按 Enter 键执行计算，即可统计出得票最多的姓名。如果得票最多的不止一人，可向下填充公式，得出其他姓名，如图 2-2 所示。

【公式解析】

● MATCH(B$2:B$16,B$2:B$16,)：在 B2:B16 单元格区域，依次匹配 B2:B16 单元格区域中每个姓名出现的位置。MATCH 函数只能匹配第一次出现时的位置，如“王一”，虽然

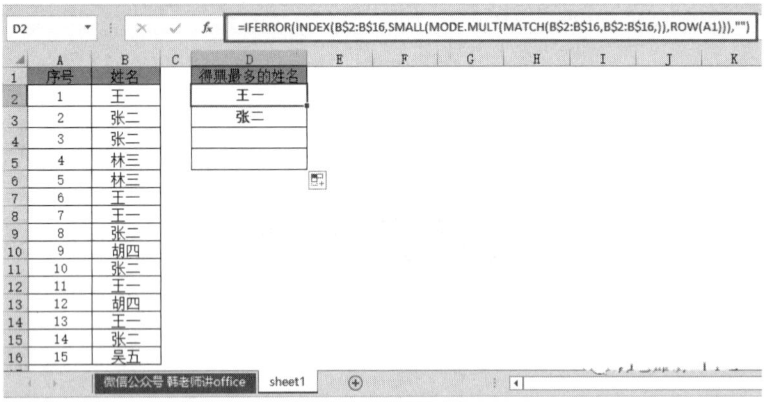

图 2-2　统计出得票最多的人数

出现在第 1、6、7、11、13 位置上，但 MATCHA 返回的数值都是 1，所以本部分返回的是各个姓名第 1 次出现位置的数组，即{1;2;2;4;4;1;1;2;9;2;1;9;1;2;10}。

- MODE.MULT(MATCH(B$2:B$16,B$2:B$16,)：MODE.MULT 计算出现最多的位置，即{1;2}。
- SMALL(MODE.MULT(MATCH(B$2:B$16,B$2:B$16,)),ROW(A1))：因为有两个出现最多的位置，ROW(A1)返回的数值是 1，所以本部分公式在 D2 单元格中返回数值最小的对应位置，公式向下填充；ROW(A1)自动变为 ROW(A2)，所以本部分公式在 D3 单元格中返回数值第 2 小的对应位置。
- INDEX(B$2:B$16,SMALL(MODE.MULT(MATCH(B$2:B$16,B$2:B$16,)),ROW(A1)))：用 INDEX 函数返回 B2:B16 单元格区域中对应位置的姓名。
- IFERROR(INDEX(B$2:B$16,SMALL(MODE.MULT(MATCH(B$2:B$16,B$2:B$16,)),ROW(A1))),"")：用 IFERROR 函数屏蔽错误值，将公式下拉到 D4 单元格以后，如果再没有得票最多的姓名，则返回空值。

2.1.2　查找开奖号码对应的数字

【问题】

某福利彩票站，要把中奖号码的每 1 位数字与 0～9 这 10 位数字一一对应，这样可以很直观地看到中奖号码情况，如图 2-3 所示，那么如何实现呢？

	A	B	C	D	E	F	G	H	I	J	K	L
1	中奖号码		0	1	2	3	4	5	6	7	8	9
2	95316			1		3		5	6			9
3	10050		0	1		3		5			8	
4	20506		0		2			5	6			
5	72103		0	1	2	3				7		
6	65475						4	5	6	7		
7	40790		0				4			7		9
8	90107		0	1						7		9
9	97361			1		3			6	7		9
10	55146			1			4	5	6			
11	20962		0		2				6			9
12	32715			1	2	3		5		7		

图 2-3　中奖号码与数字位置对应

【实现方法】

在 C2 单元格中输入公式“=IF(COUNT(FIND(C$1,$A2)),C$1,"")”，按 Enter 键执行计算，再将公式向下与向右填充，可得与 10 位数字一一对应的中奖号码，如图 2-4 所示。

C2　=IF(COUNT(FIND(C$1,$A2)),C$1,"")

中奖号码	0	1	2	3	4	5	6	7	8	9
95316		1		3		5	6			9
10358	0	1		3		5			8	
20506	0		2			5	6			
72103	0	1	2	3				7		
65475					4	5	6	7		
40790	0				4			7		9
90107	0	1						7		9
97361		1		3			6	7		9
55146		1			4	5	6			
20962	0		2				6			9
32715		1	2	3		5		7		

图 2-4　实现号码与数字位置对应

【公式解析】

● FIND(C$1,$A2)：用 FIND 函数查找 C1 单元格的数字在 A2 单元格字符串中的起始位置，如果 A2 单元格字符串不含有 C1 单元格的数字，则返回#VALUE。

● COUNT(FIND(C$1,$A2))：利用 COUNT 函数计算 FIND 函数返回的数值个数，如果 FIND 计算的结果是数值，则返回 1；如果 FIND 计算的结果是#VALUE，则返回 0。

● IF(COUNT(FIND(C$1,$A2)),C$1,"")：如果 COUNT 计算的结果是 1，返回 C1 单元格的数字，否则返回空值。

本公式中特别注意混合引用的使用方法。

2.1.3　数值重复，如何提取前 3 名销量

【问题】

销量数据如图 2-5 所示，存在两个第 1 名、两个第 2 名，用 LARGE 函数提取前 3 名的销量时，会出现错误。那么，如何正确地提取出前 3 名的销量呢？

F2　=LARGE($B$2:$B$13,ROW(A1))

销售员	销量	名次		销量统计	销量
A	20	1		第 1 名	20
F	20	1		第 2 名	20
G	18	2		第 3 名	18
I	18	2			
H	16	3			
B	15	4			
E	15	4			
J	15	4			
C	14	5			
D	13	6			
K	13	6			
L	10	7			

图 2-5　当销量重复时，用 LARGE 函数提取销量时会出错

【实现方法】

在 F2 单元格中输入公式“=LARGE(IF(FREQUENCY($B$2:$B$13,$B$2:$B$13),$B$2:$B$13),ROW(A1))”，按 Enter 键执行计算，可提取最大销量，再将公式向下填充，可得第 2 名、第 3 名的销量，如图 2-6 所示。

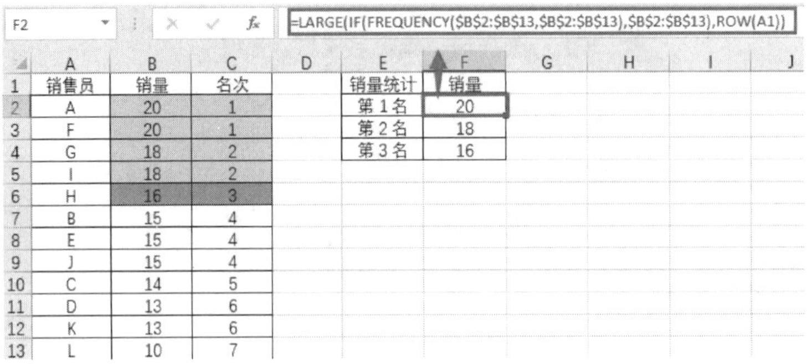

图 2-6　借助 FREQUENCY 函数实现正确统计

【公式解析】

● FREQUENCY($B$2:$B$13,$B$2:$B$13)：利用 FREQUENCY 函数统计 B2:B13 单元格区域中各单元格数据出现的频率。FREQUENCY 函数仅在数据出现第 1 次时的单元格位置返回数据出现的频率，对于其他重复出现的单元格数据位置返回 0，所以该部分公式返回的是图 2-7 所示的“公式求值”对话框的“求值”中画线部分的数组。

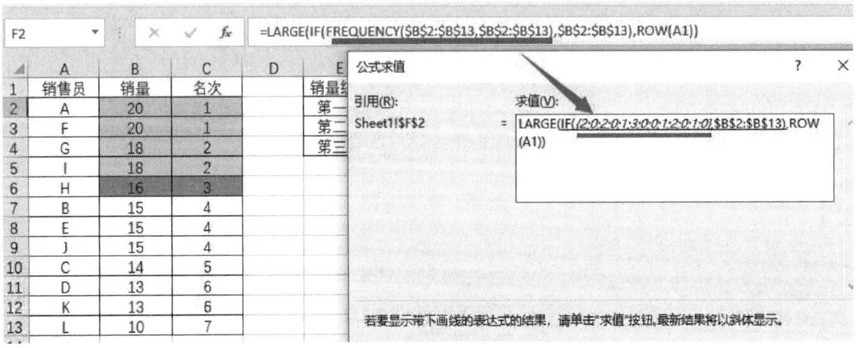

图 2-7　FREQUENCY 函数返回值

● IF(FREQUENCY($B$2:$B$13,$B$2:$B$13),$B$2:$B$13)：用 IF 函数对 FREQUENCY 统计出的 B2:B13 单元格区域中各单元格数据出现的频率进行判断，如果频率不为 0，则返回 B2:B13 单元格区域中的对应数据；如果频率为 0，则返回 FALSE。所以，此部分公式返回由 B2:B13 单元格区域中重复的数据和 FALSE 组成的数组，如图 2-8 所示的“公式求值”对话框的“求值”中画线部分的数组。

● LARGE(IF(FREQUENCY($B$2:$B$13,$B$2:$B$13),$B$2:$B$13),ROW(A1))：返回由 B2:B13 单元格区域中重复的数据和 FALSE 组成的数组的最大值，即最大销量。将公式向下填充，即返回第 2 名、第 3 名的销量。

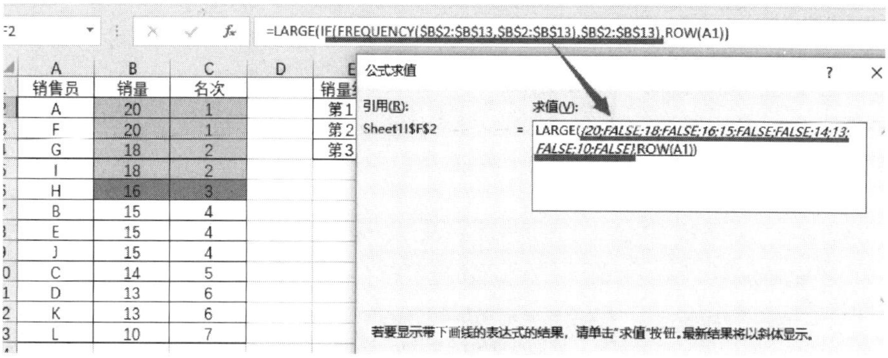

图 2-8　IF 函数返回值

【函数简介】

FREQUENCY 函数

功能：计算数据在某个单元格区域出现的频率，然后返回一个垂直数组。

语法：FREQUENCY(data_array,bins_array)。

中文语法：FREQUENCY(要统计的数组,间隔点数组)。

● data_array：必需，要对其频率进行计数的一组数值或对这组数值的引用。如果 data_array 中不包含任何数值，则 FREQUENCY 返回一个零数组。

● bins_array：必需，要将 data_array 中的数值插入间隔数组或对间隔数组的引用。如果 bins_array 中不包含任何数值，则 FREQUENCY 返回 data_array 中数组元素的个数。

2.1.4　提取订货量对应的订货型号

【问题】

单号与订货型号统计表如图 2-9 所示，每个单号都有订货量，但订货型号规格都不一样，要求提取订货量对应的订货型号，并填入 H 列。

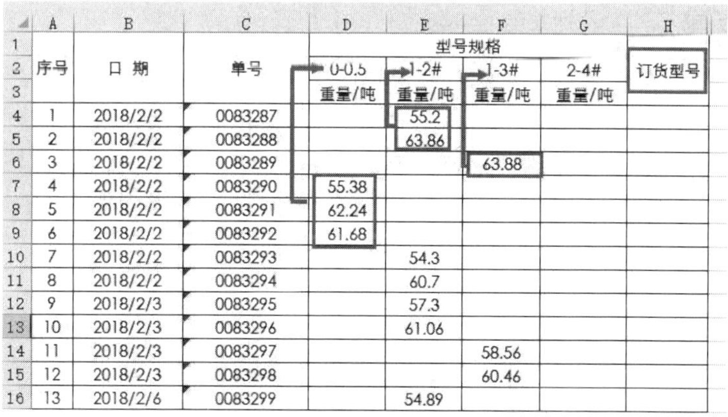

序号	日期	单号	型号规格 0-0.5 重量/吨	1-2# 重量/吨	1-3# 重量/吨	2-4# 重量/吨	订货型号
1	2018/2/2	0083287		55.2			
2	2018/2/2	0083288		63.86			
3	2018/2/2	0083289			63.88		
4	2018/2/2	0083290	55.38				
5	2018/2/2	0083291	62.24				
6	2018/2/2	0083292	61.68				
7	2018/2/2	0083293		54.3			
8	2018/2/2	0083294		60.7			
9	2018/2/3	0083295		57.3			
10	2018/2/3	0083296		61.06			
11	2018/2/3	0083297			58.56		
12	2018/2/3	0083298			60.46		
13	2018/2/6	0083299		54.89			

图 2-9　单号与订货型号统计表

【实现方法】

在 H4 单元格中输入公式“=INDIRECT(ADDRESS(2,MATCH(LARGE(D4:G4,1),4:4,0)))”，按 Enter 键执行计算，即可获得第 1 个单号对应的订货型号，再将公式向下填充，就可获得所有单号对应的订货型号，如图 2-10 所示。

H4　=INDIRECT(ADDRESS(2,MATCH(LARGE(D4:G4,1),4:4,0)))

	A	B	C	D	E	F	G	H
1	序号	日 期	单号	型号规格				订货型号
2				0-0.5	1-2#	1-3#	2-4#	
3				重量/吨	重量/吨	重量/吨	重量/吨	
4	1	2018/2/2	0083287		55.2			1-2#
5	2	2018/2/2	0083288		63.86			1-2#
6	3	2018/2/2	0083289			63.88		1-3#
7	4	2018/2/2	0083290	55.38				0-0.5
8	5	2018/2/2	0083291	62.24				0-0.5
9	6	2018/2/2	0083292	61.68				0-0.5
10	7	2018/2/2	0083293		54.3			1-2#
11	8	2018/2/2	0083294		60.7			1-2#
12	9	2018/2/3	0083295		57.3			1-2#
13	10	2018/2/3	0083296		61.06			1-2#
14	11	2018/2/3	0083297			58.56		1-3#
15	12	2018/2/3	0083298			60.46		1-3#
16	13	2018/2/6	0083299		54.89			1-2#

图 2-10　利用公式获得所有单号对应的订货型号

【公式解析】

- LARGE(D4:G4,1)：取 D4:G4 单元格区域中的最大值，即订货量。
- MATCH(LARGE(D4:G4,1),4:4,0)：在第 4 行中，确定订货量对应在第几列。
- ADDRESS(2,MATCH(LARGE(D4:G4,1),4:4,0))：返回第 2 行与订货量列对应的单元格地址。
- INDIRECT(ADDRESS(2,MATCH(LARGE(D4:G4,1),4:4,0)))：提取第 2 行与订货量列对应单元格的值。

2.1.5　去掉最后一个特殊符号及其以后的内容

【问题】

档号样表如图 2-11 所示，A 列是长短不一的“档号”，要把每个“档号”的最后 1 个“-”符号及其以后的内容去掉，该如何实现呢？

	A
1	档号
2	304-2.1-2011-永久-001-0102
3	1-2-3-4-5-6
4	10-11111-22222-1-2-03333
5	4-1-2011-永久-199-0105
6	304-2.1-2011-永久-001-0102
7	304-2.1-2011-久-002-01

图 2-11　档号样表

【实现方法】

1）快速填充法

复制单元格 A2 中第 1 个“档号”最后 1 个“-”前的内容，粘贴到 B2 单元格，按 Ctrl+E 组合键，可实现快速填充，即可快速去除 A 列所有“档号”最后 1 个“-”符号及其以后的内容，如图 2-12 所示。

	A	B
1	档号	快速填充法
2	304-2.1-2011-永久-001-0102	304-2.1-2011-永久-001
3	1-2-3-4-5-6	1-2-3-4-5
4	10-11111-22222-1-2-03333	10-11111-22222-1-2
5	4-1-2011-永久-199-0105	4-1-2011-永久-199
6	304-2.1-2011-永久-001-0102	304-2.1-2011-永久-001
7	304-2.1-2011-久-002-01	304-2.1-2011-久-002

图 2-12 快速填充法

快速填充法虽然简单，但有版本要求。Excel 2013 及以上版本可以使用，Excel 2010 版本及以前版本不能使用。

2）公式法

在 B2 单元格中输入公式“=MID(A2,1,LOOKUP(9^9,FIND("-",A2,ROW($1:$30)))-1)”，按 Enter 键执行计算，可得第 1 个结果，再将公式向下填充，即可去除 A 列所有“档号”最后 1 个“-”符号及其以后的内容，如图 2-13 所示。

B2 =MID(A2,1,LOOKUP(9^9,FIND("-",A2,ROW($1:$30)))-1)

	A	B	C	D
1	档号	替换成		
2	304-2.1-2011-永久-001-0102	304-2.1-2011-永久-001		
3	1-2-3-4-5-6	1-2-3-4-5		
4	10-11111-22222-1-2-03333	10-11111-22222-1-2		
5	4-1-2011-永久-199-0105	4-1-2011-永久-199		
6	304-2.1-2011-永久-001-0102	304-2.1-2011-永久-001		
7	304-2.1-2011-久-002-01	304-2.1-2011-久-002		

图 2-13 公式法

【公式解析】

- FIND("-",A2,ROW($1:$30))：表示从 A2 单元格字符串中的第 1 位开始到第 30 位寻找字符“-”，此部分公式返回的是图 2-14 所示“公式求值”对话框的“求值”中画线部分。其中，查找到第 30 位，这是因为“档号”最长不超过 30 位，此数值可以根据实际情况更改。

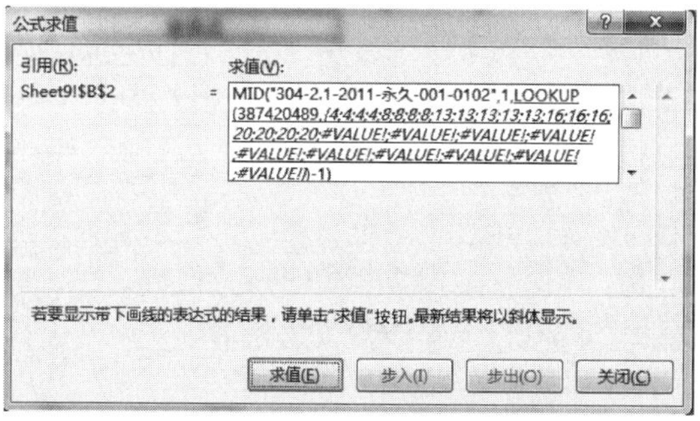

图 2-14 FIND 函数返回值

- LOOKUP(9^9,FIND("-",A2,ROW($1:$30)))：表示在图 2-14 所示 FIND 的返回结果中查找极大值 9^9，因为查不到这个值，所以返回最后 1 个值 20。
- MID(A2,1,LOOKUP(9^9,FIND("-",A2,ROW($1:$30)))-1)：表示在 A2 字符串中从第 1 位取到第 19 位，即可获得结果。

2.1.6 两列商品型号排序不一，对应数量如何相减

【问题】

库存情况表与发货情况表如图 2-15 所示，“库存情况表”中 A 列规格型号与“发货情况表”中 E 列规格型号排序不一样，如何将相同规格型号的“总数量”与“发货数量”相减，从而统计出“库存数量”呢？

	A	B	C	D	E	F
1	库存情况表				发货情况表	
2	规格型号	总数量	库存数量		规格型号	发货数量
3	107450380	1682			107490160	851
4	107470180	1924			143270141H	795
5	107490160	1244			143270970	814
6	143251050	1070			143280740	610
7	143270141H	1327			143300320	673
8	143270210H	1632			143370240	659
9	143270750H	1317			107450380	898
10	143270970	1665			107470180	693
11	143271011	1078				
12	143280740	1248				
13	143290930	1933				
14	143300320	1414				
15	143370240	1769				

图 2-15 库存情况表与发货情况表

【实现方法】

在 C2 单元格中输入公式“=B2-IFERROR(VLOOKUP(A2,$E$2:$F$9,2,0),0)，按 Enter 键执行计算，可得第一种规格型号对应的库存数量，再将公式向下填充，即可获得所有规格型号对应的库存数量，如图 2-16 所示。

C2 =B2-IFERROR(VLOOKUP(A2,$E$2:$F$9,2,0),0)

	A	B	C	D	E	F
1	规格型号	总数量	库存数量		规格型号	发货数量
2	107450380	1682	784		107490160	851
3	107470180	1924	1231		143270141H	795
4	107490160	1244	393		143270970	814
5	143251050	1070	1070		143280740	610
6	143270141H	1327	532		143300320	673
7	143270210H	1632	1632		143370240	659
8	143270750H	1317	1317		107450380	898
9	143270970	1665	851		107470180	693
10	143271011	1078	1078			
11	143280740	1248	638			
12	143290930	1933	1933			
13	143300320	1414	741			
14	143370240	1769	1110			

图 2-16 利用公式获得所有规格型号对应的库存数量

【公式解析】

● VLOOKUP(A2,$E$2:$F$9,2,0)：表示在 E2:F9 单元格区域，查找 A2 单元格中规格型号对应的发货数量，此处应注意查找单元格区域的引用方式是绝对引用。

● IFERROR(VLOOKUP(A2,$E$2:$F$9,2,0),0)：利用 IFERROR 函数进行容错处理，如果能查到对应的发货数量，则返回发货数量；如果查不到对应的发货数量，则返回 0。

● B2-IFERROR(VLOOKUP(A2,$E$2:$F$9,2,0),0)：表示总数量减去相应的发货数量，如果某规格型号没有对应的发货数量，就用总数量减去 0。

2.1.7　利用 VLOOKUP 函数实现多表数据合并查询

【问题】

4 个部门的数据如图 2-17 所示，如何将所有数据合并到“汇总”表中，并且实现当分表中的数据改变时，“汇总”表中的数据也会相应更新呢？

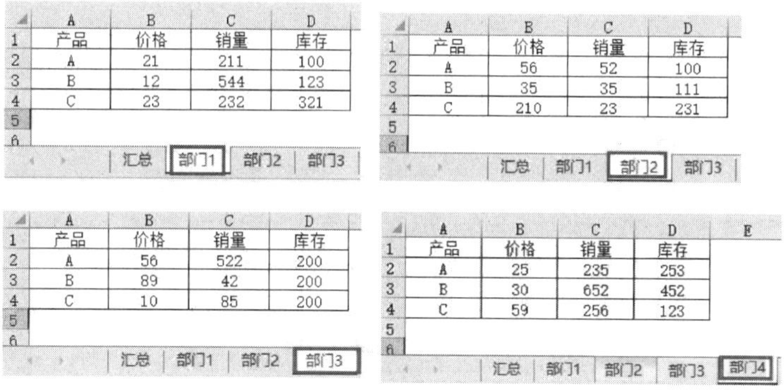

产品	价格	销量	库存
A	21	211	100
B	12	544	123
C	23	232	321

产品	价格	销量	库存
A	56	52	100
B	35	35	111
C	210	23	231

产品	价格	销量	库存
A	56	522	200
B	89	42	200
C	10	85	200

产品	价格	销量	库存
A	25	235	253
B	30	652	452
C	59	256	123

图 2-17　4 个部门的数据

【实现方法】

在“汇总”表的 C2 单元格中输入公式“=VLOOKUP($B2,INDIRECT($A2&"!a:d"),COLUMN(B1),0)”，按 Enter 键执行计算，再将公式向下与向右填充，即可获得所有部门所有产品数据，并且当分表中的数据改变时，“汇总”表中的数据也会相应更新，如图 2-18 所示。

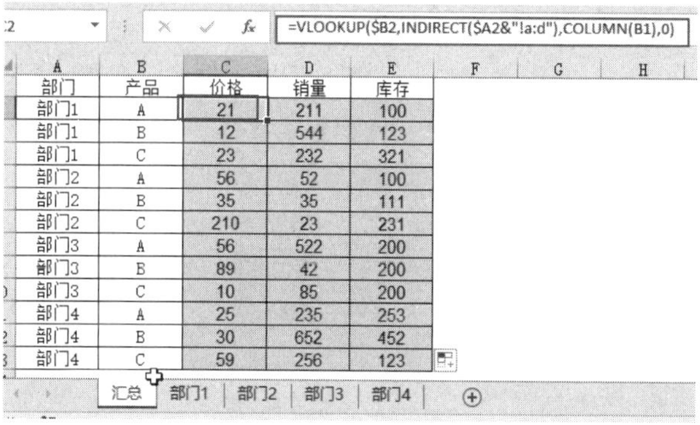

部门	产品	价格	销量	库存
部门1	A	21	211	100
部门1	B	12	544	123
部门1	C	23	232	321
部门2	A	56	52	100
部门2	B	35	35	111
部门2	C	210	23	231
部门3	A	56	522	200
部门3	B	89	42	200
部门3	C	10	85	200
部门4	A	25	235	253
部门4	B	30	652	452
部门4	C	59	256	123

图 2-18　汇总数据

【公式解析】

● INDIRECT($A2&"!a:d")：利用 INDIRECT 函数实现跨表引用。“汇总”表中 A2 单元格数据是分表“部门 1”的名称，查找单元格区域是分表“部门 1”A 列至 D 列的单元格区域。其中，$A2 是混合引用，当将公式向右填充时，所引用的工作表仍然是以“汇总”表中 A2 单元格数据命名的部门工作表。

● COLUMN(B1)：表示查找单元格区域 A 列至 D 列中的单元格数据。公式在 C2 单元格中，COLUMN(B1)返回值是 2，查找结果是查找单元格区域的第 2 列数据，即 B 列数据；将公式向右填充到 D2 单元格时，这部分变为 COLUMN(C1)，其返回值是 3，查找结果是查找单元格区域的第 3 列数据，即 C 列数据以此类推。

● VLOOKUP($B2,INDIRECT($A2&"!a:d"),COLUMN(B1),0)：在以 A2 单元格数据命名的分表中的 A:D 单元格区域查找与 B2 单元格产品对应的 COLUMN(B1)列的数值。

2.1.8 利用 VLOOKUP+MATCH 函数组合可以轻松查找数据

【问题】

如图 2-19 所示，在 A13 单元格中随意选取姓名或在 B12 单元格中随意选取产品，都可以查出对应的销量，这是如何完成的呢？

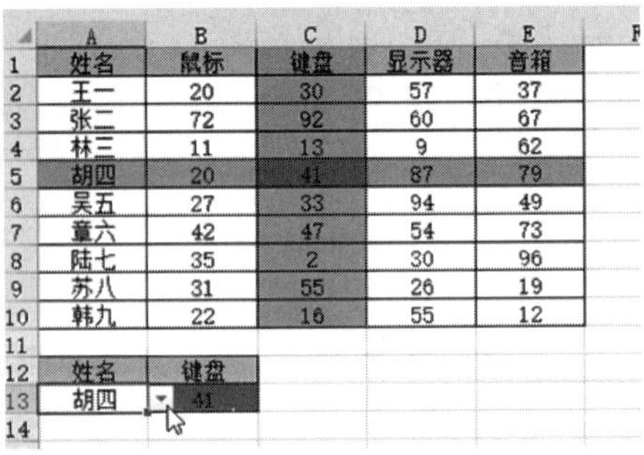

	A	B	C	D	E
1	姓名	鼠标	键盘	显示器	音箱
2	王一	20	30	57	37
3	张二	72	92	60	67
4	林三	11	13	9	62
5	胡四	20	41	87	79
6	吴五	27	33	94	49
7	章六	42	47	54	73
8	陆七	35	2	30	96
9	苏八	31	55	26	19
10	韩九	22	16	55	12
11					
12	姓名	键盘			
13	胡四	41			
14					

图 2-19　产品销量表

【实现方法】

在 B13 单元格中输入公式“=VLOOKUP(A13,A1:E10,MATCH(B12,A1:E1,0),0)”，按 Enter 键执行计算，即可实现查询指定姓名或产品对应的销量，如图 2-20 所示。

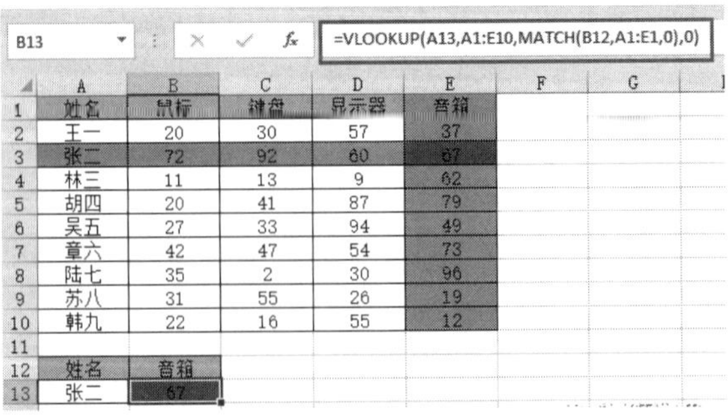

B13　=VLOOKUP(A13,A1:E10,MATCH(B12,A1:E1,0),0)

	A	B	C	D	E
1	姓名	鼠标	键盘	显示器	音箱
2	王一	20	30	57	37
3	张二	72	92	60	67
4	林三	11	13	9	62
5	胡四	20	41	87	79
6	吴五	27	33	94	49
7	章六	42	47	54	73
8	陆七	35	2	30	96
9	苏八	31	55	26	19
10	韩九	22	16	55	12
11					
12	姓名	音箱			
13	张二	67			

图 2-20　随意选取姓名或产品都可查出对应的销量

【公式解析】

公式含义如图 2-21 所示。

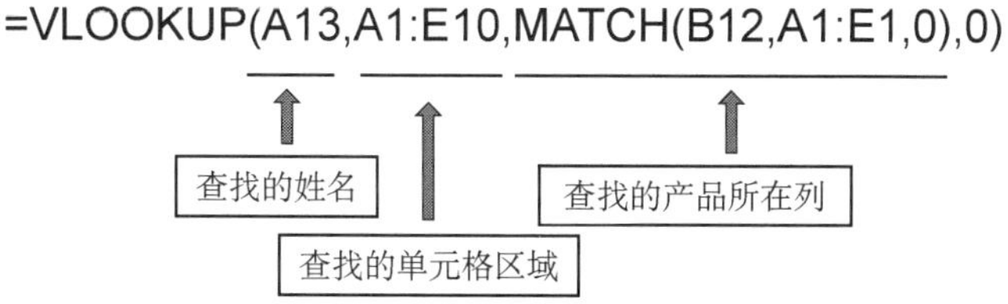

图 2-21　公式含义

可以得出结论：VLOOKUP 函数与 MATCH 函数配合，实质上是将查找结果所在的列，用 MATCH 函数变成了动态方式。

同样，在 B13 单元格中输入公式“=VLOOKUP($A13,$A$1:$E$10,MATCH(B$12,$A$1:$E$1,0),0)”，按 Enter 键执行计算，再将公式向右填充，可以实现整行查找，如图 2-22 所示。

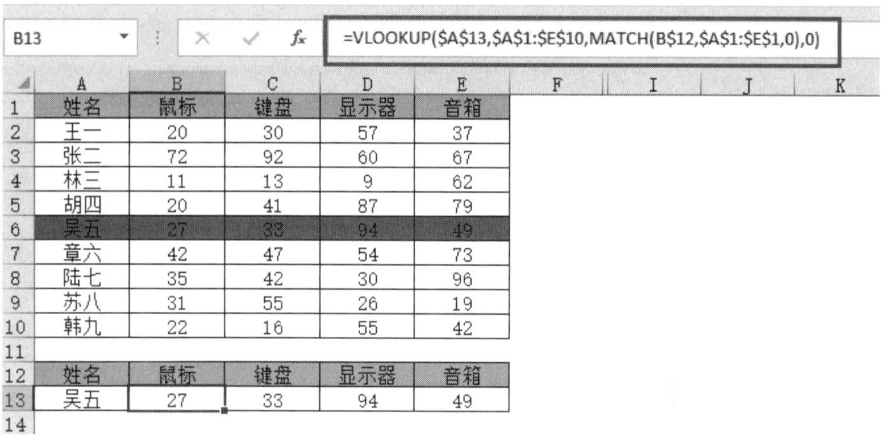

B13　=VLOOKUP($A$13,$A$1:$E$10,MATCH(B$12,$A$1:$E$1,0),0)

	A	B	C	D	E
1	姓名	鼠标	键盘	显示器	音箱
2	王一	20	30	57	37
3	张二	72	92	60	67
4	林三	11	13	9	62
5	胡四	20	41	87	79
6	吴五	27	33	94	49
7	章六	42	47	54	73
8	陆七	35	42	30	96
9	苏八	31	55	26	19
10	韩九	22	16	55	42
11					
12	姓名	鼠标	键盘	显示器	音箱
13	吴五	27	33	94	49
14					

图 2-22　整行查找

2.1.9　满足条件的数据自动“跑”到其他工作表中

【问题】

“全部”工作表和“已对”工作表如图 2-23 所示。如何做到在“全部”工作表中每核对一条，核对后的记录会从“全部”工作表“自动”地跑到“已对”工作表中呢？

【实现方法】

在“已对”工作表的 A2 单元格中输入公式“=INDEX(全部!A:A,SMALL(IF(全部!$F:$F="已对",ROW(全部!B:B),ROWS(B:B)),ROW(A1)))&""”，按 Ctrl+Shift+Enter 组合键执行计算，再将公式向下填充，填充到和“全部”工作表中的行数一致时为止，如图 2-24 所示。

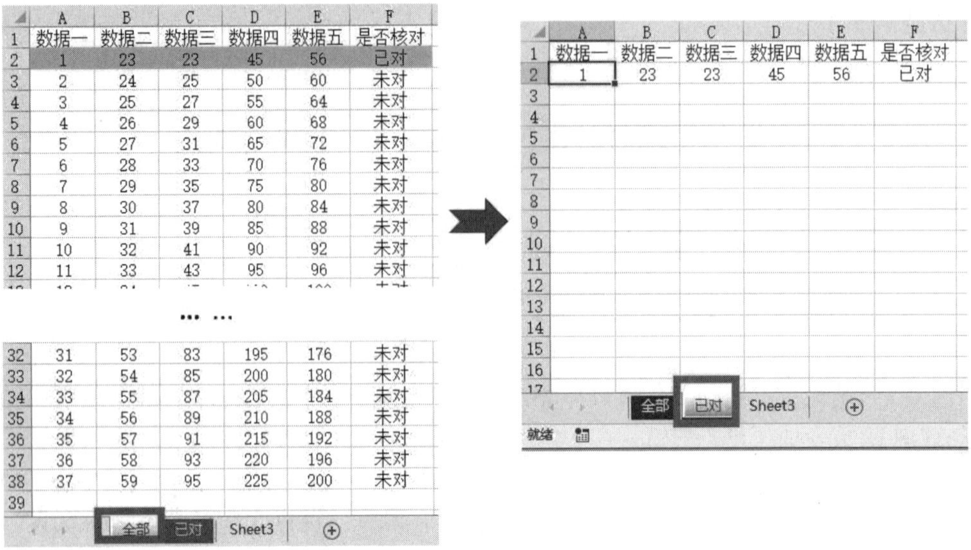

	A	B	C	D	E	F
1	数据一	数据二	数据三	数据四	数据五	是否核对
2	1	23	23	45	56	已对
3	2	24	25	50	60	未对
4	3	25	27	55	64	未对
5	4	26	29	60	68	未对
6	5	27	31	65	72	未对
7	6	28	33	70	76	未对
8	7	29	35	75	80	未对
9	8	30	37	80	84	未对
10	9	31	39	85	88	未对
11	10	32	41	90	92	未对
12	11	33	43	95	96	未对
…	…					
32	31	53	83	195	176	未对
33	32	54	85	200	180	未对
34	33	55	87	205	184	未对
35	34	56	89	210	188	未对
36	35	57	91	215	192	未对
37	36	58	93	220	196	未对
38	37	59	95	225	200	未对
39						

全部　已对　Sheet3

	A	B	C	D	E	F
1	数据一	数据二	数据三	数据四	数据五	是否核对
2	1	23	23	45	56	已对

全部　已对　Sheet3

图 2-23　“全部”工作表和“已对”工作表

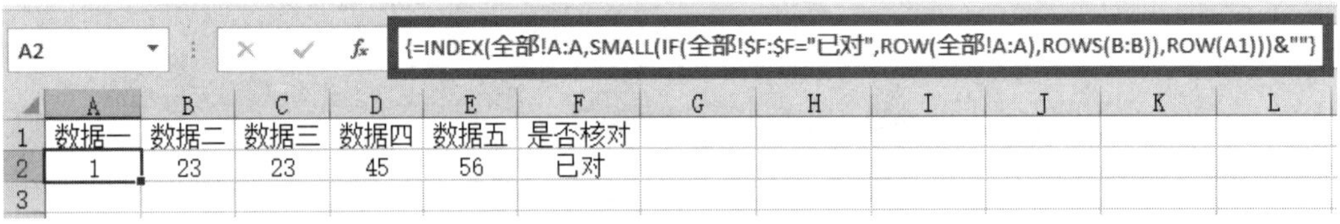

A2　{=INDEX(全部!A:A,SMALL(IF(全部!$F:$F="已对",ROW(全部!A:A),ROWS(B:B)),ROW(A1)))&""}

	A	B	C	D	E	F
1	数据一	数据二	数据三	数据四	数据五	是否核对
2	1	23	23	45	56	已对

图 2-24　核对后的记录从“全部”工作表“自动”地跑到“已对”工作表

【公式解析】

- ROWS(B:B)：表示整个工作表的行数，Excel 2016 默认工作表行数为 1 048 576，此处用工作表最大行数，使得不管数据有多少行，公式都能使用。
- IF(全部!$F:$F="已对",ROW(全部!A:A),ROWS(B:B))：用 IF 函数建立一个新的数组，这个新数组建立的规则是，如果“全部”工作表中 F 列单元格数据为“已对”，则返回“已对”单元格所在的行，否则返回整个工作表的行数。所以，如果“全部”工作表中第 2 行数据已经核对（第一行为标题行），在 F2 单元格中输入“已对”两个字，“已对”工作表中 A2 单元格的公式中此部分返回的数组是{1048576;2;1048576;1048576;1048576;1048576;1048576;1048576;1048576;1048576;1048576;1048576;1048576;1048576;1048576;…}；如果“全部”工作表中第 5 行数据已经核对（第一行为标题行），“已对”工作表中 A2 单元格的公式中此部分返回的数组是{1048576;1048576;1048576;1048576;5;1048576;1048576;1048576;1048576; 1048576;…}。
- SMALL(IF(全部!$F:$F="已对",ROW(全部!A:A),ROWS(B:B)),ROW(A1))：从 IF 函数返回的数组中取出比 ROW(A1）小的数值。ROW(A1)是一个动态的数值，将公式向下填充一行，行数就加 1，即当公式在 A3 单元格时，它是 ROW(A2)，当将公式填充到 A4 单元格时，它是 ROW(A3)，当将公式填充到 A5 单元格时，它是 ROW(A4)……这样，就在

A2、A3、A4、A5……的数组中找到了比第 1、2、3、4……小的值，即第 1 条、第 2 条、第 3 条、第 4 条……已经核对的数值；“$F:$F”表示 F 列的绝对引用，因为不管将公式向下、向右填充，是否核对都在 F 列。

● INDEX(全部!A:A,SMALL(IF(全部!$F:$F="已对",ROW(全部!A:A),ROWS(B:B)),ROW(A1)))：当公式在 A2 单元格时，返回第 1 条“已对”工作表的 A 列的值，当公式在 A3 单元格时，返回第 2 条“已对”工作表的 A 列的值……

公式中 IF 部分是数组计算，按 Ctrl+Shift+Enter 组合键可执行该计算。当公式向右填充，得到“已对”工作表的 B 列值……

● INDEX(全部!A:A,SMALL(IF(全部!$F:$F="已对",ROW(全部!A:A),ROWS(B:B)),ROW(A1)))&""：在公式的最后加上&""，表示这一步是容错处理。利用空单元格与空文本合并返回空文本的特性，使超出结果数量的部分不显示出来。

2.1.10 INDEX+MATCH 函数组合应用——查找业绩前几名的员工姓名

【问题】

销售业绩统计表如图 2-25 所示。要求查找销售业绩最高的员工姓名、销售业绩前 3 名的员工姓名，该如何完成呢？

	A	B
1	姓名	销售业绩
2	陈一	1
3	程二	15
4	顾三	9
5	韩九	20
6	胡四	16
7	贾三	2
8	金七	19
9	赖七	8
10	历九	14

图 2-25 销售业绩统计表

【实现方法】

1）查找业绩最高的员工姓名

在 D2 单元格中输入公式“=INDEX(A2:A10,MATCH(MAX(B2:B10),B2:B10,0))”，按 Enter 键执行计算，即可查找出与最高业绩对应的员工姓名，如图 2-26 所示。

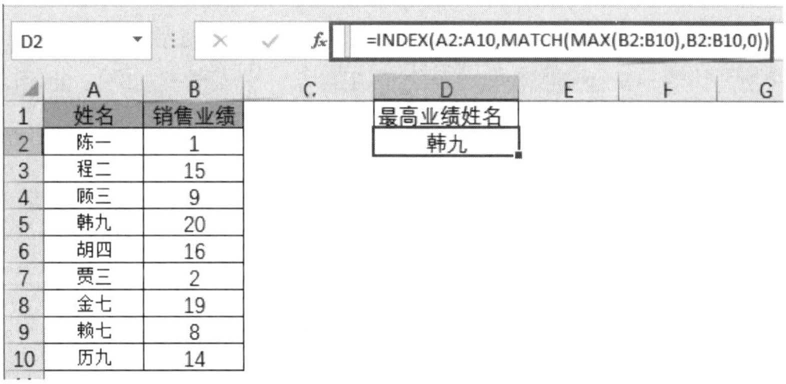

图 2-26 查找业绩最高的员工姓名

【公式解析】

公式含义如图 2-27 所示。

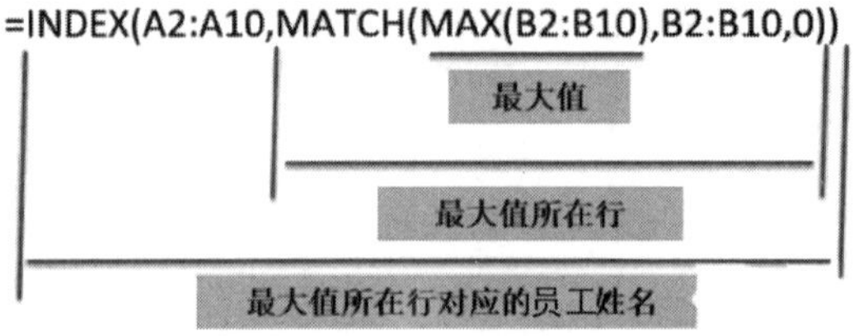

图 2-27 公式含义

2）查找业绩前 3 名的员工姓名

在 E2 单元格中输入公式"=INDEX($A$2:$A$10,MATCH(LARGE($B$2:$B$10,ROW(A1)),$B$2:$B$10,0))"，按 Enter 键执行计算，再将公式向下填充，可得业绩前 3 名的员工姓名，如图 2-28 所示。

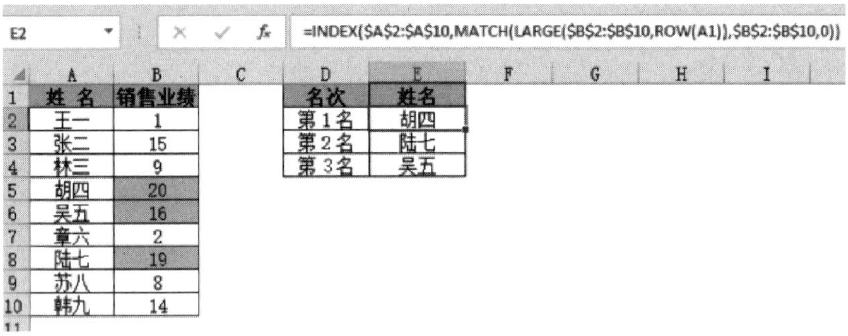

	A	B	C	D	E
1	姓 名	销售业绩		名次	姓名
2	王一	1		第 1 名	胡四
3	张二	15		第 2 名	陆七
4	林三	9		第 3 名	吴五
5	胡四	20			
6	吴五	16			
7	章六	2			
8	陆七	19			
9	苏八	8			
10	韩九	14			

图 2-28 查找业绩前 3 名的员工姓名

【公式解析】

公式中应用了 LARGE 函数，在 B2:B10 单元格区域查找第 ROW(A1)大的值，公式在 E2 单元格时，ROW(A1)的返回值是 1，当将公式向下填充时，会自动变为 ROW(A2)、ROW(A3)，即第 2 大、第 3 大的值，从而查找出前 3 名的员工姓名。公式含义如图 2-29 所示。

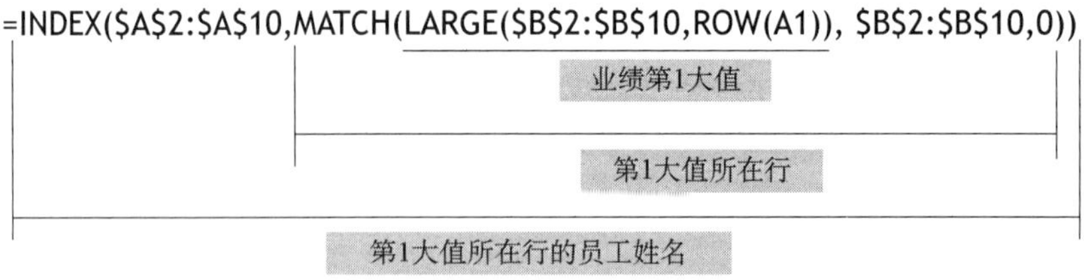

图 2-29 公式含义

特别注意：当使用 INDEX+MATCH 函数组合时，INDEX 函数的第 1 个参数单元格区域一定要和 MATCH 函数的第 2 个参数单元格区域起始行一致，否则会出现查找错位的情况，如图 2-30 所示。

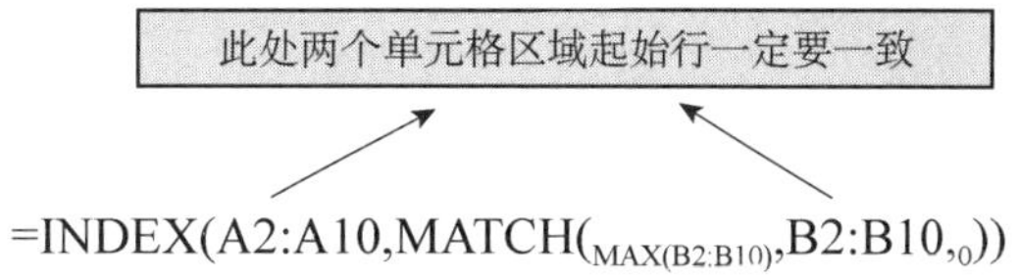

图 2-30 两个函数参数单元格区域要起始行一致

2.1.11 INDEX+MATCH 函数组合应用——提取行与列交叉单元格的数值

【问题】

在 2.1.10 节中，INDEX+MATCH 函数组合只是完成了查找特定值对应的姓名，其实，该函数组合的使用精髓是提取行与列交叉单元格的数值。

如图 2-31 所示，要查找指定姓名与指定产品的销量，该如何完成呢？

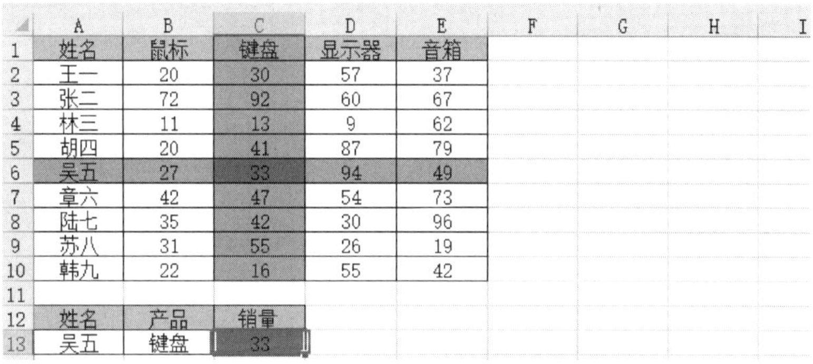

	A	B	C	D	E
1	姓名	鼠标	键盘	显示器	音箱
2	王一	20	30	57	37
3	张二	72	92	60	67
4	林三	11	13	9	62
5	胡四	20	41	87	79
6	吴五	27	33	94	49
7	章六	42	47	54	73
8	陆七	35	42	30	96
9	苏八	31	55	26	19
10	韩九	22	16	55	42
11					
12	姓名	产品	销量		
13	吴五	键盘	33		

图 2-31 查找行与列交叉单元格的数值样表

查找指定姓名与指定产品的销售量，就是查找“姓名”所在行与“产品”所在列交叉单元格的数值。

【实现方法】

在 C13 单元格中输入公式“=INDEX(A1:E10,MATCH(A13,A1:A10,0),MATCH(B13,A1:E1,0))”，按 Enter 键执行计算，即可查找到指定姓名与指定产品的销量，如图 2-32 所示。

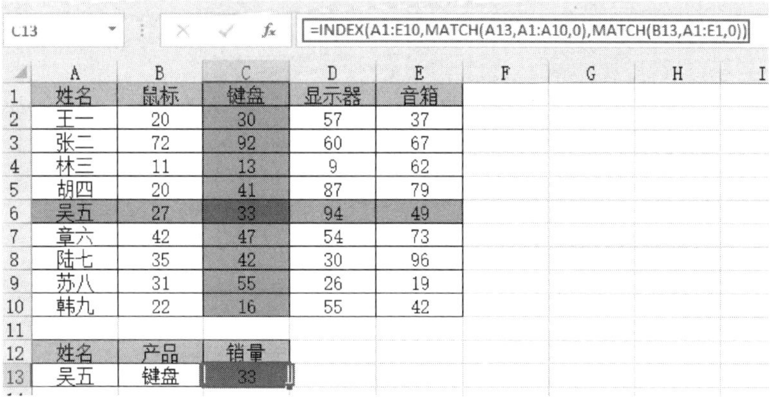

	A	B	C	D	E
1	姓名	鼠标	键盘	显示器	音箱
2	王一	20	30	57	37
3	张二	72	92	60	67
4	林三	11	13	9	62
5	胡四	20	41	87	79
6	吴五	27	33	94	49
7	章六	42	47	54	73
8	陆七	35	42	30	96
9	苏八	31	55	26	19
10	韩九	22	16	55	42
11					
12	姓名	产品	销量		
13	吴五	键盘	33		

图 2-32 查找指定姓名与指定产品的销量

【公式解析】

- MATCH(A13,A1:A10,0)：计算 A13 单元格的姓名在 A1:A10 单元格区域中所在的行。
- MATCH(B13,A1:E1,0)：计算 B13 单元格的产品在 A1:E1 单元格区域中所在的列。
- INDEX(A1:E10,MATCH(A13,A1:A10,0),MATCH(B13,A1:E1,0))：在 A1:E10 单元格区域中，查找到 A13 单元格的姓名所在行与 B13 单元格的产品所在列交叉单元格的数值。

2.1.12 INDEX+MATCH 函数组合应用——提取整行和整列数据

【问题】

INDEX+MATCH 函数组合还可以提取整行和整列数据。如图 2-33 所示，查找指定姓名所有产品的销量或查找所有姓名指定产品的销量，都可以用这个函数组合来完成。

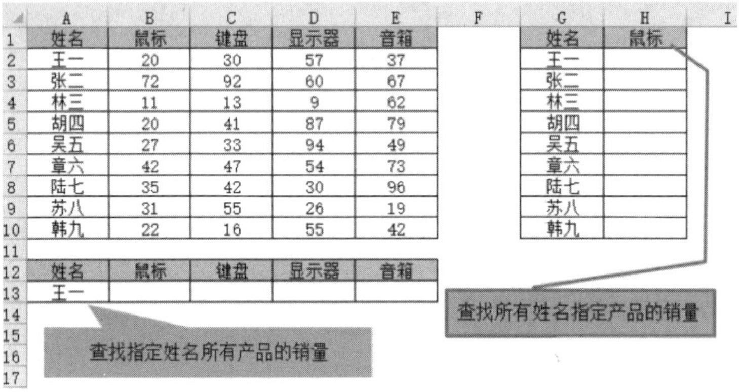

	A	B	C	D	E	F	G	H
1	姓名	鼠标	键盘	显示器	音箱		姓名	鼠标
2	王一	20	30	57	37		王一	
3	张二	72	92	60	67		张二	
4	林三	11	13	9	62		林三	
5	胡四	20	41	87	79		胡四	
6	吴五	27	33	94	49		吴五	
7	章六	42	47	54	73		章六	
8	陆七	35	42	30	96		陆七	
9	苏八	31	55	26	19		苏八	
10	韩九	22	16	55	42		韩九	
11								
12	姓名	鼠标	键盘	显示器	音箱			
13	王一							

图 2-33 查找指定整行和整列数据样表

【实现方法】

1）查找指定姓名所有产品的销量

选中 B13:E13 单元格区域，输入公式“=INDEX(B2:E10,MATCH(A13,A2:A10,0),0)”，按 Ctrl+Shift+Enter 组合键执行计算，即可查找到指定姓名所有产品的销量，如图 2-34 所示。

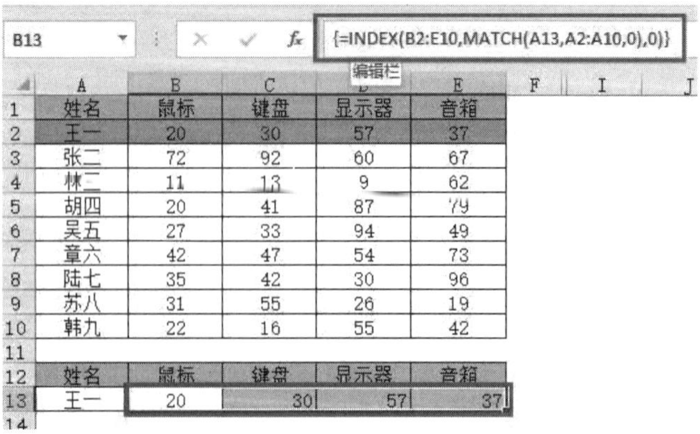

	A	B	C	D	E
1	姓名	鼠标	键盘	显示器	音箱
2	王一	20	30	57	37
3	张二	72	92	60	67
4	林三	11	13	9	62
5	胡四	20	41	87	79
6	吴五	27	33	94	49
7	章六	42	47	54	73
8	陆七	35	42	30	96
9	苏八	31	55	26	19
10	韩九	22	16	55	42
11					
12	姓名	鼠标	键盘	显示器	音箱
13	王一	20	30	57	37

图 2-34 指定姓名所有产品的销量

2）查找所有姓名指定产品的销量

选中 H2:H10 单元格区域，输入公式“=INDEX(B2:E10,0,MATCH(H1,B1:E1,0))”，按 Ctrl+ Shift+Enter 组合键执行计算，即可查找到指定产品所有员工的销量，如图 2-35 所示。

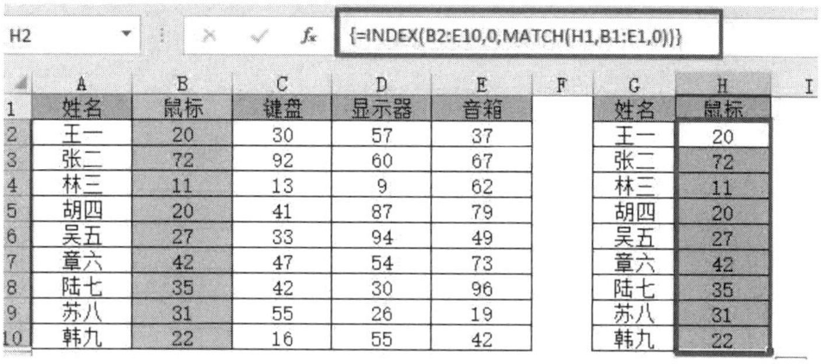

H2　{=INDEX(B2:E10,0,MATCH(H1,B1:E1,0))}

	A	B	C	D	E	F	G	H
1	姓名	鼠标	键盘	显示器	音箱		姓名	鼠标
2	王一	20	30	57	37		王一	20
3	张二	72	92	60	67		张二	72
4	林三	11	13	9	62		林三	11
5	胡四	20	41	87	79		胡四	20
6	吴五	27	33	94	49		吴五	27
7	章六	42	47	54	73		章六	42
8	陆七	35	42	30	96		陆七	35
9	苏八	31	55	26	19		苏八	31
10	韩九	22	16	55	42		韩九	22

图 2-35　指定产品所有员工的销量

2.1.13　利用 OFFSET 函数在大量数据中查找指定数据

【问题】

如图 2-36 所示，所有的 ID 单元格区域共有 500 行、500 列，如何判断 A4 与 A5 单元格中的 ID 在所有的 ID 单元格区域中是否存在？

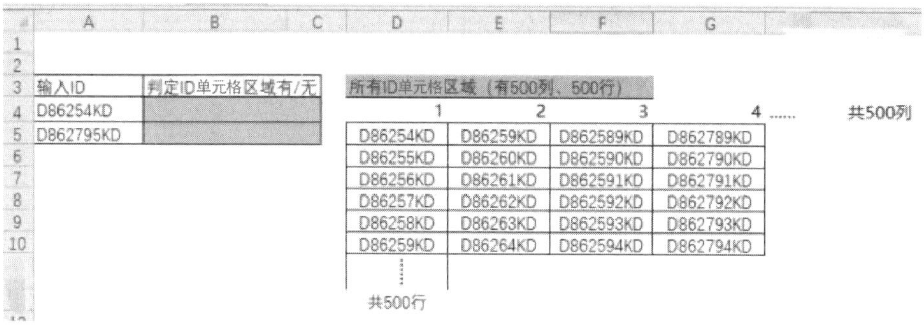

	A	B	C	D	E	F	G
3	输入ID	判定ID单元格区域有/无		所有ID单元格区域（有500列、500行）			
4	D86254KD			1	2	3	4 ……　共500列
5	D862795KD			D86254KD	D86259KD	D862589KD	D862789KD
6				D86255KD	D86260KD	D862590KD	D862790KD
7				D86256KD	D86261KD	D862591KD	D862791KD
8				D86257KD	D86262KD	D862592KD	D862792KD
9				D86258KD	D86263KD	D862593KD	D862793KD
10				D86259KD	D86264KD	D862594KD	D862794KD
				⋮ 共500行			

图 2-36　ID 统计表

【实现方法】

在 B4 单元格中输入公式“=IF(COUNTIF(OFFSET(D5,0,0,500,500),A4)<>0,"有","无")”，按 Enter 键执行计算，即可判定 A4 单元格中的 ID 在指定单元格区域中是有还是无，再将公式向下填充，可判定 A5 单元格中的 ID 在指定单元格区域中是有还是无，如图 2-37 所示。

【公式解析】

● OFFSET(D5,0,0,500,500)：表示以 D5 单元格为基准点，取向下偏移 500 行、向右偏移 500 列的单元格区域。本部分返回以 D5 单元格为起始单元格的 500 行、500 列的单元格区域。这种用 OFFSET 函数偏移到 500 行、500 列单元格区域的方式，代替了传统的手工选取单元格区域的方式。

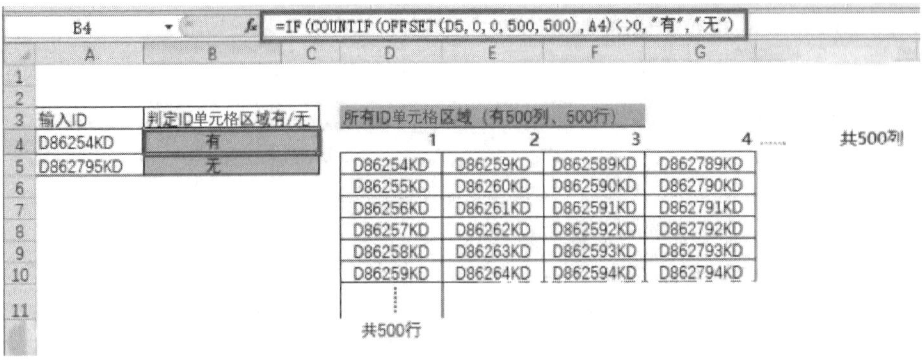

图 2-37　公式实现

● COUNTIF(OFFSET(D5,0,0,500,500),A4)：利用 COUNTIF 函数在上述 500 行、500 列的所有 ID 单元格区域内，查找 A4 单元格的 ID 数量。

● IF(COUNTIF(OFFSET(D5,0,0,500,500),A4)< >0,"有","无")：表示如果查找到的 A4 单元格的 ID 个数不为零，则返回“有”，否则返回“无”。

2.1.14　利用 OFFSET 函数在动态单元格区域中查找指定数据

【问题】

在 2.1.13 节中讲述了利用 OFFSET 函数在大量数据中判断指定数据是否存在的方法，在查找公式中，表示单元格区域的方法如 OFFSET(D5,0,0,500,500)，表示以 D5 单元格为起始单元格的 500 行、500 列的单元格区域。但是，如果单元格区域不是确定的 500 行、500 列，而是不断扩大的动态单元格区域，那该怎么办呢？

【实现方法】

只要在 2.1.13 节公式的基础上，把 OFFSET 函数的第 4 个参数和第 5 个参数（表示区域行数和列数）改成动态的参数就能实现。

所以，在 B4 单元格中输入公式“=IF(COUNTIF(OFFSET($D$6,0,0,COUNTA($D:$D),COUNTA($6:$6)),A4)< >0,"有","无")”，按 Enter 键执行计算，就能判断 A4 单元格的 ID 在不断扩大的动态单元格区域中是否存在，再将公式向下填充，即可判断 A5 单元格的 ID 在不断扩大的动态单元格区域中是否存在，如图 2-38 所示。

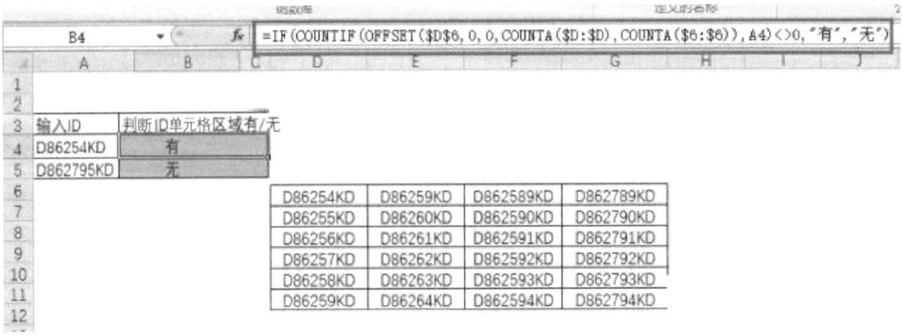

图 2-38　动态区域中查找指定数据

【公式解释】

● OFFSET($D$6,0,0,COUNTA($D:$D),COUNTA($6:$6))：表示以 D6 单元格为基准点，取向下偏移 COUNTA($D:$D)行、向右偏移 COUNTA($6:$6)列的单元格区域。其中，COUNTA($D:$D)指 D 列数据数量，COUNTA($6:$6)指第 6 行数据数量，随着行、列中数据增多，单元格区域不断扩大。本部分返回以 D6 单元格为起始单元格不断变动的动态单元格区域。

● COUNTIF(OFFSET($D$6,0,0,COUNTA($D:$D),COUNTA($6:$6)),A4)：利用 COUNTIF 函数在上述动态单元格区域内，查找 A4 单元格的 ID 数量。

● IF(COUNTIF(OFFSET($D$6,0,0,COUNTA($D:$D),COUNTA($6:$6)),A4)< >0,"有","无")：表示如果查找到的 A4 单元格的 ID 数量不为零，则返回“有”，否则返回“无”。

2.1.15　跨表查询指定顾客的购买记录

【问题】

根据“购买记录表”中的记录，如图 2-39 所示，如何在如图 2-40 所示的的购买查询表中实现查询指定顾客的购买记录呢？

	A	B	C	D	E
1	序号	姓名	购买品	价格	
2	1	张三	铅笔	3	
3	2	张三	橡皮胶	4	
4	3	李四	订书机	5	
5	4	王五	起钉器	6	
6	5	李四	文件夹	7	
7	6	王五	订书机	8	
8	7	王五	铅笔	9	
9	8	张三	铅笔	3	
10	9	张三	橡皮胶	4	
11	10	李四	订书机	5	
12	11	王五	起钉器	6	
13	12	李四	文件夹	7	
14					

购买记录表　购买查询

图 2-39　购买记录表

	A	B	C	D
1	顾客姓名	张三		
2				
3	序号	姓名	购买品	价格
4	1	张三	铅笔	3
5	2	张三	橡皮胶	4
6	3	张三	铅笔	3
7	4	张三	橡皮胶	4
8				
9				
10				
11				
12				

购买记录表　购买查询

图 2-40　购买查询表

【实现方法】

购买记录的查询分为以下两步实现。

1）查找购买记录

在购买查询表的 B4 单元格中输入公式“=INDEX(购买记录表! B:B,SMALL(IF(购买记录表!$B$2:$B$12=购买查询!$B$1,ROW(购买记录表!$B$2: $B$12), ROWS(购买记录表!B:B)),ROW(A1)))&""”，按 Ctrl+Shift+Enter 组合键执行计算，再将公式向下和向右填充，即可在 B1 单元格中显示出指定顾客的购买记录，如图 2-41 所示。

【公式解析】

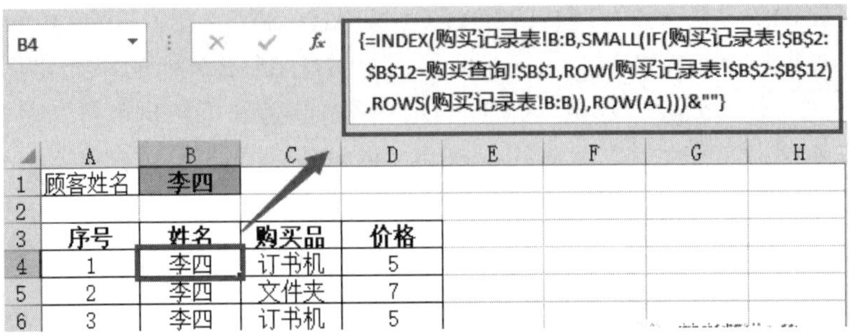

图 2-41　顾客的购买记录

● IF(购买记录表!$B$2:$B$12=购买查询!$B$1,ROW(购买记录表!$B$2:$B$12),ROWS(购买记录表!B:B))：用 IF 函数建立一个新的数组，其规则是，如果购买记录表 B2:B12 单元格区域中的单元格数据等于购买查询表 B1 单元格数据，则返回该单元格区域对应的单元格行数，否则返回整个表的行数。所以，此部分返回的数组是{1048576;1048576;4;1048576;6;1048576;1048576;1048576;1048576;11;1048576;1048576}，可以看到，凡是购买记录表 B 列单元格数据等于“李四”的，返回的都是 B 列对应的单元格行数；不等于“李四”的，返回的都是整个表的行数 1048576。

● SMALL(IF(购买记录表!$B$2:$B$12=购买查询!$B$1,ROW(购买记录表!$B$2:$B$12),ROWS(购买记录表!B:B)),ROW(A1))：在上一步形成的数组中，查找第 1 小的数值，用 ROW(A1)做 SMALL 函数的第 2 个参数，即第几小。ROW(A1)是一个动态的数值，将公式向下填充一行，行数加 1，即在 B4 单元格中，公式是 ROW(A1)，当将公式填充到 B5 单元格时，公式是 ROW(A2)，当将公式填充到 B6 单元格时，公式是 ROW(A3)……这样就在第 1 步的数组中找到了第 1、2、3 小的值，即 4、6、11。

● INDEX(购买记录表!B:B,SMALL(IF(购买记录表!$B$2:$B$12=购买查询!$B$1,ROW (购买记录表!$B$2:$B$12),ROWS(购买记录表!B:B)),ROW(A1)))：当公式在 B4 单元格时，返回购买记录表 B 列第 4 行的值，即顾客姓名李四。公式中 IF 部分进行的是数组计算，按 Ctrl+Shift+Enter 组合键即可执行计算。

将公式向下填充，得到购买记录表 B 列第 6、第 11 行的值。将公式向右填充，自动变为查找购买记录表 C 列、D 列第 4、第 6、第 11 行的值。

● INDEX(购买记录表!B:B,SMALL(IF(购买记录表!$B$2:$B$12=购买查询!$B$1,ROW(购买记录表!$B$2:$B$12),ROWS(购买记录表!B:B)),ROW(A1)))&""：在公式的最后加上“&""”，表示这一步进行的是容错处理。利用空单元格与空文本合并返回空文本的特性，将超出结果数量的部分不显示出来。

2）填充序号

在“购买查询”工作表的 A4 单元格中输入公式“=IF(OR($B$1="",B4=""),"",COUNTIF($B$4:B4,$B$1))&""”，按 Enter 键执行计算，并将公式向下填充，即可完成序号自动填充。

该公式含义是：如果 B1 单元格的姓名为空或对应行 B 列为空，就不填充序号；否则，序号为 B 列姓名出现的次数。其中，COUNTIF($B$4:B4,$B$1)是在随着行数增加的单元格区域中查找 B1 单元格指定姓名出现的次数。

2.1.16 在大量信息中，快速查找哪些员工信息是不完整的

【问题】

有一个拥有上千名员工的单位，人事管理部门要核对其员工信息，要求员工信息不完整的要补充完整。面对大量的数据，核对工作非常烦琐，有没有快捷高效的办法，快速查到哪些员工信息是不完整的呢？

【实现方法】

1）定位法

按 Ctrl+A 组合键全选数据，再按 Ctrl+G 组合键打开“定位”对话框。单击“定位条件”按钮，在打开的“定位条件”对话框中，将“选择”设为“空值”项，单击“确定”按钮，将数据单元格区域内所有空单元格都选中。单击“开始”→“填充颜色”，可以给空单元格填充一种醒目的颜色，然后再去补充数据。定位法如图 2-42 所示。

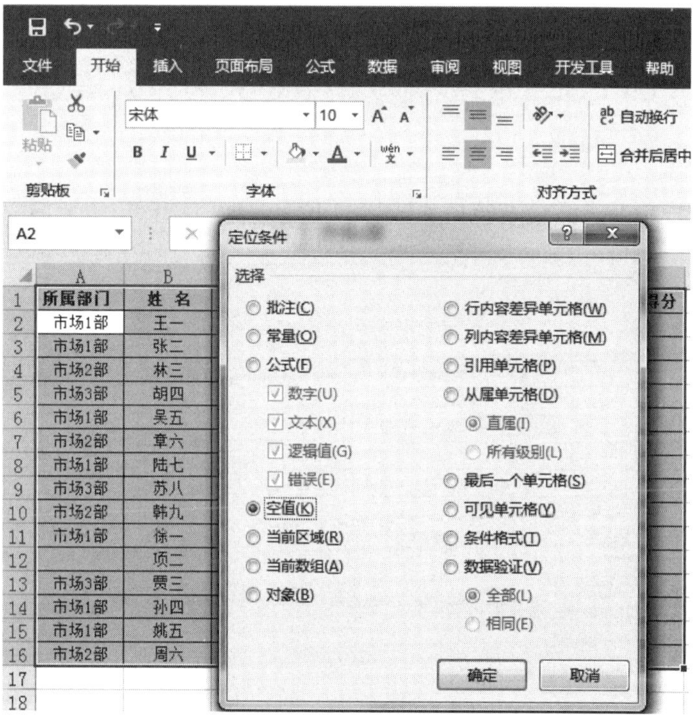

图 2-42 定位法

2）公式法

在最后增加一列辅助列，在 G2 单元格中输入公式“=COUNTBLANK(A2:F2)”，按 Enter 键执行计算，再将公式向下填充，凡是有空单元格的数据行，公式返回的是空单元格的个数。然后利用筛选功能，筛选出辅助列中“不等于 0”的数据，也就筛选出了所有信息不

完整的行，如图 2-43 所示。

G2 =COUNTBLANK(A2:F2)

所属部门	姓 名	身份证号码	性别	职称	本月业绩得分	是否完整
市场1部	王一	33067519******4485	女	高级工程师	5	0
市场1部	张二	33067519******4432	男	中级工程师	7	0
市场2部	林三		男	高级工程师	9	1
市场3部	胡四	33067519******1836	男	助理工程师	8	0
市场1部	吴五	33067519******2859	男	高级工程师	4	0
市场2部	章六	33067519******8755	男	高级工程师	6	0
市场1部	陆七	33067519******5896	男		7	1
市场3部	苏八	33067519******5258	男	副高级工程师		1
市场2部	韩九	33067519******8789	女	助理工程师	9	0
市场1部	徐一	33067519******2235		高级工程师	5	1
	项二	33067519******2584	女	中级工程师	6	1
市场3部	贾三	33067519******8895	男	副高级工程师	8	0
市场1部	孙四	33067519******2148	女	高级工程师	7	0
市场1部	姚五	33067519******2356	男	副高级工程师	5	0
市场2部	周六	33067519******1417	男	副高级工程师	7	0

图 2-43 公式法

2.1.17 利用 OFFSET 函数提取销量最大的整列信息

【问题】

某公司系统导出的产品销量数据如图 2-44 所示，如何统计销售量最大的部门、部门主管、销售员姓名、销量、月份等信息，也就是提取最大销量所在列的整列信息呢？

产品A销售情况

部门	销售1部	销售1部	销售1部	销售2部	销售2部	销售2部	销售2部	销售3部	销售3部	销售3部
部门主管	夏二	时三	钱四	沈六	邹七	刘八	历九	应一	赵二	钱三
销售员姓名	张二	林三	胡四	章六	陆七	苏八	韩九	徐一	项二	贾三
销售量	896	599	1438	732	500	939	1844	1750	612	473
月份	1月	1月	1月	2月	2月	2月	3月	3月	3月	3月

最大销量相关信息	
部门	
部门主管	
销售员姓名	
销量	
月份	

图 2-44 某公司系统导出的产品销量数据

【实现方法】

在 B9 单元格中输入公式“=OFFSET($A$2,ROW(A1)-1,MATCH(MAX($B$5:$K$5),$B$5:$K$5,0))”，按 Enter 键执行计算，再将公式向下填充，即可获得最大销量整列信息，如图 2-45 所示。

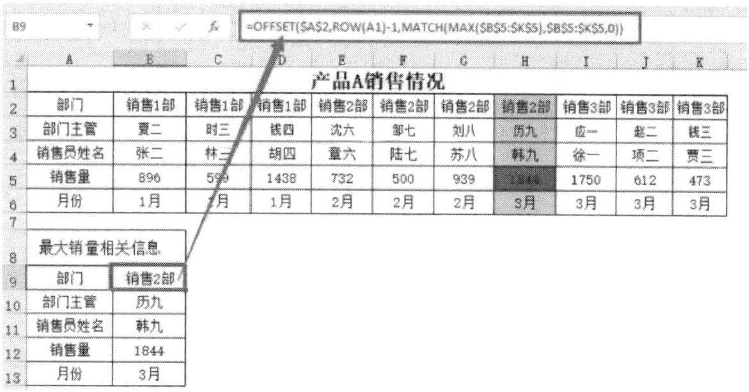

B9 =OFFSET($A$2,ROW(A1)-1,MATCH(MAX($B$5:$K$5),$B$5:$K$5,0))

	A	B	C	D	E	F	G	H	I	J	K
1	产品A销售情况										
2	部门	销售1部	销售1部	销售1部	销售2部	销售2部	销售2部	销售2部	销售3部	销售3部	销售3部
3	部门主管	夏二	时三	钱四	沈六	邹七	刘八	历九	应一	赵二	钱三
4	销售员姓名	张二	林三	胡四	章六	陆七	苏八	韩九	徐一	项二	贾三
5	销售量	896	599	1438	732	500	939	1844	1750	612	473
6	月份	1月	1月	1月	2月	2月	2月	3月	3月	3月	3月
7											
8	最大销量相关信息										
9	部门	销售2部									
10	部门主管	历九									
11	销售员姓名	韩九									
12	销售量	1844									
13	月份	3月									

图 2-45 最大销量的整列信息

【公式解析】

- MAX($B$5:$K$5)：表示返回 B5:K5 单元格区域中的最大销量。
- MATCH(MAX($B$5:$K$5),$B$5:$K$5,0)：表示在 B5:K5 单元格区域中，匹配最大值所在的列。
- OFFSET($A$2,ROW(A1)-1,MATCH(MAX($B$5:$K$5),$B$5:$K$5,0))：表示以 A2 单元格为基准点，向下偏移“ROW(A1)-1”行，向右偏移到最大值所在列。

当公式在 B9 单元格时，“ROW(A1)-1”的结果是 0，最大值为 1844，以 A2 单元格为基准点，向下偏移 0 行，向右偏移到 1844 所在的列，即单元格“销售 2 部”。

当公式向下填充时，“ROW(A1)-1”自动变为“ROW(A2)-1”“ROW(A3)-1”“ROW(A4)-1”“ROW(A5)-1”，向下偏移的行数也自动变为 1、2、3、4 行，即得最大值为 1844 列所有的信息。

2.1.18 利用 OFFSET 函数提取销量前 3 名的整列信息

【问题】

某公司系统导出的产品销量数据如图 2-46 所示，如何统计销量前 3 名的部门、部门主管、销售员姓名、销量、月份等信息，也就是提取前 3 名销量所在列的整列信息呢？

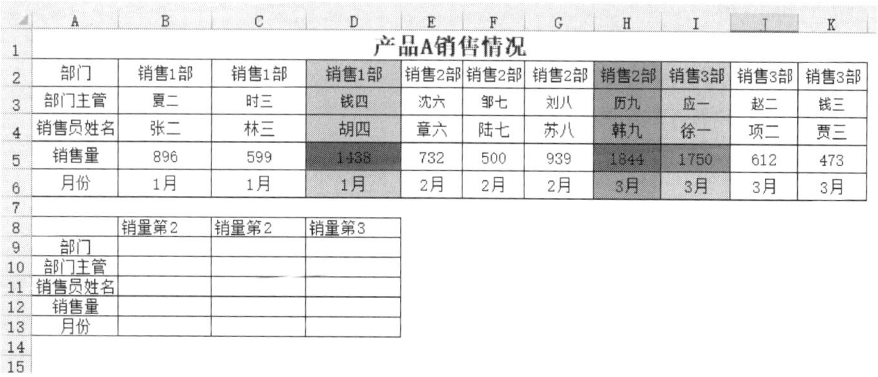

	A	B	C	D	E	F	G	H	I	J	K
1	产品A销售情况										
2	部门	销售1部	销售1部	销售1部	销售2部	销售2部	销售2部	销售2部	销售3部	销售3部	销售3部
3	部门主管	夏二	时三	钱四	沈六	邹七	刘八	历九	应一	赵二	钱三
4	销售员姓名	张二	林三	胡四	章六	陆七	苏八	韩九	徐一	项二	贾三
5	销售量	896	599	1438	732	500	939	1844	1750	612	473
6	月份	1月	1月	1月	2月	2月	2月	3月	3月	3月	3月
7											
8		销量第2	销量第2	销量第3							
9	部门										
10	部门主管										
11	销售员姓名										
12	销售量										
13	月份										
14											
15											

图 2-46 某公司系统导出的产品销售数据

【实现方法】

在 B9 单元格中输入公式“=OFFSET($A$2,ROW($A1)-1,MATCH(LARGE($B$5:$K$5,COLUMN(A1)),$B$5:$K$5,0))”，按 Enter 键执行计算，再将公式向下、向右填充，即可获得销量前 3 名的整列信息，如图 2-47 所示。

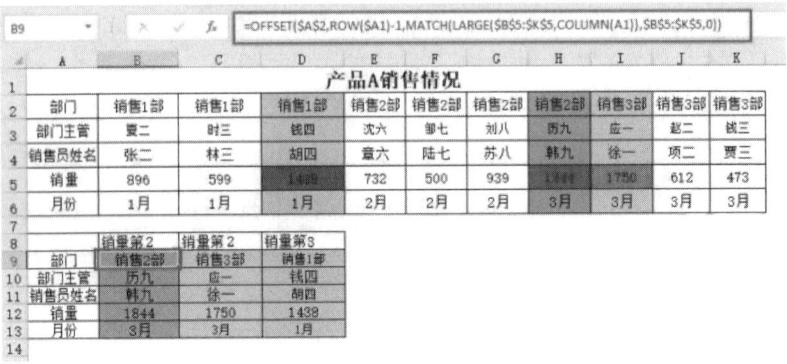

	A	B	C	D	E	F	G	H	I	J	K
2	部门	销售1部	销售1部	销售1部	销售2部	销售2部	销售2部	销售2部	销售3部	销售3部	销售3部
3	部门主管	夏二	时三	钱四	沈六	邹七	刘八	历九	应一	赵二	钱三
4	销售员姓名	张二	林三	胡四	章六	陆七	苏八	韩九	徐一	项二	贾三
5	销量	896	599	1438	732	500	939	1844	1750	612	473
6	月份	1月	1月	1月	2月	2月	2月	3月	3月	3月	3月
8		销量第2	销量第2	销量第3							
9	部门	销售2部	销售3部	销售1部							
10	部门主管	历九	应一	钱四							
11	销售员姓名	韩九	徐一	胡四							
12	销量	1844	1750	1438							
13	月份	3月	3月	1月							

图 2-47　销量前 3 名的整列信息

【公式解析】

● LARGE($B$5:$K$5,COLUMN(A1))：表示在 B5:K5 单元格区域所有的销量中，查找第 1 大的数值。在 B9 单元格中，COLUMN(A1)的返回值是 1，即第 1 大的值；公式向右填充时，变为 COLUMN(B1)、COLUMN(C1)，返回值自动变为 2、3，即第 2 大、第 3 大的值。

● MATCH(LARGE($B$5:$K$5,COLUMN(A1)),$B$5:$K$5,0)：表示在 B5:K5 单元格区域，匹配最大值所在列数，再将公式向右填充，即得第 2 大、第 3 大值所在列。

● OFFSET($A$2,ROW($A1)-1,MATCH(LARGE($B$5:$K$5,COLUMN(A1)),$B$5:$K$5,0))：以 A2 单元格为基准点，向下偏移 ROW($A1)-1 行，向右偏移到最大值所在列数。

在 B9 单元格时，公式“ROW($A1)-1”的结果是 0，最大值为 1844，以 A2 单元格为基准点，向下偏移 0 行，向右偏移到 1844 所在的列，即单元格“销售 2 部”。

当将公式向下填充时，“ROW($A1)-1”自动变为“ROW($A2)-1”“ROW($A3)-1”“ROW($A4)-1”“ROW($A5)-1”，向下偏移的行数也自动变为 1、2、3、4 行，即得最大值为 1844 列所有的信息。

当将公式向右填充时，即得第 2 大、第 3 大的值所在列的信息。

2.1.19　提取销量最大的月份

【问题】

产品 12 个月销量统计表如图 2-48 所示，如何提取每种产品最大销量的月份呢？

【实现方法】

在 N2 单元格中输入公式“=OFFSET($A$1,,MATCH(MAX(B2:M2),B2:M2,0))”，按 Enter 键执行计算，再将公式向下填充，即可获得所有产品销量最大的月份，如图 2-49 所示。

	1月	2月	3月	4月	5月	6月	7月	8月	9月	10月	11月	12月	销量最大的月份
产品1	404	409	469	234	323	17	298	212	410	458	288	309	
产品2	421	266	448	303	462	263	452	278	37	262	466	300	
产品3	145	380	138	183	148	268	199	219	468	441	77	92	
产品4	288	365	283	197	102	246	22	403	235	120	143	483	
产品5	88	390	345	499	443	73	290	183	125	157	186	421	
产品6	340	196	303	473	228	316	346	217	362	58	314	205	
产品7	368	425	67	375	345	310	96	69	361	469	425	101	
产品8	242	357	12	225	268	278	31	432	129	380	132	378	
产品9	434	263	273	112	248	472	400	347	372	114	65	184	
产品10	290	186	142	294	20	22	430	477	200	321	109	306	
产品11	199	296	191	109	142	146	209	376	317	248	191	372	
产品12	265	411	347	353	345	394	158	26	483	381	69	409	
产品13	300	136	140	400	193	461	410	412	257	25	164	308	

图 2-48　产品 12 个月销量统计表

N2　=OFFSET($A$1,,MATCH(MAX(B2:M2),B2:M2,0))

	1月	2月	3月	4月	5月	6月	7月	8月	9月	10月	11月	12月	销量最大的月份
产品1	404	409	469	234	323	17	298	212	410	458	288	309	3月
产品2	421	266	448	303	462	263	452	278	37	262	466	300	11月
产品3	145	380	138	183	148	268	199	219	468	441	77	92	9月
产品4	288	365	283	197	102	246	22	403	235	120	143	483	12月
产品5	88	390	345	499	443	73	290	183	125	157	186	421	4月
产品6	340	196	303	473	228	316	346	217	362	58	314	205	4月
产品7	368	425	67	375	345	310	96	69	361	469	425	101	10月
产品8	242	357	12	225	268	278	31	432	129	380	132	378	8月
产品9	434	263	273	112	248	472	400	347	372	114	65	184	6月
产品10	290	186	142	294	20	22	430	477	200	321	109	306	8月
产品11	199	296	191	109	142	146	209	376	317	248	191	372	8月
产品12	265	411	347	353	345	394	158	26	483	381	69	409	9月
产品13	300	136	140	400	193	461	410	412	257	25	164	308	6月

图 2-49　所有产品销量最大的月份

【公式解析】

- MAX(B2:M2)：表示取 B2:M2 单元格区域中数据的最大值。
- MATCH(MAX(B2:M2),B2:M2,0)：表示匹配 B2:M2 单元格区域中最大值所在的列。
- OFFSET($A$1,,MATCH(MAX(B2:M2),B2:M2,0))：以 A1 单元格为基准点，向下偏移 0 行，向右偏移最大值所在的列，即得到最大值所在的月份。

2.1.20　提取销量前 3 名的月份

【问题】

产品 12 个月销量数据表如图 2-51 所示，如何提取每种产品销量前 3 名的月份呢？

	1月	2月	3月	4月	5月	6月	7月	8月	9月	10月	11月	12月	销量第一月份	销量第二月份	销量第三月份
产品1	404	409	[illegible]	234	323	17	298	212	410	458	288	309			
产品2	421	266	448	303	462	263	452	278	37	262	[illegible]	300			
产品3	145	380	138	183	148	268	199	219	[illegible]	441	77	92			
产品4	288	365	283	197	102	246	22	403	235	120	143	[illegible]			
产品5	88	390	345	[illegible]	443	73	290	183	125	157	186	421			
产品6	340	196	303	[illegible]	228	316	346	217	362	58	314	205			
产品7	368	425	67	375	345	310	96	69	361	[illegible]	425	101			
产品8	242	357	12	225	268	278	31	[illegible]	129	380	132	378			
产品9	434	263	273	112	248	[illegible]	400	347	372	114	65	184			
产品10	290	186	142	294	20	22	430	[illegible]	200	321	109	306			
产品11	199	296	191	109	142	146	209	[illegible]	317	248	191	372			
产品12	265	411	347	353	345	394	158	26	[illegible]	381	69	409			
产品13	300	136	140	400	193	[illegible]	410	412	257	25	164	308			

图 2-50　产品 12 个月销量数据表

【实现方法】

在 N2 单元格中输入公式“=OFFSET($A$1,,MATCH(LARGE($B2:$M2,COLUMN(A$1)),$B2:$M2,0))”，按 Enter 键执行计算，公式向下、向右填充，即得每种产品销量前 3 名的月份，如图 2-51 所示。

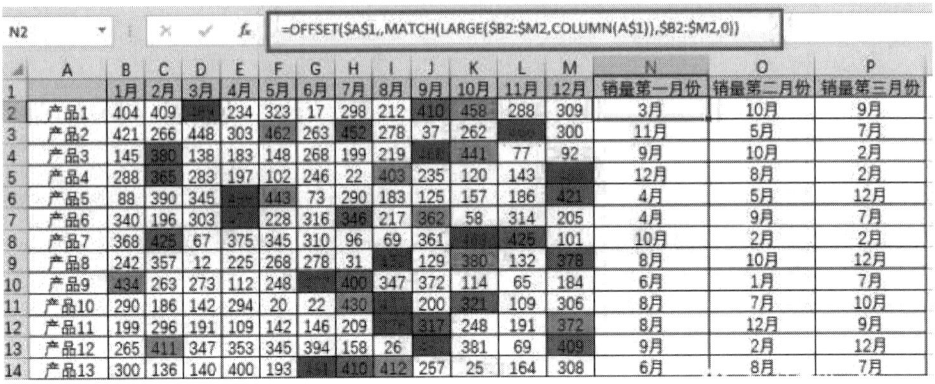

	A	B	C	D	E	F	G	H	I	J	K	L	M	N	O	P
1		1月	2月	3月	4月	5月	6月	7月	8月	9月	10月	11月	12月	销量第一月份	销量第二月份	销量第三月份
2	产品1	404	409	[illegible]	234	323	17	298	212	410	458	288	309	3月	10月	9月
3	产品2	421	266	448	303	462	263	452	278	37	262	[illegible]	300	11月	5月	7月
4	产品3	145	380	138	183	148	268	199	219	[illegible]	441	77	92	9月	10月	2月
5	产品4	288	365	283	197	102	246	22	403	235	120	143	[illegible]	12月	8月	2月
6	产品5	88	390	345	[illegible]	443	73	290	183	125	157	186	421	4月	5月	12月
7	产品6	340	196	303	[illegible]	228	316	346	217	362	58	314	205	4月	9月	7月
8	产品7	368	425	67	375	345	310	96	69	361	[illegible]	425	101	10月	2月	2月
9	产品8	242	357	12	225	268	278	31	[illegible]	129	380	132	378	8月	10月	12月
10	产品9	434	263	273	112	248	[illegible]	400	347	372	114	65	184	6月	1月	7月
11	产品10	290	186	142	294	20	22	430	[illegible]	200	321	109	306	8月	7月	10月
12	产品11	199	296	191	109	142	146	209	[illegible]	317	248	191	372	8月	12月	9月
13	产品12	265	411	347	353	345	394	158	26	[illegible]	381	69	409	9月	2月	12月
14	产品13	300	136	140	400	193	[illegible]	410	412	257	25	164	308	6月	8月	7月

图 2-51　每种产品销量前 3 名的月份

【公式解析】

- COLUMN(A$1)：返回 A1 单元格所在列 1，再将公式向右填充，公式会自动变为“COLUMN(B$1)”“COLUMN(C$1)”，其返回值分别是 2、3。
- LARGE($B2:$M2,COLUMN(A$1))：取 B2:M2 单元格区域中第 1 大的值，将公式向右填充，并会自动变为取第 2 大、第 3 大的值。
- MATCH(LARGE($B2:$M2,COLUMN(A$1)),$B2:$M2,0)：匹配 B2:M2 单元格区域中第 1 大的值所在列，再将公式向右填充，公式会自动变为取第 2 大、第 3 大的值所在的列。
- OFFSET($A$1,,MATCH(LARGE($B2:$M2,COLUMN(A$1)),$B2:$M2,0))：以 A1 单元格为基准点，向下偏移 0 行，向右偏移到第 1 大的值所在的列，即得到最大值所在的月份，公式向右填充，会自动变为第 2 大、第 3 大的值所在的月份。

2.1.21　如何给相同姓名添加相同编号

【问题】

有重复的姓名表如图 2-52 所示，在姓名有序排列和姓名无序排列两种情况下，怎样给相同姓名添加相同编号呢？

【实现方法】

1）姓名有序排列

（1）在 A2 单元格中输入编号 1。

（2）在 A3 单元格中输入公式“=IF(B3=B2,A2,A2+1)”，按 Enter 键执行计算，再将公式向下填充，即可获得姓名有序排列，如图 2-53 所示。

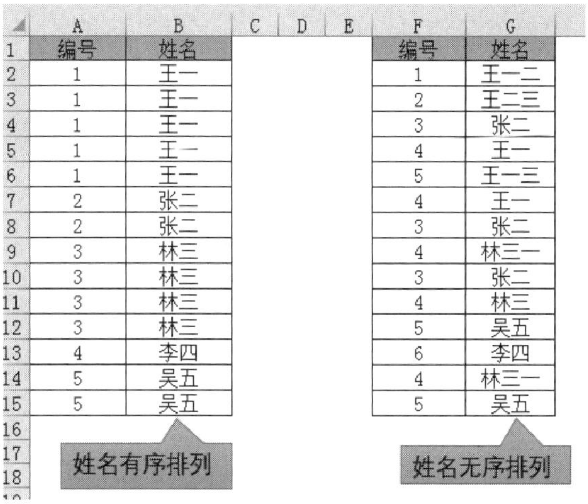

图 2-52　有重复的姓名表

【公式解析】

● IF（B3=B2，A2，A2+1）：表示如果 B3 单元格中和 B2 单元格中姓名相同，返回与 A2 单元格数据相同的编号，否则返回 A2+1。

2）姓名无序排列

在真正的数据处理过程中，有序排列的姓名并不多，更多的是无序排列的。

在 F2 单元格中输入公式“=IFERROR(VLOOKUP(G2,IF({1,0},G$1:G1,F$1:F1),2,0),N(F1)+1)”，按 Enter 键执行计算，再将公式向下填充，即可获得姓名无序排列，如图 2-54 所示。

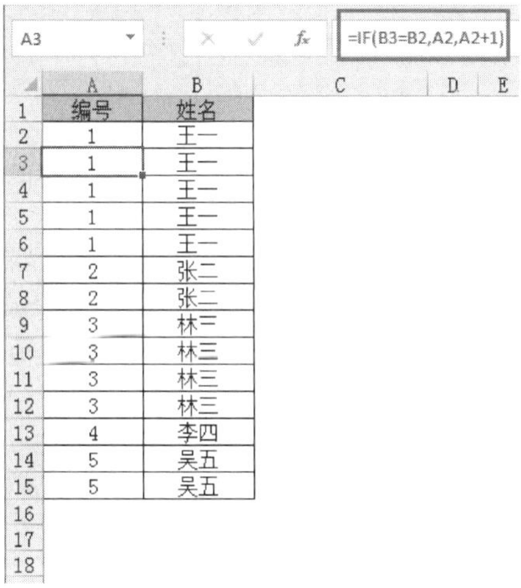

图 2-53　姓名有序排列

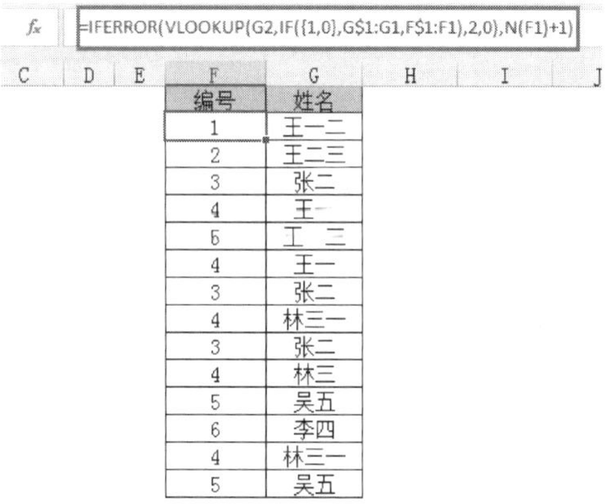

图 2-54　姓名无序排列

【公式解析】

● IF({1,0},G$1:G1,F$1:F1)：表示由 IF 函数重新构建一个动态单元格区域，该单元格区域有两列，即第 1 列是姓名，起始单元格是 G1，结束单元格随公式向下填充而扩展；第 2

列是编号，起始单元格是 F1，结束单元格随公式向下填充而扩展。不管将公式填充到哪一行，该动态单元格区域的结束行都是当前公式所在行的上一行。

- VLOOKUP(G2,IF({1,0},G$1:G1,F$1:F1),2,0)：表示在上述动态单元格区域中精确查找姓名对应的编号。
- IFERROR(VLOOKUP(G2,IF({1,0},G$1:G1,F$1:F1),2,0),N(F1)+1)：表示如果查找姓名 G2 单元格对应的编号出错，则返回 N(F1)+1；再将公式向下填充，如果填充到第 12 行，查找姓名 G12 单元格对应的编号出错，则返回 N(F11)+1。

【函数简介】

N 函数

语法：N(VALUE)。

功能：将不是数值形式的数据转换为数值形式。

对于不同参数 VALUE，N 函数对应的返回值如图 2-55 所示。

VALUE	返回值
数字	该数字
日期	该日期的序列号
TRUE	1
FALSE	0
错误值，如 #DIV/0!	错误值
其他值	0

图 2-55　N 函数对应的返回值

本示例中，N(F1)的返回值是 0。

注：无序排列的公式同样适合有序排列！

2.1.22　INDEX+SMALL 函数组合完成一对多查找

【问题】

顾客消费记录表如图 2-56 所示，同一位顾客可能消费不止一次，如何查找顾客的消费记录呢？

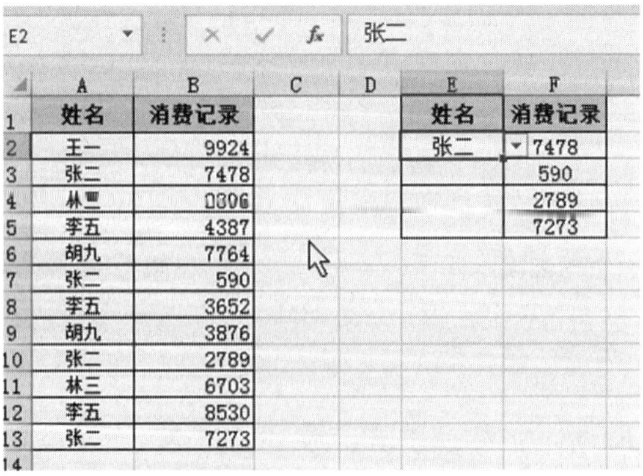

	A	B	C	D	E	F
1	姓名	消费记录			姓名	消费记录
2	王一	9924			张二	7478
3	张二	7478				590
4	林四	8306				2789
5	李五	4387				7273
6	胡九	7764				
7	张二	590				
8	李五	3652				
9	胡九	3876				
10	张二	2789				
11	林三	6703				
12	李五	8530				
13	张二	7273				
14						

图 2-56　顾客消费记录表

【实现方法】

在 F2 单元格中输入公式“=INDEX(B:B,SMALL(IF(A$2:A$13=E$2,ROW(A$2:A$13),ROWS(B:B)),ROW(A1)))&""”，按 Ctrl+Shift+Enter 组合键执行计算，即可得到结果，如图 2-57 所示。

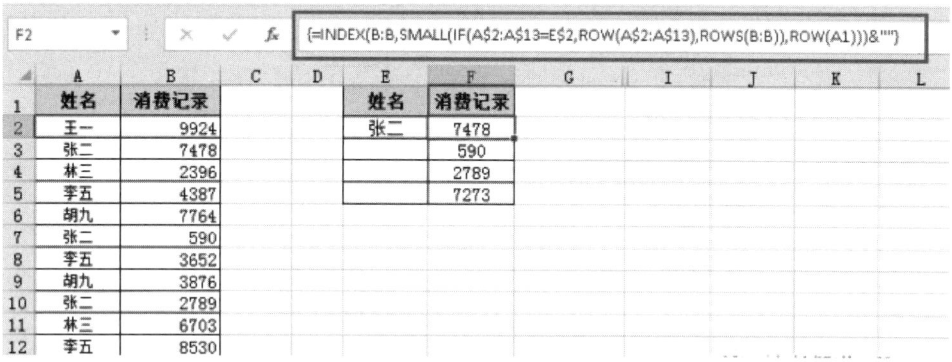

图 2-57　一对多查找

【公式解析】

以查找“张二”的消费记录为例来对公式进行分析。

● IF(A$2:A$13=E$2,ROW(A$2:A$13),ROWS(B:B))：用 IF 函数建立一个新的数组。其建立的规则是，如果 A$2:A$13 单元格区域中某单元格数据等于 E2 单元格数据，则返回某单元格所在的行，否则返回整个工作表的行数。所以，此部分返回的数组是{1048576;3;1048576;1048576;1048576;7;1048576;1048576;10;1048576;1048576;13}。凡是 A 列单元格值等于“张二”的，返回的都是该单元格对应的行数；凡是 A 列单元格值不等于“张二”的，返回的都是工作表对应的行数 1048576。

● SMALL(IF(A$2:A$13=E$2,ROW(A$2:A$13),ROWS(B:B)),ROW(A1)：在 IF 函数构建的新数组中，查找第 1 小的数值。用 ROW(A1)做 SMALL 函数的第 2 个参数，即第几小。ROW(A1)是一个动态的数值，将公式往下填充一行，行数加 1，即在 F2 单元格时，公式是 ROW(A1)，将公式填充到 F3 单元格时，公式是 ROW(A2)，将公式填充到 F4 单元格时，公式是 ROW(A3)……这样就在第 1 步的数组中找到了第 1～4 小的值，即 3、7、10、13。

● INDEX(B:B,SMALL(IF(A$2:A$13=E$2,ROW(A$2:A$13),ROWS(B:B)),ROW(A1)))：当公式在 F2 单元格时，返回 B 列第 3 行的值，即“张二”的第 1 次消费记录“7478”。公式中 IF 部分是数组计算，按 Ctrl+Shift+Enter 组合键可执行该计算。将公式向下填充，得到 B 列第 7、10、13 行的值。

● INDEX(B:B,SMALL(IF(A$2:A$13=E$2,ROW(A$2:A$13),ROWS(B:B)),ROW(A1)))&""：在公式最后加上&""，这一步进行的是容错处理，利用空单元格与空文本合并返回空文本的特性，超出结果的部分将不被显示出来。

2.1.23 IFERROR 函数修正 VLOOKUP 函数返回错误值

【问题】

如图 2-58 所示，怎样根据 Sheet2 表的“物料代码”与“表面处理”数据，来查找 Sheet1 表中“物料代码”所对应的“表面处理”数据呢？

Sheet1：

	A	B	C
1	物料代码	表面处理	
2	ABC		
3	BCD		
4	FGH		
5	SDF		
6	WSD		
7	RFG		
8	OKL		
9	EDFG		
10	ASDF		
11	GHJK		
12	WERT		
13	DCV		
14			
15			

Sheet2：

	A	B	C
1	物料代码	表面处理	
2	ABC	25	
3	ASDF	23	
4	BCD	56	
5	DCV	258	
6	EDFG	56	
7	FGH	23	
8	OKLI		
9	RFG	1	
10	SDFJ	56	
11	WERT	566	
12	WSH		
13			

图 2-58 物料代码与表面处理表

【实现方法】

Sheet2 表中的“物料代码”只有 Sheet1 表中的一部分，所以查找的结果会出现错误，可以使用 IFERROR 函数进行修正。在 Sheet1 表的 B2 单元格中输入公式“=IFERROR(VLOOKUP(A2,Sheet2!$A$2:$B$12,2,0),"")”，按 Enter 键执行计算，再将公式向下填充，即得结果，如图 2-59 所示。

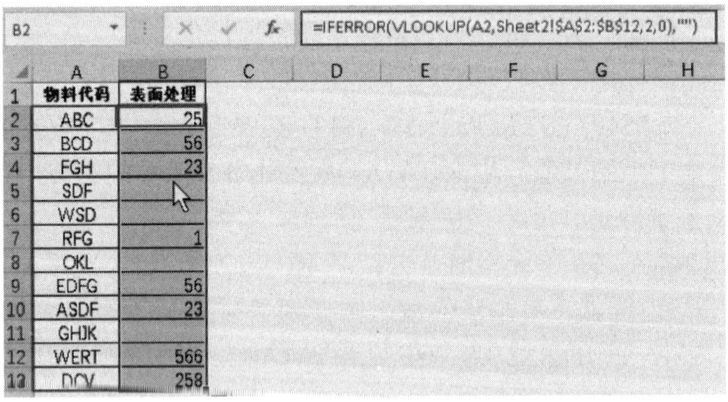

	A	B	C	D	E	F	G	H
1	物料代码	表面处理						
2	ABC	25						
3	BCD	56						
4	FGH	23						
5	SDF							
6	WSD							
7	RFG	1						
8	OKL							
9	EDFG	56						
10	ASDF	23						
11	GHJK							
12	WERT	566						
13	DCV	258						

图 2-59 IFERROR 函数修正 VLOOKUP 函数返回错误值

【公式解析】

- VLOOKUP(A2,Sheet2!$A$2:$B$12,2,0)：表示用 VLOOKUP 函数在 Sheet2 表的 $A$2:$B$12 单元格区域查找 A2 单元格中的“物料代码”所对应的“表面处理”值。
- IFERROR(VLOOKUP(A2,Sheet2!$A$2:$B$12,2,0),"")：利用 IFERROR 函数修正 VLOOKUP

函数返回错误值，如果能查找到A2单元格中的“物料代码”所对应的“表面处理”值就返回该值；如果查找不到A2单元格中的“物料代码”所对应的“表面处理”值，就返回空值。

【函数简介】

IFERROR 函数

语法：IFERROR(值,如果值错误)。

IFERROR函数计算后的错误类型：#N/A、#VALUE!、#REF!、#DIV/0!、#NUM!、#NAME?或#NULL!。

2.1.24　如何查找主单号对应的子单号，且主单号与子单号同行显示

【问题】

如图2-60所示，左侧表格是纵向排列的主单号，能不能用公式生成右侧的结果，即主单号与子单号排列成一行呢？

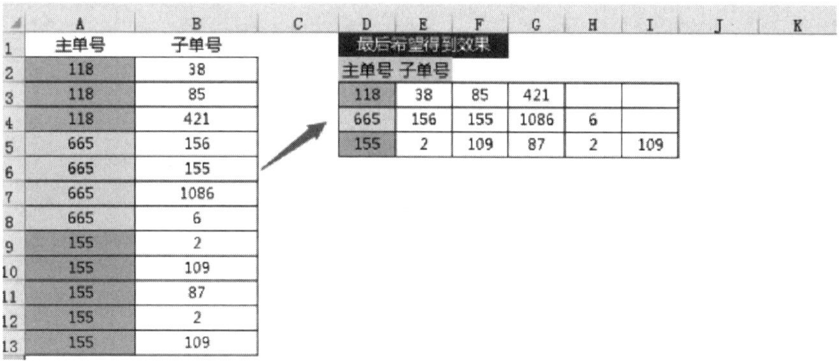

图2-60　主单号与子单号

解决此问题的难点有：

（1）当多个子单号对应一个主单号时，若用查询函数，往往只能查询出第一个主单号对应的子单号。

（2）纵列分布变成横列分布。

【实现方法】

1）辅助列+VLOOKUP函数

（1）加辅助列。在A列后插入一列，在B2单元格中输入公式“=A2&COUNTIF($A$2:A2,A2)”，按Enter键执行计算，再将公式向下填充，如图2-61所示。

其中，$A$2:A2是一个随着公式向下填充而范围逐渐扩展的动态单元格区域。

此辅助列的作用是在每个主单号后面加上1位数，该位数是主单号出现的次数，从而使每个主单号完全不一致。

（2）函数实现。在F2单元格中输入公式“=IFERROR(VLOOKUP($E3&COLUMN(A$1),$B$2:$C$13,2,0),"")”，按Enter键执行计算，再将公式向下、向右填充，即得结果，如图2-62所示。

图 2-61　添加辅助列并输入公式

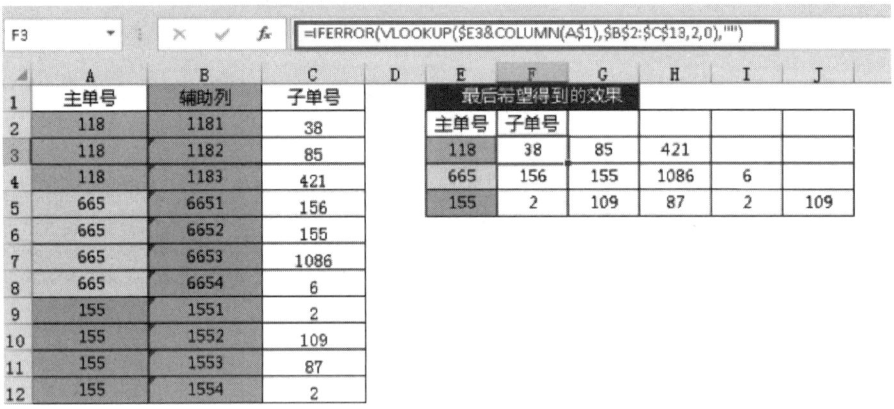

图 2-62　主单号与子单号的排列结果

- $E3&COLUMN(A$1)：表示在 E3 单元格的主单号后加一个动态编号，此动态编号随着公式向右填充，变为 COLUMN(A$1)、COLUMN(B$1)、COLUMN(C$1)，即 1、2、3。
- VLOOKUP($E3&COLUMN(A$1),$B$2:$C$13,2,0)：表示将主单号+动态编号作为 LOOKUP 的查找值，在$B$2:$C$13 单元格区域中精确查找第 2 列的数值。
- IFERROR(VLOOKUP($E3&COLUMN(A$1),$B$2:$C$13,2,0),"")：表示如果查找出现错误，则返回空值。

2）VLOOKUP 套用动态单元格区域

在 E2 单元格中输入公式"=IFERROR(VLOOKUP($D3&COLUMN(A$1),IF({1,0},$A$2:$A$13&COUNTIF(INDIRECT("A2:A"&ROW($2:$13)),$D3),$B$2:$B$13),2,0),"")"，按 Ctrl+Shift+Enter 组合键执行计算，再将公式向下填充，即得结果，如图 2-63 所示。

- INDIRECT("A2:A"&ROW($2:$13))：分别指向 A2：A2，A2：A3，A2：A4，A2：A5，A2：A6，A2：A7，A2：A8，A2：A9，A2：A910，A2：A11，A2：A12，A2：A13 的 12 个数组。

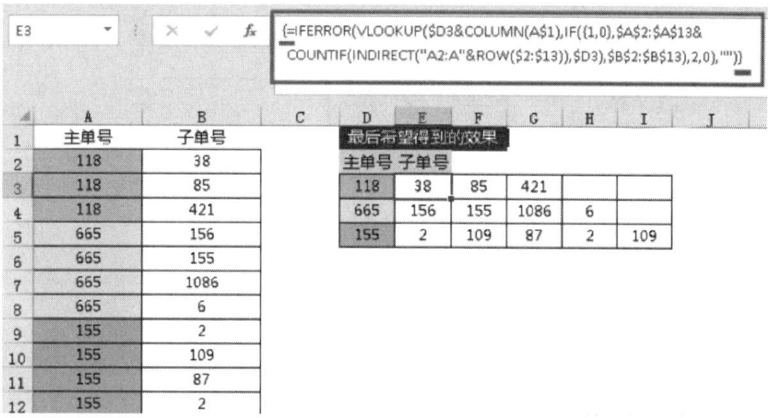

图 2-63　主单号与子单号的排列结果

● IF({1,0},$A$2:$A$13&COUNTIF(INDIRECT("A2:A"&ROW($2:$13)),$D3),$B$2:$B$13)：表示用 IF 函数构建一个新的查找单元格区域，如图 2-64 所示。

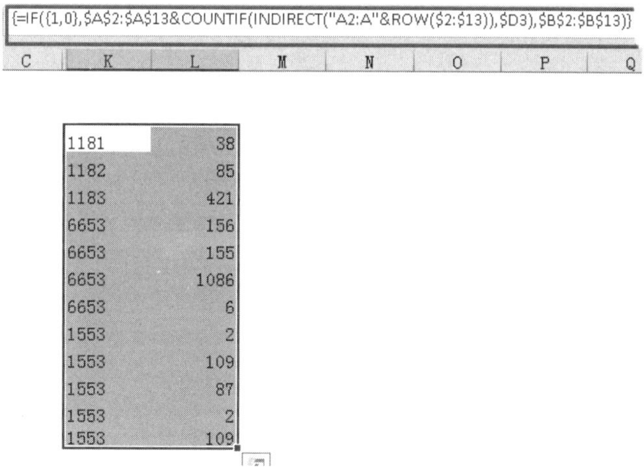

图 2-64　IF 构建新的查找区域

● VLOOKUP($D3&COLUMN(A$1),IF({1,0},$A$2:$A$13&COUNTIF(INDIRECT("A2:A"&ROW($2:$13)),$D3),$B$2:$B$13),2,0)：表示以主单号+动态编号作为查找值，在新的查找单元格区域中返回第 2 列的值，即子单号。

● IFERROR(VLOOKUP($D3&COLUMN(A$1),IF({1,0},$A$2:$A$13&COUNTIF(INDIRECT("A2:A"&ROW($2:$13)),$D3),$B$2:$B$13),2,0),"")：表示如果查找到子单号，就返回子单号，否则返回空值。

当公式结束时，要按 Ctrl+Shift+Enter 组合键执行数组计算。

2.1.25　利用公式从地址中提取省级行政区

【问题】

如图 2-65 所示，如何从详细的地址中提取出所在省份的省级行政区呢？

	A	B
1	地址	所在省级行政区
2	浙江省绍兴市越城区	
3	新疆维吾尔族自治区乌鲁木齐市新市区	
4	黑龙江省哈尔滨开发区哈平路	
5	上海市闵行区	
6	宁夏回族自治区银川市兴庆区	

图 2-65　详细地址

解决此问题的难点有：

（1）行政区名称长短不一。

（2）对于省级行政区，有的叫**省、有的叫**自治区，有的叫**市。所以，写公式时，一定要把上述情况概括进来。

【实现方法】

在 B2 单元格中输入公式“=LEFT(A2,MIN(FIND({"省","市","区"},A2&"省市区")))”，按 Enter 键执行计算，再将公式向下填充，可得有详细地址的省级行政区，如图 2-66 所示。

B2　=LEFT(A2,MIN(FIND({"省","市","区"},A2&"省市区")))

	A	B	C	D
1	地址	所在省级行政区		
2	浙江省绍兴市越城区	浙江省		
3	新疆维吾尔族自治区乌鲁木齐市新市区	新疆维吾尔族自治区		
4	黑龙江省哈尔滨开发区哈平路	黑龙江省		
5	上海市闵行区	上海市		
6	宁夏回族自治区银川市兴庆区	宁夏回族自治区		

图 2-66　提取省级行政区

【公式解析】

- A2&"省市区"：表示把 A2 单元格数据加上“省市区”3 个字，形成新的字符串。本公式中，A2&"省市区"的结果是“浙江省绍兴市越城区省市区”。
- FIND({"省","市","区"},A2&"省市区")：表示在 A2&"省市区"形成的字符串中分别找"省""市""区"3 个字首次出现的位置。例如，在“浙江省绍兴市越城区省市区”中"省""市""区"3 个字出现的位置是第 3、6、9 字节，所以，本部分返回的结果是组数{3,6,9}。
- MIN(FIND({"省","市","区"},A2&"省市区"))：表示在{3,6,9}中找最小值，即最早出现过的"省""市""区"的位置。
- LEFT(A2,MIN(FIND({"省","市","区"},A2&"省市区")))：用 LEFT 函数，从 A2 单元格字符串的左边开始提取字符，提取字符的个数等于"省"或"市"或"区"最早出现的位置数字。

本公式中提取的个数是 3，即“浙江省”。

2.1.26　利用 VLOOKUP+IF 函数组合、VLOOKUP+CHOOSE 函数组合实现逆向查询

【问题】

VLOOKUP 函数要求查询值必须位于查询单元格区域的首列，而且查询结果要位于查

询值的右侧。如图 2-67 所示的查询数据，数据单元格区域中“部门”位于“姓名”的左侧，如要求按照姓名（查询值）去查询部门，直接利用 VLOOKUP 函数是查不到结果的。那如何来实现查询呢？

	A	B	C	D	E
1	部门	姓 名		姓 名	部门
2	市场1部	王一		章六	
3	市场2部	张二			
4	市场3部	林三			
5	市场1部	胡四			
6	市场2部	吴五			
7	市场3部	章六			
8	市场1部	陆七			
9	市场2部	苏八			
10	市场3部	韩九			

图 2-67　查询数据

【实现方法】

只要构建一个新的查询数据单元格区域，在该区域中，将“姓名”列置于“部门”列的左侧，就可以实现查询了。新建查询数据单元格区域，可以通过 IF 和 CHOOSE 这两个函数来实现。

1）利用 VLOOKUP+IF 函数组合实现逆向查询

在 E2 单元格中输入公式“=VLOOKUP(D2,IF({1,0},B1:B10,A1:A10),2,0)”，按 Enter 键执行计算，即可完成查询，如图 2-68 所示。

其中，IF({1,0},B1:B10,A1:A10)构建出“姓名在前，部门在后”的新查询单元格区域，如图 2-69 所示。

	A	B	C	D	E	F
1	部门	姓 名		姓 名	部门	
2	市场1部	王一		章六	市场3部	
3	市场2部	张二				
4	市场3部	林三				
5	市场1部	胡四				
6	市场2部	吴五				
7	市场3部	章六				
8	市场1部	陆七				
9	市场2部	苏八				
10	市场3部	韩九				

图 2-68　利用 VLOOKUP+IF 函数组合实现逆向查询

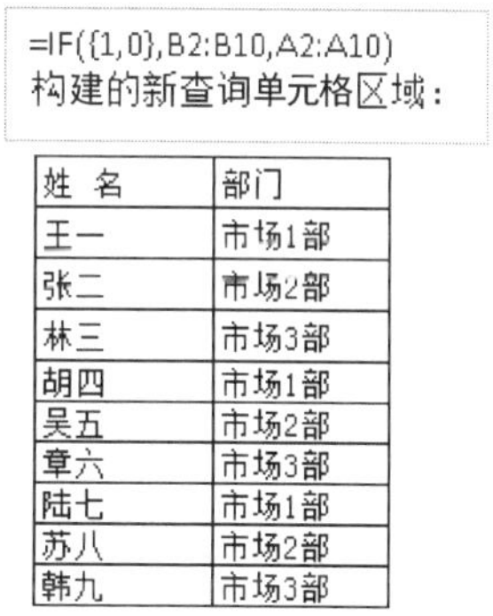

姓 名	部门
王一	市场1部
张二	市场2部
林三	市场3部
胡四	市场1部
吴五	市场2部
章六	市场3部
陆七	市场1部
苏八	市场2部
韩九	市场3部

图 2-69　利用 IF 函数构建新查询单元格区域

2）利用 VLOOKUP+IF 函数组合实现逆向查询

也可在 E2 单元格中输入公式“=VLOOKUP(D2,CHOOSE({1,2},B1:B10,A1:A10),2,0)”，按 Enter 键执行计算，即可完成查询，如图 2-70 所示。

其中，CHOOSE({1,2},B1:B10,A1:A10)可构建出“姓名在前，部门在后”的新查询单元格区域，如图 2-71 所示。

E2 =VLOOKUP(D2,CHOOSE({1,2},B1:B10,A1:A10),2,0)

	A	B	C	D	E
1	部门	姓 名		姓 名	部门
2	市场1部	王一		章六	市场3部
3	市场2部	张二			
4	市场3部	林三			
5	市场1部	胡四			
6	市场2部	吴五			
7	市场3部	章六			
8	市场1部	陆七			
9	市场2部	苏八			
10	市场3部	韩九			

图 2-70　利用 VLOOKUP+CHOOSE 函数组合实现逆向查询

=CHOOSE({1,2},B1:B10,A1:A10)构建的新查询单元格区域：

姓 名	部门
王一	市场1部
张二	市场2部
林三	市场3部
胡四	市场1部
吴五	市场2部
章六	市场3部
陆七	市场1部
苏八	市场2部
韩九	市场3部

图 2-71　利用 CHOOSE 函数构建新查询单元格区域

2.1.27　IF、VLOOKUP、LOOKUP、CHOOSE、INDEX 函数都可完成等级评定

【问题】

等级评定是 Excel 数据管理经常遇到的一种数据分析方法。等级评定时，一般会给出不同等级的数据单元格区间，将某项数据用函数转换成等级，IF、VLOOKUP、LOOKUP、CHOOSE、INDEX 这 5 个函数都可实现这种转换。示例数据如图 2-72 所示。

	A	B	C	D	E	F	G
1	姓名	成绩	等级	等级	等级	等级	等级
2	王一	45					
3	张二	51					
4	林三	65					
5	胡四	71					
6	吴五	70					
7	章六	81					
8	陆七	95					
9	苏八	100					
10	韩九	60					
11	徐一	59					
12	项二	72					

成绩<60	不合格
成绩60~69	合格
成绩70~84	良好
成绩85~100	优秀

图 2-72　示例数据

【实现方法】

1）IF 函数

在 C2 单元格中输入公式"=IF(B2<60,"不合格",IF(B2<70,"合格",IF(B2<85,"良好","优秀")))"，按 Enter 键执行计算，再将公式向下填充，即可将所有成绩转换为相应的等级。因为有 4 种不同的等级，所以使用 IF 函数的三重嵌套。IF 函数实现等级评定如图 2-73 所示。

2）VLOOKUP 函数

在 D2 单元格中输入公式"=VLOOKUP(B2,{0,"不合格";60,"合格";70,"良好";85,"优秀"},2)"，按 Enter 键执行计算，再将公式向下填充，即可将所有成绩转换为相应的等级。VLOOKUP 函数实现等级评定如图 2-74 所示。

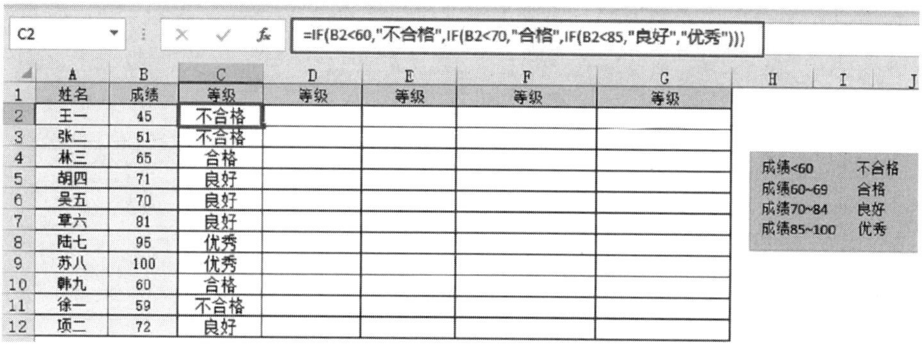
C2 =IF(B2<60,"不合格",IF(B2<70,"合格",IF(B2<85,"良好","优秀")))

	A	B	C	D	E	F	G
1	姓名	成绩	等级	等级	等级	等级	等级
2	王一	45	不合格				
3	张二	51	不合格				
4	林三	65	合格				
5	胡四	71	良好				
6	吴五	70	良好				
7	章六	81	良好				
8	陆七	95	优秀				
9	苏八	100	优秀				
10	韩九	60	合格				
11	徐一	59	不合格				
12	项二	72	良好				

成绩<60	不合格
成绩60~69	合格
成绩70~84	良好
成绩85~100	优秀

图 2-73 IF 函数实现等级评定

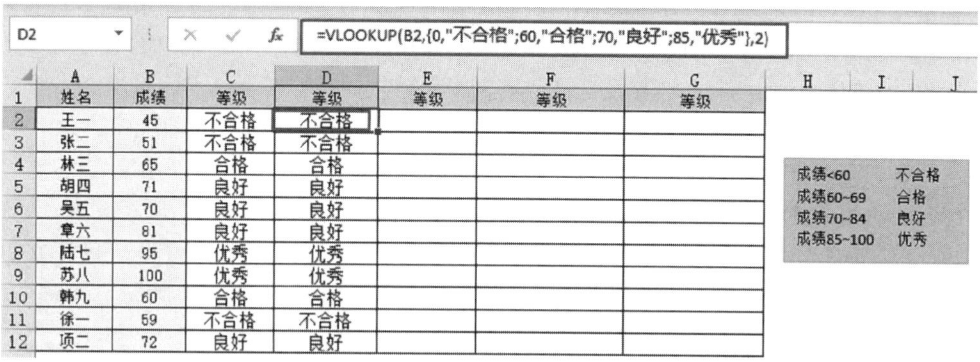
D2 =VLOOKUP(B2,{0,"不合格";60,"合格";70,"良好";85,"优秀"},2)

	A	B	C	D	E	F	G
1	姓名	成绩	等级	等级	等级	等级	等级
2	王一	45	不合格	不合格			
3	张二	51	不合格	不合格			
4	林三	65	合格	合格			
5	胡四	71	良好	良好			
6	吴五	70	良好	良好			
7	章六	81	良好	良好			
8	陆七	95	优秀	优秀			
9	苏八	100	优秀	优秀			
10	韩九	60	合格	合格			
11	徐一	59	不合格	不合格			
12	项二	72	良好	良好			

成绩<60	不合格
成绩60~69	合格
成绩70~84	良好
成绩85~100	优秀

图 2-74 VLOOKUP 函数实现等级评定

3）LOOKUP 函数

在 E2 单元格中输入公式“=LOOKUP(B2,{0,60,70,85},{"不合格";"合格";"良好";"优秀"})”，按 Enter 键执行计算，再将公式向下填充，即可将所有成绩转换为相应的等级。LOOKUP 函数实现等级评定如图 2-75 所示。

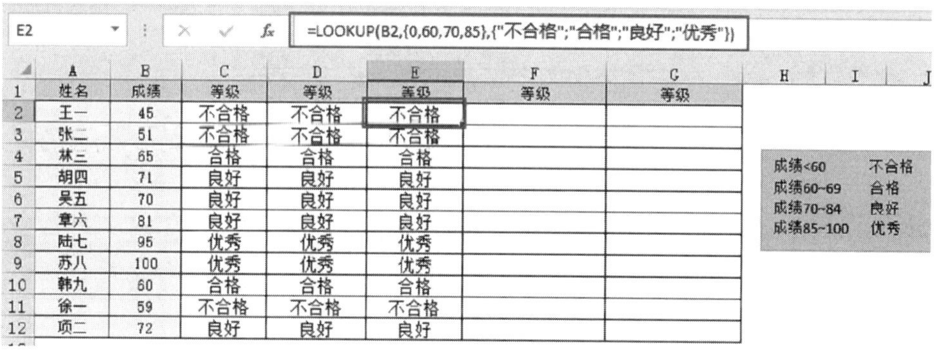
E2 =LOOKUP(B2,{0,60,70,85},{"不合格";"合格";"良好";"优秀"})

	A	B	C	D	E	F	G
1	姓名	成绩	等级	等级	等级	等级	等级
2	王一	45	不合格	不合格	不合格		
3	张二	51	不合格	不合格	不合格		
4	林三	65	合格	合格	合格		
5	胡四	71	良好	良好	良好		
6	吴五	70	良好	良好	良好		
7	章六	81	良好	良好	良好		
8	陆七	95	优秀	优秀	优秀		
9	苏八	100	优秀	优秀	优秀		
10	韩九	60	合格	合格	合格		
11	徐一	59	不合格	不合格	不合格		
12	项二	72	良好	良好	良好		

成绩<60	不合格
成绩60~69	合格
成绩70~84	良好
成绩85~100	优秀

图 2-75 LOOKUP 函数实现等级评定

4）CHOOSE 函数

在 F2 单元格中输入公式“=CHOOSE(MATCH(B2,{0,60,70,85},1),"不合格","合格","良好","优秀")”，按 Enter 键执行计算，再将公式向下填充，即可将所有成绩转换为相应的等级。CHOOSE 函数实现等级评定如图 2-76 所示。

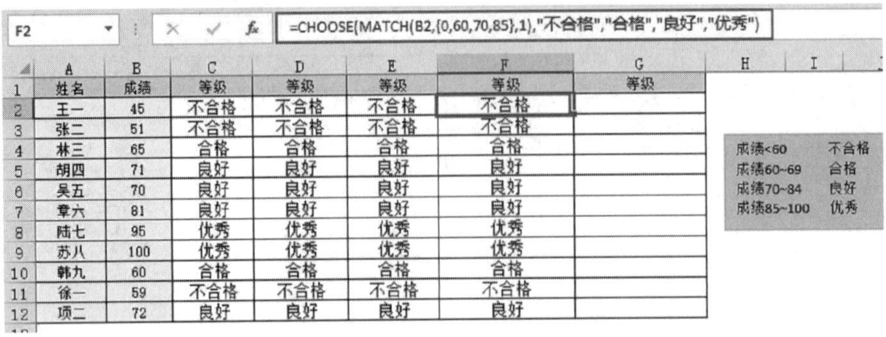

	A	B	C	D	E	F	G
1	姓名	成绩	等级	等级	等级	等级	等级
2	王一	45	不合格	不合格	不合格	不合格	
3	张二	51	不合格	不合格	不合格	不合格	
4	林三	65	合格	合格	合格	合格	
5	胡四	71	良好	良好	良好	良好	
6	吴五	70	良好	良好	良好	良好	
7	章六	81	良好	良好	良好	良好	
8	陆七	95	优秀	优秀	优秀	优秀	
9	苏八	100	优秀	优秀	优秀	优秀	
10	韩九	60	合格	合格	合格	合格	
11	徐一	59	不合格	不合格	不合格	不合格	
12	项二	72	良好	良好	良好	良好	

图 2-76　CHOOSE 函数实现等级评定

其中，“MATCH(B2,{0,60,70,85},1)”可匹配比 B2 单元格数据小的最大值在数组{0,60,70,85}中的位次。CHOOSE 函数可以简写为 “=CHOOSE(位次,"不合格","合格","良好","优秀")”，位次是几，就返回"不合格""合格""良好""优秀"中的第几等级。

例如，假设 B2 单元格数据是 66，那比 66 小的最大数据就是 60，60 在数组中的位次是第 2 位，那按照 CHOOSE 函数计算，66 对应的等级就是“合格”。

5）INDEX 函数

在 G2 单元格中输入公式“=INDEX({"不合格";"合格";"良好";"优秀"},MATCH(B2,{0,60,70,80},1))”，按 Enter 键执行计算，再将公式向下填充，即可将所有成绩转换为相应的等级。INDEX 函数实现等级评定如图 2-77 所示。

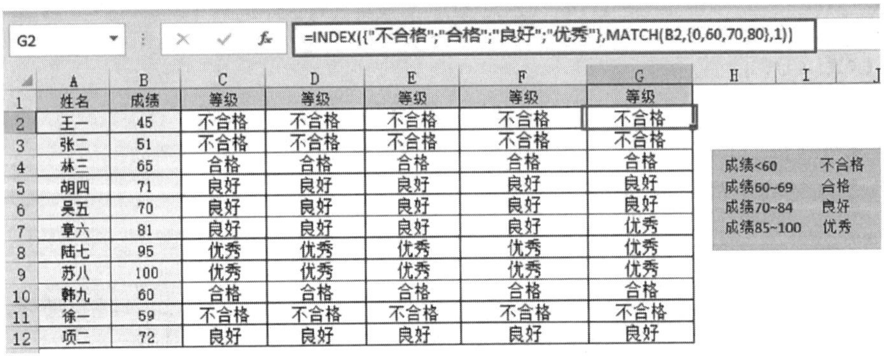

	A	B	C	D	E	F	G
1	姓名	成绩	等级	等级	等级	等级	等级
2	王一	45	不合格	不合格	不合格	不合格	不合格
3	张二	51	不合格	不合格	不合格	不合格	不合格
4	林三	65	合格	合格	合格	合格	合格
5	胡四	71	良好	良好	良好	良好	良好
6	吴五	70	良好	良好	良好	良好	良好
7	章六	81	良好	良好	良好	良好	优秀
8	陆七	95	优秀	优秀	优秀	优秀	优秀
9	苏八	100	优秀	优秀	优秀	优秀	优秀
10	韩九	60	合格	合格	合格	合格	合格
11	徐一	59	不合格	不合格	不合格	不合格	不合格
12	项二	72	良好	良好	良好	良好	良好

图 2-77　INDEX 函数实现等级评定

2.1.28　利用 VLOOKUP 函数查询同部门多个员工信息

【问题】

员工工资资料表如图 2-78 所示，要求查询不同部门的员工信息。在 I2 单元格中输入“部门”，如何实现自动查询所在部门的所有员工信息呢？

【实现方法】

（1）添加辅助列。在“部门”前增加一列，在 A3 单元格中输入公式“=COUNTIF($B$3:B3,$I$1)”，按 Enter 键执行计算，再将公式向下填充，即在辅助列内增加编号。其中，

	B	C	D	E	F
1	员工工资资料表				
2	部门	姓 名	性 别	职务	本月销售业绩（元）
3	市场1部	王一	女	高级工程师	¥25,215.00
4	市场2部	张二	男	中级工程师	¥4,562.00
5	市场3部	林三	男	高级工程师	¥45,215.00
6	市场1部	胡四	男	助理工程师	¥16,232.00
7	市场2部	吴五	男	高级工程师	¥2,230.00
8	市场3部	章六	男	高级工程师	¥3,200.00
9	市场1部	陆七	男	中级工程师	¥51,000.00
10	市场2部	苏八	男	工程师	¥8,560.00
11	市场3部	韩九	女	助理工程师	¥25,230.00
12	市场1部	徐一	男	高级工程师	¥1,423.00
13	市场2部	项二	女	中级工程师	¥4,521.00
14	市场1部	贾三	男	工程师	¥1,253.00
15	市场1部	孙四	女	高级工程师	¥12,200.00
16	市场2部	姚五	男	工程师	¥7,850.00
17	市场3部	周六	男	工程师	¥8,600.00
18	市场1部	金七	男	高级工程师	¥4,500.00
19	市场2部	赵八	男	中级工程师	¥7,630.00
20	市场3部	许九	女	中级工程师	¥1,200.00
21	市场3部	陈一	女	高级工程师	¥1,300.00
22	市场2部	程二	男	中级工程师	¥1,100.00
23	市场1部	顾三	男	助理工程师	¥5,200.00
24	市场1部	祝四	女	工程师	¥4,500.00
25	市场2部	叶五	男	中级工程师	¥650.00

H	I	J	K
部门	市场1部		
姓 名	性 别	职务	本月销售业绩（元）
王一	女	高级工程师	¥25,215.00
胡四	男	助理工程师	¥16,232.00
陆七	男	中级工程师	¥51,000.00
徐一	男	高级工程师	¥1,423.00
贾三	男	工程师	¥1,253.00
孙四	女	高级工程师	¥12,200.00
金七	男	高级工程师	¥4,500.00
顾三	男	助理工程师	¥5,200.00
祝四	女	工程师	¥4,500.00

图 2-78 员工工资资料表

“$B$3:B3”是一个起始位置（B3 单元格）保持不变，结束位置随着公式向下填充而增加的动态单元格区域；“$I$1”是要查询的部门。添加辅助列的结果如图 2-79 所示。

要查询的部门是“市场 1 部”，A3 单元格中的公式“=COUNTIF($B$3:B3,$I$1)”向下填充的结果是：每遇到一个“市场 1 部”，该公式有计算结果加 1，从而将“市场 1 部”用不同的序号区分，而且只有“市场 1 部”出现的行，序号才会发生变化。

A3　=COUNTIF($B$3:B3,$I$1)

	A	B	C	D	E	F
1		员工工资资料表				
2		部门	姓 名	性 别	职务	本月销售业绩（元）
3	1	市场1部	王一	女	高级工程师	¥25,215.00
4	1	市场2部	张二	男	中级工程师	¥4,562.00
5	1	市场3部	林三	男	高级工程师	¥45,215.00
6	2	市场1部	胡四	男	助理工程师	¥16,232.00
7	2	市场2部	吴五	男	高级工程师	¥2,230.00
8	2	市场3部	章六	男	高级工程师	¥3,200.00
9	3	市场1部	陆七	男	中级工程师	¥51,000.00
10	3	市场2部	苏八	男	工程师	¥8,560.00
11	3	市场3部	韩九	女	助理工程师	¥25,230.00
12	4	市场1部	徐一	男	高级工程师	¥1,423.00
13	4	市场2部	项二	女	中级工程师	¥4,521.00
14	5	市场1部	贾三	男	工程师	¥1,253.00
15	6	市场1部	孙四	女	高级工程师	¥12,200.00
16	6	市场2部	姚五	男	工程师	¥7,850.00
17	6	市场3部	周六	男	工程师	¥8,600.00
18	7	市场1部	金七	男	高级工程师	¥4,500.00
19	7	市场2部	赵八	男	中级工程师	¥7,630.00
20	7	市场3部	许九	女	中级工程师	¥1,200.00
21	7	市场3部	陈一	女	高级工程师	¥1,300.00
22	7	市场2部	程二	男	中级工程师	¥1,100.00
23	8	市场1部	顾三	男	助理工程师	¥5,200.00
24	9	市场1部	祝四	女	工程师	¥4,500.00
25	9	市场2部	叶五	男	中级工程师	¥650.00

H	I	J	K
部门	市场1部		
姓 名	性 别	职务	本月销售业绩（元）
王一	女	高级工程师	¥25,215.00
胡四	男	助理工程师	¥16,232.00
陆七	男	中级工程师	¥51,000.00
徐一	男	高级工程师	¥1,423.00
贾三	男	工程师	¥1,253.00
孙四	女	高级工程师	¥12,200.00
金七	男	高级工程师	¥4,500.00
顾三	男	助理工程师	¥5,200.00
祝四	女	工程师	¥4,500.00

图 2-79 添加辅助列的结果

（2）公式实现。在 I3 单元格中输入公式“=IFERROR(VLOOKUP(ROW(A1),$A:$F,COLUMN(C1),0),"") 0),"")”，按 Enter 键执行计算，再将公式向下、向右填充，即得查询结果，如图 2-80 所示。

H4 =IFERROR(VLOOKUP(ROW(A1),$A:$F,COLUMN(C1),0),"")

	A	B	C	D	E	F	G	H	I	J	K
1		员工工资资料表						部门	市场1部		
2		部门	姓 名	性 别	职务	本月销售业绩（元）					
3	1	市场1部	王一	女	高级工程师	¥25,215.00		姓 名	性 别	职务	本月销售业绩（元）
4	1	市场2部	张二	男	中级工程师	¥4,562.00		王一	女	高级工程师	¥25,215.00
5	1	市场3部	林三	男	高级工程师	¥45,215.00		胡四	男	助理工程师	¥16,232.00
6	2	市场1部	胡四	男	助理工程师	¥16,232.00		陆七	男	中级工程师	¥51,000.00
7	2	市场2部	吴五	男	高级工程师	¥2,230.00		徐一	男	高级工程师	¥1,423.00
8	2	市场3部	章六	男	高级工程师	¥3,200.00		贾三	男	工程师	¥1,253.00
9	3	市场1部	陆七	男	中级工程师	¥51,000.00		孙四	女	高级工程师	¥12,200.00
10	3	市场2部	苏八	男	工程师	¥8,560.00		金七	男	高级工程师	¥4,500.00
11	3	市场3部	韩九	女	助理工程师	¥25,230.00		顾三	男	助理工程师	¥5,200.00
12	4	市场1部	徐一	男	高级工程师	¥1,423.00		祝四	女	工程师	¥4,500.00
13	4	市场2部	项二	女	中级工程师	¥4,521.00					
14	5	市场1部	贾三	男	工程师	¥1,253.00					
15	6	市场1部	孙四	女	高级工程师	¥12,200.00					
16	6	市场2部	姚五	男	工程师	¥7,850.00					
17	6	市场3部	周六	男	工程师	¥8,600.00					
18	7	市场1部	金七	男	高级工程师	¥4,500.00					
19	7	市场2部	赵八	男	中级工程师	¥7,630.00					
20	7	市场3部	许九	女	中级工程师	¥1,200.00					
21	7	市场3部	陈一	女	高级工程师	¥1,300.00					
22	7	市场2部	程二	男	中级工程师	¥1,100.00					
23	8	市场1部	顾三	男	助理工程师	¥5,200.00					
24	9	市场1部	祝四	女	工程师	¥4,500.00					
25	9	市场2部	叶五	男	中级工程师	¥650.00					

图 2-80　查询结果

【公式解析】

• ROW(A1)：将公式向下填充时，依次变为 ROW(A2)、ROW(A3)、ROW(A4)……即起始数字为 1、步长为 1 的自然数序列。

• COLUMN(C1)：将公式向右填充时，依次变为 COLUMN(D1)、COLUMN(E1)、COLUMN(F1)……即“$A$2:$F$25”数据单元格区域中的第 3 列、4 列、5 列……

• VLOOKUP(ROW(A1),$A$2:$F$25,COLUMN(C1),0)：VLOOKUP 函数使用起始数字为 1、步长为 1 的自然数序列为查询值，使用“$A$2:$F$25”为查询单元格区域，以精确匹配的方式返回第 C 列、D 列、E 列、F 列的姓名、性别、职称、本月销售业绩（元）。

• VLOOKUP 函数默认只能返回第一个满足条件的记录，而在自然数序列里，只有“市场 1 部”出现的行，序号才会发生变化，所以，查出的结果是“市场 1 部”所有的员工信息。

• IFERROR(VLOOKUP(ROW(A1),$A$2:$F$25,COLUMN(C1),0),"")：当 ROW 函数的结果大于 A 列中的最大数据时，VLOOKUP 函数会因为查询不到结果而返回错误值“#N/A”，IFERROR 函数屏蔽了 VLOOKUP 函数返回的错误值，使之返回空文本。

（3）隐藏辅助列。选中 A 列，右击，在弹出的快捷菜单中选择“隐藏”，将辅助列隐藏。

2.1.29　利用 VLOOKUP 函数查询一种产品多次的进货量

【问题】

商品历次进货样表如图 2-81 所示，如何用公式查找出“鼠标”的多次进货数量呢？

	A	B	C
1	日期	商品	进货数量
2	2017/5/10	鼠标	1
3	2017/5/11	键盘	2
4	2017/5/12	鼠标	10
5	2017/5/13	键盘	10
6	2017/5/14	路由器	30
7	2017/5/15	鼠标	222
8	2017/5/16	路由器	200
9	2017/5/17	鼠标	5000
10			
11			
12		鼠标	
13			
14			
15			
16			

图 2-81　商品历次进货样表

利用 VLOOKUP 函数查找时，若有相同查询值，结果只能返回第一个查询值对应的数据。所以，解决此问题的关键，就是要构建新的查找单元格区域，让查找值“鼠标”不再完全相同。

【实现方法】

在 C12 单元格中输入公式“=IFERROR(VLOOKUP($B$12&ROW(B1),IF({1,0},$B$2:$B$9&COUNTIF(INDIRECT("b2:b"&ROW($2:$9)),$B$12),$C$2:$C$9),2,0),"")”，按 Ctrl+Shift+Enter 组合键结束，可得第一次进货数量，再将公式向下填充，得到 B12 单元格产品所有进货数量，如图 2-82 所示。

C12　{=IFERROR(VLOOKUP($B$12&ROW(B1),IF({1,0},$B$2:$B$9&COUNTIF(INDIRECT("b2:b"&ROW($2:$9)),$B$12),$C$2:$C$9),2,0),"")}

	A	B	C	D	E	F	G
1	日期	商品	进货数量				
2	2017/5/10	鼠标	1				
3	2017/5/11	键盘	2				
4	2017/5/12	鼠标	10				
5	2017/5/13	键盘	10				
6	2017/5/14	路由器	30				
7	2017/5/15	鼠标	222				
8	2017/5/16	路由器	200				
9	2017/5/17	鼠标	5000				
10							
11							
12		鼠标	1				
13			10				
14			222				
15			5000				

图 2-82　“鼠标”历次进货量

【公式解析】

● IF({1,0},$B$2:$B$9&COUNTIF(INDIRECT("b2:b"&ROW($2:$9)),$B$12),$C$2:$C$9)的功能是实现一个新的查找单元格区域，如图 2-83 所示。

E2 {=IF({1,0},$B$2:$B$9&COUNTIF(INDIRECT("b2:b"&ROW($2:$9)),$B$12),$C$2:$C$9)}

	A	B	C	D	E	F	G	H
1	日期	商品	进货数量					
2	2017/5/10	鼠标	1		鼠标1	1		
3	2017/5/11	键盘	2		键盘1	2		
4	2017/5/12	鼠标	10		鼠标2	10		
5	2017/5/13	键盘	10		键盘2	10		
6	2017/5/14	路由器	30		路由器2	30		
7	2017/5/15	鼠标	222		鼠标3	222		
8	2017/5/16	路由器	200		路由器3	200		
9	2017/5/17	鼠标	5000		鼠标4	5000		

图 2-83　IF 函数构建新的查找单元格区域

● INDIRECT("b2:b"&ROW($2:$9)),$B$12)：分别指向 b2:b2、b2:b3、b2:b4、b2:b5、b2:b6、b2:b7、b2:b8、b2:b9 单元格区域的数据组成的 8 个数组。

因为要用到数组计算，所以公式结束时要按 Ctrl+Shift+Enter 组合键执行数组计算。

2.1.30　多条件查询的函数

	A	B	C
1	仓库	商品	销量
2	仓库一	键盘	12
3	仓库一	鼠标	13
4	仓库一	显示器	14
5	仓库一	路由器	15
6	仓库二	键盘	22
7	仓库二	鼠标	23
8	仓库二	显示器	24
9	仓库二	路由器	25
10	仓库三	键盘	32
11	仓库三	鼠标	33
12	仓库三	显示器	34
13	仓库三	路由器	35

图 2-84　各仓库商品销量表

【问题】

多条件查询一直是困扰 Excel 使用者的难题之一。各仓库商品销量表如图 2-84 所示，如何查找“仓库二”的“键盘”销量呢？

【实现方法】

经常用于多条件查询的有 DGET、SUMIFS、SUMPRODUCT、LOOKUP、OFFSET、VLOOKUP 6 个函数。6 个函数实现多条件查询的公式如图 2-85 所示。

【公式解析】

1）DGET 函数

公式为“=DGET(A1:C13,C1,E1:F2)”。

语法：DGET(构成列表或数据库的单元格区域,结果数据的列标签,指定条件的单元格区域)。

在本示例中的解释：=DGET(数据库,销量列标签,条件单元格区域)。

2）SUMIFS 函数

公式为“=SUMIFS(C2:C13,A2:A13,E5,B2:B13,F5)”。SUMIFS 函数公式含义如图 2-86 所示。

仓库	商品	销量	公式
仓库二	键盘	22	=DGET(A1:C13,C1,E1:F2)

仓库	商品	销量	公式
仓库二	键盘	22	=SUMIFS(C2:C13,A2:A13,E5,B2:B13,F5)

仓库	商品	销量	公式
仓库二	键盘	22	=SUMPRODUCT((A2:A13=E8)*(B2:B13=F8)*C2:C13)

仓库	商品	销量	公式
仓库二	键盘	22	=LOOKUP(2,0/((A2:A13=E11)*(B2:B13=F11)),C2:C13)

仓库	商品	销量	公式
仓库二	键盘	22	{=OFFSET(C1,MATCH(E14&F14,A2:A13&B2:B13,0),)}

仓库	商品	销量	公式
仓库二	键盘	22	{=VLOOKUP(E17&F17,IF({1,0},A2:A13&B2:B13,C2:C13),2,0)}

图 2-85　6 个函数实现多条件查询的公式

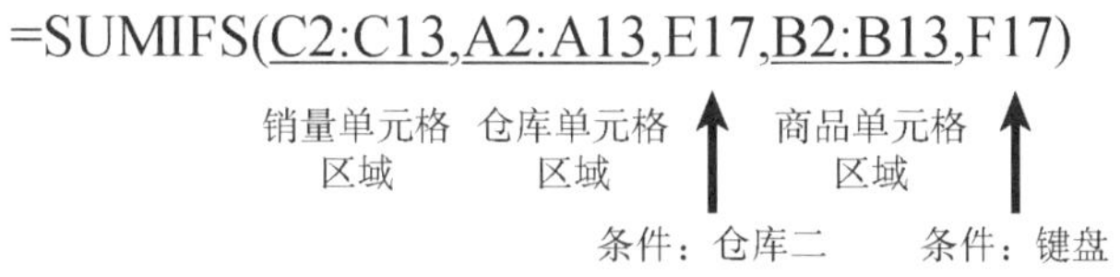

图 2-86　SUMIFS 函数公式含义

3）SUMPRODUCT 函数

公式为“=SUMPRODUCT((A2:A13=E8)*(B2:B13=F8)*C2:C13)”。SUMPRODUCT 函数公式各个部分的返回值如图 2-87 所示。

=SUMPRODUCT((A2:A13=E8)*(B2:B13=F8)*C2:C13)
((A2:A13=E8): {0 ; 0 ; 0 ; 0 ; 1 ; 0; 0 ; 0 ; 0 ; 0; 0 ; 0}
(B2:B13=F8): {0 ; 0 ; 0 ; 0 ; 1 ; 0; 0 ; 0 ; 0 ; 0; 0 ; 0}
C2:13: {12; 13 ; 14 ;15; 22 ; 23; 24 ;25 ;32; 33 ;34; 35}

图 2-87　SUMPRODUCT 函数公式各个部分的返回值

再利用 SUMPRODUC 函数对 3 个数组对应位置数据的乘积求和。

4）LOOKUP 函数

公式为“=LOOKUP(1,0/((A2:A13=E11)*(B2:B13=F11)),C2:C13)”。LOOKUP 函数公式各部分的返回值如图 2-88 所示。

1.条件匹配计算结果：((A2:A13=E11)*(B2:B13=F11))
{FALSE;FALSE;FALSE;FALSE;TRUE;FALSE;FALSE;FALSE;FALSE;FALSE;FALSE;FALSE}*{FALSE;FALSE;FALSE;FALSE;TRUE;FALSE;FALSE;FALSE;FALSE;FALSE;FALSE;FALSE;}

2.双条件匹配计算结果：((A2:A13=E11)*(B2:B13=F11))
{0 ; 0 ; 0 ; 0 ; 1 ; 0 ; 0 ; 0 ; 0 ; 0 ; 0 ; 0 }

3.以0为被除数计算结果：0/((A2:A13=E11)*(B2:B13=F11))
{#DIV/0! ; #DIV/0! ; #DIV/0! ; #DIV/0! ; 0 ; #DIV/0! ; #DIV/0! ; #DIV/0! #DIV/0! #DIV/0! #DIV/0! #DIV/0!}

图 2-88　LOOKUP 函数公式各部分的返回值

注意要点：

● LOOKUP 函数用“二分法”进行查找，返回小于或等于查找值的最大值。

- 查找单元格区域中的数据，如果有“错误值“，那么 LOOKUP 函数在查找时将会忽略错误值。
- “=LOOKUP(1,0/((A2:A13=E11)*(B2:B13=F11)),C2:C13)”，在{#DIV/0!;#DIV/0!;#DIV/0!; #DIV/0!;0;#DIV/0!;#DIV/0!;#DIV/0!;#DIV/0!;#DIV/0!;#DIV/0!;#DIV/0!}中查找 1，忽略错误值，结果返回 0 对应位置的 C2:C13 单元格区域中的数据。

5）OFFSET 函数

公式为“=OFFSET(C1,MATCH(E14&F14,A2:A13&B2:B13,0),)”，以 C1 单元格为基准，将公式向下偏移“MATCH(E14&F14,A2:A13&B2:B13,0)”行。其中，“E14&F14”和“A2:A13&B2:B13”的返回结果如图 2-89 所示。因为进行的是数组计算，公式结束时要按 Ctrl+Shift+Enter 组合键执行数组计算。

6）VLOOKUP 函数

公式为“=VLOOKUP(E17&F17,IF({1,0},A2:A13&B2:B13,C2:C13),2,0)”。其中，“IF({1,0},A2:A13&B2:B13,C2:C13)”生成了一个新的数据单元格区域，如图 2-90 所示。

VLOOKUP(E17&F17,IF({1,0},A2:A13&B2:B13,C2:C13),2,0)：是指在新的区域中精确匹配第 2 列的数值。因为进行的是数组计算，公式结束时要按 Ctrl+Shift+Enter 组合键。

E14&F14:	A2:A13&B2:B13:
仓库二键盘	仓库一键盘
	仓库一鼠标
	仓库一显示器
	仓库一路由器
	仓库二键盘
	仓库二鼠标
	仓库二显示器
	仓库二路由器
	仓库三键盘
	仓库三鼠标
	仓库三显示器
	仓库三路由器

图 2-89 “E14&F14”和“A2:A13&B2:B13”的返回结果

仓库一键盘	12
仓库一鼠标	13
仓库一显示器	14
仓库一路由器	15
仓库二键盘	22
仓库二鼠标	23
仓库二显示器	24
仓库二路由器	25
仓库三键盘	32
仓库三鼠标	33
仓库三显示器	34
仓库三路由器	35

图 2-90 “IF({1,0},A2:A13&B2:B13,C2:C13)”生成了一个新的数据单元格区域

2.2 数据统计

2.2.1 根据等级计算总成绩

【问题】

成绩与等级标准如图 2-91 所示，5 门课的成绩都是等级制的，分为 A、B、C、D 4 个等级，每个等级对应的成绩在“等级标准”表中，如何计算每位同学的总分呢？

姓名	语文	数学	英语	物理	化学	总分
李*林	A	D	A	A	B	
王*乐	A	C	D	C	A	
吴*林	B	C	C	B	B	
张*	A	D	C	B	B	
刘*名	A	D	A	B	A	
张*艳	A	C	D	C	A	
张*学	C	D	C	B	D	
刘*	C	B	B	A	A	
张*宏	B	D	D	C	C	
洪*武	C	D	A	B	A	
斯*苗	C	B	B	C	D	

等级标准	
A	90
B	75
C	60
D	50

图 2-91 成绩和等级标准

【实现方法】

在 G2 单元格中输入公式“=SUM(SUMIF($I$2:$I$5,B2:F2,$J$2:$J$5))”，按 Ctrl+Shift+Enter 组合键执行计算，即得第 1 位同学的总分，再将公式向下填充，可得所有学生的总分，如图 2-92 所示。

G2 {=SUM(SUMIF($I$2:$I$5,B2:F2,$J$2:$J$5))}

姓名	语文	数学	英语	物理	化学	总分
李*林	A	D	A	A	B	395
王*乐	A	C	D	C	A	350
吴*林	B	C	C	B	B	345
张*	A	D	C	B	B	350
刘*名	A	D	A	B	A	395
张*艳	A	C	D	C	A	350
张*学	C	D	C	B	D	295
刘*	C	B	B	A	A	390
张*宏	B	D	D	C	C	295
洪*武	C	D	A	B	A	365
斯*苗	C	B	B	C	D	320

等级标准	
A	90
B	75
C	60
D	50

图 2-92 按等级标准计算总分

【公式解析】

- SUMIF($I$2:$I$5,B2:F2,$J$2:$J$5)：表示在 I2:I5 单元格区域中查找 B2:F2 单元格区域内每个等级对应 J2:J5 单元格区域的成绩，返回为每个等级对应成绩组成的数组，本部分返回数组{90;50;90;90;75}。
- SUM(SUMIF($I$2:$I$5,B2:F2,$J$2:$J$5))：表示将 SUMIF 函数返回的数组内的数值相加求和。

2.2.2 依据评分标准，折算男女同学的体育分数

【问题】

如图 2-93 所示，左侧数据表为男女体育成绩的“评分标准”，要求将右侧的“体育成绩”表中学生的体育成绩折合为分数。

【实现方法】

在 I3 单元格中输入公式“=IF(G3="男",LOOKUP(H3,$B$4:$B$17,$A$4:$A$17),LOOKUP

(H3,$D$4:$D$17,$C$4:$C$17))”，按 Enter 键执行计算，再将公式向下填充，即得所有学生的体育分数，如图 2-94 所示。

	A	B	C	D	E	F	G	H	I
1	评分标准					体育成绩			
2	男子100米		女子100米			姓名	性别	成绩（秒）	分数
3	分值	成绩（秒）	分值	成绩（秒）		王一	男	11.92	
4	75	1	75	1		张二	男	11.90	
5	74	11.481	74	13.001		林三	男	11.00	
6	73	11.521	73	13.051		胡四	女	13.14	
7	72	11.561	72	13.101		吴五	女	12.91	
8	71	11.61	71	13.151		章六	男	11.43	
9	70	11.641	70	13.201		陆七	男	11.84	
10	69	11.681	69	13.251		苏八	男	11.84	
11	68	11.721	68	13.301		韩九	女	13.10	
12	67	11.761	67	13.351		徐一	男	11.71	
13	66	11.801	66	13.401		项二	女	13.13	
14	65	11.841	65	13.451		贾三	女	13.28	
15	64	11.881	64	13.501		孙四	女	13.63	
16	63	11.911	63	13.551		姚五	女	13.56	
17	62	11.941	62	13.591		周六	男	11.74	

图 2-93　男女评分标准及成绩

I3　=IF(G3="男",LOOKUP(H3,$B$4:$B$17,$A$4:$A$17),LOOKUP(H3,$D$4:$D$17,$C$4:$C$17))

	A	B	C	D	E	F	G	H	I	J	K
1	评分标准					体育成绩					
2	男子100米		女子100米			姓名	性别	成绩（秒）	分数		
3	分值	成绩（秒）	分值	成绩（秒）		王一	男	11.92	63		
4	75	1	75	1		张二	男	11.9	64		
5	74	11.481	74	13.001		林三	男	11	75		
6	73	11.521	73	13.051		胡四	女	13.14	72		
7	72	11.561	72	13.101		吴五	女	12.91	75		
8	71	11.61	71	13.151		章六	男	11.43	75		
9	70	11.641	70	13.201		陆七	男	11.84	66		
10	69	11.681	69	13.251		苏八	男	11.84	66		
11	68	11.721	68	13.301		韩九	女	13.1	73		
12	67	11.761	67	13.351		徐一	男	11.71	69		
13	66	11.801	66	13.401		项二	女	13.13	72		
14	65	11.841	65	13.451		贾三	女	13.28	69		
15	64	11.881	64	13.501		孙四	女	13.63	62		
16	63	11.911	63	13.551		姚五	女	13.56	63		
17	62	11.941	62	13.591		周六	男	11.74	66		

图 2-94　计算体育成绩

【公式解析】

公式含义如图 2-95 所示。

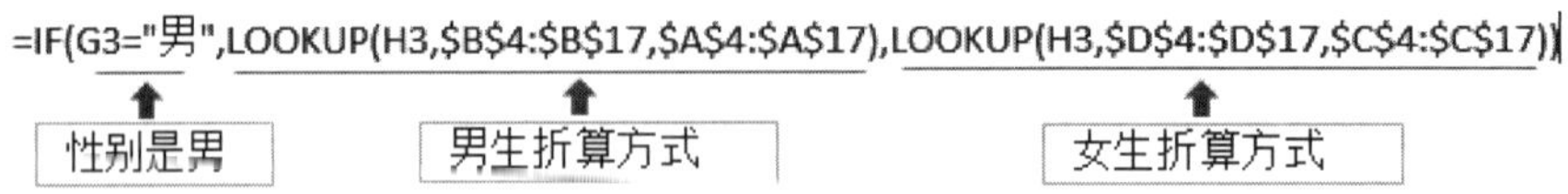

图 2-95　公式含义

- LOOKUP(H3,$B$4:$B$17,$A$4:$A$17)：利用 LOOKUP 函数的模糊查找方式，在 B4:B17 单元格区域内查找 H3 单元格数据，如果查得到，返回 H3 单元格所对应的 A4:A17 单元格区域内的数据；如果查找不到，返回比 H3 单元格数据小且最接近 H3 单元格数据的数据所对应的 A4:A17 单元格区域内的值。例如，H3=11.92，B4:B17 单元格区域中没有 11.92，比 11.92 小的最接近的数据是 11.911，公式则返回 11.911 对应的 A4:A17 单元格区域中 A16 单元格数据 63。此处，B4:B17 单元格区域的数据必须是升序排列的。

2.2.3　统计除请假外参与考核的部门人数

【问题】

含有假期的考核情况表如图 2-96 所示，如何统计指定部门参与考核的人数呢？其中，请假的人员将不参与考核。

	A	B	C	D	E	F
1	姓名	部门	考核情况		部门	考核人数
2	王一	财务处	67		财务处	
3	张二	销售部	85			
4	林三	后勤处	90			
5	胡四	财务处	85			
6	吴五	人事处	95			
7	章六	销售部	婚假			
8	陆七	财务处	82			
9	苏八	后勤处	事假			
10	韩九	销售部	79			
11	徐一	后勤处	事假			
12	项二	人事处	86			
13	贾三	销售部	82			
14	孙四	后勤处	70			
15	姚五	销售部	事假			

图 2-96　含有假期的考核情况表

【实现方法】

在 F2 单元格中输入公式“=SUMPRODUCT((B2:B15=E2)*ISNUMBER(C2:C15))”，按 Enter 键执行计算，即可统计出指定部门参与考核的人数（请假的人员除外），如图 2-97 所示。

F2　=SUMPRODUCT((B2:B15=E2)*ISNUMBER(C2:C15))

	A	B	C	D	E	F	G
1	姓名	部门	考核情况		部门	考核人数	
2	王一	财务处	67		财务处	3	
3	张二	销售部	85				
4	林三	后勤处	90				
5	胡四	财务处	85				
6	吴五	人事处	95				
7	章六	销售部	婚假				
8	陆七	财务处	82				
9	苏八	后勤处	事假				
10	韩九	销售部	79				
11	徐一	后勤处	事假				
12	项二	人事处	86				
13	贾三	销售部	82				
14	孙四	后勤处	70				
15	姚五	销售部	事假				

图 2-97　指定部门参与考核的人数（请假除外）

【公式解析】

- B2:B15=E2：比较 B2:B15 单元格区域的各单元格数据与 E2 单元格数据是否相等，

如果相等则返回 TRUE，如果不相等则返回 FALSE，所以，此部分返回由 TRUE 与 FALSE 组成的数组{TRUE;FALSE;FALSE;TRUE;FALSE;FALSE;FALSE;FALSE;FALSE;FALSE;FALSE;FALSE;FALSE;FALSE;}（数组 1）。

- ISNUMBER(C2:C15)：判断 C2:C15 单元格区域中各单元格数据是否为数值型，如果是则返回 TRUE，如果不是则返回 FALSE，所以，此部分也返回由 TRUE 与 FALSE 组成的数组{TRUE;TRUE;TRUE;TRUE;TRUE;FALSE;TRUE;FALSE;TRUE;FALSE;TRUE;TRUE;TRUE;FALSE;}（数组 2）。
- SUMPRODUCT((B2:B15=E2)*ISNUMBER(C2:C15))：将数组 1 与数组 2 对应位置的值相乘，然后相加求和，即得结果。

2.2.4　根据规定好的占比划分成绩等级

【问题】

某教师想将学生成绩由高到低划分为 A、B、C、D 4 个等级，而且规定好了各等级所占的人数百分比：等级 A 占 20%，等级 B 占 40%，等级 C 占 30%，等级 D 占 10%。成绩样表如图 2-98 所示，如何实现等级划分呢？

	A	B	C	D
1	序号	姓名	成绩	等级
2	1	王一	90	
3	2	张二	57	
4	3	林三	89	
5	4	胡四	58	
6	5	吴五	80	
7	6	章六	60	
8	7	陆七	48	
9	8	苏八	68	
10	9	韩九	97	
11	10	徐一	85	
12	11	项二	86	
13	12	贾三	60	
14	13	孙四	61	
15	14	姚五	92	
16	15	周六	85	

图 2-98　成绩样表

【实现方法】

在 D2 单元格中输入公式"=LOOKUP(PERCENTRANK.INC(C:C,C2),{0,10,40,80}%,{"D","C","B","A"})，按 Enter 键执行计算，即可计算出第 1 位学生的等级，再将公式向下填充，可得所有学生的成绩等级，如图 2-99 所示。

【公式解析】

- PERCENTRANK.INC(C:C,C2)：返回 C2 单元格成绩在 C 列中的百分比排位。
- LOOKUP(PERCENTRANK.INC(C:C,C2),{0,10,40,80}%,{"D","C","B","A"})：在{0,10,40,80}数组中，查找小于或等于 C2 单元格成绩在 C 列中的百分比排位的最大值，并返回对

应的常量数组{"D","C","B","A"}的值。

D2 =LOOKUP(PERCENTRANK.INC(C:C,C2),{0,10,40,80}%,{"D","C","B","A"})

	A	B	C	D
1	序号	姓名	成绩	等级
2	1	王一	90	A
3	2	张二	57	C
4	3	林三	89	A
5	4	胡四	58	C
6	5	吴五	80	B
7	6	章六	60	C
8	7	陆七	48	D
9	8	苏八	68	B
10	9	韩九	97	A
11	10	徐一	85	B
12	11	项二	86	B
13	12	贾三	60	C
14	13	孙四	61	C
15	14	姚五	92	A
16	15	周六	85	B

图 2-99 根据规定好的占比划分成绩等级

2.2.5 利用公式填写金额收据

【问题】

利用 Excel 做账时，经常要将金额填写成正规收据格式。如图 2-100 所示的简表，如何将金额写成收据格式的金额呢？

	A	B	C	D	E	F	G	H	I	J	K	L
1	金额	亿	千万	百万	十万	万	千	百	十	元	角	分
2	25555.15											
3	123456.56											
4	1234567.23											
5	34567.23											

图 2-100 简表

【实现方法】

在 B2 单元格中输入公式“=LEFT(RIGHT(" ¥"&ROUND($A2,2)*100,12-COLUMN(A:A)))”，按 Enter 键执行计算，然后将公式向下、向右填充，即得收据格式的金额，如图 2-101 所示。

B2 =LEFT(RIGHT(" ¥"&ROUND($A2,2)*100,12-COLUMN(A:A)))

	A	B	C	D	E	F	G	H	I	J	K	L
1	金额	亿	千万	百万	十万	万	千	百	十	元	角	分
2	25555.15				¥	2	5	5	5	5	1	5
3	123456.56			¥	1	2	3	4	5	6	5	6
4	1234567.23		¥	1	2	3	4	5	6	7	2	3
5	34567.23				¥	3	4	5	6	7	2	3

图 2-101 收据格式的金额

【公式解析】

- ROUND($A2,2)：表示将 A2 单元格金额保留两位小数。保留两位小数的原因是后面记账金额要保留到角、分。

- ROUND($A2,2)*100：将 A2 单元格金额转换成整数形式。
- "¥"&ROUND($A2,2)*100：将转化后的整数前加特殊符号“¥”（注意：“¥”符号前有一空字符）。
- 12-COLUMN(A:A)：记账的最高位是亿，即从右到左数的第 11 位，所以“12-COLUMN(A:A)”即 11。将公式向右填充，此部分返回值变为 10、9、8……也就是千万位、百万位、十万位……
- RIGHT("¥"&ROUND($A2,2)*100,12-COLUMN(A:A))：整数前加特殊符号“¥”，从右侧取 11 位，即取到亿位。
- LEFT(RIGHT("¥"&ROUND($A2,2)*100,12-COLUMN(A:A)))：从上一步取到亿位的数值最左侧取 1 位，就是亿位上的数值。

2.2.6　正值、负值分别求和，盈亏情况一目了然

【问题】

在销售数据分析中，经常会遇到盈亏分别计算的情况，负值相加就是“亏”值，正值相加就是“盈”值。样表如图 2-102 所示。

	A	B	C	D	E	F	G	H	I
1	产品	一月	二月	三月	四月	五月	六月	亏	盈
2	鼠标	98	-34	29	-38	69	-68		
3	键盘	-15	-14	98	62	-16	46		
4	显示屏	-84	-36	-62	45	-34	-71		

图 2-102　样表

【实现方法】

在 H2 单元格中输入公式“=SUMIF(B2:G2,"<0")”，按 Enter 键执行计算，实现负值求和，即完成了“亏”值相加，如图 2-103 所示。

H2　=SUMIF(B2:G2,"<0")

	A	B	C	D	E	F	G	H	I
1	产品	一月	二月	三月	四月	五月	六月	亏	盈
2	鼠标	98	-34	29	-38	69	-68	-140	196
3	键盘	-15	-14	98	62	-16	46	-45	206
4	显示屏	-84	-36	-62	45	-34	-71	-287	45

图 2-103　负值相加

在 I2 单元格中输入公式“=SUMIF(B2:G2,">0"))”，按 Enter 键执行计算，实现正值求和，即完成了“盈”值相加，如图 2-104 所示。

I2　=SUMIF(B2:G2,">0")

	A	B	C	D	E	F	G	H	I
1	产品	一月	二月	三月	四月	五月	六月	亏	盈
2	鼠标	98	-34	29	-38	69	-68	-140	196
3	键盘	-15	-14	98	62	-16	46	-45	206
4	显示屏	-84	-36	-62	45	-34	-71	-287	45

图 2-104　正值相加

【函数简介】

SUMIF 函数

语法：SUMIF(range,criteria,[sum_range])。

中文语法：SUMIF(根据条件进行计算的单元格的区域,单元格求和的条件,[求和的实际单元格])。

● range：必需，根据条件进行计算的单元格区域。每个单元格区域中的单元格必须是数字或名称、数组或包含数字的引用。

● criteria：必需，用于确定对单元格求和的条件，其形式可以为数字、表达式、单元格引用、文本或函数。任何文本条件或任何含有逻辑条件或数学符号的条件都必须使用双引号（""）括起来。如果条件为数字，则无须使用双引号。

● sum_range：可选，要参与求和的实际单元格。如果省略 sum_range 参数，Excel 会对在 range 参数指定的单元格（应用条件的单元格）求和。本示例中，第 3 个参数是省略的，默认对第 1 个参数指定的单元格区域中满足条件的单元格的值相加。

2.2.7 算算每户有几口人

【问题】

如图 2-105 所示，表格中记录的是一些户籍信息，A 列显示的是“与户主关系”，B 列显示的是家庭每位成员的姓名。如何在 C 列“户主”所在行统计出这户的总人数呢？

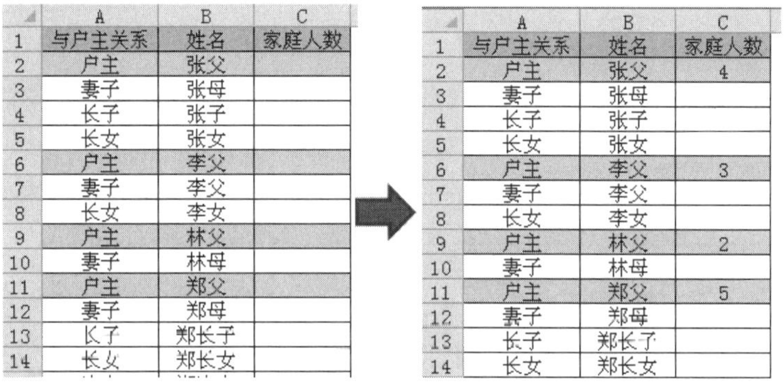

	A	B	C
1	与户主关系	姓名	家庭人数
2	户主	张父	
3	妻子	张母	
4	长子	张子	
5	长女	张女	
6	户主	李父	
7	妻子	李父	
8	长女	李女	
9	户主	林父	
10	妻子	林母	
11	户主	郑父	
12	妻子	郑母	
13	长子	郑长子	
14	长女	郑长女	

	A	B	C
1	与户主关系	姓名	家庭人数
2	户主	张父	4
3	妻子	张母	
4	长子	张子	
5	长女	张女	
6	户主	李父	3
7	妻子	李父	
8	长女	李女	
9	户主	林父	2
10	妻子	林母	
11	户主	郑父	5
12	妻子	郑母	
13	长子	郑长子	
14	长女	郑长女	

图 2-105 在户主行统计家庭人数

【实现方法】

在 C2 单元格中输入公式“=IF(A2="户主",COUNTA(B2:B15)-SUM(C3:C15),"")”，按 Enter 键执行计算，即可计算出第 1 户的家庭成员数，再将公式向下填充，可得所有家庭成员数。公式实现如图 2-106 所示。

【公式解析】

● COUNTA(B2:B15)：表示当前行的 B 列不为空值的单元格个数，也就是所有家庭成员数量。

C2 =IF(A2="户主",COUNTA(B2:B15)-SUM(C3:C15),"")

	A	B	C
1	与户主关系	姓名	家庭人数
2	户主	张父	4
3	妻子	张母	
4	长子	张子	
5	长女	张女	
6	户主	李父	3
7	妻子	李父	
8	长女	李女	
9	户主	林父	2
10	妻子	林母	
11	户主	郑父	5
12	妻子	郑母	
13	长子	郑长子	
14	长女	郑长女	

图 2-106　公式实现

● SUM(C3:C15)：从公式所在 C2 单元格的下一行，即 C3 单元格开始，统计除了当前行所在家庭的其他所有家庭成员数之和。

● COUNTA(B2:B15)-SUM(C3:C15)：B 列所有人员，减去除当前行所在家庭的其他所有家庭成员数之和，就是当年家庭成员数。

● IF(A2="户主",COUNTA(B2:B15)-SUM(C3:C15),"")：如果 A 列当前行单元格为“户主”，则返回当前家庭成员数，否则返回空值。这样就实现了将家庭成员数显示在户主所在行。

本示例公式的关键在于计数范围与求和范围的选择。

2.2.8　依据收费标准，计算不同地区、不同重量的快递费用

【问题】

快递收费标准如图 2-107 所示，如何根据这个收费标准，计算发往不同地区、不同重量的快递应收取的费用呢？

	A	B	C
1	地区	首重（元）/1公斤	续重（元）/1公斤
2	浙江、江苏、上海、安徽	5	0.8
3	福建、山东、江西	6	3
4	北京、天津、河北、湖北、广东、湖南、河南	7	4
5	重庆、四川、陕西、广西、云南、山西	9	7
6	贵族、辽宁、吉林、海南、黑龙江	9	7
7	内蒙古、甘肃、宁夏、青海	10	8
8	西藏、新疆	20	18

图 2-107　快递收费标准

【实现方法】

在 H2 单元格中输入公式“=SUMPRODUCT(INDEX($B$2:$C$8,MATCH("*"&LEFT(F2,2)&"*",$A$2:$A$8,),)*IF({1,0},1,INT(G2-0.01)))”，按 Enter 键执行计算，再将公式向下填充，即得所有费用，如图 2-108 所示。

H2 =SUMPRODUCT(INDEX($B$2:$C$8,MATCH("*"&LEFT(F2,2)&"*",$A$2:$A$8,),)*IF({1,0},1,INT(G2-0.01)))

	A	B	C
1	地区	首重（元）/1公斤	续重（元）/1公斤
2	浙江、江苏、上海、安徽	5	0.8
3	福建、山东、江西	6	3
4	北京、天津、河北、湖北、广东、湖南、河南	7	4
5	重庆、四川、陕西、广西、云南、山西	9	7
6	贵族、辽宁、吉林、海南、黑龙江	9	7
7	内蒙古、甘肃、宁夏、青海	10	8
8	西藏、新疆	20	18

	F	G	H
1	地址	重量	收费
2	北京某公司	2.3	15
3	浙江一一公司	3.2	7.4
4	山东某公司	2.3	12
5	黑龙江某单位	8	58
6	宁夏回族自治区某公司	10	82
7	新疆某某公司	10	182
8	海南某地某公司	2	[illegible]

图 2-108　计算快递费用

【公式解析】

● LEFT(F2,2)：表示取 F2 左边两个字符，此处返回值为“北京”。

● MATCH("*"&LEFT(F2,2)&"*",$A$2:$A$8,)：表示在 A2:A8 单元格区域，匹配“*北京*”所在行，返回值为 3。

● INDEX($B$2:$C$8,MATCH("*"&LEFT(F2,2)&"*",$A$2:$A$8,),)：在 B2:C8 单元格区域，查找第 3 行的数据，返回值是数组{7,4}。

● INT(G2-0.01)：表示对 G2 单元格的重量−0.01 后向下取整，返回值是 2。−0.01 的原因是避免正数，如果重量是 2，则对 2−0.01，即 1.99 取整，返回 1，这样就去除了首重 1。如果重量保留两位小数，可以减掉更小的 0.001 再取整。

● IF({1,0},1,INT(G2-0.01)))：表示构造一个数组{1,2}，1 为首重，2 为超重部分。

● SUMPRODUCT(INDEX($B$2:$C$8,MATCH("*"&LEFT(F2,2)&"*",$A$2:$A$8,),)*IF({1,0},1,INT(G2-0.01)))：将两个数组{7,4}、{1,2}对应位置数值相乘再相加，即 7*1+4*2，得费用为 15 元。

2.2.9　多人分组完成多个项目，统计每个人参与了哪些项目

【问题】

如图 2-109 所示，左侧为“项目名称”与“参与人员”统计样表，每 3 人为一小组，完成了很多项目。如何统计每人参与了哪些项目呢？效果如图 2-109 所示右侧人员与参与项目统计表。

	A	B	C	D
1	项目名称	参与人员		
2	项目一	王一	张二	林三
3	项目二	林三	胡四	项八
4	项目三	章六	张二	吴五
5	项目四	陆七	胡四	章六
6	项目五	陆七	王一	项八
7	项目六	王一	林三	陆七

	G	H	I	J
1	人员	参与的项目		
2	王一	项目一	项目五	项目六
3	张二	项目一	项目三	
4	林三	项目一	项目二	项目六
5	胡四	项目二	项目四	
6	吴五	项目三		
7	章六	项目三	项目四	
8	陆七	项目四	项目五	项目六
9	项八	项目二	项目五	

图 2-109　项目和参与人员统计样表

【实现方法】

在 H2 单元格中输入公式“=IFERROR(INDEX($A$1:$A$7,SMALL(($G2< >$B$2:$D$7)*100+ROW($B$2:$D$7),COLUMN(A$1))),"")”，按 Ctrl+Shift+Enter 组合键执行计算，然后公式向右、向下填充，即可得结果，如图 2-110 所示。

H2 {=IFERROR(INDEX($A$1:$A$7,SMALL(($G2<>$B$2:$D$7)*100+ROW($B$2:$D$7),COLUMN(A$1))),"")}

项目名称	参与人员		
项目一	王一	张二	林三
项目二	林三	胡四	项八
项目三	章六	张二	吴五
项目四	陆七	胡四	章六
项目五	陆七	王一	项八
项目六	王一	林三	陆七

人员	参与的项目		
王一	项目一	项目五	项目六
张二	项目一	项目三	
林三	项目一	项目二	项目六
胡四	项目二	项目四	
吴五	项目三		
章六	项目三	项目四	
陆七	项目四	项目五	项目六
项八	项目二	项目五	

图 2-110　统计每人参与的项目

【公式解析】

- ($G2< >$B$2:$D$7)*100：将 G2 的“王一”，依次与 B2:D7 相比较，如果不同，返回 TRUE，如果相同，则返回 FALSE。再将结果一一乘以 100，凡是不等于“王一”的，返回 100，等于“王一”的，返回 0，本部分返回结果为如下数组{0,100,100;100,100,100;100,100,100;100,100,100;100,0,100;0,100,100}（为方便描述，称为数组 1），如果行数较多，可以乘以更大的 10000 等。
- ($G2< >$B$2:$D$7)*100+ROW($B$2:$D$7)：将数组 1 结果依次与所在行相加，返回数组{2,102,102;103,103,103;104,104,104;105,105,105;106,6,106;7,107,107}（为方便描述，称为数组 2）。
- SMALL(($G2< >$B$2:$D$7)*100+ROW($B$2:$D$7),COLUMN(A$1))：在数组 2 中，取第“COLUMN(A$1)”小的数值。A1 是第一列，也就是取数组 2 中第 1 小的数值 2；当公式向右填充 1 列，变为取第“COLUMN(B$1)”小的数值，即第 2 小的数值 6；当公式再向右填充 1 列，变为取第“COLUMN(C$1)”小的数值，即第 3 小的数值 7。这样，得到数组{2;6;7;102;…}。
- INDEX($A$1:$A$7,SMALL(($G2< >$B$2:$D$7)*100+ROW($B$2:$D$7),COLUMN(A$1)))：当此公式在 H2 时，在 A1:A7 单元格区域内，取出第 2 行的项目一；公式向右填充一列，到 I 列，在 A1:A7 单元格区域内，取出第 6 行的项目五；公式再向右填充一列，到 J 列，在 A1:A7 单元格区域内，取出第 7 行的项目六；再往后取第 102 行……，这是不存在的行。
- IFERROR(INDEX($A$1:$A$7,SMALL(($G2< >$B$2:$D$7)*100+ROW($B$2:$D$7),COLUMN(A$1))),"")：用 IFFERROR 函数，如果查找错误，则返回空值。

2.2.10 同一单元格中有多个姓名，统计总人数

【问题】

路线与人员名单如图 2-111 所示，如何统计每条线路的人数呢？

	A	B	C
1	线路	人员名单	人数
2	上海	王一、张二、林三、胡四、吴五	
3	广州	章六、陆七、苏八、韩九、徐一、项二	
4	深圳	贾三、孙四、姚五	
5	北京	周六、金七、赵八、许九	
6	西安	陈一、程二、顾三、祝四、叶五	
7	兰州	杨六、赖七、石八、郁九、朱一、夏二、时三	

图 2-111 路线与人员名单

【实现方法】

在 C2 单元格中输入公式“=LEN(B2)-LEN(SUBSTITUTE(B2,"、",""))+1”，按 Enter 键执行计算，再将公式向下填充，即得各条线路的人数，如图 2-112 所示。

C2 =LEN(B2)-LEN(SUBSTITUTE(B2,"、",""))+1

	A	B	C
1	线路	人员名单	人数
2	上海	王一、张二、林三、胡四、吴五	5
3	广州	章六、陆七、苏八、韩九、徐一、项二	6
4	深圳	贾三、孙四、姚五	3
5	北京	周六、金七、赵八、许九	4
6	西安	陈一、程二、顾三、祝四、叶五	5
7	兰州	杨六、赖七、石八、郁九、朱一、夏二、时三	7

图 2-112 每条路线人数

【公式解析】

- SUBSTITUTE(B2,"、",""): 表示将 B2 单元格中的“、”全部替换掉。
- LEN(SUBSTITUTE(B2,"、","")): 表示替换掉“、”以后的字符串长度。
- LEN(B2): 替换前 B2 单元格字符的长度。
- LEN(B2)-LEN(SUBSTITUTE(B2,"、",""))+1: 由于“、”的数量比姓名数量少 1，所以人数为，替换“、”前的字符串长度−替换后的长度+1。

【函数简介】

LEN 函数

功能：LEN 返回文本字符串中的字符数。

语法：LEN(text)

2.2.11 员工姓名和业绩在同一单元格中，统计业绩最大值

【问题】

如图 2-113 所示，表中的员工姓名和业绩在同一单元格里，如何统计每个部门业绩最大值呢？

	A	B	C
1	部门	员工业绩	最高业绩
2	销售1部	王一：96，张二：90，林三：85，胡四：76，吴五：91	
3	销售2部	陆七：76，苏八：85，韩九：71，徐一：92	
4	销售3部	贾三：97，孙四：86，姚五：96	
5	销售4部	周六：71，金七：82，赵八：88，许九：95	
6	销售5部	陈一：64，程二：91	

图 2-113　员工业绩统计表

这种不规范的数据并不是不能统计，只是给统计带来了麻烦。

【实现方法】

在 C2 单元格中输入公式“=MAX((SUBSTITUTE(B2,ROW($1:$100),)< >B2)*ROW($1:$100))”，按 Ctrl+Shift+Enter 组合键执行计算，再将公式向下填充，可得所有部门最高业绩，如图 2-114 所示。

C2　fx　{=MAX((SUBSTITUTE(B2,ROW($1:$100),)<>B2)*ROW($1:$100))}

	A	B	C	D
1	部门	员工业绩	最高业绩	
2	销售1部	王一：96，张二：90，林三：85，胡四：76，吴五：91	96	
3	销售2部	陆七：76，苏八：85，韩九：71，徐一：92	92	
4	销售3部	贾三：97，孙四：86，姚五：96	97	
5	销售4部	周六：71，金七：82，赵八：88，许九：95	95	
6	销售5部	陈一：64，程二：91	91	

图 2-114　有所有部门最高业绩

【公式解析】

- ROW($1:$100)：返回值是 1～100 组成的数组{1；2；3；4；5；6；7；…；98；99；100}。
- SUBSTITUTE(B2,ROW($1:$100),)：将 B2 内的文本依次删除 1～100 数值以后，返回 100 组文本组成的数组，如图 2-115 所示。
- SUBSTITUTE(B2,ROW($1:$100),)< >B2：返回值是一组 TRUE 与 FALSE 组成的 100 个逻辑值数组，将删除了数字后的文本与 B2 单元格相对比，如果不等于 B2，返回 TRUE，如果等于 B2，返回 FALSE。
- (SUBSTITUTE(B2,ROW($1:$100),)< >B2)*ROW($1:$100)：将得到的一级逻辑值与 1～100 数值相乘，TRUE 相当于 1，FALSE 相当于 0，相乘以后得到的结果是一个数组，该数组由 100 个数值组成，分别是 B2 单元格中包含的所有数字和 0。

最后用 MAX 函数对上述数组内的数值求最大值。

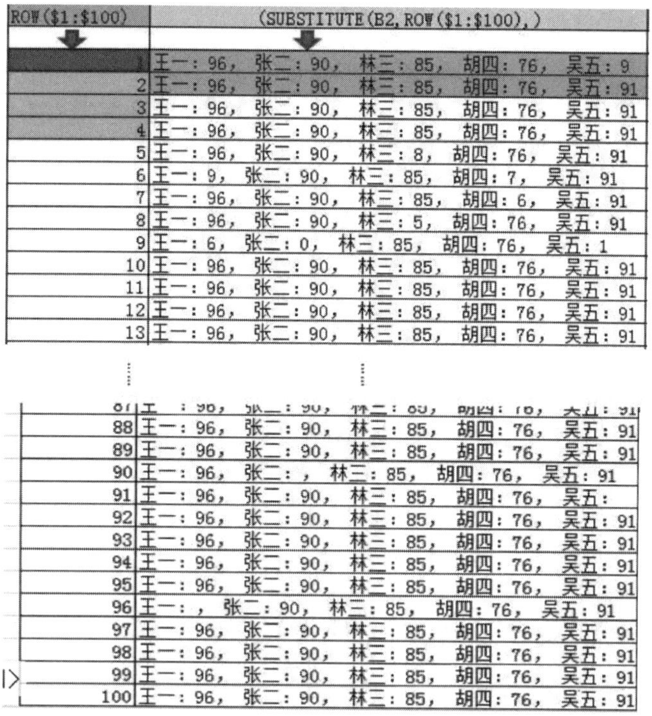

ROW($1:$100)	(SUBSTITUTE(B2,ROW($1:$100),)
1	王一：96，张二：90，林三：85，胡四：76，吴五：9
2	王一：96，张二：90，林三：85，胡四：76，吴五：91
3	王一：96，张二：90，林三：85，胡四：76，吴五：91
4	王一：96，张二：90，林三：85，胡四：76，吴五：91
5	王一：96，张二：90，林三：8，胡四：76，吴五：91
6	王一：9，张二：90，林三：85，胡四：7，吴五：91
7	王一：96，张二：90，林三：85，胡四：6，吴五：91
8	王一：96，张二：90，林三：5，胡四：76，吴五：91
9	王一：6，张二：0，林三：85，胡四：76，吴五：1
10	王一：96，张二：90，林三：85，胡四：76，吴五：91
11	王一：96，张二：90，林三：85，胡四：76，吴五：91
12	王一：96，张二：90，林三：85，胡四：76，吴五：91
13	王一：96，张二：90，林三：85，胡四：76，吴五：91
⋮	⋮
88	王一：96，张二：90，林三：85，胡四：76，吴五：91
89	王一：96，张二：90，林三：85，胡四：76，吴五：91
90	王一：96，张二：，林三：85，胡四：76，吴五：91
91	王一：96，张二：90，林三：85，胡四：76，吴五：
92	王一：96，张二：90，林三：85，胡四：76，吴五：91
93	王一：96，张二：90，林三：85，胡四：76，吴五：91
94	王一：96，张二：90，林三：85，胡四：76，吴五：91
95	王一：96，张二：90，林三：85，胡四：76，吴五：91
96	王一：，张二：90，林三：85，胡四：76，吴五：91
97	王一：96，张二：90，林三：85，胡四：76，吴五：91
98	王一：96，张二：90，林三：85，胡四：76，吴五：91
99	王一：96，张二：90，林三：85，胡四：76，吴五：91
100	王一：96，张二：90，林三：85，胡四：76，吴五：91

图 2-115　返回 100 组文本组成的数组

2.2.12　巧用 ROW 函数统计前 *N* 名数据

【问题】

对前多少名或者倒数多少名数据进行统计，是最常用的 Excel 数据处理方式。如图 2-116 所示的业绩表，如何统计前 3 名、前 10 名业绩和，前 10 名平均业绩？

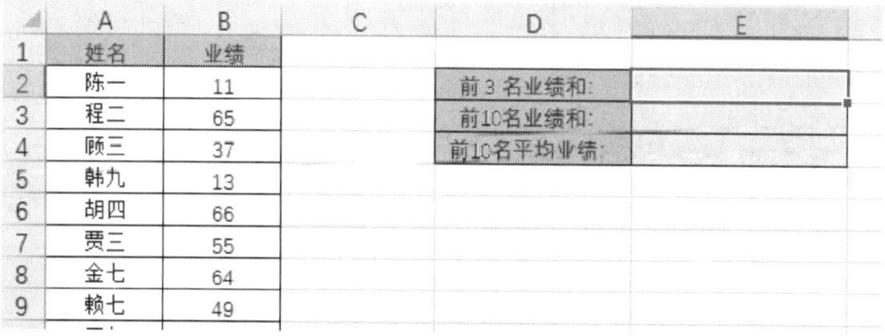

	A	B	C	D	E
1	姓名	业绩			
2	陈一	11		前3名业绩和:	
3	程二	65		前10名业绩和:	
4	顾三	37		前10名平均业绩:	
5	韩九	13			
6	胡四	66			
7	贾三	55			
8	金七	64			
9	赖七	49			

图 2-116　业绩表

【实现方法】

求前 3 名业绩和的公式为“=SUM(LARGE(B2:B37,{1,2,3}))”。

前 10 名业绩和的公式为“=SUM(LARGE(B2:B37,ROW(1:10)))”，按 Ctrl+Shift+Enter 组合键执行计算。

前 10 名平均业绩的公式为“=AVERAGE(LARGE(B2:B37,ROW(1:10)))”，按 Ctrl+Shift+

Enter 组合键执行计算。

结果如图 2-117 所示。

		公式
前 3 名业绩和:	205	=SUM(LARGE(B2:B37,{1,2,3}))
前10名业绩和:	621	{=SUM(LARGE(B2:B37,ROW(1:10)))}
前10名平均业绩:	62.1	{=AVERAGE(LARGE(B2:B37,ROW(1:10)))}

图 2-117　前 3 名、前 10 名业绩和、前 10 名平均业绩

【公式解析】

- LARGE(B2:B37,1)：指 B2:B37 区域中第 1 大值，即最大值。
- LARGE(B2:B37,{1,2,3}：指 B2:B37 区域中第 1、2、3 大值组成的数组。
- ROW(1:10)：返回一组垂直数组{1.2.3.4.5.6.7.8.9.10}。

特别提醒：公式结束时一定要按 Ctrl+Shift+Enter 组合键执行计算，否则 ROW(1:10) 中参与计算的只有“1”。

2.2.13　排除重复项统计每月缺勤人数

【问题】

统计员工考勤情况是每个 HR 都会遇到的问题。如图 2-118 所示，如何根据左边的缺勤登记表统计不同月缺勤人数呢？具体要求：同一个人在同月里只算一次（不考虑重名情况），如 1 月共有 3 人缺勤，分别为王五，李四，张三。

	A	B	C	D	E
1	2009年员工缺勤登记表			2009年员工缺勤情况表(根据月统计)	
2	日期	缺勤员工		日期	人数
3	2009/1/1	王五		1月	
4	2009/1/2	李四		2月	
5	2009/1/9	王五		3月	
6	2009/1/20	张三		4月	
7	2009/1/31	李四		5月	
8	2009/2/11	李四		6月	
9	2009/2/22	甲一		7月	
10	2009/2/5	李四		8月	
11	2009/2/16	开心		9月	
12	2009/4/6	李四		10月	
13	2009/5/7	张三		11月	
14	2009/5/10	张三		12月	
15	2009/5/26	李五			
16	2009/6/6	王五			
17	2009/6/7	开心			
18	2009/6/8	王五			
19	2009/6/16	李四			
20	2009/6/20	开心			
21	2009/6/22	李四			
22	2009/7/8	甲一			
23	2009/9/9	李四			
24	2009/9/23	开心			
25	2009/10/6	李四			
26	2009/11/30	张三			
27	2009/12/11	开心			
28	2009/12/11	李四			
29	2009/12/19	张三			
30	2009/12/27	张三			

图 2-118　全年缺勤情况

【实现方法】

在 E3 单元格中输入公式“=SUMPRODUCT((MONTH($A$3:$A$30)=D3)*(MATCH((MONTH($A$3:$A$30)=D3)&$B$3:$B$30,(MONTH($A$3:$A$30)=D3)&$B$3:$B$30,0)=ROW($3:$30)-2))，按 Ctrl+Shift+Enter 组合键执行计算，可算出 1 月缺勤人数，再将公式向下填充，可得 12 个月的缺勤人数，如图 2-119 所示。

图 2-119　12 个月的缺勤人数

【公式解析】

每月缺勤登记表中 D3:D14 单元格区域中的 1～12 月单元格，设置为“G/通用格式月份”，这样就可以直接输入数据，但显示为某某月，而实际单元格数据又是数值，不影响后面的计算，如图 2-120 所示。

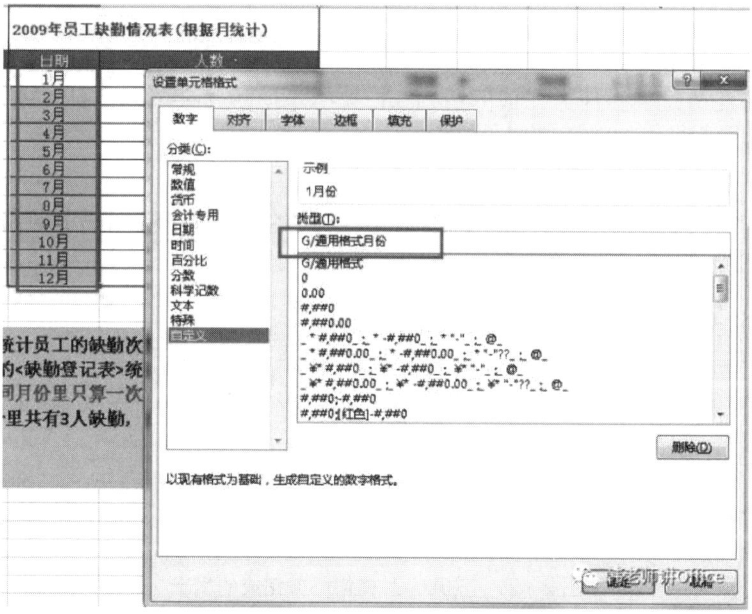

图 2-120　设置能自动添加的月份单位

● MONTH($A$3:$A$30=D3)&$B$3:$B$30：表示将 A3:A30 区域的月与 D3 中的月对比，如果相等返回 TRUE，否则返回 FALSE，将结果再分别与 B3:B30 单元格相连，得到数组，即{TRUE 王五;TRUE 李四;TRUE 王五;TRUE 张三;TRUE 李四;FALSE 李四;FALSE 甲一;FALSE 李四;FALSE 开心;FALSE 李四;FALSE 张三;FALSE 张三;FALSE 李五;FALSE 王五;FALSE 开心;FALSE 王五;FALSE 李四;FALSE 开心;FALSE 李四;FALSE 甲一;FALSE 李四;FALSE 开心;FALSE 李四;FALSE 张三;FALSE 开心;FALSE 李四;FALSE 张三;FALSE 张三}（为方便解析，以下称数组 1）。

● MATCH(MONTH($A$3:$A$30=D3)&$B$3:$B$30,MONTH($A$3:$A$30=D3)&$B$3:$B$30,0)=ROW($3:$39)-2：含义是在数组 1 中匹配出每一数值的位次，与当前实际位次是否相等，返回一组逻辑值，即{TRUE;TRUE;FALSE;TRUE;FALSE;FALSE;TRUE;FALSE;TRUE;FALSE;FALSE;FALSE;TRUE;FALSE;FALSE;FALSE;FALSE;FALSE;FALSE;FALSE;FALSE;FALSE;FALSE;FALSE;FALSE;FALSE;FALSE;FALSE}（为方便解析，以下称数组 2）。

● MONTH($A$3:$A$30)=D3：返回一组逻辑值，即{TRUE;TRUE;TRUE;TRUE;TRUE;FALSE}（为方便解析，以下称数组 3）。

● UMPRODUCT((MONTH($A$3:$A$30)=D3)*(MATCH((MONTH($A$3:$A$30)=D3)&$B$3:$B$30,(MONTH($A$3:$A$30)=D3)&$B$3:$B$30,0)=ROW($3:$30)-2))：表示利用 SOMPRODUCT 函数，对“数组 2”“数组 3”两组数组中的逻辑值对应位置数据乘积再加和，得到 1 月缺勤人数。

2.2.14 巧用动态区域统计累计情况

【问题】

2017 年前几个月销售任务完成的情况如图 2-121 所示，要求除了计算本月完成情况，还要计算过去几个月累积完成情况。

	A	B	C	D	E	F	G
1	月份	计划销量	实际销量	当月完成计划情况	累积计划	累积销量	累积完成计划情况
2	2017年1月	10000	9530				
3	2017年2月	10000	10235				
4	2017年3月	20000	17753				
5	2017年4月	15000	19086				
6	2017年5月	10000	8569				
7	2017年6月	10000	9268				
8	2017年7月	10000	11235				
9	2017年8月	15000					
10	2017年9月	10000					
11	2017年10月	10000					
12	2017年11月	20000					
13	2017年12月	20000					

图 2-121　前几个月销售任务完成的情况

【实现方法】

（1）当月完成计划情况。

在 D2 单元格中输入“=C2/B2”，按 Enter 键执行计算，再将公式向下填充，即可计算每个月的完成计划情况，如图 2-122 所示。

	A	B	C	D	E	
1	月份	计划销量	实际销量	当月完成计划情况	累积计划	累积
2	2017年1月	10000	9530	95.30%		
3	2017年2月	10000	10235	102.35%		
4	2017年3月	20000	17753	88.77%		
5	2017年4月	15000	19086	127.24%		
6	2017年5月	10000	8569	85.69%		
7	2017年6月	10000	9265	92.65%		
8	2017年7月	10000	11235	112.35%		
9	2017年8月	15000				
10	2017年9月	10000				
11	2017年10月	10000				

图 2-122　每个月的完成计划情况

可设置“百分比样式”和“小数点位数”。

（2）累积计划。

在 E2 单元格中输入公式“=SUM($B$2:B2)”，按 Enter 键执行计算，再将公式向下填充，即得本月及之前月的累积计划，如图 2-123 所示。

	A	B	C	D	E	F	G
1	月份	计划销量	实际销量	当月完成计划情况	累积计划	累积销量	累积完成计划情
2	2017年1月	10000	9530	95.30%	10000		
3	2017年2月	10000	10235	102.35%	20000		
4	2017年3月	20000	17753	88.77%	40000		
5	2017年4月	15000	19086	127.24%	55000		
6	2017年5月	10000	8569	85.69%	65000		
7	2017年6月	10000	9265	92.65%	75000		
8	2017年7月	10000	11235	112.35%	85000		
9	2017年8月	15000			100000		
10	2017年9月	10000			110000		
11	2017年10月	10000			120000		

图 2-123　本月及之前月的累积计划

其中，“$B$2:B2”表示起始单元格 B2 为绝对引用，终止单元格 B2 为相对引用，这种参数的写法，利用混合引用构建了一个可变区域，当公式向下填充时，每填充一行，起始单元格不变，终止单元格向下扩展一行。

比如，当填充到 2017 年 5 月的累积计划时，公式变成了“=SUM($B$2:B6)”，即计算 B2:B6 单元格区域的总和，如图 2-124 所示。

	A	B	C	D	E	F
1	月份	计划销量	实际销量	当月完成计划情况	累积计划	累积销量
2	2017年1月	10000	9530	95.30%	10000	
3	2017年2月	10000	10235	102.35%	20000	
4	2017年3月	20000	17753	88.77%	40000	
5	2017年4月	15000	19086	127.24%	55000	
6	2017年5月	10000	8569	85.69%	=SUM($B$2:B6)	
7	2017年6月	10000	9265	92.65%	75000	
8	2017年7月	10000	11235	112.35%	85000	
9	2017年8月	15000			100000	
10	2017年9月	10000			110000	
11	2017年10月	10000			120000	
12	2017年11月	20000			140000	

图 2-124　2017 年 5 月的累积计划

（3）累积销量。

方法同“累积计划”，只不过单元格区域变化了。在 F2 单元格中输入公式“=SUM($C$2:C2)”，按 Enter 键执行计算，再将公式向下填充，即得累积销量，如图 2-125 所示。

	A	B	C	D	E	F	G
1	月份	计划销量	实际销量	当月完成计划情况	累积计划	累积销量	累积完成计划情况
2	2017年1月	10000	9530	95.30%	10000	9530	
3	2017年2月	10000	10235	102.35%	20000	19765	
4	2017年3月	20000	17753	88.77%	40000	37518	
5	2017年4月	15000	19086	127.24%	55000	56604	
6	2017年5月	10000	8569	85.69%	65000	65173	
7	2017年6月	10000	9265	92.65%	75000	74438	
8	2017年7月	10000	11235	112.35%	85000	85673	
9	2017年8月	15000			100000		
10	2017年9月	10000			110000		
11	2017年10月	10000			120000		
12	2017年11月	20000			140000		

图 2-125　累积销量

（4）累积完成计划情况。

累积完成计划情况，方法同“当月完成计划情况”，在 G2 单元格中输入公式“=F2/E2”，按 Enter 键执行计算，再将公式向下填充，即得累积完成计划情况，如图 2-126 所示。

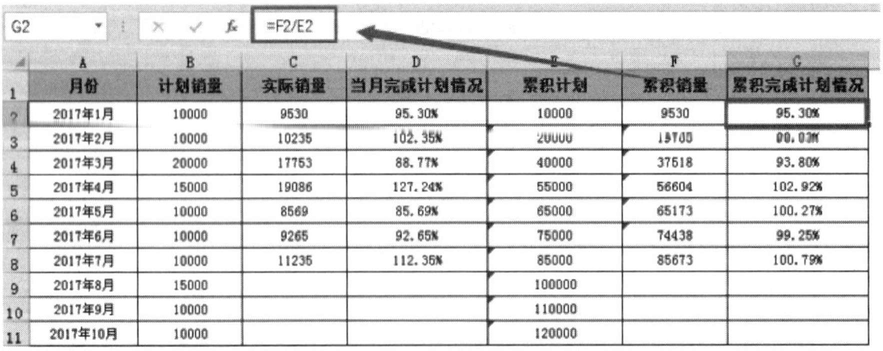

	A	B	C	D	E	F	G
1	月份	计划销量	实际销量	当月完成计划情况	累积计划	累积销量	累积完成计划情况
2	2017年1月	10000	9530	95.30%	10000	9530	95.30%
3	2017年2月	10000	10235	102.35%	20000	19765	98.83%
4	2017年3月	20000	17753	88.77%	40000	37518	93.80%
5	2017年4月	15000	19086	127.24%	55000	56604	102.92%
6	2017年5月	10000	8569	85.69%	65000	65173	100.27%
7	2017年6月	10000	9265	92.65%	75000	74438	99.25%
8	2017年7月	10000	11235	112.35%	85000	85673	100.79%
9	2017年8月	15000			100000		
10	2017年9月	10000			110000		
11	2017年10月	10000			120000		

图 2-126　累积完成计划情况

2.2.15 根据销售额分段提成标准计算累进提成

【问题】

累进提成：按照规定的销售额分段区间，以相应的提成率计算各区间的提成额，最后进行汇总。如销售额为 4750，则累进提成计算式为：=1000*1%+1000*1.2%+1000*1.4%+1000*1.6%+750*1.8%=65.5。举例数据如图 2-127 所示。

	A	B	C	D	E	F	G
1	员工销售额与提成					提成标准	
2	姓名	销售额	累进提成			销售额	提成率
3	王一	4750				0～999	1.00%
4	苏八	1200				1000～1999	1.20%
5	周六	300				2000～2999	1.40%
6	祝四	3500				3000～3999	1.60%
7	郁九	4750				4000～4999	1.80%
8	邹七	3500				5000～5999	2.00%
9	张二	9335				6000～6999	2.20%
10	韩九	3500				7000～7999	2.40%
11	金七	12589				8000～8999	2.60%
12	叶五	4750				9000～9999	2.80%
13	赵三	700				>=10000	3.00%

图 2-127 员工销售额与提成标准

此示例的问题，只用 IF 的多重嵌套是解决不了的，因为 IF 最多只允许有 9 重嵌套。即使区间没那么多，但 IF 写出的函数太长太啰嗦。我们只能另寻他法。

【实现方法】

（1）添加辅助列。

增加“区间最低值”与“区间提成”两个辅助列，区间提成是用 1000 乘以提成率计算而来的，如图 2-128 所示。

E	F	G	H	I	J	K
	提成标准					
	销售额	区间最低值	提成率	区间提成		
	0～999	0	1.00%	10	←	第1个1000的提成
	1000～1999	1000	1.20%	12	←	第2个1000的提成
	2000～2999	2000	1.40%	14	←	第3个1000的提成
	3000～3999	3000	1.60%	16	←	第4个1000的提成
	4000～4999	4000	1.80%	18	←	第5个1000的提成
	5000～5999	5000	2.00%	20	←	第6个1000的提成
	6000～6999	6000	2.20%	22	←	第7个1000的提成
	7000～7999	7000	2.40%	24	←	第8个1000的提成
	8000～8999	8000	2.60%	26	←	第9个1000的提成
	9000～9999	9000	2.80%	28	←	第10个1000的提成
	>=10000	10000	3.00%	30		

图 2-128 增加辅助列

（2）公式计算。

在 C3 单元格中输入公式“=(B3-LOOKUP(B3,$G$3:$G$13))*LOOKUP(B3,$G$3:$G$13,$H$3:$H$13)+IF(B3<1000,0,SUM(OFFSET($I$3,,,MATCH(B3,$G$3:$G$13,1)-1,)))”，按 Enter

键执行计算，再将公式向下填充，可计算出所有销售额的累进提成，如图 2-129 所示。

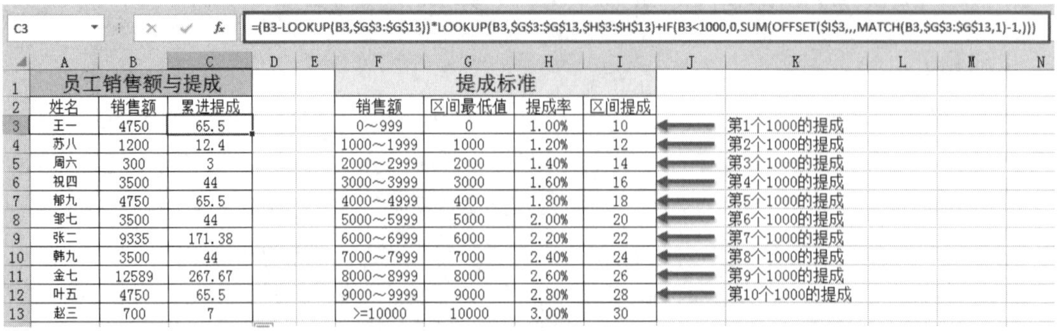

C3 =(B3-LOOKUP(B3,$G$3:$G$13))*LOOKUP(B3,$G$3:$G$13,$H$3:$H$13)+IF(B3<1000,0,SUM(OFFSET($I$3,,,MATCH(B3,$G$3:$G$13,1)-1,)))

	A	B	C	D	E	F	G	H	I	J	K
1	员工销售额与提成					提成标准					
2	姓名	销售额	累进提成			销售额	区间最低值	提成率	区间提成		
3	王一	4750	65.5			0～999	0	1.00%	10	←	第1个1000的提成
4	苏八	1200	12.4			1000～1999	1000	1.20%	12	←	第2个1000的提成
5	周六	300	3			2000～2999	2000	1.40%	14	←	第3个1000的提成
6	祝四	3500	44			3000～3999	3000	1.60%	16	←	第4个1000的提成
7	郁九	4750	65.5			4000～4999	4000	1.80%	18	←	第5个1000的提成
8	邹七	3500	44			5000～5999	5000	2.00%	20	←	第6个1000的提成
9	张二	9335	171.38			6000～6999	6000	2.20%	22	←	第7个1000的提成
10	韩九	3500	44			7000～7999	7000	2.40%	24	←	第8个1000的提成
11	金七	12589	267.67			8000～8999	8000	2.60%	26	←	第9个1000的提成
12	叶五	4750	65.5			9000～9999	9000	2.80%	28	←	第10个1000的提成
13	赵三	700	7			>=10000	10000	3.00%	30		

图 2-129　累进提成公式

【公式解析】

● LOOKUP(B3,$G$3:$G$13)：表示利用 LOOKUP 函数查找 B3 单元格数值在$G$3:$G$13 区域内对应的区间最低值。

● (B3-LOOKUP(B3,$G$3:$G$13))：返回 B3 单元格数值超出对应的区间最低值的数据。

● LOOKUP(B3,$G$3:$G$13,$H$3:$H$13)：返回 B3 单元格数值对应的区间提成。

● MATCH(B3,$G$3:$G$13,1)：表示匹配 B3 单元格数值在$G$3:$G$13 区域内对应的区间最低值所在的行。

● OFFSET(I3,,,MATCH(B3,$G$3:$G$13,1)-1,)：利用 OFFSET 函数返回 I3 到 B3 单元格数值在$G$3:$G$13 区域内对应的区间最低值所在行的上一行区域。

● SUM(OFFSET($I$3,,,MATCH(B3,$G$3:$G$13,1)-1,))：表示 I3 到 B3 单元格数值在$G$3:$G$13 区域内对应的区间最低值所在行的上一行区域内的所有提成加和。

● (B3-LOOKUP(B3,$G$3:$G$13))*LOOKUP(B3,$G$3:$G$13,$H$3:$H$13)+IF(B3<1000, 0,SUM(OFFSET($I$3,,,MATCH(B3,$G$3:$G$13,1)-1,)))”：B3 单元格数值超出对应的区间最低值的数据与对应区间的提成率的乘积，再加上对应的区间最低值以上所有区间提成之和。

以 B3 单元格 4750 对应的累进提成为例，4750 对应的销售额区间为 F7 的 4000～4999，所以对应的提成应该为：C12=(B3－G7)*H7+SUM(I3:I6)，如图 2-130 所示。

	A	B	C	D	E	F	G	H	I	J	K
1	员工销售额与提成					提成标准					
2	姓名	销售额	累进提成			销售额	区间最低值	提成率	区间提成		
3	王一	4750	65.5			0～999	0	1.00%	10	←	第1个1000的提成
4	苏八	1200	12.4			1000～1999	1000	1.20%	12	←	第2个1000的提成
5	周六	300	3			2000～2999	2000	1.40%	14	←	第3个1000的提成
6	祝四	3500	44			3000～3999	3000	1.60%	16	←	第4个1000的提成
7	郁九	4750	65.5			4000～4999	4000	1.80%	18	←	第5个1000的提成
8	邹七	3500	44			5000～5999	5000	2.00%	20	←	第6个1000的提成
9	张二	9335	171.38			6000～6999	6000	2.20%	22	←	第7个1000的提成
10	韩九	3500	44			7000～7999	7000	2.40%	24	←	第8个1000的提成
11	金七	12589	267.67			8000～8999	8000	2.60%	26	←	第9个1000的提成
12	叶五	4750	65.5			9000～9999	9000	2.80%	28	←	第10个1000的提成
13	赵三	700	7			>=10000	10000	3.00%	30		

图 2-130　C3 单元格公式分析

此种方法可适用于各种分区间累计的问题，如累进税率等。

2.2.16 统计代码含有指定数字的商品销售总量

【问题】

商品代码每位代表不同的含义，在如图 2-131 所示的样表中，A 列商品代码的第 1 位代表仓库，现在要统计“仓库四”（代码首位是 4）商品的销售总量，该如何实现呢？

I10

	A	B	C	D
1	商品代码	销售金额		
2	51223	300		代码首位为4的商品销售总量
3	23401	735		
4	45354	575		
5	47219	846		代码首位为4且尾数为6的商品销售总量
6	44506	478		
7	24766	851		
8	46524	821		
9	52872	408		
10	41606	800		
11	38740	849		
12	55026	831		

图 2-131 统计指定代码的商品

【实现方法】

（1）首位为 4 的商品销售总量。

在 D3 单元格中输入公式“=SUMPRODUCT(ISNUMBER(SEARCH("4????",A2:A12))*B2:B12)”，按 Enter 键执行计算，即可统计出首位为 4 的商品销售总量，如图 2-132 所示。

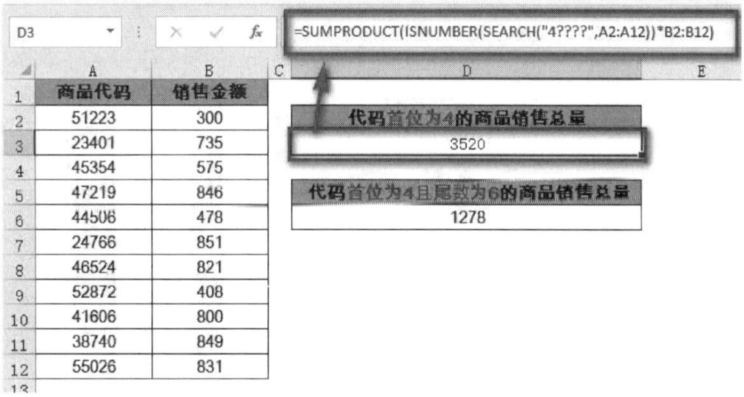

D3 =SUMPRODUCT(ISNUMBER(SEARCH("4????",A2:A12))*B2:B12)

	A	B	C	D	E
1	商品代码	销售金额			
2	51223	300		代码首位为4的商品销售总量	
3	23401	735		3520	
4	45354	575			
5	47219	846		代码首位为4且尾数为6的商品销售总量	
6	44506	478		1278	
7	24766	851			
8	46524	821			
9	52872	408			
10	41606	800			
11	38740	849			
12	55026	831			

图 2-132 首位为 4 的商品销售总量

（2）首位为 4 且尾数为 6 的商品销售总量。

在 D6 单元格中输入公式“=SUMPRODUCT(ISNUMBER(SEARCH("4???6",A2:A12))*B2:B12)”，按 Enter 键执行计算，即可统计出首位为 4 且尾数为 6 的商品销售总量，如图 2-133 所示。

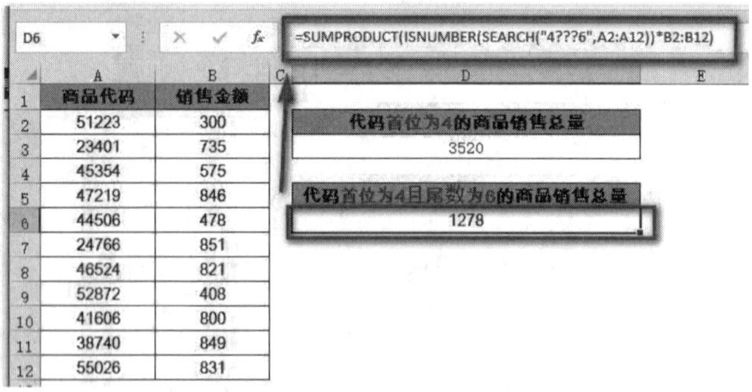

图 2-133　首位为 4 且尾数为 6 的商品销售总量

【公式解析】

● SEARCH("4????",A2:A12)：在 A2:A12 单元格区域中查找以 4 开头的五位数商品代码，如果查到返回 1，查不到则返回#VALUE，本部分公式返回由 1 与#VALUE 组成的数组，如图 2-134 所示"公式求值"对话框中"求值"文本框中的画线部分。

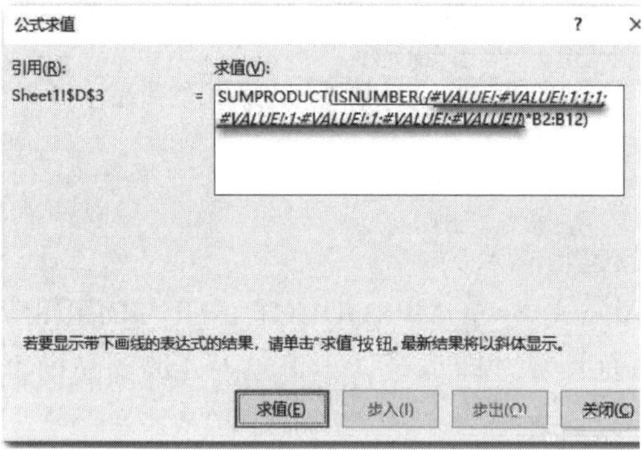

图 2-134　SEARCH 公式返回结果

● ISNUMBER(SEARCH("4????",A2:A12))：利用 ISNUMBER 函数对 SEARCH("4????",A2:A12)的结果进行判断，如果是 1 返回 TRUE，如果是#VALUE 则返回 FALSE，本部分公式返回由 TRUE 与 FALSE 组成的数组，如图 2-135 所示"公式求值"对话框中"求值"文本框中的画线部分。

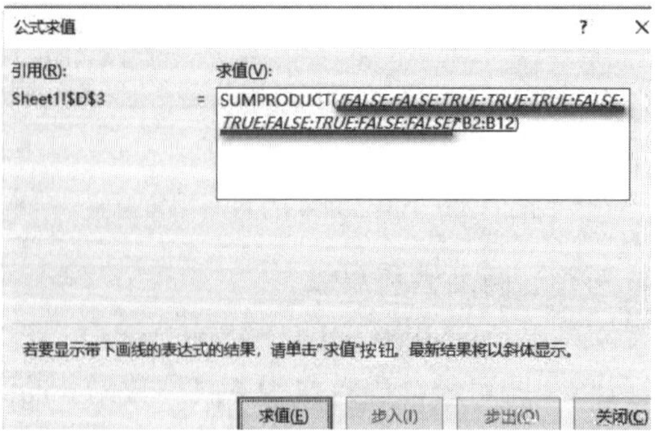

图 2-135　ISNUMBER 公式返回结果

● SUMPRODUCT(ISNUMBER(SEARCH("4????",A2:A12))*B2:B12)：利用 SUMPRODUCT 函数对 TRUE 与 FALSE 组成的数组与 B2:B12 数组对应位置的数值相乘后，再汇总求和。

2.2.17 利用 LEN+SUBSTITUTE 函数组合计算员工参与项目数

【问题】

每一位员工参与的项目明细如图 2-136 所示，项目名称都录入在同一个单元格中，如何用公式统计每位员工各参与了几个项目呢？

	A	B	C
1	姓名	参与项目	参与项目数
2	王一	项目1、项目6、项目12	
3	张二	项目5、项目7	
4	林三	项目2、项目9、项目10、项目13	
5	胡四	项目1、项目9、项目10	
6	吴五	项目4、项目11	
7	章六	项目2、项目5、项目7	
8	陆七		
9	苏八	项目9、项目10、项目11、项目15	
10	韩九	项目1、项目5、项目7	

图 2-136 员工参与项目明细

【实现方法】

在 C2 单元格中输入公式“=(LEN(B2)-LEN(SUBSTITUTE(B2,"、",))+1)*(B2<>"")，按 Enter 键执行计算，得第 1 位员工参与项目数量，再将公式向下填充，得所有员工参与的项目数，如图 2-137 所示。

C2 fx =(LEN(B2)-LEN(SUBSTITUTE(B2,"、",))+1)*(B2<>"")

	A	B	C	D	E
1	姓名	参与项目	参与项目数		
2	王一	项目1、项目6、项目12	3		
3	张二	项目5、项目7	2		
4	林三	项目2、项目9、项目10、项目13	4		
5	胡四	项目1、项目9、项目10	3		
6	吴五	项目4、项目11	2		
7	章六	项目2、项目5、项目7	3		
8	陆七		0		
9	苏八	项目9、项目10、项目11、项目15	4		
10	韩九	项目1、项目5、项目7	3		

图 2-137 每位员工各参与项目数

【公式解析】

● SUBSTITUTE(B2,"、",)：利用 SUBSTITUTE 函数将 B2 单元格中的“、”替代掉，此处注意顿号为中文全角。

● LEN(SUBSTITUTE(B2,"、",))：返回去掉“、”以后 B2 单元格中字符串的长度。

● (LEN(B2)-LEN(SUBSTITUTE(B2,"、",))+1)：表示原有 B2 单元格字符串长度减去“去掉顿号”以后的字符串长度再加 1，就是参与的项目数。

● B2<>""：判断 B2 单元格是否为空，如果是空返回 FALSE，不为空则返回 TRUE。

● (LEN(B2)-LEN(SUBSTITUTE(B2,"、",))+1)*(B2<>"")：将参与项目数与 TRUE 或 FALSE 相乘，避免了参与项目单元格为空值返回错误值的情况。

2.2.18 按不同字体或背景颜色统计数值

【问题】

如图 2-138 所示，左侧数据表中用不同颜色代表数据所属区间范围，右侧数据表用不同背景颜色代表数据所属区间范围，如何对相同字体颜色或相同背景颜色的数据进行统计呢？

	A	B
1	产品	数量
2	A	410
3	B	335
4	C	81
5	D	222
6	E	124
7	F	360
8	G	206
9	H	306

	A	B
1	产品	数量
2	A	410
3	B	335
4	C	81
5	D	222
6	E	124
7	F	360
8	G	206
9	H	306

图 2-138 不同颜色字体与背景

【实现方法】

1）不用颜色数值统计

（1）建立名称。单击“公式”→“定义名称”，在弹出的“新建名称”对话框的“名称”文本框中输入“ztcolor”，“引用位置”文本框中输入公式“=GET.CELL(24,B2)&T(NOW())”，单击“确定”按钮，如图 2-139 所示。

（2）提取字体颜色。在 C2 单元格中输入公式“=ztcolor”，按 Enter 键执行计算，再将公式向下填充，即得 B 列数字颜色值，如图 2-140 所示。

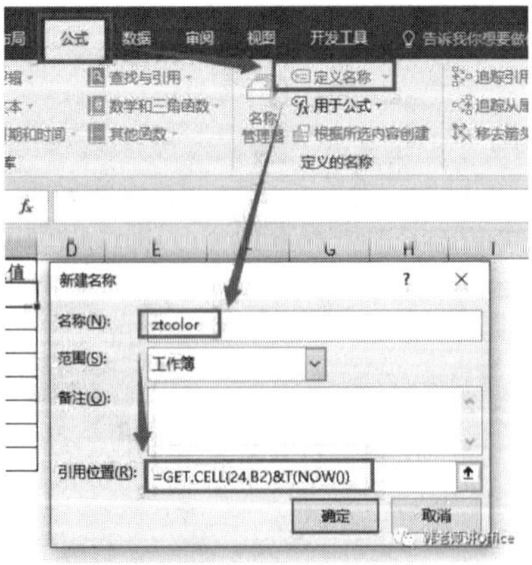

图 2-139 定义名称

C2 =ztcolor

	A	B	C
1	产品	数量	颜色值
2	A	410	3
3	B	335	10
4	C	81	10
5	D	222	43
6	E	124	43
7	F	360	43
8	G	206	53
9	H	306	53

图 2-140 提取字体颜色

把不同颜色的数字各取其一，粘贴到 E 列，同时在 F2 单元格中输入公式“=ztcolor”，按 Enter 键执行计算，再将公式向下填充，即得 E 列数字颜色值，如图 2-141 所示。

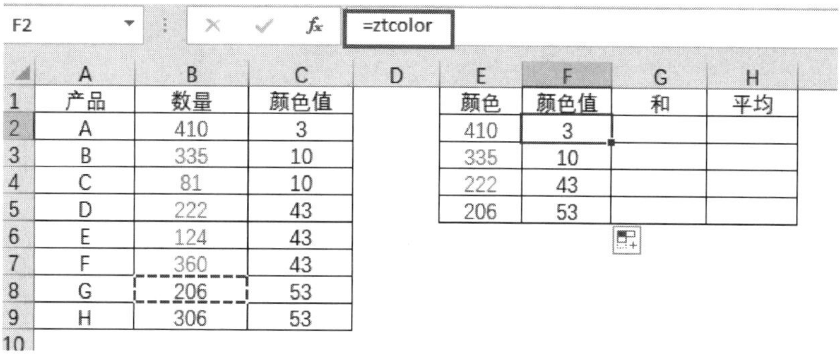
F2 =ztcolor

	A	B	C	D	E	F	G	H
1	产品	数量	颜色值		颜色	颜色值	和	平均
2	A	410	3		410	3		
3	B	335	10		335	10		
4	C	81	10		222	43		
5	D	222	43		206	53		
6	E	124	43					
7	F	360	43					
8	G	206	53					
9	H	306	53					

图 2-141　取颜色值

（3）统计。在 G2 单元格中输入公式“=SUMIF($C$2:$C$9,F2,$B$2:$B$9)”，按 Enter 键执行计算，公式向下填充，即得不同颜色数值的和；在 H2 单元格中输入公式“=AVERAGEIF($C$2:$C$9,F2,$B$2:$B$9)”，按 Enter 键执行计算，公式向下填充，即得不同颜色数值的平均值，如图 2-142 所示。

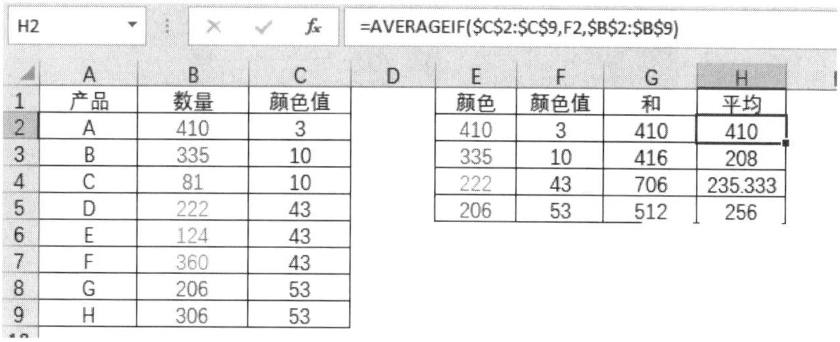
H2 =AVERAGEIF($C$2:$C$9,F2,$B$2:$B$9)

	A	B	C	D	E	F	G	H
1	产品	数量	颜色值		颜色	颜色值	和	平均
2	A	410	3		410	3	410	410
3	B	335	10		335	10	416	208
4	C	81	10		222	43	706	235.333
5	D	222	43		206	53	512	256
6	E	124	43					
7	F	360	43					
8	G	206	53					
9	H	306	53					

图 2-142　不同颜色平均值

2）不同背景数值统计

（1）建立名称。单击“公式”→“定义名称”，在弹出的“新建名称”对话框的“名称”文本框中输入“bjcolor”，“引用位置”文本框中输入公式“=GET.CELL(63,B2)&T(NOW())”，单击“确定”按钮，如图 2-143 所示。

（2）提取背景颜色。在 C2 单元格中输入公式“=bjcolor”，按 Enter 键执行计算，再将公式往下填充，即得 B 列背景颜色值，如图 2-144 所示。

（3）统计。把不同背景颜色各取其一，粘贴到 E 列，同时在 F2 单元格中输入公式“=bjcolor”，按 Enter 键执行计算，再将公式向下填充，即得 E 列背景颜色值。

在 G2 单元格中输入公式“=SUMIF($C$2:$C$9,F2,$B$2:$B$9)”，按 Enter 键执行计算，公式向下填充，即得不同背景颜色数据的和；在 H2 单元格中输入公式“=AVERAGEIF

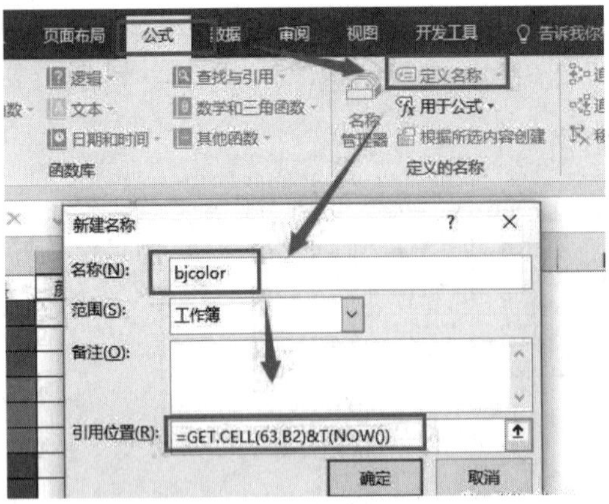

图 2-143　定义背景颜色名称

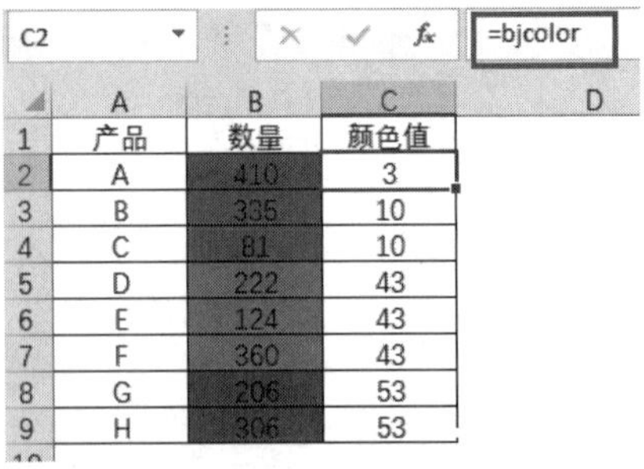

图 2-144　得背景颜色值

($C$2:$C$9,F2,$B$2:$B$9)”，按 Enter 键执行计算，再将公式向下填充，即得不同背景颜色数值的平均值，如图 2-145 所示。

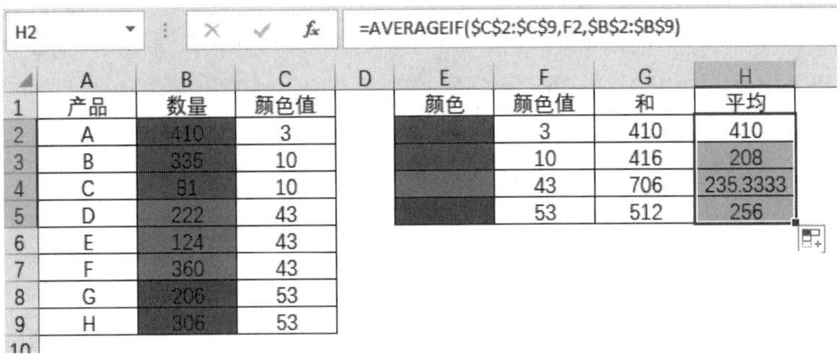

图 2-145　不同背景颜色平均值

【函数简介】

GET.CELL 函数

功能：获取单元格的信息。

语法：=GET.CELL(类型号,单元格引用)。

类型号范围为 1～66，也就是说 GET.CELL 函数可以返回一个单元格中 66 种信息。典型及常用的类型号及代表的含义如下。

- 24：单元格第一个的颜色编码数字。
- 63：单元格填充颜色（背景）编码数字。
- 64：单元格填充颜色（前景）编码数字。

GET.CELL 函数按照常规方法在单元格中输入没有任何用处，还会提示函数无效。

2.3　日期、时间范围统计

2.3.1　制作按年、月自动变化的考勤表表头

某单位考勤表表头如图 2-146 所示，如何实现表头中的日期与星期都可根据所选年与月自动改变？

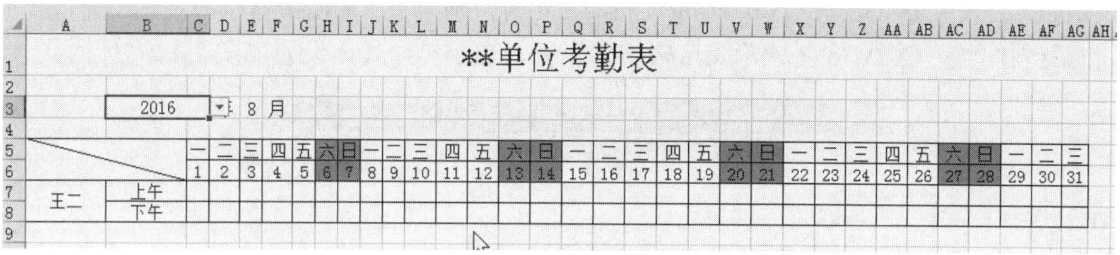

图 2-146　考勤表表头

【实现方法】

在 C6 单元格中输入公式“=IF(MONTH(DATE($B$3,$E$3,COLUMN(A6)))=$E$3,DATE($B$3,$E$3,COLUMN(A6)),"")”，按 Enter 键执行计算，再将公式向右填充，即可得自动变化的日期，如所图 2-147 示。

图 2-147　设置自动变化的日期

在 C5 单元格中输入公式“=TEXT(C6,"AAA")”，按 Enter 键执行计算，再将公式向右填充，即可得自动变化的星期，如图 2-148 所示。

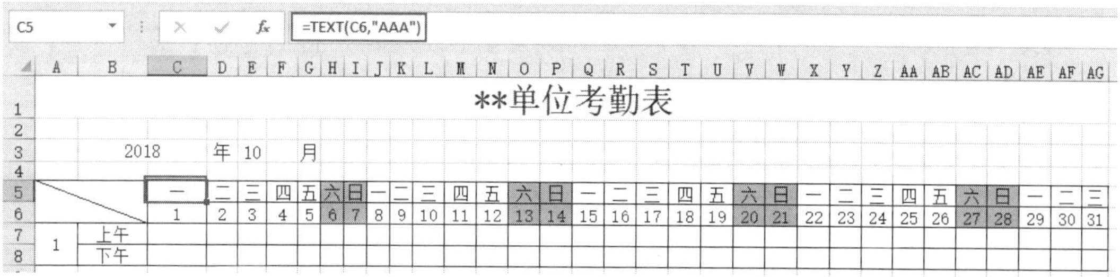

图 2-148　日期转星期

【公式解析】

- DATE($B$3,$E$3,COLUMN(A6))：B3 单元格表示的是年，E3 单元格表示的是月，COLUMN(A6)的结果是 1，本部分公式返回由 B3、E3、COLUMN(A6)构成的完整日期，公式每向右填充一列，日期加 1。
- MONTH(DATE($B$3,$E$3,COLUMN(A6))：取由 B3、E3、COLUMN(A6)构成日期的月。
- IF(MONTH(DATE($B$3,$E$3,COLUMN(A6)))=$E$3,DATE($B$3,$E$3,COLUMN(A6)),"")：表示如果公式所在单元格的月和 E3 单元格的月相等，则显示日期，否则显示为空。

特别注意：C6:AG6 区域单元格格式为设置只显示日，具体设置如图 2-149 所示。

图 2-149　设置日期只显示“日”

2.3.2　设置考勤表周六、周日列自动变色，且自动统计工作日与非工作日加班时长

【问题】

设置考勤表周六、周日列自动变色从而能突出非工作日，提高考勤表的可读性，如图 2-150 所示，这种设置是如果实现的呢？

【实现方法】

1）周六、周日列自动变色

选中整个考勤表区域，单击“开始”→“条件格式”→“新建格式规则”，选择“使用公式确定要设置格式的单元格”命令，在“为符合此公式的值设置格式”文本框中输入公

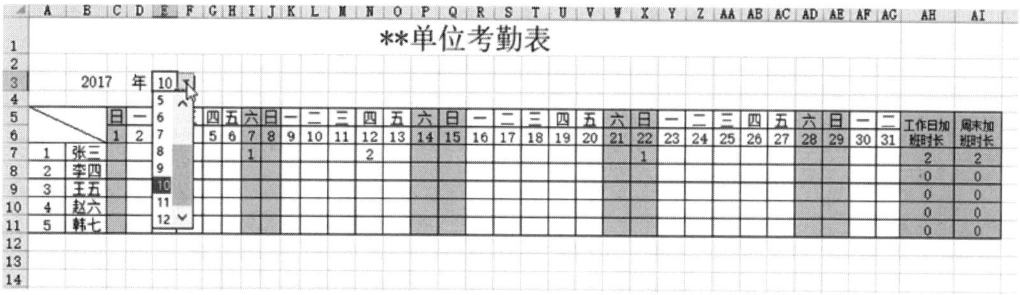

图 2-150 周六、周日列自动变色

式“=OR(C$5="六",C$5="日")”，此公式的含义是：条件为第五行单元格数据如果是“六”或者“日”，单击“格式”按钮，选择一种填充颜色，即可实现周六、周日列自动变色，如图 2-151 所示。

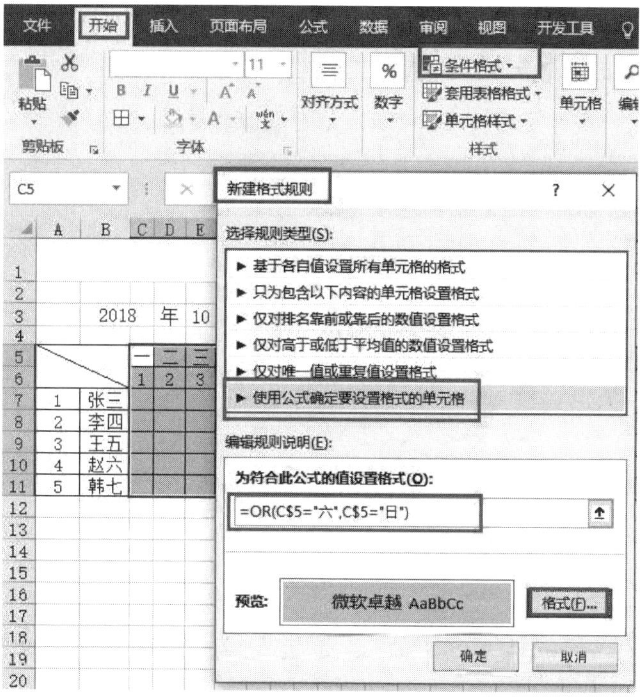

图 2-151 条件格式设置周六、周日列自动变色

2）自动统计工作日与非工作日加班时长

（1）周末加班时长。在 AI2 单元格中输入公式“=SUMIF($C$5:$AG$5,"六",C7:AG7)+SUMIF($C$5:$AG$5, "日",C7:AG7)”，按 Enter 键执行计算，得张三非工作日加班时长，再将公式向下填充，即得所有员工非工作日加班时长，如图 2-152 所示。

（2）工作日加班时长。在 AH2 单元格中输入公式“=SUM(C7:AG7)-AI7”，按 Enter 键执行计算，得张三工作日加班时长，再将公式向下填充，即得所有员工工作日加班时长，如图 2-153 所示。

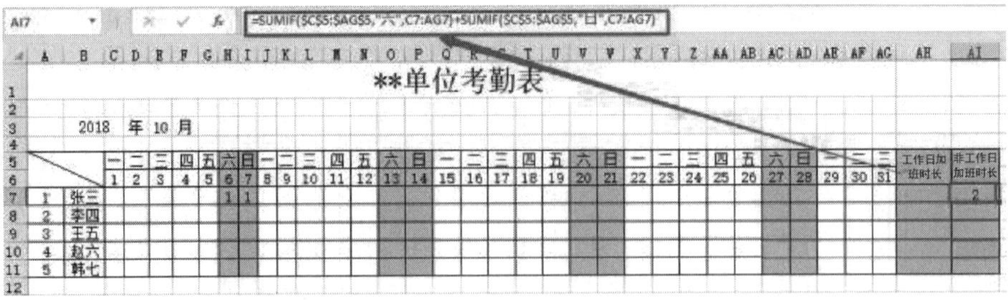

图 2-152　非工作日加班时长

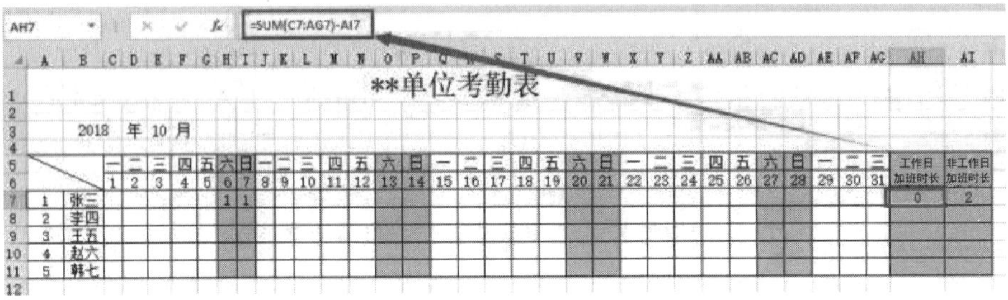

图 2-153　工作日加班时长

2.3.3　制作日期竖排的考勤表表头

【问题】

在 2.3.1 节中，讲述了随日期变化的横排考勤表表头，有时工作数据要做成日期竖排的考勤表，如图 2-154 所示，该如何实现呢？

【实现方法】

（1）设置单元格格式。将 B6 单元格设置自定义格式为只显示“年月日”中的“日”，具体设置如图 2-155 所示。

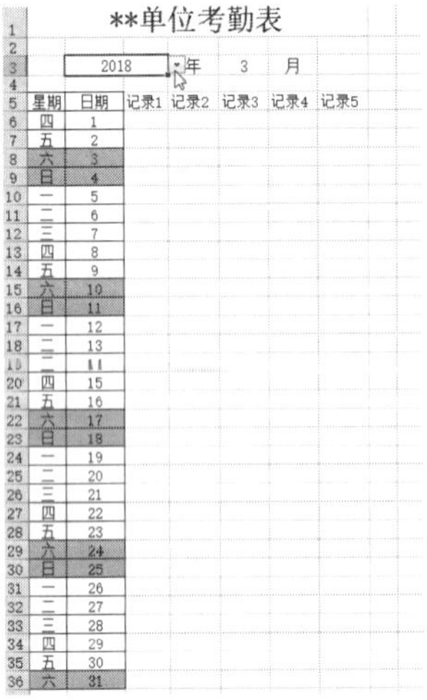

图 2-154　日期竖排的考勤表

图 2-155　只显示“年月日”中的“日”

（2）输入公式计算日期。在 B6 单元格中输入公式“=IF(MONTH(DATE($B$3,$E$3,ROW(A1)))=$E$3,DATE($B$3, $E$3,ROW(A1)),"")”，按 Enter 键执行计算，即得第一个日期，再将公式向下填充可得所有日期，如图 2-156 所示。

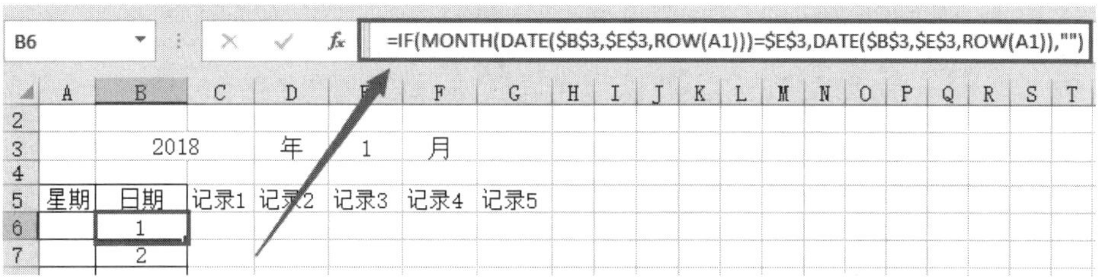

图 2-156 实现自动变化的竖排日期

（3）输入公式计算星期。在 A6 单元格中输入公式“=TEXT(B6,"AAA")),"")”，按 Enter 键执行计算，即把第一个日期转换为星期几，再将公式向下填充可将所有日期转换为星期几，如图 2-157 所示。

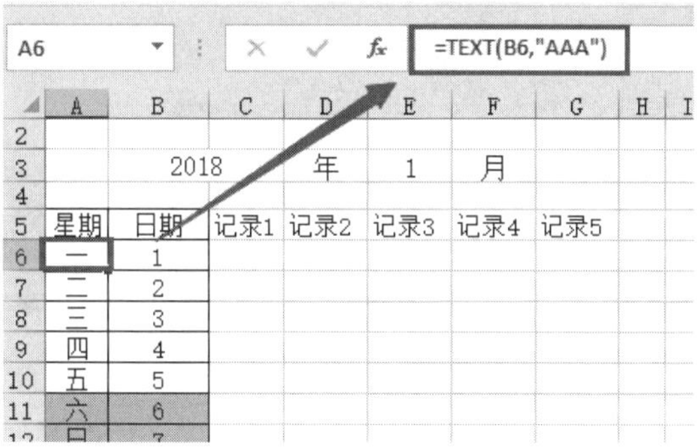

图 2-157 日期转星期

（4）条件格式突出周末。选中所有星期与日期单元格，单击“开始”→“条件格式”→“新建格式规则”，在“为符合此公式的值设置格式”文本框中输入公式“=OR($A6="六",$A6="日")”，并单击“格式”按钮设置背景色，所有的周六、周日便会用不同的颜色显示出来，如图 2-158 所示。

【公式解析】

- DATE($B$3,$E$3,ROW(A1)：由 B3、E3、ROW(A1)组成的日期，B3 为年、E3 为月、ROW(A1)为日，其中 ROW(A1)可变，再将公式向下填充变为 ROW(A2)、ROW(A3)……“日”数值也逐行加 1。
- MONTH(DATE($B$3,$E$3,ROW(A1))：返回由 B3、E3、ROW(A1)组成的日期中取月。
- IF(MONTH(DATE($B$3,$E$3,ROW(A1)))=$E$3,DATE($B$3,$E$3,ROW(A1)),"")：如果由 B3、E3、ROW(A1)组成日期的月刚好等于 E3 单元格的月，则公式返回由 B3、E3、ROW(A1)组成的日期，否则返回空值。

图 2-158　突出周末

2.3.4　日期与时间分离的 3 种方法

【问题】

系统导出的日期与时间往往在同一个单元格中，如图 2-159 所示，这会妨碍后期的数据统计，如何将日期与与时间分离呢？

	A	B	C
1	下单时间	日期	时间
2	2017/1/1 9:40		
3	2017/1/2 9:40		
4	2017/1/3 9:40		
5	2017/1/4 9:40		
6	2017/1/5 9:40		
7	2017/1/6 9:40		
8	2017/1/7 9:40		
9	2017/1/11 0:09		
10	2017/1/12 0:09		
11	2017/1/13 0:09		
12	2017/1/14 0:09		
13	2017/1/15 0:09		
14	2017/1/16 0:09		

图 2-159　日期与时间在同一个单元格中

【实现方法】

1）分列

选中数据，单击“数据”→“分列”，在弹出的“文本分列向导”对话框中选择“固定列宽”项，单击“下一步”按钮，直至完成，如图 2-160 所示。

图 2-160 分列

分列后的日期与时间格式，可以自定义。

2）INT 函数

在 B2 单元格中输入公式“=INT(A2)”，按 Enter 键执行计算，再将公式向下填充，可得日期，如图 2-161 所示。结果采用“日期+0:00”的格式，可以进行日期型数据的计算，也可以设置单元格格式为年月日，隐去 0:00。

在 C2 单元格中输入公式“=A2-B2”，按 Enter 键执行计算，再将公式向下填充，单元格设置为时间格式，即得分离后的时间，如图 2-162 所示。

3）TEXT 函数

在 B2 单元格中输入公式“=TEXT(A2,"yyyy/m/d")”，按 Enter 键执行计算，再将公式向下填充，结果如图 2-163 所示。

在 C2 单元格中输入公式“=A2-B2”，按 Enter 键执行计算，单元格设置为时间格式，即得时间。

B2 =INT(A2)

	A	B	C
1	下单时间	日期	时间
2	2017/1/1 9:40	2017/1/1 0:00	
3	2017/1/2 9:40	2017/1/2 0:00	
4	2017/1/3 9:40	2017/1/3 0:00	
5	2017/1/4 9:40	2017/1/4 0:00	
6	2017/1/5 9:40	2017/1/5 0:00	
7	2017/1/6 9:40	2017/1/6 0:00	
8	2017/1/7 9:40	2017/1/7 0:00	
9	2017/1/11 0:09	2017/1/11 0:00	
10	2017/1/12 0:09	2017/1/12 0:00	
11	2017/1/13 0:09	2017/1/13 0:00	
12	2017/1/14 0:09	2017/1/14 0:00	
13	2017/1/15 0:09	2017/1/15 0:00	
14	2017/1/16 0:09	2017/1/16 0:00	

图 2-161　INT 函数取日期

C2 =A2-B2

	A	B	C
1	下单时间	日期	时间
2	2017/1/1 9:40	2017/1/1	9:40
3	2017/1/2 9:40	2017/1/2	9:40
4	2017/1/3 9:40	2017/1/3	9:40
5	2017/1/4 9:40	2017/1/4	9:40
6	2017/1/5 9:40	2017/1/5	9:40
7	2017/1/6 9:40	2017/1/6	9:40
8	2017/1/7 9:40	2017/1/7	9:40
9	2017/1/11 0:09	2017/1/11	0:09
10	2017/1/12 0:09	2017/1/12	0:09
11	2017/1/13 0:09	2017/1/13	0:09
12	2017/1/14 0:09	2017/1/14	0:09
13	2017/1/15 0:09	2017/1/15	0:09
14	2017/1/16 0:09	2017/1/16	0:09

图 2-162　时间

B2 =TEXT(A2,"yyyy/m/d")

	A	B	C	D	E
1	下单时间	日期	时间		
2	2017/1/1 9:40	2017/1/1	9:40		
3	2017/1/2 9:40	2017/1/2	9:40		
4	2017/1/3 9:40	2017/1/3	9:40		
5	2017/1/4 9:40	2017/1/4	9:40		
6	2017/1/5 9:40	2017/1/5	9:40		
7	2017/1/6 9:40	2017/1/6	9:40		
8	2017/1/7 9:40	2017/1/7	9:40		
9	2017/1/11 0:09	2017/1/11	0:09		
10	2017/1/12 0:09	2017/1/12	0:09		
11	2017/1/13 0:09	2017/1/13	0:09		
12	2017/1/14 0:09	2017/1/14	0:09		
13	2017/1/15 0:09	2017/1/15	0:09		
14	2017/1/16 0:09	2017/1/16	0:09		

图 2-163　TEXT 函数取日期

2.3.5　利用 SUM+OFFSET 函数组合查询产品指定月的销量合计

【问题】

产品销售数据如图 2-164 所示，在查询区选择产品、输入起止月，即可知该产品在指定月的销量合计，该如何完成呢？

	A	B	C	D	E	F	G	H	I	J	K	L	M
1	产品	1月	2月	3月	4月	5月	6月	7月	8月	9月	10月	11月	12月
2	产品1	157	409	125	287	237	91	261	374	182	278	202	431
3	产品2	268	380	348	495	98	432	362	52	459	422	298	397
4	产品3	51	429	265	311	462	467	87	115	485	101	166	37
5	产品4	416	38	281	138	465	144	88	197	440	410	315	428
6	产品5	44	424	355	234	300	323	284	327	90	110	310	100
7	产品6	478	161	349	210	479	440	81	335	63	178	305	294
8	产品7	322	139	57	34	340	362	463	407	292	244	21	309
9	产品8	235	291	264	116	59	93	429	321	331	314	287	99
10													
11	查询区:												
12	产品	起始月份	截止月份	销量合计									
13	产品2	5	9	1403									

图 2-164　产品销售数据

【实现方法】

在 D13 单元格中输入公式“=SUM(OFFSET(A1,MATCH(A13,A2:A9,0),B13,1,C13-B13+1))”，按 Enter 键执行计算，即可得结果，如图 2-165 所示。

D13 =SUM(OFFSET(A1,MATCH(A13,A2:A9,0),B13,1,C13-B13+1))

	A	B	C	D	E	F	G	H	I	J	K	L	M
1	产品	1月	2月	3月	4月	5月	6月	7月	8月	9月	10月	11月	12月
2	产品1	157	409	125	287	237	91	261	374	182	278	202	431
3	产品2	258	380	348	495	98	432	362	52	459	422	298	397
4	产品3	51	429	265	311	462	467	87	115	485	101	166	37
5	产品4	416	38	281	138	465	144	88	197	440	410	315	428
6	产品5	44	424	355	234	300	323	284	327	90	110	310	100
7	产品6	478	161	349	210	479	440	81	335	63	178	305	294
8	产品7	322	139	57	34	340	362	463	407	292	244	21	309
9	产品8	235	291	264	116	59	93	429	321	331	314	287	99
10													
11	查询区:												
12	产品	起始月	截止月	销量合计									
13	产品2	5	9	1403									

图 2-165 输入产品与月份可随意查找某几个月的销量合计

【公式解析】

- MATCH(A13,A2:A9,0)：匹配所要查询的产品在 A2:A9 单元格区域的第几行。
- OFFSET(A1,MATCH(A13,A2:A9,0),B13,1,C13-B13+1)：以 A1 为基准点，向下偏移到所查产品的行与起始月份的交叉单元格，取该单元格为起始单元格，高为一行，宽为起始月到截止月列数的单元格区域。如查产品 2，从 3 月到 9 月的销量和，本部分函数就是指以 A1 为基准点向下偏移 2 行，右偏移两列后到 D3 单元格，以 D3 单元格为起始点的 1 行 7 列单元格区域，即 D2:D9 单元格区域。
- SUM(OFFSET(A1,MATCH(A13,A2:A9,0),B13,1,C13-B13+1))：上述单元格区域的值求和。

2.3.6 利用 LOOKUP+DATEDIF 函数组合计算账龄

【问题】

如图 2-166 所示，费用发生在不同的日期，该如何统计每笔费用的账龄呢？要求把账龄分为“6 个月内”“6～12 个月”“1～2 年”“超过 2 年”4 个时间段。

	A	B	C	D
1	业务单位	费用发生日期	费用金额（万元）	账龄
2	A	2017/3/2	75	
3	B	2012/6/1	51	
4	C	2013/6/1	70	
5	D	2014/9/1	32	
6	E	2017/7/1	75	
7	F	2017/1/10	47	
8	G	2018/3/1	62	

图 2-166 费用发生日期

【实现方法】

在 D2 单元格中输入公式“=LOOKUP(DATEDIF(B2,TODAY(),"M"),{0,6,12,24},{"6 个月内","6～12 个月","1～2 年","超过 2 年"})”，按 Enter 键执行计算，再将公式向下填充，即可得所有费用的账龄，如图 2-167 所示。

D2 =LOOKUP(DATEDIF(B2,TODAY(),"M"),{0,6,12,24},{"6个月内","6-12个月","1-2年","超过2年"})

	A	B	C	D
1	业务单位	费用发生日期	费用金额（万元）	账龄
2	A	2017/3/2	75	1~2年
3	B	2012/6/1	51	超过2年
4	C	2013/6/1	70	超过2年
5	D	2014/9/1	32	超过2年
6	E	2017/7/1	75	6~12个月
7	F	2017/1/10	47	1~2年
8	G	2018/3/1	62	6个月内

图 2-167 账龄表

【公式解析】

- DATEDIF(B2,TODAY(),"M")：返回费用发生日期到现在的月份。
- LOOKUP(DATEDIF(B2,TODAY(),"M"),{0,6,12,24},{"6 个月内","6～12 个月","1～2 年", "超过 2 年"})：查找费用发生日期到现在的月份在数组{0,6,12,24}中属于哪个区间，并返回在数组{"6 个月内","6～12 个月","1～2 年","超过 2 年"}对应的值。

2.3.7 根据出生日期制作员工生日提醒

【问题】

为体现公司对职工的关怀，在员工生日当天要送出祝福。某位 HR 想在员工人事表格中设置提醒，该如何实现呢？数据样表如图 2-168 所示。

	A	B	C
1	姓名	出生日期	生日提醒
2	王一	2000/10/14	
3	张二	1980/5/20	
4	林三	1973/10/9	
5	胡四	1992/11/1	
6	吴五	1970/10/11	
7	章六	1985/12/13	
8	陆七	1991/10/7	

图 2-168 员工生日数据

【实现方法】

在 C2 单元格中输入公式“=TEXT(7-DATEDIF(B2-7,TODAY(),"YD"),"0 天后生日;;今天生日")”，按 Enter 键执行计算，再将公式向下填充，可得所有员工的生日提醒，如图 2-169 所示。

C2 `=TEXT(7-DATEDIF(B2-7,TODAY(),"YD"),"0天后生日;;今天生日")`

	A	B	C
1	姓名	出生日期	生日提醒
2	王一	2000/10/14	7天后生日
3	张二	1980/5/20	
4	林三	1973/10/9	2天后生日
5	胡四	1992/11/1	
6	吴五	1970/10/11	4天后生日
7	章六	1985/12/13	
8	陆七	1991/10/7	今天生日

图 2-169　所有员工的生日提醒

【公式解析】

首先解释一个“疑惑”。DATEDIF 函数用来忽略年份计算日期差的语法是：DATEDIF(起始日期,结束日期, “YD”)，为什么此公式中 DATEDIF 的第 1 个参数是 B2-7，而不是直接写出生日期 B2?

用举例法更容易理解：如第 1 位员工的生日是 2000/10/14，作为起始日期，忽略了年份（因为生日无关年份，只与月日有关），日期是 10 月 14 日；结束日期是今天（TODAY()），忽略了年份。结束日期（10 月 7 日）减去起始日期（10 月 14 日）是不行的，所以像减法借位一样，会“借”一年当 365 天，所以返回值是 359。为了避免这个 359 的结果，所以人为把起始日期（10 月 14 日）先减去 7 天（因为要求是提前 7 天提醒），这样，公式中 DATEDIF(B2-7,TODAY(),"YD")，这部分的返回值就是 0，然后用 7-0，就是还有 7 天过生日。

再使用 TEXT 函数规范结果的显示方式：大于 0，显示为“还有几天”，小于 0，显示为空，等于 0 会显示为“今天生日”。

2.3.8　2018 年是平年还是闰年

【问题】

2018 年 2 月 28 日，第二天是 3 月 1 日，为什么不是 2 月 29 日呢？估计很多人都知道原因：2018 年是平年，不是闰年，平年 2 月只有 28 天。如何用公式判断某一年是平年还是闰年呢？

【实现方法】

在 E2 单元格中输入公式“=IF(OR(AND(MOD(D2,4)=0,MOD(D2,100)< >0),MOD(D2,400)=0),"闰年","平年")”，按 Enter 键执行计算，即可判断 D2 单元格年（2018）是平年还是闰年，如图 2-170 所示。

`=IF(OR(AND(MOD(D2,4)=0,MOD(D2,100)<>0),MOD(D2,400)=0),"闰年","平年")`

D	E
年	平年或闰年
2018	平年

图 2-170　闰年公式

（闰年定义：年数能被 4 整除而不能被 100 整除，或者能被 400 整除）

【公式解析】

公式各部分之间的关系如图 2-171 所示。

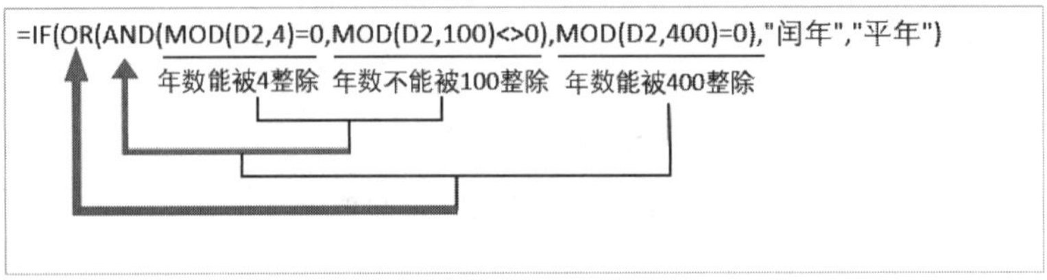

图 2-171　公式各部分之间的关系

【函数简介】

1）OR 函数

语法：OR(条件 1,条件 2,条件 3,…)。

功能：各条件是或者的关系。

如果 OR 函数的条件计算为 TRUE，则其返回 TRUE；如果其所有条件计算均为 FALSE，则返回 FALSE。举例如图 2-172 所示。

	A	B	C
1	公式	说明	结果
2	=OR(TRUE,TRUE)	所有参数均为 TRUE	TRUE
3	=OR(TRUE,FALSE)	有一个参数为 FALSE	TRUE
4	=OR(1=1,2=2,3=3)	所有参数均为 TRUE	TRUE
5	=OR(1=2,2=3,3=4)	所有参数均为 FALSE	FALSE

图 2-172　OR 函数举例

2）AND 函数

语法：AND(条件 1,条件 2,条件 3,…)。

功能：各条件是并且的关系。

所有条件的计算结果为 TRUE 时，AND 函数返回 TRUE；只要有一个条件的计算结果为 FALSE，即返回 FALSE。举例如图 2-173 所示。

	A	B	C
1	公式	说明	结果
2	=AND(TRUE,TRUE)	所有参数均为 TRUE	TRUE
3	=AND(TRUE,FALSE)	有一个参数为 FALSE	FALSE
4	=AND(1=1,2=2,3=3)	所有参数均为 TRUE	TRUE
5	=AND(1=2,2=3,3=4)	有一个参数为 FALSE	FALSE

图 2-173　AND 函数举例

2.3.9　判断会员是否可以升级到 VIP

【问题】

某店会员升级 VIP 标准是：办卡满一年且积分高于 500 分。如图 2-174 所示会员信息，如何判断是否可以升级为VIP？

	A	B	C	D
1	姓名	办卡日期	积分	会员等级
2	王一	2015/3/21	684	
3	张二	2015/3/22	592	
4	林三	2015/3/23	582	
5	胡四	2015/3/24	817	
6	吴五	2016/3/25	829	
7	章六	2016/3/26	872	
8	陆七	2016/3/27	330	
9	苏八	2017/3/28	580	

图 2-174 会员信息

【实现方法】

在D2单元格中输入公式“=IF(AND(TODAY()-B2>=365,C2>=500),"VIP会员","普通会员")”，按Enter键执行计算，即得第1位会员的等级，再将公式向下填充，可得所有会员等级，如图2-175所示。

D2 =IF(AND(TODAY()-B2>=365,C2>=500),"VIP会员","普通会员")

	A	B	C	D	E	F	G	H
1	姓名	办卡日期	积分	会员等级				
2	王一	2015/3/21	684	VIP会员				
3	张二	2015/3/22	592	VIP会员				
4	林三	2015/3/23	582	VIP会员				
5	胡四	2015/3/24	389	普通会员				
6	吴五	2016/3/25	829	VIP会员				
7	章六	2016/3/26	512	VIP会员				
8	陆七	2016/3/27	330	普通会员				
9	苏八	2017/3/28	580	普通会员				

图 2-175 会员等级

【公式解析】

- TODAY()：表示返回今天的日期。
- TODAY()-B2>=365：表示从办卡日期到今天，大于等于365天，即一年以上。
- C2>=500：表示积分大于500。
- AND(TODAY()-B2>=365,C2>=500)：表示同时满足办卡一年以上、积分高于500两个条件。
- IF(AND(TODAY()-B2>=365,C2>=500),"VIP 会员","普通会员")：表示如果同时满足两个条件，返回“VIP会员”，否则是“普通会员”。

2.3.10 利用公式计算早班、中班、夜班工作时长

【问题】

很多单位存在早班、中班、夜班三班倒的上班制度，这样，统计工作时长时就存在跨日期的情况，如图2-176所示。

	A	B	C	D	E
1	序号	人员	上班时间	下班时间	工作时长
2	1	王一	8:00	16:00	
3	2	张二	8:00	15:00	
4	3	林三	8:00	16:30	
5	4	胡四	14:00	22:00	
6	5	吴五	22:00	7:30	
7	6	章六	14:00	22:00	
8	7	陆七	14:00	22:30	
9	8	苏八	22:00	6:00	
10	9	韩九	22:00	4:00	

图 2-176　上、下班时间的统计

如果是早班、中班，下班时间在当天，工作时长直接用“下班时间–上班时间”就可以了，但是跨日夜班，单用一个时间相减，就不能解决了。

【实现方法】

在 E2 单元格中输入公式“=D2+(D2<C2)-C2”，按 Enter 键执行计算，得第 1 位员工的工作时长，再将公式向下填充，即得所有员工工作时长，如图 2-177 所示。

E2　=D2+(D2<C2)-C2

	A	B	C	D	E
1	序号	人员	上班时间	下班时间	工作时长
2	1	王一	8:00	16:00	8:00
3	2	张二	8:00	15:00	7:00
4	3	林三	8:00	16:30	8:30
5	4	胡四	14:00	22:00	8:00
6	5	吴五	22:00	7:30	9:30
7	6	章六	14:00	22:00	8:00
8	7	陆七	14:00	22:30	8:30
9	8	苏八	22:00	6:00	8:00
10	9	韩九	22:00	4:00	6:00

图 2-177　工作时长

【公式解析】

- D2<C2：如果 D2 小于 C2，返回值为真，即为 1；如果 D2 不小于 C2，返回值为假，即为 0。
- D2 小于 C2：也就是下班时间小于上班时间，就是跨日夜班，公式“=D2+(D2<C2)-C2”就变成了“=D2+1-C2”。在 Excel 里，天数是整数，时间是小数，时间运算时，1 就是 1 天，也就是 24 小时，这样，就计算出了跨日夜班的工作时长。

2.3.11　计算加班时长与补助工资

【问题】

加班开始时间与结束时间如图 2-178 所示，如何计算加班时长，并统计加班费呢？

要求：

（1）计算加班时长，要求“*小时**分钟”的格式。

（2）计算加班费，每小时 100 元，不足 1 小时的部分每 15 分钟加 25 元。

	A	B	C	D	E	F
1	序号	姓名	开始时间	结束时间	加班时长	加班费
2	1	王一	10:30	17:30		
3	2	张二	11:20	17:30		
4	3	林三	13:10	17:30		
5	4	胡四	14:20	17:30		

图 2-178　加班开始与结束时间

【实现方法】

（1）在 E2 单元格中输入公式“=D2-C2”，按 Enter 键执行计算，再将公式向下填充，计算出加班时长，如图 2-179 所示。

E2　　=D2-C2

	A	B	C	D	E	F
1	序号	姓名	开始时间	结束时间	加班时长	加班费
2	1	王一	10:30	17:30	7:00	
3	2	张二	11:20	17:30	6:10	
4	3	林三	13:10	17:30	4:20	
5	4	胡四	14:20	17:30	3:10	

图 2-179　加班时长

（2）选中 E2:E5 区域，右击，选择“设置单元格格式”对话框中的“自定义”，设置“类型”为“h"小时"mm"分钟"”，如图 2-180 所示。

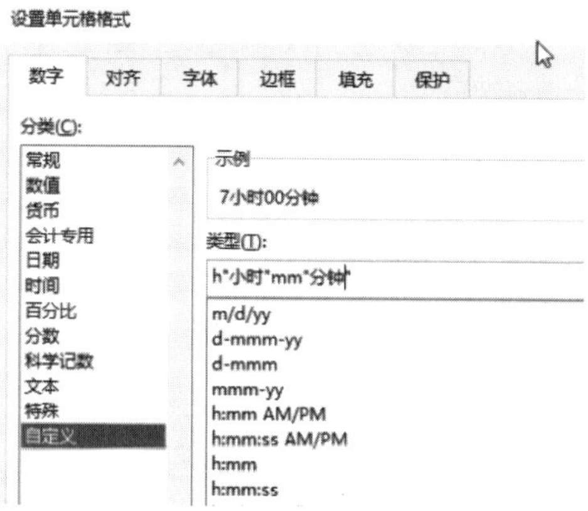

图 2-180　设置时间格式

（3）在 F2 单元格中输入公式“=HOUR(E2)*100+INT(MINUTE(E2)/15)*25”，按 Enter 键执行计算，再将公式向下填充，即得所有人的加班费，如图 2-181 所示。

F2　　=HOUR(E2)*100+INT(MINUTE(E2)/15)*25

	A	B	C	D	E	F	G
1	序号	姓名	开始时间	结束时间	加班时长	加班费	
2	1	王一	10:30	17:30	7小时00分钟	700	
3	2	张二	11:20	17:30	6小时10分钟	600	
4	3	林三	13:10	17:30	4小时20分钟	425	
5	4	胡四	14:20	17:30	3小时10分钟	300	

图 2-181　加班费

【公式解析】

- HOUR(E2)：返回 E2 单元格的小时。
- HOUR(E2)*100：表示按每小时 100 元计算加班费。
- MINUTE(E2)：返回 E2 单元格的分钟。
- INT(MINUTE(E2)/15)：表示分钟除以 15 取整。
- INT(MINUTE(E2)/15)*25：表示每 15 分钟算加班费 15 元。

2.3.12 SUMIFS 函数按月统计产品销量

【问题】

按日期记录的商品销量表，如图 2-182 所示，按月统计销量模板，如图 2-183 所示，该如何统计每种产品的月销量呢？

	A	B	C
1	日期	产品	销量
2	2016/1/2	鼠标	341
3	2016/1/3	键盘	495
4	2016/1/4	路由器	383
5	2016/1/5	显示屏	483
6	2016/1/6	清洗套装	387
7	2016/2/7	鼠标	277
8	2016/2/8	键盘	420
9	2016/2/9	路由器	232
10	2016/2/10	路由器	447
11	2016/2/11	显示屏	466
12	2016/2/12	清洗套装	198
13	2016/2/13	鼠标	384
14	2016/3/14	键盘	197
15	2016/3/15	路由器	186
16	2016/3/16	显示屏	328
17	2016/4/17	清洗套装	457
18	2016/4/18	路由器	173
19	2016/4/19	路由器	250
20	2016/5/20	显示屏	184
21	2016/5/21	清洗套装	110
22	2016/5/22	鼠标	145
23	2016/6/23	键盘	284
24	2016/6/24	路由器	138

图 2-182　商品销量表

	A	B	C	D	E	F	G
1	月份 产品	一月	二月	三月	四月	五月	六月
2	鼠标						
3	键盘						
4	路由器						
5	显示屏						
6	清洗套装						

图 2-183　按月统计销量的模板

【实现方法】

（1）TEXT 函数建立辅助列。

“日期”列前插入“辅助列”，在 A2 单元格中输入公式“=TEXT(B2,"[dbnum1]m 月")”，将日期转换为月，此月的格式与统计模板中月的格式一致，结果如图 2-184 所示：

A2　=TEXT(B2,"[dbnum1]m月")

	A	B	C	D
1	辅助列	日期	产品	销量
2	一月	2016/1/2	鼠标	341
3	一月	2016/1/3	键盘	495
4	一月	2016/1/4	路由器	383
5	一月	2016/1/5	显示屏	483
6	一月	2016/1/6	清洗套装	387
7	二月	2016/2/7	鼠标	277
8	二月	2016/2/8	键盘	420
9	二月	2016/2/9	路由器	232
10	二月	2016/2/10	路由器	447
11	二月	2016/2/11	显示屏	466
12	二月	2016/2/12	清洗套装	198
13	二月	2016/2/13	鼠标	384
14	三月	2016/3/14	键盘	197
15	三月	2016/3/15	路由器	186
16	三月	2016/3/16	显示屏	328
17	四月	2016/4/17	清洗套装	457
18	四月	2016/4/18	路由器	173
19	四月	2016/4/19	路由器	250
20	五月	2016/5/20	显示屏	184
21	五月	2016/5/21	清洗套装	110
22	五月	2016/5/22	鼠标	145
23	六月	2016/6/23	键盘	284
24	六月	2016/6/24	路由器	138

图 2-184　TEXT 函数建立辅助列

（2）利用 SUMIFS 函数完成统计。

按月统计的模板中，在 B2 单元格中输入公式“=SUMIFS(记录!$D$2:$D$24,记录!$C$2:$C$24,Sheet1!$A2,记录!$A$2:$A$24,Sheet1!B$1)”，按 Enter 键执行计算，将公式向下、向右填充，即可得所有产品各月的销量，如图 2-185 所示。

B2　=SUMIFS(记录!$D$2:$D$24,记录!$C$2:$C$24,Sheet1!$A2,记录!$A$2:$A$24,Sheet1!B$1)

	A	B	C	D	E	F	G
1	月份 / 产品	一月	二月	三月	四月	五月	六月
2	鼠标	341	661	0	0	145	0
3	键盘	495	420	197	0	0	284
4	路由器	383	679	186	423	0	138
5	显示屏	483	466	328	0	184	0
6	清洗套装	387	198	0	457	110	0

图 2-185　所有产品各月的销量

【公式解析】

- 记录!$D$2:$D$24：表示求和区域。
- 记录!$C$2:$C$24：表示条件区域 1，即所有产品区域。
- Sheet1!$A2：表示条件 1，即模板表中的“鼠标”。
- 记录!$A$2:$A$24：表示条件区域 2，即辅助列月份区域。
- Sheet1!B$1：表示条件 2，即模板表中的“一月”。

其中，

两个条件区域都使用绝对引用，公式填充时，区域保持不变。

条件 1“Sheet1!$A2”，使用混合引用，再将公式向下填充时，行会自动增加；向右填充时，产品所在 A 列保持不变。

条件 2“Sheet1!B$1”，使用混合引用，再将公式向下填充时，保持月所在第一行不变；向右填充时，月所在的列自动改变。

【函数简介】

SUMIFS 函数

功能：用于计算其满足多个条件的全部参数的总量。

语法：SUMIFS(sum_range,criteria_range1,criteria1,[criteria_range2,criteria2],…)。

中文语法：SUMIFS(求和区域,条件区域 1,条件 1,[条件区域 2,条件 2],…)。

- 参数 1：求和区域，必需，要求和的单元格区域。
- 参数 2：条件区域 1，必需，用来搜索条件 1 的单元格区域。
- 参数 3：条件 1，必需，定义条件区域 1 中单元格符合的条件。

其后的参数：“[条件区域 2,条件 2]…”是可以省略的，SUMIFS 函数最多可以输入 127 个区域/条件对。

2.3.13 计算指定年与月的销售总额

【问题】

某公司要求把近三年的销售额按照年与月进行汇总，三年的销售数据有四万多行，如何用函数实现快速统计呢？示例样表如图 2-186 所示。

	A	B	C	D	E	F	G
1	日期	销售额		年	月	销售总额	
2	2015/6/7	182865		2015	7		
3	2015/6/8	78980		2015	8		
4	2015/6/9	217647		2016	1		
5	2015/8/10	151397					
6	2015/7/11	118792					
7	2015/10/12	172058					
8	2015/6/13	1818					
9	2015/2/19	42762					
10	2015/2/20	51971					
11	2015/4/21	12345					
12	2015/7/22	46367					
13	2015/8/23	151659					
14	2016/1/14	184879					
15	2016/1/15	62688					

图 2-186 近三年的销售额

【实现方法】

在 F2 单元格中输入公式“=SUMPRODUCT((YEAR($A$2:$A$15)=D2)*(MONTH($A$2:$A$15)=E2)*($B$2:$B$15))”，按 Enter 键执行计算，并将公式向下填充，即得所有指定年

与月的销售总额，如图 2-187 所示。

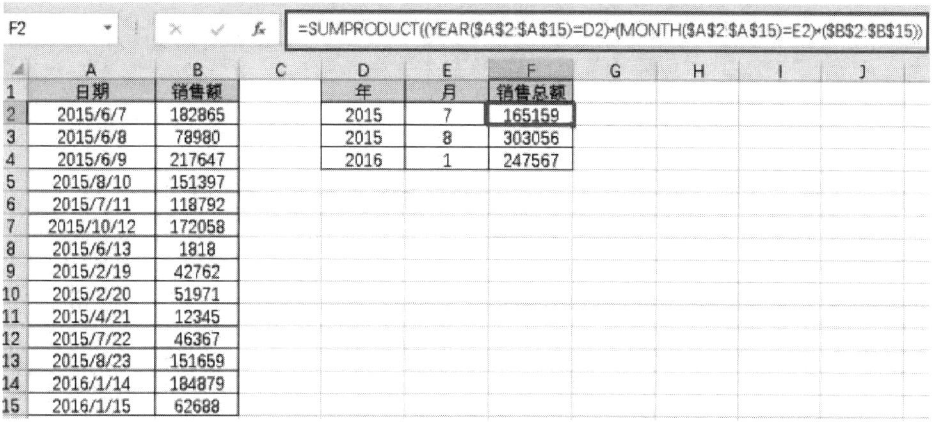
F2 =SUMPRODUCT((YEAR($A$2:$A$15)=D2)*(MONTH($A$2:$A$15)=E2)*($B$2:$B$15))

	A	B	C	D	E	F
1	日期	销售额		年	月	销售总额
2	2015/6/7	182865		2015	7	165159
3	2015/6/8	78980		2015	8	303056
4	2015/6/9	217647		2016	1	247567
5	2015/8/10	151397				
6	2015/7/11	118792				
7	2015/10/12	172058				
8	2015/6/13	1818				
9	2015/2/19	42762				
10	2015/2/20	51971				
11	2015/4/21	12345				
12	2015/7/22	46367				
13	2015/8/23	151659				
14	2016/1/14	184879				
15	2016/1/15	62688				

图 2-187 指定年与月的销售总额

【公式解析】

- YEAR($A$2:$A$15)=D2：利用 YEAR 函数计算$A$2:$A$15 单元格的年，并与 D2 单元格的年进行比较，如果等于 D2 单元格的年，返回 TURE，否则返回 FALSE，所以此部分返回一组 TURE 与 FALSE 的数组（数组 1）{TRUE;TRUE;TRUE;TRUE;TRUE;TRUE;TRUE;TRUE;TRUE;TRUE;TRUE;TRUE;FALSE;FALSE}。
- MONTH($A$2:$A$15)=E2：利用 MONTH 函数计算$A$2:$A$15 单元格的月，并与 E2 单元格的月进行比较，如果等于 E2 单元格的月，返回 TURE，否则返回 FALSE。所以此部分返回一组 TURE 与 FALSE 的数组（数组 2）{FALSE;FALSE;FALSE;FALSE;TRUE;FALSE;FALSE;FALSE;FALSE;FALSE;TRUE;FALSE;FALSE;FALSE}。
- $B$2:$B$15：返回销售额{182865;78980;217647;151397;118792;172058;1818;42762;51971;12345;46367;151659;184879;62688}。
- SUMPRODUCT((YEAR($A$2:$A$15)=D2)*(MONTH($A$2:$A$15)=E2)*($B$2:$B$15))：相当于 SUMPRODUCT（(数组 1)*(数组 2)*($B$2:$B$15))，数组 1、数组 2 与($B$2:$B$15)对应位置相乘然后相加和。

2.3.14 根据入职时间计算带薪年假天数

【问题】

中华人民共和国国务院令第 514 号《职工带薪年休假条例》规定：机关、团体、企业、事业单位、民办非企业单位、有雇工的个体工商户等单位的职工连续工作 1 年以上的，享受带薪年休假。具体天数：工作已满 1 年不满 10 年的，年休假为 5 天；已满 10 年不满 20 年的，年休假为 10 天；已满 20 年的，年休假为 15 天。

根据以上规定，与如图 2-188 所示的入职时间，该如何计算每位员工的年假天数呢？

	A	B	C
1	姓名	入职时间	年假天数
2	张三	1990/5/2	
3	李四	1996/9/1	
4	王五	2001/5/8	
5	赵六	2006/6/8	
6	韩七	2010/6/5	
7	成八	2015/3/8	
8	周九	2017/3/1	

图 2-188　员工与入职时间表

【实现方法】

1）IF 函数

在 B2 单元格中输入公式“=IF(DATEDIF(A2,TODAY(),"y")<1,0,IF(DATEDIF(A2,TODAY(),"y")<10,5,IF(DATEDIF(A2,TODAY(),"y")<20,10,15)))”，按 Enter 键执行计算，得第 1 位员工的年假，再将公式向下填充，即得所有员工的年假，如图 2-189 所示。

C2　=IF(DATEDIF(B2,TODAY(),"y")<1,0,IF(DATEDIF(B2,TODAY(),"y")<10,5,IF(DATEDIF(B2,TODAY(),"y")<20,10,15)))

	A	B	C	E	F	G	H
1	姓名	入职时间	年假天数	天数			
2	张三	1990/5/2	15				
3	李四	1996/9/1	15				
4	王五	2001/5/8	10				
5	赵六	2006/6/8	10				
6	韩七	2010/6/5	5				
7	成八	2015/3/8	5				
8	周九	2017/3/1	5				

图 2-189　IF 函数计算年假

其中，DATEDIF(A2,TODAY(),"y")的含义是：从入职日期到今天的整年数，也就是工龄。

2）LOOKUP 函数

在 C2 单元格中输入公式“=LOOKUP(DATEDIF(A2,TODAY(),"y"),{0,1,10,20},{0,5,10,15})”，按 Enter 键执行计算，得第 1 位员工的年假，再将公式向下填充，即得所有员工的年假，如图 2-190 所示。

D2　=LOOKUP(DATEDIF(B2,TODAY(),"y"),{0,1,10,20},{0,5,10,15})

	A	B	C	D	E	F
1	姓名	入职时间	年假天数	年假天数		
2	张三	1990/5/2	15	15		
3	李四	1996/9/1	15	15		
4	王五	2001/5/8	10	10		
5	赵六	2006/6/8	10	10		
6	韩七	2010/6/5	5	5		
7	成八	2015/3/8	5	5		
8	周九	2017/3/1	5	5		

图 2-190　LOOKUP 函数计算年假

在本示例中 LOOKUP 函数的含义是：工龄在{0,1,10,20}数组中查找，如果能找到，就返回第 3 参数{0,5,10,15}中的对应值。

2.4 数据透视表

2.4.1 数据透视表的 8 个典型应用

【问题】

数据透视表，顾名思义，就是对数据起到“透视”作用，能全方位分析数据，其应用博大精深。本节概括数据透视表的 8 个最常见应用。

【典型应用】

1）更改汇总方式

数据透视表对文本型数据默认的统计方式是计数，对数值型数据默认的是求和。

在要更改汇总方式的字段上右击，并在弹出的快捷菜单中选择“值汇总依据”命令，就可以改变汇总方式，值显示方式也可以改变，如图 2-191 和图 2-192 所示。

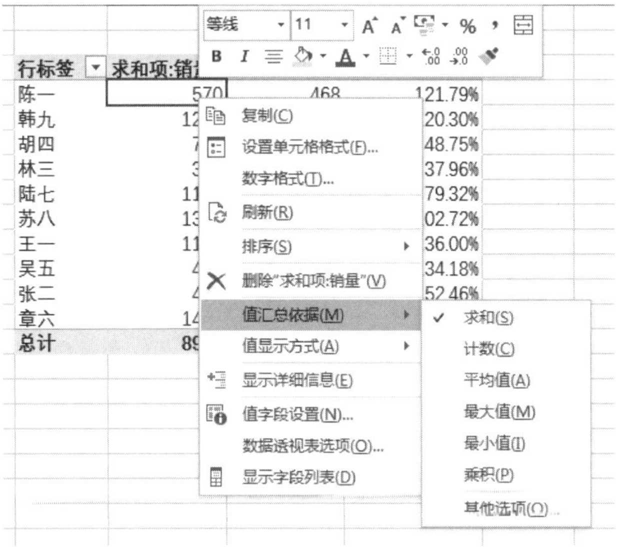

图 2-191　更改汇总方式

2）数值排序

数据透视表中也可以进行数值排序，在要排序的字段上右击，并在弹出的快捷菜单中选择“排序”，即可选择排序方式，如图 2-193 所示。

3）分组统计

数据透视表中，在要分段的数据列上右击，并在弹出的快捷菜单中选择“分组”命令，会出现“组合”对话框，输入起始于、终止于、步长的相关数值，即可进行分组统计，如图 2-194 和图 2-195 所示。

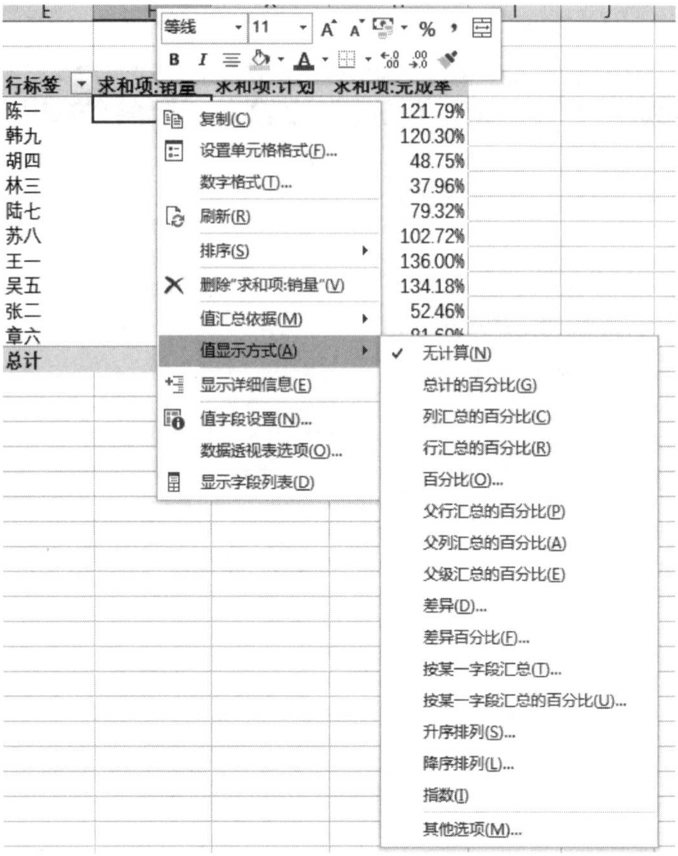

图 2-192　更改值显示方式

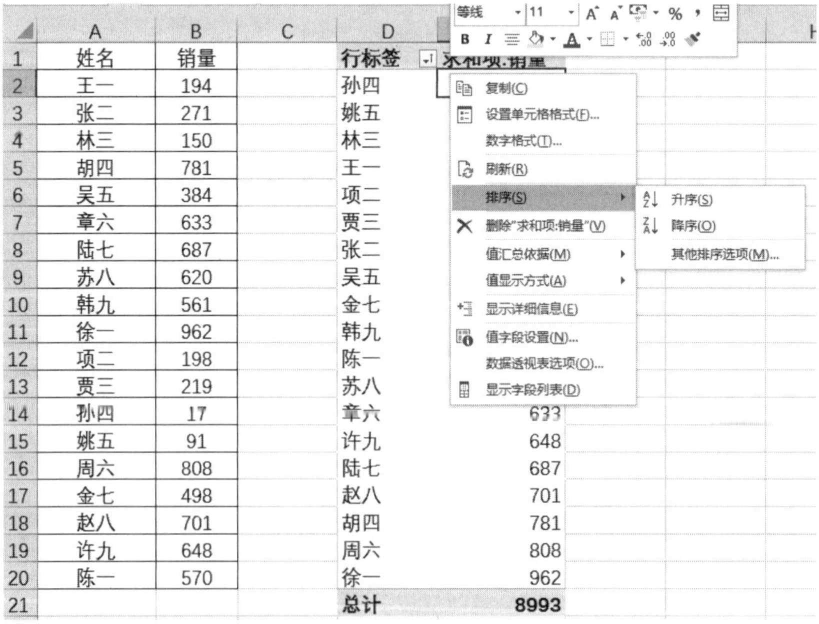

图 2-193　选择数值排序

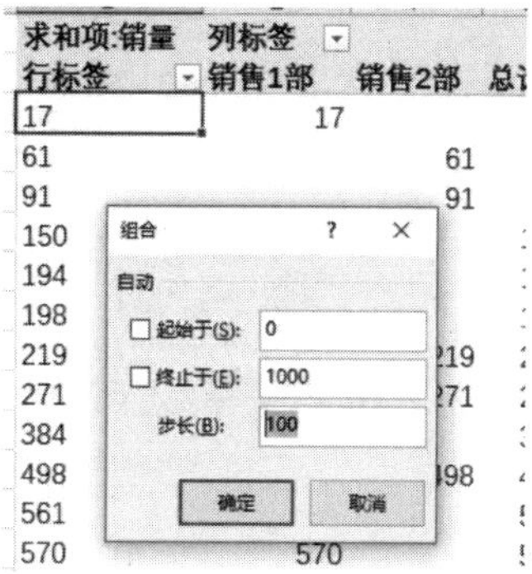

图 2-194 设置步长

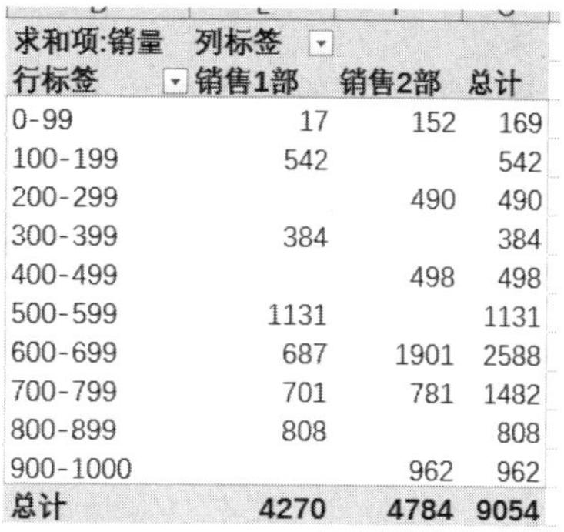

求和项:销量	列标签		
行标签	销售1部	销售2部	总计
0-99	17	152	169
100-199	542		542
200-299		490	490
300-399	384		384
400-499		498	498
500-599	1131		1131
600-699	687	1901	2588
700-799	701	781	1482
800-899	808		808
900-1000		962	962
总计	4270	4784	9054

图 2-195 分组结果

4）按“年、季、月”汇总

2016 版 Excel，只要是日期型的字段，在生成数据透视表时，会默认生成“年、季、月”统计数据，如图 2-196 所示。

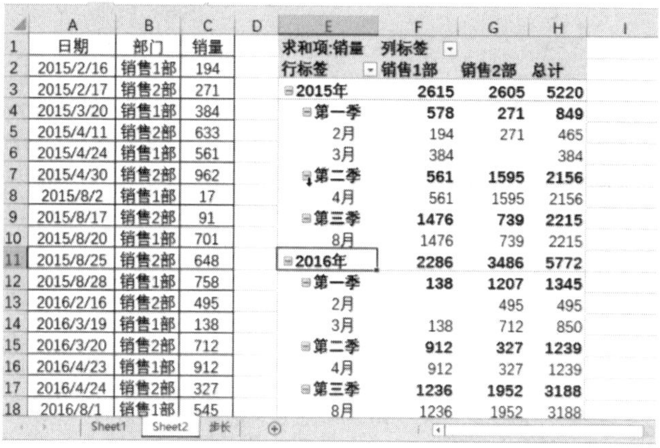

图 2-196 按年、季、月统计

对于 2010 及以前的版本，要自己在数据透视表日期字段上进行设置，右击，选择“分组”→“创建组”，在“分组”对话框中可分别选择“年”“季”“月”命令，如图 2-197 所示。

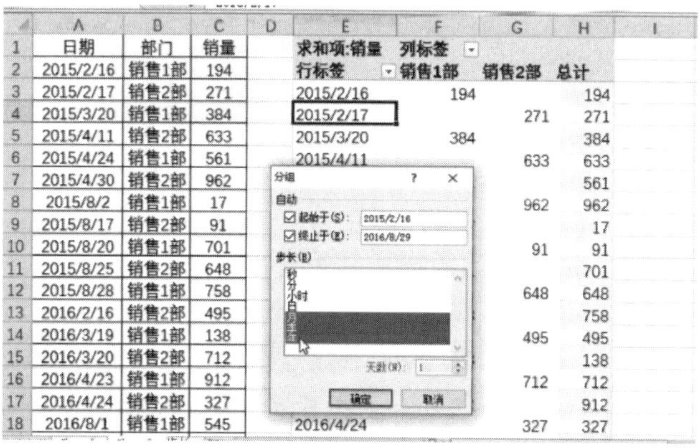

图 2-197 可以分别选择按“年”“季”“月”统计

5）筛选

将光标放在数据透视表的“行标签”前一行，选择“筛选”命令，在弹出“数字筛选”对话框中，选择筛选方式，如图 2-198 和图 2-199 所示。

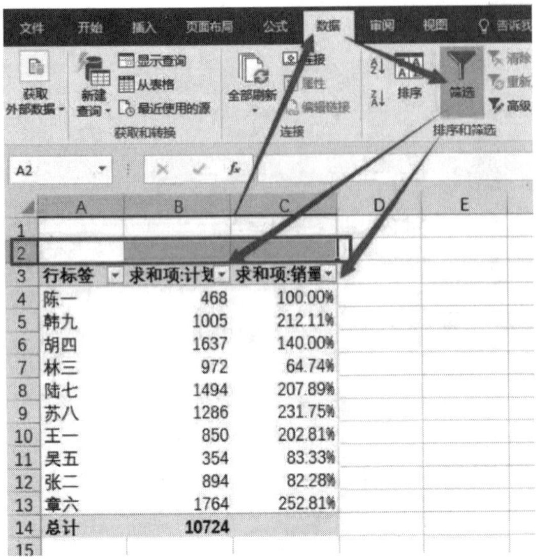

图 2-198　数据透视表筛选

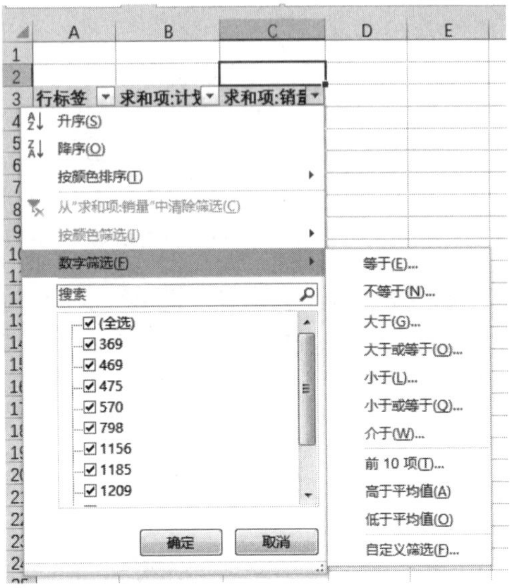

图 2-199　筛选方式

6）筛选前几项

在列标签上单击“筛选”按钮，选择“标签筛选”或者“值筛选”的“前 10 项”命令，如图 2-200 所示。

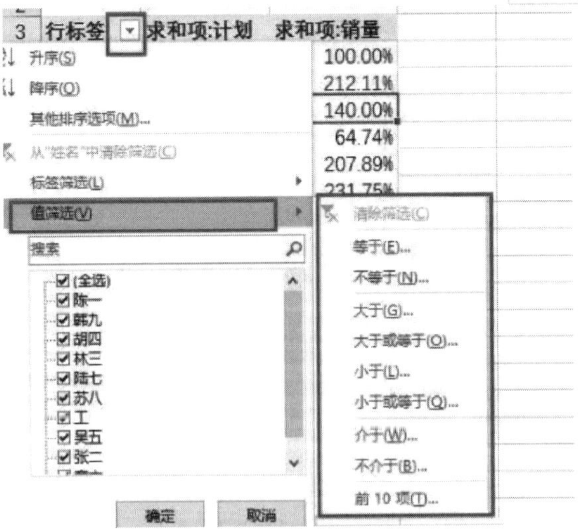

图 2-200　自定义筛选

在弹出的“前 10 个筛选（姓名）”对话框中更改显示的项数，如改为 5，可以实现筛选前 5 项，如图 2-201 所示。

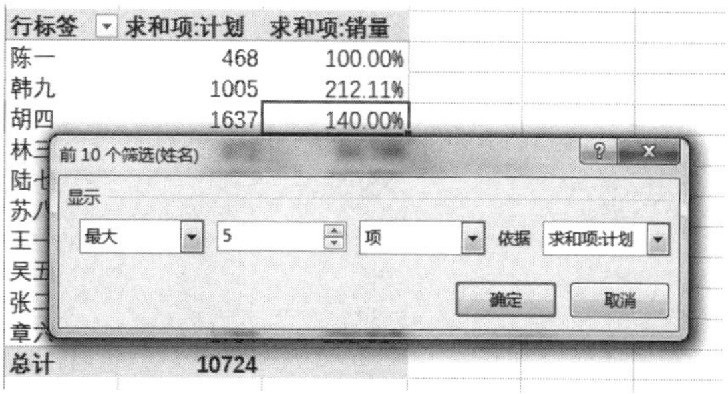

图 2-201 筛选前 5 项

7）添加列字段

选择“分析”→“字段、项目和集”→“计算字段”，可以插入计算字段，如图 2-202 所示。

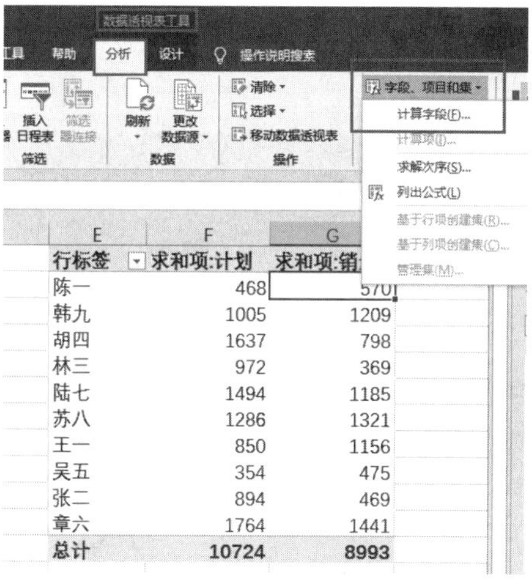

图 2-202 插入计算字段

在“插入计算字段”对话框中，输入名称为“完成率”，公式为“=销量/计划”，单击“确定”按钮，如图 2-203 所示。

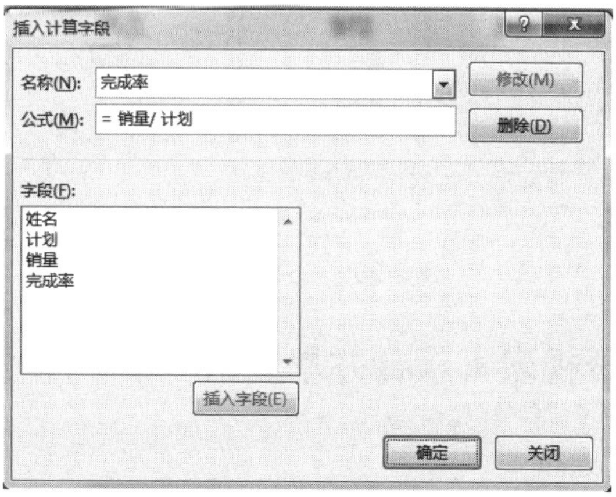

图 2-203 输入名称、公式

可在数据透视表中添加一列“完成率”，如图 2-204 所示。

行标签	求和项:销量	求和项:计划	求和项:完成率
陈一	570	468	121.79%
韩九	1209	1005	120.30%
胡四	798	1637	48.75%
林三	369	972	37.96%
陆七	1185	1494	79.32%
苏八	1321	1286	102.72%
王一	1156	850	136.00%
吴五	475	354	134.18%
张二	469	894	52.46%
章六	1441	1764	81.69%
总计	8993	10724	83.86%

图 2-204　插入计算字段结果

8）生成相应的数据透视图

在“数据透视表工具”的 “分析”选项卡中选择“数据透视图”命令，可以生成相应的数据透视图，如图 2-205 所示。

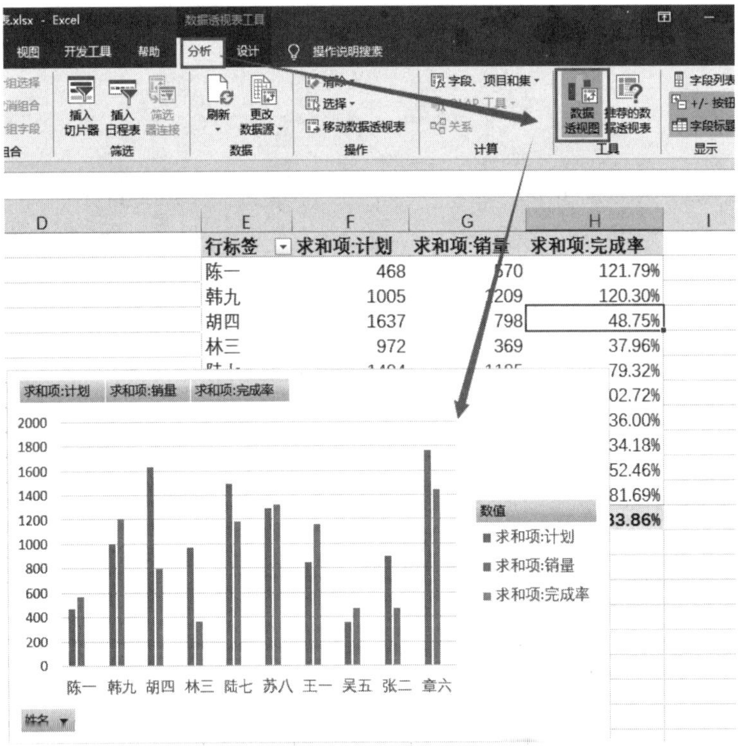

图 2-205　数据透视图

2.4.2　巧用数据透视表批量合并单元格

【问题】

如图 2-206 所示的左侧数据表，A 列中有很多“区域”，能否将相同“区域”快速合并呢？

可以利用数据透视表快速实现，结果如右侧数据表所示。

	A	B	C
1	区域	销售人员	销售总额
2	地区一	人员戊	1284828
3	地区一	人员丙	1206029
4	地区一	人员乙	1148275
5	地区二	人员丙	1111408
6	地区二	人员乙	1078660
7	地区二	人员甲	1003838
8	地区二	人员甲	942028.5
9	地区二	人员甲	891480
10	地区三	人员甲	853443.5
11	地区三	人员乙	1227427
12	地区四	人员戊	1003838
13	地区四	人员甲	891480
14	地区四	人员甲	891480
15	地区四	人员乙	1227427
16	地区四	人员乙	1227427
17	地区四	人员乙	1148275
18	地区四	人员丙	1552236
19	地区五	人员甲	1496539
20	地区五	人员甲	1457773
21	地区五	人员甲	1378183
22	地区五	人员甲	1244944
23	地区五	人员乙	1204155
24	地区五	人员乙	1170873
25	地区五	人员丙	1116696
26			

	A	B	C
1	区域	销售人员	销售总额
2	地区一	人员戊	1284828
3		人员丙	1206029
4		人员乙	1148275
5		人员丙	1111408
6		人员乙	1078660
7	地区二	人员甲	1003838
8		人员甲	942028.5
9	地区二	人员甲	891480
10		人员甲	853443.5
11		人员乙	1227427
12		人员戊	1003838
13		人员甲	891480
14		人员甲	891480
15		人员乙	1227427
16	地区四	人员乙	1227427
17		人员乙	1148275
18		人员丙	1552236
19		人员甲	1496539
20		人员甲	1457773
21		人员甲	1378183
22		人员甲	1244944
23	地区五	人员乙	1204155
24		人员乙	1170873
25		人员丙	1116696

图 2-206　区域销售情况

【实现方法】

（1）添加辅助列。

在“区域”列后添加“辅助列”，输入从 1 开始的序号，如图 2-207 所示。

	A	B	C	D
1	区域	辅助列	销售人员	销售总额
2	地区一	1	人员戊	1284828
3	地区一	2	人员丙	1206029
4	地区一	3	人员乙	1148275
5	地区二	4	人员丙	1111408
6	地区二	5	人员乙	1078660
7	地区二	6	人员甲	1003838
8	地区二	7	人员甲	942028.5
9	地区二	8	人员甲	891480
10	地区三	9	人员甲	853443.5
11	地区三	10	人员乙	1227427
12	地区四	11	人员戊	1003838
13	地区四	12	人员甲	891480
14	地区四	13	人员甲	891480
15	地区四	14	人员乙	1227427
16	地区四	15	人员乙	1227427
17	地区四	16	人员乙	1148275
18	地区四	17	人员丙	1552236
19	地区五	18	人员甲	1496539
20	地区五	19	人员甲	1457773
21	地区五	20	人员甲	1378183
22	地区五	21	人员甲	1244944
23	地区五	22	人员乙	1204155
24	地区五	23	人员乙	1170873
25	地区五	24	人员丙	1116696
26				

图 2-207　添加辅助列

“辅助列”可以根据实际数据情况进行添加：当要合并的区域对应的后面几列数据有重复项时，辅助列一定要有。如本示例，地区二的销售人员有3个“人员甲”，地区四对应的销售总额也有相同数值。当要合并的区域对应的后面几列数据没有重复项时，可以没有辅助列。

（2）生成并设置数据透视表。

生成“创建数据透视表”，与原数据并列放置，如图2-208所示。

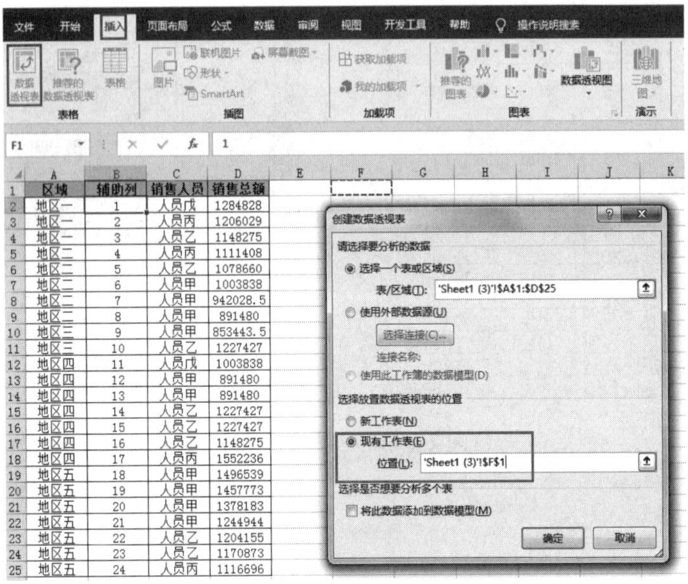

图2-208 添加“创建数据透视表”

将“区域”“辅助列”都拖动到“行”字段，如图2-209所示。

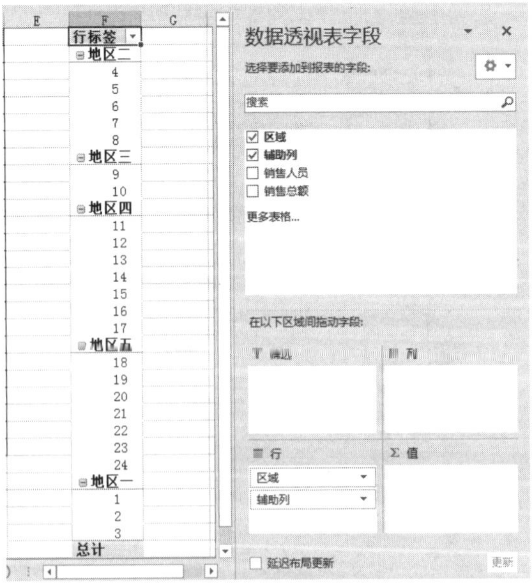

图2-209 添加行字段

将光标定位在数据透视表中任意一个单元格，选择“数据透视表工具”→“设计”→“报表布局”→“以表格形式显示”，如图 2-210 所示。

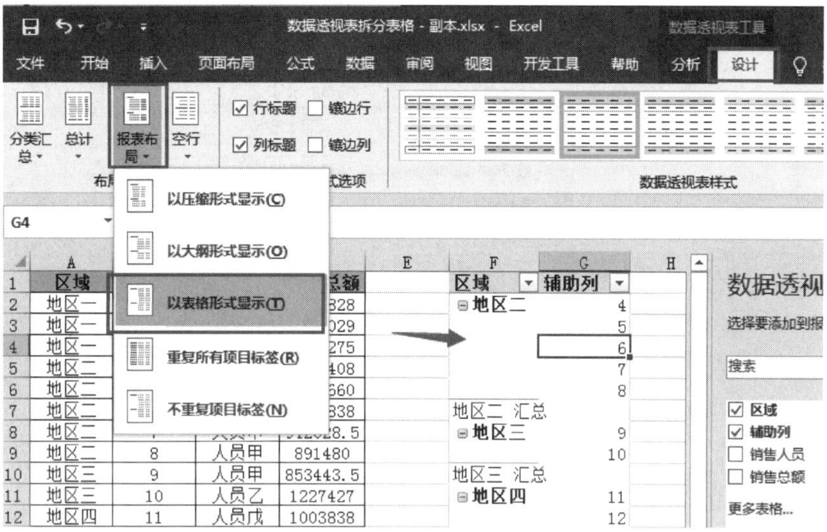

图 2-210 设置以表格形式显示

将光标定位在数据透视表中任意一个单元格，选择“数据透视表工具”→“设计”→“分类汇总”→“不显示分类汇总”，如图 2-211 所示。

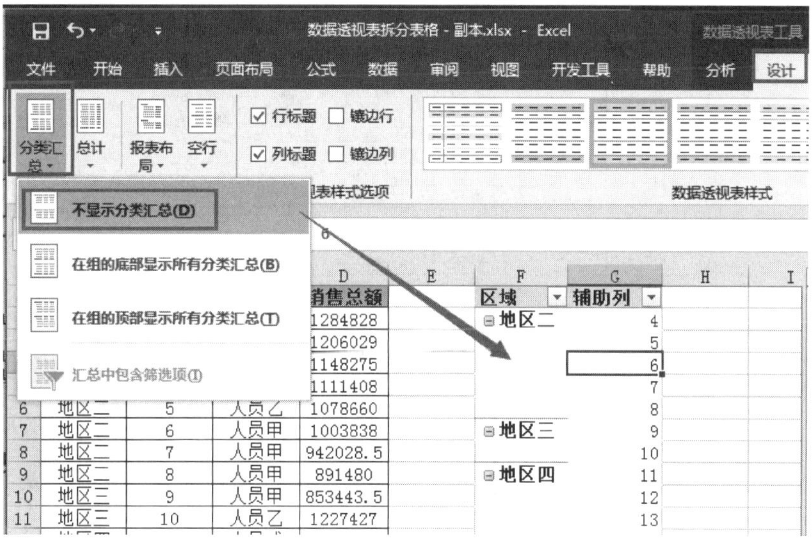

图 2-211 设置不显示分类汇总

将光标定位在数据透视表中任意一个单元格，右击，在弹出的快捷菜单中选择“数据透视表选项”命令，勾选“合并且居中排列带标签的单元格”项，单击“确定”按钮，如图 2-212 所示。

数据透视表设置完毕，如图 2-213 所示。

图 2-212　合并且居中排列带标签的单元格

	A	B	C	D	E	F	G
1	区域	辅助列	销售人员	销售总额		区域	辅助列
2	地区一	1	人员戊	1284828			4
3	地区一	2	人员丙	1206029			5
4	地区一	3	人员乙	1148275		地区二	6
5	地区二	4	人员丙	1111408			7
6	地区二	5	人员乙	1078660			8
7	地区二	6	人员甲	1003838		地区三	9
8	地区二	7	人员甲	942028.5			10
9	地区二	8	人员甲	891480			11
10	地区三	9	人员甲	853443.5			12
11	地区三	10	人员乙	1227427			13
12	地区四	11	人员戊	1003838		地区四	14
13	地区四	12	人员甲	891480			15
14	地区四	13	人员甲	891480			16
15	地区四	14	人员乙	1227427			17
16	地区四	15	人员乙	1227427			18
17	地区四	16	人员乙	1148275			19
18	地区四	17	人员丙	1552236			20
19	地区五	18	人员甲	1496539		地区五	21
20	地区五	19	人员甲	1457773			22
21	地区五	20	人员甲	1378183			23
22	地区五	21	人员甲	1244944			24
23	地区五	22	人员乙	1204155			1
24	地区五	23	人员乙	1170873		地区一	2
25	地区五	24	人员丙	1116696			3
26						总计	

图 2-213　数据透视表

（3）格式刷刷出合并单元格。

选中 F 列（单击列标“F”），单击“开始”→“格式刷”，此时格式刷带有了 F 列的格式，用格式刷单击列标“A”，即批量生成合并单元格，再删除“数据透视表”“辅助列”，如有必要，可再添加边框，如图 2-214 所示。

图 2-214 使用格式刷

2.4.3 利用 OFFSET 函数定义名称，实现数据透视表的动态更新

【问题】

使用选择“插入”→“数据透视表”命令制作的数据透视表，虽然有“刷新”功能，但如果在数据源添加了数据行或者列，就不能实现数据透视表的动态更新了。利用 OFFSET 函数定义数据源区域名称，就可以实现数据透视表的动态更新，示例数据如图 2-215 所示。

	A	B	C	D	E	F	G
1	区域	销售人员	户型	楼号	面积	单价	房价总额
2	地区二	人员丙	两室一厅	5-601	125.12	8925	1116696.00
3	地区二	人员丙	三室两厅	5-802	158.23	9810	1552236.30
4	地区二	人员甲	两室一厅	5-901	125.12	9950	1244944.00
5	地区二	人员甲	三室两厅	5-702	158.23	9458	1496539.34
6	地区二	人员甲	三室两厅	5-602	158.23	9213	1457772.99
7	地区二	人员甲	三室两厅	5-502	158.23	8710	1378183.30
8	地区二	人员乙	两室一厅	5-801	125.12	9624	1204154.88
⋮							
27	地区一	人员甲	两室一厅	5-201	125.12	7125	891480.00
28	地区一	人员甲	两室一厅	5-101	125.12	6821	853443.52
29	地区一	人员戊	两室一厅	5-401	125.12	8023	1003837.76
30	地区一	人员戊	三室两厅	5-402	158.23	8120	1284827.60
31	地区一	人员乙	两室一厅	5-501	125.12	8621	1078659.52
32	地区一	人员乙	三室两厅	5-202	158.23	7257	1148275.11

图 2-215 不同地区的销售表

【实现方法】

（1）定义名称。

选择“公式”→“定义名称”，在弹出“新建名称”对话框中的“引用位置”输入公式

“=OFFSET(Sheet3!$A$1,,,COUNTA(Sheet3!$A:$A),COUNTA(Sheet3!$1:$1))”，并单击“确定”按钮，如图 2-216 所示。

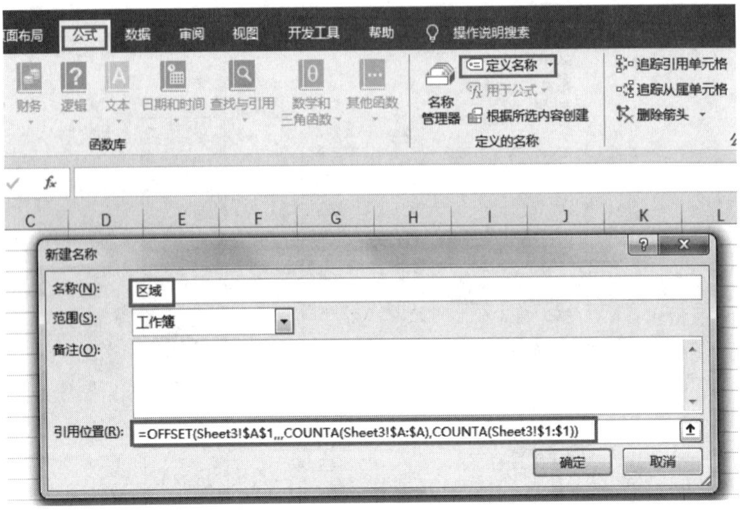

图 2-216 引用位置输入公式

该公式的含义是：利用 OFFSET 函数形成一个新的动态区域。这个区域，以 A1 为基准单元格，包含的行数是 A 列所有非空单元格个数，包含的列数是第一行所有非空单元格个数。如果行和列发生变化，区域也会相应变化。

（2）插入数据透视表。

单击“插入”→“数据透视表”，在弹出的“创建数据透视表”中的“表/区域”选择“区域”（是上一步定义的名称），如图 2-217 所示。

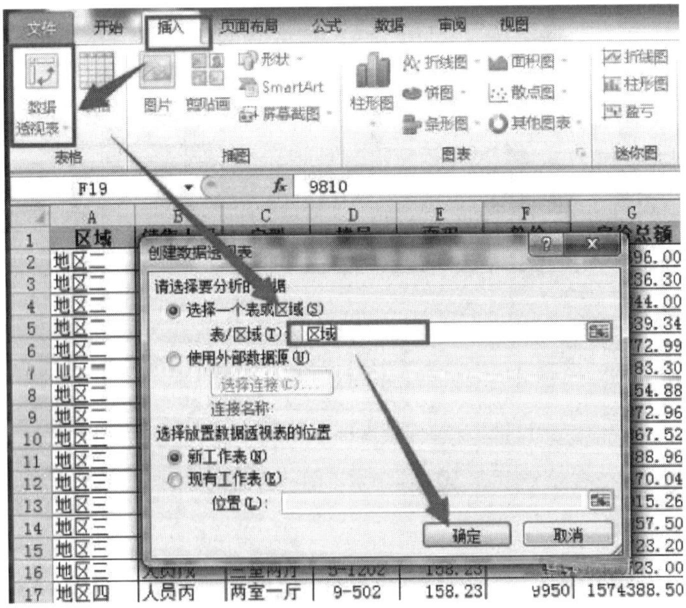

图 2-217 用定义的名称做表区域

最终完成的数据透视表，如图 2-218 所示。

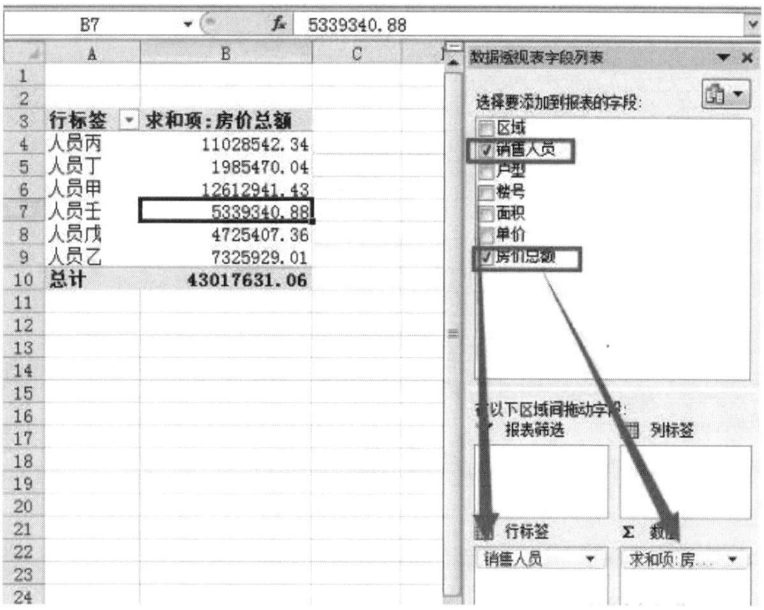

图 2-218 数据透视表

在数据源中增加一条记录，如图 2-219 所示。

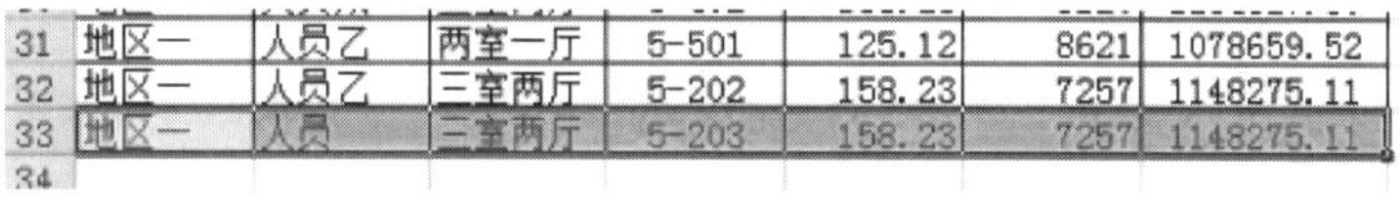

图 2-219 原数据区添加记录

单击“数据透视表工具”→“选项”→“刷新”，就会实现数据透视表的动态更新，如图 2-220 所示。

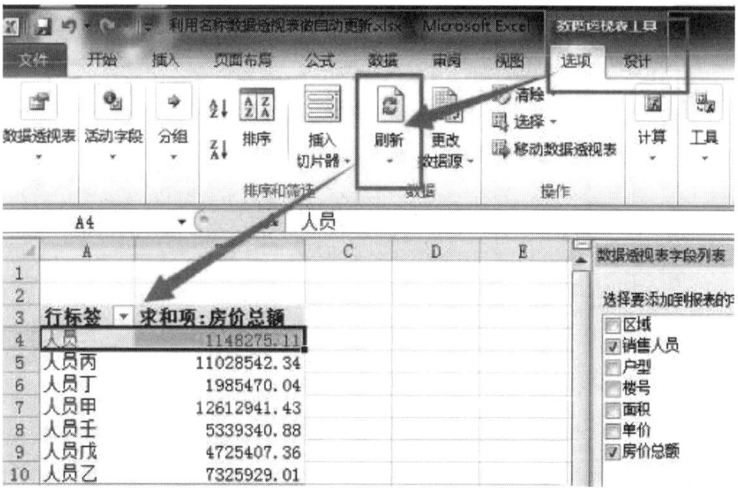

图 2-220 数据透视表的动态更新

2.4.4 利用数据透视表对数据进行分段统计

【问题】

示例数据如图 2-221 所示，如何统计每个班级的分数值 0～59、60～69、70～79、80～89、90～100 各段人数及占总人数的比例呢？

	A	B	C	D
1	序号	班级	姓名	分数值
2	1	15会计1班	潘*	59
3	2	15会计1班	王*钊	83
4	3	15会计1班	罗*琳	67
5	4	15会计1班	冯*	54
6	5	15会计1班	王*程	64
⋮		⋮		
129	128	15会计4班	杨*建	86
130	129	15会计4班	施*裔	82
131	130	15会计4班	柯*	76
132	131	15会计4班	陈*	96
133	132	15会计4班	王*娴	88
134	133	15会计4班	林*	87
135	134	15会计4班	陈*莹	92

图 2-221 班级成绩表

【实现方法】

（1）建立数据透视表。

将数据透视表的列区域设置为“班级”，行区域为“分数值”，数据区域为“姓名”如图 2-222 所示。

	A	B	C	D	E	F
1	将报表筛选字段拖至此处					
2						
3	计数项:分数值	班级				
4	分数值	15会计1班	15会计2班	15会计3班	15会计4班	总计
5	20	3	5	6		14
6	33		1			1
7	39	2				2
8	41			1		1
9	43	1				1
10	44	2	1			3
11	45		1			1
12	46	1				1
13	47		2	1		3
14	49	1				1
15	50	1	1	1	1	4
16	51	1				1
17	52	1		1		2
18	53	1		2		3
19	54	1		1		2
20	55	1	1	1		3
21	56	2			2	4
22	57		1	1		2
23	59	1	1			2
24	60		1			1
25	61	1				1
26	64	1				1
27	65		1			1

图 2-222 数据透视表

（2）分数值分组。

选中 0～59 之间的数值，右击，在弹出的快捷菜单中选择“创建组”命令，以同样的方式创建 60～69、70～79、80～89 组，如图 2-223 所示。

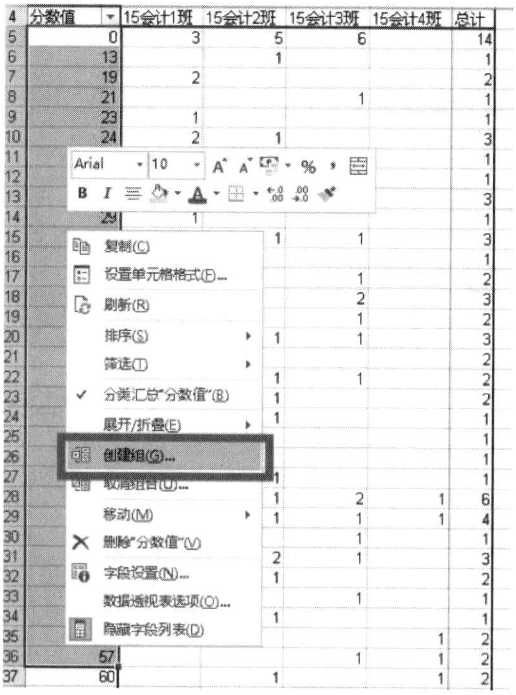

图 2-223　创建组

选中“分数值”列的任意一个单元格，右击，在弹出的快捷菜单中选择“删除"分数值"”命令，如图 2-224 所示。

图 2-224　删除“分数值”的详细数据列

分组以后的数据透视，如图 2-225 所示。

计数项:分数值	班级				
分数值2	15会计1班	15会计2班	15会计3班	15会计4班	总计
数据组1	19	14	15	3	51
数据组2	5	6	5	2	18
数据组3	2	2	2	3	9
数据组4	1	3	4	21	29
数据组5	1	1	3	22	27
总计	28	26	29	51	134

图 2-225　分组完成

单击“分数值 2”列的“数据组 1”单元格，直接输入分数段名称“0～59”，以同样的方式重命名其他分组，如图 2-226 所示。

计数项:分数值	班级				
分数值2	15会计1班	15会计2班	15会计3班	15会计4班	总计
0~59	19	14	15	3	51
60~69	5	6	5	2	18
70~79	2	2	2	3	9
80~89	1	3	4	21	29
90~100	1	1	3	22	27
总计	28	26	29	51	134

图 2-226　各分数段重命名

（3）添加分数段比例。

将“姓名”字段添加到为数据透视表“值”字段，同时列区域内会默认增加一个“数值”字段，将该“数值”字段拖到行区域，如图 2-227 所示。

		班级				
分数值2	数据	15会计1班	15会计2班	15会计3班	15会计4班	总计
0~59	计数项:分数值	19	14	15	3	51
	计数项:姓名	19	14	15	3	51
60~69	计数项:分数值	5	6	5	2	18
	计数项:姓名	5	6	5	2	18
70~79	计数项:分数值	2	2	2	3	9
	计数项:姓名	2	2	2	3	9
80~89	计数项:分数值	1	3	4	21	29
	计数项:姓名	1	3	4	21	29
90~100	计数项:分数值	1	1	3	22	27
	计数项:姓名	1	1	3	22	27
计数项:分数值汇总		28	26	29	51	134
计数项:姓名汇总		28	26	29	51	134

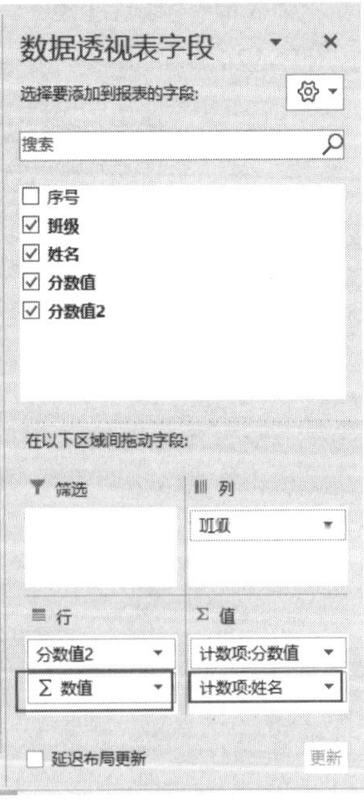

图 2-227　添加字段

单击新增加的“值”区域“计数项:姓名”右侧的下拉箭头，在弹出的菜单中选择“值字段设置”命令，如图 2-228 所示。

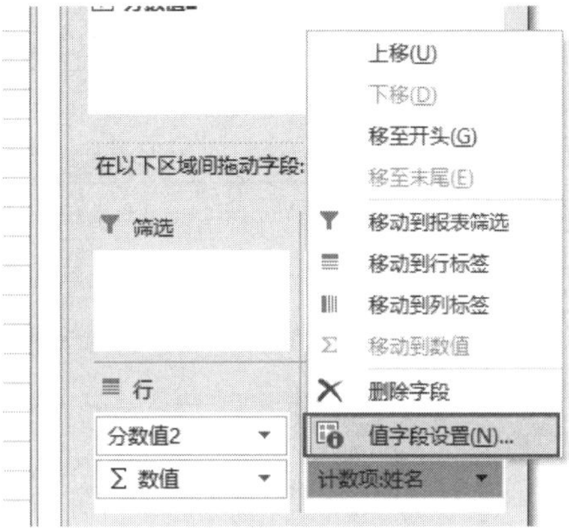

图 2-228 值字段设置

在弹出的“值字段设置”对话框中设置“值显示方式”为“列汇总的百分比”，单击“数字格式”按钮，在弹出的“设置单元格格式”中，选择“数字”选项的设置“分类”为“百分比”，“小数位数”为“2”，如图 2-229 所示。

图 2-229 设置汇总方式和格式

各班各分数段人数，以及所占本班总人数比例的分段统计，如图 2-230 所示。

单击 B 列任意一个“计数项:分数值”，直接输入“人数”，即可完成值字段的重命名。同样的方法将“计数项:姓名”重命名为“比例”，如图 2-231 所示。

	A	B	C	D	E	F	G
3			班级				
4	分数值2	数据	15会计1班	15会计2班	15会计3班	15会计4班	总计
5	0~59	计数项:分数值	19	14	15	3	51
6		计数项:姓名	67.86%	53.85%	51.72%	5.88%	38.06%
7	60~69	计数项:分数值	5	6	5	2	18
8		计数项:姓名	17.86%	23.08%	17.24%	3.92%	13.43%
9	70~79	计数项:分数值	2	2	2	3	9
10		计数项:姓名	7.14%	7.69%	6.90%	5.88%	6.72%
11	80~89	计数项:分数值	1	3	4	21	29
12		计数项:姓名	3.57%	11.54%	13.79%	41.18%	21.64%
13	90~100	计数项:分数值	1	1	3	22	27
14		计数项:姓名	3.57%	3.85%	10.34%	43.14%	20.15%
15	计数项:分数值汇总		28	26	29	51	134
16	计数项:姓名汇总		100.00%	100.00%	100.00%	100.00%	100.00%

图 2-230　分数段人数，以及所占本班总人数比例

	A	B	C	D	E	F	G
3			班级				
4	分数值2	数据	15会计1班	15会计2班	15会计3班	15会计4班	总计
5	0~59	人数	19	14	15	3	51
6		比例	67.86%	53.85%	51.72%	5.88%	38.06%
7	60~69	人数	5	6	5	2	18
8		比例	17.86%	23.08%	17.24%	3.92%	13.43%
9	70~79	人数	2	2	2	3	9
10		比例	7.14%	7.69%	6.90%	5.88%	6.72%
11	80~89	人数	1	3	4	21	29
12		比例	3.57%	11.54%	13.79%	41.18%	21.64%
13	90~100	人数	1	1	3	22	27
14		比例	3.57%	3.85%	10.34%	43.14%	20.15%
15	人数汇总		28	26	29	51	134
16	比例汇总		100.00%	100.00%	100.00%	100.00%	100.00%

图 2-231　字段重命名

至此，利用数据透视表完成了数据的分段显示。

2.4.5　巧用数据透视表快速拆分工作表

【问题】

销售数据表如图 2-232 所示，如何按照“区域”拆分成如图 2-233 所示的不同区域销售情况表呢？

	A	B	C	D	E	F
1	区域	销售人员	户型	楼号	面积	单价
2	地区三	人员戊	三室两厅	5-1202	158.23	15400
3	地区三	人员甲	三室两厅	5-1102	158.23	13562
4	地区三	人员丁	三室两厅	5-1002	158.23	12548
5	地区三	人员丙	两室一厅	5-1201	125.12	14521
6	地区三	人员丙	两室一厅	5-1101	125.12	13658
7	地区三	人员甲	三室两厅	9-902	158.23	10250
⋮						
40	地区一	人员乙	三室两厅	9-501	125.12	9810
41	地区四	人员丙	三室两厅	5-302	158.23	7622
42	地区二	人员乙	两室一厅	5-801	125.12	9624
43	地区三	人员壬	两室一厅	8-801	125.12	9458
44	地区一	人员乙	两室一厅	5-701	125.12	9358
45	地区一	人员乙	三室两厅	5-202	158.23	7257

图 2-232　各区域销售情况

	A	B	C	D	E	F
1	区域	销售人员	户型	楼号	面积	单价
2	地区一	人员甲	两室一厅	5-101	125.12	6821
3	地区一	人员甲	两室一厅	5-101	125.12	6821
4	地区一	人员丙	三室两厅	5-102	158.23	7024
5	地区一	人员甲	两室一厅	5-201	125.12	7125
6	地区一	人员甲	两室一厅	5-201	125.12	7125
7	地区一	人员乙	三室两厅	5-202	158.23	7257
8	地区一	人员乙	三室两厅	5-202	158.23	7257
9	地区一	人员丙	两室一厅	5-301	125.12	7529
10	地区一	人员丙	三室两厅	5-302	158.23	7622
11	地区一	人员戊	两室一厅	5-401	125.12	8023

地区一　地区二　地区三　地区四

图 2-233　不同地区销售表

可以通过数据透视表进行快速拆分。

【实现方法】

（1）插入数据透视表。

将光标放在数据区任意一个单元格，单击“插入”→“数据透视表”，设置“选择放置数据透视表的位置”为“现有工作表”，并选择“位置”为当前工作表的I1单元格，如图2-234所示。

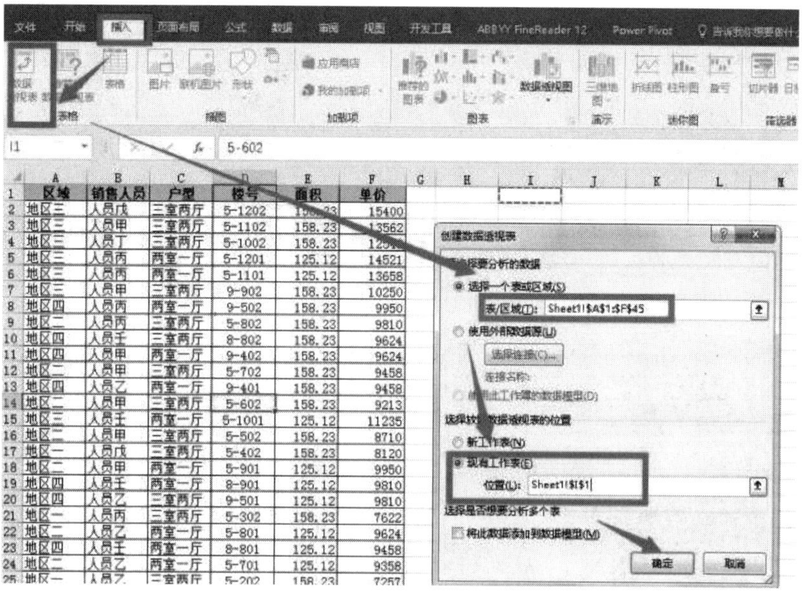

图 2-234 插入数据透视表

将“区域”字段添加到筛选区域，其他字段都添加到行区域。因为只是拆分工作表，不进行计算，所以此处“值”区域为空白，如图2-235所示。

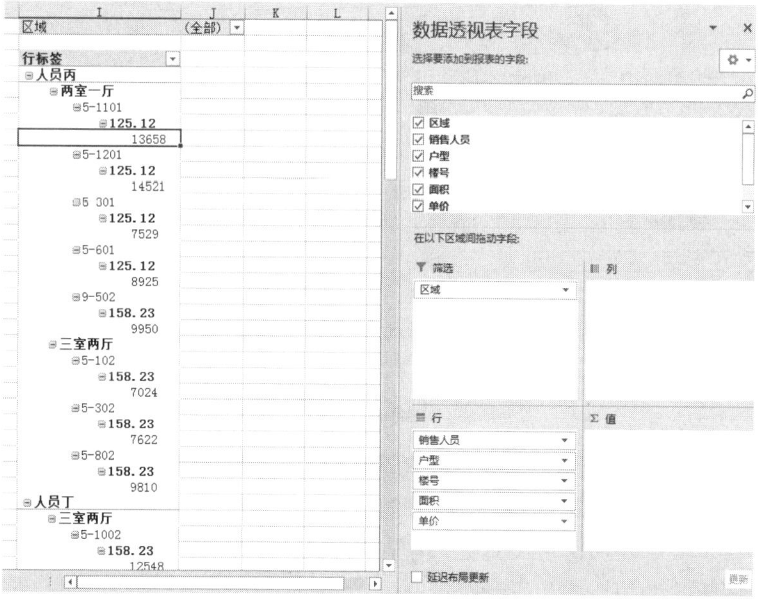

图 2-235 布局数据透视表

（2）设计数据透视表。

将光标定位在数据透视表中任意一个单元格，选择“数据透视表”→“设计”→“分类汇总”→“不显示分类汇总”，如图 2-236 所示。

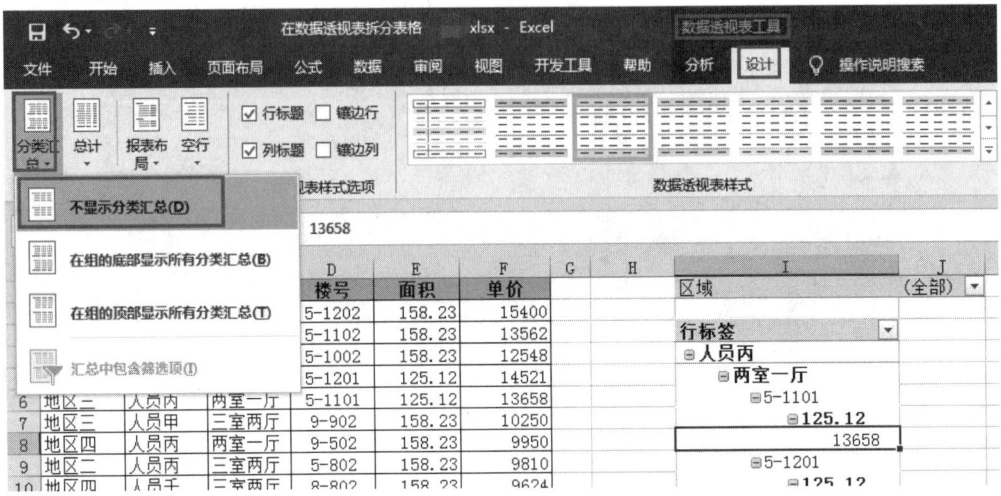

图 2-236　不显示分类汇总

将光标定位在数据透视表中任意一个单元格，选择“数据透视表”→“设计”→“报表布局”→“以表格形式显示”，数据将以表格形式显示，如图 2-237 所示。

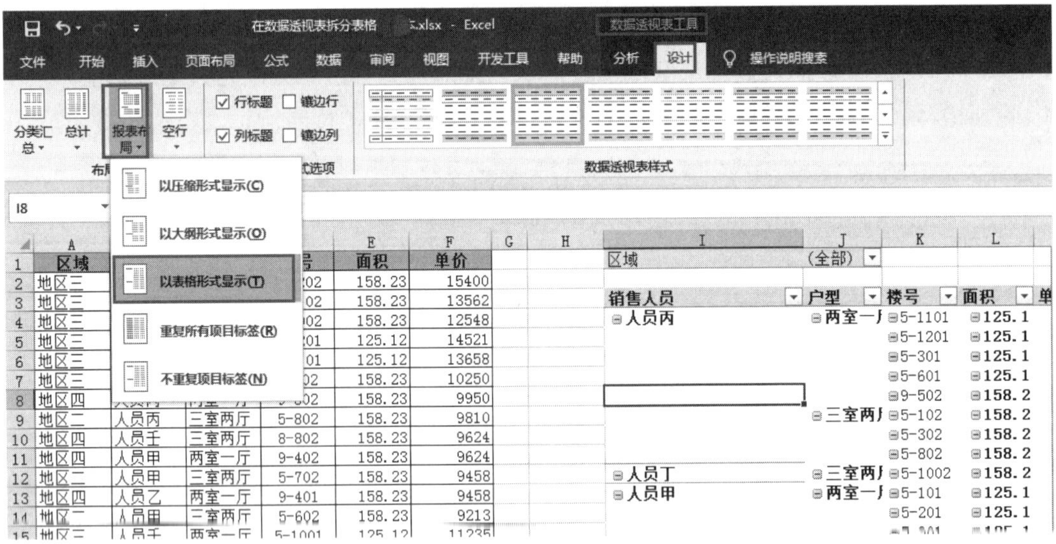

图 2-237　数据以表格形式显示

将光标定位在数据透视表中任意一个单元格，选择“数据透视表”→“分析”→“数据透视表①”→“显示报表筛选页”，如图 2-238 所示。

在打开的“显示报表筛选页”对话框中，选定要显示的报表筛选页字段为“区域”，并单击“确定”按钮，如图 2-239 所示。

图 2-238　显示报表筛选页

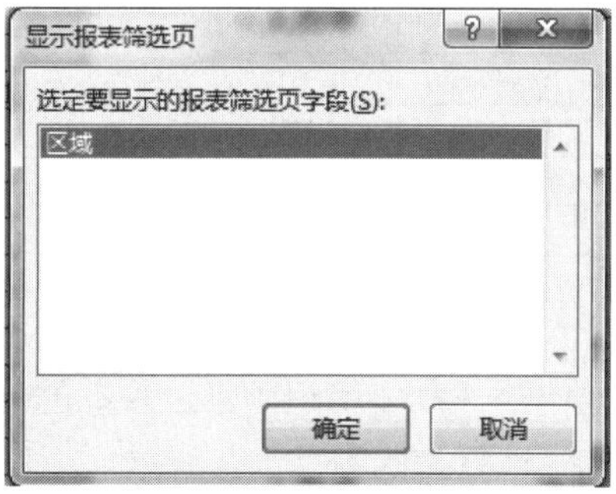

图 2-239　报表筛选页字段为“区域”

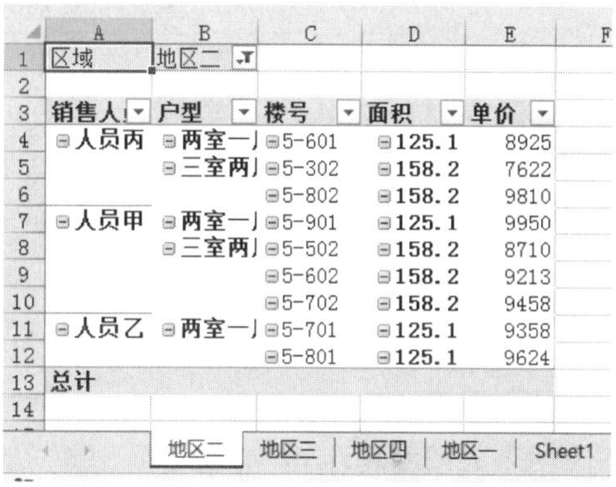

图 2-240　拆分成四个按地区独立显示的工作表

（3）拆分完成。

拆分成四个按地区独立显示的工作表，如图 2-240 所示。

以数据透视表拆分方式拆分的工作表显示为数据透视表格式，如果想以表格形式显示数据，可以双击数据透视表右下角单元格，如图 2-241 所示，即可以表格形式显示数据，如图 2-242 所示。

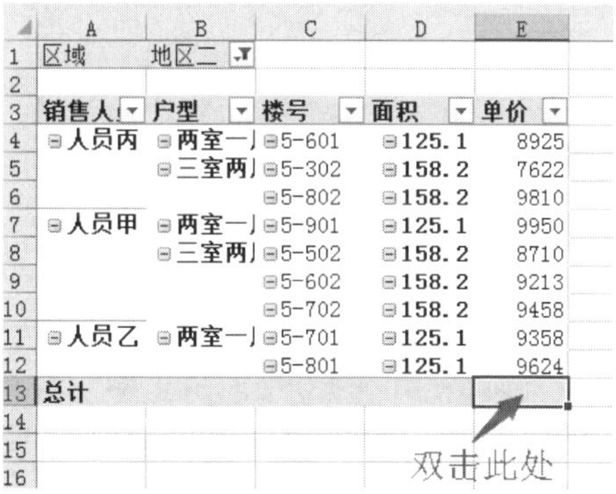

图 2-241　双击总计最右侧单元格

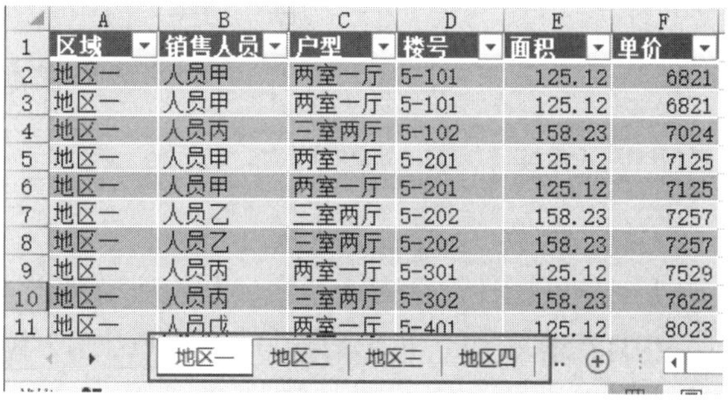

图 2-242　以表格形式显示数据的工作表

2.5 数据专业分析

2.5.1 新个税计算的 3 个公式

【问题】

计算个人所得税是 Excel 财务数据处理的最常见问题之一。

2018 年 10 月 1 日起个税调整后，将个人所得税起征点提高到 5000 元，缴纳等级依然为 7 级，如图 2-243 所示。

	A	B	C	D	E
1	级数	应纳税所得额	级别	税率	速算扣除数
2	1	不超过3,000元	0	3%	0
3	2	超过3,000元至12,000元的部分	3,000	10%	210
4	3	超过12,000元至25,000元的部分	12,000	20%	1410
5	4	超过25,000元至35,000元的部分	25,000	25%	2,660
6	5	超过35,000元至55,000元的部分	35,000	30%	4,410
7	6	超过55,000元至80,000元的部分	55,000	35%	7,160
8	7	超过80,000元的部分	80,000	45%	15,160

图 2-243 个人所得税缴纳等级

个人薪金所得税免征额是 5000 元，超过 5000 元的部分，使用超额累进税率的计算方法，即应纳个人所得税税额=应纳税所得额×适用税率−速算扣除数。

举例：

王某的工资收入为 9800 元，应纳税所得额为 9800−5000=4800（元），他应纳个人所得税为(9800−5000)×0.1−210=270(元)。

员工个人薪金如图 2-244 所示，该如何计算应缴多少税呢？

11	姓名	薪金
12	王一	4,999
13	林二	5,100
14	张三	9,800
15	李四	12,356
16	陈武	55,555
17	赵六	100,000

图 2-244 个人薪金表

【实现方法】

1）IF 函数

用 IF 嵌套计算个人所得税，是大家普遍能够想到的方法。在 C12 单元格中输入公式 “=IF((B12-5000)<0,0,IF((B12-5000)<=3000,(B12-5000)*0.03,IF((B12-5000)<=12000,(B12-5000)*0.1-210,IF((B12-5000)<=25000,(B12-5000)*0.2-1420,IF((B12-5000)<=35000,(B12-5000)*0.25-2660,IF((B12-5000)<=55000,(B12-5000)*0.35-4410,IF((B12-5000)<=80000,(B12-5000)*0.3

5-7160,(B12-5000)*0.45-15160)))))))”，按 Enter 键执行计算，再将公式向下填充，即得所有员工应缴纳的个人所得税，如图 2-245 所示。

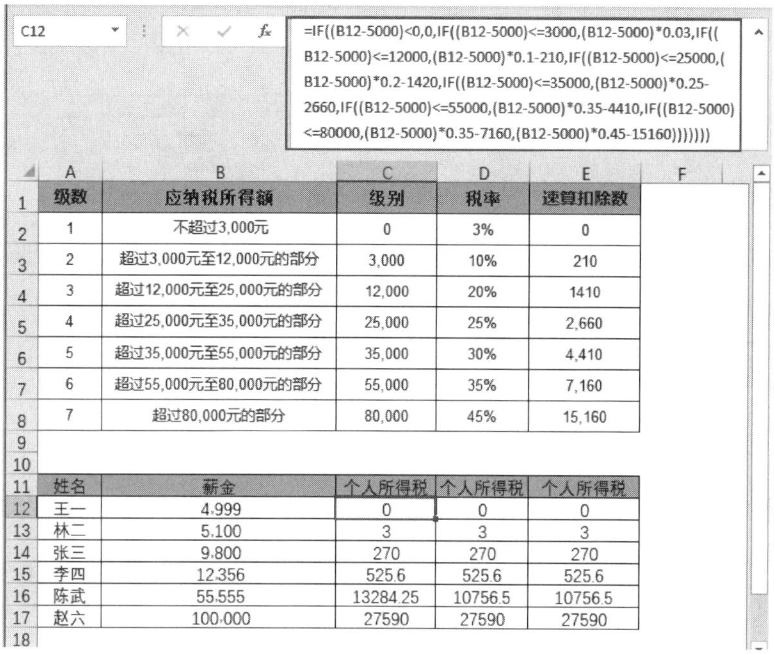

C12 =IF((B12-5000)<0,0,IF((B12-5000)<=3000,(B12-5000)*0.03,IF((B12-5000)<=12000,(B12-5000)*0.1-210,IF((B12-5000)<=25000,(B12-5000)*0.2-1420,IF((B12-5000)<=35000,(B12-5000)*0.25-2660,IF((B12-5000)<=55000,(B12-5000)*0.35-4410,IF((B12-5000)<=80000,(B12-5000)*0.35-7160,(B12-5000)*0.45-15160)))))))

级数	应纳税所得额	级别	税率	速算扣除数
1	不超过3,000元	0	3%	0
2	超过3,000元至12,000元的部分	3,000	10%	210
3	超过12,000元至25,000元的部分	12,000	20%	1410
4	超过25,000元至35,000元的部分	25,000	25%	2,660
5	超过35,000元至55,000元的部分	35,000	30%	4,410
6	超过55,000元至80,000元的部分	55,000	35%	7,160
7	超过80,000元的部分	80,000	45%	15,160

姓名	薪金	个人所得税	个人所得税	个人所得税
王一	4,999	0	0	0
林二	5,100	3	3	3
张三	9,800	270	270	270
李四	12,356	525.6	525.6	525.6
陈武	55,555	13284.25	10756.5	10756.5
赵六	100,000	27590	27590	27590

图 2-245　IF 函数计算个人所得税

2）LOOKUP 函数

利用 LOOKUP 函数的模糊查询，可以实现计算个人所得税。在 D12 单元格中输入公式“=IF(B12<5000,0,LOOKUP(B12-5000,$C$2:$C$8,(B12-5000)*$D$2:$D$8-$E$2:$E$8))”，按 Enter 键执行计算，再将公式向下填充，即得所有员工应缴纳的个人所得税，如图 2-246 所示。

D12 =IF(B12<5000,0,LOOKUP(B12-5000,$C$2:$C$8,(B12-5000)*$D$2:$D$8-$E$2:$E$8))

级数	应纳税所得额	级别	税率	速算扣除数
1	不超过3,000元	0	3%	0
2	超过3,000元至12,000元的部分	3,000	10%	210
3	超过12,000元至25,000元的部分	12,000	20%	1410
4	超过25,000元至35,000元的部分	25,000	25%	2,660
5	超过35,000元至55,000元的部分	35,000	30%	4,410
6	超过55,000元至80,000元的部分	55,000	35%	7,160
7	超过80,000元的部分	80,000	45%	15,160

姓名	薪金	个人所得税	个人所得税	个人所得税
王一	4,999	0	0	0
林二	5,100	3	3	3
张三	9,800	270	270	270
李四	12,356	525.6	525.6	525.6
陈武	55,555	13284.25	10756.5	10756.5
赵六	100,000	27590	27590	27590

图 2-246　LOOKUP 函数计算个人所得税

3）MAX 函数

在 E12 单元格中输入公式“=MAX((B12-5000)*$D$2:$D$8-$E$2:$E$8,0)”，按 Ctrl+Shift+Enter 组合键执行计算，再将公式向下填充，即得所有员工应缴纳的个人所得税，如图 2-247 所示。

E12　{=MAX((B12-5000)*$D$2:$D$8-$E$2:$E$8,0)}

级数	应纳税所得额	级别	税率	速算扣除数
1	不超过3,000元	0	3%	0
2	超过3,000元至12,000元的部分	3,000	10%	210
3	超过12,000元至25,000元的部分	12,000	20%	1410
4	超过25,000元至35,000元的部分	25,000	25%	2,660
5	超过35,000元至55,000元的部分	35,000	30%	4,410
6	超过55,000元至80,000元的部分	55,000	35%	7,160
7	超过80,000元的部分	80,000	45%	15,160

姓名	薪金	个人所得税	个人所得税	个人所得税
王一	4,999	0	0	0
林二	5,100	3	3	3
张三	9,800	270	270	270
李四	12,356	525.6	525.6	525.6
陈武	55,555	13284.25	10756.5	10756.5
赵六	100,000	27590	27590	27590

图 2-247　MAX 函数计算个人所得税

公式含义：将应纳税所得额、税率、速算扣除数组成 7 个备选等级，其中最大值就是所得税。

2.5.2　如何分析共享单车各站点的借车与还车高峰时段

【问题】

某公司单车的借出和归还车站及相关时刻样表，如图 2-248 所示。

借出车站	借车时刻	归还车站	还车时刻
D	2012/11/20 6:03:55	C	2012/11/20 6:28:35
B	2012/11/20 6:53:34	B	2012/11/20 6:58:54
A	2012/11/20 6:53:41	B	2012/11/20 7:10:51
D	2012/11/20 7:00:30	D	2012/11/20 7:55:38
B	2012/11/20 7:18:30	B	2012/11/20 7:33:13
C	2012/11/20 7:29:34	C	2012/11/20 7:40:00
B	2012/11/20 7:54:26	B	2012/11/20 8:05:26
C	2012/11/20 8:06:57	C	2012/11/20 8:46:30
B	2012/11/20 8:10:14	A	2012/11/20 8:17:45
D	2012/11/20 8:11:53	D	2012/11/20 8:38:02
A	2012/11/20 8:15:15	B	2012/11/20 8:20:18
B	2012/11/20 8:16:09	A	2012/11/20 8:20:27
B	2012/11/20 8:27:06	A	2012/11/20 8:33:38
B	2012/11/20 8:45:21	B	2012/11/20 8:55:45
A	2012/11/20 9:11:45	A	2012/11/20 9:55:12
A	2012/11/20 9:49:01	A	2012/11/20 13:49:29
D	2012/11/20 9:54:53	D	2012/11/20 10:49:54

图 2-248　单车的借出和归还车站及相关时刻表

以 1 小时为时间段，怎样得出共享单车各站点借车与还车的高峰时段呢？即每个站点哪个时间段借车与还车的数量较多。

【实现方法】

（1）设计各站点与时间段表格。

利用“数据”→“删除重复项”保留不重复的站点名称（参考 1.9.1 节）。利用“设置单元格格式”→“自定义”→“G/通用格式"时"”来设置 6 时、7 时……等时间段。这种设置通用格式的方法，只要在数字后加上单位“时”，单元格本身还是只有数值，并不影响后面的计算。

（2）公式实现。

在 B2 单元格中输入公式“=SUMPRODUCT((Sheet1!$A$2:$A$18=Sheet2!$E2)*(HOUR(Sheet1!$B$2:$B$18)=Sheet2!F$1))”，按 Enter 键执行计算，再将公式向下、向右填充，即可得结果，如图 2-249 所示。

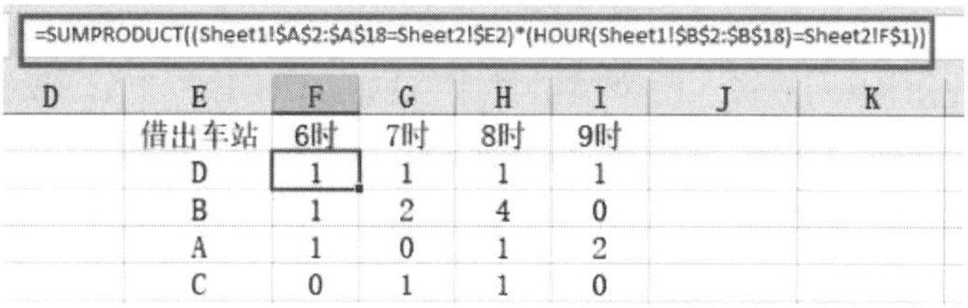
=SUMPRODUCT((Sheet1!$A$2:$A$18=Sheet2!$E2)*(HOUR(Sheet1!$B$2:$B$18)=Sheet2!F$1))

借出车站	6时	7时	8时	9时
D	1	1	1	1
B	1	2	4	0
A	1	0	1	2
C	0	1	1	0

图 2-249 每个站点的高峰时段

【公式解析】

● Sheet1!$A$2:$A$18=Sheet2!$E2：表示将 Sheet1 中 A2:A18 单元格区域的值依次与 Sheet2 中 E2 单元格值相比较，结果是一组由 TRUE 与 FALSE 组成的数组，如图 2-250 所示的“公式求值”对话框中的画线部分值。

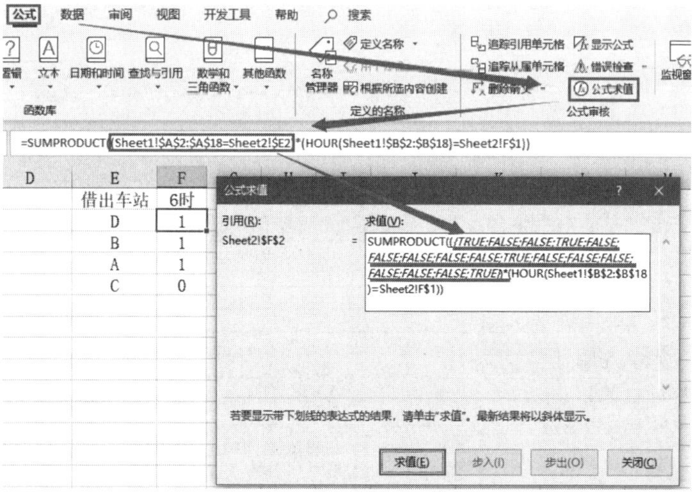

图 2-250 返回数组

- HOUR(Sheet1!$B$2:$B$18)=Sheet2!F$1：表示先用 HOUR 函数将 Sheet1 中 B2:B18 时间取小时，再依次与 Sheet2 中 F1 单元格的小时相比较，结果也是一组由 TRUE 与 FALSE 组成的数组，如图 2-251 所示的“公式求值”对话框中的画线部分值。

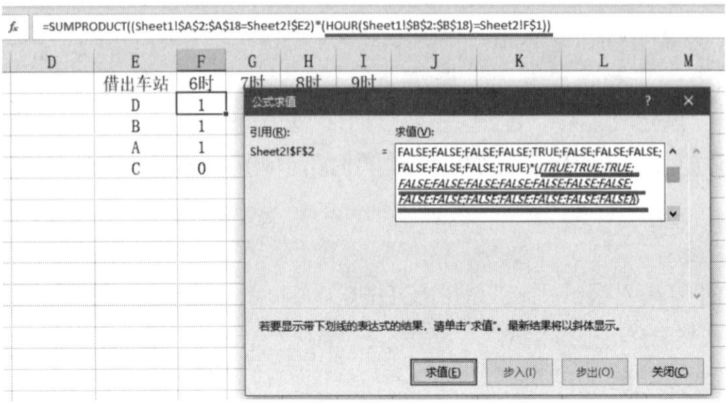

图 2-251　返回数组

最后由 SUMPRODUCT 对前两个数组对应位置的 TRUE 或 FALSE，即 1 或 0 相乘，再加和，即得最终结果，哪个时间段的数值最大，就是借车高峰期。

公式中特别注意，绝对引用与混合引用的使用方法。

2.5.3　中了五千万大奖，Excel 来帮忙规化

【问题】

“规划求解”可以用在很多实际问题中，如生产成本最小化、销售利润最大化、网点选址最优化等。

通过如何“买到自己想要的东西而又不造成浪费”这个简单的例子，来看 Excel 是如何规划求解的。

【实现方法】

（1）建立表格。

把自己的总资产、梦想、单价等输入表格，如图 2-252 所示。

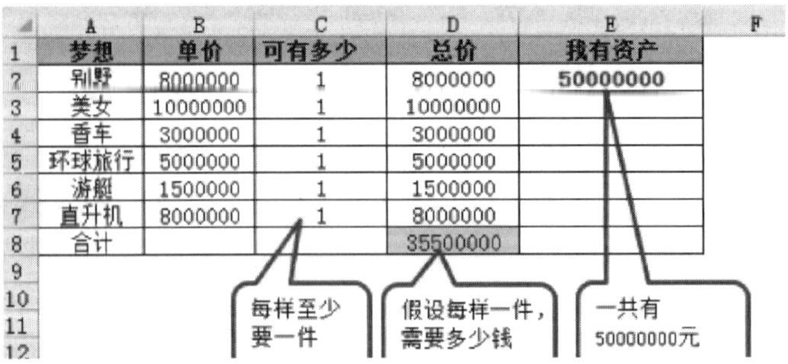

	A	B	C	D	E
1	梦想	单价	可有多少	总价	我有资产
2	别墅	8000000	1	8000000	50000000
3	美女	10000000	1	10000000	
4	香车	3000000	1	3000000	
5	环球旅行	5000000	1	5000000	
6	游艇	1500000	1	1500000	
7	直升机	8000000	1	8000000	
8	合计			35500000	

图 2-252　建立表格

其中，“总价”“合计”使用公式计算分别为：总价=单价*数量，合计 D8=SUM（D2:D7）。

（2）加载规划求解项。

单击“文件”→“选项”，选择“加载项”→“规划求解加载项”，单击“转到”按钮，即可加载规划求解，如图 2-253 和图 2-254 所示。

图 2-253　加载规划求解项（1）

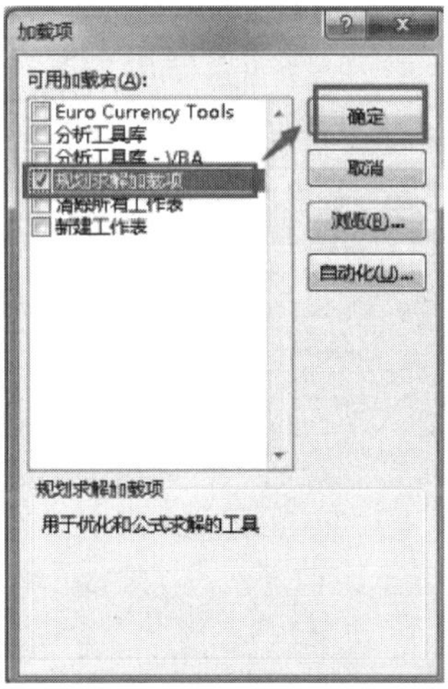

图 2-254　加载规划求解项（2）

“规划求解”加载完毕后，在“数据”菜单“分析”功能区内可以看到“规划求解”项，如图 2-255 所示。

图 2-255　规划求解项

（3）实现规划求解。

单击“数据”→“规划求解”，在打开的“规划求解参数”对话框中输入以下各项，如图 2-256 所示。

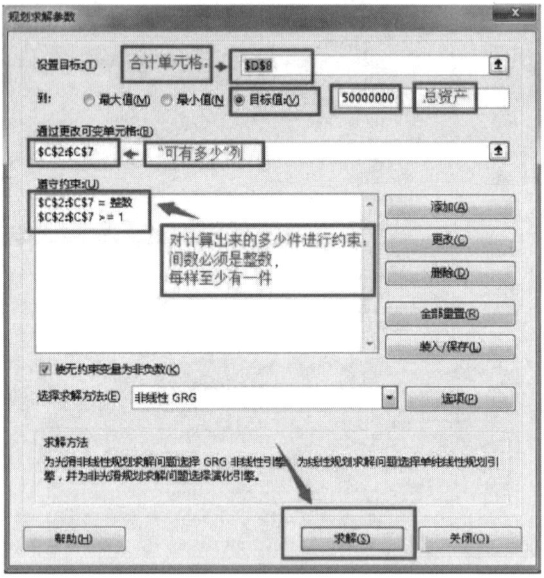

图 2-256　在规划求解中输入各项

其中“遵守约束”中的两项约束，可通过单击右侧“添加”按钮，在打开的“添加约束”对话框中设置实现，如图 2-257 和图 2-258 所示。

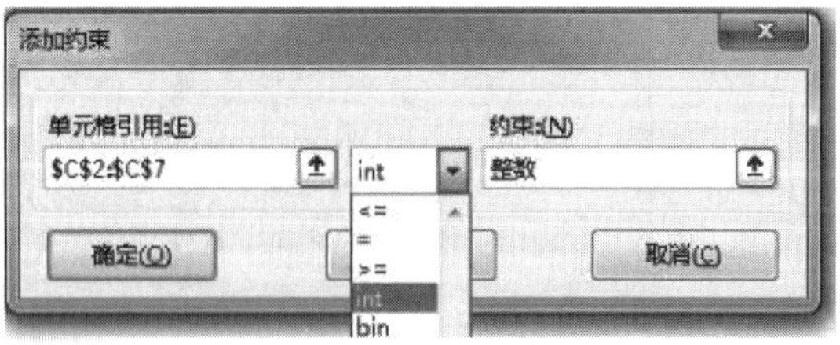

图 2-257　添加约束（1）

图 2-258　添加约束（2）

然后在“规划求解参数”对话框中单击“求解”按钮，在打开的“规划求解结果”对话框中单击“确定”按钮，保存求解结果，如图 2-259 所示。

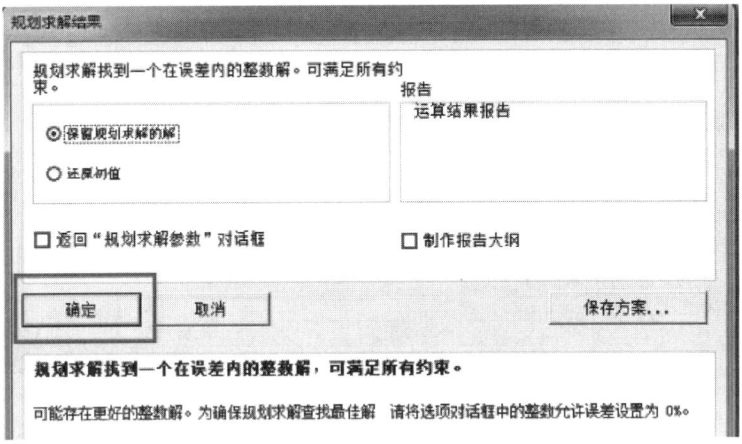

图 2-259　保存规划求解结果

最终通过规划，可以得到最优结果，刚好可以“买”到多少个梦想，如图 2-260 所示。

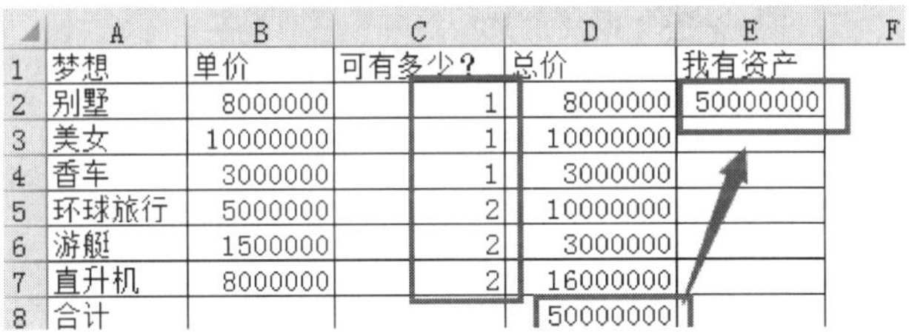

	A	B	C	D	E	F
1	梦想	单价	可有多少？	总价	我有资产	
2	别墅	8000000	1	8000000	50000000	
3	美女	10000000	1	10000000		
4	香车	3000000	1	3000000		
5	环球旅行	5000000	2	10000000		
6	游艇	1500000	2	3000000		
7	直升机	8000000	2	16000000		
8	合计			50000000		

图 2-260　结果

2.5.4　根据身份证号码统计易出现的错误

【问题】

根据身份证号码筛选员工信息时出现错误，如图 2-261 所示，同一个身份证号码，高级筛选出好几位员工，这个问题如何解决呢？

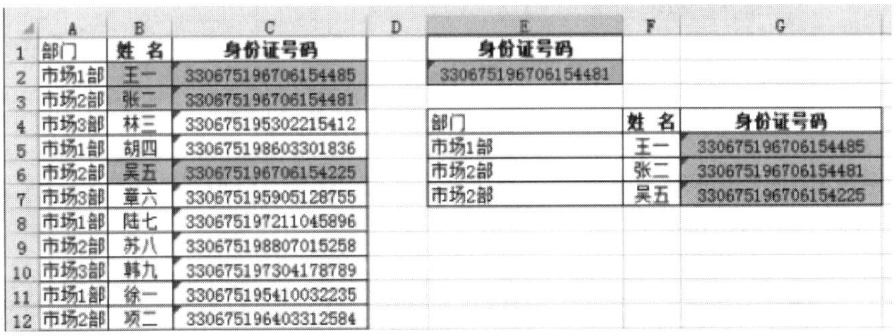

	A	B	C	D	E	F	G
1	部门	姓名	身份证号码		身份证号码		
2	市场1部	王一	330675196706154485		330675196706154481		
3	市场2部	张二	330675196706154481				
4	市场3部	林三	330675195302215412		部门	姓名	身份证号码
5	市场1部	胡四	330675198603301836		市场1部	王一	330675196706154485
6	市场2部	吴五	330675196706154225		市场2部	张二	330675196706154481
7	市场3部	章六	330675195905128755		市场2部	吴五	330675196706154225
8	市场1部	陆七	330675197211045896				
9	市场2部	苏八	330675198807015258				
10	市场3部	韩九	330675197304178789				
11	市场1部	徐一	330675195410032235				
12	市场2部	项二	330675196403312584				

图 2-261　根据身份证号码筛选员工信息

分析结果可以看出：筛选出的 3 位员工，他们的身份证号码前 15 位是一致的。原因是 Excel 对同一串数字的有效辨识，仅限于 15 位。虽然在身份证号码输入时已经把该单元格变成文本格式，但 Excel 仍然认为这是一串数字。

【实现方法】

在筛选条件的身份证后面加上“*”，即可解决，如图 2-262 所示。

C6 330675196706154225

	A	B	C	D	E	F	G
1	部门	姓 名	身份证号码		身份证号码		
2	市场1部	王一	330675196706154485		330675196706154481*		
3	市场2部	张二	330675196706154481				
4	市场3部	林三	330675195302215412		部门	姓 名	身份证号码
5	市场1部	胡四	330675198603301836		市场2部	张二	330675196706154481
6	市场2部	吴五	330675196706154225				
7	市场3部	章六	330675195905128755				
8	市场1部	陆七	330675197211045896				
9	市场2部	苏八	330675198807015258				
10	市场3部	韩九	330675197304178789				
11	市场1部	徐一	330675195410032235				
12	市场2部	项二	330675196403312584				

图 2-262　筛选条件的身份证后面加上“*”

另外，在对身份证号码统计个数时，也会出现错误。例如，在 D2 单元格中输入公式“=COUNTIF($C$2:$C$12,C2)”，按 Enter 键执行计算，再将公式向下填充，会返回错误统计值，如图 2-263 所示。

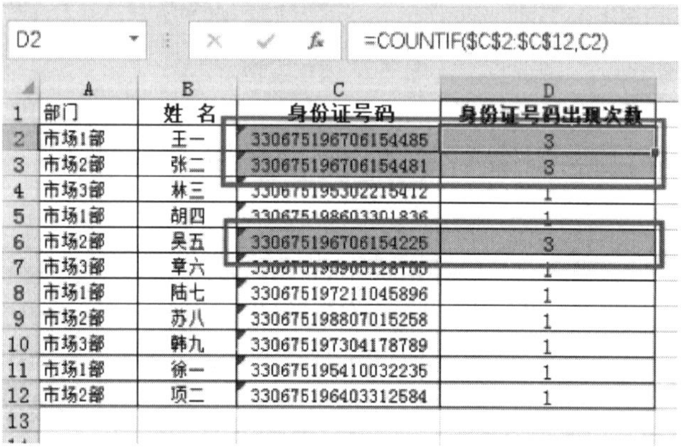
D2 =COUNTIF($C$2:$C$12,C2)

	A	B	C	D
1	部门	姓 名	身份证号码	身份证号码出现次数
2	市场1部	王一	330675196706154485	3
3	市场2部	张二	330675196706154481	3
4	市场3部	林三	330675195302215412	1
5	市场1部	胡四	330675198603301836	1
6	市场2部	吴五	330675196706154225	3
7	市场3部	章六	330675195905128755	1
8	市场1部	陆七	330675197211045896	1
9	市场2部	苏八	330675198807015258	1
10	市场3部	韩九	330675197304178789	1
11	市场1部	徐一	330675195410032235	1
12	市场2部	项二	330675196403312584	1
13				

图 2-263　身份证号码统计个数时出错

由于 Excel 对同一串数字的有效辨识仅限于 15 位，所以会把前 15 位相同的身份证号码等同于完全相同。只要把公式改为“=COUNTIF($C$2:$C$12,C2&"*")”，只在统计条件 C2 后面加上&"*"，就可解决问题，结果如图 2-264 所示。

关于 18 位身份证号码的正确输入方式：一种方式是把单元格格式设置成文本，另一种方式是在输入身份证号码之前加一个英文状态的单引号。虽然这两种方法操作过程不一样，但实质都是一样的，就是把单元格变成文本格式。

D2 =COUNTIF($C$2:$C$12,C2&"*")

	A	B	C	D
1	部门	姓 名	身份证号码	身份证号码出现次数
2	市场1部	王一	330675196706154485	1
3	市场2部	张二	330675196706154481	1
4	市场3部	林三	330675195302215412	1
5	市场1部	胡四	330675198603301836	1
6	市场2部	吴五	330675196706154225	1
7	市场3部	章六	330675195905128755	1
8	市场1部	陆七	330675197211045896	1
9	市场2部	苏八	330675198807015258	1
10	市场3部	韩九	330675197304178789	1
11	市场1部	徐一	330675195410032235	1
12	市场2部	项二	330675196403312584	1

图 2-264　改变统计条件

2.5.5　利用INDEX+RANDBETWEEN函数组合和RAND函数实现随机分组

【问题】

某公司对应聘面试者进行分组，为避免人为因素干扰，实行随机分组，如何实现呢？

【实现方法】

1）INDEX+RANDBETWEEN 函数组合

在 B2 单元格中输入公式“=INDEX({"第一组","第二组","第三组"},RANDBETWEEN(1,3))”，按 Enter 键执行计算，再将公式向下填充，即可得每位面试者的随机分组，如图 2-265 所示。

B2 =INDEX({"第一组","第二组","第三组"},RANDBETWEEN(1,3))

	A	B	C	D	E	F	G	H	I
1	姓 名	随机分组							
2	王一	第三组							
3	张二	第二组							
4	林三	第二组							
5	胡四	第一组							
6	吴五	第三组							
7	章六	第二组							
8	陆七	第一组							

图 2-265　利用 INDEX+RANDBETWEEN 函数组合实现随机分组

【公式解析】

- INDEX({"第一组","第二组","第三组"},RANDBETWEEN(1,3))”：如果随机值是 1，则返回值是第一组；如果随机值是 2，则返回值是第二组；如果随机值是 3，则返回值是第三组。

2）RAND 函数

（1）首先按规律在姓名前的 A 列输入“第一组”“第二组”“第三组”，保证每组人数基本相同。

（2）在 C2 单元格中输入公式“=RAND()”，按 Enter 键执行计算，并向下填充，可在每个姓名后得到一个介于 0 到 1 之间的随机数。

（3）将姓名列与随机数列全选，进行排序，可得每个人的随机分组。如图 2-266 所示。

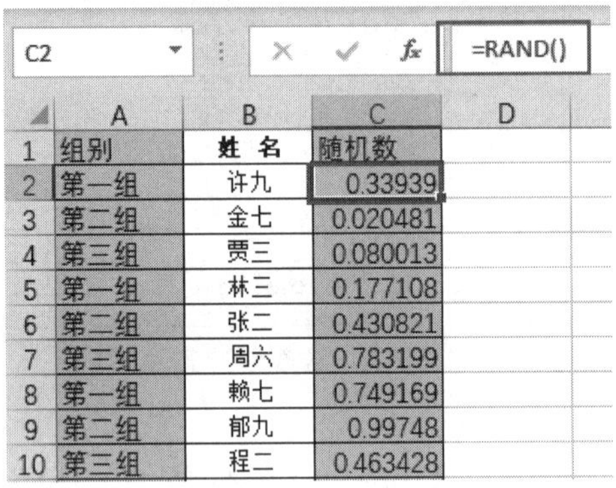

	A	B	C	D
1	组别	姓 名	随机数	
2	第一组	许九	0.33939	
3	第二组	金七	0.020481	
4	第三组	贾三	0.080013	
5	第一组	林三	0.177108	
6	第二组	张二	0.430821	
7	第三组	周六	0.783199	
8	第一组	赖七	0.749169	
9	第二组	郁九	0.99748	
10	第三组	程二	0.463428	

图 2-266　利用 RAND 函数实现随机分组

以上两种方法对比如下。

INDEX+RANDBETWEEN 函数组合：生成的随机分组，组内人数不确定，有的组人数多，有的组人数少。

RAND 函数：如果提前输入组别，结合排序，可以实现每组人数均分。

两者都可以用“F9”键刷新分组。

【函数简介】

1）INDEX 函数

语法：INDEX(array,row_num,[column_num])。

中文语法：INDEX(单元格区域或数组常量,数组中的某行,[数组中的某列])。

2）RANDBETWEEN 函数

语法：RANDBETWEEN(bottom,top)。

中文语法：RANDBETWEEN(返回的最小整数,返回的最大整数)。

3）RAND 函数

语法：RAND()，没有参数，返回大于等于 0 且小于 1 的均匀分布随机实数。

2.5.6　TREND 函数预测交易额

【问题】

某淘宝店铺要做数据分析，为马上到来的“双十二”做准备，想根据前五年的“双十二”交易额预测今年的交易额，该如何完成呢？

【实现方法】

在 B7 单元格输入公式“=TREND(B2:B6,A2:A6,A7,TRUE)”，按 Enter 键执行计算，即可得预测结果，如图 2-267 所示。

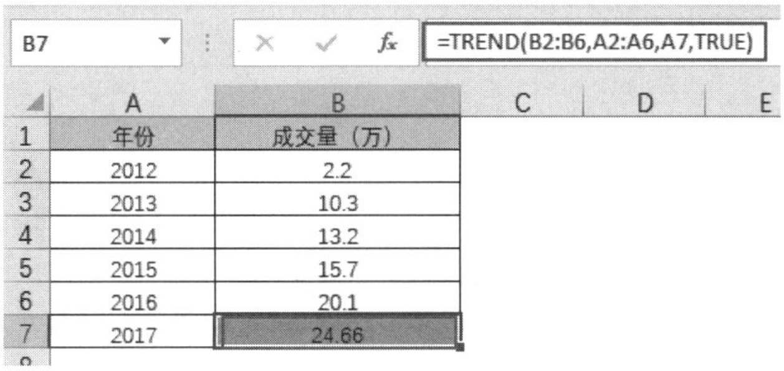
B7　=TREND(B2:B6,A2:A6,A7,TRUE)

	A	B
1	年份	成交量（万）
2	2012	2.2
3	2013	10.3
4	2014	13.2
5	2015	15.7
6	2016	20.1
7	2017	24.66

图 2-267　TREND 函数预测“双十二”的交易额

【函数简介】

TREND 函数

功能：返回线性趋势值。

语法：TREND(known_y's,[known_x's],[new_x's],[const])

- Known_y's：必需，关系表达式 y=mx+b 中已知的 y 值集合。
- Known_x's：必需，关系表达式 y=mx+b 中已知的可选 x 值集合。
- New_x's：必需，要函数 TREND 返回对应 y 值的新 x 值。
- Const：可选，一个逻辑值，用于指定是否将常量 b 强制设为 0。如果 const 为 TRUE 或省略，b 将按正常计算；如果 const 为 FALSE，b 将被设为 0（零），m 将被调整以使 y=mx。

第 3 部分

数据可视化

3.1 条件展现

3.1.1 灵活使用公式，设置条件格式

【问题】

如图 3-1 所示，如何把没能如期完成任务的实际日期行标上特殊颜色呢？

	A	B	C
1	项目	日期	完成日期
2	项目1	计划日期	2017/5/11
3		实际日期	2017/6/1
4	项目2	计划日期	2017/5/1
5		实际日期	2017/4/1
6	项目3	计划日期	2017/3/1
7		实际日期	2017/7/1
8	项目4	计划日期	2017/5/21
9		实际日期	2017/6/1
10	项目5	计划日期	2017/5/1
11		实际日期	2017/2/1
12	项目6	计划日期	2017/5/1
13		实际日期	2017/6/1

图 3-1　项目进度表

“没能如期完成任务的实际日期行”包含实际日期大于计划日期和添加颜色的行为实际日期所在行两个条件。

先从单条件设置开始进行逐步分析。

【实现方法】

1）单条件设置

将“实际日期”对应的行设置成蓝色填充，步骤如下。

（1）选中 B2:C13 单元格区域，单击“开始”→“条件格式”→“新建规则”，如图 3-2 所示。

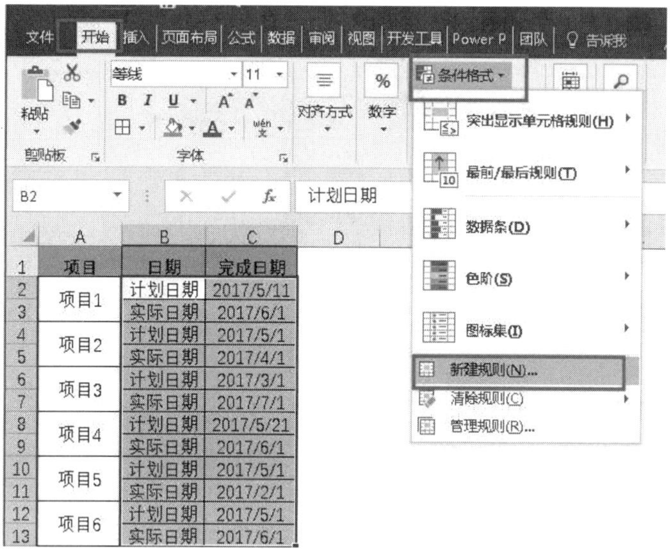

图 3-2　新建规则

（2）在打开的“新建格式规则”对话框中，选择“使用公式确定要设置格式的单元格”命令，并在“为符合此公式的值设置格式”中输入公式“=$B2="实际日期"”，单击“格式”按钮，设置一种背景颜色，单击“确定”即可完成条件格式设置，如图 3-3 和图 3-4 所示。

图 3-3　使用公式确定要设置格式的单元格

图 3-4　将实际日期行填充了颜色

解释两个疑问：

（1）为什么公式中是 B2 而不是 B3 呢？

因为将光标从 B2 单元格拖动到 C13 单元格，也就是选择了数据单元格区域 B2:C13，默认的是对其中第一个单元格开始进行编辑，即对 B2 单元格开始进行编辑。

（2）为什么公式是“=$B2="实际日期"”而不是公式“=B2="实际时期"”呢？

B 列前有“$”这个符号，代表所选单元格区域中符合条件的整行，如果没有这个符号，结果会是只有 B 列设置了条件格式，如图 3-5 所示。

	A	B	C
1	项目	日期	完成日期
2	项目1	计划日期	2017/5/11
3		实际日期	2017/6/1
4	项目2	计划日期	2017/5/1
5		实际日期	2017/4/1
6	项目3	计划日期	2017/3/1
7		实际日期	2017/7/1
8	项目4	计划日期	2017/5/21
9		实际日期	2017/6/1
10	项目5	计划日期	2017/5/1
11		实际日期	2017/2/1
12	项目6	计划日期	2017/5/1
13		实际日期	2017/6/1

图 3-5　公式“=B2="实际日期"”

2）双条件设置

把没能如期完成任务的实际日期行标上特殊颜色。分析要求可以得出两个条件：实际日期>计划日期；B 列对应单元格为“实际日期”。和单条件公式的步骤一样，只不过将公式写为“=($C2>$C1)*($B2="实际日期")”，如图 3-6 所示。双条件设置结果如图 3-7 所示。

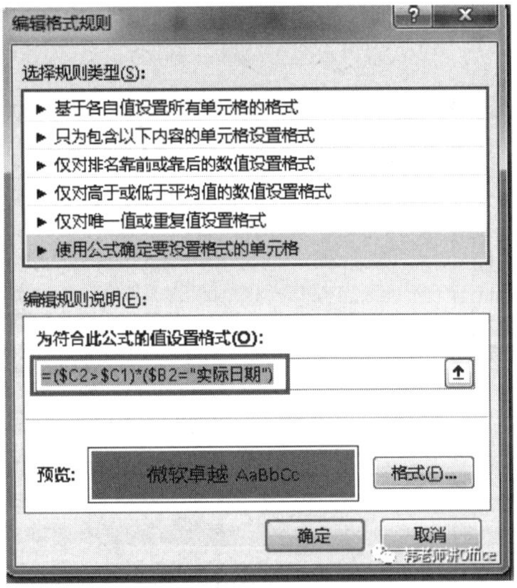

图 3-6　双条件公式

	A	B	C
1	项目	日期	完成日期
2	项目1	计划日期	2017/5/11
3		实际日期	2017/6/1
4	项目2	计划日期	2017/5/1
5		实际日期	2017/4/1
6	项目3	计划日期	2017/3/1
7		实际日期	2017/7/1
8	项目4	计划日期	2017/5/21
9		实际日期	2017/6/1
10	项目5	计划日期	2017/5/1
11		实际日期	2017/2/1
12	项目6	计划日期	2017/5/1
13		实际日期	2017/6/1

图 3-7　双条件设置结果

【知识拓展】

在“条件格式”中也可以设置更多的条件，例如，把没能如期完成任务的、逾期超过 30 天的实际日期行标上特殊颜色。

分析要求可以得出 3 个条件：实际日期>计划日期；实际日期-计划日期≥30 天；B 列对应单元格为“实际日期”，则公式可写为“=($C2>$C1)*($C2-$C1>=30)* ($B2="实际日期")”。

总之，可以得出以下结论：

在“条件格式”中，如果要设置多个条件，则公式可写为“=(条件 1)*(条件 2)*(条件 3)*…”。

3.1.2　自定义奇、偶行颜色

【问题】

Excel 数据处理时，如果数据量很大，就会出现眼花缭乱、看不准前后是否同一行的情况，如果设置了奇、偶行颜色不一致，就能解决这个问题。

【实现方法】

单击“开始”→“条件格式”→“新建规则”，在打开的“新建格式规则”对话框中选择“使用公式确定要设置格式的单元格”命令，并在“为符合此公式的值设置格式”中输入公式“=mod(row(),2)=1”，再单击“格式”按钮，在打开的“设置单元格格式”对话框的“填充”选项卡中添加一种背景色，即可实现奇、偶行不同的颜色，如图 3-8～图 3-11 所示。

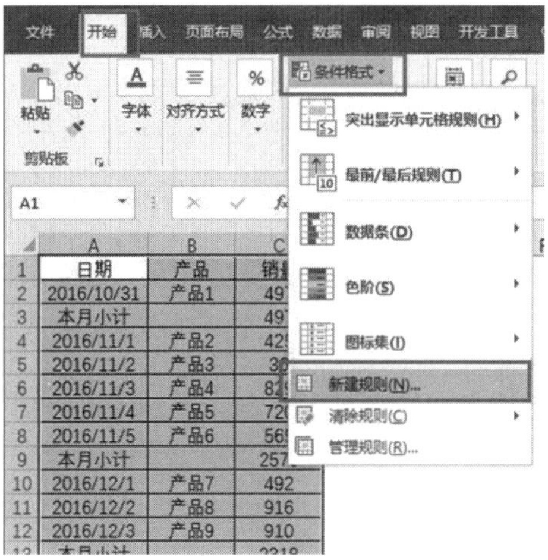

图 3-8　单击“开始”→“条件格式”→“新建规则”

图 3-9　输入公式

图 3-10　添加一种背景色

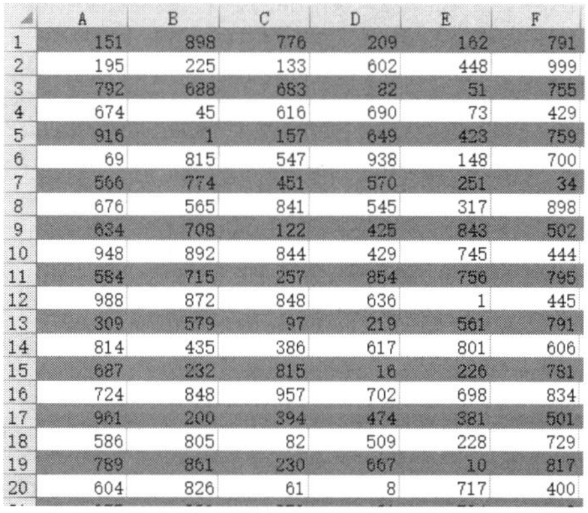

	A	B	C	D	E	F
1	151	898	776	209	162	791
2	195	225	133	602	448	999
3	792	688	683	82	51	755
4	674	45	616	690	73	429
5	916	1	157	649	423	759
6	69	815	547	938	148	700
7	566	774	451	570	251	34
8	676	565	841	545	317	898
9	634	708	122	425	843	502
10	948	892	844	429	745	444
11	584	715	257	854	756	795
12	988	872	848	636	1	445
13	309	579	97	219	561	791
14	814	435	386	617	801	606
15	687	232	815	16	226	781
16	724	848	957	702	698	834
17	961	200	394	474	381	501
18	586	805	82	509	228	729
19	789	861	230	667	10	817
20	604	826	61	8	717	400

图 3-11　奇、偶行不同的颜色

【公式解析】

- row()：返回当前行号。
- mod(row(),2)=1：当前行号除以 2，取余数；如果余数是 1，代表当前行是奇数行，否则是偶数行。

3.1.3 数据增减，颜色始终追随汇总行

【问题】

在做数据报表时，为了突出汇总行，经常把汇总行加一种颜色。但随着数据的添加，汇总行位置却经常发生改变，所以不能采用改变固定某行背景色的方法来对汇总行添加颜色，应该是颜色始终追随汇总行，如何实现呢？

【实现方法】

（1）选中数据单元格区域，单击“开始”→“条件格式”→“新建规则”，如图 3-12 所示。

（2）在打开的“新建格式规则”对话框中选择“使用公式确定要设置格式的单元格”命令，并在“为符合此公式的值设置格式”中输入公式“=ISNUMBER(FIND("小计",$A1))”，如图 3-13 所示。

（3）单击“格式”按钮，在打开的“设置单元格格式”对话框的“填充”选项卡中添加一种背景色。

同理，通过输入公式“=ISNUMBER(FIND("总计",$A1))”，实现“总计”行的颜色改变，如图 3-14 所示。

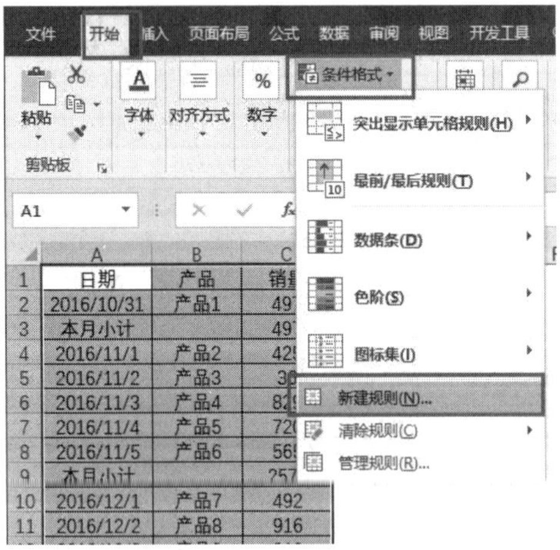

图 3-12　单击“开始”→“条件格式”→“新建规则”

图 3-13　输入公式

【公式解析】

- FIND("小计",$A1)：在 A1 单元格查找“小计”，如果查找到，就返回“小计”在 A1 单元格的位置，这个位置为数字。

	A	B	C
1	日期	产品	销量
2	2016/10/31	产品1	497
3	本月小计		497
4	2016/11/1	产品2	425
5	2016/11/2	产品3	36
6	2016/11/3	产品4	829
7	2016/11/4	产品5	720
8	2016/11/5	产品6	565
9	本月小计		2575
10	2016/12/1	产品7	492
11	2016/12/2	产品8	916
12	2016/12/3	产品9	910
13	本月小计		2318
14	总计		5390

图 3-14 合计行同颜色

- ISNUMBER(FIND("总计",$A1))：判断返回的是否是数字；如果是数字，公式返回 TRUE。

3.1.4 自动填充单元格颜色，提示身份证号码位数出错

【问题】

输入身份证号码是 Excel 数据处理时经常遇到的情况。但是身份证号码位数多，一旦输入不慎，就会出现错误。用“条件格式”对单元格进行设置，一旦在该单元格中输入身份证号码位数出现错误，就会自动填充该单元格颜色进行提示。

【实现方法】

（1）选中 A 列数据单元格区域，单击“开始”→“条件格式”→“新建规则”，如图 3-15 所示。

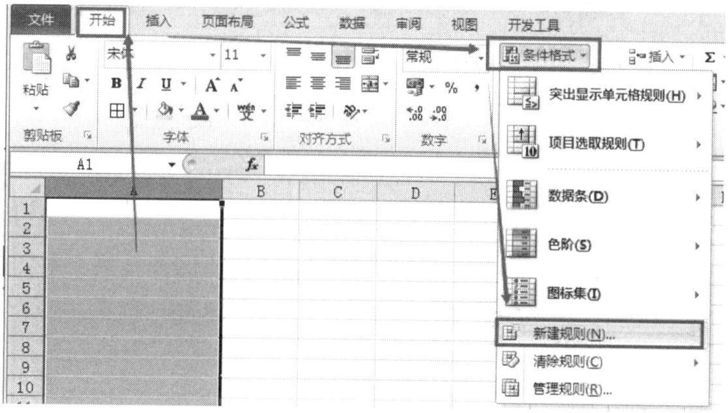

图 3-15 单击“开始”→“条件格式”→“新建规则”

（2）在打开的“新建格式规则”对话框中，选择“使用公式确定要设置格式的单元格”命令，并在“为符合此公式的值设置格式”中输入公式“=AND(LEN(A1)< >15,LEN(A1)< >18, A1< >"")”，如图 3-16 所示。

（3）单击“格式”按钮，在打开的“设置单元格格式”对话框的“填充”选项卡中添加一种背景色，如图 3-17 所示。

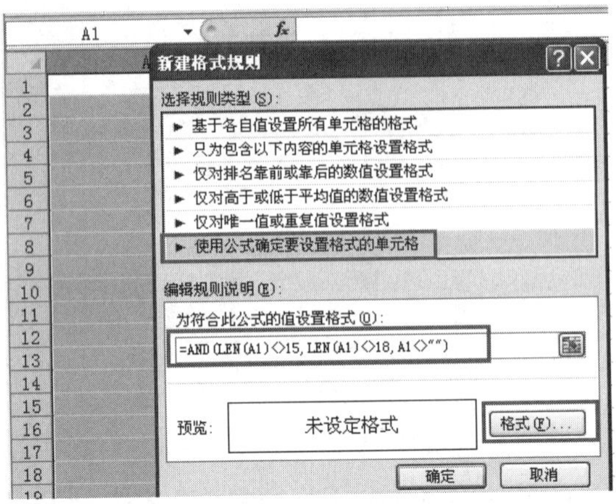

图 3-16 输入公式

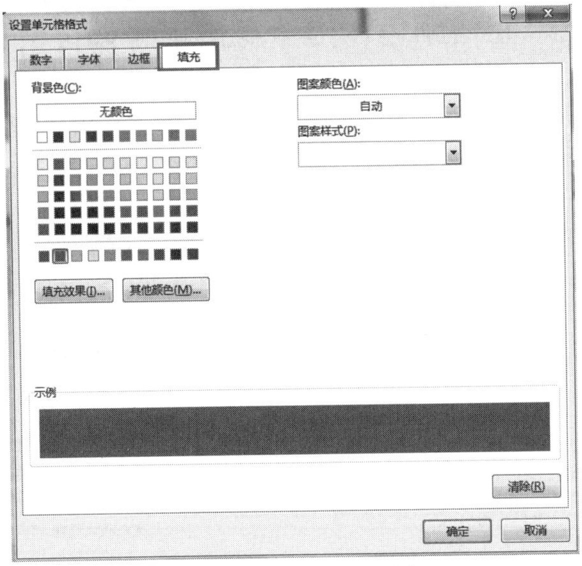

图 3-17 添加一种背景色

【公式解析】

AND(LEN(A1)< >15,LEN(A1)< >18,A1< >""):表示单元格长度不是 15 或 18，并且单元格不是空值。

3.1.5 完全相同的行填充相同颜色

【问题】

当核对数据时，在一大堆数据里找寻相同的行是非常麻烦的，用“条件格式”可以将完全相同的行标出相同的颜色，从而极大地提高数据核对效率。

【实现方法】

(1) 选中数据单元格区域，单击“开始”→“条件格式”→“新建规则”，如图 3-18 所示。

（2）在打开的“新建格式规则”对话框中，选择“使用公式确定要设置格式的单元格”命令，并在“为符合此公式的值设置格式”中输入公式“=SUMPRODUCT(($A$1:$A$15=$A1)*($B$1:$B$15=$B1)*($C$1:$C$15=$C1)*($D$1:$D$15=$D1)*($E$1:$E$15=$E1))>1”，如图 3-19 所示。

（3）单击“格式”按钮，在打开的“设置单元格格式”对话框的“填充”选项卡中添加一种背景色，如图 3-20 所示。

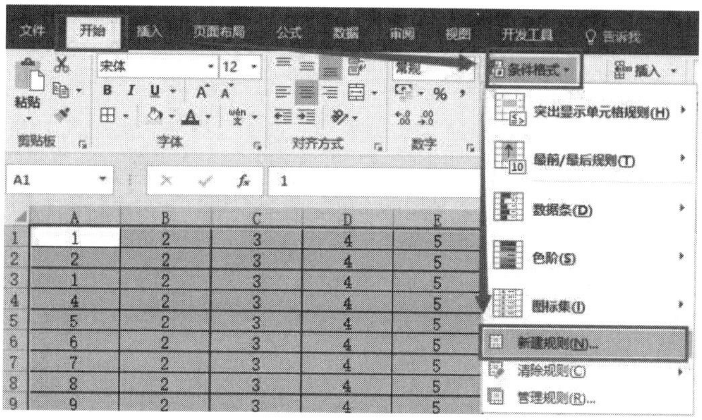

图 3-18　单击“开始”→“条件格式”→“新建规则”

图 3-19　输入公式

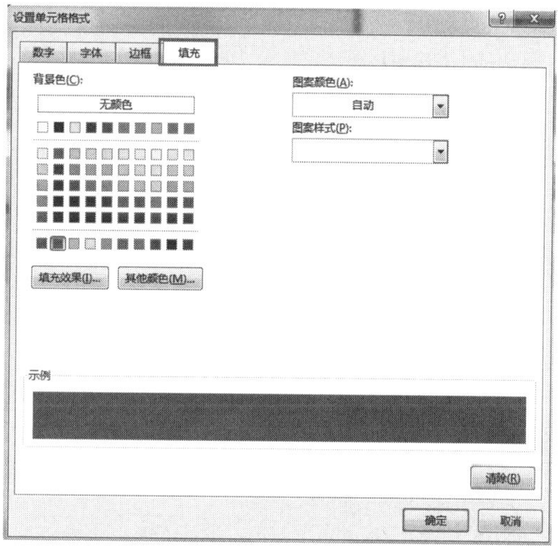

图 3-20　添加一种背景色

通过以上设置即可使完全相同的行填充同种颜色。

【公式解析】

此公式表示 5 个逻辑表达式的乘积。

第 1 个逻辑表达式“$A$1:$A$15=$A1”：将 A1:A15 单元格区域中所有单元格的值与 A1 单元格的值比较，如果相等，则返回值是 1；如果不相等，则返回值是 0。所以，此部分返回值是由 15 个 1 和 0 组成的数组。其他 4 个逻辑表达式同理。

用 SUMPRODUCT 函数，对以上 5 个数组对应位置值相乘再相加，如果和大于 1，说明有行完全相同。

3.1.6 突出显示两个工作表中完全相同的行

【问题】

如图 3-21 所示，如果要跨表显示完全相同的行，该怎么用“条件格式”呢？

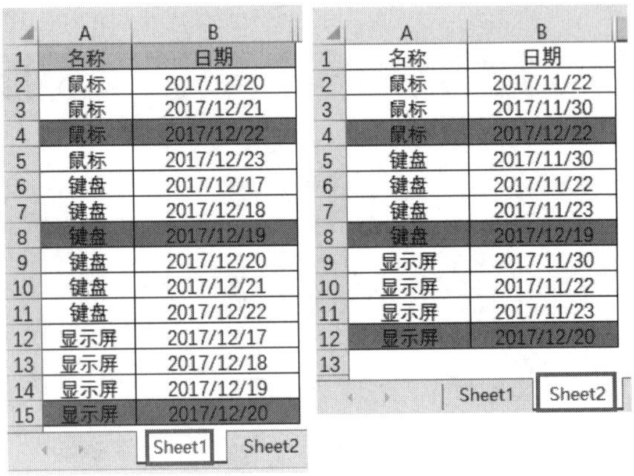

图 3-21　用同一种颜色显示跨表相同的行

【实现方法】

1）在 Shee1 中自定义条件格式

选中 Sheet1 的 A2:B15 单元格区域，单击“开始”→“条件格式”→“新建规则”，如图 3-22 所示。

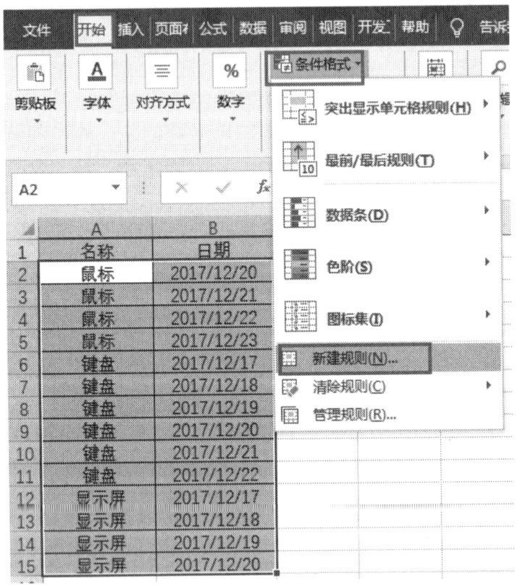

图 3-22　单击“开始”→“条件格式”→“新建规则”

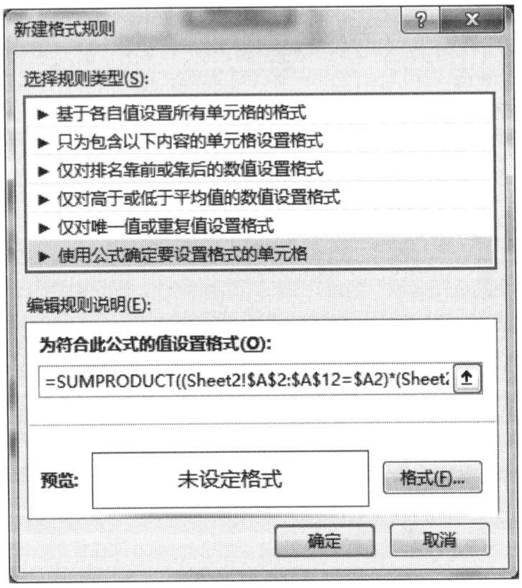

图 3-23　输入公式

在打开的“新建格式规则”对话框中，选择“使用公式确定要设置格式的单元格”命令，并在“为符合此公式的值设置格式”中输入公式“=SUMPRODUCT((Sheet2!$A$2:$A$12=$A2)*(Sheet2!$B$2:$B$12=$B2))>=1”。

单击“格式”按钮，在打开的“设置单元格格式”对话框的“填充”选项卡中添加一种背景色。

2）在 Shee2 中自定义条件格式

与在 Shee1 中自定义条件格式的思路相同，只要将公式改为“=SUMPRODUCT((Sheet1!$A$2:$A$15=$A2)*(Sheet1!$B$2:$B$15=$B2))>=1” 即可，如图 3-24 所示。

图 3-24 在 Shee2 中自定义条件格式

通过以上设置，两个工作表中完全相同的行被添加了背景颜色。

【知识拓展】

如果两个工作表中各有 3 列数据单元格区域，要标出完全相同的行，则在 Sheet1 中，公式变为“=SUMPRODUCT((Sheet2!$A$2:$A$12=$A2)*(Sheet2!$B$2:$B$12=$B2)*(Sheet2!$C$2:$C$12=$C2))>=1”; 在 Sheet2 中，公式变为“=SUMPRODUCT((Sheet1!$A$2:$A$15=$A2)*(Sheet1!$B$2:$B$15=$B2)* (Sheet1!$C$2:$C$15=$C2))>=1”。

在工作表中标出完全相同的行如图 3-25 所示。

Sheet1

	A	B	C
1	名称	日期	销量
2	鼠标	2017/12/20	20
3	鼠标	2017/12/21	30
4	鼠标	2017/12/22	40
5	鼠标	2017/12/23	50
6	键盘	2017/12/17	20
7	键盘	2017/12/18	30
8	键盘	2017/12/19	40
9	键盘	2017/12/20	50
10	键盘	2017/12/21	60
11	键盘	2017/12/22	70
12	显示屏	2017/12/17	20
13	显示屏	2017/12/18	30
14	显示屏	2017/12/19	40
15	显示屏	2017/12/20	50
16			

Sheet2

	A	B	C
1	名称	日期	销量
2	鼠标	2017/11/22	20
3	鼠标	2017/11/30	30
4	鼠标	2017/12/22	40
5	键盘	2017/11/30	20
6	键盘	2017/11/22	30
7	键盘	2017/11/23	40
8	键盘	2017/12/19	50
9	显示屏	2017/11/30	20
10	显示屏	2017/11/22	30
11	显示屏	2017/11/23	40
12	显示屏	2017/12/20	50
13			

图 3-25 在工作表中标出完全相同的行

3.1.7 设置缴费的行为绿色

【问题】

如图 3-26 所示，如何设置“条件格式”，使缴纳定金的行变色以突出显示呢？

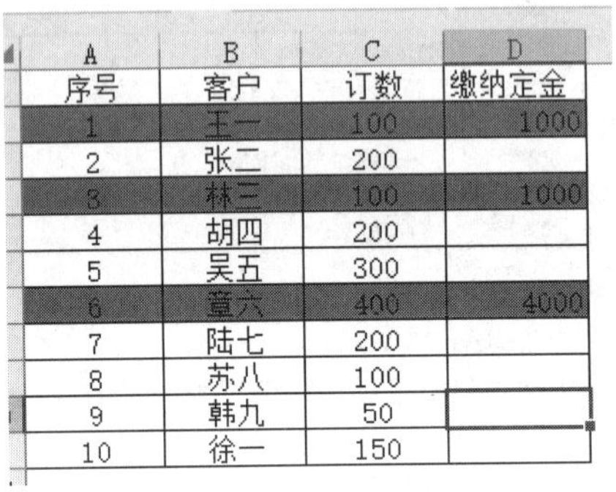

序号	客户	订数	缴纳定金
1	王一	100	1000
2	张二	200	
3	林三	100	1000
4	胡四	200	
5	吴五	300	
6	章六	400	4000
7	陆七	200	
8	苏八	100	
9	韩九	50	
10	徐一	150	

图 3-26 缴纳定金的行变色

【实现方法】

（1）选中数据单元格区域，单击“开始”→“条件格式”→“新建规则”，如图 3-27 所示。

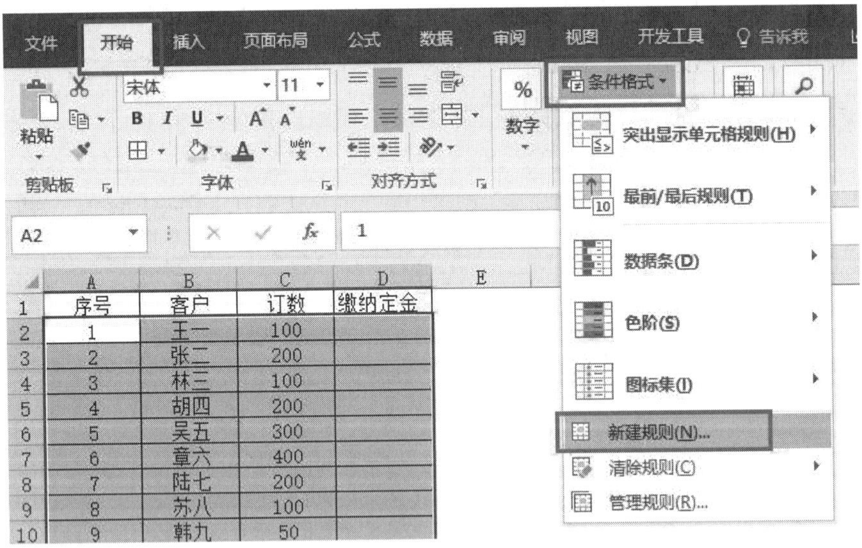

图 3-27 单击“开始”→“条件格式”→“新建规则”

（2）在打开的“新建格式规则”对话框中，选择“使用公式确定要设置格式的单元格”命令，并在“为符合此公式的值设置格式”中输入公式“=$D2<>""”，如图 3-28 所示。该公式含义是 D2 单元格不是空值。

（3）单击“格式”按钮，在打开的“设置单元格格式”对话框的“填充”选项卡中添加一种背景色，如图 3-29 所示。

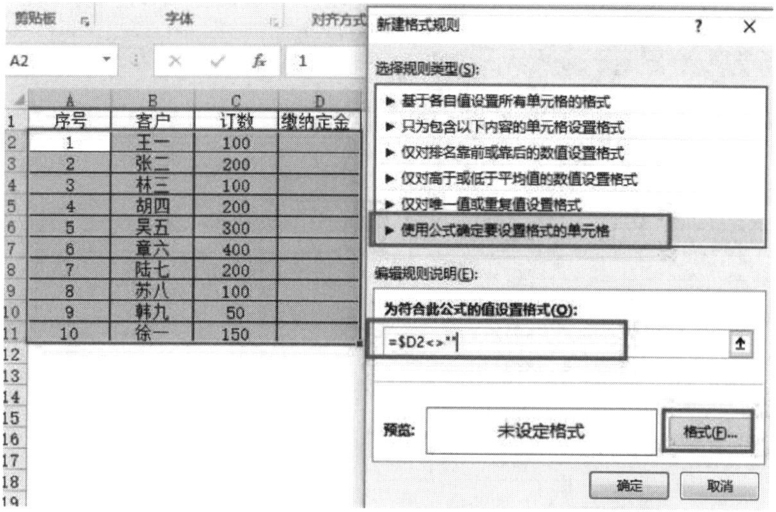

图 3-28　输入公式

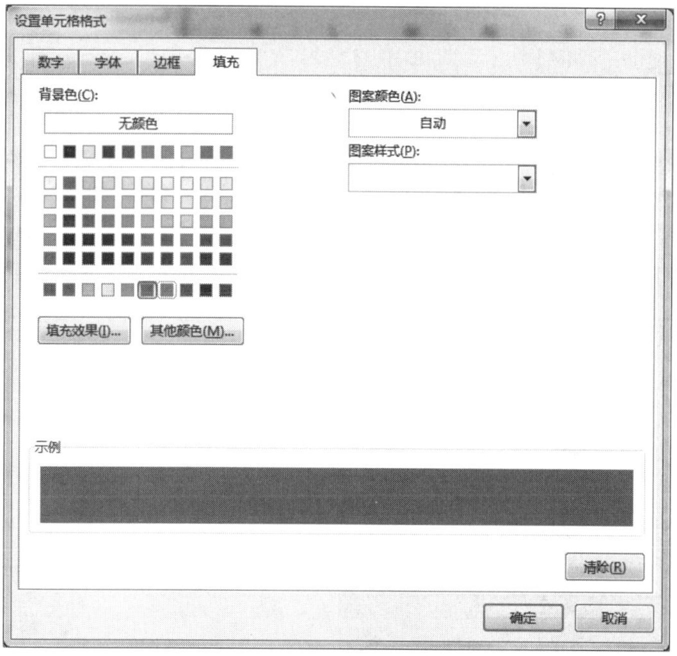

图 3-29　添加一种背景色

通过以上设置，即可突出显示已缴纳定金的客户所在行。

3.1.8　高亮显示需要查看的商品

【问题】

对于多种不同商品数据的核对，是否能实现选哪种商品，哪种商品数据行就被高亮显示，如图 3-30 所示。

A	B	C	D	E
日期	商品	进货数量		鼠标
2017/5/10	鼠标	4132		
2017/5/11	键盘	3584		
2017/5/12	鼠标	1175		
2017/5/13	键盘	4888		
2017/5/14	路由器	3933		
2017/5/15	鼠标	4084		
2017/5/16	路由器	4342		
2017/5/17	键盘	3376		
2017/5/18	路由器	390		
2017/5/19	键盘	2331		
2017/5/20	鼠标	1531		
2017/5/21	键盘	3317		
2017/5/22	路由器	3763		
2017/5/23	鼠标	365		
2017/5/24	路由器	4887		
2017/5/25	鼠标	836		

图 3-30 选哪种商品，哪种商品数据行就被高亮显示

【实现方法】

（1）选中数据单元格区域，单击“开始”→“条件格式”→“新建规则”，如图 3-31 所示。

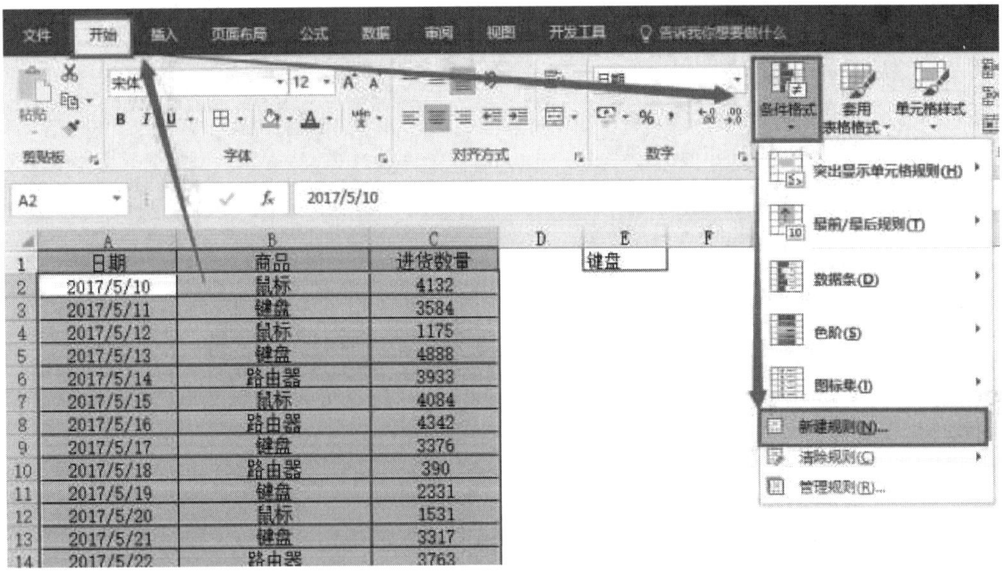

图 3-31 单击“开始”→“条件格式”→“新建规则”

（2）在打开的“新建格式规则”对话框中，选择“使用公式确定要设置格式的单元格”命令，并在“为符合此公式的值设置格式”中输入公式“=$B2=$E$1”，如图 3-32 所示。

（3）单击“格式”按钮，在打开的“设置单元格格式”对话框的“填充”选项卡中添加一种背景色。

通过以上 3 步的设置，即可实现选哪种商品，哪种商品数据行就被高亮显示。

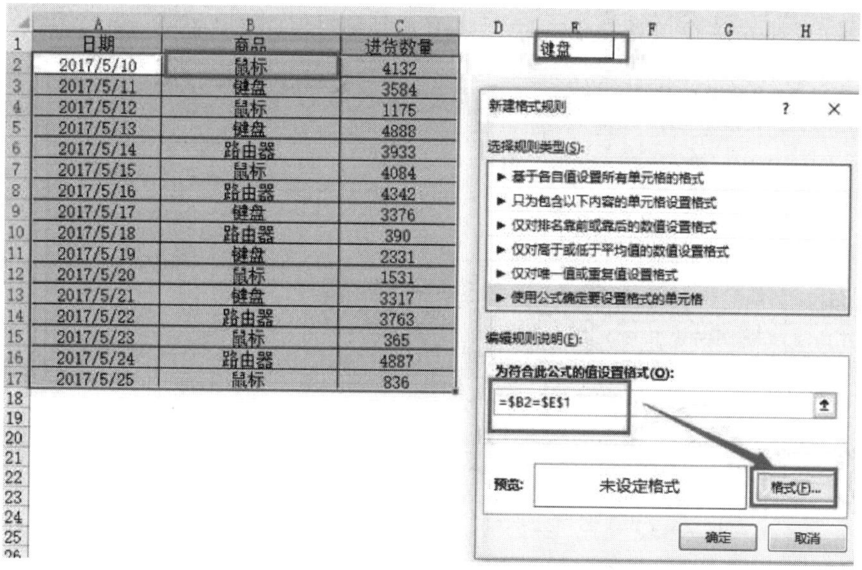

图 3-32　输入公式

3.1.9　用不同颜色突出显示前 3 名的数据

【问题】

如图 3-33 所示，如何将前 3 名的数据单元格填充不同颜色，以使查看数据变得很直观呢？

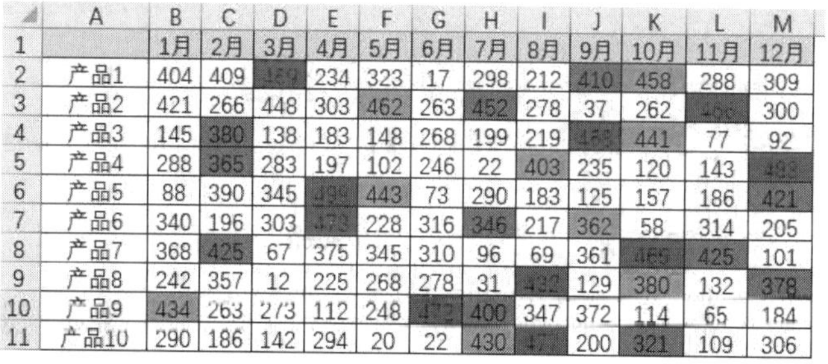

	1月	2月	3月	4月	5月	6月	7月	8月	9月	10月	11月	12月
产品1	404	409	[illegible]	234	323	17	298	212	410	458	288	309
产品2	421	266	448	303	462	263	452	278	37	262	[illegible]	300
产品3	145	380	138	183	148	268	199	219	[illegible]	441	77	92
产品4	288	365	283	197	102	246	22	403	235	120	143	[illegible]
产品5	88	390	345	[illegible]	443	73	290	183	125	157	186	421
产品6	340	196	303	[illegible]	228	316	346	217	362	58	314	205
产品7	368	425	67	375	345	310	96	69	361	[illegible]	425	101
产品8	242	357	12	225	268	278	31	[illegible]	129	380	132	378
产品9	434	263	273	112	248	[illegible]	400	347	372	114	65	184
产品10	290	186	142	294	20	22	430	[illegible]	200	321	109	306

图 3-33　用不同的背景色显示前 3 名的数据

【实现方法】

以突出显示第 1 名的数据为例。

（1）选中数据单元格区域，单击“开始”→“条件格式”→“新建规则”，如图 3-34 所示。

（2）在打开的“新建格式规则”对话框中，选择“使用公式确定要设置格式的单元格”命令，并在“为符合此公式的值设置格式”中输入公式“=B2=MAX($B2:$M2)”，如图 3-35 所示。

（3）单击“格式”按钮，在打开的“设置单元格格式”对话框的“填充”选项卡中添加一种背景色，即可将第 1 名的数据单元格填充背景色，如图 3-36 所示。

图 3-34　单击“开始”→“条件格式”→“新建规则”

图 3-35　输入公式

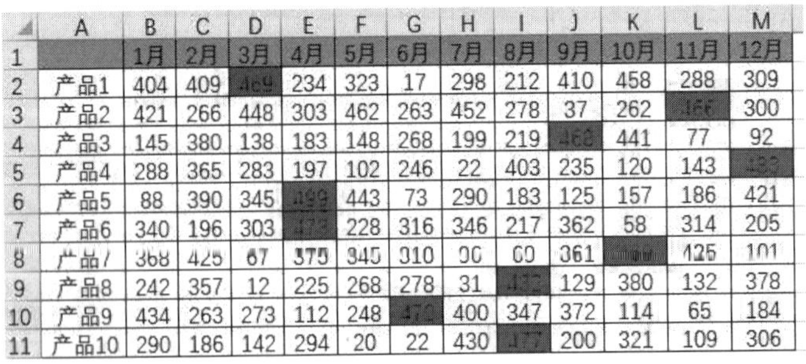

	A	B	C	D	E	F	G	H	I	J	K	L	M
1		1月	2月	3月	4月	5月	6月	7月	8月	9月	10月	11月	12月
2	产品1	404	409	469	234	323	17	298	212	410	458	288	309
3	产品2	421	266	448	303	462	263	452	278	37	262	466	300
4	产品3	145	380	138	183	148	268	199	219	468	441	77	92
5	产品4	288	365	283	197	102	246	22	403	235	120	143	483
6	产品5	88	390	345	499	443	73	290	183	125	157	186	421
7	产品6	340	196	303	473	228	316	346	217	362	58	314	205
8	产品7	368	425	67	375	345	310	96	69	361	469	425	101
9	产品8	242	357	12	225	268	278	31	432	129	380	132	378
10	产品9	434	263	273	112	248	472	400	347	372	114	65	184
11	产品10	290	186	142	294	20	22	430	477	200	321	109	306

图 3-36　突出显示第 1 名的数据

突出显示第 2、3 名的数据与突出显示第 1 名数据的设置方法相同，只要将公式改为“=B2=LARGE($B2:$M2,2)”和“=B2=LARGE($B2:$M2,3)”即可，如图 3-37 和图 3-38 所示。

图 3-37　突出显示第 2 名数据的公式

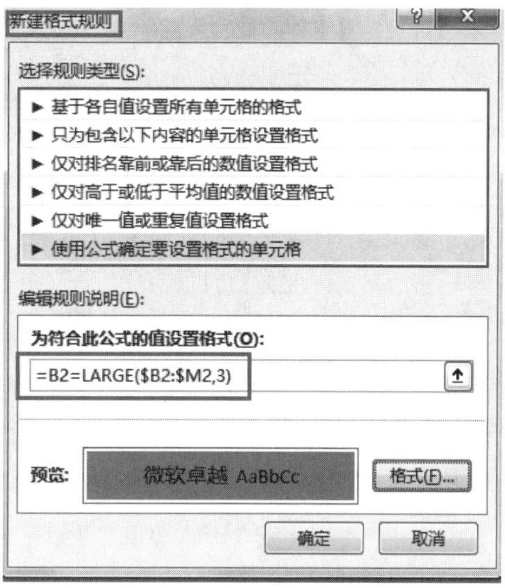

图 3-38　突出显示第 3 名数据的公式

3.1.10　根据货号设置间隔色

【问题】

如图 3-39 所示，在电商数据样表中，有的商品货号很相似，核对起来很不容易。能否根据货号设置间隔色以方便核对呢？

	A	B	C	D	E	F	G	H
1	货号	仓库号	一月销量	二月销量	三月销量	四月销量	五月销量	六月销量
2	A0011	1号	966	671	777	759	449	967
3	A0011	2号	345	684	463	897	954	930
4	A0011	3号	999	819	899	637	510	549
5	A0011	4号	798	427	459	747	786	574
6	A0021	5号	345	888	981	447	757	693
7	A0021	1号	670	750	684	397	479	936
8	A0021	2号	776	508	553	895	633	788
9	A0121	3号	449	967	816	929	682	321
10	A0121	4号	954	930	485	431	721	449
11	B0211	5号	510	549	416	356	314	371
12	B0211	1号	786	574	421	492	671	777
13	B0211	2号	757	693	630	304	684	463
14	B0232	3号	479	936	954	812	819	899
15	B0232	4号	633	788	474	848	427	459
16	B0232	5号	682	321	804	819	888	981
17	B2232	3号	721	449	578	493	750	684

图 3-39　电商数据样表

【实现方法】

（1）选中数据单元格区域（除去标题行单元格），单击“开始”→“条件格式”→“新建规则”，如图 3-40 所示。

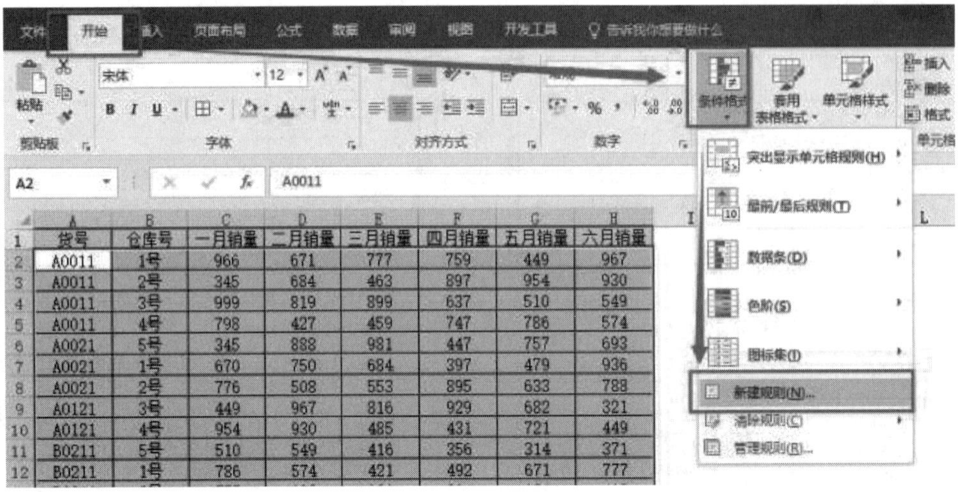

图 3-40　单击“开始”→“条件格式”→“新建规则”

（2）在打开的“新建格式规则”对话框中，选择“使用公式确定要设置格式的单元格”命令，并在“为符合此公式的值设置格式”中输入公式“=MOD(INT(SUMPRODUCT(1/COUNTIF($A$2:$A2,$A$2:$A2))),2)”，如图 3-41 所示。

图 3-41　输入公式

（3）单击“格式”按钮，在打开的“设置单元格格式”对话框的“填充”选项卡中添加一种背景色。

通过以上设置，就能实现根据货号设置间隔色。

【公式解析】

添加一个辅助列，在 I2 单元格中输入公式“=MOD(INT(SUMPRODUCT(1/COUNTIF($A$2:$A2,$A$2:$A2))),2)”，按 Enter 键执行计算，再将公式向下填充，可以看到的结果如图 3-42 所示。

I2 =MOD(INT(SUMPRODUCT(1/COUNTIF($A$2:$A2,$A$2:$A2))),2)

	A	B	C	D	E	F	G	H	I
1	货号	仓库号	一月销量	二月销量	三月销量	四月销量	五月销量	六月销量	
2	A0011	1号	966	671	777	759	449	967	1
3	A0011	2号	345	684	463	897	954	930	1
4	A0011	3号	999	819	899	637	510	549	1
5	A0011	4号	798	427	459	747	786	574	1
6	A0021	5号	345	888	981	447	757	693	0
7	A0021	1号	670	750	684	397	479	936	0
8	A0021	2号	776	508	553	895	633	788	0
9	A0121	3号	449	967	816	929	682	321	1
10	A0121	4号	954	930	485	431	721	449	1
11	B0211	5号	510	549	416	356	314	371	0
12	B0211	1号	786	574	421	492	671	777	0
13	B0211	2号	757	693	630	304	684	463	0
14	B0232	3号	479	936	954	812	819	899	1
15	B0232	4号	633	788	474	848	427	459	1
16	B0232	5号	682	321	804	819	888	981	1
17	B2232	3号	721	449	578	493	750	684	0

图 3-42　可以看到的结果

公式返回值要么是 1，要么是 0，凡是返回值是 1 的，就对相应的行进行填充颜色。

以在 I10 单元格输入公式“=MOD(INT(SUMPRODUCT(1/COUNTIF($A$2:$A10,$A$2:$A10))),2)”为例进行公式解析：

- COUNTIF($A$2:$A10,$A$2:$A10)：返回数组{4;4;4;4;3;3;3;2;2}。
- COUNTIF($A$2:$A10,$A$2:$A10)：返回数组{1/4;1/4;1/4;1/4;1/3;1/3;1/3;1/2;1/2}。
- SUMPRODUCT(1/COUNTIF($A$2:$A10,$A$2:$A10))：表示将上述数组元素相加，返回 3。
- INT(SUMPRODUCT(1/COUNTIF($A$2:$A10,$A$2:$A10)))：表示将 SUMPRODUCT 的返回值取整。
- MOD(INT(SUMPRODUCT(1/COUNTIF($A$2:$A10,$A$2:$A10))),2)：表示将上一步整数除以 2，取余数。

如果余数为 0，则不填充颜色；如果余数为 1，则填充颜色。

3.1.11　在所有员工的工资表中，仅能查看本人信息

【问题】

某公司每个月发工资以后，都有员工要查看工资明细。如何能把所有员工的工资表发给员工，让员工只能看到自己的工资明细呢？

【实现方法】

（1）建立公式查询。

建立一个查询单元格区域，员工只要将自己的身份证号码输入 C2 单元格（设置为文本格式），有关自己的各类信息就会出现在第 5 行，如图 3-43 所示。

工号	姓名	身份证号码	职称	基础工资	加班工资	工资
101	王一	440923197011014000	中级工程师	10000	100	10100
102	张二	360723197809072027	工程师	11000	200	11200
103	林三	320481198504256212	助理工程师	9000	300	9300
104	胡四	320223197001203561	高级工程师	8500	500	9000
105	吴五	320106197910190465	中级工程师	12000	400	12400
106	章六	321323198506030024	工程师	20000	150	20150
107	陆七	321302198502058810	高级工程师	15000	230	15230
108	苏八	321324198601180107	工程师	13000	210	13210
109	韩九	321323198809105003	工程师	15200	560	15760
110	徐一	420117198608090022	高级工程师	17000	400	17400
111	项二	321324198401130041	中级工程师	12000	520	12520

图 3-43　建立文本格式单元格，方便输入身份证号码

在 A5 单元格中输入公式“=IFERROR(INDEX($A$9:$G$24,MATCH($C$2,$C$9:$C$24,0),COLUMN()),"")”，按 Enter 键执行计算，再将公式向右填充，即可得到与 C2 单元格中身份证号码对应的员工信息，如图 3-44 所示。

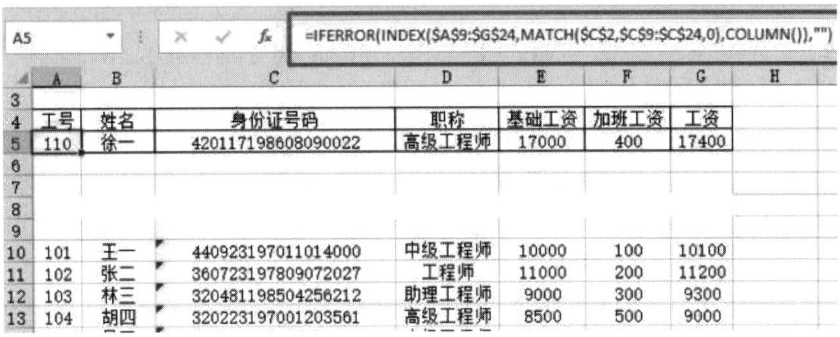

工号	姓名	身份证号码	职称	基础工资	加班工资	工资
110	徐一	420117198608090022	高级工程师	17000	400	17400
101	王一	440923197011014000	中级工程师	10000	100	10100
102	张二	360723197809072027	工程师	11000	200	11200
103	林三	320481198504256212	助理工程师	9000	300	9300
104	胡四	320223197001203561	高级工程师	8500	500	9000

图 3-44　输入公式

【公式解析】

公式含义如图 3-45 所示。

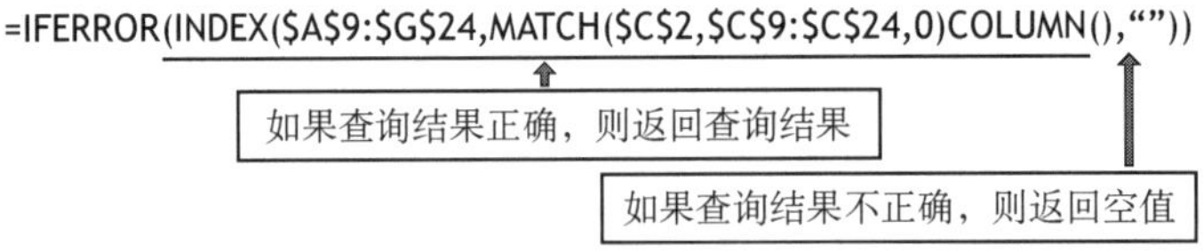

图 3-45　公式含义

其中，INDEX 函数是返回行列交叉单元格值的函数，如图 3-46 所示。

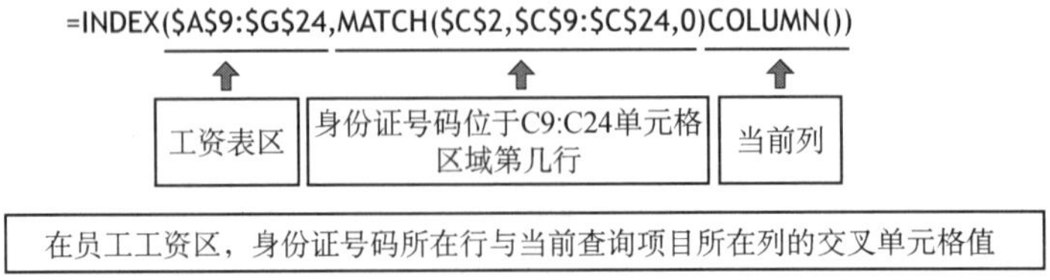

图 3-46　INDEX 函数返回值

例如，查询身份证号码为“420117198608090022”的员工工号，MATCH($C$2,$C$9:$C$24,0)的返回值是 11 行，COLUMN()的返回值是 A 列，在 A9:G24 单元格区域中，第 11 行与 A 列交叉单元格值是 110。

（2）设置员工工资表为不可见。

选中员工工资表，右击，在弹出的快捷菜单中选择“设置单元格格式”命令，在打开的“设置单元格格式”对话框的“数字”选择卡的“分类”中选择“自定义”命令，在“类型”中输入 3 个英文半角分号“;;;”，单击“确定”按钮，整个员工工资表被设置为不可见，如图 3-47 所示。

图 3-47　设置员工工资表为不可见

（3）设置“保护工作表”。

选择输入身份证号码的 C2 单元格，右击，在弹出的快捷菜单中选择“设置单元格格式”命令，在打开的“设置单元格格式”对话框的“保护”选择卡中，将“锁定”前的钩去掉，即 C2 单元格格式设置为非锁定单元格，如图 3-48 所示。

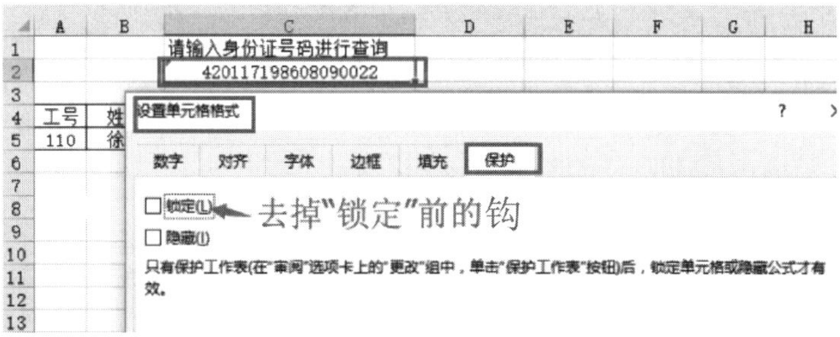

图 3-48　C2 单元格格式设置为非锁定单元格

单击“审阅”→“保护工作表”，如图 3-49 所示，输入保护密码，仅勾选“选定未锁定的单元格”选项，单击“确定”按钮，再次输入保护密码，单击“确定”按钮，即可实现只能输入身份证号码的功能，工作表中其他单元格都不能选中。

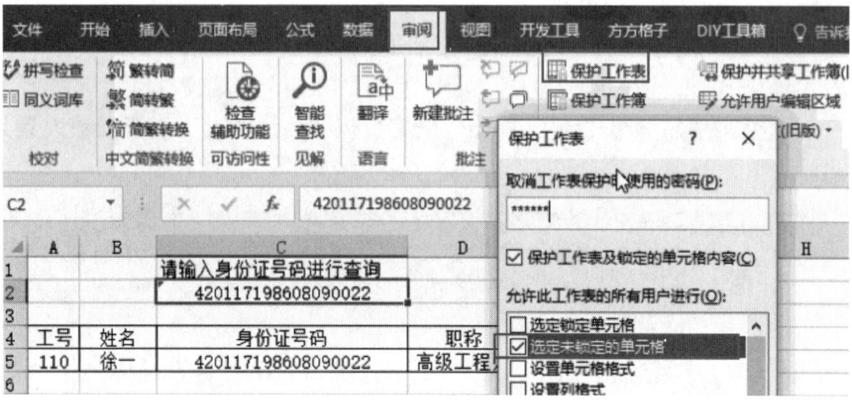

图 3-49　单击“审阅”→“保护工作表”

通过以上设置，使得员工只能查询自己的工资信息，而不能看到和查询别人的工资信息。如果你的身份证号码被泄露了，你的工资信息就可能被别人查询了。

当然，可以给每个员工分配更没有规律的、不容易被别人知道的密码，只要提前告诉员工这个密码，查询公式也按照这个密码来设置即可。

3.1.12　商品到期的文字提醒不醒目，可加个图标

【问题】

很多时候须要对商品是否到期进行统计，并设置商品到期状态，如图 3-50 所示。

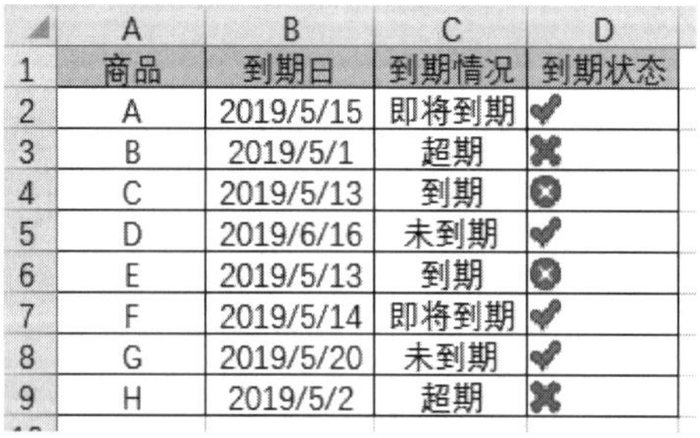

	A	B	C	D
1	商品	到期日	到期情况	到期状态
2	A	2019/5/15	即将到期	✔
3	B	2019/5/1	超期	✖
4	C	2019/5/13	到期	⊗
5	D	2019/6/16	未到期	✔
6	E	2019/5/13	到期	⊗
7	F	2019/5/14	即将到期	✔
8	G	2019/5/20	未到期	✔
9	H	2019/5/2	超期	✖

图 3-50　设置商品到期状态

要求：

- 如果商品到期日恰好在今天，提示“到期”。
- 如果商品到期日在今天之前，提示“超期”。
- 如果商品到期日在今天之后的 3 天以内，提示“即将到期”。
- 如果商品到期日在今天之后的 3 天之外，提示“未到期”。

【实现方法】

1）文字提醒

Excel 日期型数据的实质是数值，规定 1900 年 1 月 1 日为 1，以后每增加一天，数值加 1，再把这些数值用“单元格格式”设置成日期格式。所以，Excel 中的日期是可以像数值一样加减比较运算的。

本示例属于一个比较简单的多条件判断的问题，用 IF 嵌套就可以将其解决。所以，在 C2 单元格中输入公式“=IF(B2=TODAY(),"到期",IF(B2<TODAY(),"超期",IF(B2-TODAY()<=3, "即将到期", "未到期")))”，按 Enter 键执行计算，再将公式向下填充，就可以得出所有商品的到期情况，如图 3-51 所示。

商品	到期日	到期情况	到期状态
A	2019/5/15	即将到期	
B	2019/5/1	超期	
C	2019/5/13	到期	
D	2019/6/16	未到期	
E	2019/5/13	到期	
F	2019/5/14	即将到期	
G	2019/5/20	未到期	
H	2019/5/2	超期	

图 3-51　用文字提醒商品到期情况

2）图标提醒

如果商品较多，可以给每种商品到期情况做一个醒目的图标，这样会达到更好的提醒效果。

（1）计算距离今天的天数。

在 D2 单元格中输入公式“=B2-TODAY()”，按 Enter 键执行计算，再将公式向下填充，计算出所有商品到期日与今天的天数差，如图 3-52 所示。

商品	到期日	到期情况	到期状态
A	2019/5/15	即将到期	2
B	2019/5/1	超期	-12
C	2019/5/13	到期	0
D	2019/6/16	未到期	34
E	2019/5/13	到期	0
F	2019/5/14	即将到期	1
G	2019/5/20	未到期	7
H	2019/5/2	超期	-11

图 3-52　计算出所有商品到期日与今天的天数差

（2）设置图标。

选中 D 列内的天数差数据单元格，单击“开始”→“条件格式”→“图标集”→“其他规则”，如图 3-53 所示。

在打开的“新建格式规则”对话框的“图标样式”中随意选择 4 个图标，然后更改成自己想要定义的图标，输入相应的运算符与比较值，在“类型”中选择“数字”项，单击

"确定"按钮，如图 3-54 所示。

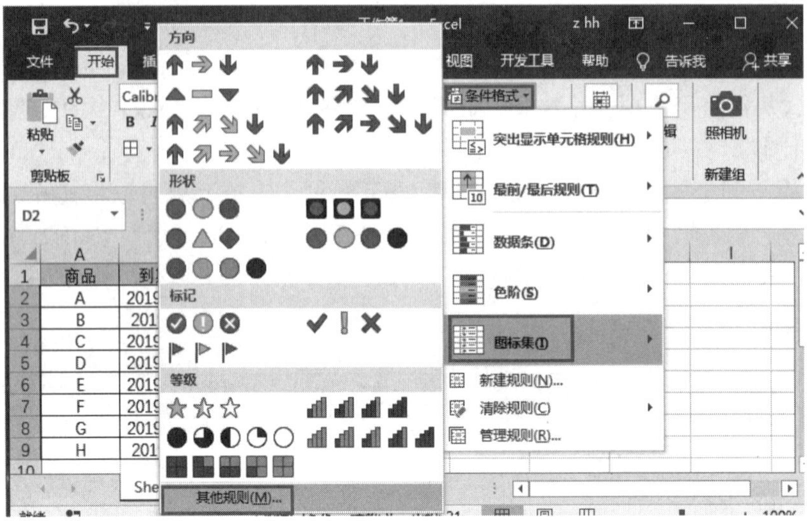

图 3-53 单击"开始"→"条件格式"→"图标集"→"其他规则"

图 3-54 "新建格式规则"对话框

设置图标的结果如图 3-55 所示。

	A	B	C	D
1	商品	到期日	到期情况	到期状态
2	A	2019/5/15	即将到期	2
3	B	2019/5/1	超期	-12
4	C	2019/5/13	到期	0
5	D	2019/6/16	未到期	34
6	E	2019/5/13	到期	0
7	F	2019/5/14	即将到期	1
8	G	2019/5/20	未到期	7
9	H	2019/5/2	超期	-11

图 3-55 设置图标的结果

（3）隐藏天数差。

选中 D 列内的天数差数据单元格，右击，在弹出的快捷菜单中选择“设置单元格格式”，在打开“设置单元格格式”对话框的“数字”选项卡中选择“自定义”项，在“类型”中输入 3 个英文半角分号“;;;”，即可隐藏天数差数据单元格的数值，如图 3-56 所示。

图 3-56 隐藏天数差

通过以上设置，就可以完成商品是否到期的统计，并设置商品到期状态的图标提醒。

3.1.13 实现智能添加单元格边框

【问题】

在 Excel 数据表中录入数据时，新添加的数据单元格被默认为不加边框。为保持表格的完整与美观，经常要手工添加单元格边框。在某种程度上，手动添加单元格边框会降低数据处理的效率。

通过条件格式、套用表格格式两种方法，可以实现智能添加单元格边框。

【实现方法】

1）条件格式

（1）单击首行和首列交叉单元格选择整个工作表，单击“开始”→“条件格式”→“新建规则”，如图 3-57 所示。

（2）在打开的“新建格式规则”对话框中，选择“使用公式确定要设置格式的单元格”命令，并在“为符合此公式的值设置格式”中输入公式“=A1<>""”，单击“格式”按钮，如图 3-58 所示。

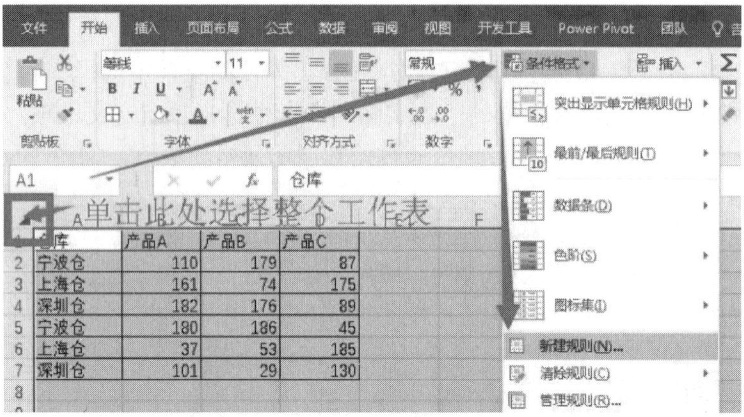

图 3-57　单击“开始”→“条件格式”→“新建规则”

（3）在打开的“设置单元格格式”对话框中，单击“边框”→“样式”→“实线”，在“边框”中选择“外边框”，如图 3-59 所示。

图 3-58　输入公式

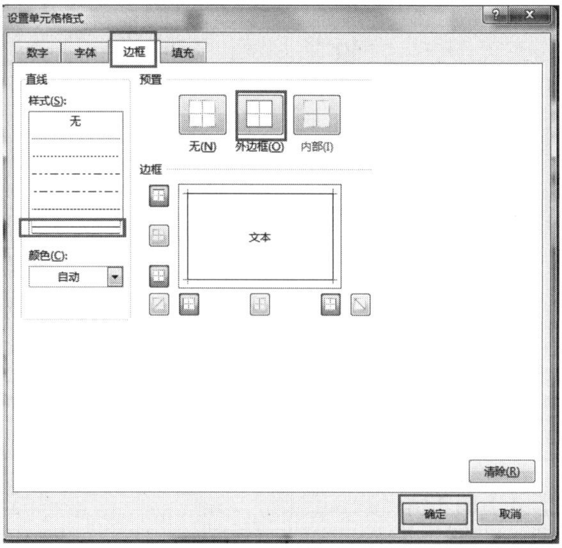

图 3-59　设置边框

通过以上设置，即可对新添加的数据单元格自动添加边框。

【公式解析】

- “=A1<>""”：当前单元格不为空值时，智能添加单元格边框。

2）套用表格格式

将光标放在任意一个数据单元格上，单击“开始”→“套用表格格式”，如图 3-60 所示，任意选取一种表格格式，即可实现新添加的数据单元格自动带边框的效果。

3）条件格式与套用表格格式两种方法的比较

对于条件格式方法，须要输入公式，但数据单元格区域仍然是普通单元格区域；对于套用表格格式方法，须要使数据单元格区域变为表格形式。

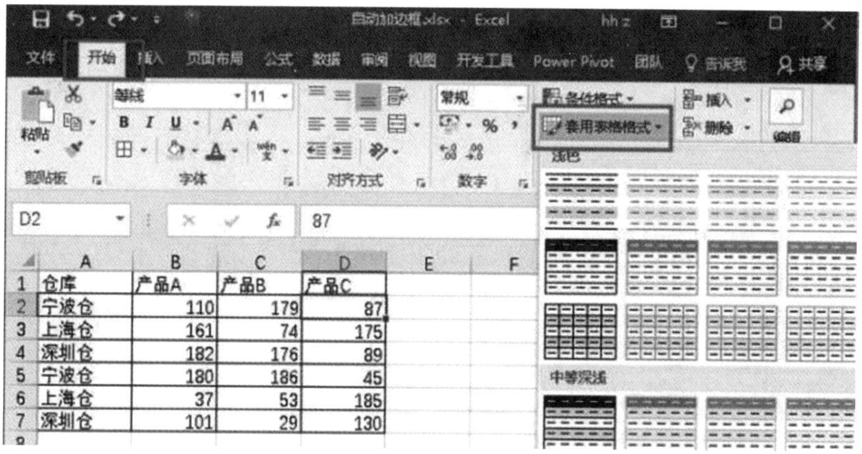

图 3-60 单击“开始”→“套用表格格式”

3.1.14 突出显示多次考核业绩不合格的员工姓名

【问题】

上半年考核业绩表如图 3-61 所示，如何突出显示 3 个月及以上考核业绩低于 6 的员工姓名呢？

上半年考核业绩表						
姓 名	一月	二月	三月	四月	五月	六月
王一	8	4	9	10	4	7
张二	7	5	10	6	6	5
林三	8	4	9	5	7	8
胡四	10	10	5	8	6	10
吴五	10	6	8	7	8	8
章六	4	10	6	4	8	6
陆七	6	10	6	8	8	5
苏八	10	7	9	5	5	4
韩九	5	7	7	6	9	6
徐一	9	6	10	5	9	10
项二	9	4	5	8	10	8
贾三	10	5	6	7	6	7
孙四	7	10	9	4	6	10
姚五	6	10	10	6	6	6
周六	5	8	6	5	8	6

图 3-61 上半年考核业绩表

【实现方法】

（1）选定 A3:A18 单元格区域，单击“开始”→“条件格式”→“新建规则”，如图 3-62 所示。

（2）在打开的“新建格式规则”对话框中，选择“使用公式确定要设置格式的单元格”命令，并在“为符合此公式的值设置格式”中输入公式“=COUNTIF($B3:$G3,"<6")>=3”，如图 3-63 所示，然后单击“格式”按钮，在打开的“设置单元格格式”对话框的“填充”选项卡中添加红色背景色。

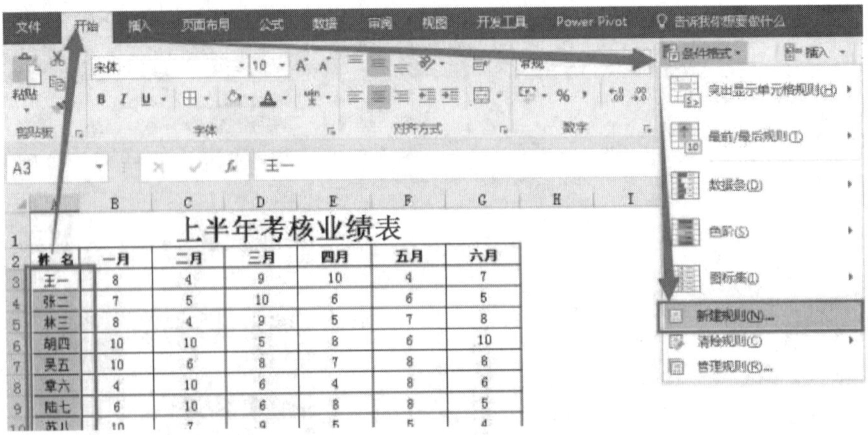

图 3-62　单击“开始”→“条件格式”→“新建规则”

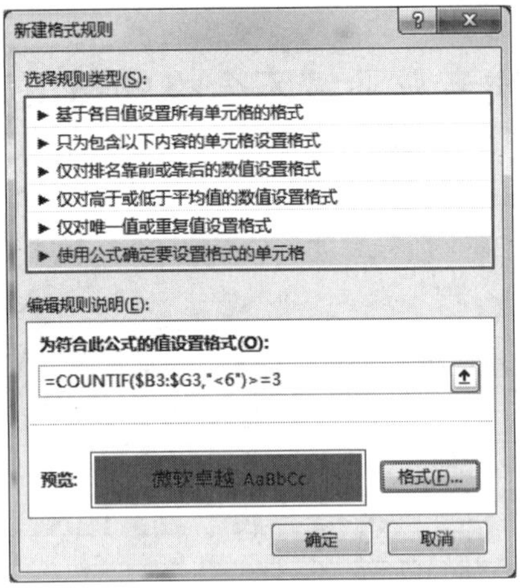

图 3-63　输入公式

最终结果如图 3-64 所示，突出显示了 3 个月及以上考核业绩低于 6 的员工姓名。

上半年考核业绩表						
姓 名	一月	二月	三月	四月	五月	六月
王一	8	4	9	10	4	7
张二	7	5	10	6	6	5
林三	8	4	9	5	7	8
胡四	10	10	5	8	6	10
吴五	10	6	8	7	8	8
章六	4	10	6	4	8	6
陆七	6	10	6	8	8	5
苏八	10	7	9	5	5	4
韩九	5	7	7	6	9	6
徐一	9	6	10	5	9	10
项二	9	4	5	8	10	8
贾三	10	5	6	7	6	7
孙四	7	10	9	4	6	10
姚五	6	10	10	6	6	6
周六	5	8	6	5	8	6
金七	4	8	4	10	5	5

图 3-64　最终结果

【公式解析】

● COUNTIF($B3:$G3,"<6"：表示统计在 B3:G3 单元格区域中小于 6 的单元格个数。其中，B 列与 G 列前加上“$”符号，表示将公式向下填充时，统计数据 B 列到 G 列的范围不变；而行“3”前并没有加上“$”符号，表示将公式向下填充时，统计数据从第 3 行依次变为第 4、5……18 行。这种列绝对引用而行相对引用的数据引用方式称为混合引用。

● COUNTIF($B3:$G3,"<6")>=3，表示 B3:G3 单元格区域中满足小于 6 的单元格个数大于或等于 3。

3.1.15　标记两组中不同的数据

【问题】

如图 3-65 所示，两列身份证号码绝大部分是相同的，只有小部分不同，且两列的排序又不同，如何标识两列中不相同的号码呢？

	A	B
1	身份证1	身份证2
2	330675195302215412	330675196708154432
3	330675195308032859	330675196706154485
4	330675195410032275	330675196604202874
5	330675195806107845	330675196403312114
6	330675195905128755	330675196403202217
7	330675196403202217	330675195905128755
8	330675196403312514	330675195806107845
9	330675196604201174	330675195410032235
10	330675196706154485	330675195308032809
11	330675196708154432	330675195302215412
12	330675197209012581	330675198807015258
13	330675197211045896	330675198603301816
14	330675197304178789	330675198505088895
15	330675197608145853	330675198305041417
16	330675197711252148	330675198109162356
17	330675198109162356	330675197711252148
18	330675198305041417	330675197608145853
19	330675198505088825	330675197304178789
20	330675198603301836	330675197211045896
21	330675198807015258	330675197209012581

图 3-65　两列身份证号码

【实现方法】

（1）选中 A2:A21 单元格区域，单击“开始”→“条件格式”→“新建规则”，如图 3-66 所示。

（2）在打开的“新建格式规则”对话框中，选择“使用公式确定要设置格式的单元格”命令，并在“为符合此公式的值设置格式”中输入公式“=OR(EXACT(A2,$B$2:$B$21))=FALSE”，如图 3-67 所示，然后单击“格式”按钮，在打开的“设置单元格格式”对话框的“填充”选项卡中添加一种背景色。

通过以上两个步骤，将 A 列与 B 列中不同的身份证号码标记出来。

选中 B2:B21 单元格区域，重复以上两个步骤，只不过公式改为“=OR(EXACT(B2,$A$2:

$A$21))=FALSE”，即可标记出 B 列与 A 列中不同的身份证号码。

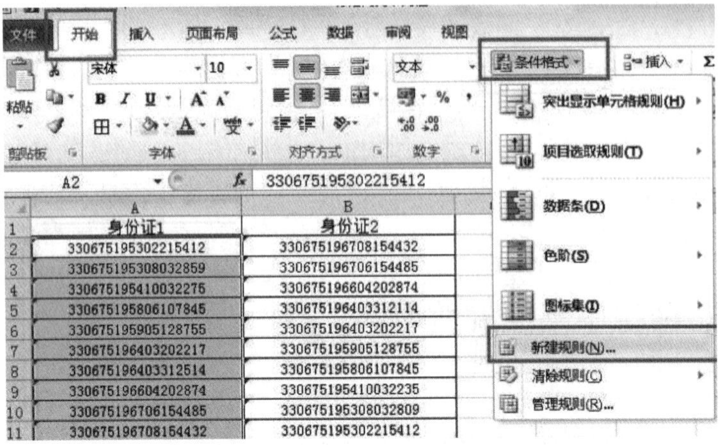

图 3-66　单击“开始”→“条件格式”→“新建规则”

图 3-67　输入公式

【公式解析】

● EXACT(A2,$B$2:$B$21)：表示比较 A2 单元格与 B2:B21 单元格区域的内容是否完全相同，相同则返回 TRUE，如果不同则返回 FALSE，共返回 20 个逻辑值。

当 A2 单元格与 B2:B21 单元格区域的内容完全不相同时，满足公式“OR(EXACT(A2,$B$2:$B$21))=FALSE”，则执行单元格格式设置。

当然，在条件格式中，使用其他公式也可与达到相同的效果，如“=COUNTIF($B$2:$B$21,A2&"*")=0”。

3.1.16　计算合同到期天数，并设置“交通三色灯”提醒

【问题】

每个公司都会有合同管理，作为 HR 管理人员，做一个一目了然的合同到期模板，是

非常有必要的，如图 3-68 所示。

	A	B	C	D	E	F
1	部门	姓 名	合同签订日期	合同期限(月)	合同到期日期	距离到期天数
2	市场1部	王一	2016/5/5	12	2017/5/4	合同到期
3	市场1部	苏八	2017/4/11	52	2021/8/10	1517
4	市场1部	周六	2016/4/2	36	2019/4/1	655
5	市场1部	祝四	2015/4/5	27	2017/7/4	19
6	市场2部	郁九	2016/4/19	22	2018/2/18	248
7	市场2部	邹七	2016/4/10	24	2018/4/9	298
8	市场2部	张二	2016/4/11	8	2016/12/10	合同到期
9	市场2部	韩九	2017/4/12	16	2018/8/11	422
10	市场2部	金七	2016/4/13	22	2018/2/12	242
11	市场3部	叶五	2015/4/26	12	2016/4/25	合同到期
12	市场3部	朱一	2016/4/9	18	2017/10/8	115
13	市场3部	郑五	2012/4/27	3	2012/7/26	合同到期
14	市场4部	刘八	2015/10/11	21	2017/7/10	25
15	市场4部	林三	2016/4/6	24	2018/4/5	294
16	市场5部	徐一	2016/12/23	6	2017/6/22	7

图 3-68 合同到期模板

【实现方法】

（1）根据合同签订日期与合同期限计算合同到期日期。

在 E2 单元格中输入公式“=EDATE(C2,D2)-1”，按 Enter 键执行计算，再将公式向下填充，即可得合同到期日期，如图 3-69 所示。

E2 =EDATE(C2,D2)-1

	A	B	C	D	E	F
1	部门	姓 名	合同签订日期	合同期限(月)	合同到期日期	距离到期天数
2	市场1部	王一	2016/5/5	12	2017/5/4	
3	市场1部	苏八	2017/4/11	52	2021/8/10	
4	市场1部	周六	2016/4/2	36	2019/4/1	
5	市场1部	祝四	2015/4/5	27	2017/7/4	
6	市场2部	郁九	2016/4/19	22	2018/2/18	
7	市场2部	邹七	2016/4/10	24	2018/4/9	
8	市场2部	张二	2016/4/11	8	2016/12/10	
9	市场2部	韩九	2017/4/12	16	2018/8/11	
10	市场2部	金七	2016/4/13	22	2018/2/12	

图 3-69 计算合同到期日期

EDATE 函数的语法：EDATE(开始日期,开始日期之前或之后的月份数)。其中，月份数为正值将生成未来日期；月份数为负值将生成过去日期。

（2）计算距离合同到期日期的天数。

在 F2 单元格中输入公式“=IF(E2>=TODAY(),DATEDIF(TODAY(),E2,"d"),"合同到期")”，按 Enter 键执行计算，再将公式向下填充，可得距离合同到期日期的天数，如图 3-70 所示。

公式含义如图 3-71 所示。

（3）用“三色交通灯”提醒距离合同到期日期的天数。

选中“距离合同到期日期的天数”一列，单击“开始”→“条件格式”→“新建规则”，如图 3-72 所示。

F2 =IF(E2>=TODAY(),DATEDIF(TODAY(),E2,"d"),"合同到期")

	A	B	C	D	E	F
1	部门	姓 名	合同签订日期	合同期限(月)	合同到期日期	距离合同到期日期的天数
2	市场1部	王一	2016/5/5	12	2017/5/4	合同到期
3	市场1部	苏八	2017/4/11	52	2021/8/10	1517
4	市场1部	周六	2016/4/2	36	2019/4/1	655
5	市场1部	祝四	2015/4/5	27	2017/7/4	19
6	市场2部	郁九	2016/4/19	22	2018/2/18	248
7	市场2部	邹七	2016/4/10	24	2018/4/9	298
8	市场2部	张二	2016/4/11	8	2016/12/10	合同到期
9	市场2部	韩九	2017/4/12	16	2018/8/11	422
10	市场2部	金七	2016/4/13	22	2018/2/12	242
11	市场3部	叶五	2015/4/26	12	2016/4/25	合同到期
12	市场3部	朱一	2016/4/9	18	2017/10/8	115
13	市场3部	郑五	2012/4/27	3	2012/7/26	合同到期
14	市场4部	刘八	2015/10/11	21	2017/7/10	25
15	市场4部	林三	2016/4/6	24	2018/4/5	294
16	市场5部	徐一	2016/12/23	6	2017/6/22	7

图 3-70　计算距离合同到期日期的天数

=IF(E2>=TODAY(),DATEDIF(TODAY(),E2,"d"),"合同到期")

如果合同到期日期在今天之后　　还有多少天到期　　否则显示“合同到期”

图 3-71　公式含义

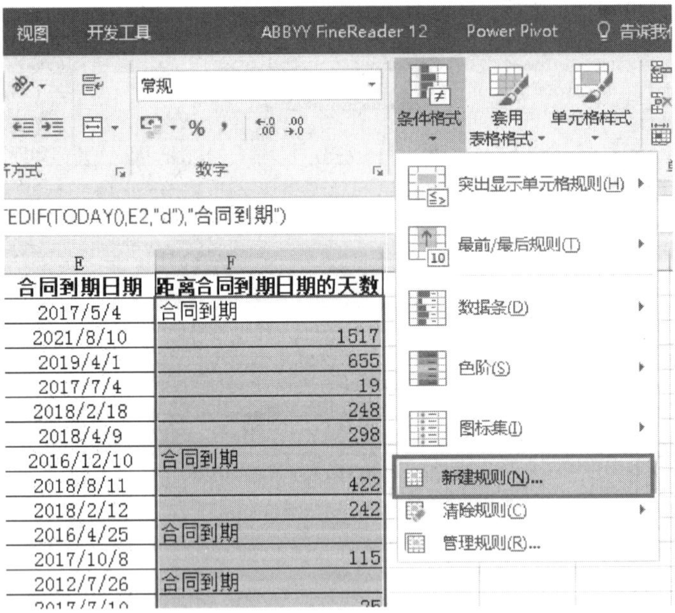

图 3-72　单击“开始”→“条件格式”→“新建规则”

在打开的“新建格式规则”对话框中，选择“基于各自值设置所有单元格的格式”命令，并在“格式样式”中选择“图标集”，在“图标样式”中选择“三色交通灯”，设置根据数字类型显示各图标，同时输入数值范围，如图 3-73 所示。

通过以上设置，可得合同到期模板。

图 3-73　“新建格式规则”对话框

3.2　典型图表及应用

3.2.1　产品销量对比图：6 个月用 6 行显示

【问题】

怎样根据图 3-74 所示的数据来制作图 3-75 所示的产品月 6 个月销量对比图呢？制作出的这张图要既能比较不同产品同月的销量，又能比较同种产品不同月的销量，而且比较的结果清晰可见。

	A	B	C	D	E	F	G
1	产品	1月	2月	3月	4月	5月	6月
2	产品1	68	136	56	57	129	68
3	产品2	37	117	36	102	44	73
4	产品3	49	110	72	41	138	35
5	产品4	114	77	92	20	35	103
6	产品5	135	91	124	135	49	149
7	产品6	64	106	121	91	66	105
8	产品7	49	53	103	75	53	37
9	产品8	141	53	49	81	69	124

图 3-74　产品各月销量图

【实现方法】

（1）添加辅助列。

如图 3-76 所示，分别在 1 月、2 月、3 月、4 月、5 月后添加一个辅助列，辅助列内的数据为 200 减原来的数据。此处取 200 是因为 6 个月销量中最大的数据没有超过 200 的且接近 200。

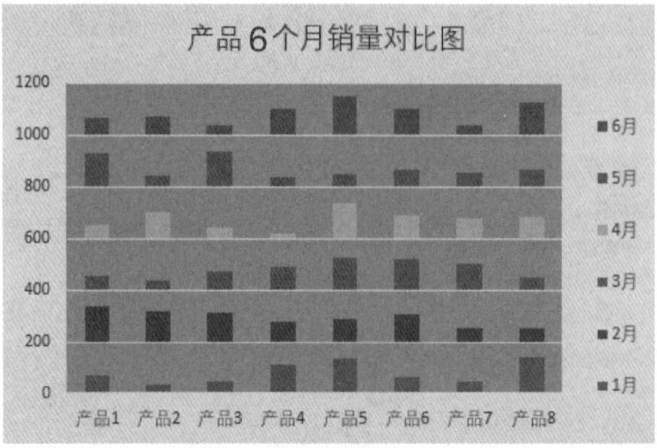

图 3-75 产品 6 个月销量对比图

C2 =200-B2

	A	B	C	D	E	F	G	H	I	J	K	L
1	产品	1月		2月		3月		4月		5月		6月
2	产品1	68	132	136	64	56	144	57	143	129	71	68
3	产品2	37	163	117	83	36	164	102	98	44	156	73
4	产品3	49	151	110	90	72	128	41	159	138	62	35
5	产品4	114	86	77	123	92	108	20	180	35	165	103
6	产品5	135	65	91	109	124	76	135	65	49	151	149
7	产品6	64	136	106	94	121	79	91	109	66	134	105
8	产品7	49	151	53	147	103	97	75	125	53	147	37
9	产品8	141	59	53	147	49	151	81	119	69	131	124

图 3-76 添加辅助列

（2）选中所有数据，插入堆积柱形图，如图 3-77 所示。

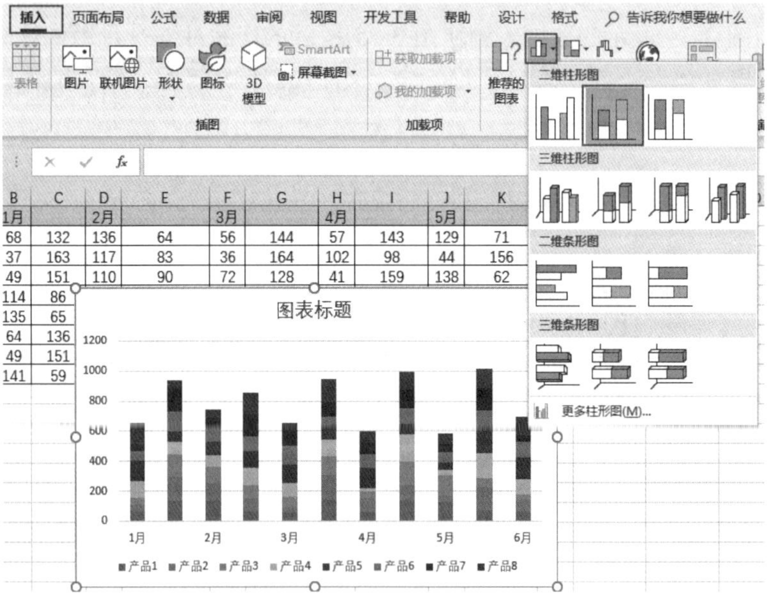

图 3-77 插入堆积柱形图

（3）单击“图表工具”→“设计”→“切换行/列”，实现行/列转换，选中“图例”，右击，在弹出的快捷菜单中选择“设置图例格式”命令，在“图例位置”中选择“靠右”，如图 3-78 所示。

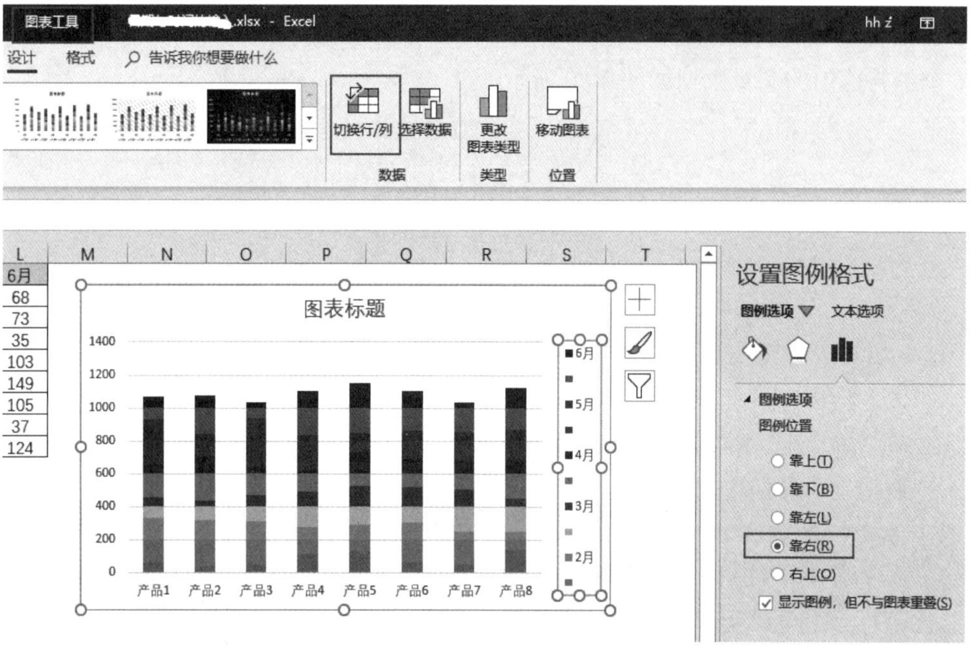

图 3-78 行/列转换并设置图例位置

（4）选中数据单元格区域的辅助列，右击，在弹出的快捷菜单中单击“设置数据系列格式”→“系列选项”→“填充”→“无填充”，如图 3-79 所示。

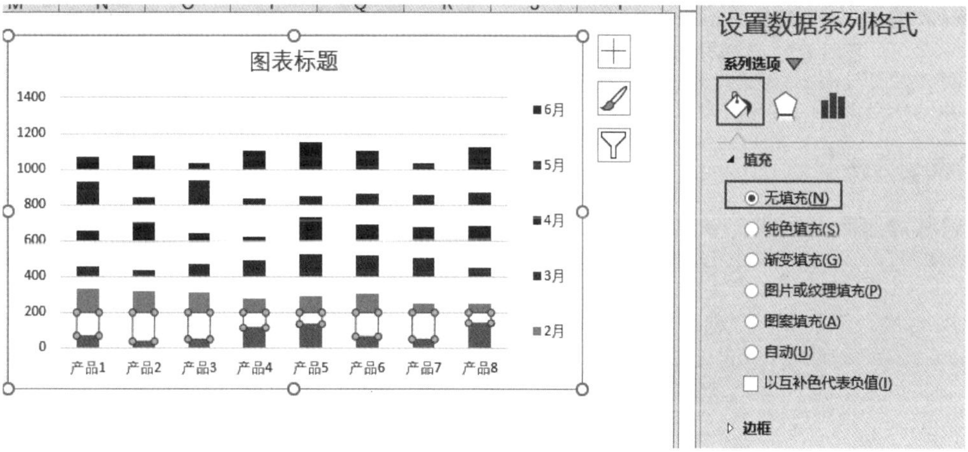

图 3-79 设置辅助列为无（色）填充

（5）美化图表。

美化图表包括修改图表柱形颜色、绘图区颜色、图表区颜色、图表标题等，最终可得图 3-75 所示的产品 6 个月月销量对比图。

3.2.2 数量对比图，加一条线突显效果

【问题】

6 个销售部门的销量数据如图 3-80 所示。

	A	B
1	部门	销量
2	销售1部	9100
3	销售2部	14000
4	销售3部	6000
5	销售4部	11500
6	销售5部	12000
7	销售6部	9000

图 3-80 6 个销售部门的销量数据

现将 6 个销售部门的销量数据做对比，可以做成图 3-81 所示的普通柱形图，也可以做成图 3-82 所示的加一条平均销量的柱形图。可以看到，图 3-82 能清晰显示哪些销售部门超出了平均销量，各销售部门的业绩情况也一目了然。

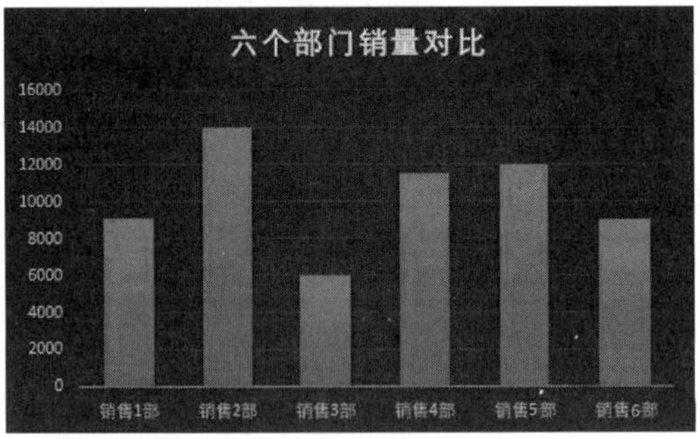

图 3-81 普通柱形图

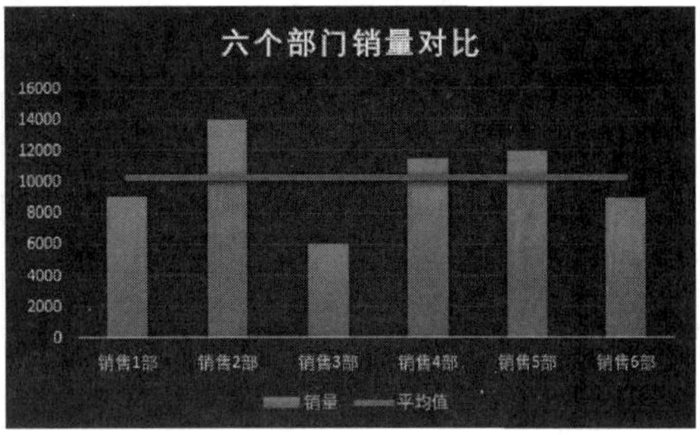

图 3-82 加一条平均销量的柱形图

如何做出图 3-82 所示的加一条平均销量的柱形图呢？

【实现方法】

（1）添加一个辅助列，计算出所有销售部的销量平均值，如图 3-83 所示。

C2 =AVERAGE($B$2:$B$7)

	A	B	C	D	E
1	部门	销量	平均值		
2	销售1部	9100	10266.67		
3	销售2部	14000	10266.67		
4	销售3部	6000	10266.67		
5	销售4部	11500	10266.67		
6	销售5部	12000	10266.67		
7	销售6部	9000	10266.67		

图 3-83 添加辅助列

（2）生成对比图。

Excel 2016 版本有“组合图”功能，如图 3-84 所示，单击“插入”→“组合图”→“簇状柱形图-折线图”，即可生成加一条平均销量的柱形图。

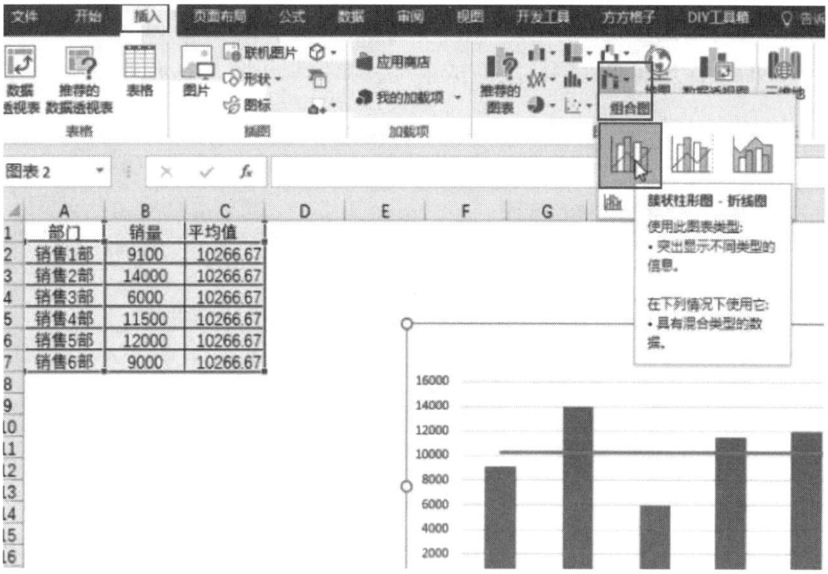

图 3-84 “组合图”功能

对于 Excel 2010 或更早的版本，须要首先单击“插入”→“柱形图”，然后选中辅助列（平均值数据），右击，在弹出的快捷菜单中，选择“更改系列图表类型”命令，将图表类型改为折线图，如图 3-85 所示。

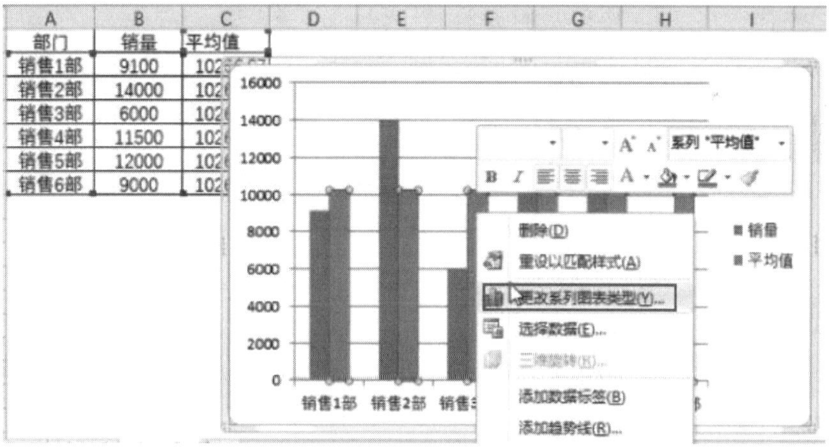

图 3-85 选择“更改系列图表类型”命令

Excel 图表的主要功能就是直观的显示数据对比。所以，在对比方式的运用上，可以开动脑筋，用各种方法显示数据对比效果。

3.2.3 甘特图——项目进度清晰可见

【问题】

甘特图的定义：以图示的方式通过活动列表和时间刻度形象地表示出特定项目的活动顺

序与持续时间。甘特图基本是线条图，横坐标轴表示时间，纵坐标轴表示活动（项目），线条表示在整个期间上计划和实际的活动完成情况。如何制作图 3-86 所示的典型甘特图呢？

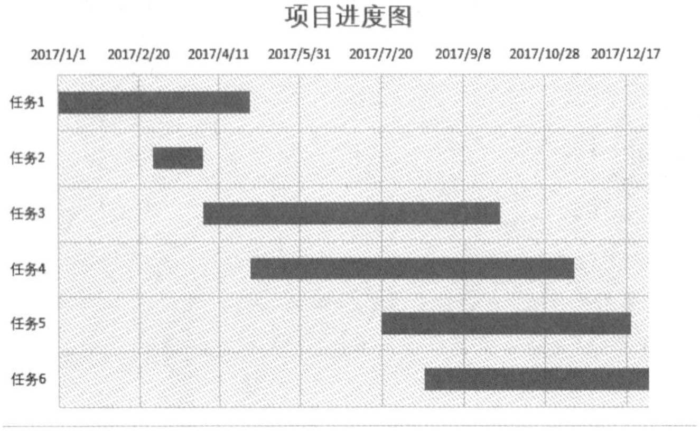

图 3-86 典型甘特图

【实现方法】

数据样表如图 3-87 所示。

	A	B	C	D
1	项目规划			
2	项目分解	开始时间	结束时间	持续天数
3	任务1	2017/1/1	2017/5/1	120
4	任务2	2017/3/1	2017/4/1	31
5	任务3	2017/4/1	2017/10/1	183
6	任务4	2017/5/1	2017/11/15	198
7	任务5	2017/7/20	2017/12/20	153
8	任务6	2017/8/15	2017/12/31	138

图 3-87 数据样表

（1）设置项目开始时间为“常规”格式。

选中项目开始时间 B3:B8 单元格区域，右击，在弹出的快捷菜单中选择“设置单元格格式”命令，在打开的“设置单元格格式”对话框中选择“数字”选项卡，在“分类”中选择“常规”，如图 3-88 所示。

图 3-88 设置项目开始时间为“常规”格式

如果缺少这一步设置，则插入图表以后，日期会被自动变为纵坐标。

（2）插入堆积条形图。

选中“项目分解”“开始时间”“持续天数”3 列，单击“插入”→“图表”→“堆积条形图”，如图 3-89 所示。

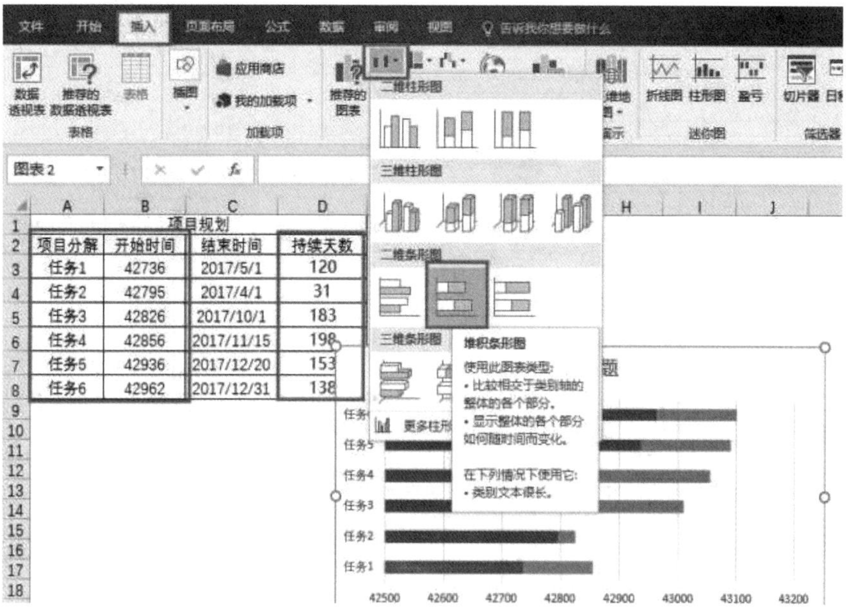

图 3-89 插入堆积条形图

（3）选择合适的图表样式。

单击“图表工具”→“设计”→“图表样式”，选择合适的图表样式，如图 3-90 所示。

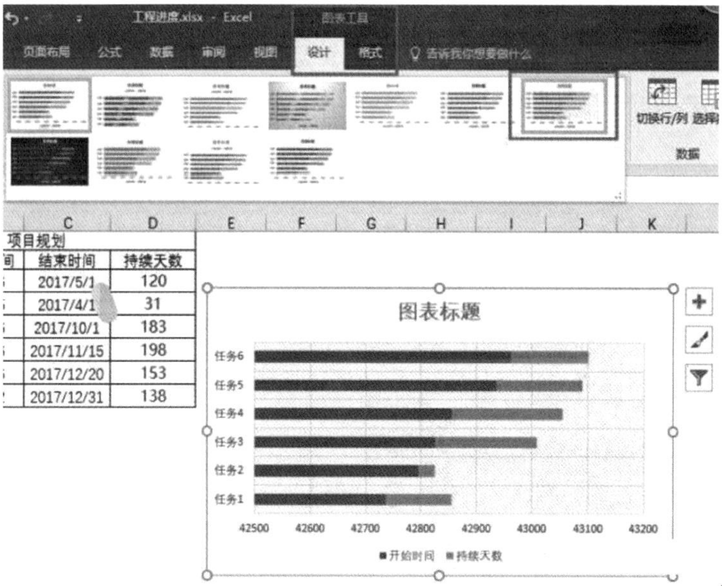

图 3-90 选择合适的图表样式

（4）设置“开始时间”列为“无填充”。

选中“开始时间”列，右击，在弹出的快捷菜单中，单击“设置数据系列格式”→“填充”，勾选“无填充”项，如图 3-91 所示。

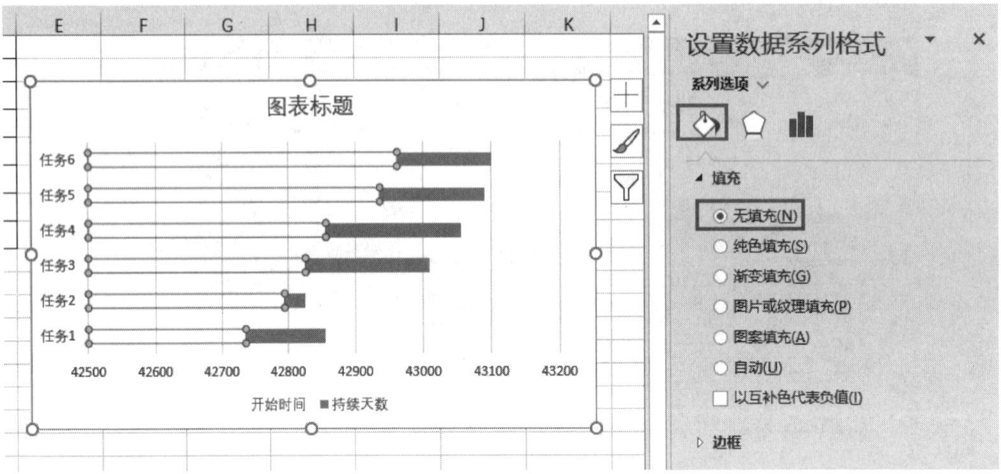

图 3-91　设置“开始时间”列为“无填充”

（5）修改横坐标。

选中横坐标轴数据单元格，右击，在弹出的快捷菜单中，单击“设置坐标轴格式”→“坐标轴选项”，在“边界”的“最小值”中输入总项目的开始时间，在“边界”的“最大值”中输入总项目的结束时间，如图 3-92 所示。

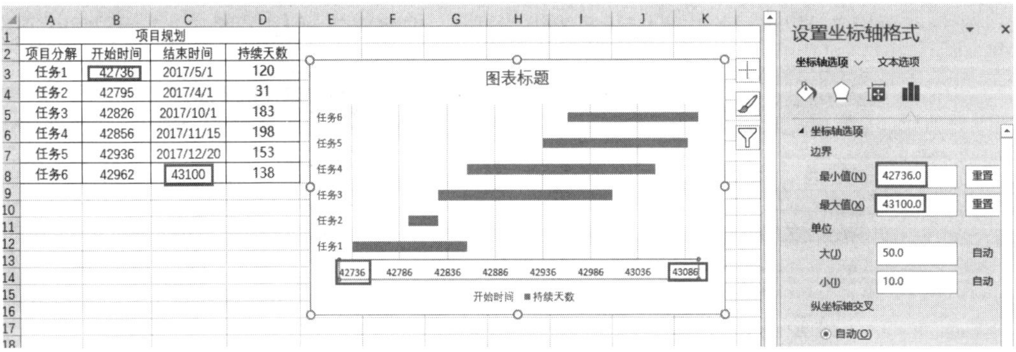

图 3-92　设置坐标轴边界

（6）修改纵坐标。

选中纵坐标轴数据单元格，右击，在弹出的快捷菜单中，单击“设置坐标轴格式”→“坐标轴选项”，勾选“逆序类别”项，如图 3-93 所示。

（7）美化图表。

美化图表包括将横坐标改为日期格式、修改图表标题、删除图例项等，如图 3-94 所示。

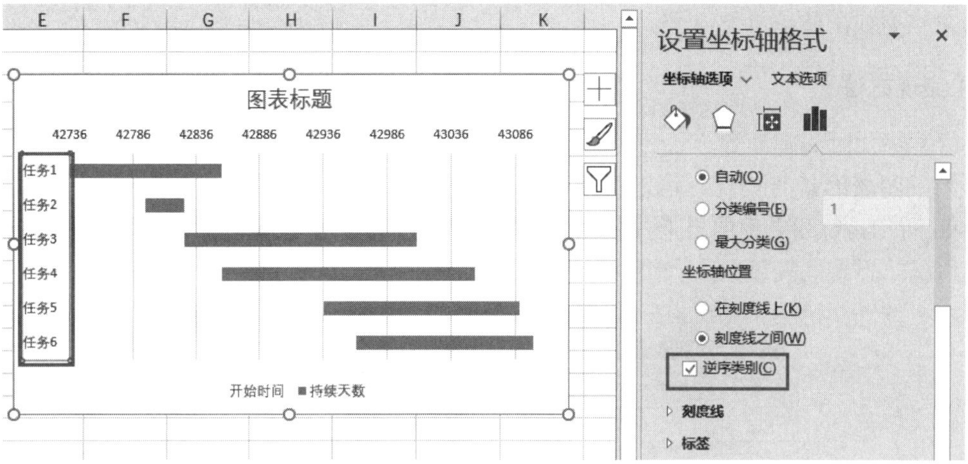

图 3-93　勾选“逆序类别”项

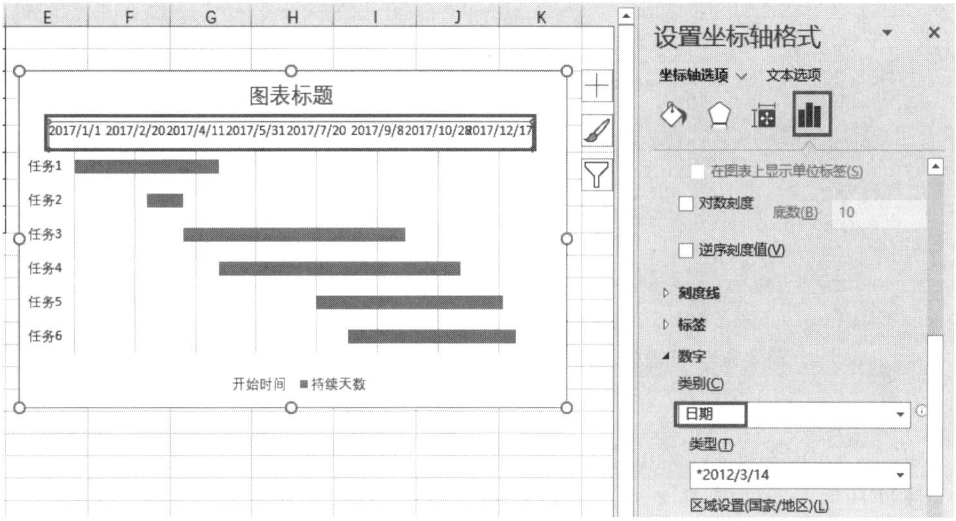

图 3-94　美化图表

至此，完成典型甘特图的制作。

【知识拓展】

有时，可以在数据表后加上进度条，制作成为一种简单的甘特图，如图 3-95 所示。

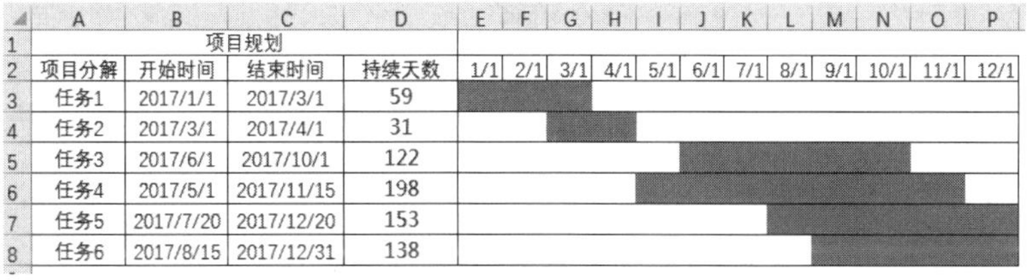

	A	B	C	D	E	F	G	H	I	J	K	L	M	N	O	P
1	项目规划															
2	项目分解	开始时间	结束时间	持续天数	1/1	2/1	3/1	4/1	5/1	6/1	7/1	8/1	9/1	10/1	11/1	12/1
3	任务1	2017/1/1	2017/3/1	59												
4	任务2	2017/3/1	2017/4/1	31												
5	任务3	2017/6/1	2017/10/1	122												
6	任务4	2017/5/1	2017/11/15	198												
7	任务5	2017/7/20	2017/12/20	153												
8	任务6	2017/8/15	2017/12/31	138												

图 3-95　简单的甘特图

这样也可以清晰地看到项目各个阶段的大体进展情况。这种简单的甘特图是利用“条件格式”来制作的。

【实现方法】

（1）添加时间辅助列。

为了图表的紧凑美观，可以将辅助列的列标签日期设置为“m/d”（月/日）格式，如图 3-96 所示，每列之间的日期间隔均匀，日期间隔大小可以视情况而定。本示例根据项目进展情况，日期间隔设置为一个月。

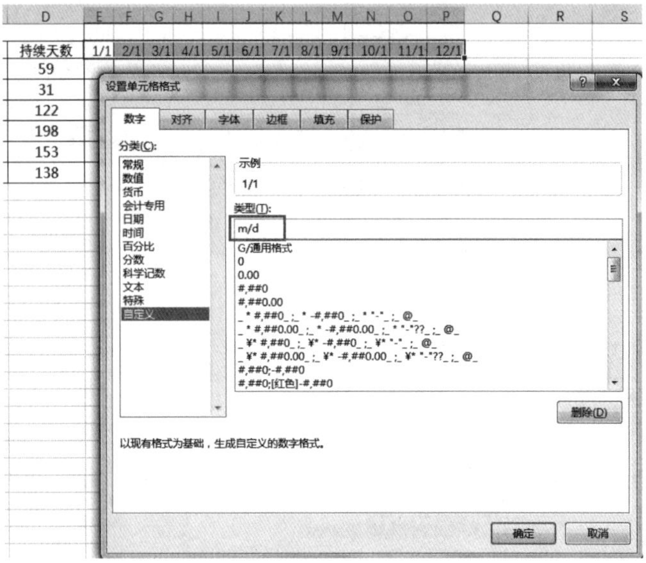

图 3-96　将辅助列的列标签日期设置为“m/d”（月/日）格式

（2）设置“条件格式”。

选中辅助列中除列标签外的空白单元格区域，单击“开始”→“条件格式”→“新建规则”在打开的“新建格式规则”对话框中，选择“使用公式确定要设置格式的单元格”命令，并在“为符合此公式的值设置格式”中输入公式“=AND(E$2>=$B3,E$2<= $C3)”，如图 3-97 所示，单击“格式”按钮后设置一种填充颜色。

图 3-97　输入公式

【公式解析】

● =AND(E$2>=$B3,E$2<= $C3)：标签 E2 单元格的日期如果“大于开始日期，且小于结束日期”，那该标签下的相应单元格将被标识颜色。

3.2.4 旭日图——体现数据层次及占比的最好图表

【问题】

不同商品、不同时间段的出货量数据如图 3-98 所示，要求通过制作的图表来分析出货量数据，并且该图表既能体现季度、月份、周次之间的层次与所属关系，又能明晰体现不同时间段出货量占比。

	A	B	C	D	E
1	季度	月份	周次	商品	出货量
2	第一季度	一月		A	2424
3	第一季度	二月		B	1943
4	第一季度	三月		C	1188
5	第二季度	四月	第1周	A	1431
6			第2周	B	652
7			第3周	C	1235
8			第4周	C	268
9	第二季度	五月			
10	第二季度	六月	第1周	A	1431
11			第2周	B	652
12			第3周	C	1235
13			第4周	D	268
14					
15	第三季度			B	2310
16	第四季度	十月		C	1160
17	第四季度	十一月		D	135
18	第四季度	十二月		R	695

图 3-98　不同商品、不同时间段的出货量数据

【实现方法】

（1）选中数据单元格区域，在“插入”菜单中选择“查看所有图表”→“插入图表”→“所有图表”→“旭日图”，单击“确定”按钮，如图 3-99 所示。

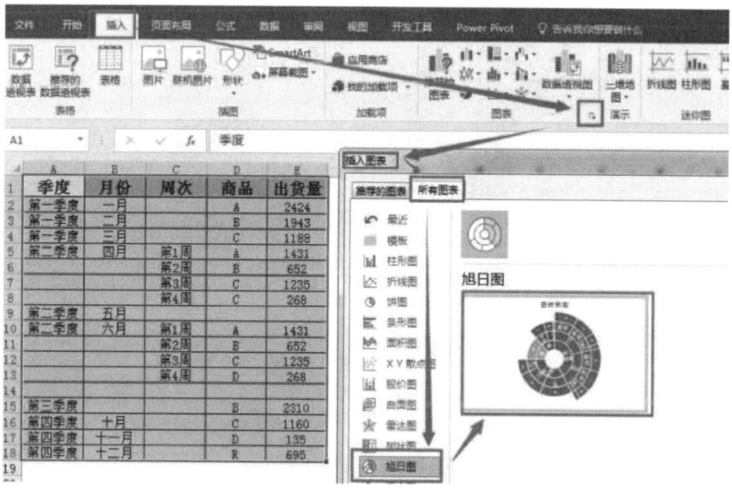

图 3-99　插入旭日图

插入成功的“旭日图”，如图 3-100 所示。

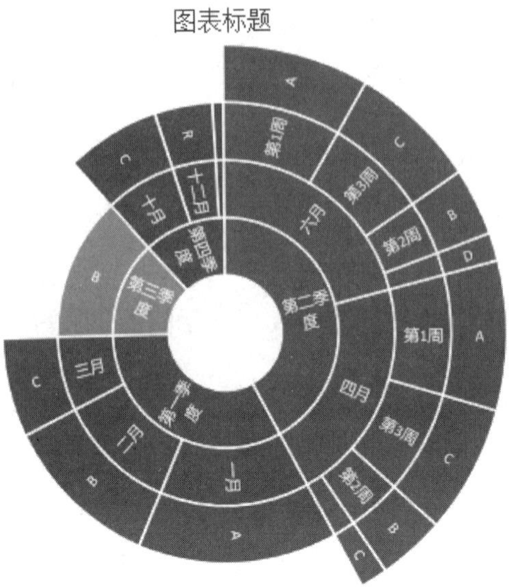

图 3-100　插入成功的旭日图

在图 3-100 中，最顶级的分类类别在内圈，用不同的颜色区分；下一级的分类类别依次往外圈排列。在旭日图中，归属关系清晰可见，并且数据的占比关系也可一目了然。

（2）选中图表，单击“图表工具”→“设计”，可以对图表进行“布局”“样式”等设置。如图 3-101 所示，选择了第 3 个“图表样式”。

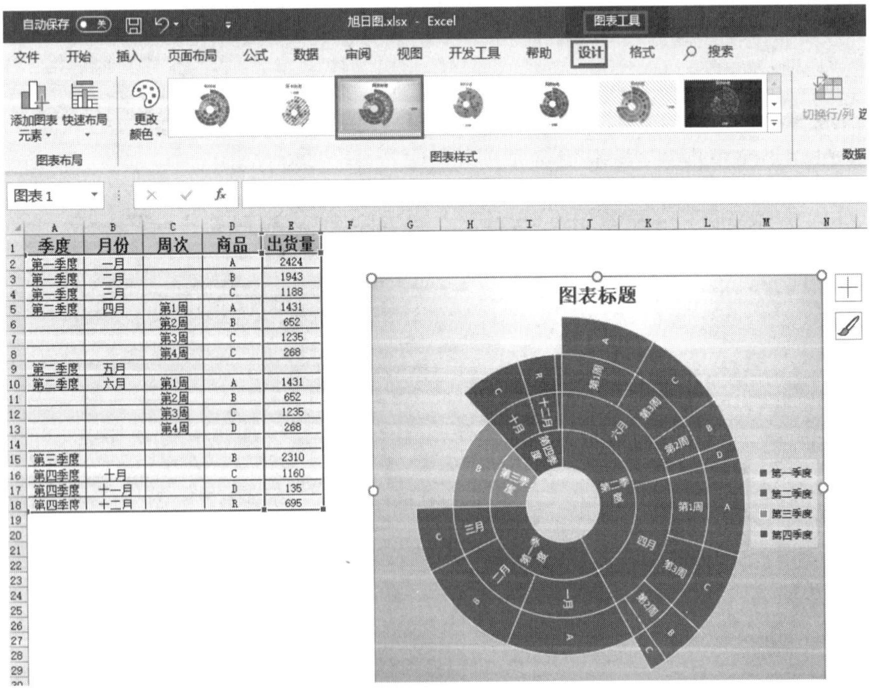

图 3-101　选择了第 3 个“图表样式”

（3）也可以在图表区，右击，在弹出的快捷菜单中，选择“设置数据系列格式”命令，如图 3-102 所示。在打开的“选择数据系列格式”对话框的“系列选项”中，选择对绘图区、数据标签、图表标题、图表区、图例、系列“出货量”等进行相应修改，如图 3-103 所示。

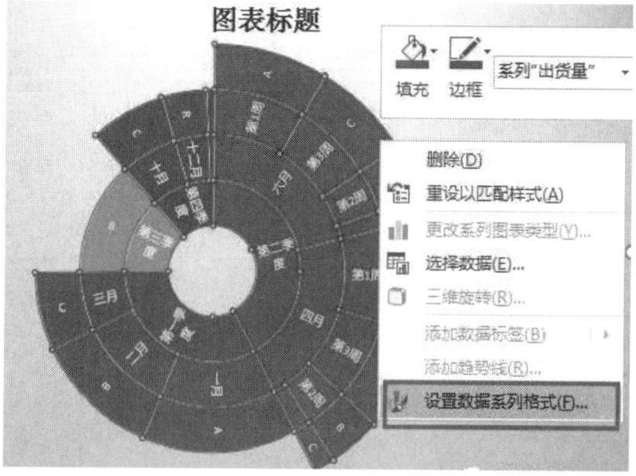

图 3-102 选择“设置数据系列格式”命令

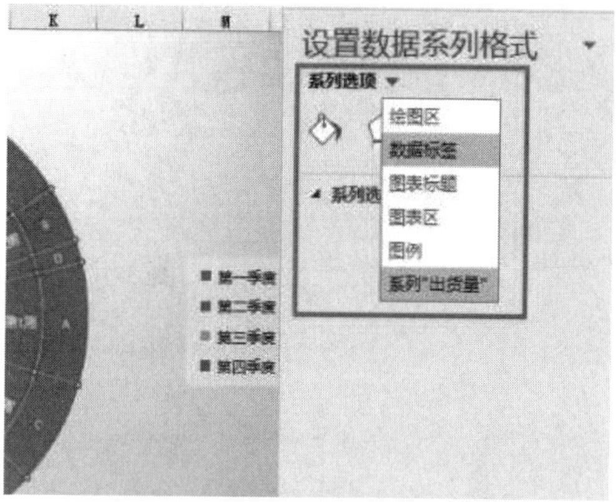

图 3-103 可以修改的“系列选项”

可以修改的“标签选项”如图 3-104 所示，当勾选“值”项后，图表区显示出相应的“出货量”。

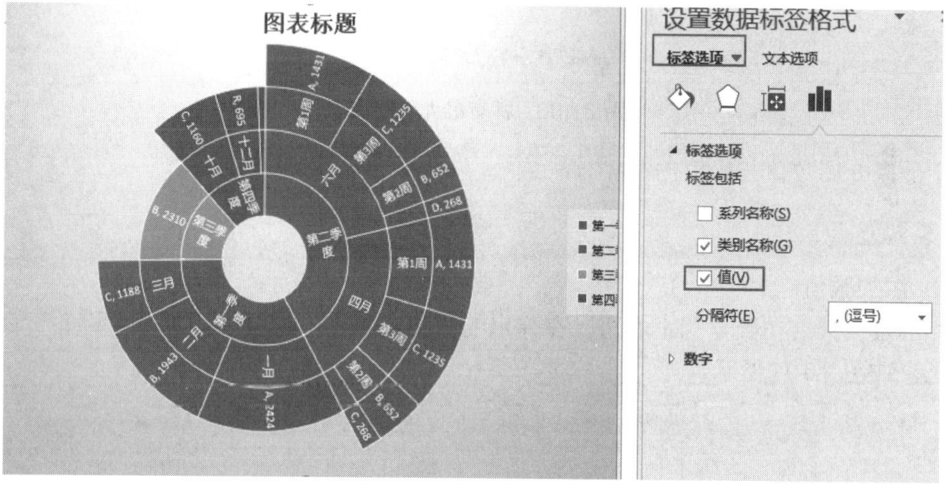

图 3-104 可以修改的“标签选项”

3.2.5 带数值或极值的图表

【问题】

Excel 图表的作用就是将数据用图形表示出来，让数据对比显而易见。为了更突出数据，有时要将数据值标注在图表上，如图 3-105 所示。

有时，还要特别强调最大值与最小值，并且极值会随源数据的改变而自动变化，如图 3-106 所示。

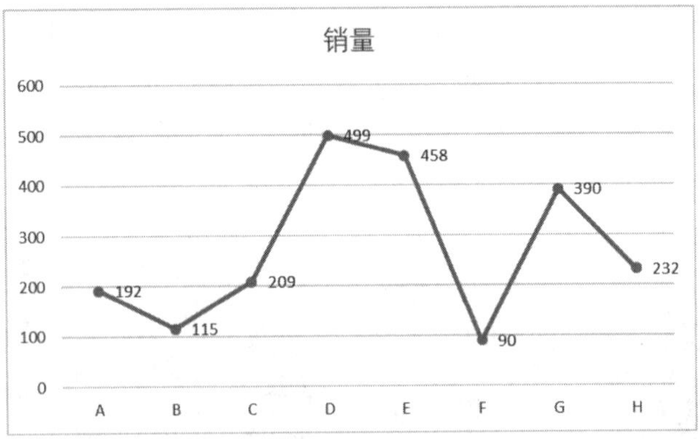

图 3-105　数据值标注在折线图上

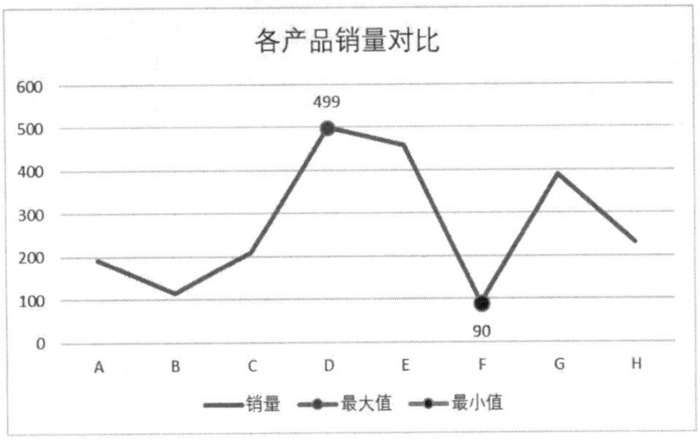

图 3-106　标有最大值的图表

下面就介绍数值与极值的添加方法。

【实现方法】

1）添加数值

添加数值只要在数据列上右击，在弹出的快捷菜单中，选择“添加数据标签”命令就可以了，如图 3-107 所示。

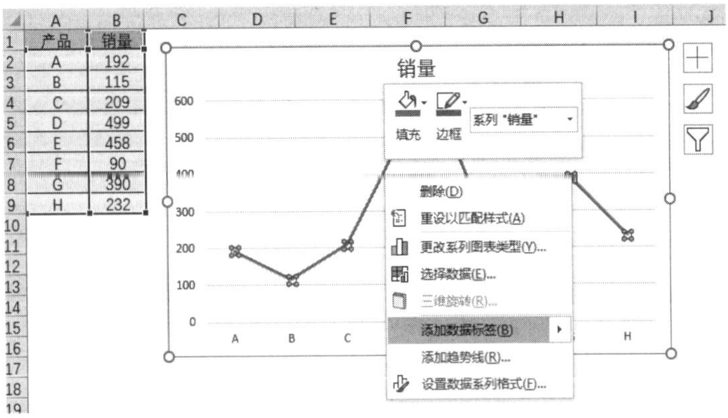

图 3-107　选择“添加数据标签”命令

2）添加极值

（1）添加最大值与最小值数据列。

在 C2 单元格中输入公式“=IF(B2=MAX(B$2:B$9),B2,NA())”，按 Enter 键执行计算，再将公式向下填充。

在 D2 单元格中输入公式“=IF(B2=MIN(B$2:B$9),B2,NA())”，按 Enter 键执行计算，再将公式向下填充。

公式“=IF(B2=MAX(B$2:B$9),B2,NA())”含义：用 IF 函数来判断，如果 B2 单元格的值等于 B 列数据单元格区域的最大值，则返回 B2 单元格的值，否则返回错误值#N/A。在图表系列中，#N/A 错误值只起到占位作用，而不会被显示出来。

公式“=IF(B2=MIN(B$2:B$9),B2,NA())”含义同理。

添加辅助列后的数据表如图 3-108 所示。

C2　=IF(B2=MAX($B$2:$B$9),B2,NA())

	A	B	C	D
1	产品	销量	最大值	最小值
2	A	192	#N/A	#N/A
3	B	115	#N/A	#N/A
4	C	209	#N/A	#N/A
5	D	499	499	#N/A
6	E	458	#N/A	#N/A
7	F	90	#N/A	90
8	G	390	#N/A	#N/A
9	H	232	#N/A	#N/A

图 3-108　添加辅助列后的数据表

（2）添加图表。

为突出显示最大值与最小值，须添加“带数据标记”的图表类型。本示例中，选中 A1:D9 单元格区域所有数据，单击“插入”→“带数据标记的折线图”，如图 3-109 所示。

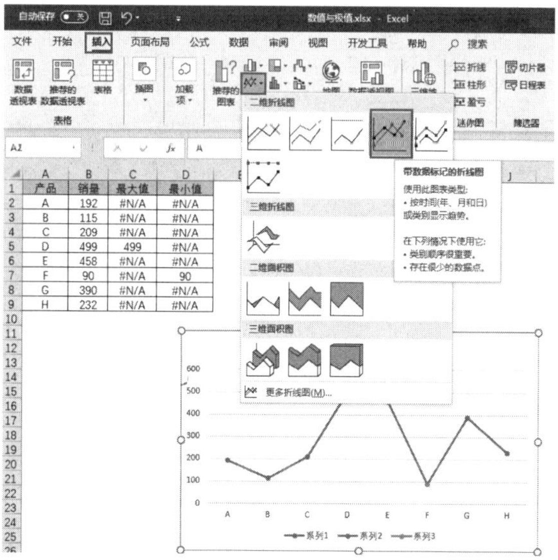

图 3-109　单击“插入”→“带数据标记的折线图”

（3）更改销量列图表类型。

将销量列改为普通的折线图。更改时，很难从图表中区分哪一条是销量线，最快捷的方式就是选中数据表中的产品与销量列，单击“图表”→“设计”→“更改图表类型”，如图 3-110 所示。

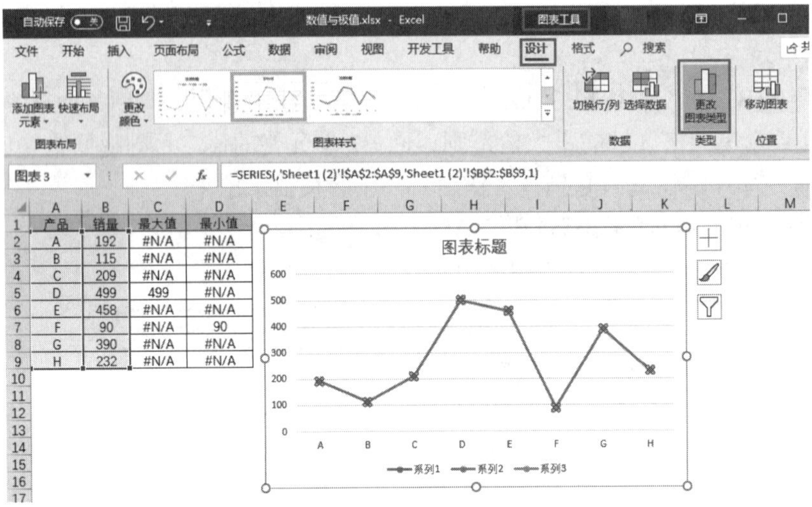

图 3-110　单击“图表”→“设计”→“更改图表类型”

在“更改图表类型”中，选择“折线图”中的普通折线图，如图 3-111 所示。

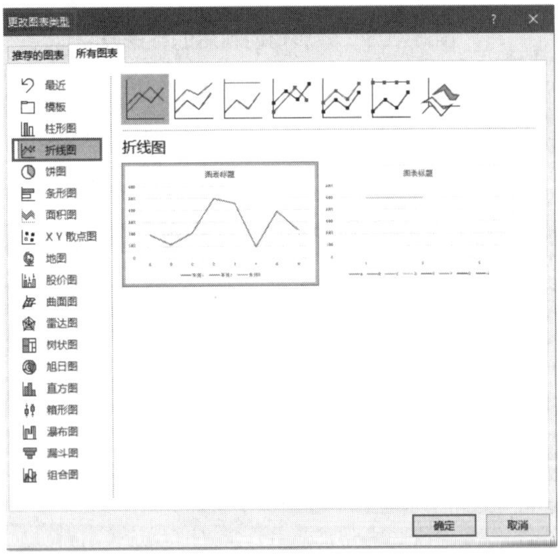

图 3-111　选择“折线图”中的普通折线图

（4）修饰最大值数据列。

选中图表中最大值数据列，右击，在弹出的快捷菜单中，选择“设置数据系列格式”命令，将修改数据点标记为明显标记。

选中图表中最大值数据列，右击，在弹出的快捷菜单中，选择“添加数据标签”命令，并设置数据标签格式位置为“靠上”，数据标签文本为红色文本。

最大值添加完毕，如图 3-112 所示。

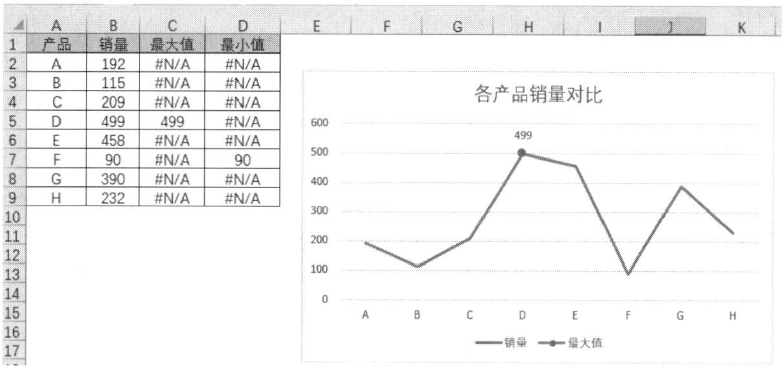

图 3-112　最大值添加完毕

同理，可修饰最小值数据列。最终，标有最大值的图表如图 3-106 所示。

3.2.6　利用模板快速制作 *N* 个数据分析图表

50 种产品近 6 个月的销量及占比数据如图 3-113 所示，每种产品各在一个工作表，现要给 50 种产品绘制出月份销量与占比分析图表。假设 50 种产品一一做出来，不知道要耗去多少时间，有没有效率更高的方法呢？

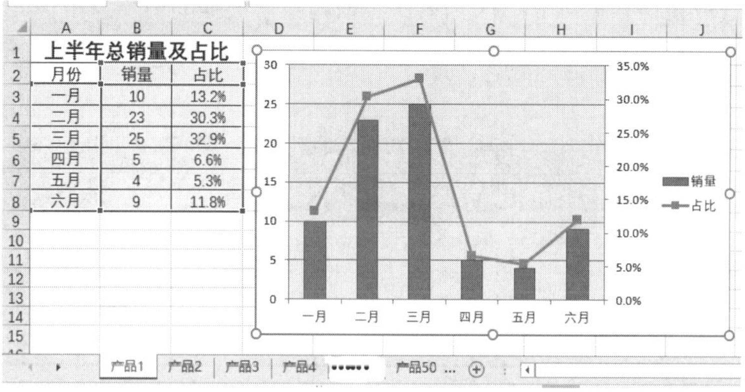

图 3-113　50 种产品近 6 个月的销量及占比数据

【实现方法】

可以先做出一种产品的图表，并且将其美化好，保存成模板，其他产品就只要选择一下数据，单击模板套用就可以了。

详细步骤如下：

（1）在任意一种产品所在工作表中，选中所有除标题外的数据单元格区域，单击“插入”→“簇状柱形图”，如图 3-114 所示。

（2）构成图表的有两组数据，一组是销量，一组是占比。两组数据大小相差巨大，如销量数据的值是几百几千，而占比数据的值最大是 1。为了让两组数据都清晰显示，须要给图表添加次坐标轴。例如，主坐标是销量，次坐标是占比，而且把占比做成折线图，两组数据互补干扰，清晰显示。

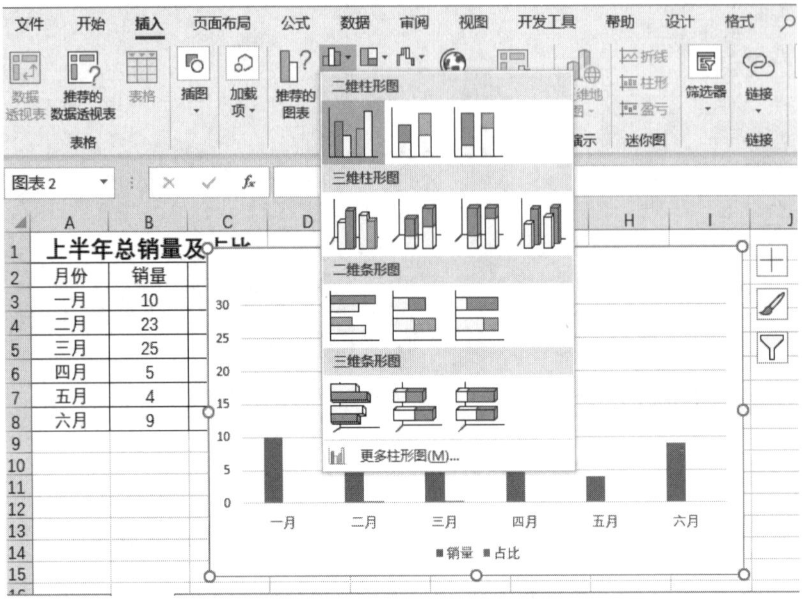

图 3-114　单击“插入”→“簇状柱形图”

在图表中选取占比数据列时，因为占比数据与销量数据的值相差很大，很难选中，所以，先选中图表中的销量数据列，单击“图表工具”→“设计”→“更改图表类型”，如图 3-115 所示。

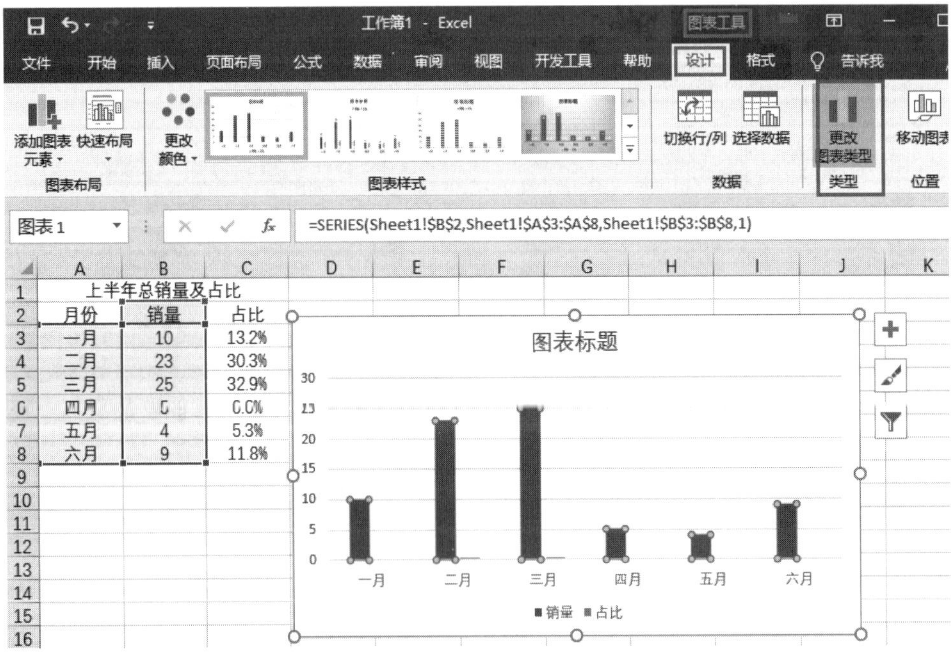

图 3-115　单击“图表工具”→“设计”→“更改图表类型”

在打开的“更改图表类型”对话框中，单击“所有图表”→“组合图”，将占比数据列图表类型改为“折线图”项，并勾选“次坐标轴”项，如图 3-116 所示。

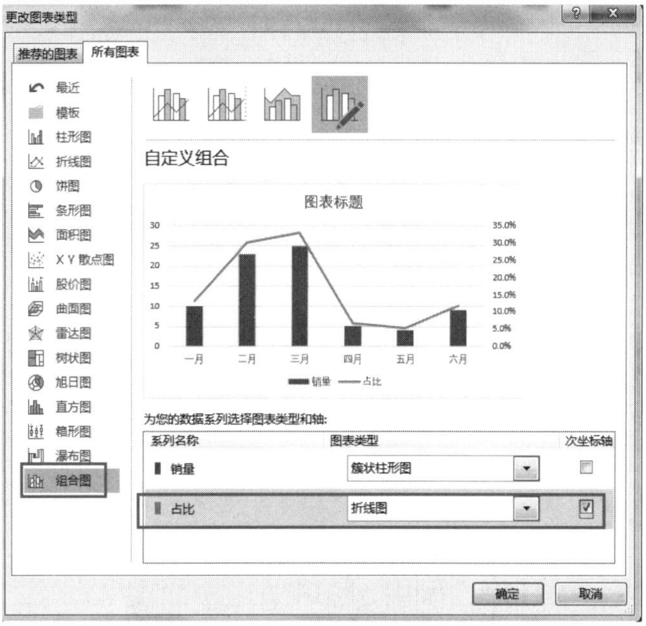

图 3-116　更改占比数据列图表类型

（3）选中美化后的图表，另存为模板。另存时，保存路径为默认，会自动保存到 Excel 的安装位置，其他工作表使用该模板时，选择“图表”→“其他”，模板会自动出现在插入图表的选择框内，如图 3-117 所示，选择此模板，即可快速插入图表。

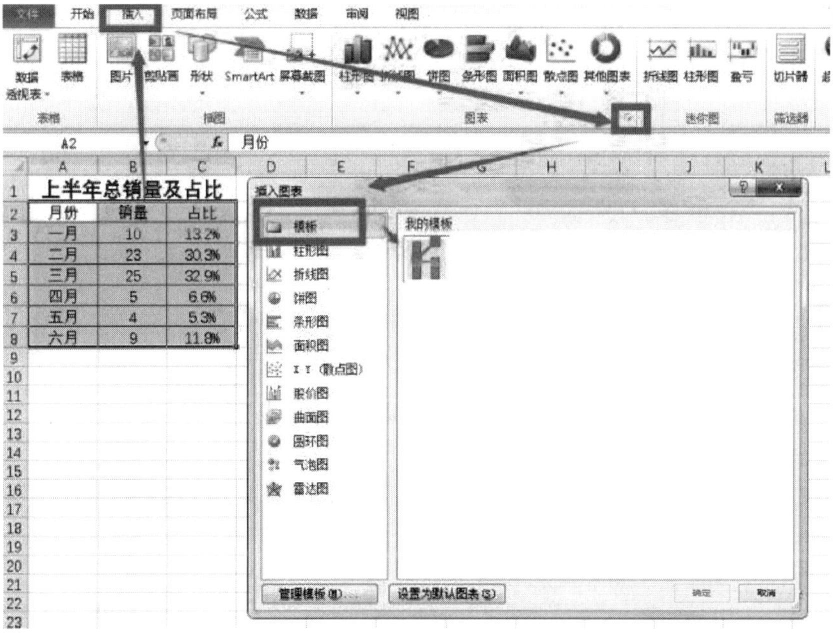

图 3-117　选择模板插入图表

3.2.7 如何制作表达数据简洁醒目的迷你图

【问题】

图表可以直观表达数据，但是大量的数据放在一个图表中，又会显得十分纷乱。如图 3-118 所示。

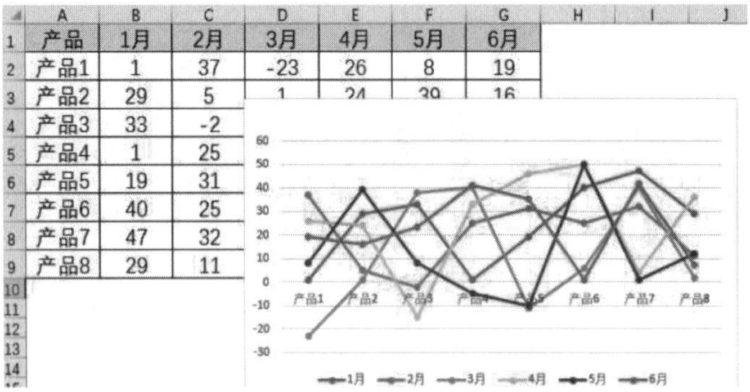

图 3-118 纷乱的折线图

这种情况下，就可以采用“迷你图”来清晰表达数据的趋势。

【实现方法】

Excel 2010 及以上版本，提供了全新的“迷你图”功能，在一个单元格中便可绘制出简洁、漂亮的小图表，可以醒目呈现数据中潜在的价值信息。

Excel 提供了三种迷你图：折线迷你图、柱形迷你图、盈亏迷你图。

1）折线迷你图

单击“插入”→“迷你图”→“折线”，在打开的“创建迷你图”对话框中选择要做成迷你图的数据范围，以及存放迷你图的位置，就可以生成折线迷你图，如图 3-119 所示。

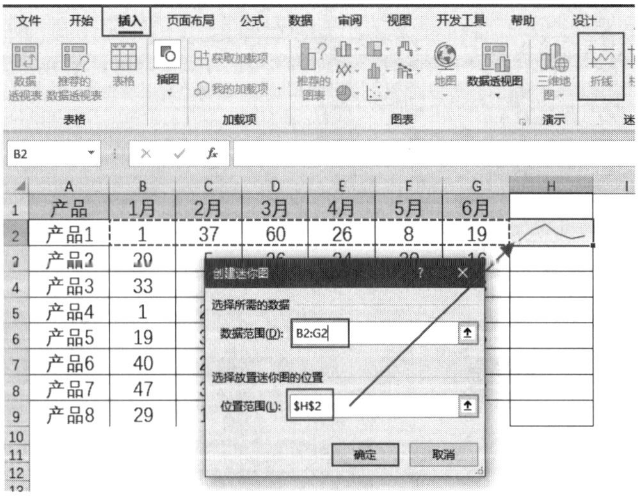

图 3-119 折线迷你图

还可以通过设计工具，设计迷你图的样式、高点、低点、线条粗细等元素。

2）柱形迷你图

单击“插入”→“迷你图”→“柱形”，选择要做成迷你图的数据范围、存放迷你图的位置，就可以生成柱形迷你图，如图 3-120 所示。

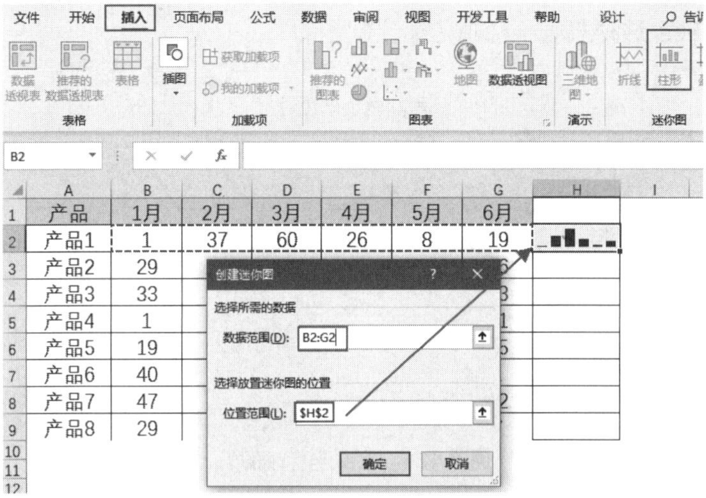

图 3-120 柱形迷你图

3）盈亏迷你图

单击“插入”→“迷你图”→“盈亏”，选择要做成迷你图的数据范围、存放迷你图的位置，就可以生成盈亏迷你图，如图 3-121 所示。

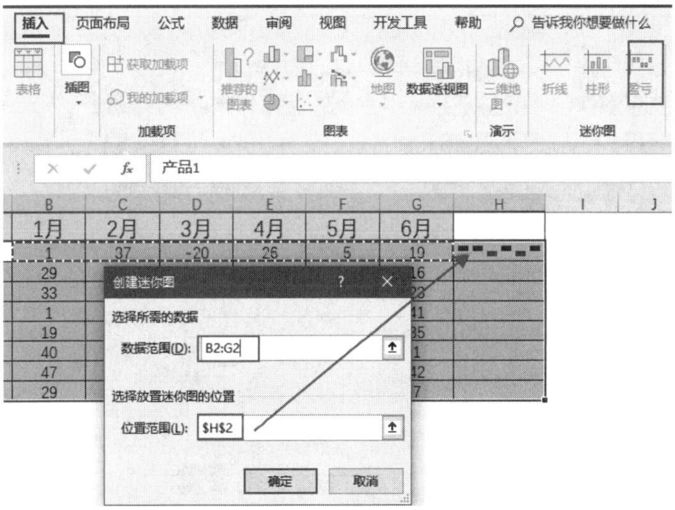

图 3-121 盈亏迷你图

迷你图表现的数据效果很直观，操作又方便。

3.2.8　如何做出双纵坐标轴图表

【问题】

如图 3-122 所示的图表，有一个 *X* 轴、两个 *Y* 轴，左边的 *Y* 轴称为主坐标轴、右边的 *Y* 轴称为次坐标轴，这种双纵坐标轴是如何制作的？

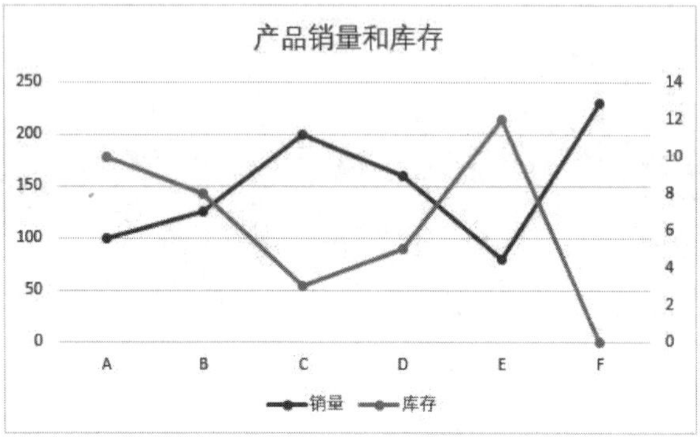

图 3-122　双纵坐标轴图表

【实现方法】

（1）插入图表。

选中数据 A2:C7 区域，单击“插入”→“图表”→“带数据标志的折线图”，如图 3-123 所示，当然，可以根据实际情况选择其他合适的图表。

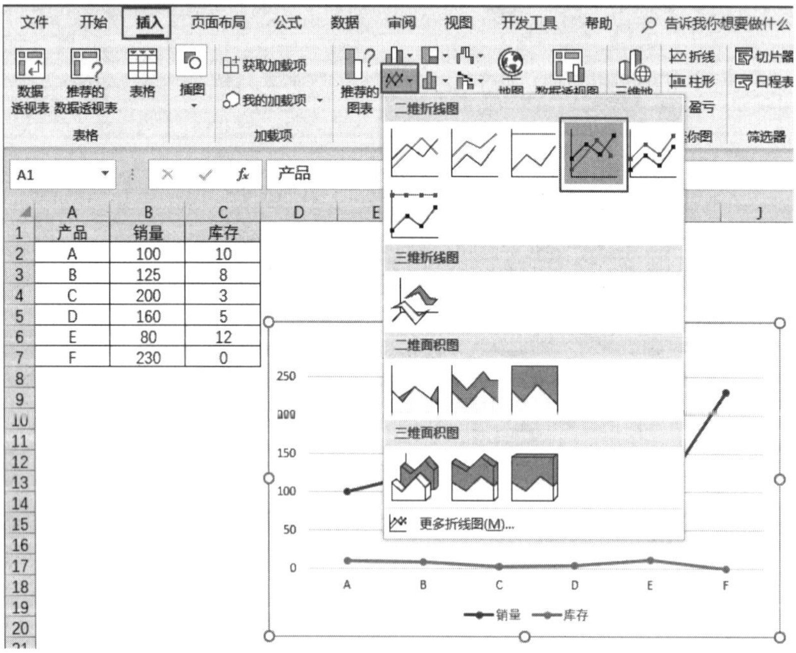

图 3-123　插入带数据标志的折线图

销售和库存数值相差太大，尤其是数量较少的“库存”，在单坐标轴图表中很难看准数量，也看不清数量的变化趋势，如图 3-124 所示。

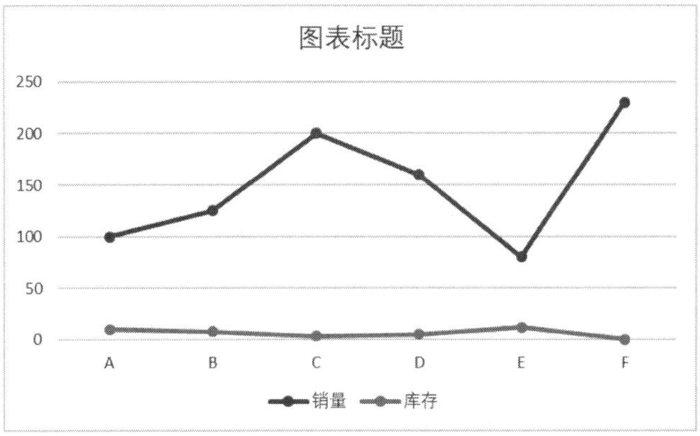

图 3-124 “库存”在数据表中很难看清楚数量

这种情况下，就须要给数量较少的“库存”单独做一个纵坐标轴。

（2）次坐标轴。

双击“库存”数据系列，在右侧打开的“设置数据系列格式”窗格中勾选“系列选项”的“次坐标轴”项，如图 3-125 所示。

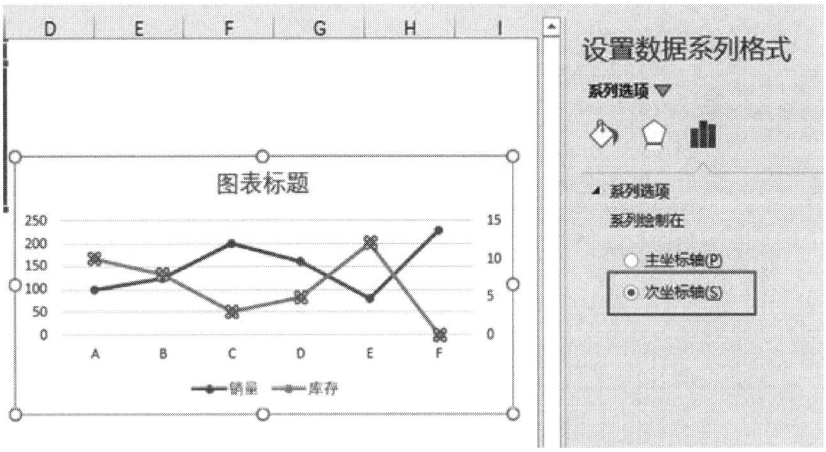

图 3-125 次坐标轴

这种双纵坐标轴的图表一般用在数据量差别很大的情况下。

3.2.9 图表更新的 3 个方法

【问题】

依据 3 种商品 5 个月的销量制作成的不同商品、不同月份销量对比柱形图如图 3-126 所示。如果数据区添加一行记录，如六月份的销量，怎样将增加的记录添加到图表中呢？

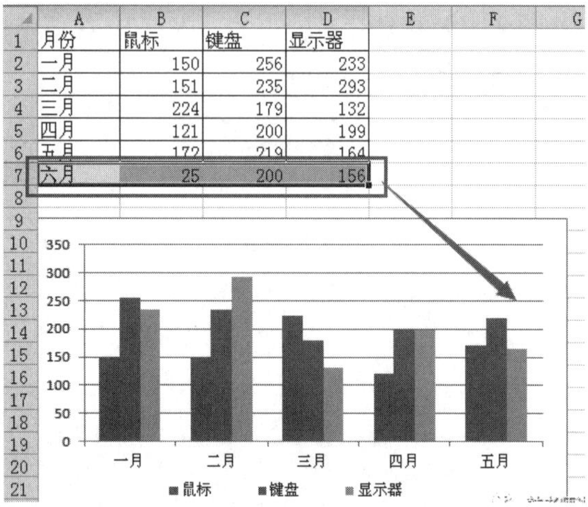

图 3-126 依据 3 种商品 5 个月的销量制作成的不同商品、不同月份销量对比柱形图

【实现方法】

1）复制粘贴

（1）添加新记录，将新记录复制（或按 Ctrl+C 组合键）。

（2）在“图表区”中右击，在弹出的快捷菜单中选择“粘贴”（或按 Ctrl+V 组合键）。

提示：图表区与绘图区的不同效果如图 3-127 所示。

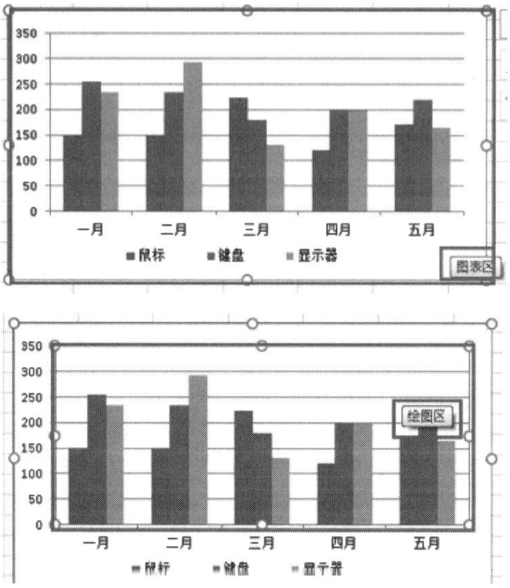

图 3-127 图表区与绘图区的不同效果

2）拖曳光标

选中“绘图区”，数据区域右下角会有一个“填充柄”，将光标放在此“填充柄”会变成左上右下的双向箭头，此时向下拖动光标，将新添加的记录选中，新添加的记录就会出现在图表中，如图 3-128 所示。

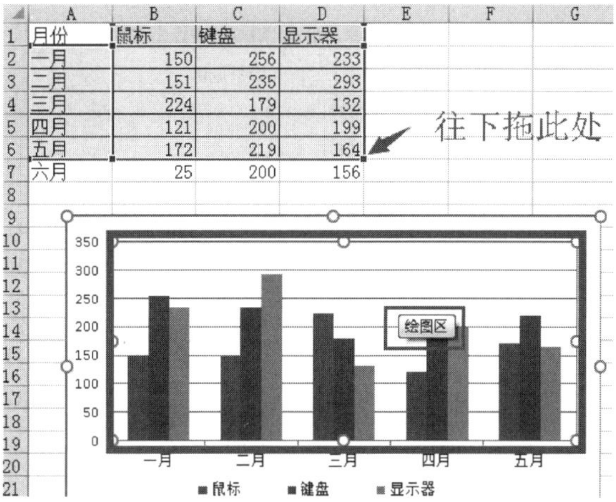

图 3-128 拖曳光标

3）套用表格格式

将光标放置在数据区域任意一个单元格，单击“开始”→“套用表格格式”，将数据区域转化为表格，然后添加新记录，图表就会同步自动更新，如图 3-129 所示。

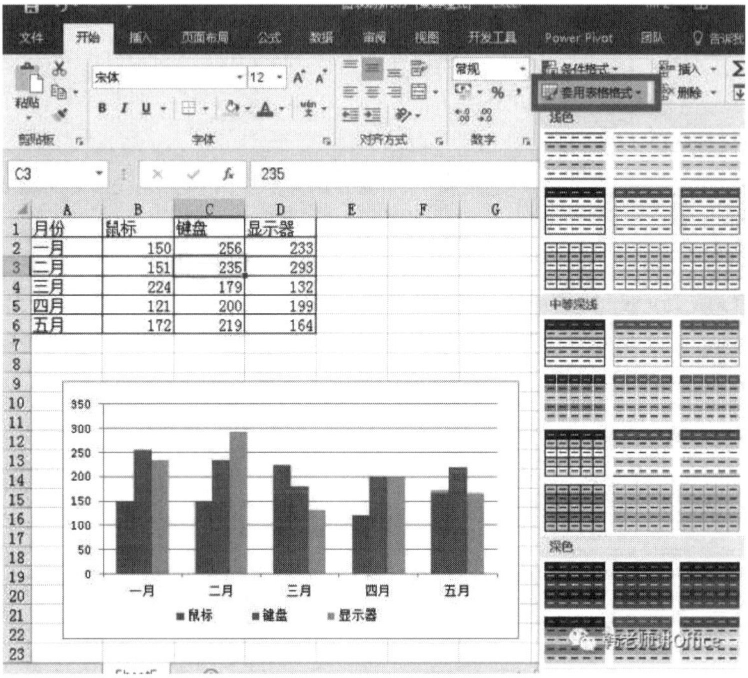

图 3-129 套用表格格式

3.2.10 图表的翻转

【问题】

一般情况，生成的图表 *X* 轴在底部，*Y* 轴的数据也是由下到上增大，如图 3-130 所示，但有时，为了表现数据趋势等的特殊需要，须图表翻转方向，变为图 3-131 所示的 *X* 轴在上部，*Y* 轴的数据也变为由上到下增大，该如何实现呢？

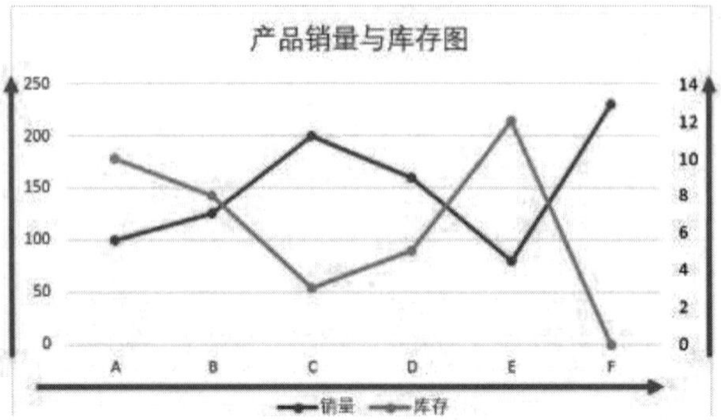

图 3-130　默认 *X* 轴在底部的图表

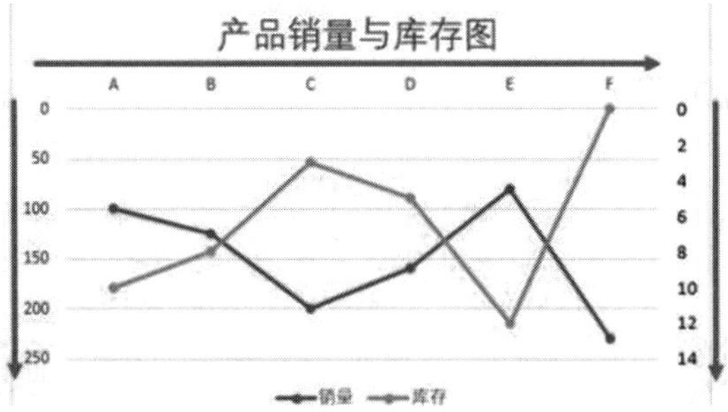

图 3-131　坐标轴翻转

【实现方法】

双击纵坐标数据，打开“设置坐标轴格式”窗格，在“坐标轴选项”中勾选“逆序刻度值”项，如图 3-132 所示。

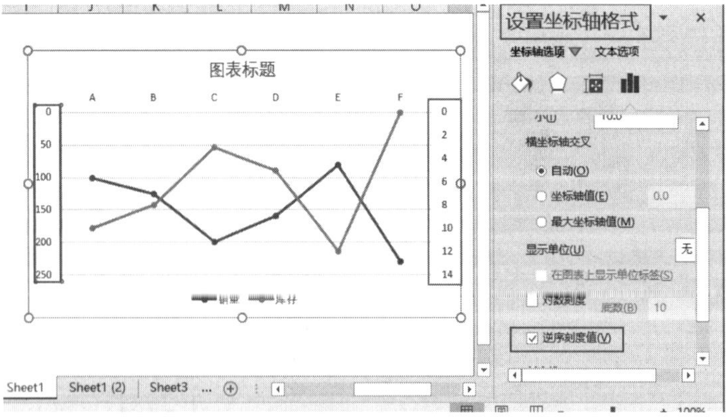

图 3-132　逆序刻度值

注意：这两个纵坐标轴都要设置。

双击横坐标轴，打开“设置坐标轴格式”窗格，在“坐标轴选项”中勾选“逆序刻度值”“最大分类”两项，如图 3-133 所示。

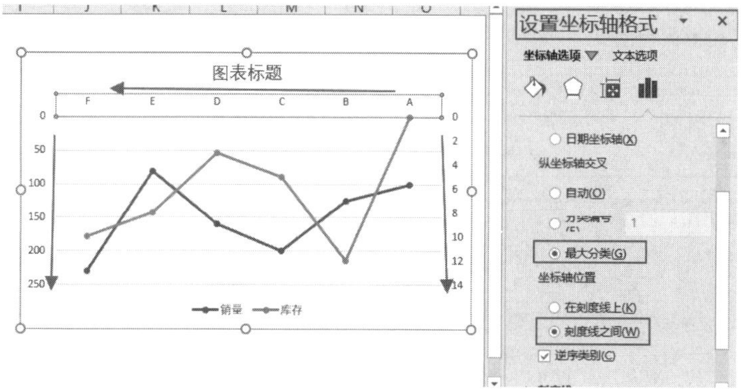

图 3-133 横坐标轴逆序刻度值

通过以上设置，可实现图表的翻转。

3.3 动 态 图 表

3.3.1 快速制作动态图表

如图 3-134 所示，如何实现通过下拉菜单选择车间，可随意查看所选车间的销售情况呢？

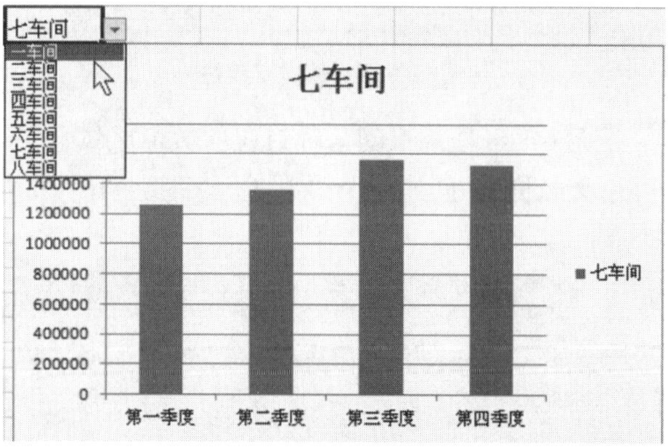

图 3-134 自由选择车间的动态图表

【实现方法】

（1）创建 8 个车间的自定义名称。

选中 A3：E10 单元格区域，单击“公式”→“根据所选内容创建”，在弹出的“以选定区域创建名称”对话框中勾选“最左列”项，如图 3-135 所示。

（2）选中 G1 单元格，单击“数据”→“数据有效性”→“设置”，设置“允许”为“序列”选项，“来源”文本框中选择数据表的 A3:A10 单元格区域，实现下拉选择八个车间名称，如图 3-136 所示。

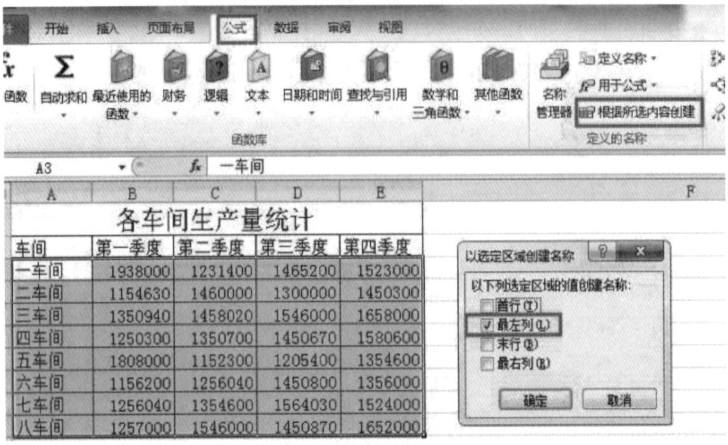

图 3-135　自定义名称

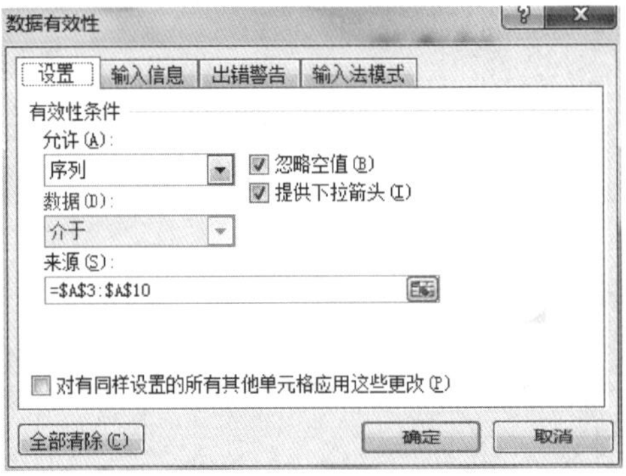

图 3-136　数据有效性

（3）创建新名称，指向 G1 选择的车间名称对应的数值区域。

单击“公式”→“定义名称”，创建一个“数值”名称，在“引用位置”框中输入公式“=INDIRECT(Sheet1!$G$1)”，如图 3-137 所示。

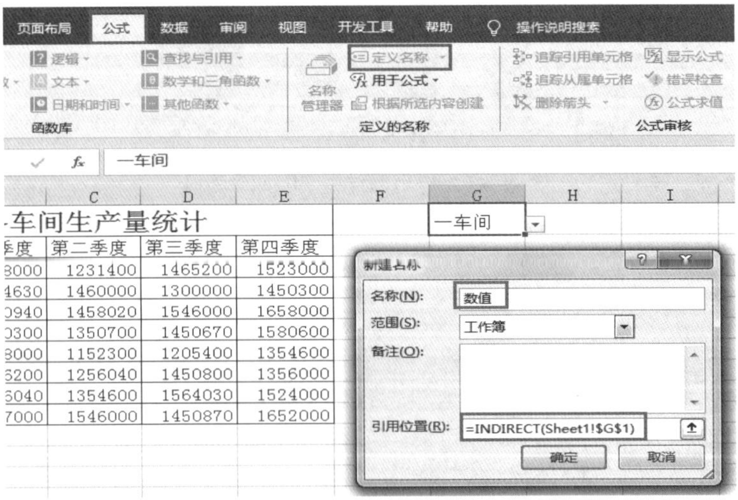

图 3-137　创建新名称

（4）选中 A2:E3 单元格区域，单击“插入”→“图表”→“簇状柱形图”，创建第一车间的各季度数据柱形图，如图 3-138 所示。

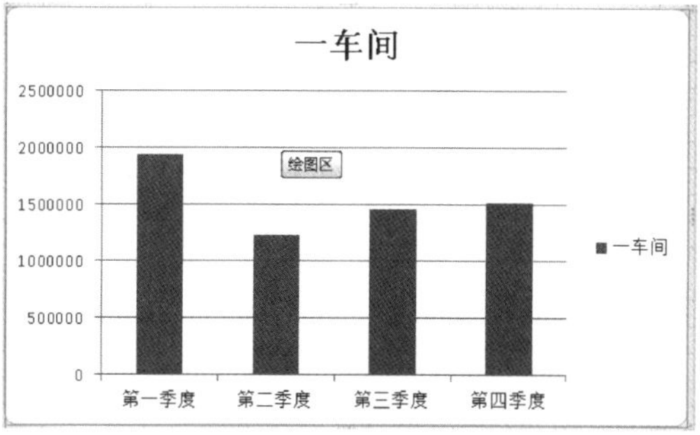

图 3-138　插入柱状图

（5）完成系列名称设置。

在图表上右击，在弹出的快捷菜单中，选择“选择数据”→“选择数据源”→“编辑”，在打开的“编辑数据系列”对话框中，将“系列值”文本框中输入公式“=sheet1!数值”，如图 3-139 和图 3-140 所示。

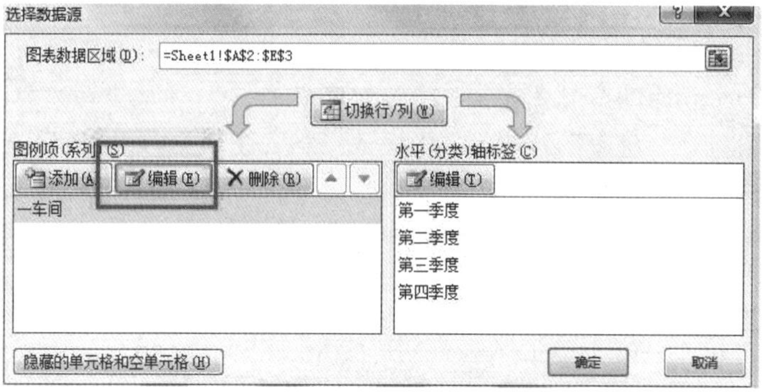

图 3-139　编辑数据源

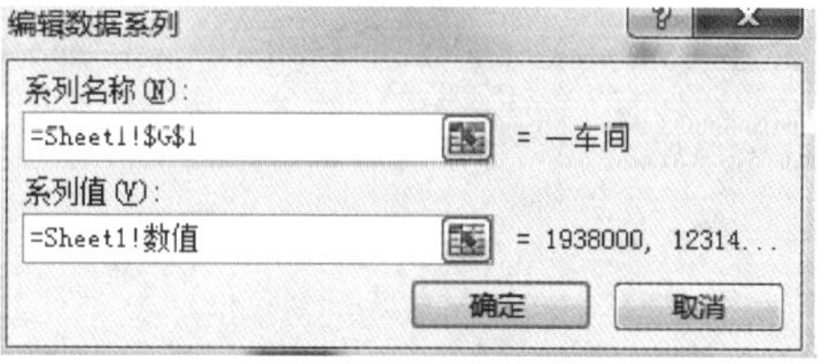

图 3-140　编辑数据系列

特别提示：此时 G1 单元格中必须先选定一个名称，不能为空值，否则会出现如图 3-141 所示的提示错误。

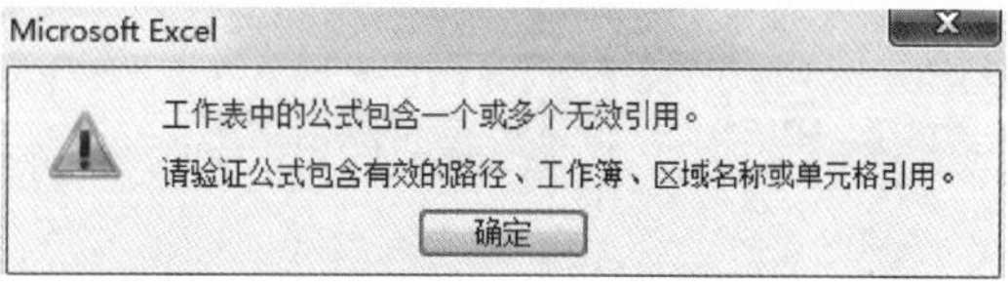

图 3-141　提示错误

通过以上步骤，可完成如图 3-134 所示的动态图表。

3.3.2 制作带控件的动态图表

【问题】

如图 3-142 所示，可以随意选择仓库，并可单独查看此仓库的销量情况。

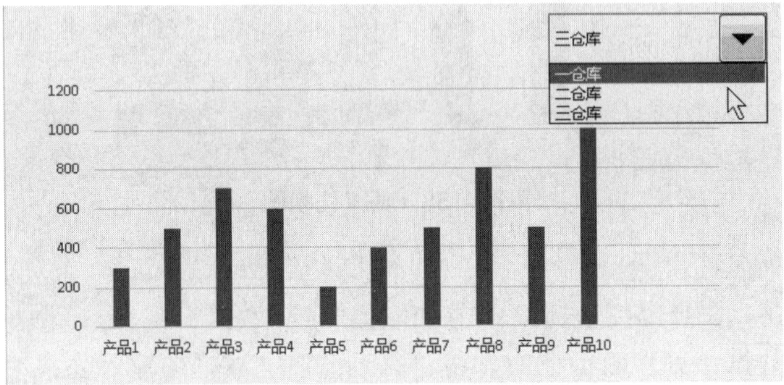

图 3-142 随意选择查看的数据

【实现方法】

（1）制作第一个仓库的产品图表。

选择“产品”与“一仓库”列，单击“插入”→“图表”→“簇状柱形图”，生成“仓库一”各产品的柱形图表，如图 3-143 所示。

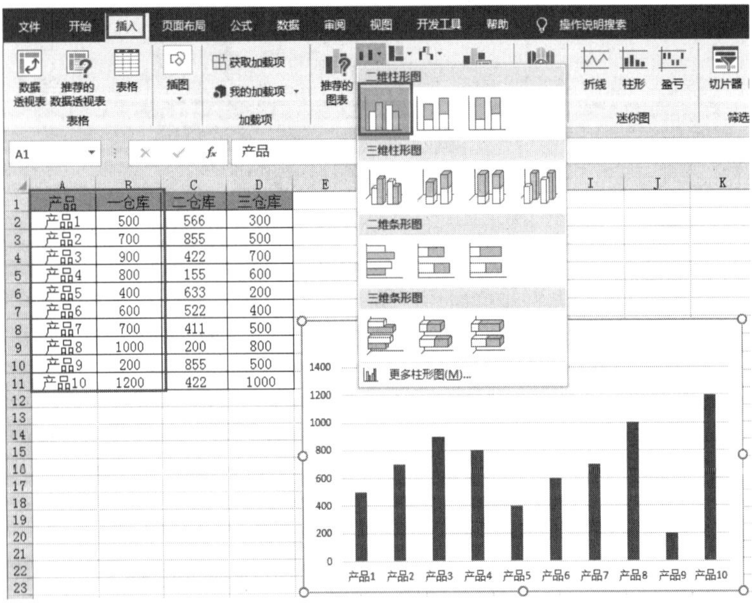

图 3-143 插入“一仓库”图表

（2）插入控件。

单击“开发工具”→“插入”→“组合框”，如图 3-144 所示。

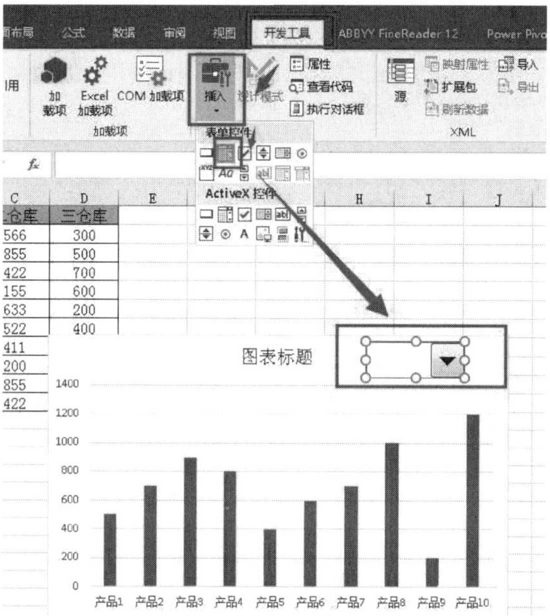

图 3-144 插入表单控件

（3）设置组合框属性。

选中组合框，右击，在弹出的快捷菜单中，选择“设置对象格式”命令，在打开的“设置对象格式”对话框中，“数据源区域”选择 L1:L3（L1:L3 区域为仓库名称），“单元格链接”选择 L4，如图 3-145 所示。

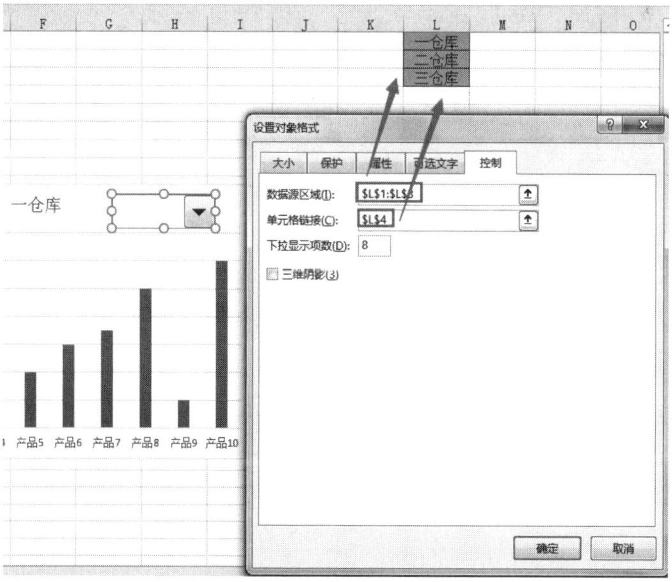

图 3-145 设置组合框属性

如果“开发工具”菜单没有显示，可以单击“开始”→“选项”，在“自定义功能区”内勾选“开发工具”项，如图 3-146 所示。

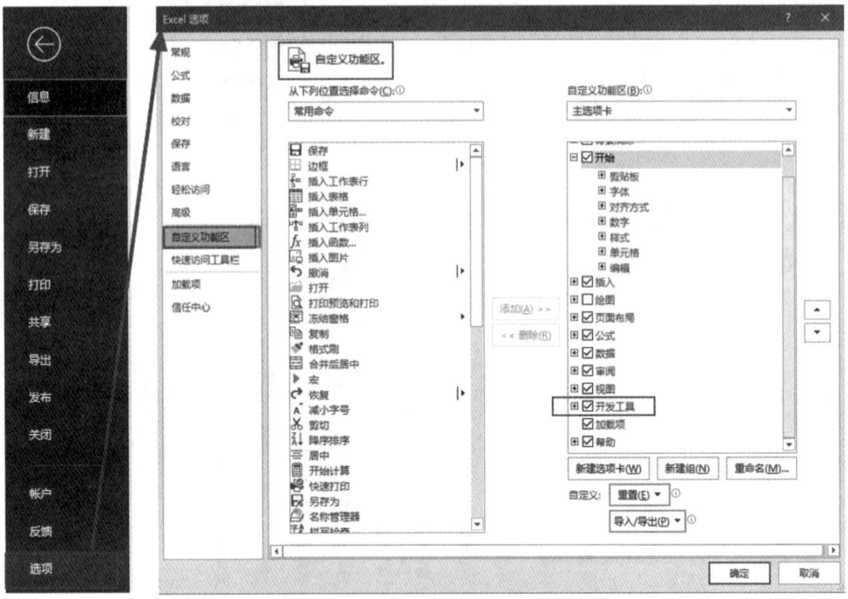

图 3-146　勾选“开发工具”选项

（4）定义名称。

单击“公式”→“定义名称”，在弹出的“定义名称”对话框的“名称”文本框中输入“仓库”，在“引用位置”输入公式“=OFFSET(Sheet2!$A$1,1,Sheet2!$L$4,10,1)”，如图 3-147 所示。

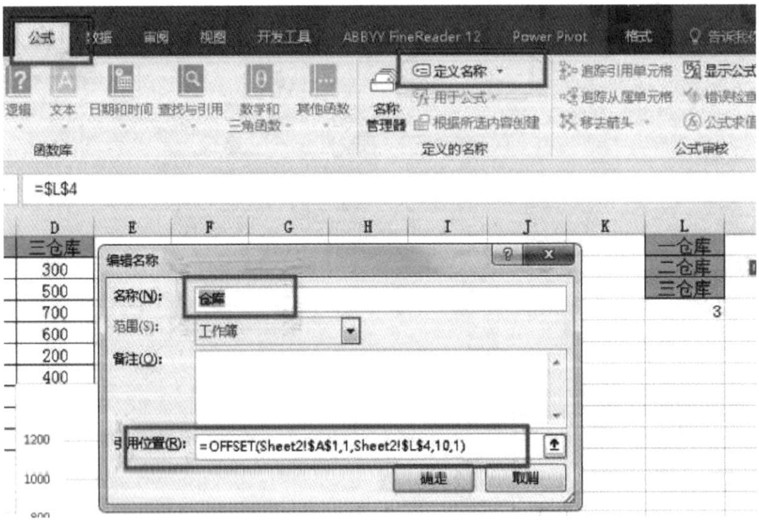

图 3-147　定义名称

（5）编辑数据系列。

图表区域右击，在弹出的快捷菜单中，选择“选择数据”→“选择数据源”“编辑”，在打开的“编辑数据系列”对话框的“系列名称”中输入“仓库”，在“系列值”中输入公式“=sheet2!仓库”，如图 3-148～图 3-150 所示。

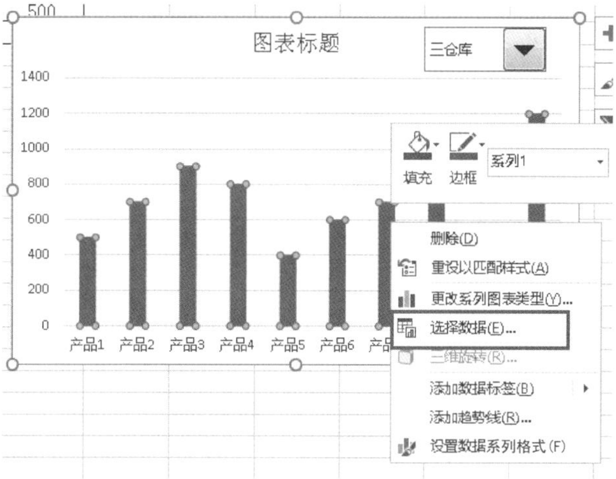

图 3-148　选择数据

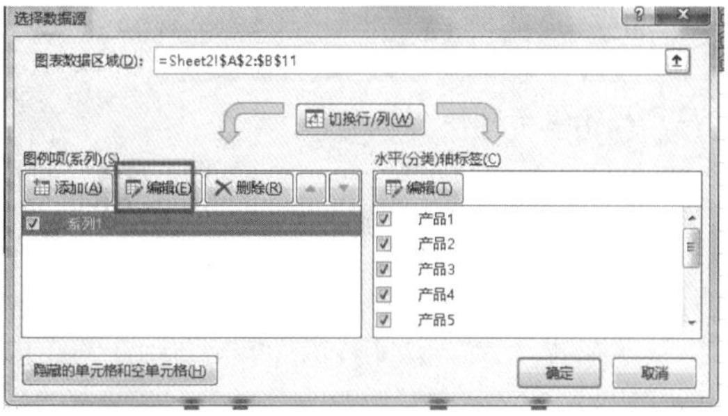

图 3-149　选择数据源

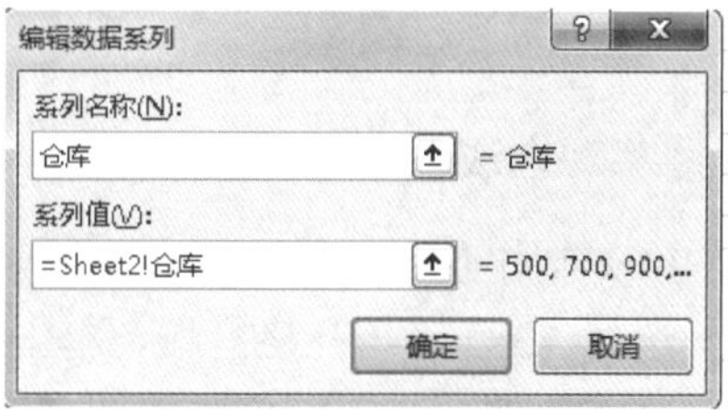

图 3-150　编辑数据系列

通过以上步骤，完成动态图表的制作，结果如本节开头的图 3-142 所示。

3.3.3　制作“双列”数据动态图表

【问题】

如图 3-151 所示是可以自由选择仓库查看数据的“双列”数据图表，即每种产品对应的数据柱形图都有“销量”“库存”两列。

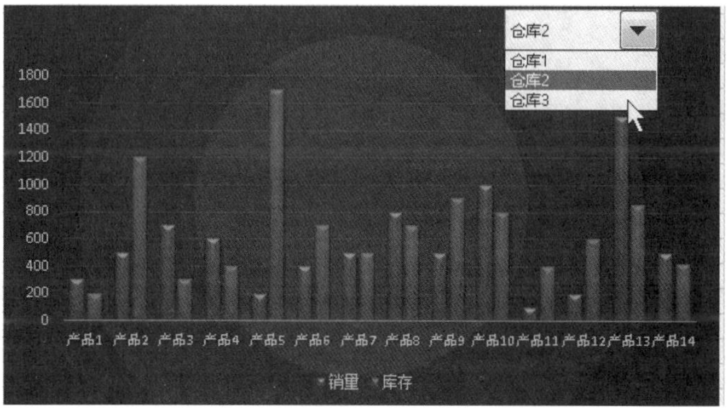

图 3-151　“双列”数据动态图表

对应的各仓库产品销量与库存数据表（数据在 Sheet4 中），如图 3-152 所示。

种类	仓库1		仓库2		仓库3	
	销量	库存	销量	库存	销量	库存
产品1	500	566	300	200	155	522
产品2	700	855	500	1200	633	411
产品3	900	422	700	300	522	200
产品4	800	155	600	400	411	855
产品5	400	633	200	1700	200	422
产品6	600	522	400	700	855	855
产品7	700	411	500	500	800	422
产品8	1000	200	800	700	500	155
产品9	200	855	500	900	1000	633
产品10	1200	422	1000	800	100	200
产品11	300	252	100	400	200	400
产品12	500	500	200	600	1500	500
产品13	1700	800	1500	855	522	800
产品14	700	500	500	422	300	855

图 3-152　各仓库产品销量与库存

【实现方法】

（1）制作仓库销量与库存的图表。

选择 A3:C16 单元格区域，单击“插入”→“图表”→“簇状柱形图”，生成“仓库一”各产品的柱形图表，并单击“图表工具”→“设计”→“图表样式”选择一种图表样式，如图 3-153 所示。

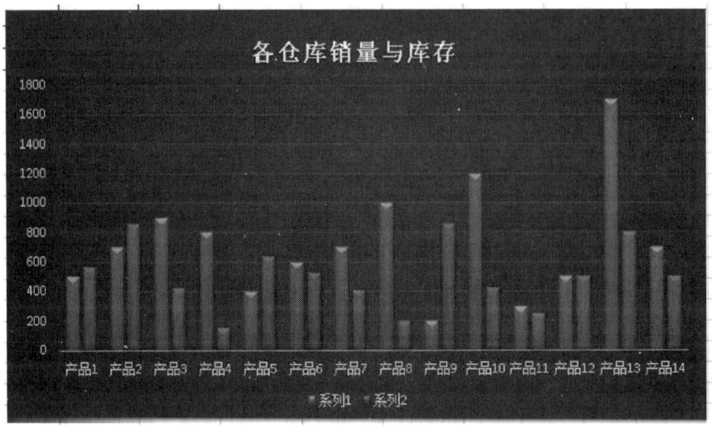

图 3-153　仓库销量与库存的图表

（2）插入控件。

单击“开发工具”→“插入”，选择表单控件中的“组合框”命令，如图 3-154 所示。

选中组合框，右击，在弹出的快捷菜单中，选择“设置控件格式”命令，在打开的“设置控件格式”对话框中，“数据源区域”选择 L1:L3（L1:L3 单元格区域为仓库名称），“单元格链接”选择 L4，如图 3-155 所示。

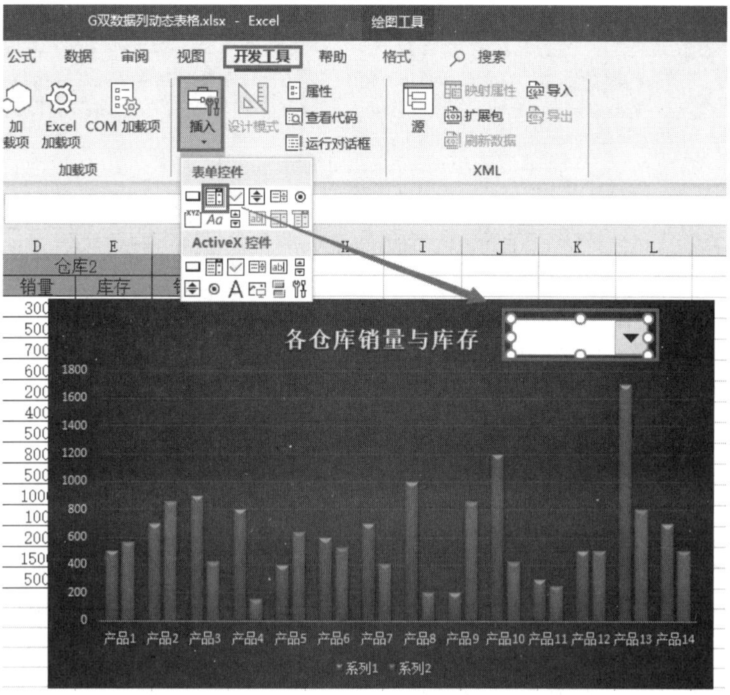

图 3-154　插入表单控件

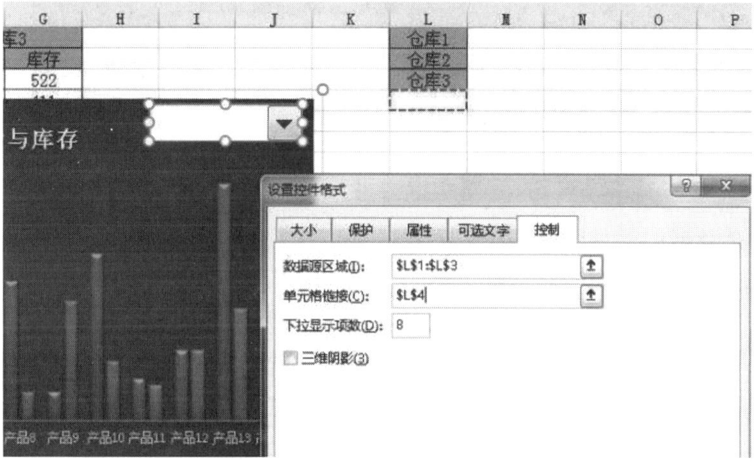

图 3-155　设置组合框属性

（3）定义“销量”和“仓库”两个名称。

单击“公式”→“定义名称”，在弹出的“新建名称”对话框的“名称”文本框中输入“销量”，在“引用位置”输入公式“=OFFSET(Sheet4!$A$1,2,(2*Sheet4!$L$4)-1,14,1)”，如图 3-156 所示。

单击“公式”→“定义名称”，在弹出“新建名称”对话框的“名称”文本框中输入“仓库”，在“引用位置”输入公式“=OFFSET(Sheet4!$A$1,2,(2*Sheet4!$L$4),14,1)”，如图 3-157 所示。

图 3-156　定义名称为“销量”

图 3-157　定义名称为“库存”

（4）编辑数据系列。

在图表区域右击，在弹出的快捷菜单中选择“选择数据”命令，如图 3-158 所示。

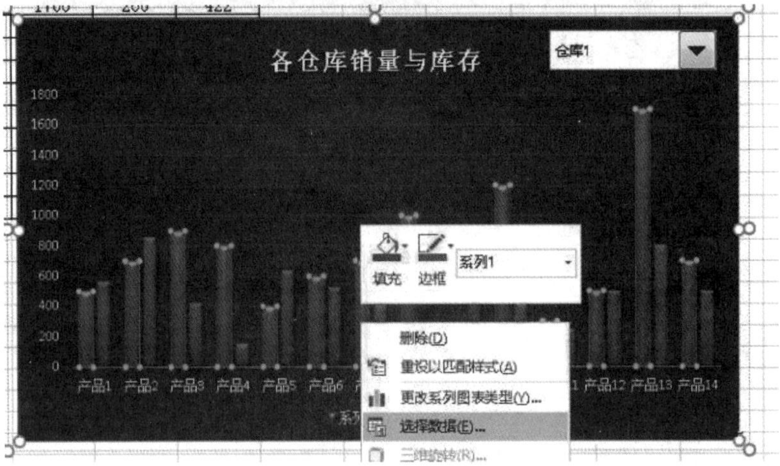

图 3-158　选择数据

打开“选择数据源”对话框，在“图例项（系列）”选中“系列 1”命令，单击“编辑”按钮，打开“编辑数据系列”对话框中的“系列名称”中输入“销量”命令，“系列值”中输入公式“=sheet4!销量”；在“图例项（系列）”选中“系列 2”命令，单击“编辑”按钮，在打开“编辑数据系列”对话框的“系列名称”中输入“库存”，在“系列值”中输入公式“=sheet4!库存”，如图 3-159～图 3-161 所示。

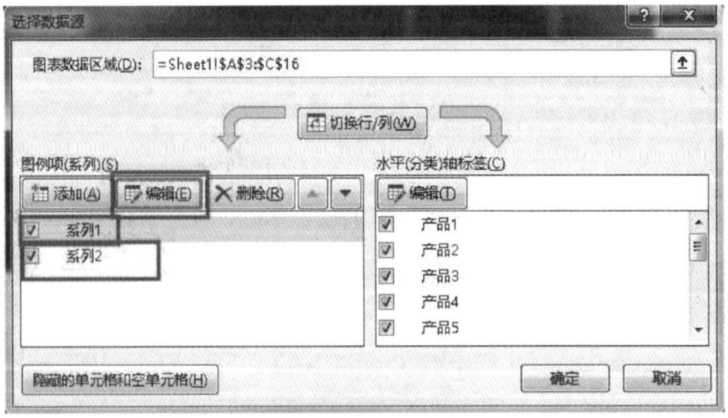

图 3-159　编辑数据源

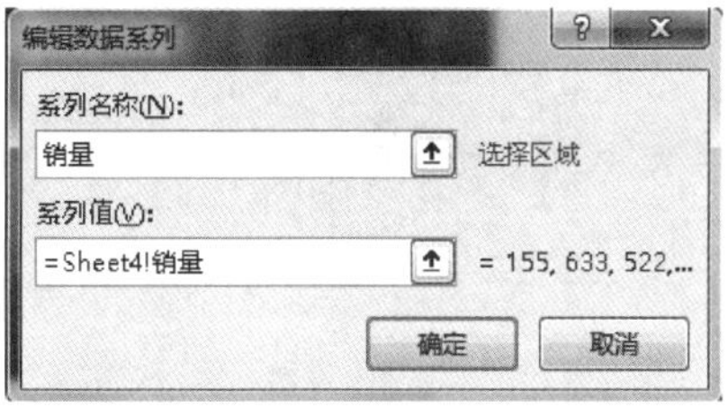

图 3-160　编辑数据系列“销量”

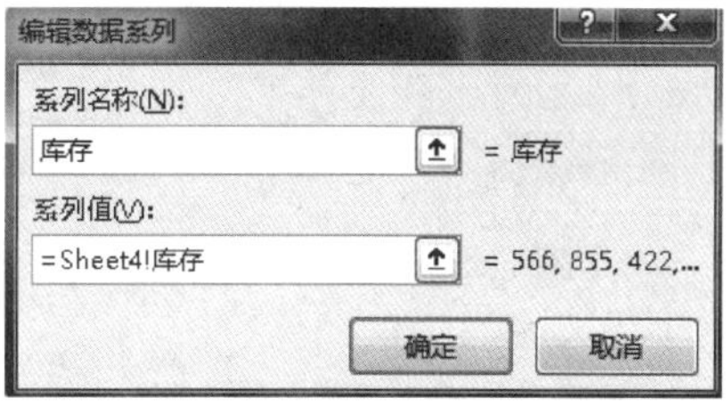

图 3-161　编辑数据系列“库存”

通过以上步骤的设置，即可实现双列数据动态图表。一句话概括：有几列数据，就定义几个名称。

3.3.4　制作带滚动条的动态图表

【问题】

如图 3-162 所示，在图表上方有一滚动条，单击滚动条，可以控制显示每个月的销量图表，如何制作这种带滚动条的动态图表呢？

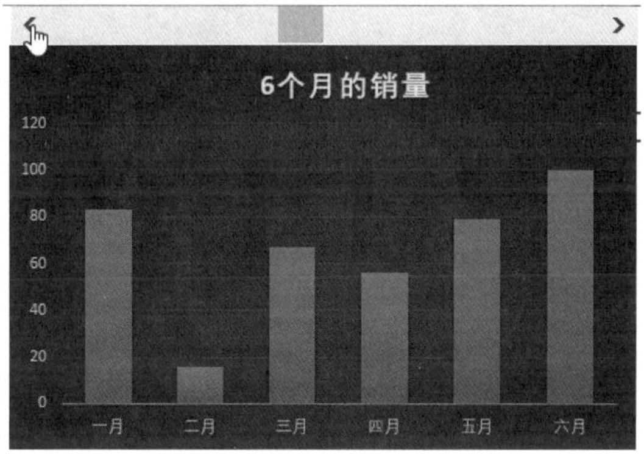

图 3-162　带滚动条的动态图表

【实现方法】

（1）制作普通图表。

以普通的柱形图为例：选中“月份”“销量”选项，在“插入”菜单中，选择插入“二维柱形图”命令，选择第一种簇状柱状图，如图 3-163 所示。

（2）插入并设置滚动条。

在“开发工具”菜单中，选择“插入”→“滚动条（窗体控件）”，如图 3-164 所示。

右击滚动条，在弹出的快捷菜单中，选择“设置控件格式”命令，在打开的“设置控件格式”对话框中，将“最小值”设为“1”，“最大值”设为“12”，“步长”设为“1”，“页步长”设为“10”，“单元格链接”设为“E1”，并单击“确定”按钮，如图 3-165 所示。

此时的滚动条，只和 E1 单元格建立了链接，并没有和图表建立链接。

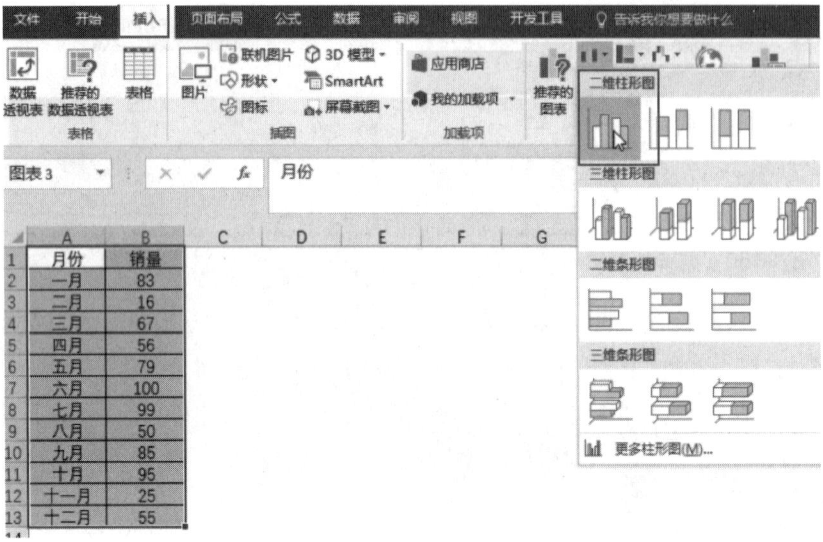

图 3-163　插入普通图表

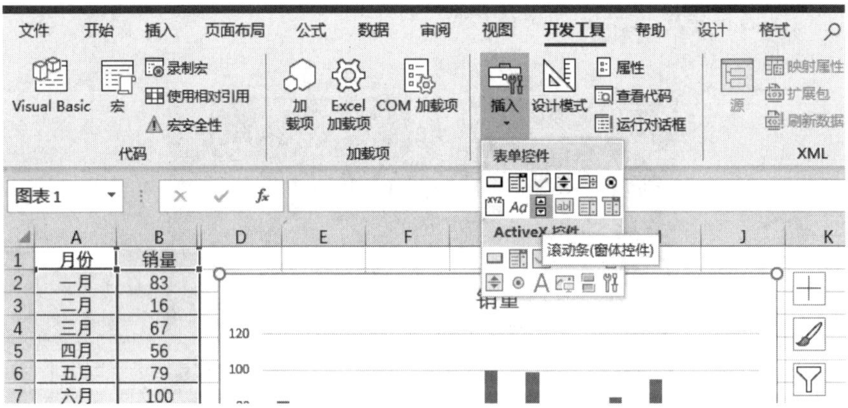

图 3-164　插入滚动条

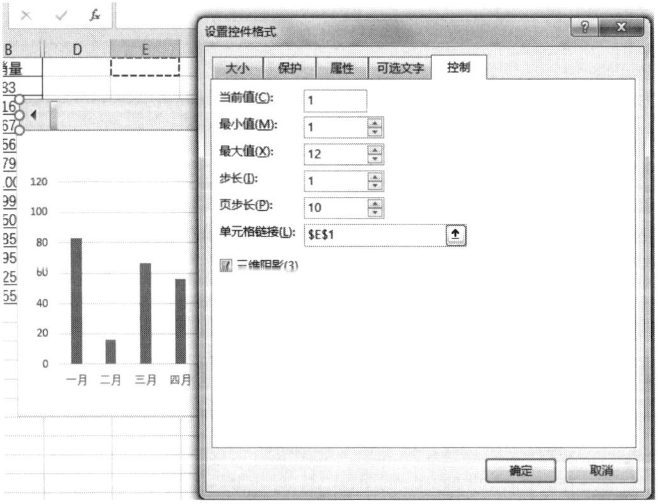

图 3-165　滚动条空间设置

（3）利用 OFFSET 定义两个名称。

● 第 1 个名称：月份。

单击“公式”→“定义名称”，在弹出“新建名称”对话框的“名称”文本框中输入“月份”，并在“引用位置”输入公式“=OFFSET(Sheet3!$A$1,1,0,Sheet3!$E$1,1)”，如图 3-166 所示。

公式的含义是指以 A1 为基点，向下偏移 1 行 0 列到 A2，从 A2 开始的行数为 E1，列数为 1 的区域，该区域将随着 E1 数量的变化而变化。

● 第 2 个名称：销量。

单击“公式”→“定义名称”，在弹出“新建名称”对话框的“名称”文本框中输入“销量”，并在“引用位置”输入公式“=OFFSET(Sheet3!$B$1,1,0,Sheet3!$E$1,1)”，如图 3-167 所示。

公式的含义是指以 B1 为基点，向下偏移 1 行 0 列到 B2，从 B2 开始的行数为 E1，列数为 1 的区域，该区域将随着 E1 数量的变化而变化。

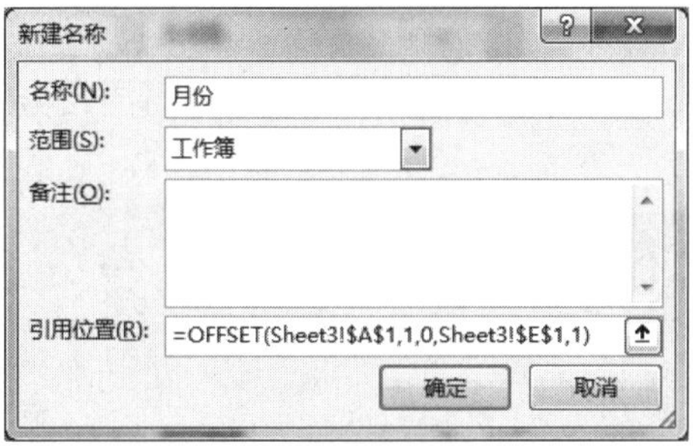

图 3-166　定义“月份”名称

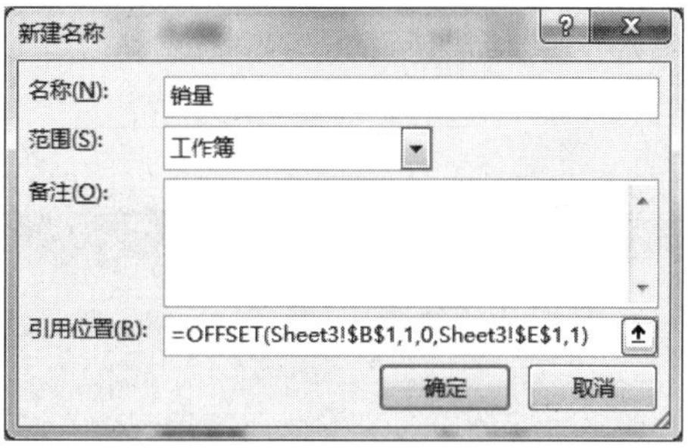

图 3-167　定义“销量”名称

以上两个名称的引用区域都随着 E1 单元格数值的改变而改变，而 E1 是滚动条链接到的单元格，所以，两个名称与滚动条建立了链接。

（4）改变图表数据源为名称。

在图表区域右击，在弹出的快捷菜单中，选择“选择数据”命令，如图 3-168 所示。

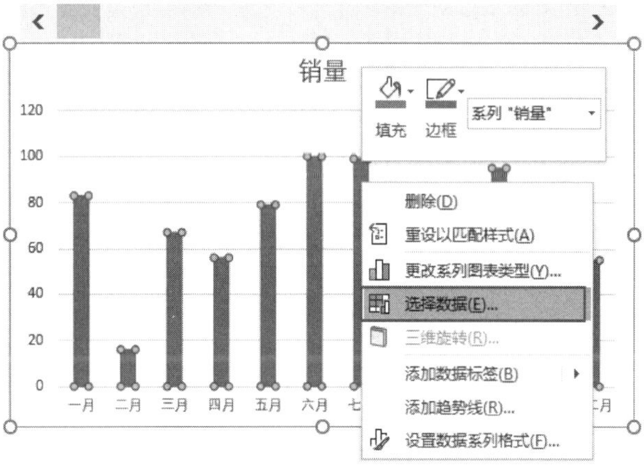

图 3-168　选择数据

打开“选择数据源”对话框，选中“图例项（系列）”→“销量”，单击“编辑”按钮，在打开“编辑数据系列”对话框的“系列值”中输入公式“=sheet3!销量”，如图 3-169 和图 3-170 所示。

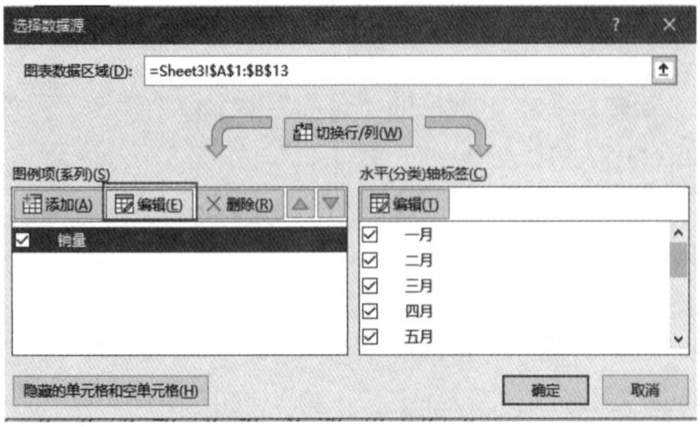

图 3-169　编辑销量

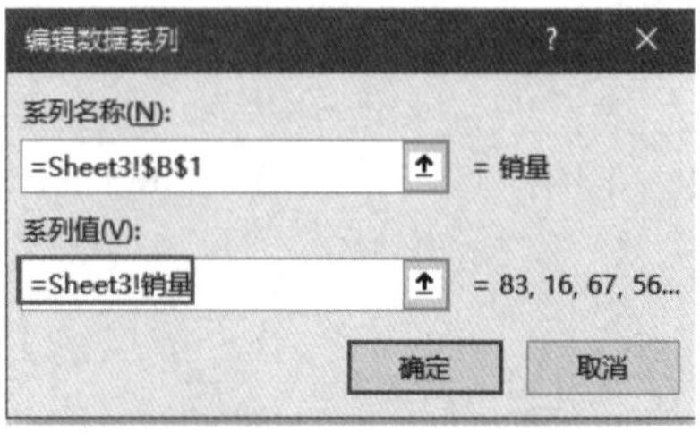

图 3-170　更改系列值为名称

打开“选择数据源”对话框，选中“水平（分类）轴标签”→“编辑”，在打开“轴标签”对话框的“轴标签区域”中输入公式“=sheet3!月份”，如图 3-171 和图 3-172 所示。

数据源区域与名称建立了链接，在（3）中名称与滚动条建立了链接，因而图表与滚动条也建立了链接。

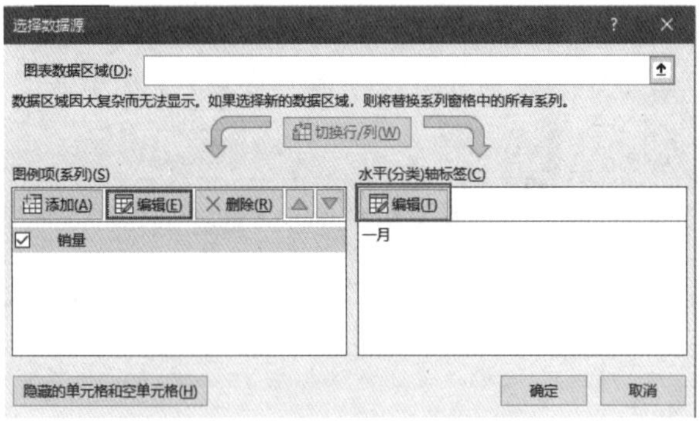

图 3-171　选择编辑水平轴标签

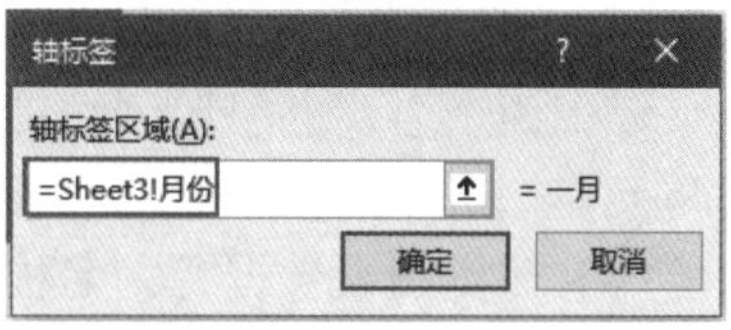

图 3-172　更改轴标签区域为“月份”

（5）改变标题。

在 G1 单元格里输入公式“=E1&"个月的销量"”，图表标题中输入公式“=Sheet3!$G$1”，标题就会随着查看月份的改变而变化，如图 3-173 所示。

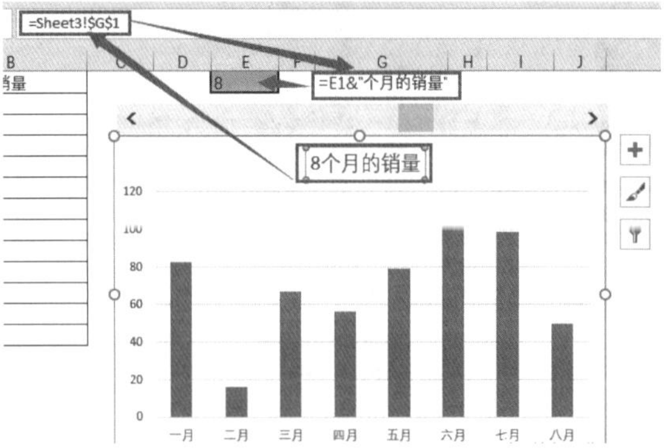

图 3-173　设置标题

通过以上设置，带滚动条的动态图表制作完毕。

3.3.5 双控件柱形图的制作

【问题】

如图 3-174 和图 3-175 所示，通过单选控件选择查询方式，再通过组合框进行相应的数据查看。如单选控件选择“按部门查询”选项，组合框中就出现所有的部门选项；如果单选控件中选择“按月份查询”选项，组合框中就会出现所有的月份选项。相对原来讲过的单控件图表，这种图表查询的数据更详细、更具体。

【实现方法】

（1）插入单选控件。

单选控件决定了查询方式，查询方式选定了，组合框内才出现不同的选项，所以，必须先插入两个单选控件。

在“开发工具”菜单中，插入表单控件中的“单选控件”选项，右击，在弹出的快捷菜单中，选择“设置控件格式”命令，在打开“设置控件格式”中设置单选控件链接到 A7，如图 3-176 和图 3-177 所示。

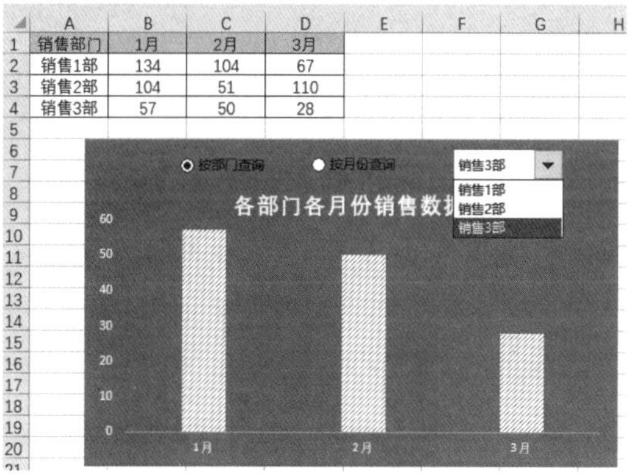

图 3-174 按销售部门查询

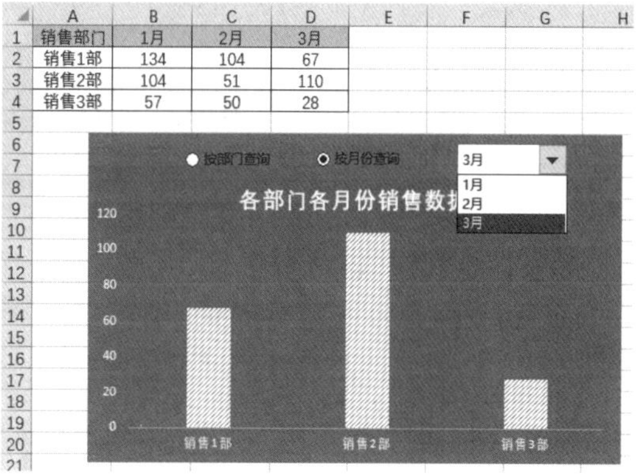

图 3-175 按月份查询

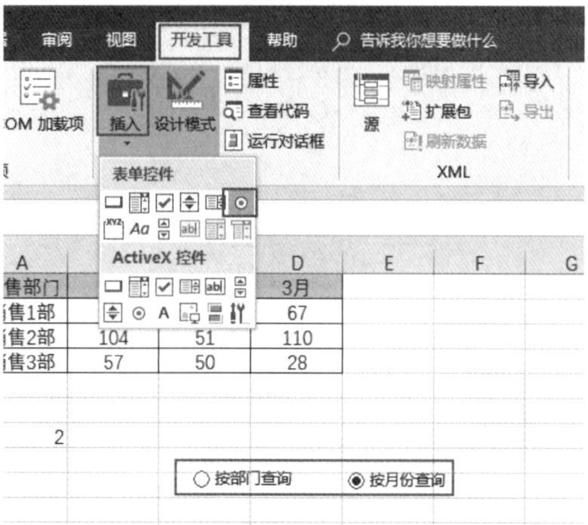

图 3-176 插入单选控件

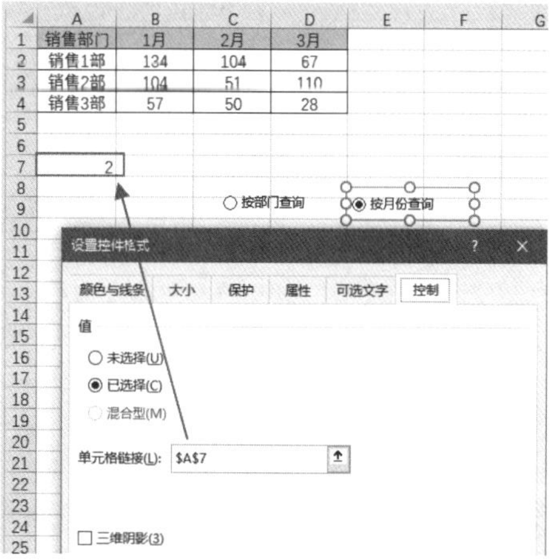

图 3-177 设置控件格式

一定要记住：将单选控件单元格链接到 A7，这一点非常重要，后面的所有公式编辑都和这个单元格有关。

（2）定义单选引用区域名称。

为了后面的组合框可根据单选控件的选项不同而出现不同的选项系列，要建立一个引用单元格区域名称。

分别将 3 个销售部门和 3 个月份写入 F2:F4 和 G2:G4 单元格区域中，作为辅助列，如图 3-178 所示。

F	G
销售1部	1月
销售2部	2月
销售3部	3月

图 3-178　部门和月份辅助列

单击“公式”→“定义名称”，将“新建名称”对话框中的“名称”输入为“单选引用”，引用位置输入公式“=IF(Sheet1!$A$7=1,Sheet1!$F$2:$F$4,Sheet1!$G$2:$G$4)”，公式含义是：如果 A7 是 1，即选择“按部门查询”选项，则引用$F$2:$F$4，否则引用$G$2:$G$4。如图 3-179 所示。

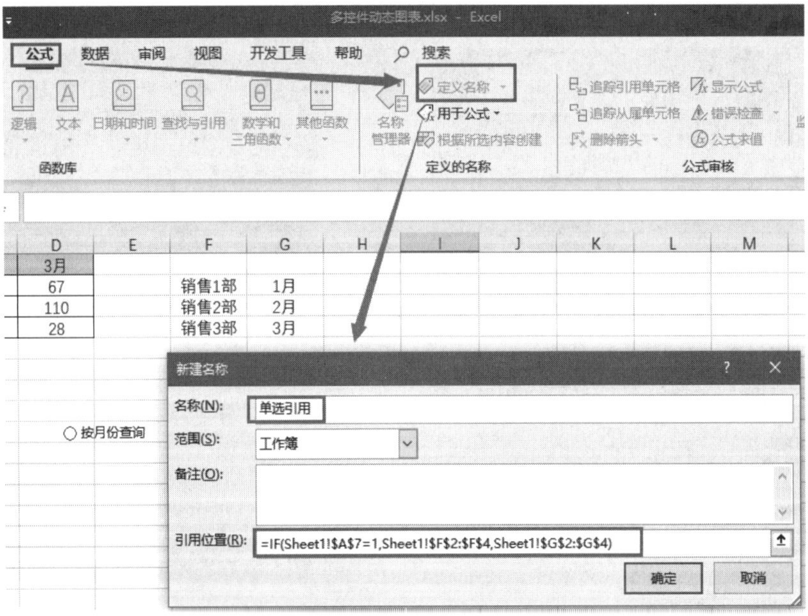

图 3-179　定义单选引用区域的名称

（3）插入并设置组合框。

在“开发工具”菜单中，单击“插入”→“组合框”，并在“组合框”上右击，在弹出的快捷菜单中选择“设置控件格式”命令，在打开的“设置控件格式”中设置“数据源区域”为上一步定义的“单选引用”名称，并将“单元格链接”到 B7，如图 3-180 和图 3-181 所示。

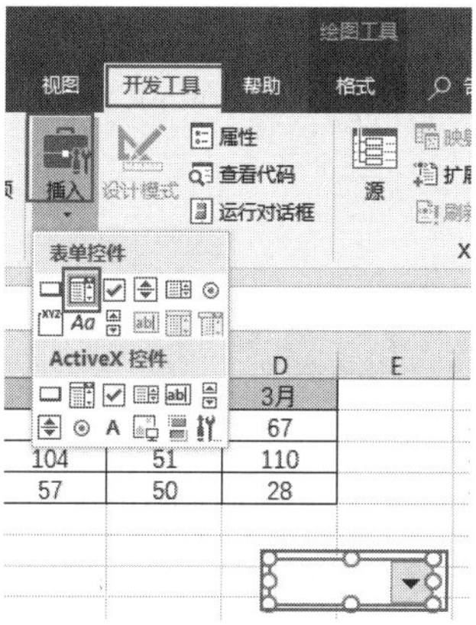

图 3-180 插入组合框

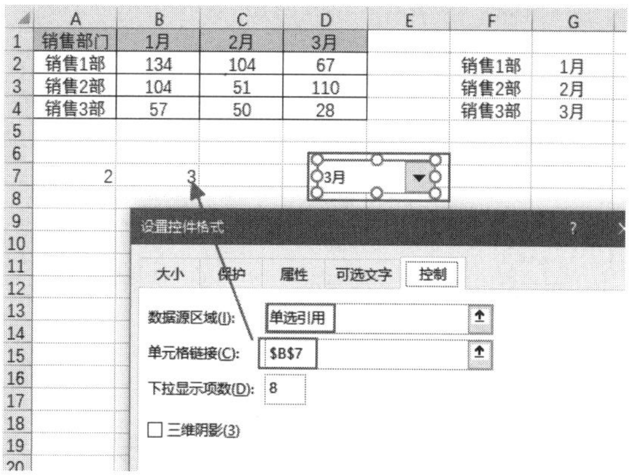

图 3-181 设置组合框控件格式

（4）定义数据源名称。

通过上一步组合框链接到的 B7 单元格，利用 OFFSET 函数，建立图表数据源。

在“公式”菜单中选择“定义名称”命令，编辑名称为“销售数据”，“引用位置”输入公式“=IF(Sheet1!$A$7=1,OFFSET(Sheet1!$A$1,Sheet1!$B$7,1,1,3),OFFSET(Sheet1!$A$1,1,Sheet1!$B$7,3,1))”，单击“确定”按钮。公式含义：如果 A7=1，即选择“按部门查询”选项，则数据源区域为以 A1 位基准点向下偏移 B7 行、向右偏移 1 列后的 1 行 3 列的区域；否则（即 A7=2），数据源区域为以 A1 位基准点向下偏移 1 行、向右偏移 B7 列后的 3 行 1 列的区域，如图 3-182 所示。

图 3-182 建立数据源名称

（5）根据名称创建图表。

选择 B2:B4 单元格区域，单击“插入”→“图表”→“二维柱形图”→“簇状柱形图”，在生成的簇状柱形图上右击，在弹出的快捷菜单中选择“选择数据”，在打开的“选择数据源”对话框中选择“系列 1”，单击“编辑”按钮，在打开的“编辑数据系列”对话框中，

“系列值”中输入“=sheet1!销售数据”，如图 3-183 和图 3-184 所示。

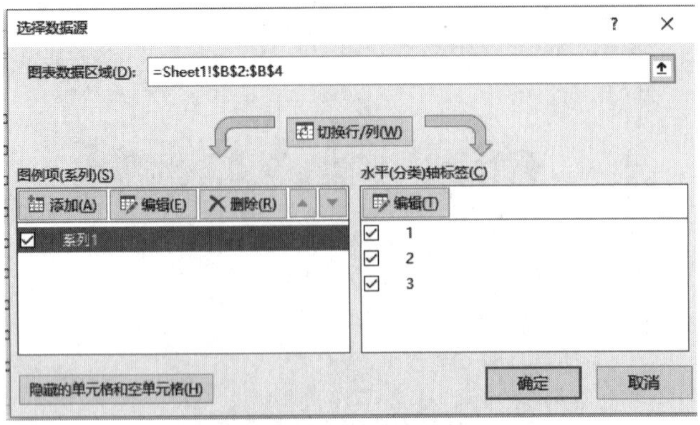

图 3-183　添加数据源

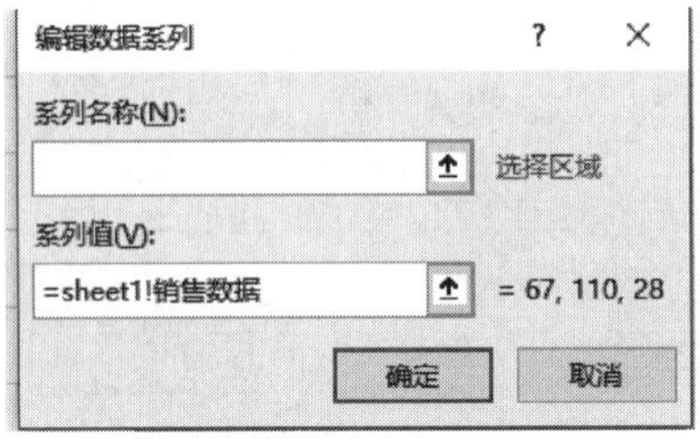

图 3-184　编辑数据系列

（6）创建动态横坐标轴。

横坐标，根据查看方式的不同，可显示不同部门或者月份，所以，要定义一个单独的名称。

在“公式”菜单中，选择“定义名称”命令，定义名称为“坐标轴”，在“引用位置”输入公式“=if(Sheet1! $A$7=1,Sheet1!$G$2:$G$4,Sheet1!$F$2:$F$4)”。公式含义是：如果$A$7=1，并按部门查询，则横坐标显示月份，否则显示部门。

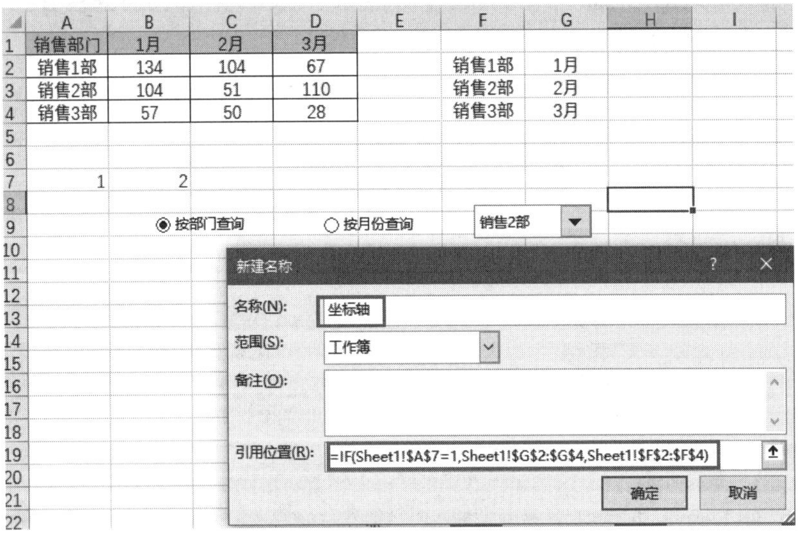

图 3-185　定义坐标轴名称

右击图表区，在弹出的快捷菜单中，选择“数据源”→“选择数据源”→“水平（分类）轴标签”→“编辑”，在打开的“轴标签”对话框中，“轴标签区域”输入公式“=sheet1!坐标轴”，如图 3-186 和图 3-187 所示。

（7）美化图表。

将图表美化，即得本节开始的双控件柱形图表，如图 3-174 和图 3-175 所示。

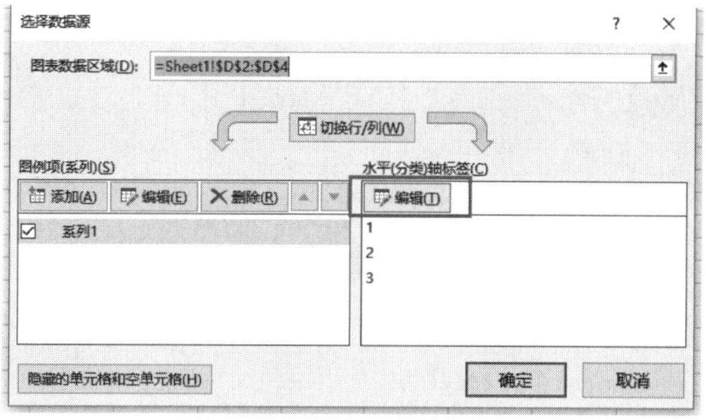

图 3-186　选择数据源

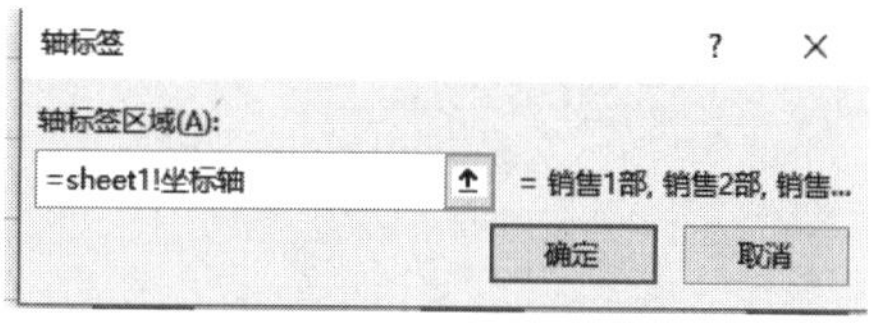

图 3-187　添加水平轴

3.3.6　双控件动态复合饼图的制作

【问题】

复合饼图效果如图 3-188 和图 3-189 所示，可以任意选择数据查询方式是“按部门查询”或“按月份查询”，如何制作这种双控件动态复合饼图呢？

这种复合饼图，更能直观地显示数据之间的比例、从属关系。

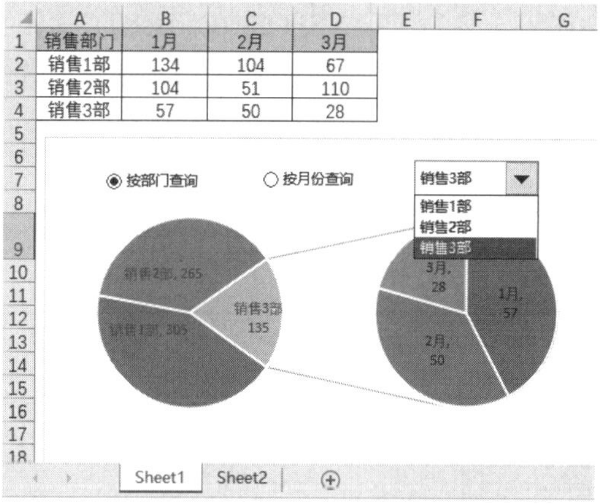

图 3-188　按部门查询

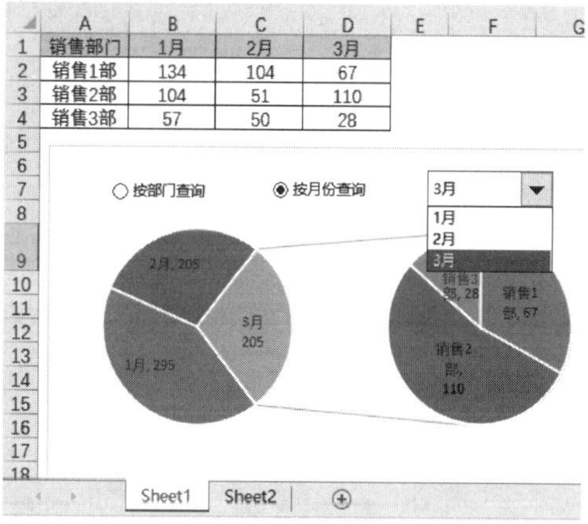

图 3-189　按月查询

【实现方法】

（1）插入单选控件。

单选控件决定了查询方式，只有知道了查询方式，组合框内才会出现不同的选项，图表数据才知道该如果显示，所以，必须先插入单选控件。

插入两个单选控件。在“开发工具”菜单中，单击“插入”→“单选控件”，并在“单选控件”上右击，选择“设置控件格式”命令，在打开的“设置控件格式”中设置单选控件链接到 A7，如图 3-190 和图 3-191 所示。

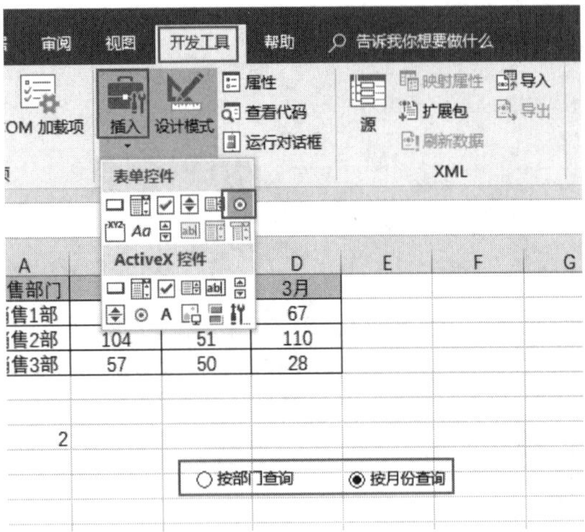

图 3-190　插入单选控件

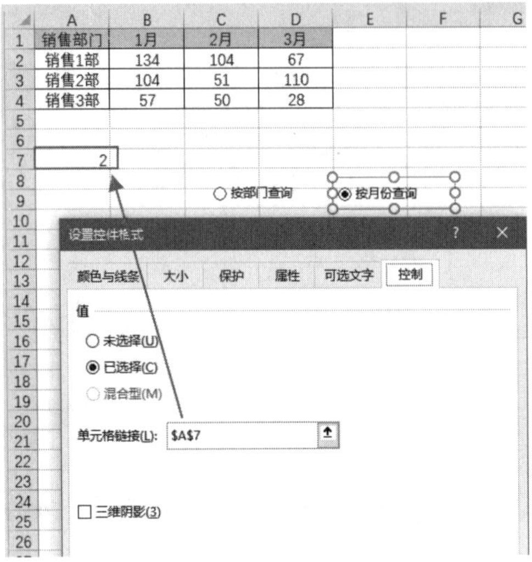

图 3-191　设置控件格式

一定要记住：将单选控件单元格链接到 A7，这一点非常重要，后面的所有公式编辑都和这个单元格有关。

（2）为组合框建立数据源。

在 F2 单元格中输入公式“=IF(A7=1,OFFSET(A1,1,,3,1),TRANSPOSE(OFFSET(A1,,1,1,3)))”，并按 Ctrl+Shift+Enter 组合键执行计算，并将公式向下填充，如图 3-192 所示。

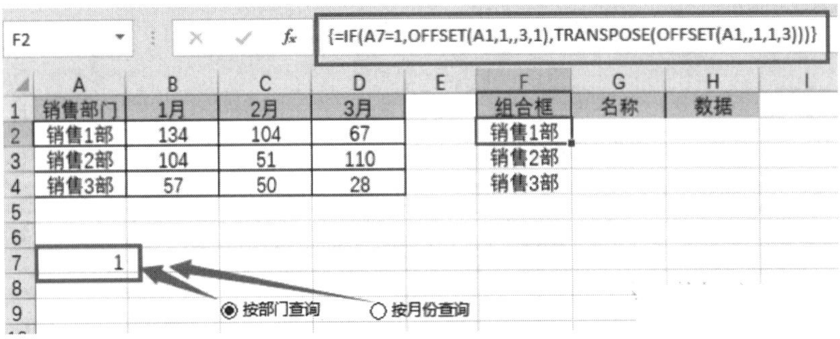

图 3-192　建立数据源

该公式的含义：如果 A7=1，F2:F4 区域引用 A2:A4 的值，否则引用 B1:D1 的值。

- 公式中 OFFSET(A1,1,,3,1)的结果为 A2:A4 区域，OFFSET(A1,,1,1,3)的结果为 B1:D1 区域。
- TRANSPOSE(OFFSET(A1,,1,1,3))，是指将 B1:D1 转置。

（3）插入并设置组合框。

在“开发工具”菜单中，单击“插入”→“组合框”，并在“组合框”上右击，选择“设置控件格式”命令，在打开的“设置控件格式”中设置“数据源区域”为“$F$2:$F$4”，单元格链接到 B7，如图 3-193 和图 3-194 所示。

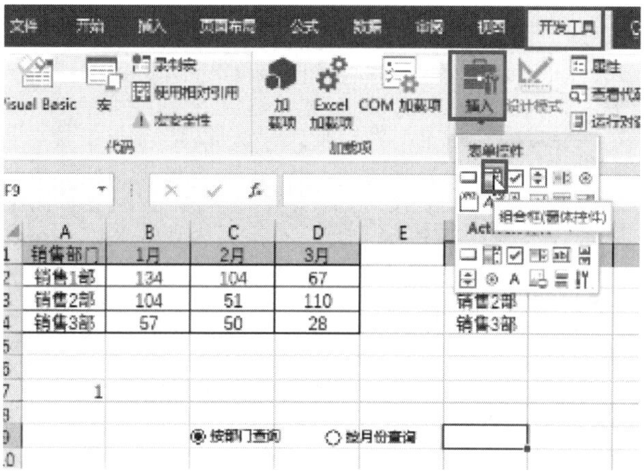

图 3-193　插入组合框

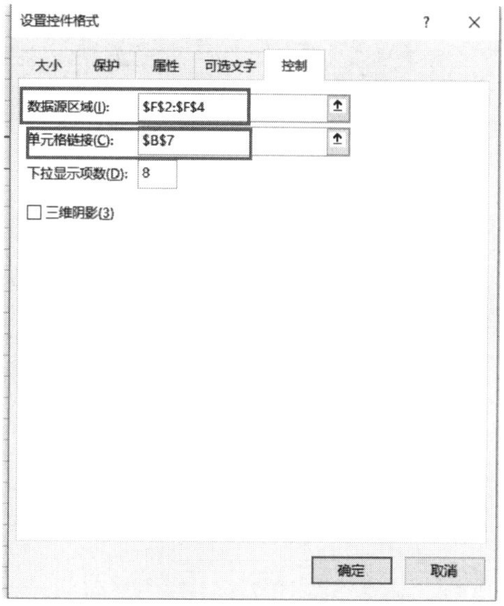

图 3-194　设置组合框控件

（4）建立第一绘图区饼图的数据源。

选中 G2:G4 单元格区域，输入公式“=IF($A$7=1,OFFSET($A$1,MOD($B$7+ROW()+1,3)+1,),OFFSET($A$1,,MOD($B$7+ROW()+1,3)+1))”，并按 Ctrl+Shift+Enter 组合键执行计算，如图 3-195 所示。

此公式，通过 A7、B7，建立了名称列值与源数据区之间的关系，而且保证了组合框内选的内容位于名称 G2:G4 列的最后一个单元格 G4，这样就能保证与第二绘图区饼图相连的数据永远位于第一绘图区饼图的最后一块。

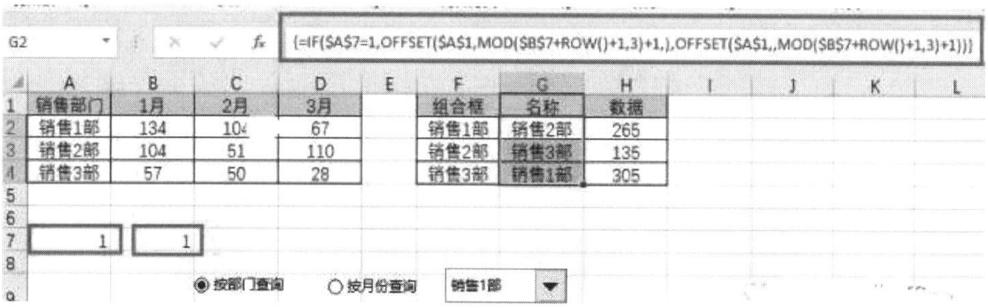

图 3-195　输入公式

在 H2 单元格中输入公式“=IF($A$7=1,SUMPRODUCT(($A$2:$A$4=G2)*($B$2:$D$4)),SUMPRODUCT(($B$1:$D$1=G2)*($B$2:$D$4)))”，并按 Enter 键执行计算，向下填充，计算出与 G2:G4 单元格区域对应的各项的总和数据，如图 3-196 所示。

如果 A7=1，则计算各部门的总和，否则计算各月份的总和。

（5）创建第一绘图区饼图。

选中 G2:H4 单元格区域，单击“插入”→“复合饼图”，如图 3-197 所示。

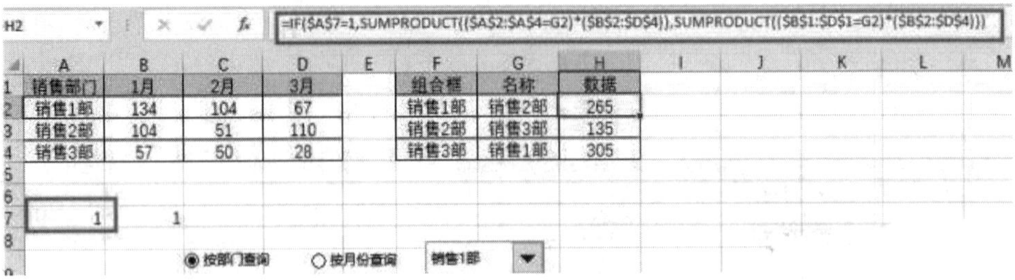

图 3-196　输入公式

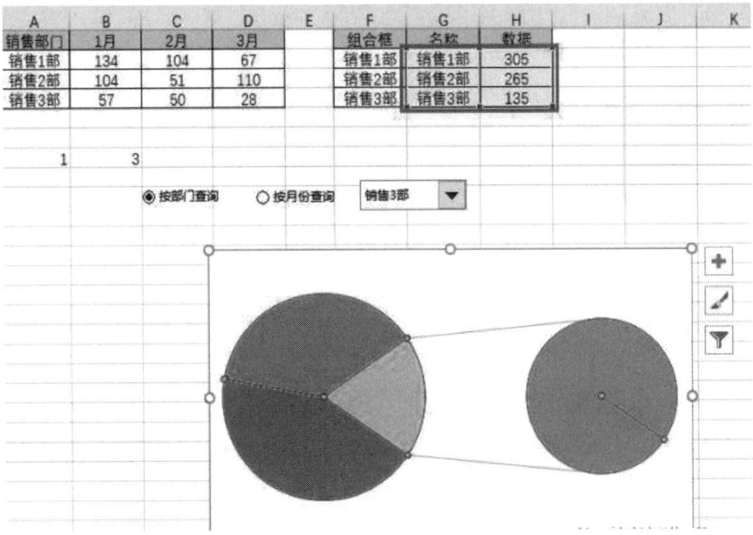

图 3-197　插入复合饼图

在饼图上右击，出现“设置数据标签格式”窗格的“标签选项”中添加数据标签，并设置数据标签为“类别名称”+“值”，如图 3-198 所示。

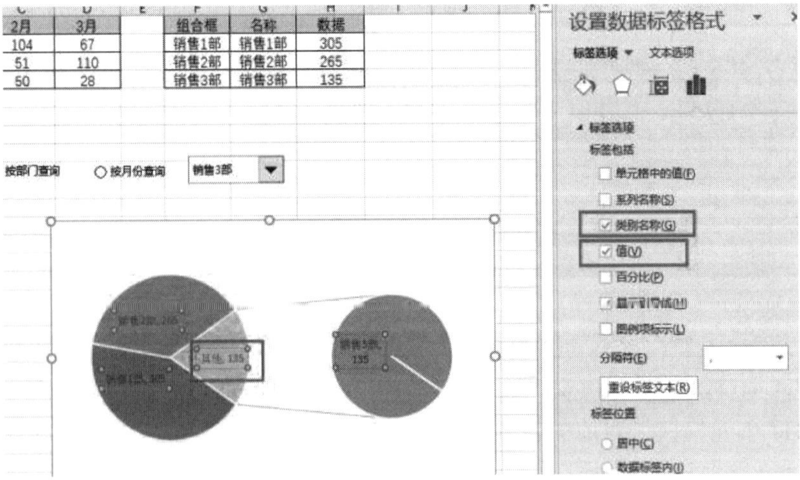

图 3-198　添加并设置数据标签

但是，与第二绘图区饼图相连的第一绘图区饼图中的最后一块，总是显示“其他”，对此进行修改：在 A9 单元格中输入公式“=G4&CHAR(10)&H4”，并在开始菜单中设置“自动换行”选项，A9 单元格就会永远显示第一绘图区饼图最后一块的名称与数值，如图 3-199 所示。

选中第一绘图区饼图最后一块的标签，在地址栏输入公式“=sheet1!A9”，则不再显示“其他”，而是显示具体名称，如图 3-200 所示。

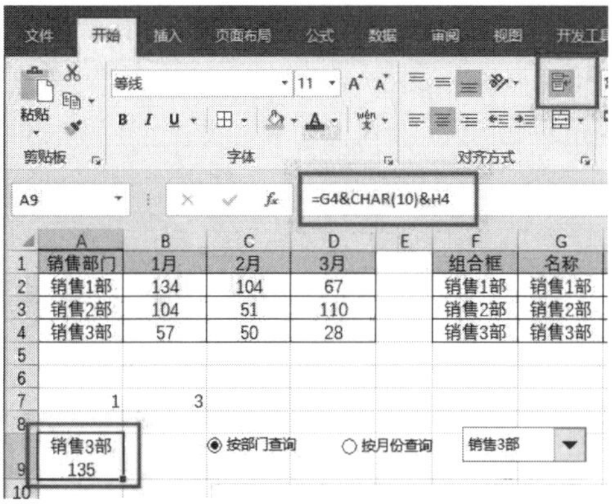

图 3-199 在 A9 单元格设置名称与数值

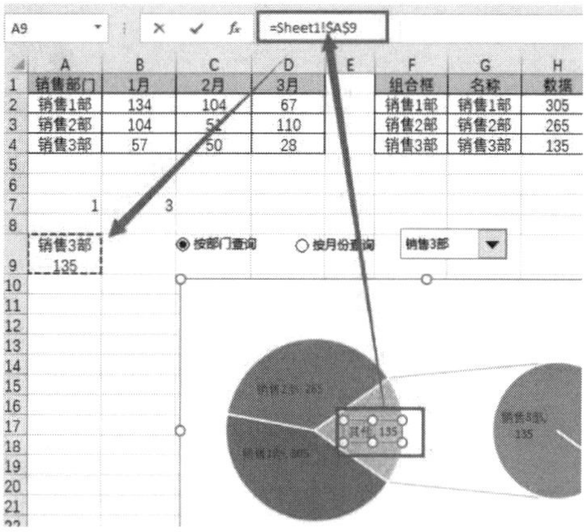

图 3-200 设置第一绘图区饼图最后一块的标签

（6）设置第二绘图区饼图图数据源。

选中 J2:J4 单元格区域，输入公式“=IF(A7=2,OFFSET(A1,1,,3,1),TRANSPOSE(OFFSET(A1,,1,1,3)))”，并按 Ctrl+Shift+Enter 组合键执行计算，如图 3-201 所示。

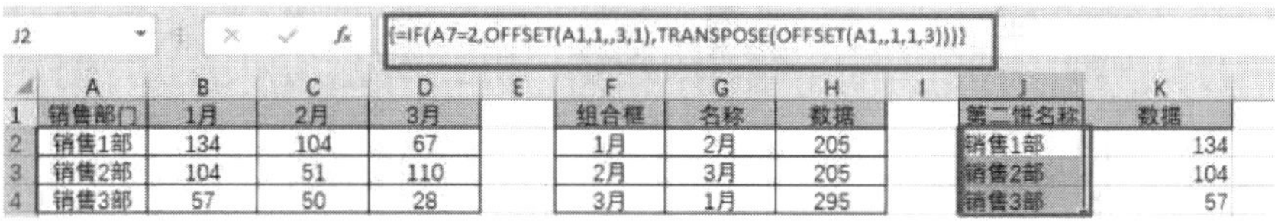

图 3-201 输入公式

公式含义：如果 A7=2，按月份查询，则第二绘图区饼图显示为对应月的各个销售部的数据；按部门查询，则第二绘图区饼图显示为对应部门的各个月的数据。

选中 K2:K4 单元格区域，输入公式“=IF(A7=1,TRANSPOSE(OFFSET(A1,B7,1,1,3)),OFFSET(A1,1,B7,3,1))”，并按 Ctrl+Shift+Enter 组合键执行计算，如图 3-202 所示。

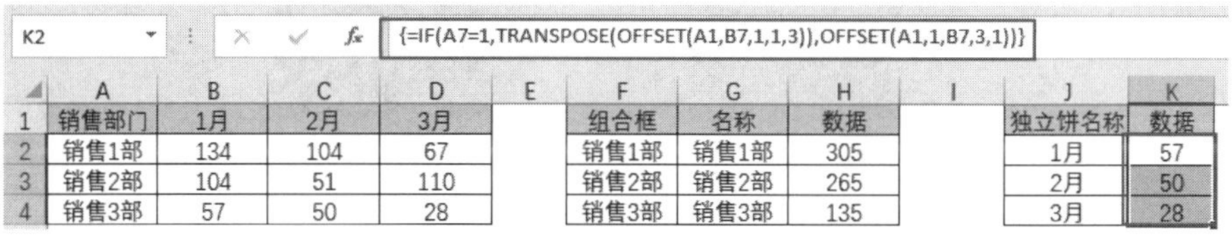

图 3-202 输入公式

选中 J2:K4 单元格区域，建立独立饼图，并在绘图区右击，在弹出的快捷菜单中选择“添加数据标签”命令，并设置数据标签为“类别名称+值”，同时设置绘图区为无色填充，如图 3-203 所示。

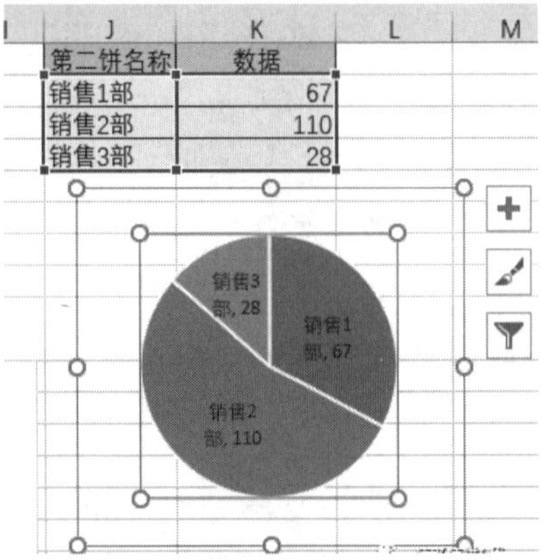

图 3-203　建立独立饼图并添加标签

调整原有复合饼图的大小，如图 3-204 所示。

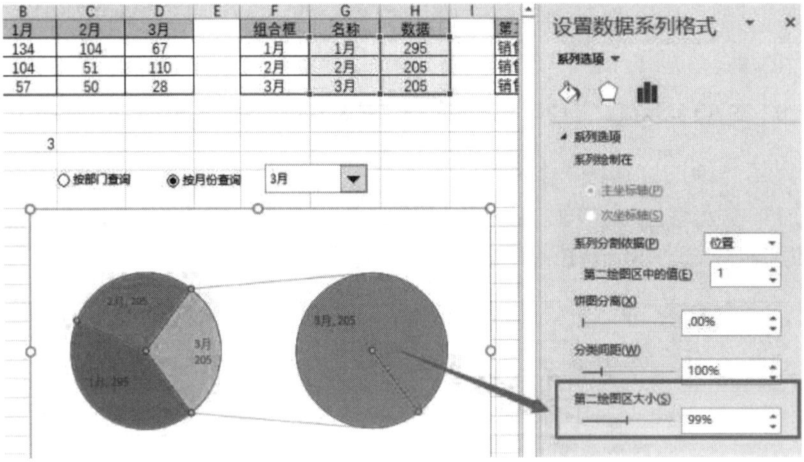

图 3-204　调整原有复合饼图的大小

将新建的独立饼图覆盖原有的“第二绘图区饼图”，并组合成一体，如图 3-205 所示。

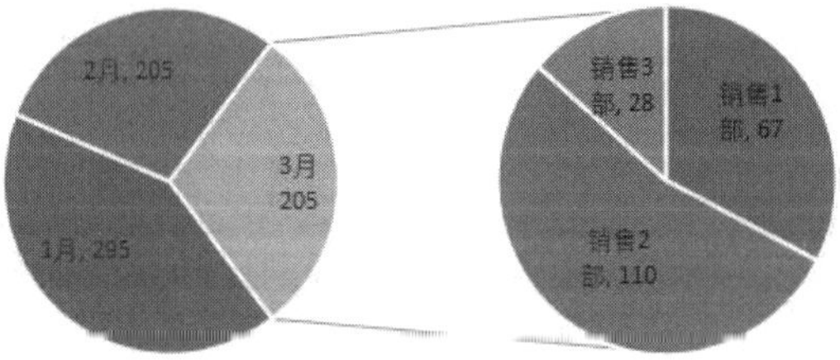

图 3-205　独立饼图覆盖原有饼图

到此，所谓的“复合饼图”其实是一个假象，它是由一个复合饼图和一个独立饼图复合而成的。

（7）美化图表。

将图表美化，即得到本文开头的双控件动态复合饼图，如图 3-188 和图 3-189 所示。

3.3.7 制作突出显示某系列数据的动态图表

【问题】

示例数据简化如图 3-206 所示。

	A	B	C	D	E	F	G
1	产品	一月	二月	三月	四月	五月	六月
2	产品1	138	46	82	40	96	144
3	产品2	22	112	52	38	98	92
4	产品3	134	73	98	134	53	58
5	产品4	135	75	112	32	105	90
6	产品5	77	81	77	108	120	146
7	产品6	148	128	82	31	70	116

图 3-206 示例数据

根据以上数据，可以生成图 3-207 和图 3-208 两个图表。

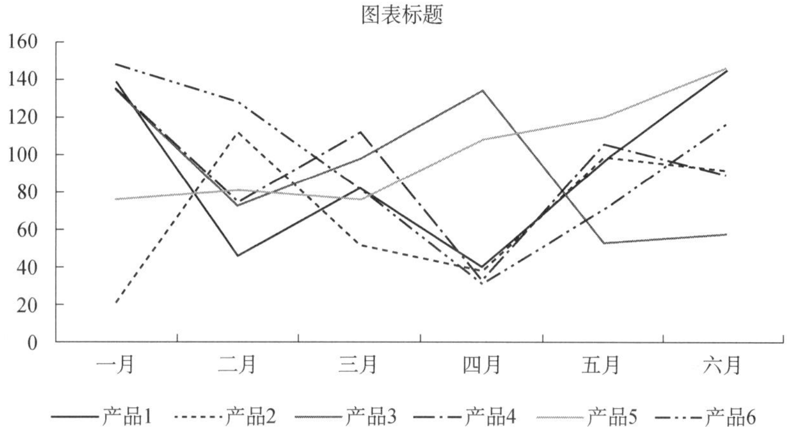

图 3-207 普通折线图

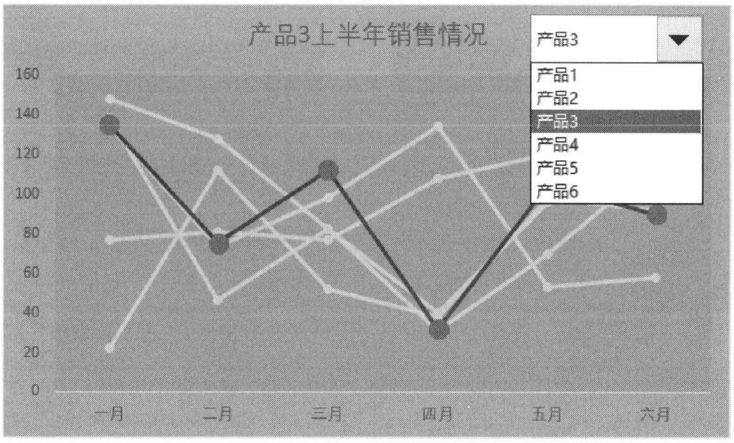

图 3-208 突出显示所选产品的折线图

显然，两个图表中，图 3-208 所示的动态折线图可以通过组合框随意选择产品，更能突出要查看的数据。

【实现方法】

（1）插入图表。

将光标放在数据区，在“插入”菜单中，单击“折线图或面积图”→“带数据标记的折线图”，如图 3-209 所示。

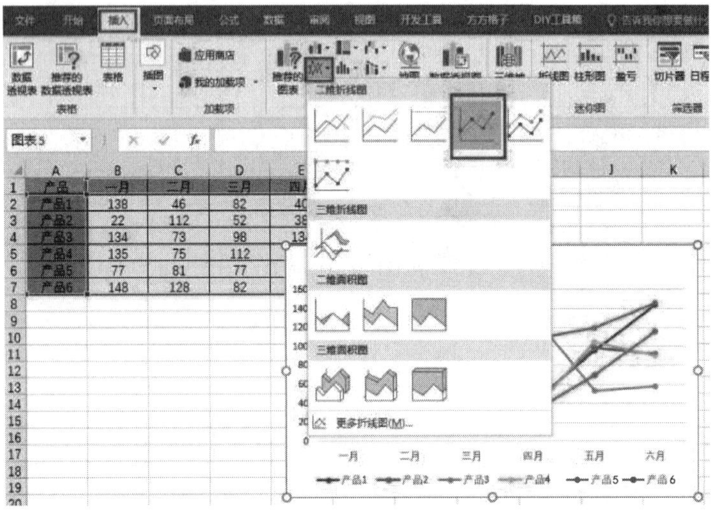

图 3-209　带数据标记的折线图

选中其中一个数据系列，单击“图表工具”→“格式”→“形状填充”，选一种较浅的填充颜色，这样，折线上的数据标记就会变为浅色，如图 3-210 所示。再依次单击其他数据系列，按 F4 键，数据标记就都变为浅色。

选中其中一个数据系列，单击“图表工具”→“格式”→“形状轮廓”，选和数据标记点一样的浅色，如图 3-211 所示。再依次单击其他数据系列，按 F4 键，数据折线就都变为浅色。

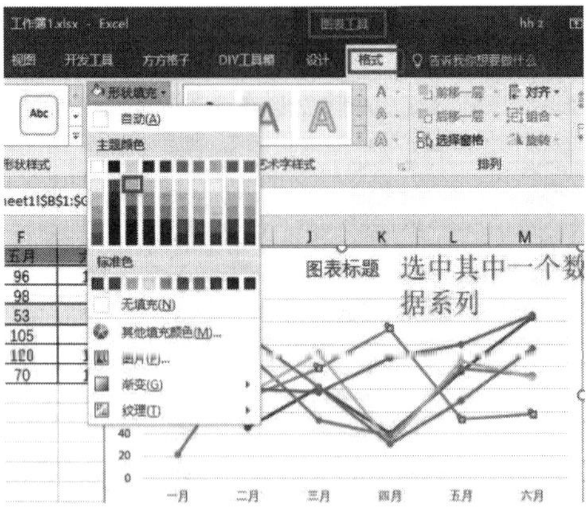

图 3-210　数据标记为浅色

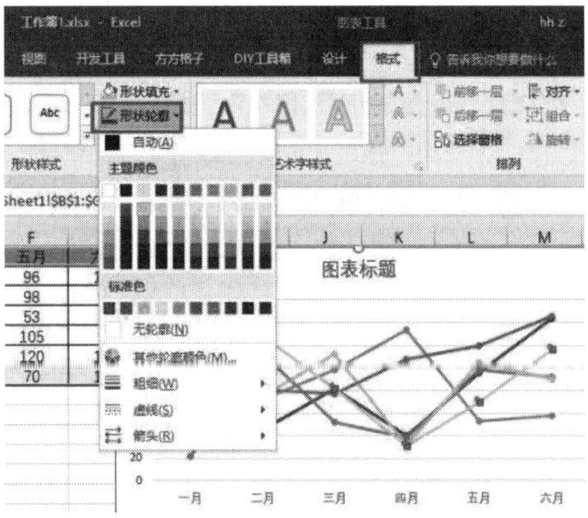

图 3-211　设置形状轮廓

以上步聚完成以后，可删除图例、删除网格线（单击图表网格线，按 Delete 键删除），同时对图表绘图区和图表区设置填充颜色，结果如图 3-212 所示。

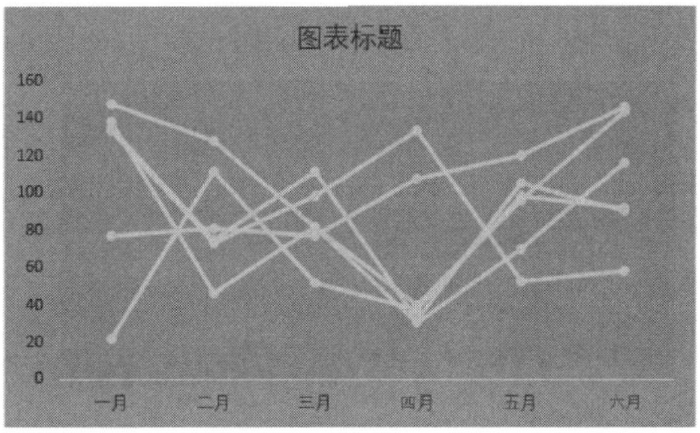

图 3-212 删除图例与网格线并填充颜色

（2）定义名称并添加到图表数据系列。

定义名称。单击“公式”→“定义名称”，在弹出“新建名称”对话框的“名称”文本框中输入“颜色”，“引用位置”输入公式“=OFFSET($B$1:$G$1,$L$1,)”，单击“确定”按钮，如图 3-213 所示。

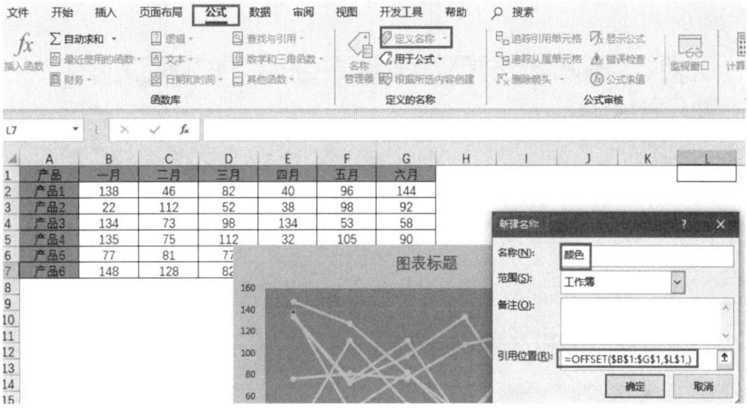

图 3-213 定义“颜色”名称

公式含义：从 B1:G1 单元格区域向下偏移，偏移的行数等于 L1 单元格的数值。

目前，L1 单元格为空，在后面插入表单控件时，将会把产品名称区域链接到此单元格。

把名称“颜色”添加到图表。选中绘图区，右击，在弹出的快捷菜单中选择“选择数据”命令，如图 3-214 所示。

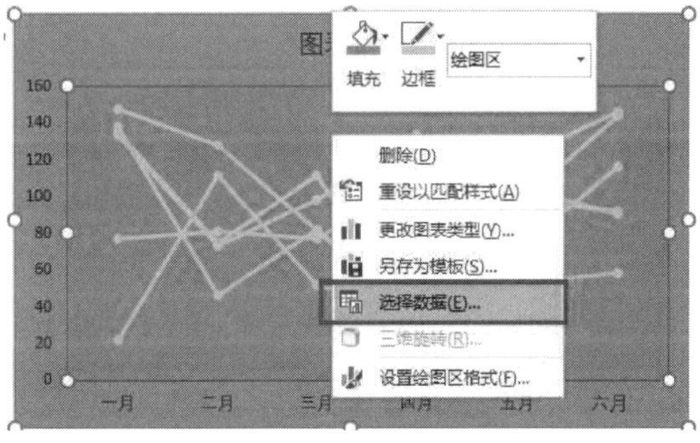

图 3-214 选择数据

单击“选择数据源”→“图例项（系列）”→“添加”，在打开的“编辑数据系列”对话框的“系列名称”中输入刚刚定义的名称“颜色”，“系列值”中输入公式“=sheet1! 颜色”，如图 3-215 和图 3-216 所示。

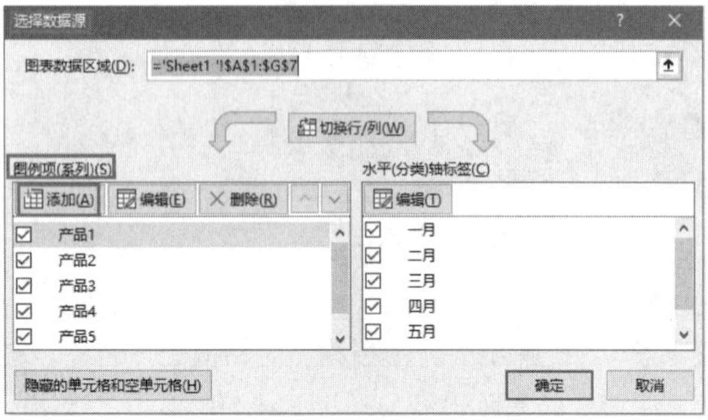

图 3-215 编辑数据系列

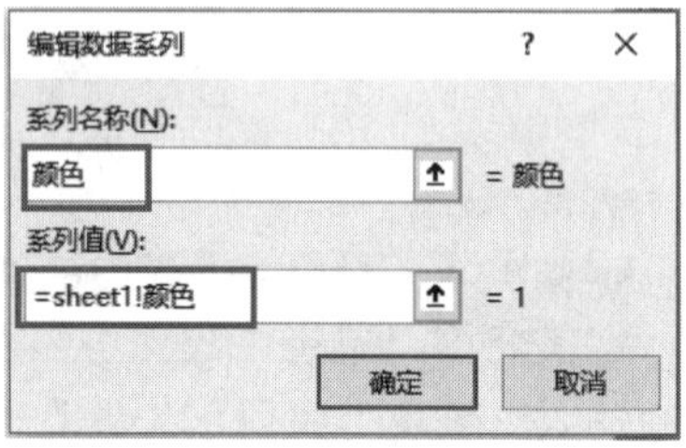

图 3-216 输入系列名称与系列值

结果在“选择数据源”对话框中多出了“颜色”图例项，如图 3-217 所示。

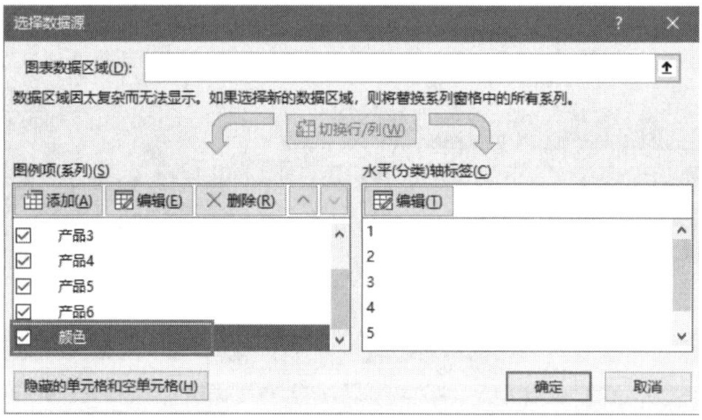

图 3-217 增加了“颜色”图例项

而且，如果在 L1 单元格中输入一个少于产品数量的值，图表中就会有一条特殊颜色的数据线出现，如图 3-218 所示。线的颜色与标记点的颜色也可修改。

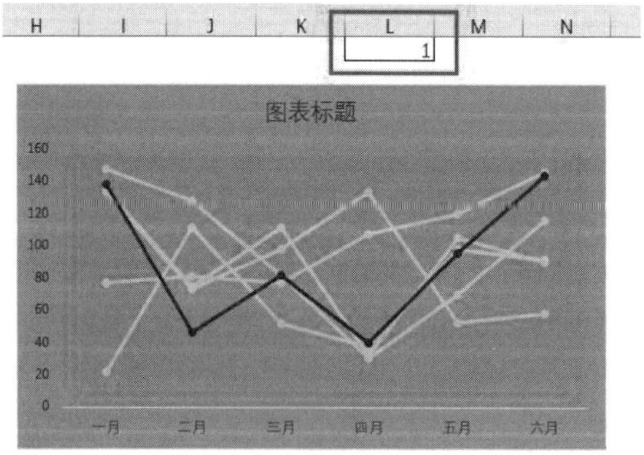

图 3-218 特殊颜色的折线

（3）添加表单控件。

单击“开发工具”→“插入”→“表单控件”，选择“组合框（窗体控件）”命令，如图 3-219 所示。在“组合框”上右击，在弹出的快捷菜单中选择“设置控件格式”命令，如图 3-220 所示。

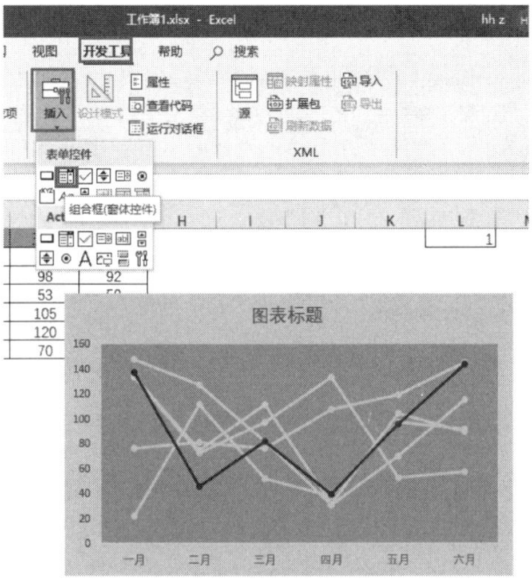

图 3-219　插入组合框

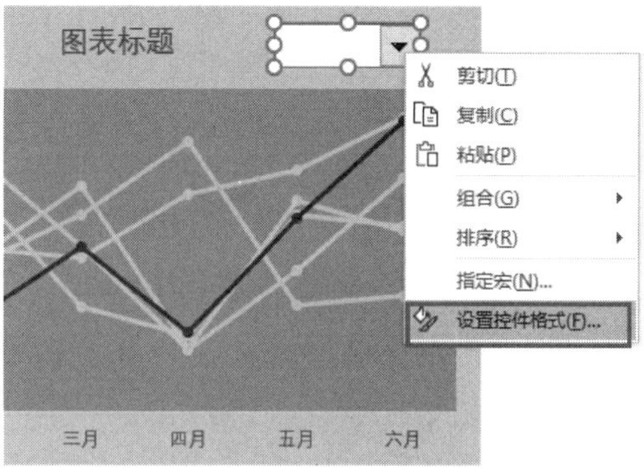

图 3-220　设置控件格式

在打开“设置控件格式”对话框的“数据源区域”选项中，选择 6 种产品所在的 A2:A7 区域，在“单元格链接”选项中，选择 L1，就是定义“颜色”名称时公式中的 L1，产品有 6 种，所以“下拉显示项数”为 6，如图 3-221 所示。

图 3-221　设置控件格式

右键选择组合框，再按住 Ctrl 键选择图表，右击，在弹出的快捷菜单中选择“组合”命令，将两者组合，如图 3-222 所示。

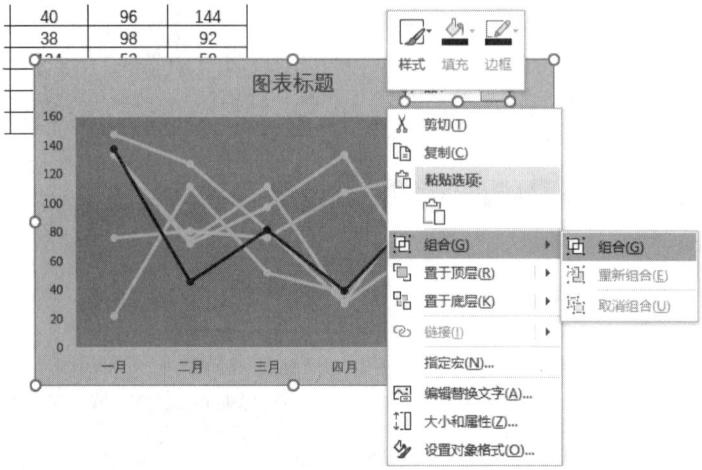

图 3-222　将图表与组合框组合

（4）修改图表标题。

①在 L2 单元格中输入公式“=OFFSET($A$1,$L$1,)&"上半年销售情况”，按 Enter 键执行计算。OFFSET($A$1,$L$1,)的含义是以 A1 为基点，向下偏移 L1 行，如图 3-223 所示。

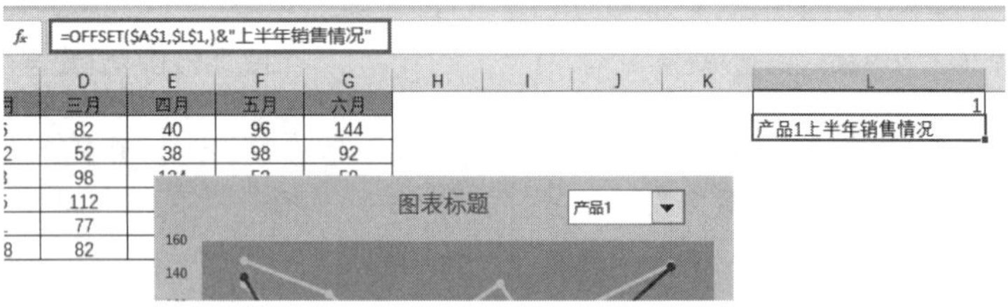

图 3-223　输入公式

②单击选中图表标题，光标定位在编辑栏内，先输入“=”，再单击 L2 单元格，则在编辑栏里出现公式“='Sheet1'!$L$2”，标题即可随选择产品而改变，如图 3-224 所示。

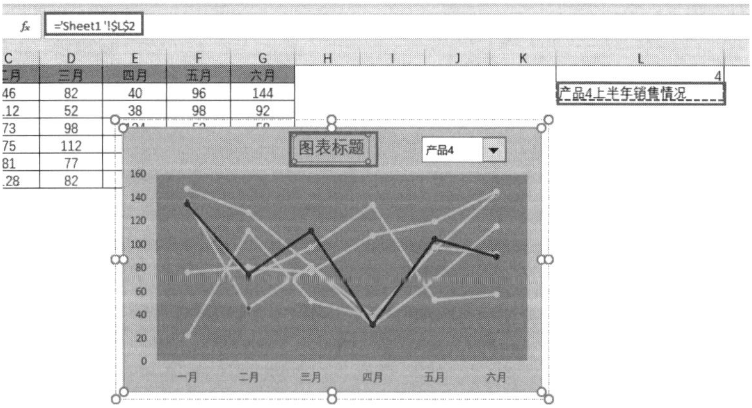

图 3-224　图表标题框内输入公式

至此，带组合框控件的、能突出显示所选数据系列的动态图表制作完成。

3.4 打印输出

3.4.1 多页打印，并设置每页都有标题

【问题】

在数据量很大的情况下打印报表，须要打印很多页，如果不加特殊设置，除了第一页的数据有标题行，其他页面都不会有标题行，就会造成不知道每行数据是什么含义的情况。

多页打印，每一页都要有标题行，也是作为文员打印报表最基本的常识。

【实现方法】

（1）单击“页面布局”→“打印标题”，如图3-225所示，即可打开“页面设置”对话框。

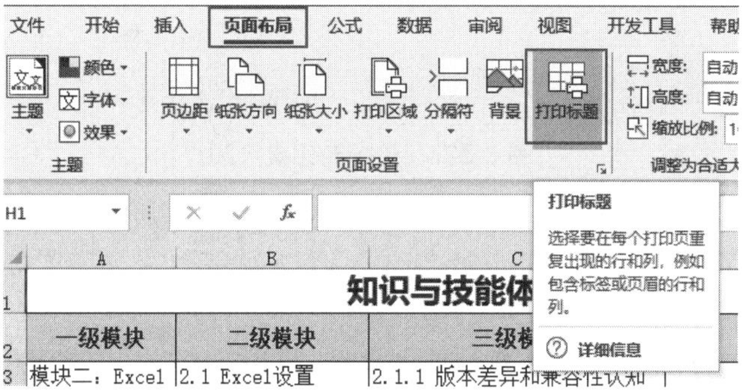

图3-225 选择打印标题行

（2）在打开的“页面设置”对话框中，选择“顶端标题行”中要打印工作表的第一、二行，如图3-226所示。

图3-226 选定顶端标题行

通过以上步骤，可以实现打印出的数据，每页上都有标题行。

设置每页都有标题行以后，打印出的每一页“模样”都长的差不多了，最好给每页再添加上页码。

（3）添加页码。首先，在“页面设置”对话框中，单击“页眉/页脚”→“自定义页脚”，如图 3-227 所示。

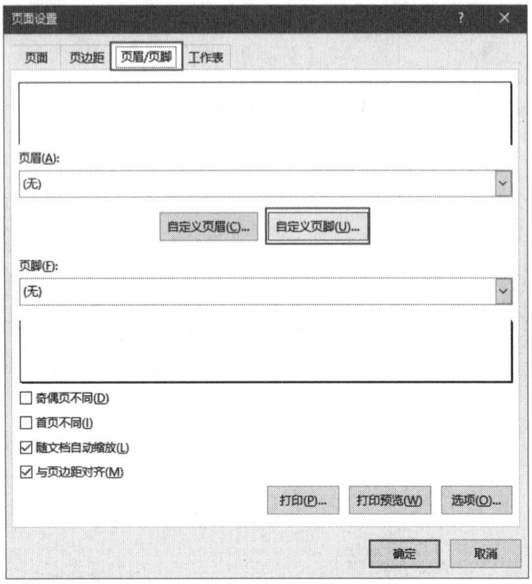

图 3-227　选择自定义页脚

然后，在打开的“页脚”对话框中，单击“插入页码”按钮插入页码，单击“插入总页数”按钮插入总页数在页码与总页数之间输入间隔符号“/”，插入位置就可以按需要选择“左部”“中部”“右部”，如图 3-228 所示。

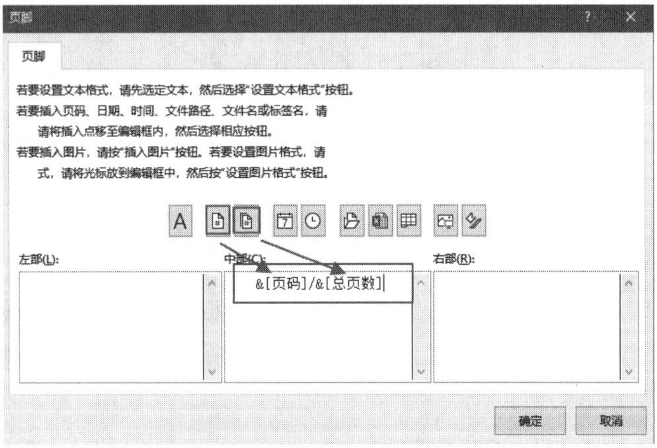

图 3-228　插入页码与总页数

这样，打印出的每一页底部，都会有如图 3-229 所示的页码。

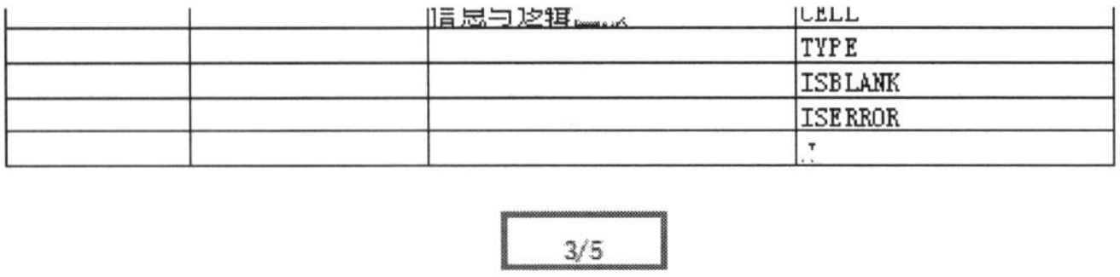

图 3-229　页码

3.4.2 设置按类别分页打印

【问题】

数据样表如图 3-230 所示，如何实现按地区分页打印呢？

1	房产销售情况表							
2	成交日期	区域	销售人员	户型	楼号	面积	单价	房价总额
3	2015/8/10	地区一	人员戊	三室两厅	5-402	158.23	8120	1284827.60
4	2015/8/11	地区一	人员丙	三室两厅	5-302	158.23	7622	1206029.06
5	2015/8/11	地区一	人员乙	三室两厅	5-202	158.23	7257	1148275.11
6	2015/8/11	地区一	人员丙	三室两厅	5-102	158.23	7024	1111407.52
7	2015/8/11	地区一	人员乙	两室一厅	5-501	125.12	8621	1078659.52
8	2015/8/11	地区一	人员戊	两室一厅	5-401	125.12	8023	1003837.76
9	2015/8/12	地区一	人员丙	两室一厅	5-301	125.12	7529	942028.48
10	2015/8/13	地区一	人员乙	三室两厅	5-202	158.23	7257	1148275.11
11	2015/8/9	地区二	人员丙	三室两厅	5-802	158.23	9810	1552236.30
12	2015/8/10	地区二	人员甲	三室两厅	5-702	158.23	9458	1496539.34
13	2015/8/10	地区二	人员甲	三室两厅	5-602	158.23	9213	1457772.99
14	2015/8/10	地区二	人员甲	三室两厅	5-502	158.23	8710	1378183.30
15	2015/8/10	地区二	人员甲	两室一厅	5-901	125.12	9950	1244944.00
16	2015/8/11	地区二	人员乙	两室一厅	5-801	125.12	9624	1204154.88
17	2015/8/11	地区二	人员乙	两室一厅	5-701	125.12	9358	1170872.96
18	2015/8/11	地区二	人员丙	两室一厅	5-601	125.12	8925	1116696.00
19	2015/8/12	地区二	人员丙	三室两厅	5-302	158.23	7622	1206029.06
20	2015/8/13	地区二	人员乙	两室一厅	5-801	125.12	9624	1204154.88
21	2015/8/9	地区三	人员戊	三室两厅	5-1202	158.23	15400	2436742.00
22	2015/8/9	地区三	人员甲	三室两厅	5-1102	158.23	13562	2145915.26
23	2015/8/9	地区三	人员丁	三室两厅	5-1002	158.23	12548	1985470.04
24	2015/8/9	地区三	人员丙	两室一厅	5-1201	125.12	14521	1816867.52
25	2015/8/9	地区三	人员丙	两室一厅	5-1101	125.12	13658	1708888.96
26	2015/8/9	地区三	人员甲	三室两厅	9-902	158.23	10250	1621857.50
27	2015/8/10	地区三	人员壬	两室一厅	5-1001	125.12	11235	1405723.20
28	2015/8/12	地区三	人员乙	两室一厅	5-801	125.12	9624	1204154.88
29	2015/8/13	地区三	人员壬	两室一厅	8-801	125.12	9458	1183384.96
30	2015/8/9	地区四	人员丙	两室一厅	9-502	158.23	9950	1574388.50
31	2015/8/10	地区四	人员壬	三室两厅	8-802	158.23	9624	1522805.52
32	2015/8/10	地区四	人员甲	两室一厅	9-402	158.23	9624	1522805.52
33	2015/8/10	地区四	人员乙	两室一厅	9-401	158.23	9458	1496539.34
34	2015/8/10	地区四	人员壬	两室一厅	8-901	125.12	9810	1227427.20
35	2015/8/11	地区四	人员乙	三室两厅	9-501	125.12	9810	1227427.20
36	2015/8/11	地区四	人员壬	两室一厅	8-801	125.12	9458	1183384.96
37	2015/8/12	地区四	人员丙	两室一厅	5-301	125.12	7529	942028.48
38	2015/8/13	地区四	人员丙	三室两厅	5-302	158.23	7622	1206029.06
39								

图 3-230 数据样表

【实现方法】

1）筛选后打印

先按照不同地区的筛选，筛选一次打印一次，如图 3-231 所示。这样边筛选边打印，效率不高，而且，还有可能忘记筛选到哪一项了！

2）插入分页符

（1）普通视图下插入分页符。

在普通视图下，将光标放在要另起一页行的第一个单元格，选择“页面布局”→“分隔符”→“插入分页符”，在分页打印的地方会出现一条灰色的分页线，即可实现分页打印，如图 3-232 所示。

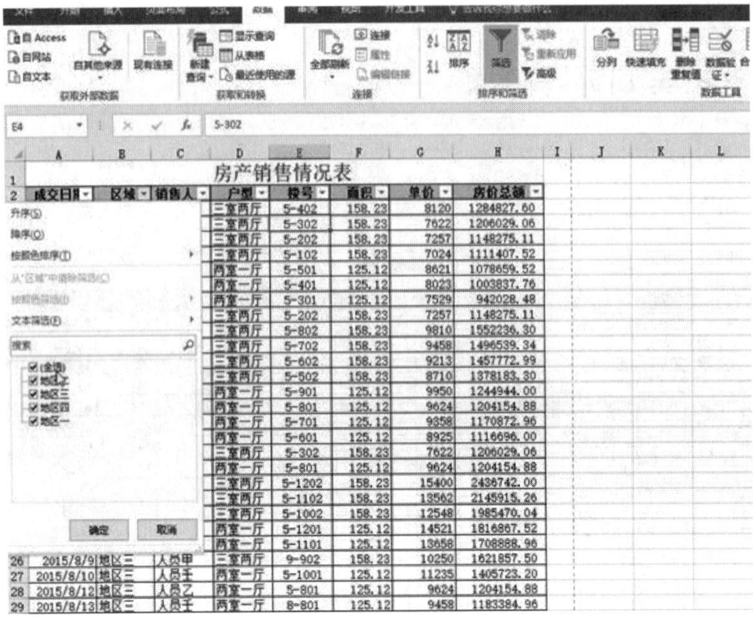

图 3-231　筛选后打印

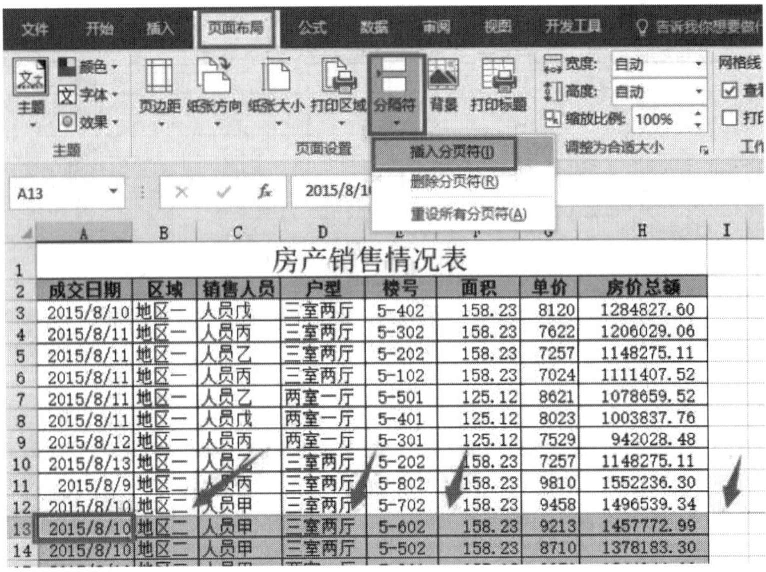

图 3-232　插入分页符

如果想重新设置分页，可以选择“删除分页符”或“重置所有分节符”选项。

（2）分页预览视图下插入分页符。

在“视图”菜单中选择“分页预览”选项，直接在需要另起一页打印的地方右击，在弹出的快捷菜单中选择“插入分页符”选项，如图 3-233 所示。

如果想删除或者重置分页符，右键选择相应选项就可以了，如图 3-234 所示。

特别提醒：“插入分页符”方式下的分页打印，一定要设置“打印标题行”!!

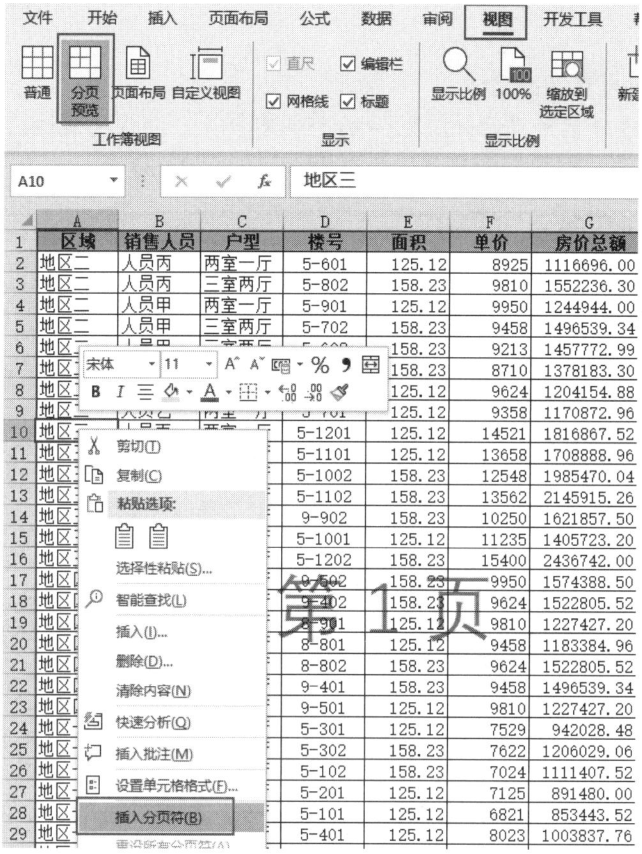

图 3-233　分页预览下插入分页符

图 3-234　删除或者重置分页符

3.4.3　设置工作表的完整打印

【问题】

在打印 Excel 工作表时，经常会遇到因为多几行或几列数据而不能打印在一页纸上的情况，为了保持表格的完整，得想办法把数据打印到一页纸上，一般用如下 4 个办法。

【实现方法】

1）分页预览拖动页边线命令

在“视图”菜单中选择“分页预览”，在这种视图下，能很清楚地看到页边线，可以按住鼠标左键拖动此线，把数据调整到一个页面上，如图 3-235 所示。

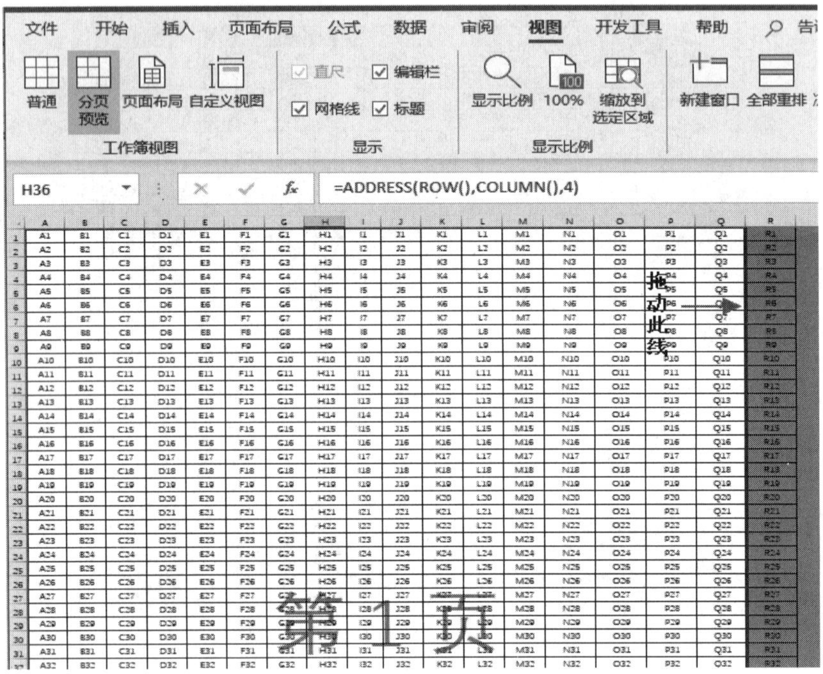

图 3-235　分页预览拖动页边线

2）调整行高列宽

如果数据比较多，上一种方法不管用，可以统一或个别调整行高和列宽。行高和列宽可以在“开始”菜单的“格式”中，选择调整“行高”“列宽”命令，如图 3-236 所示。

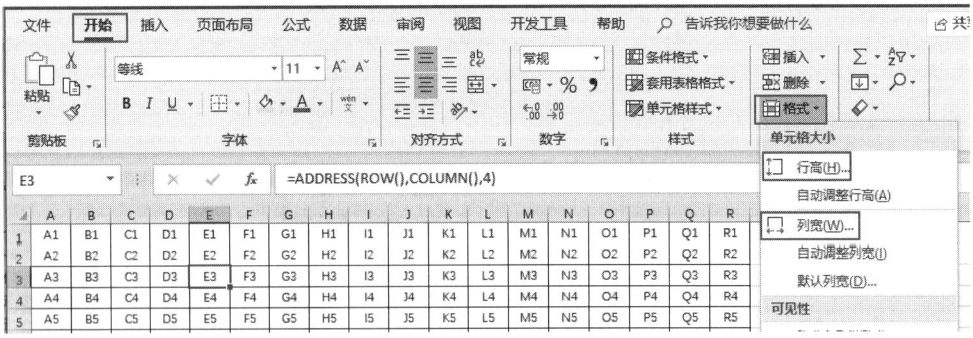

图 3-236　行高和列宽

3）调整页边距

如果上一种方法还不能彻底解决问题，可以再通过调整页边距，把页边距调小，即可实现一页打印，如图 3-237 和图 3-238 所示。

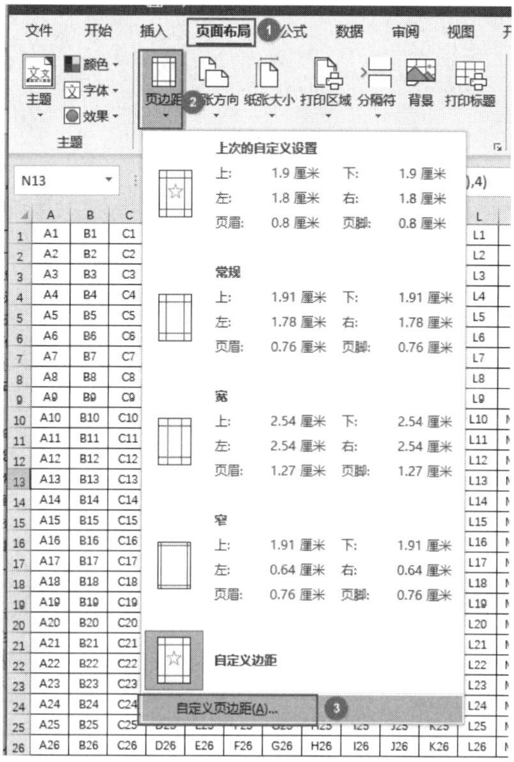

图 3-237 自定义页边距

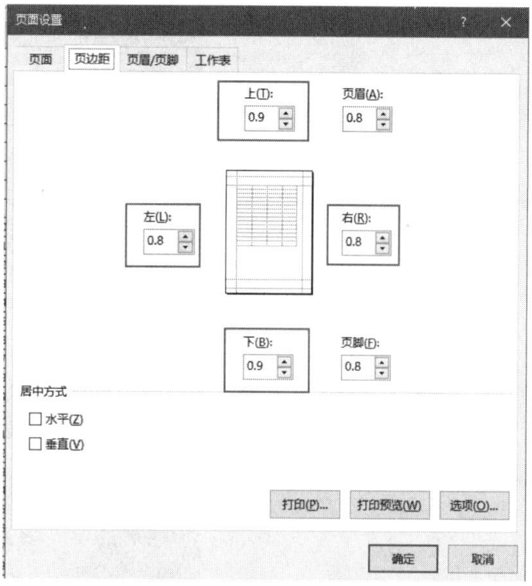

图 3-238 调整上下左右页边距

4）缩放到一页

如果以上方法都不管用，还有绝招，就是“缩放”，可以直接将数据缩放到一页上。在“文件”菜单中选择“打印”的“将工作表缩放到一页”选项，如图 3-239 所示。

如果以上方法都不管用，那只能说明：你的数据确实多得一页放不下！

3.4.4 设置打印工作表时添加水印

【问题】

很多公司的工作表在打印时，须要加个“内部资料”或“绝密”等字样的水印，以提醒不要外传，如图 3-240 所示如何实现呢？

【实现方法】

（1）插入艺术字。

在“插入”菜单中选择“艺术字”选项，选择一种艺术字格式，输入文字“内部资料”，并将文字调整为倾斜方向，字体填充为灰色，放置于大约页面中间位置。

（2）将艺术字截成图片。

在“视图”菜单中，去除网格线的显示，用截图工具将“内部资料”截成一幅图片，并保存到计算机中。当然，也可以用 Word 与 PPT 制作艺术字，再截为图片。

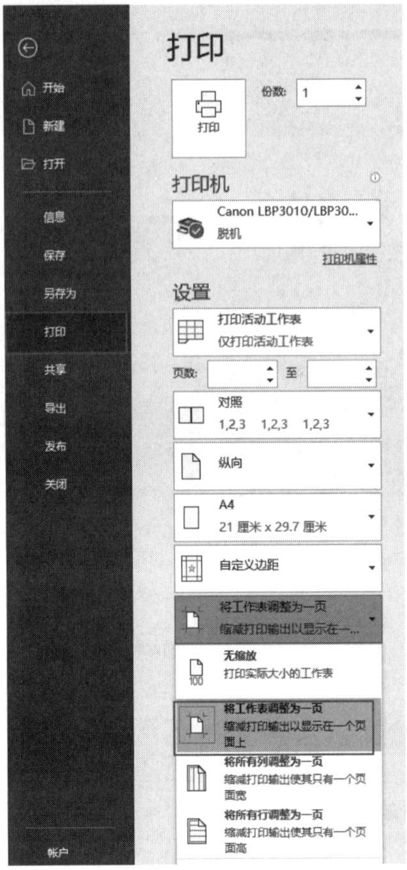

图 3-239　将工作表缩放到一页

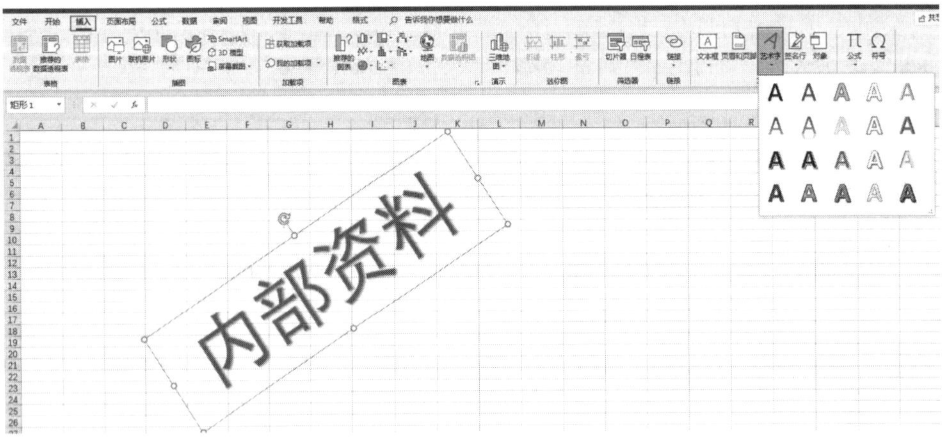

图 3-240　插入艺术字

（3）页眉中插入图片。

选择“页面布局”→“页面设置”→“页眉/页脚”→“自定义页眉”，将光标放在页眉的中部，单击插入图片按钮，选择上一步保存的图片，单击“确定”按钮，如图 3-241 所示。

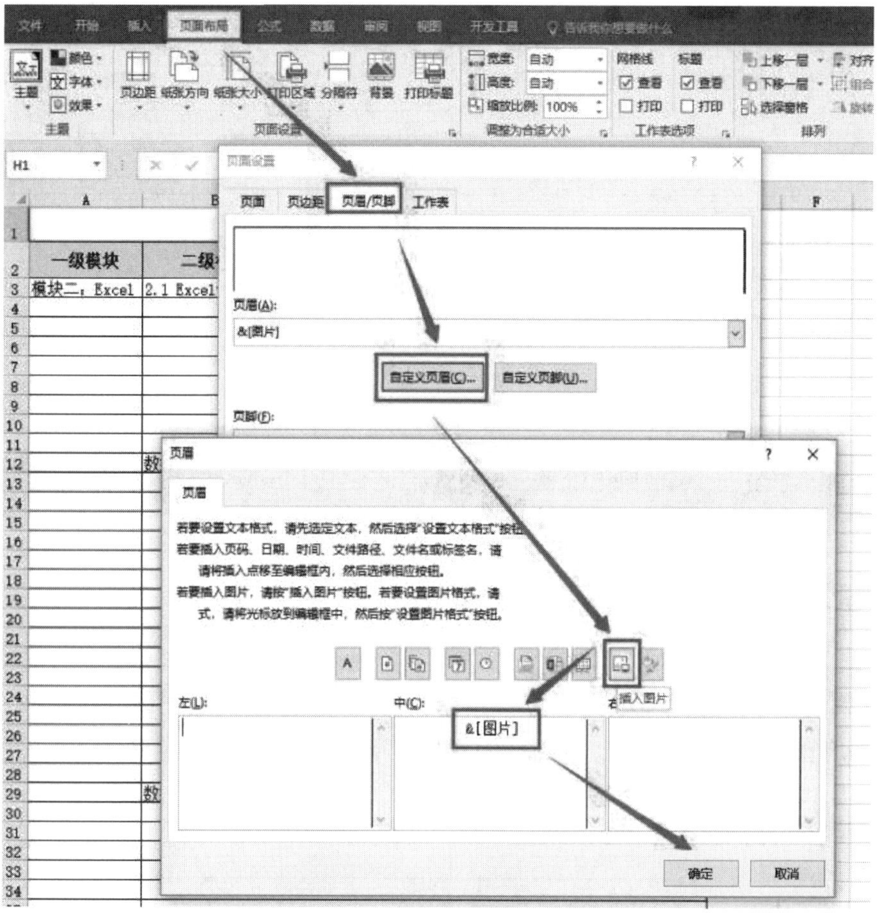

图 3-241　在页眉中插入图片

打印预览，即可看到每页页面上都有水印。

第 4 部分

函数与公式

4.1 公式综述

4.1.1 必须知道的公式基础知识

对公式的操作，如运算符、填充、检查错误、显示、保护等，都是经常会遇到的。

1. 运算符

Excel 运算符有数学运算符、逻辑运算符、引用运算符、文本运算符。常见的各类运算符如下。

（1）数学运算符（如图 4-1 所示）。

符号	含义	公式	结果
+	加	=1+2	3
-	减	=3-4	-1
*	乘	=5*6	30
/	除	=8/4	2
%	百分比	=0.2%	0.002
^	乘方	=3^2	9

图 4-1　数学运算符

（2）逻辑运算符（如图 4-2 所示）。

符号	含义	公式	结果
=	等于	=1=2	FALSE
>	大于	=3>4	FALSE
<	小于	=3<4	TRUE
>=	大于或等于	=3>=4	FALSE
<=	小于或等于	=4>=4	TRUE
<>	不等于	=5<>6	TRUE

图 4-2　逻辑运算符

逻辑运算符的返回结果是 TRUE 或 FALSE。

（3）引用运算符（如图 4-3 所示）。

（4）文本运算符（如图 4-4 所示）。

符号	含义	举例
:	引用区域	A1:A10

图 4-3　引用运算符

符号	含义	公式	结果
&	文本连接	="韩老师"&"讲"&"office"	韩老师讲office

图 4-4　文本运算符

2. 运算符优先级

公式中同时用到了多个运算符，Excel 将按下面的顺序进行运算。

（1）如果公式中包含了相同优先级的运算符，Excel 将从左到右进行计算。

（2）如果公式中有不同优先级的运算符，则运算符的计算顺序从高到低依次为：引用运算符（:）、负号（-）、百分比（%）、乘方（^）、乘和除（*和/）、加和减（+和-）、连接符（&）、比较运算符。

如果要修改计算顺序，则应把公式中要先计算的部分括在圆括号内。

3. 相对引用与绝对引用

（1）概念。

- A1：相对引用。
- $A$1：绝对引用。
- $A1：列绝对引用，行相对引用。
- A$1：行绝对引用，列相对引用。

（2）用途。

- 行前添加$：在复制（填充）公式时，行数不发生变化。
- 列前添加$：在复制（填充）公式时，列数不发生变化。

（3）F4 键（用于引用方式之间切换的快捷键）。

- 按 1 次：绝对引用。
- 按 2 次：对行绝对引用、对列相对引用。
- 按 3 次：对行相对引用、对列绝对引用。
- 按 4 次：相对引用。

（4）举例。

九九乘法表的生成就灵活运用了引用方式，如图 4-5 所示。

B2　=IF(B$1>$A2,"",B$1&"*"&$A2&"="&B$1*$A2)

	A	B	C	D	E	F	G	H	I	J
1		1	2	3	4	5	6	7	8	9
2	1	1*1=1								
3	2	1*2=2	2*2=4							
4	3	1*3=3	2*3=6	3*3=9						
5	4	1*4=4	2*4=8	3*4=12	4*4=16					
6	5	1*5=5	2*5=10	3*5=15	4*5=20	5*5=25				
7	6	1*6=6	2*6=12	3*6=18	4*6=24	5*6=30	6*6=36			
8	7	1*7=7	2*7=14	3*7=21	4*7=28	5*7=35	6*7=42	7*7=49		
9	8	1*8=8	2*8=16	3*8=24	4*8=32	5*8=40	6*8=48	7*8=56	8*8=64	
10	9	1*9=9	2*9=18	3*9=27	4*9=36	5*9=45	6*9=54	7*9=63	8*9=72	9*9=81
11										

图 4-5　九九乘法表的生成

利用 VLOOKUP 函数进行多行多列查找时，也运用了多种引用方式，如图 4-6 所示。

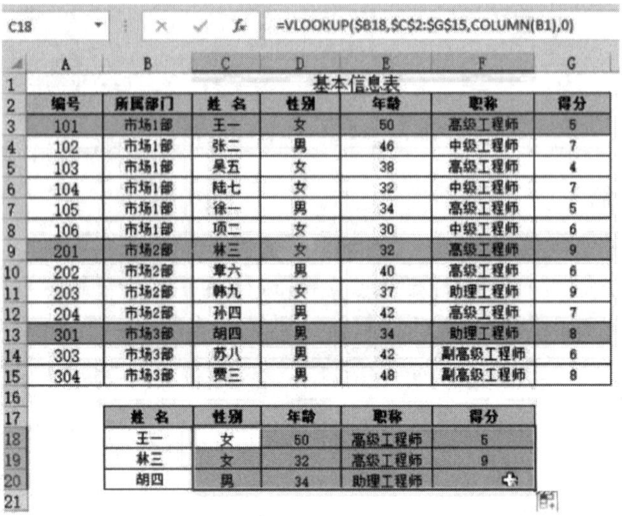

编号	所属部门	姓 名	性别	年龄	职称	得分
101	市场1部	王一	女	50	高级工程师	5
102	市场1部	张二	男	46	中级工程师	7
103	市场1部	吴五	女	38	高级工程师	4
104	市场1部	陆七	女	32	中级工程师	7
105	市场1部	徐一	男	34	高级工程师	5
106	市场1部	项二	女	30	中级工程师	6
201	市场2部	林三	女	32	高级工程师	9
202	市场2部	章六	男	40	高级工程师	6
203	市场2部	韩九	女	37	助理工程师	9
204	市场2部	孙四	男	42	高级工程师	7
301	市场3部	胡四	男	34	助理工程师	8
303	市场3部	苏八	男	42	副高级工程师	6
304	市场3部	贾三	男	48	副高级工程师	8

姓 名	性别	年龄	职称	得分
王一	女	50	高级工程师	5
林三	女	32	高级工程师	9
胡四	男	34	助理工程师	

图 4-6　利用 VLOOKUP 函数进行多行多列查找

4. 公式排查错误

在公式返回值出现错误时，可以单击“公式”→“公式求值”来查找错误，如图 4-7 所示。

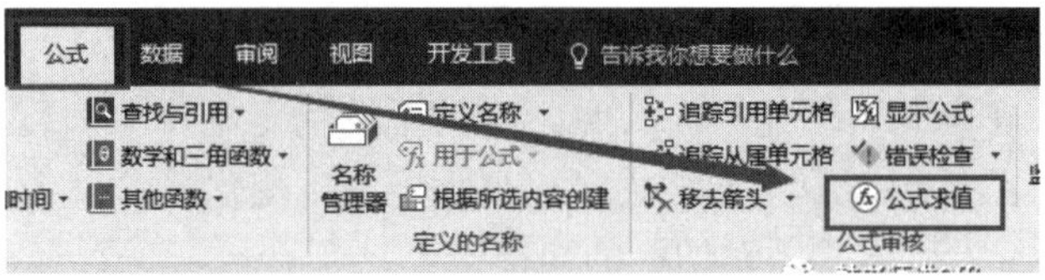

图 4-7　单击“公式”→“公式求值”

通过公式求值，可以逐步排查公式错误，最终找到出错的位置。

例如，如图 4-8 所示，根据身份证号码计算出生日期，如果其中出现错误，通过公式求值，就很容易检查出公式出错的位置。

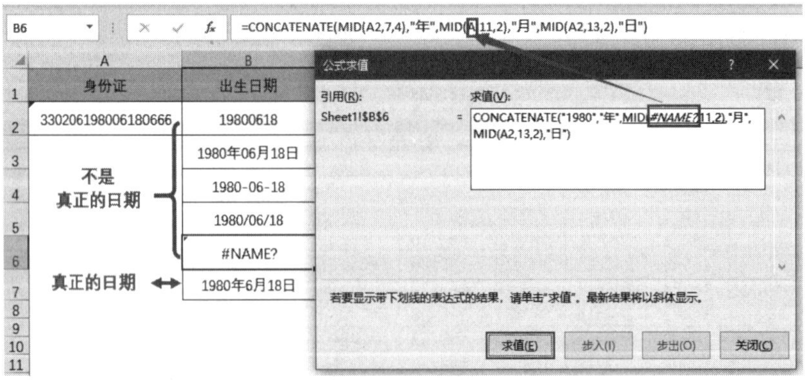

图 4-8　检查出公式的出错位置

5. 公式填充

将公式由一个单元格拖到另一个单元格称为公式填充。公式填充主要依靠填充柄来完成。填充柄位于公式单元格的右下角，如图 4-9 所示。

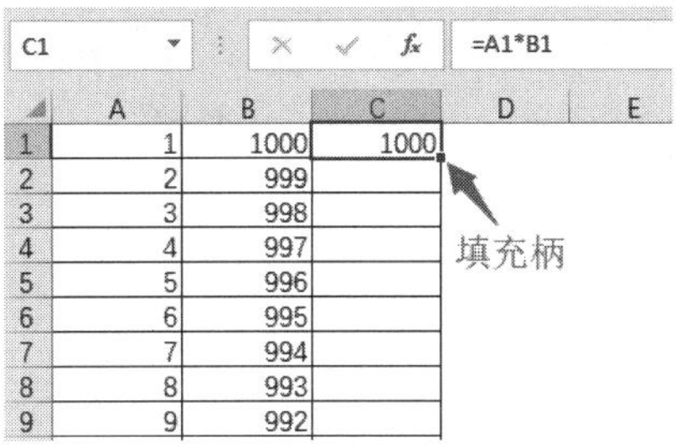

图 4-9　填充柄的位置

公式填充有两种方式：

（1）拖动填充柄：适用于行数少的情况。

（2）双击填充柄：适用于行数多的情况。

当然，在行数少的时候，也可以用双击填充柄的方式进行公式填充。

6. 公式批量填充

选取要输入公式的单元格区域，在编辑栏中输入公式，按 Ctrl+Enter 组合键，即可批量填充公式，如图 4-10 所示。

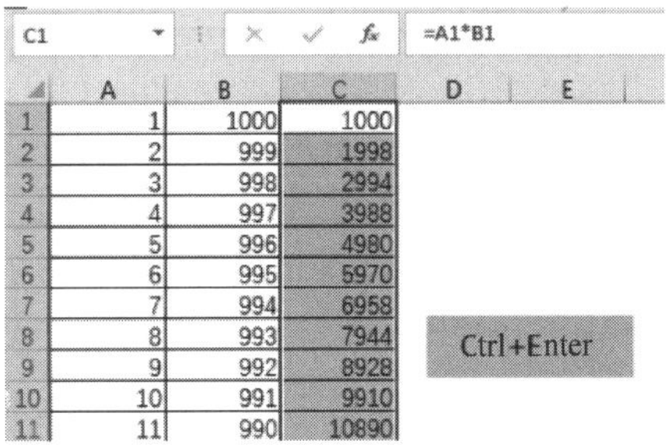

图 4-10　批量填充公式

7. 只保留公式单元格的数值

为了防止数据随源数据改变，或者复制数据后出现错误，可以通过“选择性粘贴”选项只保留公式单元格的数值，如图 4-11 所示。

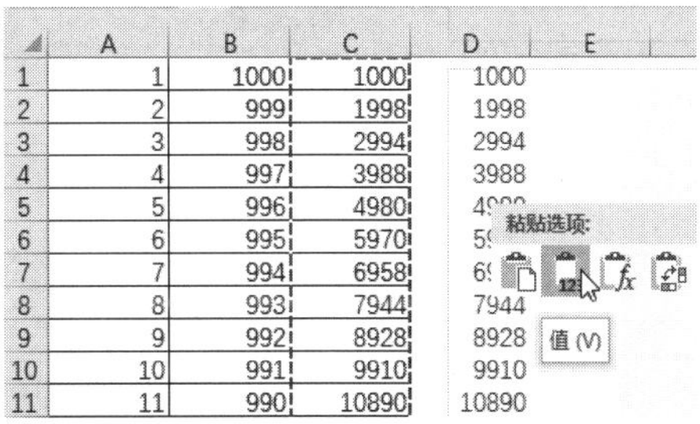

图 4-11　通过“选择性粘贴”选项只保留公式单元格的数值

8. 公式显示

如果想要看到详细的公式，可以单击“公式”→“显示公式”，如图 4-12 所示。

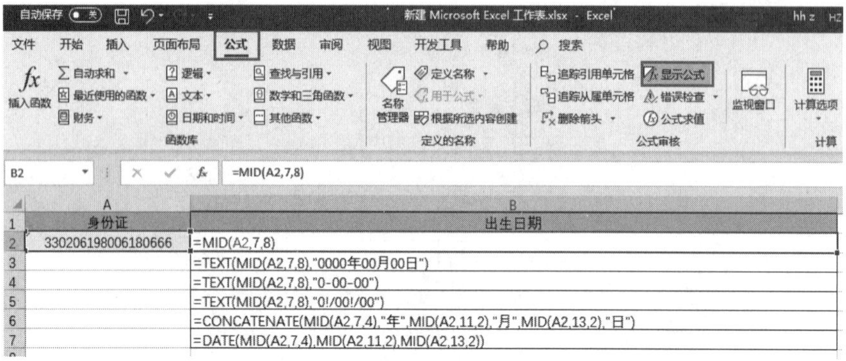

图 4-12　单击“公式”→“显示公式”

9. 显示另一个单元格公式

如果要在别的单元格显示某单元格的公式，可使用 FORMULATEXT 函数，如图 4-13 所示。

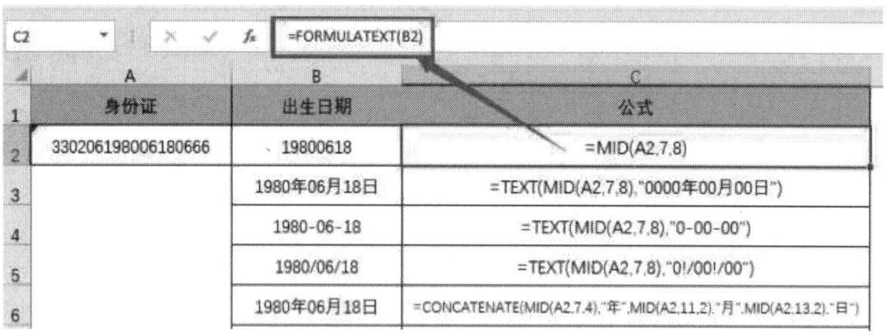

图 4-13　使用 FORMULATEXT 函数显示公式

10. 隐藏公式

如果不想让别人看到你的公式，可以将公式隐藏。操作步骤如下。

选中公式单元格，右击，在弹出的快捷菜单中，选择“设置单元格格式”命令，在打开“设置单元格格式”对话框的“保护”选项卡中，勾选“锁定”“隐藏”两项，如图 4-14 所示。

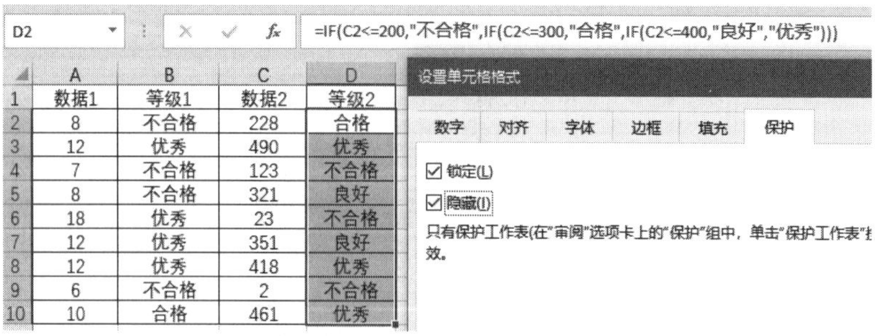

图 4-14　勾选“锁定”“隐藏”两项

单击“审阅”→“保护工作表”之后，输入两次密码，即可隐藏公式，如图 4-15 所示。

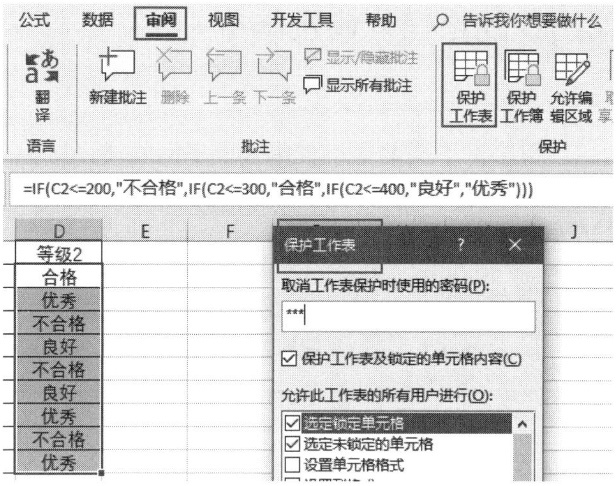

图 4-15　“保护工作表”对话框

11. 保护公式

选中非公式单元格区域，取消单元格锁定，不必操作公式单元格区域，再设置保护工作表，这样操作以后，公式单元格就不会被选中了。

12. 显示公式部分计算结果

选取公式中要显示的部分表达式，按 F9 键，即可显示公式部分计算结果，如图 4-16 所示。

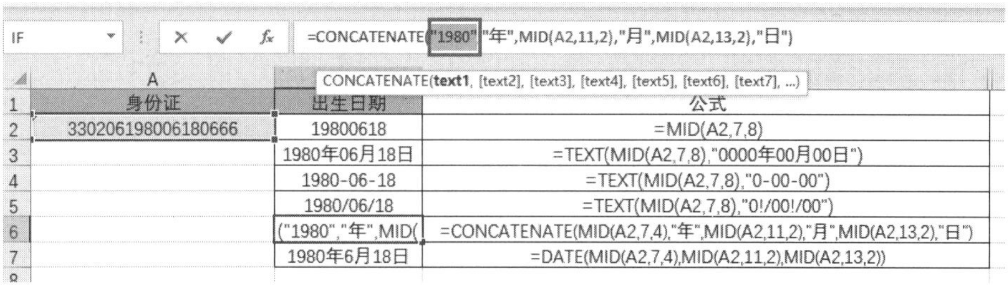

图 4-16　显示公式部分计算结果

按 ESC 键即可退出显示公式部分计算结果。

通过此种方法，也可以检查公式中哪部分出错了。

13. 中断公式编辑

有时在公式编辑状态下，不小心单击到了其他单元格，出现取消不掉公式编辑的情况。此时，应该选择公式编辑栏左侧的红色“×”，强行停止公式编辑，如图 4-17 所示。

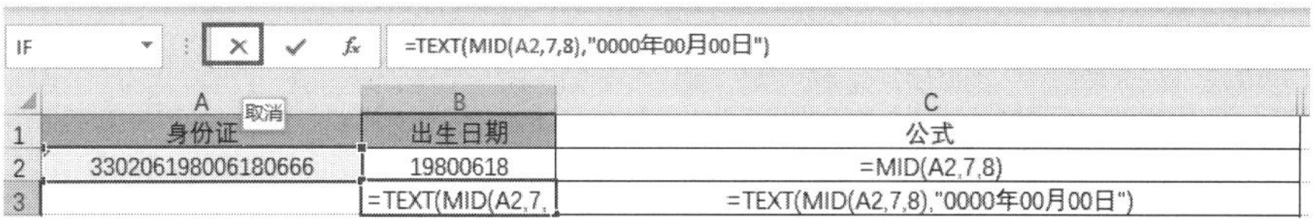

图 4-17　中断公式编辑

4.1.2 公式中常出现的错误代码及修正方法

【问题】

公式出现错误的原因很多，不同的错误代码代表不同的错误原因。读懂错误代码学会判断公式出错的原因，有利于提高公式使用的效率与技能。

【实现方法】

错误代码含义及解决方法如表 4-1 所示。

表 4-1 错误代码含义及解决方法

错 误 值	含 义	解 决 办 法
＃＃＃＃	1. 单元格数据太长 2. 公式单元格所产生的结果太大，在单元格中无法完整显示 3. 日期和时间格式的单元格相减，出现了负值	1. 增加列宽 2. 如果是由日期或时间相减产生了负值引起的，可以改变单元格的格式为文本，但结果只能是负时间量
＃DIV/0!	1. 除数为 0 2. 公式中除数使用了空单元格或包含零值单元格的引用	1. 修改单元格引用 2. 在做除数的单元格中输入不为零的值
＃VALUE!	1. 数值运算时引用文本型的数据 2. 使用了不正确的参数或运算符 3. 当执行自动更正公式功能时，不能更正公式	1. 更正相关的数据类型或参数类型 2. 提供正确的参数
＃REF!	删除了被公式引用的单元格范围	恢复被引用的单元格范围，或者重新设定引用范围
＃N/A	查找或引用函数中找不到匹配的值	检查被查找的值，使其存在于查找的数据区域
＃NAME?	在公式中使用了 Excel 所不能识别的文本，例如： 1. 输错了函数名称 2. 使用了已删除的单元格区域或名称 3. 引用的文本没有加英文双引号	1. 改正函数名称 2. 修改引用的单元格区域或名称 3. 引用的文本加英文双引号
＃NUM!	1. 函数参数无效 2. 公式的结果太大或太小，无法在工作表中表示	1. 确认函数中使用的参数类型正确 2. 修改公式，找到错误原因并更正
＃NULL!	1. 使用了不正确的区域运算符 2. 引用的单元格区域的交集为空	1. 改正区域运算符 2. 更改引用的单元格区域，使之相交

对于部分错误，Excel 自带了“错误检查”选项。只要将光标放在公式“错误值”单元格上，左边会出现“错误检查”按钮（ ），选择该按钮右侧下拉箭头，就能看到错误提示信息，如图 4-18 所示。该错误原因是在源数据单元格区域没有“林九”，所以返回错误值“＃N/A”。将光标放在该错误结果上，左侧出现“错误检查”按钮，单击该按钮，可看到错误原因是“值不可用”错误。

如果返回值是错误值“＃DIV/0!”，将光标放在该错误结果上，左侧出现“错误检查”按钮，单击该按钮，可看到错误原因是“被零除”错误，如图 4-19 所示。

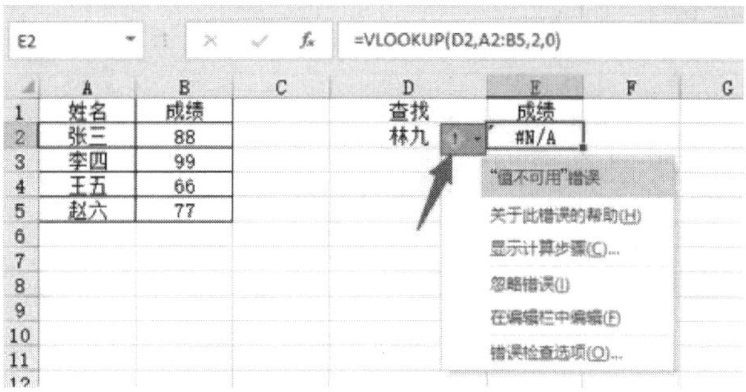

图 4-18　错误提示信息

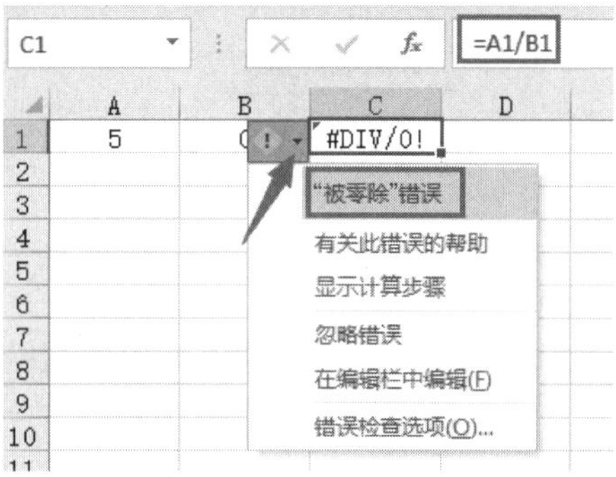

图 4-19　# DIV/0! 错误提示

如果在功能区看不到“错误检查”按钮，可以单击“开始”→“Excel 选项”，在“公式”中勾选“错误检查”“错误检查规则”中的各项，如图 4-20 所示，即可看到“错误选项”按钮。

图 4-20　勾选“错误检查”“错误检查规则”中的各项

4.1.3　使用“追踪错误”对公式进行检查

【问题】

公式的结果经常会出现错误，但我们又不知道错在哪里。“追踪错误”可以轻松地帮助我们追根溯源，并改正错误。如图 4-21 所示的计算平均值，明明公式是正确的，但公式返回的结果是错误的。

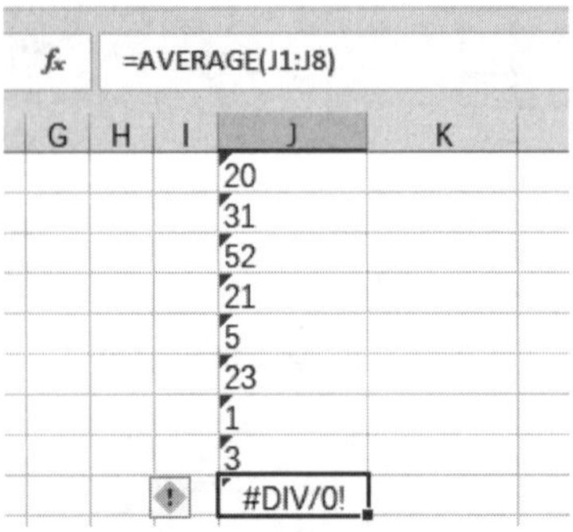

图 4-21　公式出现错误

【实现方法】

可以使用“追踪错误”来解决这个问题。

（1）将光标放在公式单元格中，单击“公式”→“错误检查”→“追踪错误”之后，可以发现，Excel 自动用箭头标出了错误来源，如图 4-22 所示。

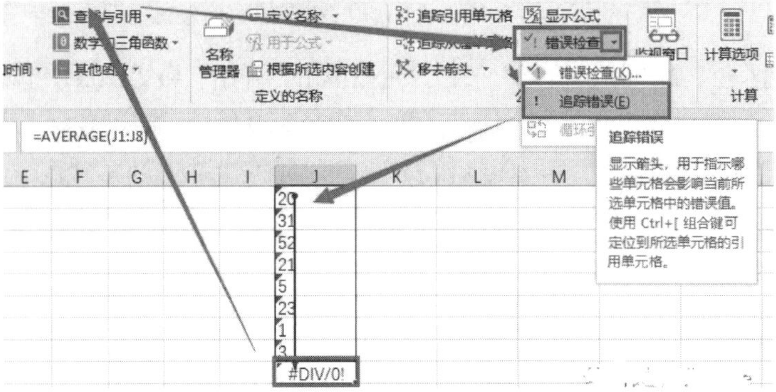

图 4-22　Excel 自动用箭头标出了错误来源

（2）将光标放在箭头的“源头”，左侧会出现错误提示按钮（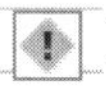），单击错误提示下拉箭头，可看到错误原因与改正方法，如图 4-23 和图 4-24 所示。

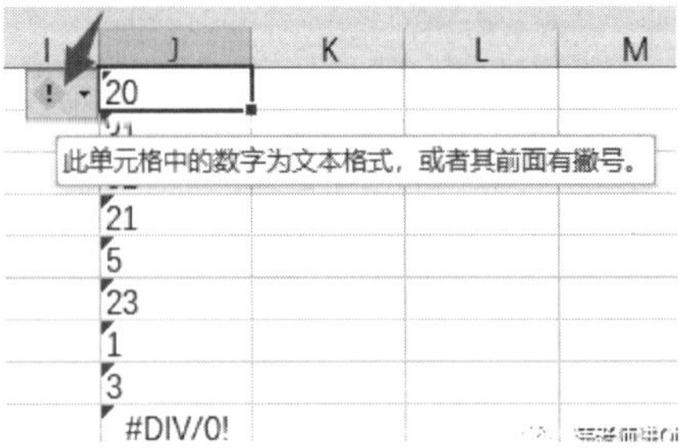

图 4-23　错误原因

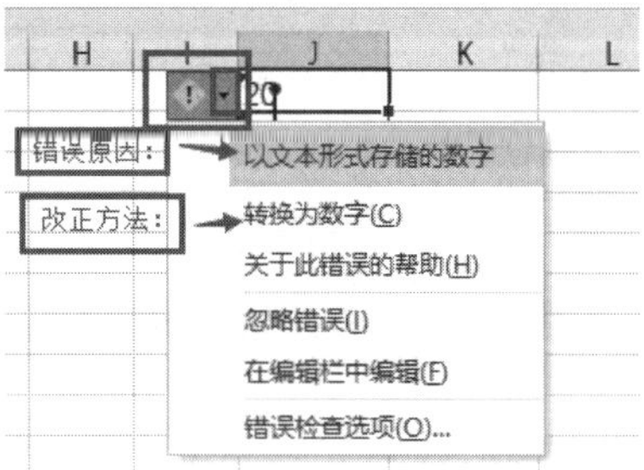

图 4-24　改正方法

改正错误以后，保存工作表，箭头会自行消失。

4.1.4　将公式保护起来

【问题】

我们辛辛苦苦用公式计算出许多数据，把这些数据拿给别人看时，别人却不小心把公式给修改或删除了！为了避免遇到这种情况，可以把公式隐藏起来，只显示结果却看不到公式，并且公式所在单元格也不能被修改。

【实现方法】

（1）所有单元格去除“锁定”。

按 Ctrl+A 组合键，选定所有数据单元格区域，右击，在弹出的快捷菜单中选择“设置单元格格式”命令，在打开的“设置单元格格式”对话框的“保护”选项卡中，去除对“锁定”的勾选，如图 4-25 所示。

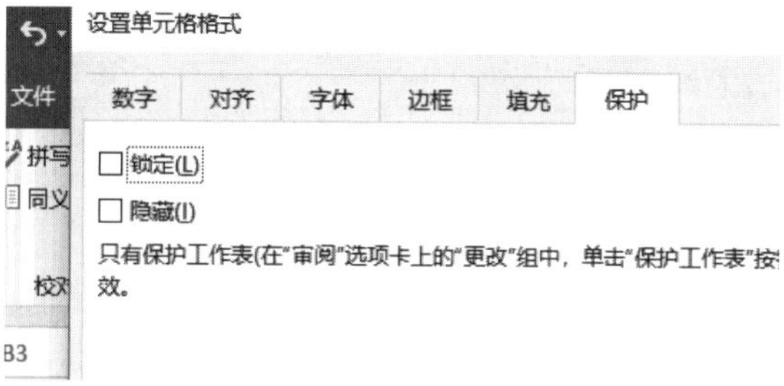

图 4-25　去除对“锁定”的勾选

（2）保护和隐藏公式单元格。

按 Ctrl+G 组合键，打开“定位”对话框，单击“定位条件”按钮，在打开的“定位条件”对话框中，选择定位到“公式”项，单击“确定”按钮，如图 4-26 所示。

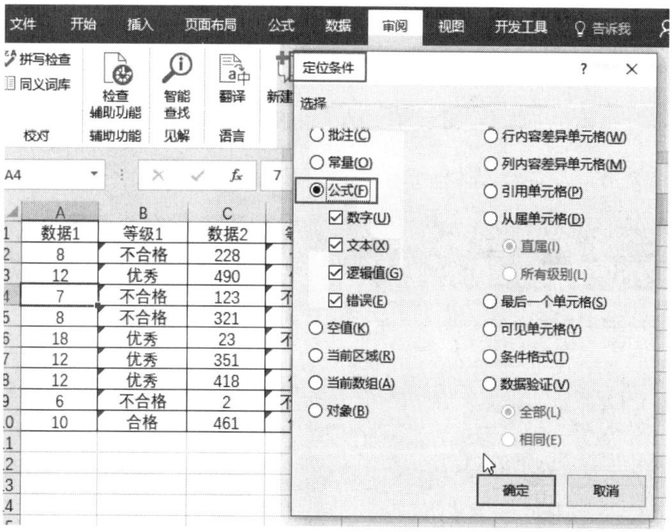

图 4-26　定位到公式单元格

按 Ctrl+A 组合键，选定所有数据单元格区域，右击，在弹出的快捷菜单中选择“设置单元格格式”命令，在打开的“设置单元格格式”对话框的“保护”选项卡中，勾选“锁定”“隐藏”两项，如图 4-27 所示。

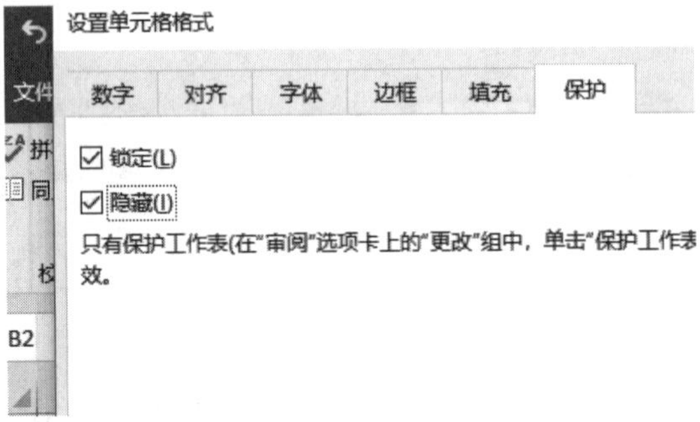

图 4-27　勾选“锁定”“隐藏”两项

（3）设置保护工作表。

单击“审阅”→“保护工作表”之后，输入两次密码，所有公式却被隐藏，同时公式单元格也被保护起来，如图 4-28 所示。

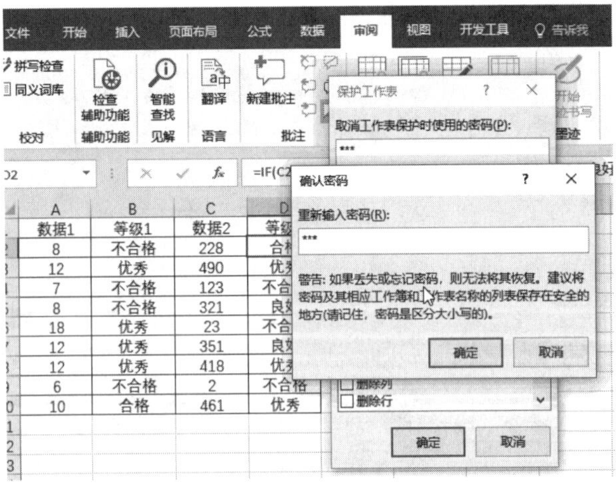

图 4-28　设置保护工作表

如果试图更改公式单元格，则会弹出不能更改的提示，如图 4-29 所示。

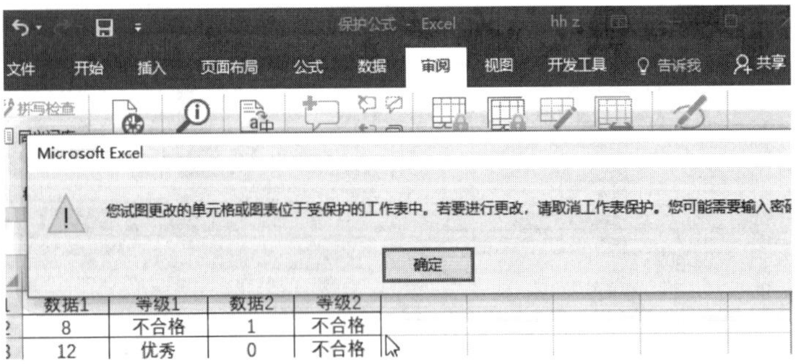

图 4-29　不能更改的提示

4.1.5　数组公式——基础知识

在 Excel 数据计算中，经常会用到数组公式。通俗地讲，数组公式就是同时对一组数的引用。

1. 数组概念

什么是数组？数组就是具有某种联系的多个单元格数据的组合，如图 4-30 所示。

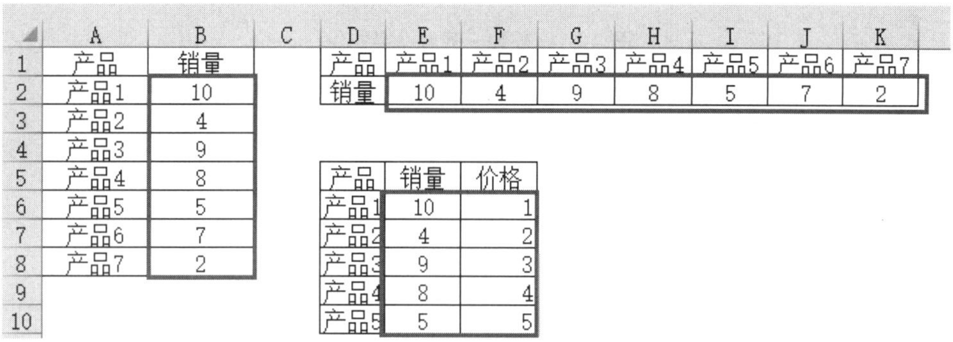

图 4-30　几个简单的数组

B2:B8 单元格区域的一组数据、E2:K2 单元格区域的一组数据、E6:F10 单元格区域的一组数据都具有某种关联，称为数组。

2. 数组的维度

“维度”是数组的一个重要概念。数组有一维数组、二维数组、三维数组、四维数组……在公式里，应用更多的是一维数组和二维数组。

一维数组可以简单地被看成一行或一列单元格数据集合，如图 4-30 中 B2:B8 单元格区域的一组数据、E2:K2 单元格区域的一组数据都是一维数组。

二维数组可以看成一个多行多列的单元格数据集合，也可以看成多个一维数组的组合，如图 4-30 中 E6:F10 单元格区域的一组数据是 5 行 2 列的二维数组。

在普通的文字描述中，可以用“起始单元格:结束单元格”来描述数组。

但在公式中，数组的描述如下。

一维数组：单独一行的数组元素之间用半角逗号隔开；单独一列的数组元素之间用半角分号隔开。

二维数组：同行的数组元素间用半角逗号分隔，不同行的数组元素间用半角分号分隔。

如果要看一个数组中的数组元素，可以将该数组元素选中，然后按 F9 键，即可在地址栏中显示该数组元素

单独一列的一维数组如图 4-31 所示。

单独一行的一维数组如图 4-32 所示。

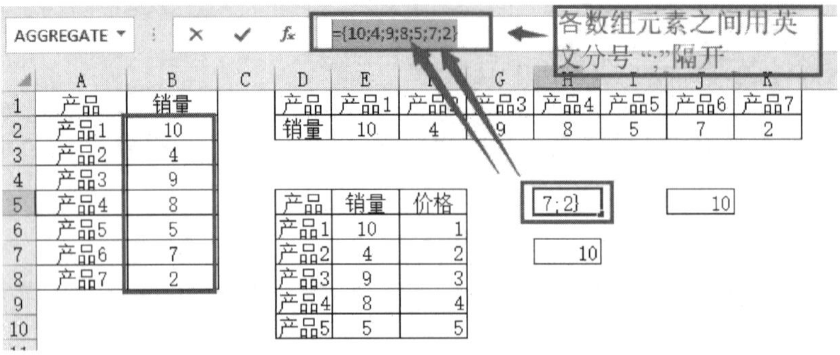

图 4-31　单独一列的一维数组

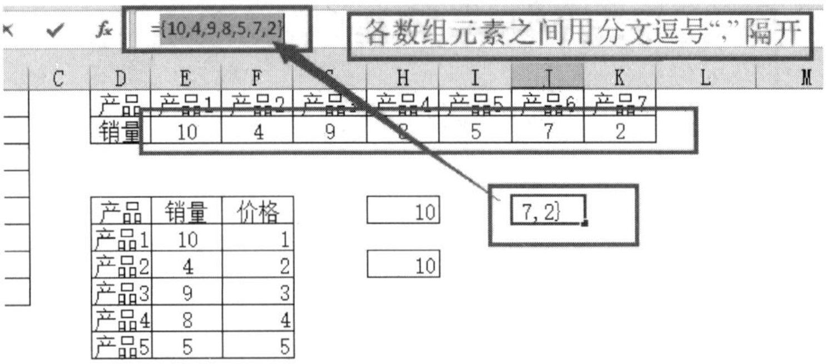

图 4-32　单独一行的一维数组

二维数组如图 4-33 所示。

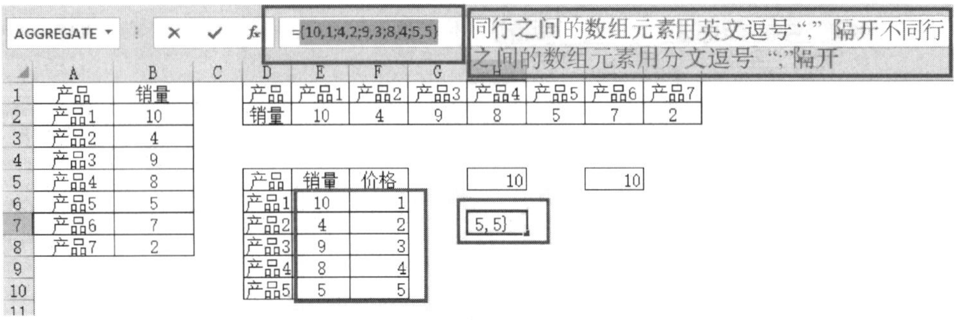

图 4-33　二维数组

3. 数组公式

数组公式与普通公式有以下几点不同。

（1）执行计算方式不同：普通公式按 Enter 键结束，数组公式按 Ctrl+Shift+Enter 组合键执行计算。

（2）公式显示方式不同：整个数组公式外围有一对{}，如图 4-34 所示。

（3）结果显示位置不同：普通公式的结果显示在一个单元格里；数组公式的结果可以显示在一个单元格里，也可以显示在多个单元格里，如图 4-35 和图 4-36 所示。

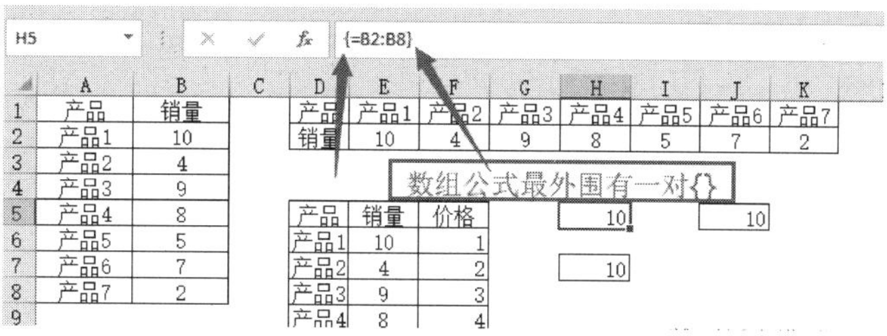

图 4-34　数组公式外围有一对{ }

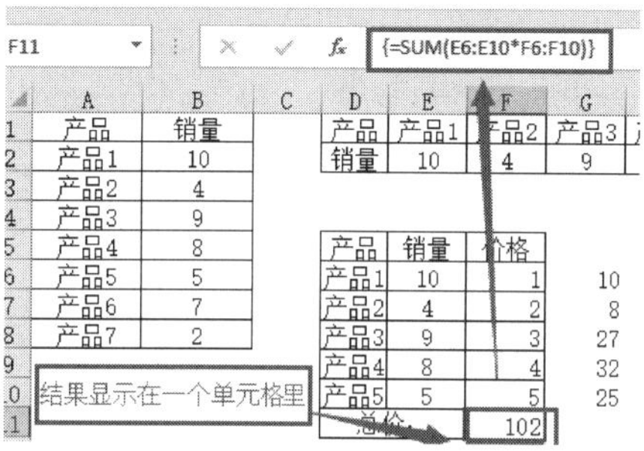

图 4-35　数组公式的结果显示在一个单元格里

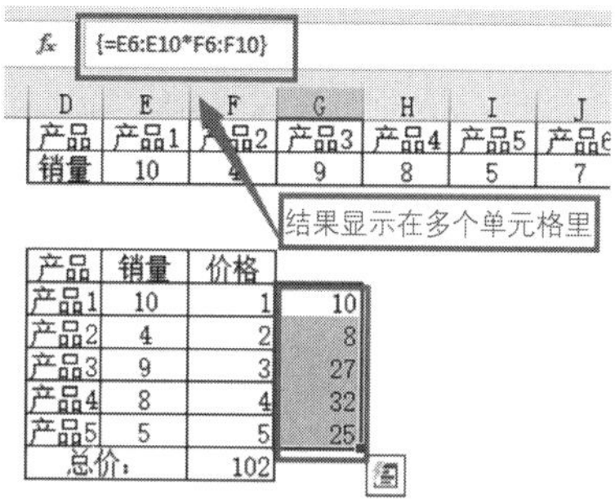

图 4-36　数组公式的结果显示在多个单元格里

（4）公式修改方式不同：选中普通公式所在单元格即可修改普通公式；数组公式，尤其是结果显示在多个单元格里的数组公式，必须选中其结果单元格区域进行修改，并按 Ctrl+Shift+Enter 组合键执行计算才能被修改，否则会出现“无法更改部分数组。”的提示框，如图 4-37 所示。

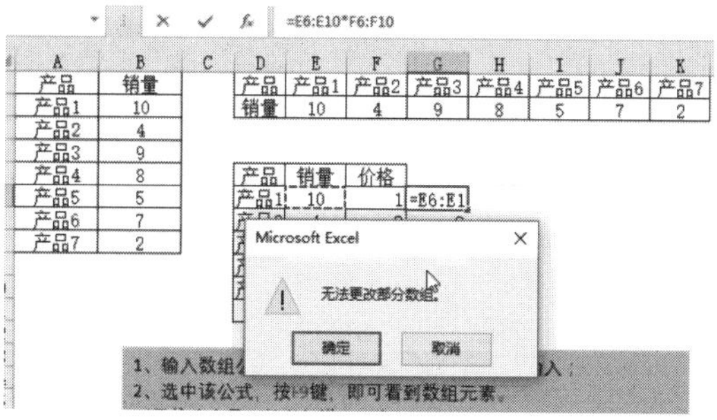

图 4-37　无法更改部分数组

如果此时停止数组公式更改，须按 Esc 键，或者选中数组公式左侧的“取消”项，如图 4-38 所示。

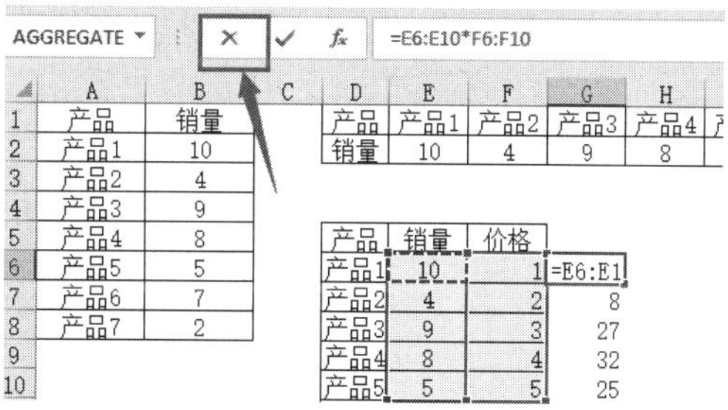

图 4-38　停止数组公式更改

4.1.6　数组公式——应用初步

1. 行列数相同的数组运算

行列数相同的数组运算是最简单的数组运算。

1）行数相同的数组相乘运算

选中 D2:D8 单元格区域，输入公式“=B2:B8*C2:C8”,按 Ctrl+Shift+Enter 组合键执行计算，即可得各种产品的总价，如图 4-39 所示。

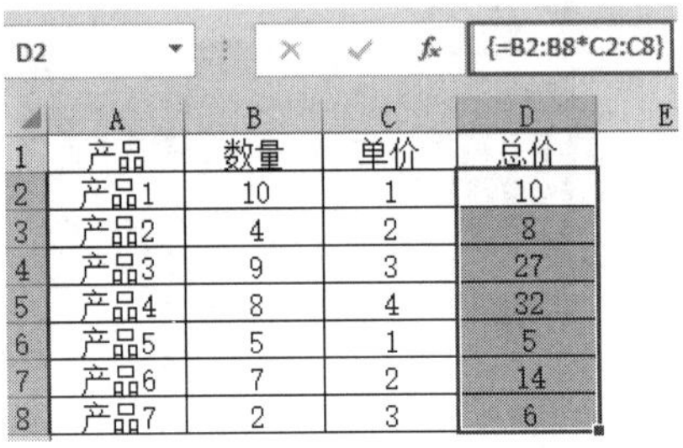

	A	B	C	D	E
1	产品	数量	单价	总价	
2	产品1	10	1	10	
3	产品2	4	2	8	
4	产品3	9	3	27	
5	产品4	8	4	32	
6	产品5	5	1	5	
7	产品6	7	2	14	
8	产品7	2	3	6	

图 4-39　行数相同的数组相乘运算

2）列数相同的数组相乘运算

选中 B4:H4 单元格区域，输入公式“=B2:H2*B3:H3”，按 Ctrl+Shift+Enter 组合键执行计算，即可得各种产品的总价，如图 4-40 所示。

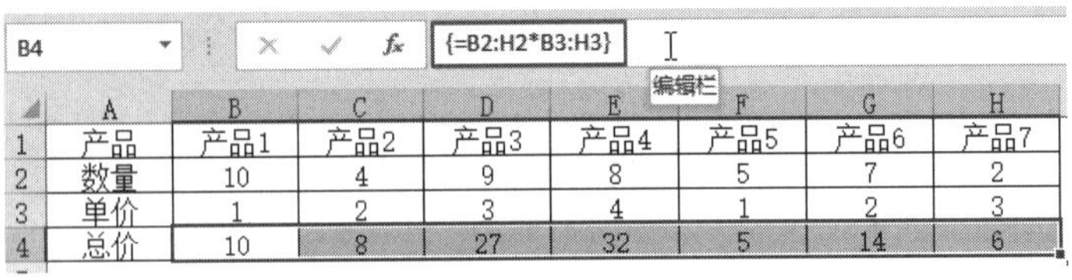

	A	B	C	D	E	F	G	H
1	产品	产品1	产品2	产品3	产品4	产品5	产品6	产品7
2	数量	10	4	9	8	5	7	2
3	单价	1	2	3	4	1	2	3
4	总价	10	8	27	32	5	14	6

图 4-40　列数相同的数组相乘运算

切记：

- 输入公式之前要选中所有填结果的单元格区域。
- 只输入执行计算的公式部分。

2. 数组与单一数据运算

如图 4-41 所示一维数组 B2:B8 单元格区域的所有价格同时降价 2 元，可以选中 C2:C8 单元格区域，输入公式“=B2:B8-E2”，按 Ctrl+Shift+Enter 组合键执行计算。

如图 4-42 所示的二维数组也可以与单一数据运算：选中 A9:E15 单元格区域，输入公式“=A1:E7*G1”，按 Ctrl+Shift+Enter 组合键执行计算。

3. 单列数组与单行数组运算

单列数组与单行数组运算如图 4-43 所示。选中 D6:J12 单元格区域，输入公式“=B2:B8*D2:J2”，按 Ctrl+Shift+Enter 组合键执行计算。

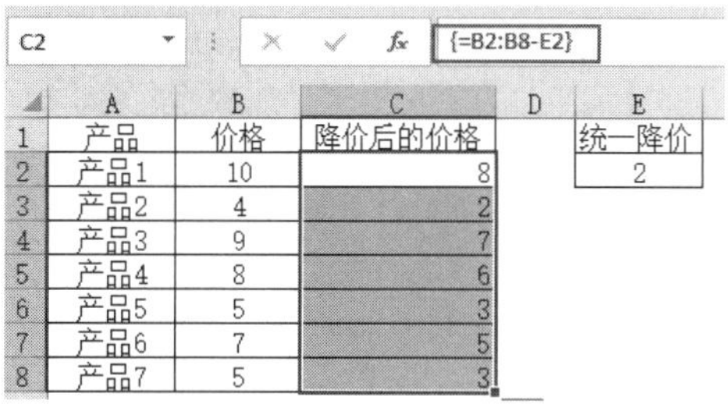

图 4-41　一维数组与单一数据运算

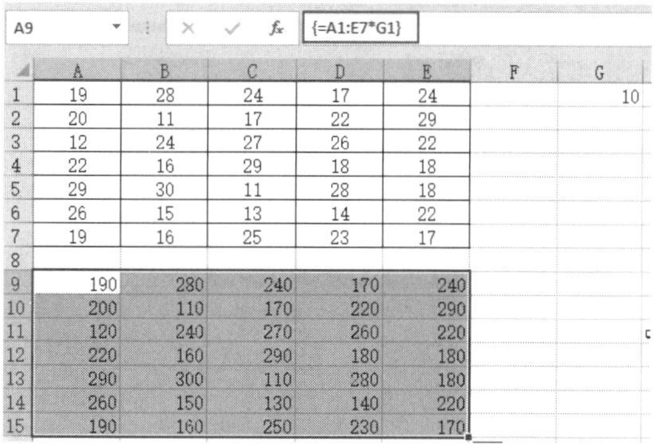

图 4-42　二维数组与单一数据运算

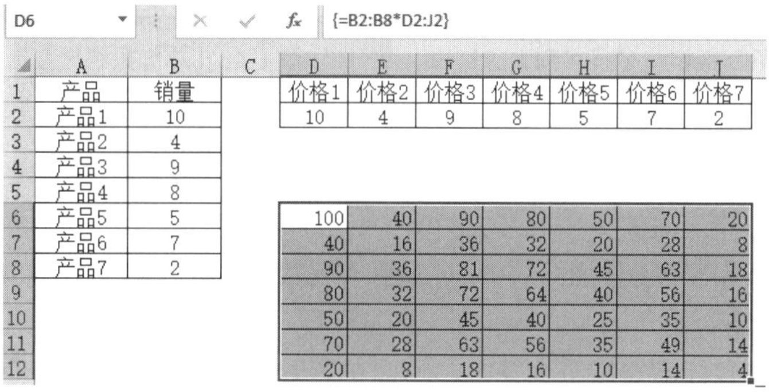

图 4-43　单列数组与单行数组运算

单列数组与单行数组的计算规律：

- 计算结果返回一个多行多列的二维数组。
- 返回二维数组的行数同单列数组的行数相同、列数同单行数组的列数相同。
- 二维数组各单元格结果分别是单行数组与单列数组每个数组元素互相运算得出的。

单列数组与单行数组的计算规律如图 4-44 所示。

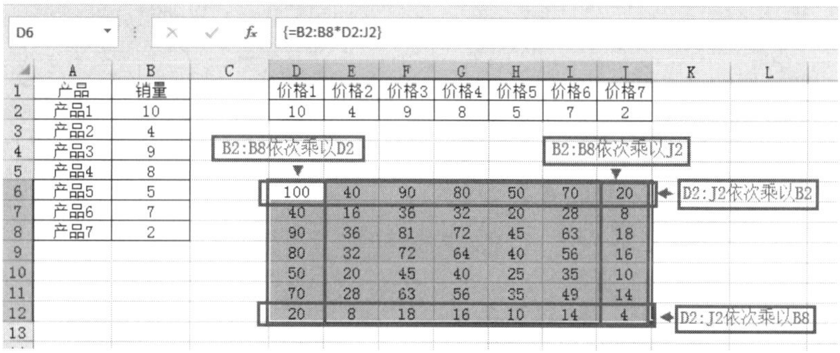

图 4-44　单列数组与单行数组的计算规律

4. 单行或单列数组与多行多列数组运算

单列数组与多行多列数组运算，相当于单列数组中的数组元素与多行多列数组中的每列对应数组元素单独运算，如图 4-45 所示。

单行数组与多行多列数组运算，相当于单行数组的数组元素与多行多列中的每行对应数组元素单独运算，如图 4-46 所示。

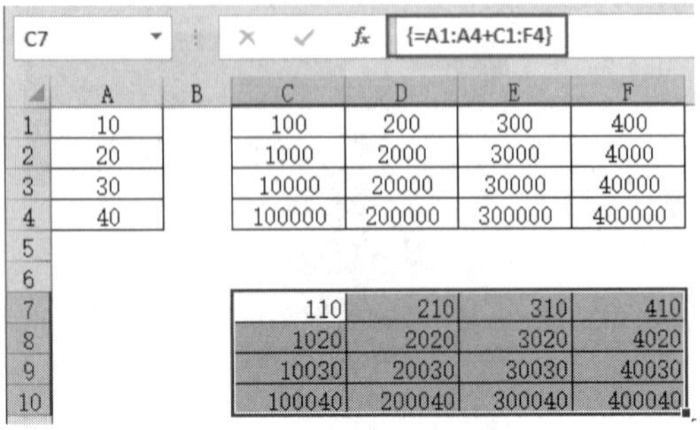

图 4-45　单列数组与多行多列数组运算

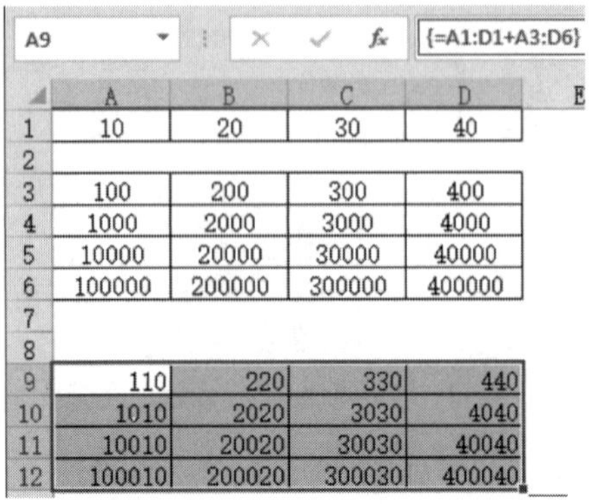

图 4-46　单行数组与多行多列数组运算

单行或单列数组与多行多列数组运算规律：

- 结果返回一个多行多列的二维数组。
- 返回数组的行、列数与多行多列数组的行、列数相同。
- 单列数组与多行多列数组运算时，返回单列数组与二维数组对应行所有列数据的运算结果。
- 单行数组与多行多列数组运算时，返回单行数组与二维数组对应列所有行数据的运算结果。

5. 行、列数相等的二维数组运算

两个行、列数相等的二维数组运算，相当于对应位置数组元素运算，如图 4-47 所示。

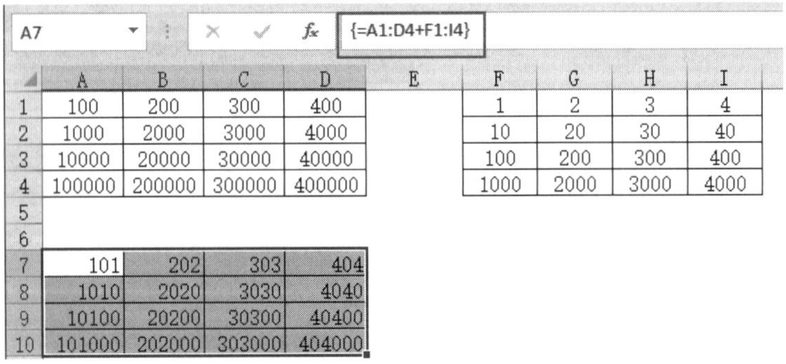

图 4-47　行、列数相等的二维数组运算

4.1.7　数组公式——典型应用

1. “绕过”乘积直接求和

数据样表如图 4-48 所示，要求计算出所有产品应付金额。

当计算应付金额时，你会把每种产品的订购数量与单价相乘，然后相加吗？当然，这样能运算出结果，但是如果有上百上千种产品呢？公式要写多长呢？

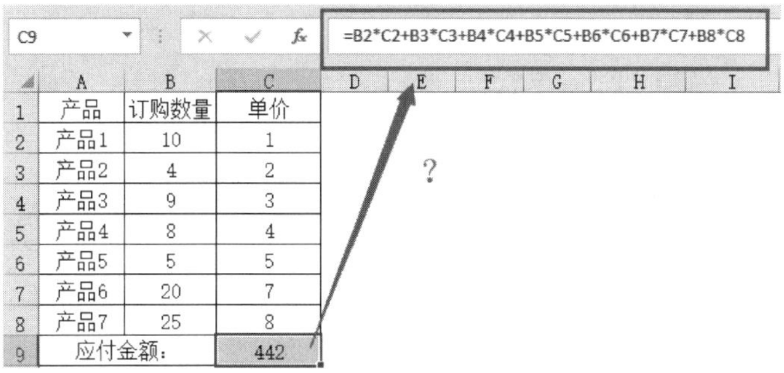

图 4-48　数据样表

如图 4-49 所示，输入一个简单的数组公式“=sum(B2:B8*C2:C8)”，按 Ctrl+Shift+Enter 组合键执行计算，即可计算出所有产品应付金额。

图 4-49　利用数组公式计算应付金额

2. 计算连续数值和、平均值

如图 4-50 所示，巧妙运用了 ROW(1:100)，构建了 100 个数组元素的数组，从而可轻松计算出 1～100 的和。

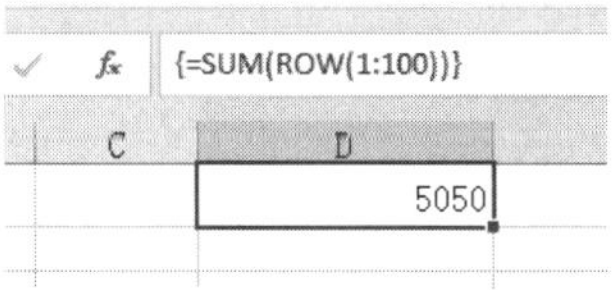

图 4-50　计算 1～100 的和

3. 计算不同产品种类数

在 E2 单元格中输入公式“=SUM(1/COUNTIF(B2:B16,B2:B16))”，按 Ctrl+Shift+Enter 组合键执行计算，即可得到商品一共有多少种，如图 4-51 所示。

公式中各元素含义如下：

- COUNTIF(B2:B16,B2:B16)：表示在 B2:B16 单元格区域中依次统计 B2 到 B16 单元格数据出现的次数，返回的数组是{3;2;2;1;2;2;2;1;3;2;2;2;2;2;3}。
- 1/COUNTIF(B2:B16,B2:B16)：表示用 1 除以上述数组内每个数值，得到以下数组

{1/3;1/2;1/2;1;1/2;1/2;1/2;1;1/3;1/2;1/2;1/2;1/2;1/2;1/3}。

	A	B	C	D	E	F
1	时间	商品名称	销量		销售了多少种商品	
2	2017/3/1	鼠标	122		8	
3	2017/3/1	键盘	45			
4	2017/3/1	显示屏14寸	16			
5	2017/3/1	显示屏19寸	85			
6	2017/3/1	显示屏21寸	42			
7	2017/3/2	显示屏24寸	32			
8	2017/3/3	显示屏27寸	45			
9	2017/3/3	路由器	52			
10	2017/3/3	鼠标	75			
11	2017/3/4	键盘	46			
12	2017/3/4	显示屏14寸	100			
13	2017/3/4	显示屏21寸	200			
14	2017/3/5	显示屏24寸	122			

图 4-51 计算不同产品种类数

● SUM(1/COUNTIF(B2:B16,B2:B16))：用 SUM 对上述数组内的数组求和，即得到不重复的商品数量。

4. 多条件运算

如图 4-52 所示，在 G2 单元格中输入公式“=SUM(($A$2:$A$15=E2)*($B$2:$B$15=F2)*($C$2:$C$15))”，按 Ctrl+Shift+Enter 组合键执行计算，即可得不同部门、不同产品的销量。

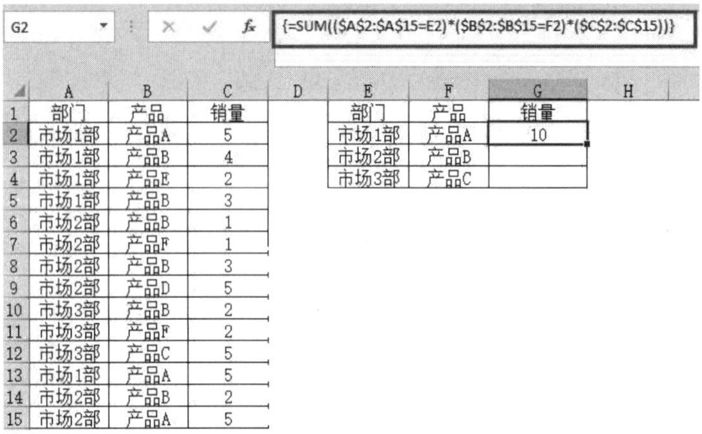

	A	B	C	D	E	F	G	H
1	部门	产品	销量		部门	产品	销量	
2	市场1部	产品A	5		市场1部	产品A	10	
3	市场1部	产品B	4		市场2部	产品B		
4	市场1部	产品E	2		市场3部	产品C		
5	市场1部	产品B	3					
6	市场2部	产品B	1					
7	市场2部	产品F	1					
8	市场2部	产品B	3					
9	市场2部	产品D	5					
10	市场3部	产品B	2					
11	市场3部	产品F	2					
12	市场3部	产品C	5					
13	市场1部	产品A	5					
14	市场2部	产品B	2					
15	市场2部	产品A	5					

图 4-52 计算不同部门、不同产品的销量

公式的详细含义如图 4-53 所示。

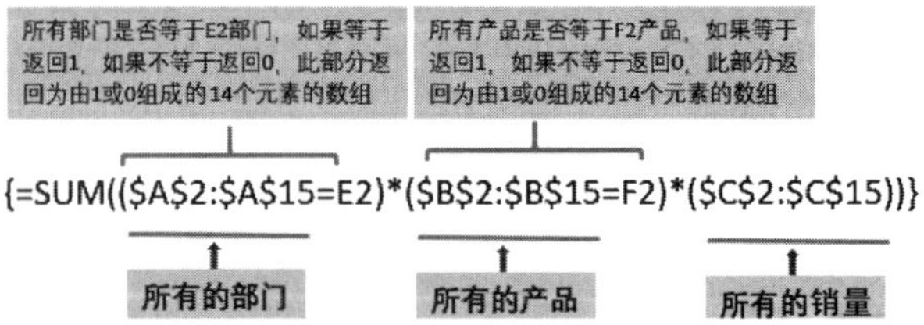

图 4-53 公式的详细含义

5. 构建新数组运算

VLOOKUP 函数要求查询值必须位于查询单元格区域的首列。如图 4-54 所示的数据，原数据区中“部门”位于“姓名”的左侧，例如，要求按照姓名去查询部门，若直接用 VLOOKUP 函数进行查找，是查不到结果的。

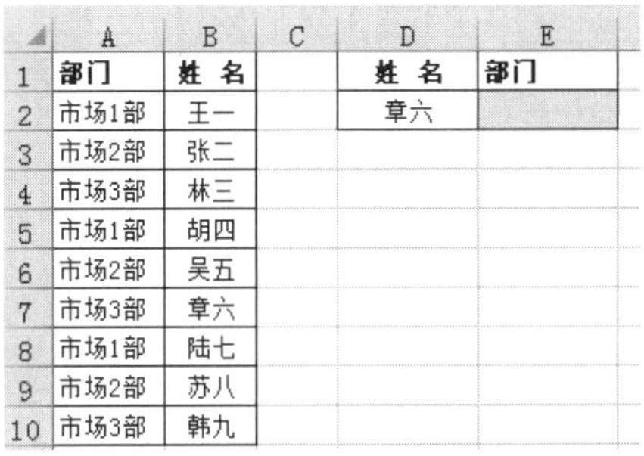

	A	B	C	D	E
1	部门	姓 名		姓 名	部门
2	市场1部	王一		章六	
3	市场2部	张二			
4	市场3部	林三			
5	市场1部	胡四			
6	市场2部	吴五			
7	市场3部	章六			
8	市场1部	陆七			
9	市场2部	苏八			
10	市场3部	韩九			

图 4-54　查询指定姓名所在部门

这时就要用 IF 构建一个新的查询数据单元格区，将“姓名”置于“部门”的左侧。

在 E2 单元格中输入公式“=VLOOKUP(D2,IF({1,0},B1:B10,A1:A10),2,0)”，按 Enter 键执行计算，即可查询到结果，如图 4-55 所示。

其中，IF({1,0},B1:B10,A1:A10)构造出姓名在前、部门在后的新的查询单元格区域，如图 4-56 所示。

E2　=VLOOKUP(D2,IF({1,0},B1:B10,A1:A10),2,0)

	A	B	C	D	E	F
1	部门	姓 名		姓 名	部门	
2	市场1部	王一		章六	市场3部	
3	市场2部	张二				
4	市场3部	林三				
5	市场1部	胡四				
6	市场2部	吴五				
7	市场3部	章六				
8	市场1部	陆七				
9	市场2部	苏八				
10	市场3部	韩九				

图 4-55　VLOOKUP 逆向查找

=IF({1,0},B2:B10,A2:A10)
构建的新查询单元格区域：

姓 名	部门
王一	市场1部
张二	市场2部
林三	市场3部
胡四	市场1部
吴五	市场2部
章六	市场3部
陆七	市场1部
苏八	市场2部
韩九	市场3部

图 4-56　IF 函数构建查询单元格区域

关于数组使用的例子，不胜枚举，用户在 Excel 应用中要多实践、多总结。

4.2　统 计 函 数

4.2.1　利用 MODE.MULT 函数统计出现最多的数字（一）

【问题】

彩票开奖号码如图 4-57 所示，要求统计出现次数最多的数字。

	A	B	C	D	E	F	G	H	I
1	开奖号码								出现最多的数字
2	22	11	5	22	20	5	18		
3	18	16	4	1	22	11	9		
4	16	8	5	20	32	10	23		
5	16	13	12	13	10	11	20		
6	30	7	24	4	28	30	23		
7	16	1	5	1	25	9	7		
8	1	24	9	5	23	19	15		
9	5	12	17	10	12	31	17		
10	2	14	8	5	19	24	22		
11	3	17	9	3	4	15	4		
12	3	30	32	13	24	15	17		

图 4-57 彩票开奖号码

【实现方法】

在 I2 单元格中输入公式“=MODE.MULT($A$2:$G$12)”，按 Enter 键执行计算，即可得出现次数最多的数值，如图 4-58 所示。

I2 =MODE.MULT($A$2:$G$12)

	A	B	C	D	E	F	G	H	I
1	开奖号码								出现最多的数字
2	22	11	5	22	20	5	18		5
3	18	16	4	1	22	11	9		
4	16	8	5	20	32	10	23		
5	16	13	12	13	10	11	20		
6	30	7	24	4	28	30	23		
7	16	1	5	1	25	9	7		
8	1	24	9	5	23	19	15		
9	5	12	17	10	12	31	17		
10	2	14	8	5	19	24	22		
11	3	17	9	3	4	15	4		
12	3	30	32	13	24	15	17		

图 4-58 统计出现最多的数字

【函数简介】

MODE.MULT 函数

功能：返回一组数据或数据区域中出现频率最高或重复出现的数值的垂直数组。

语法：MODE.MULT(number1,[number2],…)。

中文语法：MODE.MULT(数字参数 1, [数字参数 2],…)。

其中，

- number1：必需，要计算的第 1 个数字参数。
- number2,…：可选，要计算的第 2～254 个数字参数，也可以用单一数组或对某个数组的引用来代替用逗号分隔的参数。

备注：参数可以是数字或包含数字的名称、数组或引用。

- 如果数组或引用参数包含文本、逻辑值或空白单元格，则这些值将被忽略，但包含零值的单元格将计算在内。
- 如果参数为错误值或为不能转换为数字的文本，将会导致错误。
- 如果数据集不包含重复的数据，则 MODE.MULT 返回错误值“#N/A”。

- 对于水平数组，请使用 TRANSPOSE(MODE.MULT(number1,number2,…))。

4.2.2 利用 MODE.MULT 函数统计出现最多的数字（二）

【问题】

在 4.2.1 节中，用 MODE.MULT 函数统计出现次数最多数字的公式，只适用于出现次数最多的数字只有一个的特殊情况。

如图 4-59 所示的数据表，出现次数最多的数字不一定只有一个，就要对 4.2.1 节的公式进行完善。

	A	B	C	D	E
1	6	19	5	11	15
2	20	10	10	15	8
3	8	7	8	4	18
4	1	12	1	1	1
5	4	7	17	9	6
6	14	7	10	20	10
7	13	18	20	1	20
8	21	5	4	22	5
9	3	7	12	3	15
10	9	10	16	8	12

图 4-59 统计出现最多的数字

【实现方法】

在 G2 单元格中输入公式"=IFERROR(INDEX(MODE.MULT($A$1:$E$10),ROW(A1)),"")"，按 Enter 键执行计算，即得出现次数最多的数值，如图 4-60 所示。如果出现次数最多的数值不止一个，再将公式向下填充即得其他数值。

G1 fx =IFERROR(INDEX(MODE.MULT($A$1:$E$10),ROW(A1)),"")

	A	B	C	D	E	F	G	H	I	J
1	6	19	5	11	15		10			
2	20	10	10	15	8		1			
3	8	7	8	4	18					
4	1	12	1	1	1					
5	4	7	17	9	6					
6	14	7	10	20	10					
7	13	18	20	1	20					
8	21	5	4	22	5					
9	3	7	12	3	15					
10	9	10	16	8	12					

图 4-60 统计出不止一个出现次数最多的数字

【公式解析】

- MODE.MULT($A$1:$E$10)：返回 A1:E10 单元格区域中出现次数最多的数字组成的垂直数组；本示例中出现次数最多的是 10 与 1，所以返回值是数组{10,1}。
- INDEX(MODE.MULT($A$1:$E$10),ROW(A1))：本部分中，ROW(A1)是可变的，在 G2 单元格时，返回值是 1，再将公式向下填充到 G3 单元格，变为 ROW(A2)，返回值是 2。

用 INDEX 函数，返回数组{10,1}中 ROW(A1)函数指定的位置值：G2 单元格返回的第 1 个值就是 14，G3 单元格返回的第 2 个值就是 1。

IFERROR(INDEX(MODE.MULT($A$1:$E$10),ROW(A1)),""): 屏蔽公式出现的错误值，如果有两个出现次数最多的数值，则公式填充到第3，第4，…，第 *N* 行，也不会出现错误值。

【知识拓展】

MODE.MULT 函数可以判断一组数值中有没有重复值。

判断 A1:B4 单元格区域有没有重复值，可以在 D1 单元格中输入公式“=MODE.MULT(A1:B4)”，按 Enter 键执行计算。如果单元格区域没有重复值，公式返回#N/A；如果单元格区域有重复值，公式返回重复数值，如图 4-61 和图 4-62 所示。这种方法可以快速判断输入的数值有没有重复。

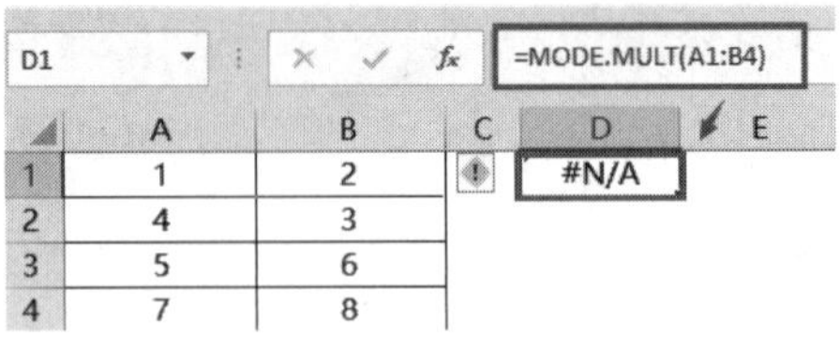
D1 =MODE.MULT(A1:B4)

	A	B	C	D
1	1	2		#N/A
2	4	3		
3	5	6		
4	7	8		

图 4-61　判断 A1:B4 单元格区域没有重复值

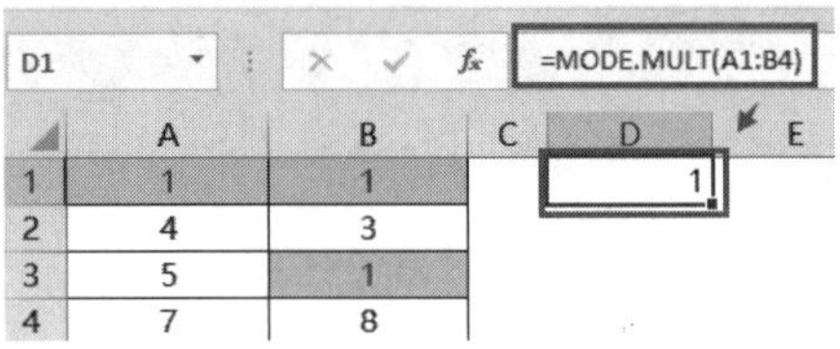
D1 =MODE.MULT(A1:B4)

	A	B	C	D
1	1	1		1
2	4	3		
3	5	1		
4	7	8		

图 4-62　返回 A1:B4 单元格区域重复值

4.2.3　利用 COUNTIF 函数给众多班级中相同班级的学生编号

【问题】

如图 4-63 所示样表，如何用公式给同一班级的学生编号呢？

	A	B	C
1	编号	班级	姓名
2	1	A班	王一
3	2	A班	张二
4	3	A班	林三
5	4	A班	胡四
6	1	B班	吴五
7	2	B班	章六
8	3	B班	陆七
9	4	B班	苏八
10	5	B班	韩九
11	6	B班	徐一
12	1	C班	项二
13	2	C班	贾三
14	3	C班	孙四
15	4	C班	姚五

图 4-63　给不同班级的学生编号

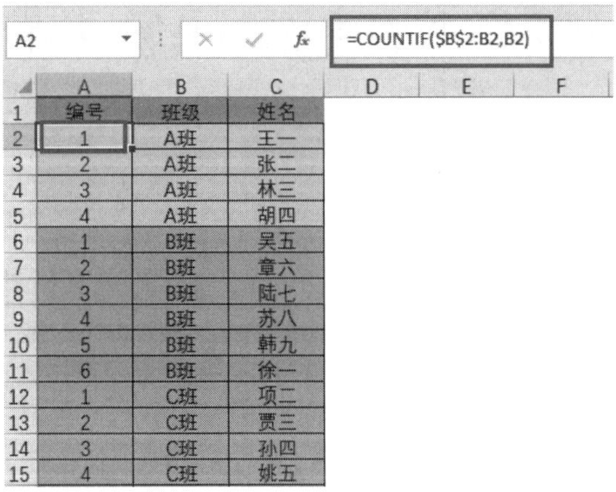
A2 =COUNTIF($B$2:B2,B2)

	A	B	C	D	E	F
1	编号	班级	姓名			
2	1	A班	王一			
3	2	A班	张二			
4	3	A班	林三			
5	4	A班	胡四			
6	1	B班	吴五			
7	2	B班	章六			
8	3	B班	陆七			
9	4	B班	苏八			
10	5	B班	韩九			
11	6	B班	徐一			
12	1	C班	项二			
13	2	C班	贾三			
14	3	C班	孙四			
15	4	C班	姚五			

图 4-64　用公式实现给不同班级的学生编号

【实现方法】

在 A2 单元格中输入公式“=COUNTIF($B$2:B2,B2)”，按 Enter 键执行计算，再将公式向下填充就得到所有班级的学生编号，如图 4-64 所示。

【公式解析】

- COUNTIF：在指定单元格区域内查找给定条件的单元格数量。本示例查找原则是：在查找单元格区域内出现了几个相同班级的名称，该学生的编号就是几。

- COUNTIF($B$2:B2,B2)：“$B$2:B2”是混合引用，是一个起始单元格 B2 不变、结束单元格随公式向下填充而不断扩展的动态可变单元格区域。公式每往下填充一个单元格，单元格区域就增加一个单元格。

4.2.4 5 个常用的“IFS”结尾的多条件统计函数

【问题】

Excel 数据处理中，经常会用到对多条件数据进行统计的情况，如多条件计数、多条件统计和、多条件统计平均值、多条件统计最大值、多条件统计最小值等，示例数据如图 4-65 所示。

	A	B	C	D	E	F
1	部门	姓 名	性 别	职务	业绩分	业绩等级
2	市场1部	王一	女	高级工程师	13	
3	市场2部	张二	男	中级工程师	9	
4	市场3部	林三	男	高级工程师	4	
5	市场1部	胡四	男	助理工程师	15	
6	市场2部	吴五	男	高级工程师	10	
7	市场3部	章六	男	高级工程师	8	
8	市场1部	陆七	男	中级工程师	5	
9	市场2部	苏八	男	工程师	7	
10	市场3部	韩九	女	助理工程师	8	
11	市场1部	徐一	男	高级工程师	6	
12	市场2部	项二	女	中级工程师	3	
13	市场3部	贾三	男	工程师	14	
14	市场1部	孙四	女	高级工程师	9	
15	市场2部	姚五	男	工程师	5	
16	市场3部	周六	男	工程师	10	
17	市场1部	金七	男	高级工程师	10	
18	市场2部	赵八	男	中级工程师	5	
19	市场3部	许九	女	中级工程师	4	
20	市场1部	陈一	女	高级工程师	11	
21	市场2部	程二	男	中级工程师	4	

图 4-65 示例数据

统计结果如图 4-66 所示。

市场1部业绩分高于10的女高级工程师人数：	
市场1部女高级工程师平均业绩分：	
市场1部女高级工程师业绩总分：	
市场1部女高级工程师最高业绩得分：	
市场1部女高级工程师最低业绩得分：	

图 4-66 统计结果

【实现方法】

多条件计数、多条件统计和、多条件统计平均值、多条件统计最大值、多条件统计最小值的结果与对应的公式先展示如下，然后再一一讲解，统计结果如图 4-67 所示。

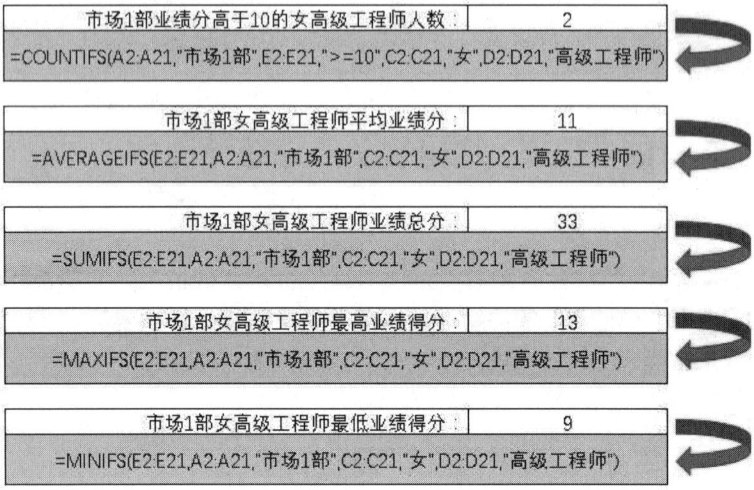

图 4-67 统计结果

1）COUNTIFS 函数：多条件计数

语法：COUNTIFS(criteria_range1,criteria1,[criteria_range2,criteria2],…)

中文语法：COUNTIFS(条件区域 1,条件 1,[条件区域 2,条件 2],…)

- 条件区域 1：必需，在其中计算关联条件的第 1 个单元格区域。
- 条件 1：必需，条件的形式为数字、表达式、单元格引用或文本。它定义了要计数的单元格范围。例如，条件可以表示为 32、">32"、B4、"apples"或"32"。
- 其他参数：可选，指附加的单元格区域及其关联条件，最多允许 127 个单元格区域/条件对。

在本示例中，要统计市场 1 部业绩分高于 10 的女高级工程师人数，有以下 4 个条件对。

- 条件区域 1：市场部；条件 1：市场 1 部。
- 条件区域 2：业绩分；条件 2：高于 10。
- 条件区域 3：性别；条件 3：女。
- 条件区域 4：职称；条件 4：高级工程师。

所以，公式为“=COUNTIFS(A2:A21,"市场 1 部",E2:E21,">=10",C2:C21,"女",D2:D21,"高级工程师")”。

2）SUMIFS 函数：多条件统计和

语法：SUMIFS(sum_range,criteria_range1,criteria1,[criteria_range2,criteria2],…)

中文语法：SUMIFS(统计和的数值区域,条件区域 1,条件 1,[条件区域 2,条件 2],…)

- 统计和的数值区域：必需，要计算和的一个或多个单元格，其中包含数字或包含数字的名称、数组、引用。
- 条件区域 1、条件区域 2 等：条件区域 1 必需，后续条件区域是可选的。在其中计算关联条件的 1～127 个单元格区域。

● 条件 1、条件 2 等：条件 1 必需，后续条件是可选的。形式为数字、表达式、单元格引用或文本的 1～127 个条件，用来定义要统计和的单元格。例如，条件可以表示为 32、"32"、">32"、"苹果"或 B4。

在本示例中，要统计市场 1 部女高级工程师业绩总分，有以下 3 个条件对。

● 条件区域 1：市场部；条件 1：市场 1 部。

● 条件区域 2：性别；条件 2：女。

● 条件区域 3：职称；条件 3：高级工程师。

所以，公式为“=SUMIFS(E2:E21,A2:A21,"市场 1 部",C2:C21,"女",D2:D21,"高级工程师")”。

3）AVERAGEIFS 函数：多条件统计平均值

语法：AVERAGEIFS(average_range,criteria_range1,criteria1,[criteria_range2,criteria2],…)

中文语法：AVERAGEIFS(统计平均值区域,条件区域 1,条件 1,[条件区域 2,条件 2],…)

● 统计平均值区域：必需，要计算平均值的一个或多个单元格，其中包含数字或数字的名称、数组、引用。

● 条件区域 1、条件区域 2 等：条件区域 1 必需，后续条件区域是可选的。在其中计算关联条件的 1～127 个单元格区域。

● 条件 1、条件 2 等：条件 1 必需，后续条件是可选的。形式为数字、表达式、单元格引用或文本的 1～127 个条件，用来定义要计算平均值的单元格。例如，条件可以表示为 32、"32"、">32"、"苹果"或 B4。

在本示例中，要统计市场 1 部女高级工程师平均业绩分，有以下 3 个条件对。

● 条件区域 1：市场部；条件 1：市场 1 部。

● 条件区域 2：性别；条件 2：女。

● 条件区域 3：职称；条件 3：高级工程师。

所以，公式为“=AVERAGEIFS(E2:E21,A2:A21,"市场 1 部",C2:C21,"女",D2:D21,"高级工程师")”。

4）MAXIFS 函数：多条件统计最大值

语法：MAXIFS(max_range，criteria_range1，criteria1，[criteria_range2，criteria2],…)

中文语法：MAXIFS(取最大值的单元格区域,条件区域 1,条件 1,[条件区域 2,条件 2],…)

● 取最大值的单元格区域：必需，要取最大值的一个或多个单元格，其中包含数字或数字的名称、数组、引用。

● 条件区域 1、条件区域 2 等：条件区域 1 必需，后续条件区域是可选的。在其中计算关联条件的 1～126 个单元格区域。

● 条件 1、条件 2 等：条件 1 必需，后续条件是可选的。形式为数字、表达式、单元格引用或文本的 1～126 个条件，用来定义取最大值的单元格。例如，条件可以表示为 32、"32"、">32"、"苹果"或 B4。

在本示例中，要统计市场 1 部女高级工程师最高业绩得分，有以下 3 个条件对。

- 条件区域 1：市场部；条件 1：市场 1 部。
- 条件区域 2：性别；条件 2：女。
- 条件区域 3：职称；条件 3：高级工程师。

所以，公式为“=MAXIFS(E2:E21,A2:A21,"市场 1 部",C2:C21,"女",D2:D21,"高级工程师")”。

5）MINIFS 函数：多条件统计最小值

语法：MINIFS(min_range,criteria_range1,criteria1,[criteria_range2,criteria2],…)

中文语法：MINIFS(取最小值的单元格区域,条件区域 1,条件 1,[条件区域 2,条件 2],…)

- 取最小值的单元格区域：必需，要取最小值的一个或多个单元格，包含数字或数字的名称、数组、引用。
- 条件区域 1、条件区域 2 等：条件区域 1 必需，后续条件区域是可选的。在其中计算关联条件的 1～126 个单元格区域。
- 条件 1、条件 2 等：条件 1 必需，后续条件是可选的。形式为数字、表达式、单元格引用或文本的 1～126 个条件，用来定义取最小值的单元格。例如，条件可以表示为 32、"32"、">32"、"苹果"或 B4。

在本示例中，要统计市场 1 部女高级工程师最低业绩得分，有以下 3 个条件对。

- 条件区域 1：市场部；条件 1：市场 1 部。
- 条件区域 2：性别；条件 2：女。
- 条件区域 3：职称；条件 3：高级工程师。

所以，公式为“=MINIFS(E2:E21,A2:A21,"市场 1 部",C2:C21,"女",D2:D21,"高级工程师")”。

【函数简介】

IFS 函数

功能：IFS 函数检查是否满足一个或多个条件，并且是否返回与第 1 个 TRUE 条件对应的值。IFS 函数可以取代多个嵌套 IF 语句，并且可通过多个条件更轻松地被读取。

语法：IFS([SomethingisTrue1,ValueifTrue1,[SomethingisTrue2,ValueifTrue2],…，[SomethingisTrue127,ValueifTrue127])

中文语法：如果（A1 等于 1，则显示 1，A1 等于 2，则显示 2，…，A1 等于 127，则显示 127）

IFS 函数允许测试最多 127 个不同的条件。

如图 4-68 所示的示例数据，根据图 4-69 所示的业绩标准，如何填写每位员工的业绩等级呢？

在 F2 单元格输入公式“=IFS(E2>=12,"优秀",E2>=8,"良好",E2>=5,"合格",E2<=5,"不合格")”，按 Enter 键执行计算，公式往下填充，即得每位员工的业绩等级，如图 4-70 所示。

	A	B	C	D	E	F
1	部门	姓 名	性 别	职务	业绩分	业绩等级
2	市场1部	王一	女	高级工程师	13	
3	市场2部	张二	男	中级工程师	9	
4	市场3部	林三	男	高级工程师	4	
5	市场1部	胡四	男	助理工程师	15	
6	市场2部	吴五	男	高级工程师	10	
7	市场3部	章六	男	高级工程师	8	
8	市场1部	陆七	男	中级工程师	5	
9	市场2部	苏八	男	工程师	7	
10	市场3部	韩九	女	助理工程师	8	
11	市场1部	徐一	男	高级工程师	6	
12	市场2部	项二	女	中级工程师	3	
13	市场3部	贾三	男	工程师	14	
14	市场1部	孙四	女	高级工程师	9	
15	市场2部	姚五	男	工程师	5	
16	市场3部	周六	男	工程师	10	

图 4-68　每位员工的业绩情况

分值	等级
大于或等于12	优秀
大于或等于8且小于12	良好
大于或等于5且小于8	合格
小于5	不合格

图 4-69　业绩标准

F2　=IFS(E2>=12,"优秀",E2>=8,"良好",E2>=5,"合格",E2<=5,"不合格")

	A	B	C	D	E	F	G	H
1	部门	姓 名	性 别	职务	业绩分	业绩等级		
2	市场1部	王一	女	高级工程师	8	良好		
3	市场2部	张二	男	中级工程师	9	良好		
4	市场3部	林三	男	高级工程师	4	不合格		
5	市场4部	胡四	男	助理工程师	15	优秀		
6	市场5部	吴五	男	高级工程师	10	良好		
7	市场1部	章六	男	高级工程师	8	良好		
8	市场2部	陆七	男	中级工程师	5	合格		
9	市场3部	苏八	男	工程师	7	合格		
10	市场4部	韩九	女	助理工程师	8	良好		
11	市场5部	徐一	男	高级工程师	6	合格		
12	市场1部	项二	女	中级工程师	3	不合格		
13	市场2部	贾三	男	工程师	14	优秀		
14	市场3部	孙四	女	高级工程师	9	良好		
15	市场4部	姚五	男	工程师	5	合格		
16	市场5部	周六	男	工程师	10	良好		

图 4-70　每位员工的业绩等级

如果改为 IF 嵌套的方法，公式为“=IF(E2>=12,"优秀",IF(E2>=8,"良好",IF(E2>=5,"合格","不合格")))”，可见 IFS 函数比 IF 嵌套的方法好用得多。

4.2.5　利用 SUM+COUNTIF 函数组合统计不重复值的个数

【问题】

某商店 5 天内的商品销售情况如图 4-71 所示，要求统计在这 5 天内一共销售出了几种商品。

【实现方法】

在 E2 单元格中输入公式“=SUM(1/COUNTIF(B2:B16,B2:B16))”，按 Ctrl+Shift+Enter 组合键执行计算，即可统计出销售的商品种数，如图 4-72 所示。

	A	B	C	D	E
1	时间	商品名称	销量		销售的商品种数
2	2017/3/1	鼠标	122		
3	2017/3/1	键盘	45		
4	2017/3/1	显示屏14寸	16		
5	2017/3/1	显示屏19寸	85		
6	2017/3/1	显示屏21寸	42		
7	2017/3/2	显示屏24寸	32		
8	2017/3/3	显示屏27寸	45		
9	2017/3/3	路由器	52		
10	2017/3/3	鼠标	75		
11	2017/3/4	键盘	46		
12	2017/3/4	显示屏14寸	100		
13	2017/3/4	显示屏21寸	200		
14	2017/3/5	显示屏24寸	122		
15	2017/3/5	显示屏27寸	45		
16	2017/3/5	鼠标	16		

图 4-71 某商店 5 天内的商品销售情况

E2 {=SUM(1/COUNTIF(B2:B16,B2:B16))}

	A	B	C	D	E	F
1	时间	商品名称	销量		销售的商品种数	
2	2017/3/1	鼠标	122		8	
3	2017/3/1	键盘	45			
4	2017/3/1	显示屏14寸	16			
5	2017/3/1	显示屏19寸	85			
6	2017/3/1	显示屏21寸	42			
7	2017/3/2	显示屏24寸	32			
8	2017/3/3	显示屏27寸	45			
9	2017/3/3	路由器	52			
10	2017/3/3	鼠标	75			
11	2017/3/4	键盘	46			
12	2017/3/4	显示屏14寸	100			
13	2017/3/4	显示屏21寸	200			
14	2017/3/5	显示屏24寸	122			
15	2017/3/5	显示屏27寸	45			
16	2017/3/5	鼠标	16			

图 4-72 销售的商品种数

【公式解析】

- COUNTIF(B2:B16,B2:B16)：表示依次统计 B2 到 B16 单元格数据出现的次数，返回一组数组{3;2;2;1;2;2;2;1;3;2;2;2;2;2;3}。
- 1/COUNTIF(B2:B16,B2:B16)：用 1 除以上述数组内每个数值，得到以下数组{1/3;1/2;1/2;1;1/2;1/2;1/2;1;1/3;1/2;1/2;1/2;1/2;1/2;1/3}。
- SUM(1/COUNTIF(B2:B16,B2:B16))：用 SUM 对上述数组内的数组求和，即得到不重复的商品数量。

【函数简介】

COUNTIF 函数

功能：用于统计满足某个条件的单元格数量。

语法：COUNTIF(要检查的单元格区域，要查找的内容)。

4.2.6 利用 FREQUENCY 函数分段计数

【问题】

利用 Excel 做数据分析时，经常会遇到分段统计数量的问题。以如图 4-73 所示的学生成绩为例，如何统计各分数段的人数呢？

	A	B	C	D	E
1	姓 名	成绩		区间分界点	人数
2	王一	100		小于60	
3	张二	91		大于或等于60小于70	
4	林三	65		大于或等于70小于80	
5	胡四	98		大于或等于80小于90	
6	吴五	100		大于或等于90	
7	章六	54			
8	陆七	73			
9	苏八	58			
10	韩九	72			
11	徐一	61			
12	项二	92			
13	贾三	83			
14	孙四	90			
15	姚五	79			
16	周六	80			

图 4-73 学生成绩

【实现方法】

选中 E2:E6 单元格区域，输入公式“=FREQUENCY(B2:B16,{60,70,80,90}-0.1)”，按 Ctrl+Shift+Enter 组合键执行计算，即可计算每个分数段的人数，如图 4-74 所示。

E2 {=FREQUENCY(B2:B16,{60,70,80,90}-0.1)}

	A	B	C	D	E	F	G
1	姓 名	成绩		区间分界点	人数		
2	王一	100		小于60	2		
3	张二	91		大于或等于60小于70	2		
4	林三	65		大于或等于70小于80	3		
5	胡四	98		大于或等于80小于90	2		
6	吴五	100		大于或等于90	6		
7	章六	54					
8	陆七	73					
9	苏八	58					
10	韩九	72					
11	徐一	61					
12	项二	92					
13	贾三	83					
14	孙四	90					
15	姚五	79					
16	周六	80					

图 4-74 每个分数段的人数

【函数简介】

FREQUENCY 函数

功能：计算数值在某个单元格区域内的出现频率，然后返回一个垂直数组。

语法：FREQUENCY(data_array,bins_array)。

中文语法：FREQUENCY(要统计的数组,间隔点数组)。

- data_array：必需，要对其频率进行计数的一组数值或对这组数值的引用。如果 data_array 中不包含任何数值，则 FREQUENCY 函数返回一个零数组。
- bins_array：必需，要将 data_array 中的值插入的间隔数组或对间隔的引用。如果 bins_array 中不包含任何数值，则 FREQUENCY 函数返回 data_array 中的元素个数。

本示例中的应用：

- B2:B16 是要分段统计的数组。
- {60,70,80,90}-0.1 是间隔点数组。

疑点解析：为什么不能直接用数组{60,70,80,90}呢？

如果直接用该数组，统计结果区域就是小于 60，大于 60 且小于 70，大于 70 且小于 80，大于 80 且小于 90，大于 90，但对于 60、70、80、90 的值无法被统计在内。为符合题目统计要求，用数组{60,70,80,90}减掉一个很小的数 0.1 来解决。如果成绩中有小数，可以将 0.1 改成更小的小数，如 0.001。

4.2.7 利用 COUNTIFS 函数统计满足多个条件的单元格数量

如图 4-75 所示，左侧是不同班级成绩，右侧是每个班级各分数段的人数，能不能用函数实现统计呢？

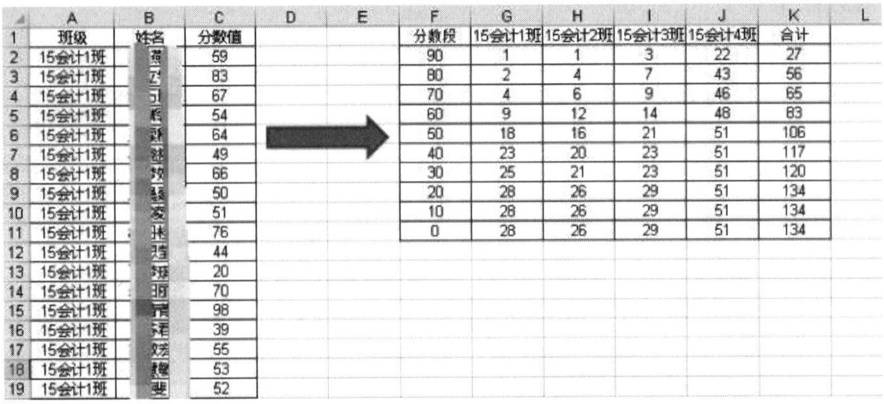

	A	B	C
1	班级	姓名	分数值
2	15会计1班	[illegible]	59
3	15会计1班	[illegible]	83
4	15会计1班	[illegible]	67
5	15会计1班	[illegible]	54
6	15会计1班	[illegible]	64
7	15会计1班	[illegible]	49
8	15会计1班	[illegible]	66
9	15会计1班	[illegible]	50
10	15会计1班	[illegible]	51
11	15会计1班	[illegible]	76
12	15会计1班	[illegible]	44
13	15会计1班	[illegible]	20
14	15会计1班	[illegible]	70
15	15会计1班	[illegible]	98
16	15会计1班	[illegible]	39
17	15会计1班	[illegible]	55
18	15会计1班	[illegible]	53
19	15会计1班	[illegible]	52

F	G	H	I	J	K
分数段	15会计1班	15会计2班	15会计3班	15会计4班	合计
90	1	1	3	22	27
80	2	4	7	43	56
70	4	6	9	46	65
60	9	12	14	48	83
50	18	16	21	51	106
40	23	20	23	51	117
30	25	21	23	51	120
20	28	26	29	51	134
10	28	26	29	51	134
0	28	26	29	51	134

图 4-75　成绩统计表

【实现方法】

在 F2 单元格中输入公式“=COUNTIFS($A$2:$A$135,G$1,$C$2:$C$135,">="&$F2)”，按 Enter 键执行计算，再将公式向下、向右填充，即可得到每个班级各分数段的人数。

【公式解析】

COUNTIFS 函数

语法：COUNTIFS(criteria_range1,criteria1,[criteria_range2,criteria2],…)。

中文语法：COUNTIFS(区域 1,条件 1,[区域 2,条件 2],…)。

注意，最多允许 127 个区域/条件对。

在本示例中，有以下两个条件对。

- 条件区域 1：所有班级所在单元格区域 A2:A135；条件 1：要统计的班级 G1。
- 条件区域 2：所有分数所在单元格区域 C2:C135；条件 2：要统计的分数段。

将该函数在向右与向下填充的过程中，一定要注意“所有班级区域”与“所有分数区域”的绝对引用、“要统计的班级”与“要统计的分数段”单元格的相对引用。

4.2.8　利用 TRIMMEAN 函数计算去掉最高分和最低分后的平均分

【问题】

在很多比赛场合，统计最终成绩时，要求去掉一个最高分和一个最低分后取竞赛者的平均分。可以用 SUM 求和，再减去 MAX、MIN 求出最大值和最小值，再除以多少个有效分数，但这种方法比较麻烦，可以用 TRIMMEAN 函数轻松实现。

【实现方法】

如图 4-76 所示，左侧公式为“TRIMMEAN（B3:B8,2/9）”，表示在 9 个裁判员打分中，去掉一个最高分和一个最低分后计算平均分；右侧公式为“TRIMMEAN(F3:F8,4/9)”，表示在 9 个裁判员打分中，去掉两个最高分和两个最低分后计算平均分。

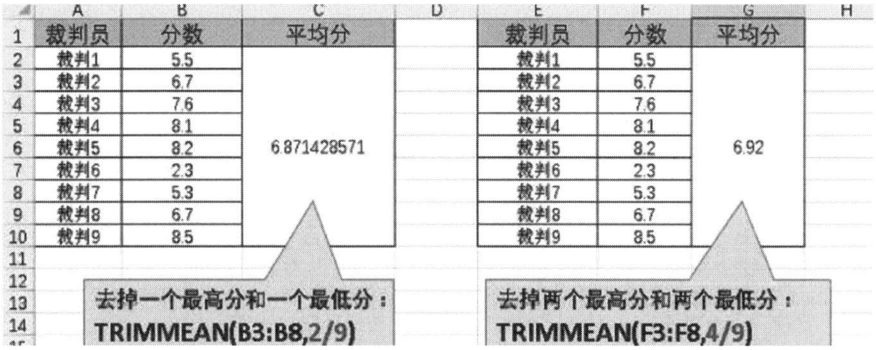

图 4-76　TRIMMEAN 函数去掉最高分与最低分后计算平均分

【函数简介】

TRIMMEAN 函数

语法：TRIMMEAN(array,percent)。

中文语法：TRIMMEAN(求平均分的数组或数值区域,排除数据点的分数)。

4.3 文本函数

4.3.1 MID+FIND 函数组合提取括号内数据

如图 4-77 所示的数据表，要求从“公司名称”中提取“所在省/自治区”。

	A	B
1	公司名称	所在省/自治区
2	青岛（山东）分公司	
3	呼和浩特（内蒙古）分公司	
4	杭州（浙江）第一分公司	
5	乌鲁木齐（新疆）第二分公司	

图 4-77 从“公司名称”中提取“所在省/自治区”

【实现方法】

在 B2 单元格中输入公式“=MID(A2,FIND("(",A2)+1,FIND(")",A2)-1-FIND("(",A2))”，按 Enter 键执行计算，即可取出 A2 单元格括号内的省/自治区“山东”。公式向下填充，即可得 A 列所有单元格括号内的省/自治区，如图 4-78 所示。

B2 =MID(A2,FIND("（",A2)+1,FIND("）",A2)-1-FIND("（",A2))

	A	B	C	D	E	F	G
1	公司名称	所在省/自治区					
2	青岛（山东）分公司	山东					
3	呼和浩特（内蒙古）分公司	内蒙古					
4	杭州（浙江）第一分公司	浙江					
5	乌鲁木齐（新疆）第二分公司	新疆					

图 4-78 提取省/自治区

【公式解析】

- FIND("(",A2)：返回“(”在 A2 单元格文本中的位置，返回值为 3。
- FIND(")",A2)：返回“)”在 A2 单元格文本中的位置，返回值为 6。
- MID(A2,FIND("(",A2)+1,FIND(")",A2)-1-FIND("(",A2))：在 A2 单元格文本中，从第 4 位开始，提取 2 位字符，即“山东”。

【函数简介】

1）FIND 函数

作用：在第二个文本串中定位第一个文本串，并返回第一个文本串的起始位置的值，该值从第二个文本串的第一个字符算起。

语法：FIND(find_text,within_text,[start_num])。

中文语法：FIND(要查找的文本,包含要查找文本的文本,[开始进行查找的位置字符])。

● find_text：必需，要查找的文本。

● within_text：必需，包含要查找文本的文本。

● start_num：可选，指定开始进行查找的字符。within_text 中的首字符是编号为 1 的字符。如果省略 start_num，则假定其值为 1。

补充说明：

（1）FIND 函数区分大小写，并且不允许使用通配符（如果要使用通配符查找，可以用 SEARCH 函数）。

（2）如果 find_text 为空文本("")，则返回字符串中首字符（编号为 start_num 或 1 的字符）的位置。

（3）以下 3 种情况返回错误值“#VALUE!”。

● within_text 中没有 find_text。

● start_num 不大于 0。

● start_num 大于 within_text 的长度。

（4）使用 start_num 可跳过指定的字符数。

使用示例：查找指定字符（串），如图 4-79 所示。

G5 fx

	A	B	C	D
1		查找结果	公式	说明
2	韩老师讲OFfice	6	=FIND("F",A2)	查找第一个 F 的位置
3	韩老师讲OFfice	7	=FIND("f",A3)	查找第一个f的位置

图 4-79 查找指定字符（串）

2）MID 函数

作用：返回文本字符串中从指定位置开始的特定数目的字符。

语法：MID(text, start_num, num_chars)

● text：必需，包含要提取字符的文本字符串。

● start_num：必需，文本中要提取的第一个字符的位置，该字符的 start_num 为 1，以此类推。

● num_chars：必需，指定希望 MID 函数从文本中返回字符的个数。

使用示例：与 MID 函数结合提取指定字符，如图 4-80 所示。

	A	B	C	D
1		查找结果	公式	说明
2	韩老师讲 Office	韩老师讲	=MID(A2,1,FIND(" ",A2,1)-1)	在A2中提取空格前面的字符
3	韩老师讲 Office	韩老师	=MID(A3,1,FIND("讲",A3,1)-1)	在A3中提取"讲"前面的字符

图 4-80 与 MID 函数结合提取指定字符

4.3.2 TEXT——超级好用的文本函数

【问题】

如图 4-81 所示的日期，如何转换成对应的星期呢？

【实现方法】

其实，这就是一个格式转换问题，TEXT 函数可以快速实现这种格式转换。

在 B2 单元格中输入公式“=TEXT(A2,"AAAA")”，按 Enter 键执行计算，再将公式向下填充，即可计算出所有日期对应的星期，如图 4-82 所示。

	A	B
1	日期	星期
2	2018/5/1	
3	2018/5/2	
4	2018/5/3	
5	2018/5/4	
6	2018/5/5	
7	2018/5/6	
8	2018/5/7	
9	2018/5/8	
10	2018/5/9	
11	2018/5/10	

图 4-81　日期

B2　=TEXT(A2,"AAAA")

	A	B	C	D
1	日期	星期		
2	2018/5/1	星期二		
3	2018/5/2	星期三		
4	2018/5/3	星期四		
5	2018/5/4	星期五		
6	2018/5/5	星期六		
7	2018/5/6	星期日		
8	2018/5/7	星期一		
9	2018/5/8	星期二		
10	2018/5/9	星期三		
11	2018/5/10	星期四		

图 4-82　日期转换为星期

【函数简介】

TEXT 函数

功能：TEXT 函数主要通过格式代码对数字应用格式，从而更改数字的显示方式。

语法：TEXT(Value, Format_text)。

- Value：数值，或是计算结果为数值的公式，也可以是对包含数值单元格的引用。
- Format_text：文本形式的数字格式。

注意：

- text 返回的一律是文本型数据。如果要计算，可以先将文本转换为数值，然后再计算。
- 文本型数据遇到四则运算会被自动转为数值。
- 但文本不会参与 SUM 之类的函数运算。

【典型应用】

1）格式日期

TEXT 函数通过不同的格式代码，可以将日期转换为不同的格式，如图 4-83 所示。

格式日期代码及其含义如表 4-2 所示。

	A	B	C	D
1	TEXT函数转换日期格式			
2	日期	不同日期格式	对应公式	
3	2017/8/4	8	=TEXT(A3,"m")	月
4	2017/8/4	08	=TEXT(A4,"mm")	
5	2017/8/4	Aug	=TEXT(A5,"mmm")	
6	2017/8/4	August	=TEXT(A6,"mmmm")	
7	2017/8/4	八月	=TEXT(A7,"[dbnum1]m月")	
8	2017/8/4	捌月	=TEXT(A8,"[dbnum2]m月")	
9	2017/8/4	８月	=TEXT(A9,"[dbnum3]m月")	
10	2017/8/4	8月	=ASC(TEXT(A10,"[dbnum3]m月"))	
11	2017/8/4	04	=TEXT(A11,"dd")	日
12	2017/8/4	Fri	=TEXT(A12,"ddd")	
13	2017/8/4	Friday	=TEXT(A13,"dddd")	
14	2017/8/4	五	=TEXT(A14,"aaa")	
15	2017/8/4	星期五	=TEXT(A15,"aaaa")	
16	2017/8/4	四日	=TEXT(A16,"[dbnum1]d日")	
17	2017/8/4	肆日	=TEXT(A17,"[dbnum2]d日")	
18	2017/8/4	４日	=TEXT(A18,"[dbnum3]d日")	
19	2017/8/4	17	=TEXT(A19,"yy")	年
20	2017/8/4	2017	=TEXT(A20,"yyyy")	
21	2017/8/4	二〇一七年	=TEXT(A22,"[dbnum1]yyyy年")	
22	2017/8/4	十七年	=TEXT(A22,"[dbnum1]yy年")	
23	2017/8/4	２０１７年	=TEXT(A23,"[dbnum3]yyyy年")	
24	2017/8/4	１７年	=TEXT(A24,"[dbnum3]yy年")	
25	2017/8/4	2017年	=ASC(TEXT(A25,"[dbnum3]yyyy年"))	
26	2017/8/4	17年	=ASC(TEXT(A26,"[dbnum3]yy年"))	
27	2017/8/4	二〇一七年八月四日	=TEXT(A27,"[dbnum1]yyyy年m月d日")	年月日
28	2017/8/4	贰零壹柒年捌月肆日	=TEXT(A28,"[dbnum2]yyyy年m月d日")	
29	2017/8/4	２０１７年８月４日	=TEXT(A29,"[dbnum3]yyyy年m月d日")	
30	2017/8/4	2017年8月4日	=ASC(TEXT(A30,"[dbnum3]yyyy年m月d日"))	

图 4-83　通过不同格式代码转换为不同日期格式

表 4-2　格式日期代码及其含义

代　码	含　义
m	将月显示为不带前导符 0 的数字
mm	根据需要将月显示为带前导符 0 的数字
mmm	将月显示为缩写形式（Jan 到 Dec）
mmmm	将月显示为完整名称（January 到 December）
d	将日显示为不带前导符 0 的数字
dd	根据需要将日显示为带前导符 0 的数字
ddd	将日显示为缩写形式（Sun 到 Sat）
dddd	将日显示为完整名称（Sunday 到 Saturday）
yy	将年显示为 2 位数字
yyyy	将年显示为 4 位数字

在阿拉伯数字与中文数字转换时，不同的格式代码可以转换为不同的结果。

- 格式参数为"[dbnum1]"：普通的数字大写形式，如“七百八十九”。
- 格式参数为"[dbnum2]"：财务专用数字大写形式，如“柒佰捌拾玖”。
- 格式参数为"[dbnum3]"：阿拉伯数字之间加单位，如“７百８十９”；但用"[dbnum3]"转成的数字是全角，所以如果转换成普通的半角，TEXT 函数之外要套用 ASC 函数。

2）格式时间

TEXT 函数通过不同的格式代码，可以将时间转换为不同的格式，如图 4-84 所示。

	A	B	C
33	TEXT函数转换时间格式		
34	时间	不同时间格式	对应公式
35	2017/8/4 22:35:53	22	=TEXT(A35,"h")
36	2017/8/4 22:35:53	22	=TEXT(A36,"hh")
37	2017/8/4 22:35:53	8	=TEXT(A37,"m")
38	2017/8/4 22:35:53	08	=TEXT(A38,"mm")
39	2017/8/4 22:35:53	53	=TEXT(A39,"s")
40	2017/8/4 22:35:53	53	=TEXT(A40,"ss")
41	2017/8/4 22:35:53	10 PM	=TEXT(A41,"h AM/PM")
42	2017/8/4 22:35:53	22	=TEXT(A42,"hh")
43	2017/8/4 22:35:53	10:35 PM	=TEXT(A43,"h:mm AM/PM")
44	2017/8/4 22:35:53	10:35 PM	=TEXT(A44,"h:mm AM/PM")
45	2017/8/4 22:35:53	22:35:53	=TEXT(A45,"h:mm:ss")
46	2017/8/4 22:35:53	22:35:52.98	=TEXT(A46,"h:mm:ss.00")
47	2017/8/4 22:35:53	22:35	=TEXT(A47,"h:mm")
48	2017/8/4 22:35:53	1030846:35	=TEXT(A48,"[h]:mm")
49	2017/8/4 22:35:53	35:53	=TEXT(A49,"mm:ss")
50	2017/8/4 22:35:53	61850795:53	=TEXT(A50,"[mm]:ss")
51	2017/8/4 22:35:53	52.98	=TEXT(A51,"ss.00")
52	2017/8/4 22:35:53	3711047752.98	=TEXT(A52,"[ss].00")

图 4-84　通过不同格式代码将时间转换为不同格式

格式时间代码及其含义如表 4-3 所示。

表 4-3　格式时间代码及其含义

代　　码	含　　义
h	将小时显示为不带前导符 0 的数字
[h]	以小时为单位显示经过时间。如果使用了公式，该公式返回小时数超过 24，请使用类似于[h]:mm:ss 的数字格式
hh	根据需要将小时显示为带前导符 0 的数字。如果格式含有 AM 或 PM，则基于 12h 制显示小时；否则，基于 24h 制显示小时
m	将分钟显示为不带前导符 0 的数字
	注释：m 或 mm 代码必须紧跟在 h 或 hh 代码之后，或者紧跟在 ss 代码之前；否则，Excel 显示的是月份而不是分钟
[m]	以分钟为单位显示经过时间。如果所用的公式返回的分钟数超过 60，请使用类似于[mm]:ss 的数字格式
mm	根据需要将分钟显示为带前导符 0 的数字
	注释：m 或 mm 代码必须紧跟在 h 或 hh 代码之后，或者紧跟在 ss 代码之前；否则，Excel 显示的是月份而不是分钟
s	将秒显示为不带前导符 0 的数字
[s]	以秒为单位显示经过时间。如果所用的公式返回的秒数超过 60，请使用类似于[ss]的数字格式
ss	根据需要将秒显示为带前导符 0 的数字。如果要显示秒的小数部分，请使用类似于 h:mm:ss.00 的数字格式
AM/PM，am/pm，A/P，a/p	基于 12h 制显示小时。时间介于午夜和中午之间时，Excel 会使用 AM、am、A 或 a 表示时间；时间介于中午和午夜之间时，Excel 会使用 PM、pm、P 或 p 表示时间

3）千分位分隔符

“,”（逗号）在数字中表示千分位分隔符。如果格式中含有被数字符号(#)或零包围起来的逗号，Excel 会分隔千位。例如，如果 format_text 参数为"#,###.0,"，Excel 会将数字 12,200,000 显示为 12,200.0。千位分隔符如图 4-85 所示。

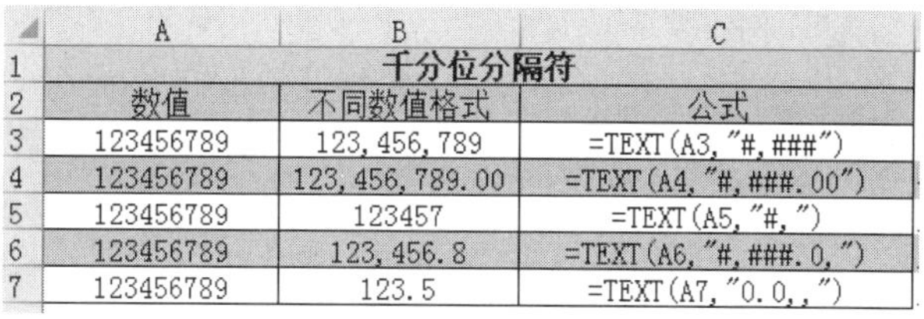

	A	B	C
1	千分位分隔符		
2	数值	不同数值格式	公式
3	123456789	123,456,789	=TEXT(A3,"#,###")
4	123456789	123,456,789.00	=TEXT(A4,"#,###.00")
5	123456789	123457	=TEXT(A5,"#,")
6	123456789	123,456.8	=TEXT(A6,"#,###.0,")
7	123456789	123.5	=TEXT(A7,"0.0,,")

图 4-85　千位分隔符

千分位分隔符代码及其含义如表 4-4 所示。

表 4-4　千分位分隔符代码及其含义

代　　码	含　　义
"#,###"	只保留整数
"#,###.00"	保留两位小数
"#,"	显示为 1,000 的整倍数
"#,###.0,"	显示为 1,000 的整倍数，且保留一位小数
"0.0,,"	显示为 1,000,000 的整倍数，且保留一位小数

其中，#只显示有意义的数字而不显示无意义的零。

4）格式数字、货币

TEXT 函数通过不同的格式代码，可以将数字、货币转换为不同的格式，如图 4-86 所示。

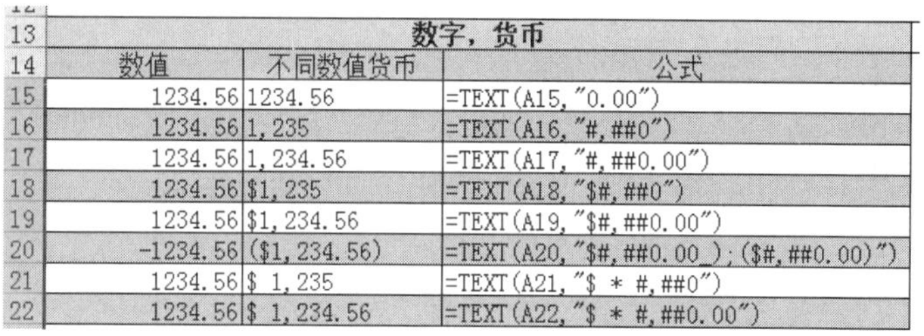

13	数字，货币		
14	数值	不同数值货币	公式
15	1234.56	1234.56	=TEXT(A15,"0.00")
16	1234.56	1,235	=TEXT(A16,"#,##0")
17	1234.56	1,234.56	=TEXT(A17,"#,##0.00")
18	1234.56	$1,235	=TEXT(A18,"$#,##0")
19	1234.56	$1,234.56	=TEXT(A19,"$#,##0.00")
20	-1234.56	($1,234.56)	=TEXT(A20,"$#,##0.00_);($#,##0.00)")
21	1234.56	$ 1,235	=TEXT(A21,"$ * #,##0")
22	1234.56	$ 1,234.56	=TEXT(A22,"$ * #,##0.00")

图 4-86　格式数字、货币

格式数字、货币代码及其含义如表 4-5 所示。

表 4-5　格式数字、货币代码及其含义

代　　码	含　　义
"0.00"	只保留整数
"#,##0"	千分位分隔符，只保留整数
"#,##0.00"	千分位分隔符，保留整数两位小数
"$#,##0"	只保留整数
"$#,##0.00"	保留两位小数
"$#,##0.00_);($#,##0.00)"	两位小数，负数
"$*#,##0"	只保留整数，$与数字间有一个空字符
"$*#,##0.00"	两位小数，$与数字间有一个空字符

5）加前导符 0 补充位数

TEXT 函数可以通过格式代码，给数字前加 0，如图 4-87 所示。

26	数值	加0前导符	公式
27	1	00001	=TEXT(A27,"00000")
28	12	00012	=TEXT(A28,"00000")
29	123	00123	=TEXT(A29,"00000")
30	1234	01234	=TEXT(A30,"00000")
31	12345	12345	=TEXT(A31,"00000")

图 4-87　加前导符 0 补充位数

6）百分比

TEXT 函数可以通过格式代码，将百分比保留为不同的格式，如图 4-88 所示。

46	数值	百分比	对应公式
47	0.244740088	24%	=TEXT(A47,"0%")
48	0.244740088	24.5%	=TEXT(A48,"0.0%")
49	0.244740088	24.47%	=TEXT(A49,"0.00%")

图 4-88　百分比保留为不同的格式

7）特殊格式

TEXT 函数有更多的特殊格式，如图 4-89 所示。

52	数值	特殊格式	Formula	格式说明
53	123456	ID# 000123456	="ID# "&TEXT(A53,"000000000")	ID
54	123456	12° 34' 56''	=TEXT(A54,"###° 00' 00''")	角度
55	12345	012345	=TEXT(A55,"000000")	邮政编码
56	123456789	12345-6789	=TEXT(A56,"00000-0000")	分开显示
57	057188883333	(0571)8888-3333	=TEXT(A57,"[<=9999999]###-####;(0###)####-####")	电话号码

图 4-89　特殊格式

8）条件区段判断

（1）4 个条件区段。

TEXT 函数的格式代码默认分为 4 个条件区段，各条件区段之间用半角分号间隔。默认情况下，这 4 个条件区段的定义为：[>0];[<0];[=0];[文本]。

【例 1】4 个条件区段如图 4-90 所示。

	A	B	C
1	数值	结果	对应公式
2	123.321	123.32	=TEXT(A2,"0.00;-0;0;文本")
3	-20.1234	-20	=TEXT(A3,"0.00;-0;0;文本")
4	0	0	=TEXT(A4,"0.00;-0;0;文本")
5	韩老师讲office	文本	=TEXT(A5,"0.00;-0;0;文本")

图 4-90　4 个条件区段

公式“=TEXT(A2,"0.00;-0;0;文本")”：A2 单元格的值，按照以下 4 种情况返回结果。

- >0：保留两位小数。
- <0：只保留整数。
- =0：返回 0 值。
- 文本：返回“文本”二字。

【例 2】按区段条件判断，强制返回相应结果，如图 4-91 所示。

	A	B	C
7	数值	结果	对应公式
8	123.321	100	=TEXT(A8,"1!0!0;5!0;0;文本")
9	-20.1234	50	=TEXT(A9,"1!0!0;5!0;0;文本")
10	0	0	=TEXT(A10,"1!0!0;5!0;0;文本")
11	韩老师讲office	文本	=TEXT(A11,"1!0!0;5!0;0;文本")

图 4-91　按区段条件判断，强制返回相应结果

公式“=TEXT(A8,"1!0!0;5!0;0;文本")”：A8 单元格的值，按照以下 4 种情况返回结果。

- >0：返回 100。
- <0：返回 50。
- =0：返回 0 值。
- 文本：返回“文本”二字。

公式中使用的感叹号（英文半角）是转义字符，强制其后的第一个字符不具备代码的含义，而仅仅是数字，如 1!0!0，将两个 0 强制成数字 0，而不是数字格式代码 0。

在实际应用中，可以使用部分条件区段。

（2）3 个条件区段。

3 个条件区段的定义为：[>0];[<0];[=0]。

【例 3】3 个条件区段如图 4-92 所示。

	A	B	C
14	结算	结果	对应公式
15	123.23	盈利	=TEXT(A15,"盈利;亏损;平衡")
16	-123.23	亏损	=TEXT(A16,"盈利;亏损;平衡")
17	0	平衡	=TEXT(A17,"盈利;亏损;平衡")

图 4-92　3 个条件区段

公式“=TEXT(A15,"盈利;亏损;平衡")”：A15 单元格的值，按照以下 3 种情况返回结果。

- >0：返回“盈利”。
- <0：返回“亏损”。
- =0：返回“平衡”。

（3）两个条件区段。

两个条件区段的定义为：[>0];[<0]。

【例 4】两个条件区段如图 4-93 所示。

	A	B	C
21	结算	格式	对应公式
22	123.23	盈利	=TEXT(A22,"盈利;亏损")
23	-123.23	亏损	=TEXT(A23,"盈利;亏损")

图 4-93　两个条件区段

公式“=TEXT(A22,"盈利;亏损")”：A22 单元格的值，按照以下两种情况返回结果。

- >0：返回“盈利”。
- <0：返回“亏损”。

9）自定义条件区段

TEXT 函数除了可以使用默认区段，还可以自定义条件区段。

（1）4 个自定义条件区段。

4 个自定义条件区段的定义为：[条件 1];[条件 2];[不满足条件的其他部分];[文本]。

【例 5】4 个自定义条件区段如图 4-94 所示。

	A	B	C
37	成绩	等级	公式
38	92	优秀	=TEXT(A38,"[>=85]优秀;[>=60]合格;不合格;无成绩")
39	72	合格	=TEXT(A39,"[>=85]优秀;[>=60]合格;不合格;无成绩")
40	50	不合格	=TEXT(A40,"[>=85]优秀;[>=60]合格;不合格;无成绩")
41	0	不合格	=TEXT(A41,"[>=85]优秀;[>=60]合格;不合格;无成绩")
42	缺考	无成绩	=TEXT(A42,"[>=85]优秀;[>=60]合格;不合格;无成绩")

图 4-94　4 个自定义条件区段

公式“=TEXT(A38,"[>=85]优秀;[>=60]合格;不合格;无成绩")”：A38 单元格的值，按照以下自定义的 4 种情况返回结果。

- >=85：返回“优秀”。
- >=60：返回“合格”。
- 不满足以上条件的数值：返回“不合格”。
- 非数值：返回“文本”二字。

（2）3 个自定义条件区段。

3 个自定义条件区段的定义为：[条件 1];[条件 2];[不满足条件的其他部分]。

【例 6】3 个自定义条件区段如图 4-95 所示。

	A	B	C
45	成绩	等级	公式
46	92	优秀	=TEXT(A46,"[>=85]优秀;[>=60]合格;不合格")
47	72	合格	=TEXT(A47,"[>=85]优秀;[>=60]合格;不合格")
48	50	不合格	=TEXT(A48,"[>=85]优秀;[>=60]合格;不合格")
49	0	不合格	=TEXT(A49,"[>=85]优秀;[>=60]合格;不合格")

图 4-95　3 个自定义条件区段

公式“=TEXT(A46,"[>=85]优秀;[>=60]合格;不合格")”：A46 单元格的值，按照以下自定义的 3 种情况返回结果。

- >=85：返回“优秀”。
- >=60：返回“合格”。
- 不满足以上条件：返回“不合格”。

（3）两个自定义条件区段。

两个自定义条件区段的定义为：[条件];[不满足条件的其他部分]。

【例 7】两个自定义条件区段如图 4-96 所示。

	A	B	C
53	成绩	等级	公式
54	92	合格	=TEXT(A54,"[>=60]合格;不合格")
55	72	合格	=TEXT(A55,"[>=60]合格;不合格")
56	50	不合格	=TEXT(A56,"[>=60]合格;不合格")
57	0	不合格	=TEXT(A57,"[>=60]合格;不合格")

图 4-96　两个自定义条件区段

公式“=TEXT(A54,"[>=60]合格;不合格")”：A54 单元格的值，按照以下自定义的两种情况返回结果。

- >=60：返回“合格”。
- 不满足以上条件：返回“不合格”。

10）巧用 TEXT 函数嵌套自定义多条件区段

以上举例中，可以看到，成绩只能判断到“优秀”“合格”“不合格”级别，如果再多级别，一个 TEXT 函数就解决不了了，须用嵌套解决这个问题。

【例 8】用 TEXT 函数嵌套自定义多条件区段，如图 4-97 所示，要求如下。

- 90 分及其以上：返回“优秀”。
- 70 分及其以上：返回“良好”。
- 60 分及其以上：返回“合格”。
- 60 分以下：返回“不合格”。

	A	B	C
61	成绩	等级	公式
62	92	优秀	=TEXT(TEXT(A62-60,"[>=30]优秀;不合格;0"),"[>=10]良好;合格")
63	80	良好	=TEXT(TEXT(A63-60,"[>=30]优秀;不合格;0"),"[>=10]良好;合格")
64	72	良好	=TEXT(TEXT(A64-60,"[>=30]优秀;不合格;0"),"[>=10]良好;合格")
65	65	合格	=TEXT(TEXT(A65-60,"[>=30]优秀;不合格;0"),"[>=10]良好;合格")
66	50	不合格	=TEXT(TEXT(A66-60,"[>=30]优秀;不合格;0"),"[>=10]良好;合格")

图 4-97　用 TEXT 函数嵌套自定义多条件区段

TEXT(A62-60,"[>=30]优秀;不合格;0")：对“A62-60”进行分段计算；如果“>=30”，返回“优秀”；如果“<0”，返回“不合格”；不满足以上条件，返回成绩的整数。

如果成绩中有小数，最后一个区段可以写成 0.0 或 0.00。通过这个公式，把成绩分段成了“>=90”“<60”“60～89”3 个区段。

TEXT(TEXT(A62-60,"[>=30]优秀;不合格;0"),"[>=10]良好;合格")：对位于 60～89 的成绩，减去 60，然后再计算如下。

- 如果“>=10”，返回“良好”。
- 否则，返回“合格”。

4.3.3　&——文本连接符的使用

【问题】

文本连接符（&）是把两个或多个单元格的内容连在一起，写在同一个单元格里的最简单的方式。“&”在连接单元格数据时，不管单元格格式为文本型还是数值型，都能实现单元格数据连接，但得到的结果都是文本型数字。

在使用“&”时，还要注意数据格式等问题。

【典型应用】

1）基本用法

最普通的用法就是直接合并多个单元格数据。在 G2 单元格中输入公式“=A1&B1&C1&D1&E1&F1”，按 Enter 键执行计算，再将公式向下填充，即可实现单元格数据连接，如图 4-98 所示。

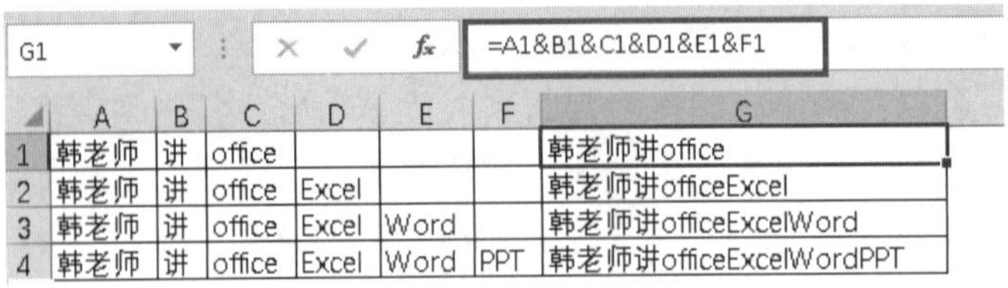

图 4-98 “&”的基本用法

如果要在单元格中连接进固定文本内容，可直接写入公式，并用英文半角双引号（""）引用，如公式“="敬请关注："&A1&B1&C1&D1&E1&F1”的返回结果，如图 4-99 所示。

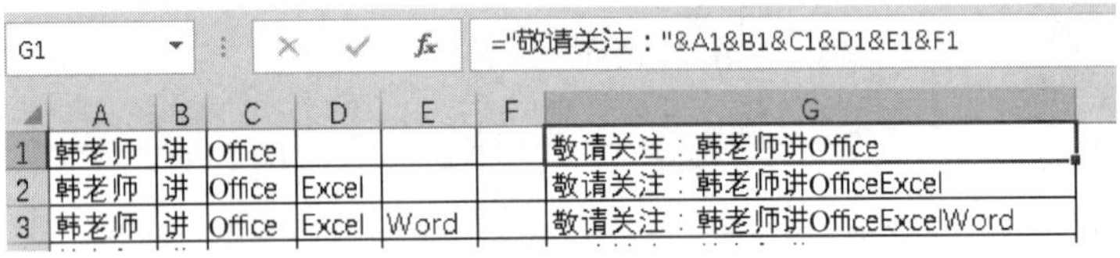

图 4-99 连接进固定文本内容

2）合并后换行

如果合并后的内容要换行显示，就要在公式中加入“CHAR(10)”。在 D2 单元格中输入公式“="敬请关注："&CHAR(10)&A1&B1&C1”，按 Enter 键执行计算，结果如图 4-100 所示。

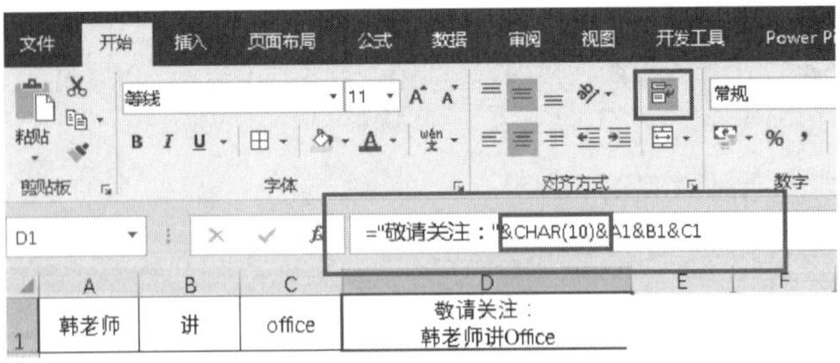

图 4-100 合并后换行

特别提示：“10”是换行符的 ANSI 编码，在公式中写入 CHAR(10)，即返回换行符。但必须选中“开始”菜单“对齐方式”中的“自动换行”命令才能显示换行结果。

3）合并带格式的内容

合并的内容要带有特殊格式，如日期、比例等，只用“&”合并，不能得到需要的效果，如图 4-101 所示。

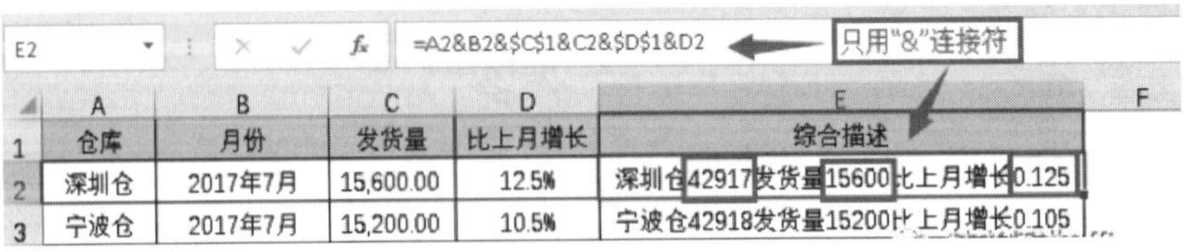

图 4-101 合并的内容带有特殊格式

在图 4-101 中，合并以后的“月份”变成一串数字、“发货量”不再是千分位分隔、“比上月增长”也不再是百分比。这样的效果很难让人看懂。

修改公式为“=A2&TEXT(B2,"e 年 m 月")&$C$1&TEXT(C2,"#,##0.00")&$D$1&TEXT(D2,"0.0%")”，结果如图 4-102 所示。

E2　=A2&TEXT(B2,"e年m月")&$C$1&TEXT(C2,"#,##0.00")&$D$1&TEXT(D2,"0.0%")

	A	B	C	D	E
1	仓库	月份	发货量	比上月增长	综合描述
2	深圳仓	2017年7月	15,600.00	12.5%	深圳仓2017年7月发货量15,600.00比上月增长12.5%
3	宁波仓	2017年7月	15,200.00	10.5%	宁波仓2017年7月发货量15,200.00比上月增长10.5%

图 4-102　公式中加入 TEXT 函数

- TEXT(B2,"e 年 m 月")：将日期保留成“年月”格式。
- TEXT(C2,"#,##0.00")：将数字保留千分位分隔格式。
- TEXT(D2,"0.0%")：百分比保留一位小数。

以上 3 种格式都是文本型数字。

4）合并列实现多条件查找

“&”不仅能实现单元格的合并，还可以实现列合并，利用能合并列这个特性，来实现多条件查询。

如图 4-103 所示是不同月份、不同员工的业绩分，现在要统计不同月份、不同员工的业绩得分，就要根据“月份”“姓名”两个条件查找。在 G2 单元格中输入公式“=SUMPRODUCT((A2:A13&B2:B13=E2&F2)*C2:C13)”，按 Enter 键执行计算，即可完成查找，如图 4-103 所示。

G2　=SUMPRODUCT((A2:A13&B2:B13=E2&F2)*C2:C13)

	A	B	C	D	E	F	G
1	月份	姓 名	业绩评分		月份	姓 名	业绩评分
2	一月	王一	95		二月	张二	62
3	一月	张二	91				
4	一月	林三	94				
5	一月	胡四	60				
6	二月	王一	83				
7	二月	张二	62				
8	二月	林三	95				
9	二月	胡四	91				
10	三月	王一	83				
11	三月	张二	62				
12	三月	林三	95				
13	三月	胡四	91				

图 4-103　实现多条件查询

【公式解析】

- A2:A13&B2:B13：表示连接 A2:A13 单元格区域与 B2:B13 单元格区域的对应单元格，形成文本字符串数组：{一月王一;一月张二;一月林三;一月胡四;二月王一;二月张二;二月林三;二月胡四;三月王一;三月张二;三月林三;三月胡四}。
- E2&F2：表示连接 E2 和 F2 单元格的内容，形成字符串“二月张二”。

● A2:A13&B2:B13=E2&F2：表示将“A2:A13&B2:B13”形成的字符串数组中的每个字符串，与 E2&F2 形成的字符串一一比较，如果相等返回 TRUE，不相等则返回 FALSE。该部分公式返回逻辑值组成的数组{FALSE;FALSE;FALSE;FALSE;FALSE;TRUE;FALSE;FALSE;FALSE;FALSE;FALSE;FALSE}。

● (A2:A13&B2:B13=E2&F2)*C2:C13：表示将上述逻辑字符串与 C2:C13 单元格区域对应单元格相乘，得到新的数组{0;0;0;0;0;62;0;0;0;0;0;0}。

● SUMPRODUCT((A2:A13&B2:B13=E2&F2)*C2:C13)：表示用 SUMPRODUCT 函数将数组内各数值相加。

4.3.4 CONCATENATE 文本连接函数

【问题】

CONCATENATE 也是常用的文本连接函数。

如图 4-104 所示，在 G2 单元格中输入公式“=SUMPRODUCT((CONCATENATE(A2:A13,B2:B13)=CONCATENATE(E2,F2))*C2:C13)”，按 Ctrl+Shift+Enter 组合键执行计算，即可完成多条件查找。

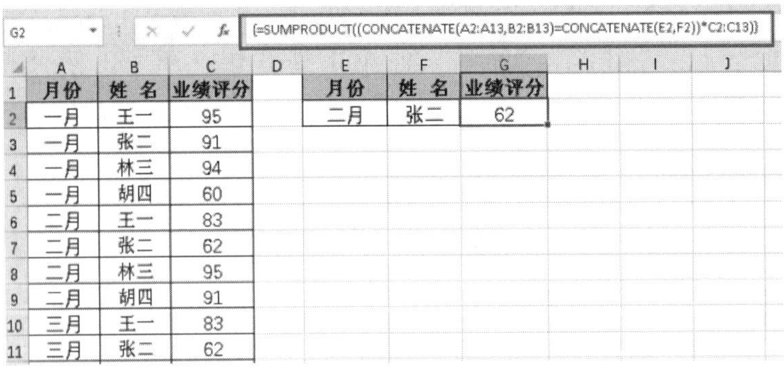
G2 {=SUMPRODUCT((CONCATENATE(A2:A13,B2:B13)=CONCATENATE(E2,F2))*C2:C13)}

	A	B	C	D	E	F	G	H	I	J
1	月份	姓 名	业绩评分		月份	姓 名	业绩评分			
2	一月	王一	95		二月	张二	62			
3	一月	张二	91							
4	一月	林三	94							
5	一月	胡四	60							
6	二月	王一	83							
7	二月	张二	62							
8	二月	林三	95							
9	二月	胡四	91							
10	三月	王一	83							
11	三月	张二	62							

图 4-104 合并列实现多条件查找

但在实际多条件查询应用中，一般选择用文本连接符（&）。

【公式解析】

● CONCATENATE(A2:A13,B2:B13)：表示连接 A2:A13 单元格区域与 B2:B13 单元格区域的对应单元格，形成文本字符串数组：{一月王一;一月张二;一月林三;一月胡四;二月王一;二月张二;二月林三;二月胡四;三月王一;三月张二;三月林三;三月胡四}。

● CONCATENATE(E2,F2)：表示连接 E2 和 F2 单元格的内容，形成字符串“二月张二”。

● (CONCATENATE(A2:A13,B2:B13)=CONCATENATE(E2,F2))：表示将“A2:A13&B2:B13”形成的字符串数组中的每个字符串，与“E2&F2”形成的字符串一一比较，如果相等返回 TRUE，不相等则返回 FALSE。该部分公式返回逻辑值组成的数组{FALSE;FALSE; FALSE;FALSE;FALSE;TRUE;FALSE;FALSE;FALSE;FALSE;FALSE;FALSE}。

● (CONCATENATE(A2:A13,B2:B13)=CONCATENATE(E2,F2))*C2:C13：将上述逻辑

字符串与 C2:C13 单元格区域对应单元格相乘，得到新的数组{0;0;0;0;0;62;0;0;0;0;0;0}。

● SUMPRODUCT((CONCATENATE(A2:A13,B2:B13)=CONCATENATE(E2,F2))*C2:C13)：用 SUMPRODUCT 函数将数组内各数值相加。

【函数简介】

CONCATENATE 函数

功能：将两个或多个文本字符串连接为一个字符串文本。

语法：CONCATENATE(text1,[text2],…)。

● text1：必需，要连接的第一个项目。项目可以是文本、数字或单元格引用。

● text2,…：可选，要连接的其他文本项目。最多可以有 255 个项目，总共最多支持 8192 个字符。

【典型应用】

CONCATENATE 和文本连接符的用法基本一样，所以不再展开讲述，只把结果写到此处，详细介绍可参考 4.3.3 节。

1）基本用法

直接合并多个单元格数据，在 G2 单元格中输入公式"=CONCATENATE(A1,B1,C1,D1,E1,F1)"，按 Enter 键执行计算，再将公式向下填充，即可实现单元格数据连接，如图 4-105 所示。

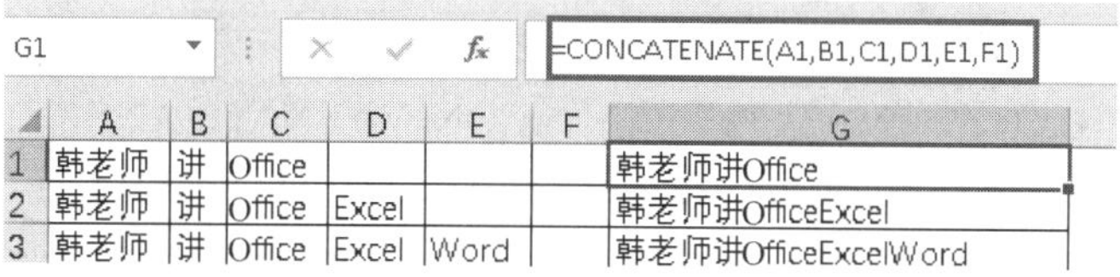

	A	B	C	D	E	F	G
1	韩老师	讲	Office				韩老师讲Office
2	韩老师	讲	Office	Excel			韩老师讲OfficeExcel
3	韩老师	讲	Office	Excel	Word		韩老师讲OfficeExcelWord

图 4-105 直接合并多个单元格数据

如果要在单元格中连接进固定文本内容，修改公式为"=CONCATENATE("敬请关注:",A1,B1, C1,D1,E1,F1)"，如图 4-106 所示。

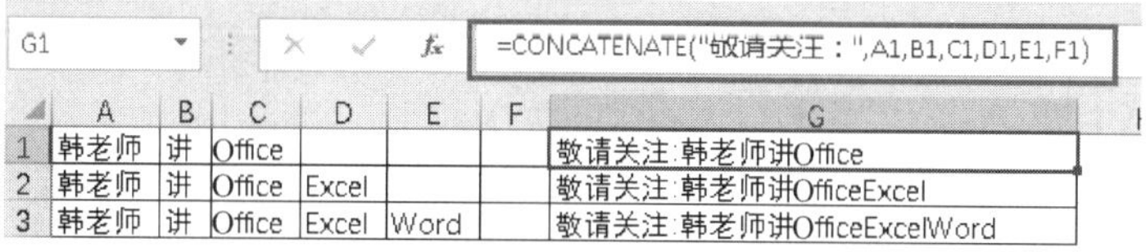

	A	B	C	D	E	F	G
1	韩老师	讲	Office				敬请关注:韩老师讲Office
2	韩老师	讲	Office	Excel			敬请关注:韩老师讲OfficeExcel
3	韩老师	讲	Office	Excel	Word		敬请关注:韩老师讲OfficeExcelWord

图 4-106 连接进固定文本内容

2）合并后换行

如果合并后的内容要换行显示，就要在公式中加入"CHAR(10)"。在 D2 单元格中输入公式"=CONCATENATE("敬请关注:",CHAR(10),A1,B1,C1)"，按 Ctrl+Shift+Enter 组合键执行计算，结果如图 4-107 所示。

3）合并带格式的内容

在 E2 单元格中输入公式"=CONCATENATE(A2,TEXT(B2,"e 年 m 月"),$C$1,TEXT(C2,

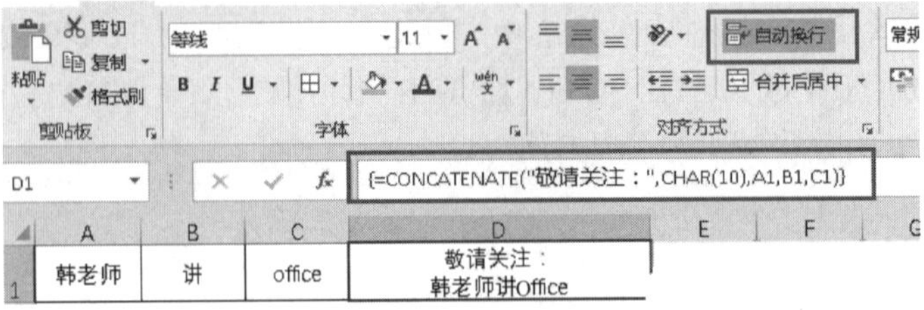

图 4-107　合并后换行

"#,##0.00"),$D$1,TEXT(D2,"0.0%"))”，按 Enter 键执行计算，再将公式向下填充，即可实现单元格带格式的数据连接，如图 4-108 所示。

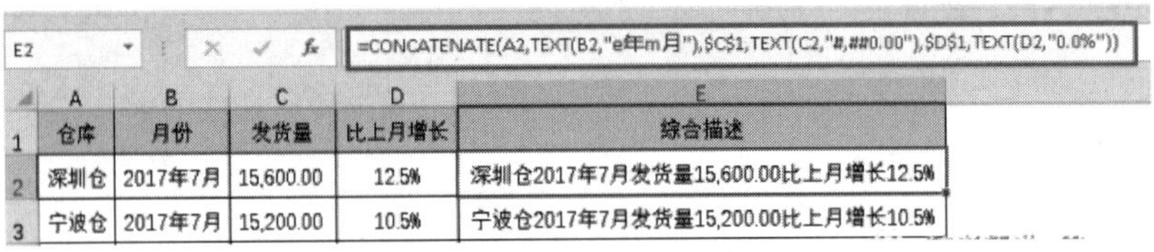

图 4-108　合并带格式的内容

4.3.5　CONCAT 文本连接函数

【问题】

不管是文本连接符（&），还是 CONCATENATE 函数，在连接数据时，参数都必须是单元格，而不能是单元格区域。例如，连接 A2 到 J2 各单元格数据，公式可写为“=A2&B2&C2&D2&E2&F2&G2&H2&I2&J2”或“=CONCATENATE(A2,B2,C2,D2,E2,F2,G2,H2,I2,J2)”，可见，连接内容较多时，公式会非常长，写起来很麻烦！

因此，新版 Excel 2016 出现了可以合并单元格区域的文本连接函数：CONCAT 和 TEXTJOIN，以上两个麻烦的公式可以简化为“=CONCAT(A1:J1)”或“=TEXTJOIN("",,A1:J1)”。

【函数简介】

CONCAT 函数

功能：将单元格区域文本（或单个文本）连接为一个字符串。

中文语法：CONCAT（文本 1，[文本 2，…]）。

- 文本 1：必需，要合并的文本项，如单元格区域中字符串或字符串数组。
- [文本 2，…]：可选，要连接的额外文本项，可以有 252 个文本项。

【典型应用】

1）合并单元格区域

合并同行单元格区域如图 4-109 所示，公式为“=CONCAT(A1:L1)”。

合并行列单元格区域如图 4-110 所示，公式为“=CONCAT(A1:L4)”。

2）加分隔符合并单元格区域

加分隔符合并单元格区域如图 4-111 所示，公式为“=CONCAT(A1:F1&"")”（此处加空白分隔符）。

图 4-109　合并同行单元格区域

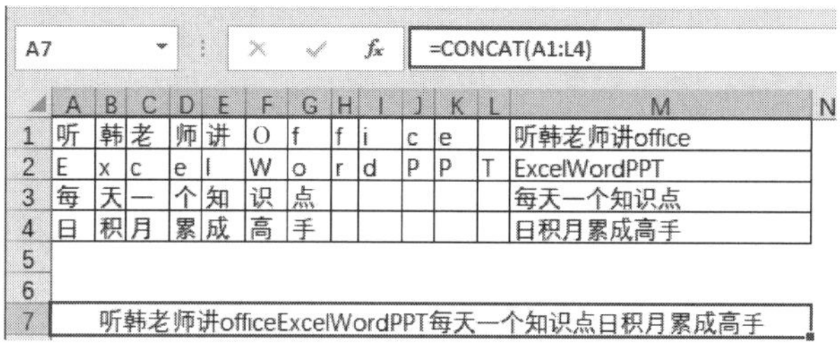

图 4-110　合并行列单元格区域

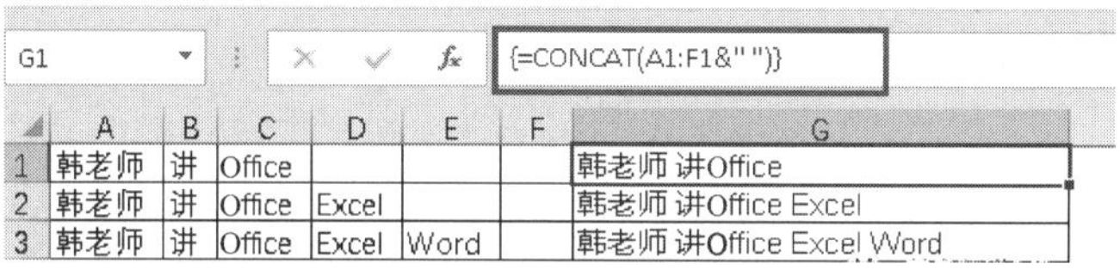

图 4-111　加分隔符合并单元格区域

特别注意，此公式是数组公式，要按 Ctrl+Shift+Enter 组合键执行计算。

3）条件筛选单元格区域合并

CONCAT 函数还可以用于符合某些条件的数据合并，如图 4-112 所示，筛选的是各个部门考核优秀的员工名单，而且如果原数据有变化，结果也会跟着被更新。在 F2 单元格输入公式“=CONCAT(IF((A2:A16=E2)*(C2:C16="优秀"),B2:B16&"，",""))”，按 Ctrl+Shift+Enter 组合键执行计算，即可完成指定部门考核优秀员工姓名的查找。

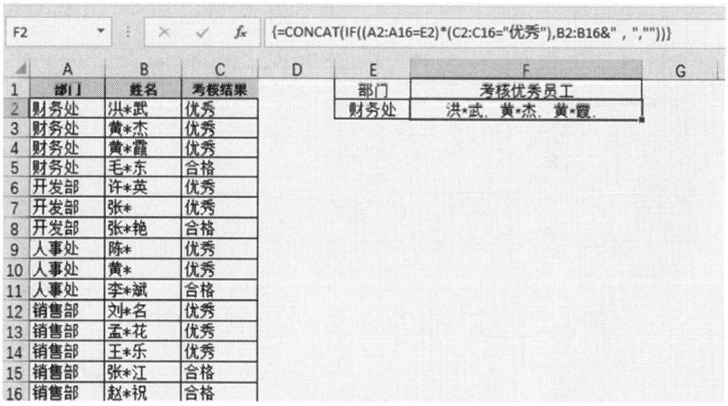

图 4-112　各个部门考核优秀的员工名单

该公式含义：凡是满足条件（部门列中等于 E2 部门、考核结果列中等于优秀）的单元格合并。

4.3.6 TEXTJOIN 文本连接函数

【问题】

对于 CONCAT 函数能完成的功能，TEXTJOIN 函数都能完成，并且 TEXTJOIN 函数在忽略空白单元格、合理应用分隔符方面更胜一筹。

如图 4-113 所示的各部门人员姓名，如何将同一部门的姓名汇总到同一单元格呢？

	A	B	C	D	E
1	部门	姓名		部门	人员
2	人事处	陈*		财务处	
3	人事处	黄*		开发部	
4	财务处	杨*		人事处	
5	财务处	张*宏		销售部	
6	开发部	陈*东			
7	开发部	斯*苗			
8	人事处	李*斌			
9	人事处	李*林			
10	销售部	陈*斯			
11	销售部	李*			
12	销售部	刘*			
13	开发部	谢*一			
14	销售部	刘*名			
15	销售部	孟*花			

图 4-113 各部门人员姓名

【实现方法】

在 E2 单元格输入公式“=TEXTJOIN("、",1,IF($A$2:$A$15=D2,$B$2:$B$15,""))”，按 Ctrl+Shift+Enter 组合键执行计算，并将公式向下填充，即可完成将同一部门的姓名汇总到同一单元格，如图 4-114 所示。

这种方法得出的结果可以随部门员工的增减而随时被更新。

E2 {=TEXTJOIN("、",1,IF($A$2:$A$15=D2,$B$2:$B$15,""))}

	A	B	C	D	E
1	部门	姓名		部门	人员
2	人事处	陈*		财务处	杨*、张*宏
3	人事处	黄*		开发部	陈*东、斯*苗、谢*一
4	财务处	杨*		人事处	陈*、黄*、李*斌、李*林
5	财务处	张*宏		销售部	陈*斯、李*、刘*、刘*名、孟*花
6	开发部	陈*东			
7	开发部	斯*苗			
8	人事处	李*斌			
9	人事处	李*林			
10	销售部	陈*斯			
11	销售部	李*			
12	销售部	刘*			
13	开发部	谢*一			
14	销售部	刘*名			
15	销售部	孟*花			

图 4-114 同一部门的姓名汇总到同一单元格

【公式解析】

- IF($A$2:$A$15=D2,$B$2:$B$15,""): 表示将 A2:A15 单元格区域中每个单元格数据与 D2 单元格数据比较，如果相同，则返回对应 B2:B15 单元格区域的单元格数据；如果不同，则返回空值。

● TEXTJOIN("、",1,IF($A$2:$A$15=D2,$B$2:$B$15,""))：将“、”连接在每个姓名之间。

【函数简介】

TEXTJOIN 函数

功能：将多个单元格区域的文本字符串结合在一起，包括每个文本之间的分隔符。

中文语法：TEXTJOIN（分隔符,是否忽略空白单元格,文本 1,[文本 2,…]）。

● 分隔符：必需，可以是文本字符串，或者为空，或者用双引号引起来的一个或多个字符，或者对有效文本字符串的引用。如果提供一个数字，则将被视为文本。

● 是否忽略空白单元格：必需，如果为 TRUE（或 1），则忽略空白单元格。

● 文本 1：必需，要连接的文本项，如文本字符串或字符串数组。

● [文本 2,…]：可选，要连接的其他文本项，可以有 252 个文本项。每个文本项可以是一个文本字符串或字符串数组。

【典型应用】

1）同行单元格区域合并

公式为“=TEXTJOIN("、",1,A1:F1)”，其含义是合并 A1:F1 单元格区域的单元格，忽略空白单元格合并，并用“、”分隔，如图 4-115 所示。

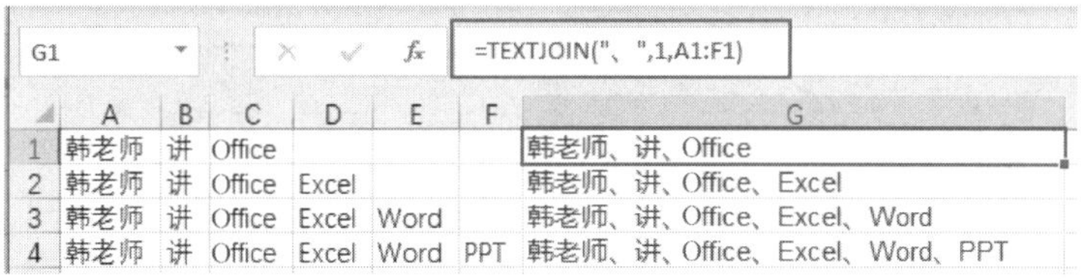

G1　=TEXTJOIN("、",1,A1:F1)

	A	B	C	D	E	F	G
1	韩老师	讲	Office				韩老师、讲、Office
2	韩老师	讲	Office	Excel			韩老师、讲、Office、Excel
3	韩老师	讲	Office	Excel	Word		韩老师、讲、Office、Excel、Word
4	韩老师	讲	Office	Excel	Word	PPT	韩老师、讲、Office、Excel、Word、PPT

图 4-115　同行单元格区域合并

2）行列单元格区域合并

公式为“=TEXTJOIN("",1,A1:L4) ”，如图 4-116 所示。

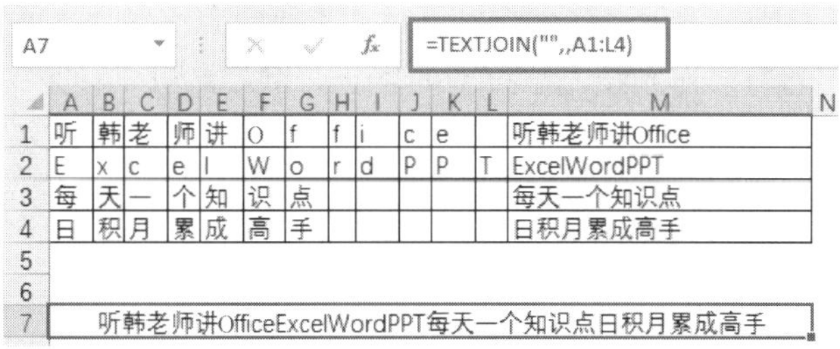

A7　=TEXTJOIN("",,A1:L4)

	A	B	C	D	E	F	G	H	I	J	K	L	M
1	听	韩	老	师	讲	O	f	f	i	c	e		听韩老师讲Office
2	E	x	c	e	l	W	o	r	d	P	P	T	ExcelWordPPT
3	每	天	一	个	知	识	点						每天一个知识点
4	日	积	月	累	成	高	手						日积月累成高手
5													
6													
7	听韩老师讲OfficeExcelWordPPT每天一个知识点日积月累成高手												

图 4-116　行列单元格区域合并

CONCAT 函数和 TEXTJOIN 函数是 Excel 2016 版本特有的。

4.3.7　CLEAN 函数清除非打印字符

【问题】

从系统导出数据时，文本内容前经常会有英文状态的单引号“'”。如图 4-117 所示，每个姓名和学号前都有一个英文状态的单引号“'”。此符号在姓名前，不易被察觉，只有将光标放在单元格上才能被显露出来。

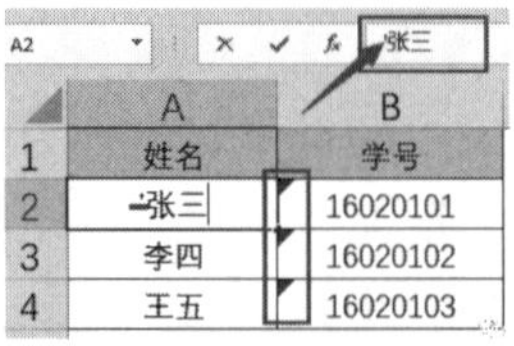

图 4-117　文本内容前经常有英文状态的单引号

在数字前面，单元格左上角会出现（绿色）小三角。此符号虽然不影响打印效果，但却影响数据统计或导入其他系统，该如何去除它呢？

【实现方法】

CLEAN 函数可以快速去除各种非打印字符，如图 4-118 所示。

	A	B	C	D
1	功能	示例	结果	公式
2	清除换行符	经理 李四	经理李四	=CLEAN(B2)
3	清除文体标识符	123	123	=CLEAN(B3)
4	清除日期格式	2017/9/21	42999	=CLEAN(B4)
5	清除时间格式	13:20:33	0.5559375	=CLEAN(B5)
6	清除百分比格式	0.57%	0.00565	=CLEAN(B6)

图 4-118　CLEAN 函数去除非打印字符

【函数简介】

CLEAN 函数

功能：删除文本中所有不能打印的字符。对从其他应用程序导入的文本，使用 CLEAN 函数将删除其中含有当前操作系统无法打印的字符。例如，可以使用 CLEAN 函数删除某些通常出现在数据文件开头和结尾处且无法打印的低级计算机代码。

语法：CLEAN(text)。

中文语法：CLEAN（文本）。

参数：文本必需，要从中删除非打印字符的任何工作表信息。

CLEAN 函数不仅可以清除格式符号，还能清除单元格的设置。

4.3.8　SUBSTITUTE 文本替换函数的使用

【问题】

如图 4-119 所示，火车票上的身份证号码从第 11 位开始隐藏 4 位数字，这是如何实现的呢？

【实现方法】

在 D2 单元格中输入公式"=SUBSTITUTE(C2,MID(C2,11,4),"****")",如图 4-120 所示，按 Enter 键执行计算，然后将公式向下填充，即可实现隐藏所有身份证号码的指定位数字。

C	D
身份证号码	隐藏部分字符
330675196706154485	3306751967****4485
330675196708154432	3306751967****4432
330675195302215412	3306751953****5412
330675198603301836	3306751986****1836
330675195308032859	3306751953****2859
330675195905128755	3306751959****8755

图 4-119　隐藏身份证号码 4 位数字

=SUBSTITUTE(C2,MID(C2,11,4),"****")

C	D
身份证号码	隐藏部分字符
330675196706154485	3306751967****4485
330675196708154432	3306751967****4432
330675195302215412	3306751953****5412
330675198603301836	3306751986****1836
330675195308032859	3306751953****2859
330675195905128755	3306751959****8755

图 4-120　输入公式

【公式解析】

- MID(C2,11,4)：用 MID 函数从身份证号码的第 11 位开始取 4 位。
- SUBSTITUTE(C2,MID(C2,11,4),"****")：表示用"****"替换从身份证号码的第 11 位开始的 4 位数字。

【函数简介】

SUBSTITUTE 函数

功能：在某个文本字符串中替换指定的文本。

语法：SUBSTITUTE(text,old_text,new_text,[instance_num])。

- 文本：必需，要替换其中字符的文本，或者对含有文本（要替换其中字符）的单元格的引用。
- old_text：必需，要替换的文本。
- new_text：必需，用于替换 old_text。
- instance_num：可选，指定要用 new_text 替换 old_text。如果指定了 instance_num，则只有满足要求的 old_text 被替换。否则，文本中出现的所有 old_text 都会被更改为 new_text。

使用 SUBSTITUTE 函数的特点如下。

- 区分大小写和全/半角：当 text 中没有包含 old_text 指定的字符串时，该函数结果与 text 相同。
- 当第 3 个参数为空文本或被省略，而只保留参数前的逗号时，相当于将 text 中包含 old_text 指定的字符串去掉。
- 当第 4 个参数被省略，text 中与 old_text 相同的文本将被替换。
- 如果第 4 个参数有指定，如"2"，则只有第 2 次出现的 old_text 被替换。

使用 SUBSTITUTE 函数的 4 个特点如图 4-121 所示。

	公式	返回结果
特点1	=SUBSTITUTE("韩老师讲Office","office","2016")	韩老师讲Office
特点2	=SUBSTITUTE("韩老师讲Office","Office",)	韩老师讲
特点3	=SUBSTITUTE("韩老师讲Office","Office","2016")	韩老师讲2016
特点4	=SUBSTITUTE("韩老师讲Office Office2016","Office","Excel",2)	韩老师讲Office Excel2016

图 4-121　使用 SUBSTITUTE 函数的 4 个特点

【典型应用】

1）统一替换部分字符

公式“=SUBSTITUTE(D1,"及","合")”：把“不及格”统一改为“不合格”，如图 4-122 所示。

2）计算字符串内特定字符的个数

公式“=LEN(D2)-LEN(SUBSTITUTE(D2,6,))”：计算 D2 单元格字符串中“6”出现的次数，如图 4-123 所示。其中，“LEN(D2)”表示 D2 单元格字符串的长度；“LEN(SUBSTITUTE(D2,6,))”替换掉了 6 以后 D2 单元格字符串的长度。

3）带单位的数值计算

在 F11 单元格中输入公式“=(AVERAGE(--SUBSTITUTE(F2:F10,"分",)))”，按 Ctrl+Shift+Enter 组合键执行计算，即可得到平均值，如图 4-124 所示。其中，公式内“--”称为减负运算，其结果是一串文本。在文本前面加一个“-”，是通过取负数将文本转换成数字，再在文本前加一个“-”，即负负得正。减负运算常用于将公式中的文本转换为数字。

fx =SUBSTITUTE(D1,"及","合")

D	E	F
不及格	不合格	
优秀	优秀	
良好	良好	
合格	合格	
不及格	不合格	

图 4-122 批量改动字符

=LEN(D2)-LEN(SUBSTITUTE(D2,6,))

D	E
字符串	6出现的次数
'1285696526316	4

图 4-123 计算字符出现次数

{=(AVERAGE(--SUBSTITUTE(F2:F10,"分",)))}

D	E	F	G
	姓 名	考核分数	
	王一	75	
	张二	82分	
	林三	68	
	胡四	78	
	吴五	79分	
	章六	68	
	陆七	88	
	苏八	91分	
	韩九	65	
	平均分	77.11111	

图 4-124 带单位的数值计算

4）同一单元格中的最大值

如图 4-125 所示，员工姓名和业绩挤在一个单元格里，在 C2 单元格中输入公式“=MAX((SUBSTITUTE(B2,ROW($1:$100),)< >B2)*ROW($1:$100))”，按 Ctrl+Shift+Enter 组合键执行计算，即可计算出最高业绩。

C2 fx {=MAX((SUBSTITUTE(B2,ROW($1:$100),)<>B2)*ROW($1:$100))}

	A	B	C	D
1	部门	员工业绩	最高业绩	
2	销售1部	王一：96，张二：90，林三：85，胡四：76，吴五：91	96	
3	销售2部	陆七：76，苏八：85，韩九：71，徐一：92	92	
4	销售3部	贵三：97，孙四：86，姚五：96	97	
5	销售4部	周六：71，金七：82，赵八：88，许九：95	95	
6	销售5部	陈一：64，程二：91	91	

图 4-125 员工姓名和业绩挤在一个单元格里

【公式解析】

- ROW($1:$100)：返回值是 1～100 组成的数组{1;2;3;4;5;6;7…98;99;100}。

● SUBSTITUTE(B2,ROW($1:$100),)：将 B2 单元格内的文本依次删除 1～100 数值以后，返回 100 组文本组成的数组，如图 4-126 所示。

ROW($1:$100)	(SUBSTITUTE(B2,ROW($1:$100),)
⬇	⬇
1	王一：96，张二：90，林三：85，胡四：76，吴五：9
2	王一：96，张二：90，林三：85，胡四：76，吴五：91
3	王一：96，张二：90，林三：85，胡四：76，吴五：91
4	王一：96，张二：90，林三：85，胡四：76，吴五：91
5	王一：96，张二：90，林三：8，胡四：76，吴五：91
6	王一：9，张二：90，林三：85，胡四：7，吴五：91
7	王一：96，张二：90，林三：85，胡四：6，吴五：91
8	王一：96，张二：90，林三：5，胡四：76，吴五：91
9	王一：6，张二：0，林三：85，胡四：76，吴五：1
10	王一：96，张二：90，林三：85，胡四：76，吴五：91
11	王一：96，张二：90，林三：85，胡四：76，吴五：91
12	王一：96，张二：90，林三：85，胡四：76，吴五：91
13	王一：96，张二：90，林三：85，胡四：76，吴五：91
88	王一：96，张二：90，林三：85，胡四：76，吴五：91
89	王一：96，张二：90，林三：85，胡四：76，吴五：91
90	王一：96，张二：，林三：85，胡四：76，吴五：91
91	王一：96，张二：90，林三：85，胡四：76，吴五：
92	王一：96，张二：90，林三：85，胡四：76，吴五：91
93	王一：96，张二：90，林三：85，胡四：76，吴五：91
94	王一：96，张二：90，林三：85，胡四：76，吴五：91
95	王一：96，张二：90，林三：85，胡四：76，吴五：91
96	王一：，张二：90，林三：85，胡四：76，吴五：91
97	王一：96，张二：90，林三：85，胡四：76，吴五：91
98	王一：96，张二：90，林三：85，胡四：76，吴五：91
99	王一：96，张二：90，林三：85，胡四：76，吴五：91
100	王一：96，张二：90，林三：85，胡四：76，吴五：91

图 4-126 {=SUBSTITUTE(B2,ROW($1:$100),)}返回值

● SUBSTITUTE(B2,ROW($1:$100),)< >B2：返回值是一组 TRUE 与 FALSE 组成的 100 个逻辑值数组，将删除了数字后的文本与 B2 单元格的内容相对比，如果相同则返回 TRUE；如果不同则返回 FALSE。

● (SUBSTITUTE(B2,ROW($1:$100),)< >B2)*ROW($1:$100)：将得到的一级逻辑值与 1～100 数值相乘，TRUE 相当于 1，FALSE 相当于 0，相乘以后得到的结果是一个数组，该数组由 100 个数值组成，分别是 B2 单元格中包含的所有数字和 0。

最后，用 MAX 函数对上述数组内的数值求最大值。

4.3.9 REPLACE 函数——隐藏身份证号码的部分数字

【问题】

身份证号码是个人最重要的信息，单位人事部门为了对每个员工的信息进行保密，往往在常用的 Excel 工作表里隐藏身份证号码的部分数字，如图 4-127 所示。

【实现方法】

在 D2 单元格中输入公式"=REPLACE(C3,7,8,"********")，按 Enter 键执行计算，再将公式向下填充，即可隐藏所有身份证号码的部分数字，如图 4-128 所示。

	A	B	C	D
1	员工工资资料表			
2	部门	姓 名	身份证号码	身份证号码
3	市场1部	王一	330675196706154485	330675********4485
4	市场2部	张二	330675196708154432	330675********4432
5	市场3部	林三	330675195302215412	330675********5412
6	市场1部	胡四	330675198603301836	330675********1836
7	市场2部	吴五	330675195308032859	330675********2859
8	市场3部	章六	330675195905128755	330675********8755
9	市场1部	陆七	330675197211045896	330675********5896
10	市场2部	苏八	330675198807015258	330675********5258

图 4-127　隐藏身份证号码的部分数字

D3　　fx　=REPLACE(C3,7,8,"********")

	A	B	C	D
1	员工工资资料表			
2	部门	姓 名	身份证号码	身份证号码
3	市场1部	王一	330675196706154485	330675********4485
4	市场2部	张二	330675196708154432	330675********4432
5	市场3部	林三	330675195302215412	330675********5412
6	市场1部	胡四	330675198603301836	330675********1836
7	市场2部	吴五	330675195308032859	330675********2859
8	市场3部	章六	330675195905128755	330675********8755
9	市场1部	陆七	330675197211045896	330675********5896
10	市场2部	苏八	330675198807015258	330675********5258

图 4-128　REPLACE 函数隐藏部分身份证号码

该公式含义：对 C3 单元格的身份证号码自第 7 位开始，更换 8 位数字为新的文本字符“********”。

【函数简介】

REPLACE 函数

含义：用新字符串替换旧字符串。

语法：=Replace(old_text,start_num,num_chars,new_text)。

中文语法：=Replace(要替换的字符串,开始位置,替换个数,新的文本)。

第 4 个参数是文本，要加上引号。

4.4　时间与日期函数

4.4.1　根据身份证号码计算退休日期

【问题】

如图 4-129 所示，如何根据身份证号码直接算出退休日期呢？

解决这个问题的关键是：

- 使用哪个函数最合适？
- 如何区别男、女两种情况？

【实现方法】

在 B2 单元格中输入公式“=EDATE(DATE(MID(A2,7,4),MID(A2,11,2),MID(A2,13,2)),

55*12+MOD(MID(A2,17,1),2)*5*12)”，按 Enter 键执行计算，再将公式向下填充，即可得所有身份证号码对应的退休日期，如图 4-130 所示。

	A	B
1	身份证号码	退休日期
2	330675196706154485	
3	330675196708154432	
4	330675195302215412	
5	330675198603301836	
6	330675195308032859	
7	330675195905128755	
8	330675197211045896	
9	330675198807015258	
10	330675197304178789	

图 4-129　根据身份证号码直接算出退休日期

B2　=EDATE(DATE(MID(A2,7,4),MID(A2,11,2),MID(A2,13,2)),55*12+MOD(MID(A2,17,1),2)*5*12)

	A	B
1	身份证号码	退休日期
2	330675196706154485	2022/6/15
3	330675196708154432	2027/8/15
4	330675195302215412	2013/2/21
5	330675198603301836	2046/3/30
6	330675195308032859	2013/8/3
7	330675195905128755	2019/5/12
8	330675197211045896	2032/11/4
9	330675198807015258	2048/7/1
10	330675197304178789	2028/4/17

图 4-130　身份证号码对应的退休日期

【公式解析】

退休日期是指女性满 55 岁或男性满 60 岁时的日期，这里选择使用 EDATE 函数来计算退休日期。退休日期的计算思路如图 4-131 所示。

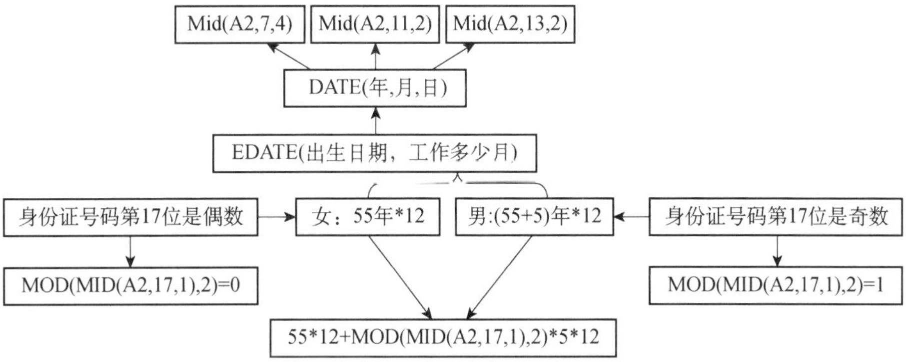

图 4-131　退休日期的计算思路

【函数简介】

EDATE 函数

功能：返回表示日期，该日期与指定日期（start_date）相隔（之前或之后）指定的月份数。

语法：EDATE(start_date,months)。

中文语法：EDATE（开始日期，月份数）。

● start_date：必需，代表开始日期。应使用 DATE 函数输入日期，或者将其他公式或函数的结果作为日期。例如，DATE(2008,5,23)输入的日期是 2008 年 5 月 23 日。如果 start_date 不是有效日期，则 EDATE 返回错误值“#VALUE!”。

● months：必需，start_date 之前或之后的月份数。months 为正值将生成未来日期，为负值将生成过去日期，如果 months 不是整数，则将其舍去小数部分取整。

Excel 可将日期存储为可用于计算的序列号。在默认情况下，1900 年 1 月 1 日的序列号是 1，而 2008 年 1 月 1 日的序列号是 39448，这是因为距 1900 年 1 月 1 日有 39448 天。

【典型应用】

以 A2 单元格日期（2011 年 1 月 15 日）为开始日期，计算 A2 单元格日期以前或以后的日期如图 4-132 所示。

	A	B	C
1	日期		
2	2011/1/15		
3			
4	公式	说明	返回值
5	=EDATE(A2,1)	此函数表示上述日期之后一个月的日期	2011/2/15
6	=EDATE(A2,-1)	此函数表示上述日期之前一个月的日期	2010/12/15
7	=EDATE(A2,2)	此函数表示上述日期之后两个月的日期	2011/3/15
8	=EDATE(A2,2.6)	此函数表示上述日期之后两个月的日期	2011/3/15

图 4-132　计算 A2 单元格日期以前或以后的日期

注意：EDATE 函数的计算结果是序列号，还要将序列号设置成日期格式。

【知识拓展】

TEXT 函数与 CONCATENATE 函数可以计算出不同格式的出生日期，都可以用来计算退休日期，如图 4-133 所示。

	A	B	C	D	E
1	身份证	身份证			
2	330206198006180666	330206198006180616			
3	（女）	（男）			
4					
5					
6	退休日期	公式			
7	2035年6月18日	=EDATE(DATE(MID(A2,7,4),MID(A2,11,2),MID(A2,13,2)),55*12+MOD(MID(A2,17,1),2)*5*12)			
8	2040年6月18日	=EDATE(DATE(MID(B2,7,4),MID(B2,11,2),MID(B2,13,2)),55*12+MOD(MID(B2,17,1),2)*5*12)			
9					
10	2035年6月18日	=EDATE(TEXT(MID(A2,7,8),"0000年00月00日"),55*12+MOD(MID(A2,17,1),2)*5*12)			
11	2040年6月18日	=EDATE(TEXT(MID(B2,7,8),"0000年00月00日"),55*12+MOD(MID(B2,17,1),2)*5*12)			
12					
13	2035年6月18日	=EDATE(TEXT(MID(A2,7,8),"0-00-00"),55*12+MOD(MID(A2,17,1),2)*5*12)			
14	2040年6月18日	=EDATE(TEXT(MID(B2,7,8),"0-00-00"),55*12+MOD(MID(B2,17,1),2)*5*12)			
15					
16	2035年6月18日	=EDATE(TEXT(MID(A2,7,8),"0!/00!/00"),55*12+MOD(MID(A2,17,1),2)*5*12)			
17	2040年6月18日	=EDATE(TEXT(MID(B2,7,8),"0!/00!/00"),55*12+MOD(MID(B2,17,1),2)*5*12)			
18					
19	2035年6月18日	TE(CONCATENATE(MID(A2,7,4),"年",MID(A2,11,2),"月",MID(A2,13,2),"日"),55*12+MOD(MID(A2,17,1),2)			
20	2040年6月18日	TE(CONCATENATE(MID(B2,7,4),"年",MID(B2,11,2),"月",MID(B2,13,2),"日"),55*12+MOD(MID(B2,17,1),2)			

图 4-133　计算退休日期的不同方式

4.4.2　根据续费月数计算到期日

【问题】

某服务公司要根据客户续费月数，计算服务到期日，数据样表如图 4-134 所示。

	A	B	C	D
1	客户	日期	续费月数	到期日
2	客户1	2017年10月18日	6	
3	客户2	2017年10月18日	8	
4	客户3	2017年10月18日	12	
5	客户4	2017年10月18日	18	
6	客户5	2017年10月18日	20	

图 4-134　数据样表

【实现方法】

在 D2 单元格中输入公式"=DATE(YEAR(B2),MONTH(B2)+C2,DAY(B2))"，按 Enter 键执行计算，再将公式向下填充，即可得到所有的到期日，如图 4-135 所示。

D2　=DATE(YEAR(B2),MONTH(B2)+C2,DAY(B2))

	A	B	C	D	E
1	客户	日期	续费月数	到期日	
2	客户1	2017年10月18日	6	2018年4月18日	
3	客户2	2017年10月18日	8	2018年6月18日	
4	客户3	2017年10月18日	12	2018年10月18日	
5	客户4	2017年10月18日	18	2019年4月18日	
6	客户5	2017年10月18日	20	2019年6月18日	

图 4-135　计算到期日

【公式解析】

解决本问题的关键是：

- 每个月的天数不一样，不能直接将月份转换成天数与原日期相加，要单独对 B 列起始日期中的月份加续费月数。
- 如果月数相加大于 12，则会自动进位到年份。

【函数简介】

DATE 函数

功能：返回表示特定日期的连续序列号。

语法：DATE(year,month,day)。

中文语法：DATE(年,月,日)。

- year：必需，年份，year 参数的值可以包含 1～4 位数字。
- month：必需，1 个正整数或负整数，表示 1 年中从 1～12 月的各月。
- day：必需，1 个正整数或负整数，表示 1 月中从 1～31 日的各天。

4.4.3 利用 DATEDIF 函数计算精确到年、月、天的账龄

【问题】

如图 4-136 所示，精确到年、月、天的账龄，该怎么计算呢？

业务单位	费用发生日期	费用金额（万元）	账龄
A	2017/3/2	75	1~2年
B	2012/6/1	51	2年以上
C	2013/6/1	70	2年以上
D	2014/9/1	32	2年以上
E	2017/7/1	75	6~12个月
F	2017/1/10	47	1~2年

→

精确账龄
1年1个月6天
5年10个月7天
4年10个月7天
3年7个月7天
0年9个月7天
1年2个月29天

图 4-136　计算精确账龄

【实现方法】

输入公式“=DATEDIF(B2,TODAY(),"Y")&"年"&DATEDIF(B2,TODAY(),"YM")&"个月"&DATEDIF(B2,TODAY(),"MD")&"天"”，按 Enter 键执行计算，并将公式向下填充，即可得所有费用的精确账龄，如图 4-137 所示。

D2　=DATEDIF(B2,TODAY(),"Y")&"年"&DATEDIF(B2,TODAY(),"YM")&"个月"&DATEDIF(B2,TODAY(),"MD")&"天"

	A	B	C	D
1	业务单位	费用发生日期	费用金额（万元）	精确账龄
2	A	2017/3/2	75	1年1个月6天
3	B	2012/6/1	51	5年10个月7天
4	C	2013/6/1	70	4年10个月7天
5	D	2014/9/1	32	3年7个月7天
6	E	2017/7/1	75	0年9个月7天
7	F	2017/1/10	47	1年2个月29天

图 4-137　计算精确账龄

【函数简介】

DATEDIF 函数

功能：用于计算两个日期之间的天数、月数和年数。

语法：DATEDIF(start_date,end_date,unit)。

中文语法：DATEDIF(起始日期,结束日期,时间代码)。

- start_date（参数 1）：表示起始日期。
- end_date（参数 2）：表示结束日期。
- unit（参数 3）：为所需信息返回时间的单位代码。各单位代码含义如下。
- "y"：返回时间段中的整年数；
- "m"：返回时间段中的整月数；
- "d"：返回时间段中的天数；
- "md"：参数 1 和参数 2 的天数之差，忽略年和月。
- "ym"：参数 1 和参数 2 的月数之差，忽略年和日。
- "yd"：参数 1 和参数 2 的天数之差，忽略年，按照月、日计算天数。

DATEDIF 函数不同时间代码的返回值如图 4-138 所示。

日期	距今	含义	对应公式
2000/5/21	17	2000/5/21到今天时隔整17年	=DATEDIF(A2,TODAY(),"y")
2000/5/21	205	2000/5/21到今天时隔整205个月	=DATEDIF(A3,TODAY(),"m")
2000/5/21	6267	2000/5/21到今天时隔整6267天	=DATEDIF(A4,TODAY(),"d")
2000/5/21	27	5月21日到今天（忽略年和月）时隔27天	=DATEDIF(A5,TODAY(),"md")
2000/5/21	1	5月21日到今天（忽略年和日）时隔整1月	=DATEDIF(A6,TODAY(),"ym")
2000/5/21	58	5月21日到今天（忽略年）时隔58天	=DATEDIF(A7,TODAY(),"yd")
		注：公式中的“今天”是指2017年7月18日	

图 4-138　DATEDIF 函数不同时间代码的返回值

【典型应用】

根据入职日期，精确统计员工工龄。

选中 C3:E12 单元格区域，输入公式“=DATEDIF(B3:B12,TODAY(),{"y","ym","md"})”，按 Ctrl+ Shift+Enter 组合键执行计算，即可计算出所有员工精确到年、月、日的工龄，如图 4-139 所示。

C3　{=DATEDIF(B3:B12,TODAY(),{"y","ym","md"})}

姓 名	入职日期	工龄		
		年	月	日
王一	1987/6/15	31	6	1
张二	1995/8/15	23	4	1
林三	2003/2/21	15	9	25
胡四	2006/3/30	12	8	16
吴五	1999/8/3	19	4	13
章六	1998/5/12	20	7	4
陆七	1992/11/4	26	1	12
苏八	1988/7/1	30	5	15
韩九	2009/4/17	9	7	29
徐一	2011/10/3	7	2	13

图 4-139　精确统计统计员工工龄

注意：公式中的“今天”是指 2018 年 12 月 16 日。

4.4.4　利用 WORKDAY 函数计算几个工作日之后的日期

【问题】

如图 4-140 所示，不同订单金额的最后交款日期是不同的，能否用公式计算出 A 列所有订单金额的最后交款日期呢？不同金额需要的交款工作日数如图 4-142 所示。

订单金额	订单发生日期	最后交款日期
1000	2018-9-9	
2000	2018-9-9	
8000	2018-9-9	
10,000	2018-9-9	
80,000	2018-9-9	
50,000	2018-9-9	
100,000	2018-9-9	
200,000	2018-9-9	

图 4-140　不同金额及订单发生日期

不同金额需要的交款工作日数	
金额	工作日数
0~1999元	1
2000~9999元	3
10,000~49,999元	5
50,000~99,999元	7
100,000及以上	10

图 4-141　不同金额需要的交款工作日数

解决此问题的关键：如何计算规定工作日数之后的日期？

【实现方法】

（1）将每个金额范围的最低值与需要的交款工作日数写入 E3:F7 单元格区域。

（2）在 C2 单元格中输入公式“=WORKDAY(B2,VLOOKUP(A2,$E$3:$F$7,2))”，按 Enter 键执行计算，再将公式向下填充，即可得所有订单金额的最后交款日期，如图 4-142 所示。

C2 fx =WORKDAY(B2,VLOOKUP(A2,$E$3:$F$7,2))

	A	B	C	D	E	F
1	订单金额	订单发生日期	最后交款日期		不同金额需要的交款工作日数	
2	1000	2018-9-9	2018-9-10		金额	工作日数
3	2000	2018-9-9	2018-9-12		0	1
4	8000	2018-9-9	2018-9-12		2000	3
5	10000	2018-9-9	2018-9-14		10000	5
6	80000	2018-9-9	2018-9-18		50000	7
7	50000	2018-9-9	2018-9-18		100000	10
8	100000	2018-9-9	2018-9-21			
9	200000	2018-9-9	2018-9-21			

图 4-142　所有订单金额的最后交款日期

【公式解析】

● VLOOKUP(A2,$E$3:$F$7,2)：表示查找 A2 单元格数据需要的交款工作日数。VLOOKUP 函数的第 4 个参数省略了，即模糊查找，返回比 A2 单元格数据小的最接近 A2 单元格数据对应的工作日数。

● WORKDAY(B2,VLOOKUP(A2,$E$3:$F$7,2))：表示以 B2 单元格日期为起始日期，VLOOKUP(A2,$E$3: $F$7,2)查找到的几个工作日以后的日期。

【函数简介】

WORKDAY 函数

返回在某日期（起始日期）之前或之后、与该日期相隔指定工作日数的某个日期。工作日不包括周末和专门指定的假日。在计算发票到期日、预期交货时间或工作天数时，可以使用函数 WORKDAY 来扣除周末或假日。

语法：WORKDAY(start_date,days,[holidays])。

中文语法：WORKDAY(开始日期,天数,[排除的一个或多个日期])。

● start_date：必需，开始日期。

● days：必需，start_date 之前或之后不含周末及节假日的天数。days 为正值生成未来日期；days 为负值生成过去日期。

● holidays：可选，一个可选列表，其中包含从工作日历中排除的一个或多个日期。

返回去除放假的几个工作日以后的日期如图 4-143 所示。

	A	B	C	D	E	F	G
1	开始日期	工作日	截止日期	公式	含义		假如元旦放假两天
2	2017/12/22	10	2018/1/5	=WORKDAY(A2,B2)	如果元旦不放假10个工作日以后的日期		
3	2017/12/22	10	2018/1/8	=WORKDAY(A3,B3,"2018/1/1")	如果元旦放假1天，10个工作日以后的日期		2018/1/1
4	2017/12/22	10	2018/1/9	=WORKDAY(A4,B4,G3:G4)	如果元旦放假2天，10个工作日以后的日期		2018/1/2

图 4-143　返回去除放假的几个工作日以后的日期

4.4.5 利用 EOMONTH 函数取某月的最后一天

【问题】

不同月份的产品销量如图 4-144 所示，每个月份的天数不同，该如何计算每月的日均销量呢？

	A	B	C
1	月份	产品销量	平均日销量
2	2016年1月	16720	
3	2016年2月	11226	
4	2016年3月	81125	
5	2016年4月	60205	
6	2016年5月	72198	
7	2016年6月	46746	
8	2016年7月	85467	
9	2016年8月	26426	
10	2016年9月	99490	
11	2016年10月	47928	

图 4-144 不同月份的产品销量

【实现方法】

在 C2 单元格中输入公式“=B2/DAY(EOMONTH(A2,0))”，按 Enter 键执行计算，再将公式向下填充，即可得每月的日均销量，如图 4-145 所示。

C2 =B2/DAY(EOMONTH(A2,0))

	A	B	C	D	E
1	月份	产品销量	平均日销量		
2	2016年1月	16720	539.35		
3	2016年2月	11226	387.10		
4	2016年3月	81125	2616.94		
5	2016年4月	60205	2006.83		
6	2016年5月	72198	2328.97		
7	2016年6月	46746	1558.20		
8	2016年7月	85467	2757.00		
9	2016年8月	26426	852.45		
10	2016年9月	99490	3316.33		
11	2016年10月	47928	1546.06		

图 4-145 每月的日均销量

【公式解析】

- EOMONTH(A2,0)：返回 A2 月份的最后一天。
- DAY(EOMONTH(A2,0))：返回 A2 月份最后一天所在月的天数，即 A2 月份的总天数。
- B2/DAY(EOMONTH(A2,0))：月内总销量除以本月总天数，即月内日均销量。

【函数简介】

EOMONTH 函数

功能：返回某个月份的最后一天。

语法：EOMONTH(start_date,months)。

中文语法：EOMONTH(日期,月份数)。

● start_date：日期，必需，且一定是日期格式的。

● months：月份数，必需，是指日期之前或之后的月份数。它为正值则生成未来日期；它为负值则生成过去日期；它为 0 则是本月。months 不同值返回的结果如图 4-146 所示。

● dAY：返回日期所在月的天数，是从 1～31 之间的整数。

F	G	H	I
日期	返回日期	对应公式	含义
2016年3月7日	2016年3月31日	=EOMONTH(F2,0)	当月的最后一天
2016年3月7日	2016年6月30日	=EOMONTH(F3,3)	往后推三个月的最后一天
2016年3月7日	2016年4月30日	=EOMONTH(F4,1)	往后推一个月的最后一天
2016年3月7日	2016年2月29日	=EOMONTH(F5,-1)	往前推一个月的最后一天
2016年3月7日	2015年12月31日	=EOMONTH(F6,-3)	往前推三个月的最后一天

图 4-146　Months 不同值返回的结果

4.4.6　利用 NETWORKDAYS.INTL 函数计算工作日

【问题】

甲说：我们单位周六、周日双休，从没有节假日。

乙说：我们单位周日单休，从没有节假日。

丙说：我们单位周六、周日双休，还有节假日。

丁说：我们单位周日单休，还有节假日。

但他们都有同一个问题：该怎么计算两个日期之间的工作日是多少呢？

【实现方法】

这 4 种情况的实现，其实用一个函数就能解决，这个函数就是 NETWORKDAYS.INTL，如图 4-147 所示。

	A	B	C	D	E	F
1	起始日期	结束日期				节假日
2	2017/8/1	2017/10/31				2017/10/1
3						2017/10/2
4	含义		结果	公式		2017/10/3
5	周六、周日双休，不考虑节日		66	=NETWORKDAYS.INTL(A2,B2)		2017/10/4
6	按周日单休，不考虑节日		79	=NETWORKDAYS.INTL(A2,B2,11)		2017/10/5
7	自定义节假日，	周六、日双休	61	=NETWORKDAYS.INTL(A2,B2,1,F2:F8)		2017/10/6
8	自定义节假日，	周日单休	73	=NETWORKDAYS.INTL(A2,B2,11,F2:F8)		2017/10/7

图 4-147　利用 NETWORKDAYS.INTL 函数计算两个日期之间的工作日数

【函数简介】

NETWORKDAYS.INTL 函数

功能：计算两个日期之间的工作日数。

语法：NETWORKDAYS.INTL(start_date,end_date,[weekend],[holidays])。

中文语法：NETWORKDAYS.INTL(起始日期,结束日期,[周末数或字符串],[节假日])。

- start_date 和 end_date：必需，要计算其差值的日期。start_date 可以早于或晚于 end_date，也可以与其相同。
- weekend：可选，表示介于 start_date 和 end_date 之间，但又不包括非工作日数。weekend 是一个用于指定非工作日的周末数或字符串。
- holidays：可选，一组可选的日期，表示要从工作日中排除的一个或多个日期。holidays 应是一个包含相关日期的单元格区域，或者是一个由表示这些日期序列值构成的数组常量。holidays 中的日期或序列值的顺序可以是任意的，如图 4-148 所示。

周末数	非工作日
1 或省略	周六、周日
2	星期日、星期一
3	星期一、星期二
4	星期二、星期三
5	星期三、星期四
6	星期四、星期五
7	星期五、星期六
11	仅星期日
12	仅星期一
13	仅星期二
14	仅星期三
15	仅星期四
16	仅星期五
17	仅星期六

图 4-148　不同 weekend 数值表示不同的非工作日

weekend 也可以是字符串，长度为 7 个字符，并且字符串中的每个字符表示一周中的一天（从星期一开始）。1 表示非工作日，0 表示工作日。在字符串中仅允许使用字符 1 和 0。若使用 1111111 将始终返回 0。

例如，0000011 结果为星期六和星期日是非工作日。所以，本节开始的 4 种计算方式，可以写为如图 4-149 所示的情况。

	A	B	C	D
1	起始日期	结束日期		
2	2017/8/1	2017/10/31		
3				
4	含义		结果	公式
5	周六、周日双休，不考虑节日		66	=NETWORKDAYS.INTL(A2,B2,"0000011")
6	周日单休，不考虑节日		79	=NETWORKDAYS.INTL(A2,B2,"0000001")
7	自定义节假日，周六、周日双休		61	=NETWORKDAYS.INTL(A2,B2,"0000011",F2:F8)
8	自定义节假日，周日单休		73	=NETWORKDAYS.INTL(A2,B2,"0000001",F2:F8)

图 4-149　不同 weekend 字符串表示不同的非工作日

但由于字符串写起来较麻烦，一般都用数值。

注：如果周六、周日双休且不考虑节日，也可直接用 NETWORKDAYS 函数，如图 4-150 所示。

	A	B	C	D
1	起始日期	结束日期		
2	2017/8/1	2017/10/31		
3				
4	含义		结果	公式
5	周六、周日双休且不考虑节日		66	=NETWORKDAYS(A2,B2)

图 4-150　利用 NETWORKDAYS 函数计算工作日数

4.5 数学函数

4.5.1 SUMIF 函数应用——单条件、多条件、模糊条件求和

【问题】

销量数据样表如图 4-159 所示。

	A	B	C
1	日期	种类	销量
2	2017/4/5	鞋子	500
3	2017/4/5	衣领	700
4	2017/4/5	鞋带	900
5	2017/4/5	衣服	800
6	2017/4/5	扣子	400
7	2017/4/5	裤子	600
8	2017/4/5	鞋垫	700
9	2017/4/6	鞋子	1000
10	2017/4/6	衣领	200
11	2017/4/6	鞋带	1200
12	2017/4/6	衣服	300
13	2017/4/6	扣子	400
14	2017/4/6	裤子	1700
15	2017/4/6	鞋垫	700

图 4-151　销量数据样表

要求：

（1）统计鞋子的总销量。

（2）统计销量大于 1000 的销量和。

（3）统计衣服、鞋子、裤子产品的总销量。

（4）统计鞋类产品的总销量。

（5）统计前 3 名销量的总和。

【实现方法】

以上 5 个问题的共同点：统计满足某个条件的总和，都可以用条件求和函数 SUMIF 解决。

（1）统计鞋子的总销量：是单字段、单条件求和，可使用公式“=SUMIF(B2:B15,"鞋子", C2:C15)”。

（2）统计销量大于 1000 的销量和：也是单字段、单条件求和，可使用公式“=SUMIF(C2:C15,">1000")。其中，第 3 个参数被省略了，则直接对 C2:C15 单元格区域中符合条件的数值求和。

（3）统计衣服、鞋子、裤子产品的总销量：是单字段、多条件求和，可使用公式“=SUM(SUMIF(B2:B15,{"衣服","鞋子","裤子"},C2:C15))”，将多个条件以数组的方式写出。

（4）统计鞋类产品的总销量：是单字段、模糊条件求和，可使用公式“=SUMIF(B2:B15,"鞋*",C2:C15)”。其中，星号 (*)是通配符，在条件参数中可以匹配任意一串字符。

（5）统计前 3 名销量的总和，是单字段、数值条件求和，可使用公式“=SUMIF(C2:C15,">"&LARGE(C2:C15,4),C2:C15)”。其中，">"&LARGE(C2:C15,4)是指大于第 4 名的前 3 名数值。

以上 SUMIF 函数的用法及计算结果，如图 4-152 所示。

SUMIF单字段、单条件求和：		对应公式
统计鞋子的总销量：	1500	=SUMIF(B2:B15,"鞋子",C2:C15)
统计销量大于1000的销量和：	2900	=SUMIF(C2:C15,">1000")
SUMIF单字段、多条件求和：		
统计衣服、鞋子、裤子产品的总销量：	4900	=SUM(SUMIF(B2:B15,{"衣服","鞋子","裤子"},C2:C15))
SUMIF单字段、模糊条件求和：		
统计鞋类产品的总销量：	5000	=SUMIF(B2:B15,"鞋*",C2:C15)
SUMIF单字段、数值条件求和：		
统计前3名销量的总和：	3900	=SUMIF(C2:C15,">"&LARGE(C2:C15,4),C2:C15)

图 4-152 SUMIF 函数单条件、多条件、模糊条件、数值条件求和

【函数简介】

SUMIF 条件求和函数

语法：SUMIF(range, criteria, [sum_range])。

中文语法：SUMIF(根据条件进行计算的单元格区域, 单元格求和的条件, [求和的实际单元格])。

其中，前两个参数是必需的，第 3 个参数可选，如果第 3 个参数被省略了，则默认的是对第 1 个参数单元格区域求和。

4.5.2 SUMIF 函数应用——非空值条件、排除错误值、日期区间求和

【问题】

销量数据样表如图 4-153 所示，在“日期”种类中都有空值，在库存中有各种形式的值。

要求：

（1）统计非空值的种类对应的销量和。

（2）统计非空值的日期对应的销量和。

	A	B	C	D
1	日期	种类	销量	库存
2	2017/3/20	鞋子	500	#NAME?
3	2017/3/21		700	300
4		鞋带	900	#NAME?
5	2017/3/23	衣服	800	500
6	2017/3/24	扣子	400	#NULL!
7		裤子	600	FALSE
8	2017/3/26	鞋垫	700	#VALUE!
9		鞋子	1000	#NULL!
10	2017/3/28		200	100
11	2017/3/29	鞋带	1200	#VALUE!
12	2017/3/20	衣服	300	#REF!
13	2017/3/31		400	900
14	2017/3/22	裤子	1700	#VALUE!
15	2017/4/2	鞋垫	700	#VALUE!

图 4-153　销量数据样表

（3）统计排除错误值的总库存。

（4）统计 2017 年 3 月 20 日至 2017 年 3 月 25 日的总销量。

【实现方法】

（1）统计非空值的种类对应的销量和，可用公式“=SUMIF(B2:B15,"*",C2:C15)”。其中，星号(*)是通配符，可以匹配任意一个串字符。

（2）统计非空值的日期对应的销量和，可用公式“SUMIF(A2:A15,"< >",C2:C15)”。其中，“< >”表示非空值。

（3）统计排除错误值的总库存，可用公式“=SUMIF(D2:D15,"<9e307")”。其中，9E307 也可写为 9E+307（以科学计数法表示），是 Excel 能接受的数字最大值。在 Excel 中，经常用 9E+307 代表最大数，这是约定俗成的。

（4）统计 2017 年 3 月 20 日至 2017 年 3 月 25 日的总销量和，可以用公式“=SUM(SUMIF(A2:A15,{">=2017/3/20",">2017/3/25"},C2:C15)*{1,-1})”。其中，“SUMIF(A2:A15,{">=2017/3/20",">2017/3/25"},C2:C15)”的结果是两个数：一个是“2017/3/20”以后非空值的日期对应的销量和（权且用 A 代表这个数），另一个是“2017/3/25”以后非空值的日期对应的销量和（权且用 B 代表这个数）。“=SUM(SUMIF(A2:A15,{">=2017/3/20",">2017/3/25"},C2:C15)*{1,-1})”可以表示为“＝SUM({A,B}*{1,-1})”，即 A－B，也就是“2017/3/20”以后非空值的日期对应的销量和－“2017/3/25”以后非空值的日期对应的销量和”，就是最终所求 2017 年 3 月 20 日至 2017 年 3 月 25 日的总销量。

以上 SUMIF 函数的 4 种用法及计算结果，如图 4-154 所示。

要求	结果	对应公式
统计非空值种类对应的销量和	8800	=SUMIF(B2:B15,"*",C2:C15)
统计非空值日期对应的销量和	7600	=SUMIF(A2:A15,"<>",C2:C15)
统计排除错误值的总库存	1800	=SUMIF(D2:D15,"<9e307")
统计日期区间的总销量	4400	=SUM(SUMIF(A2:A15,{">=2017/3/20",">2017/3/25"},C2:C15)*{1,-1})

图 4-154　SUMIF 函数非空值条件、排除错误值、日期区间求和

4.5.3 SUMIF 函数应用——隔列求和、查找与引用

多种产品不同仓库的销量与库存样表如图 4-155 所示，要求统计所有仓库的总销量与库存，该如何实现呢？

	A	B	C	D	E	F	G
1		仓库1		仓库2		仓库3	
2	种类	销量	库存	销量	库存	销量	库存
3	产品1	500	566	300	200	155	522
4	产品2	700	855	500	1200	633	411
5	产品3	900	422	700	300	522	200
6	产品4	800	155	600	400	411	855
7	产品5	400	633	200	1700	200	422
8	产品6	600	522	400	700	855	855
9	产品7	700	411	500	500	800	422
10	产品8	1000	200	800	700	500	155
11	产品9	200	855	500	900	1000	633
12	产品10	1200	422	1000	800	100	200
13	产品11	300	252	100	400	200	400
14	产品12	500	500	200	600	1500	500
15	产品13	1700	800	1500	855	522	800
16	产品14	700	500	500	422	300	855

图 4-155 多种产品不同仓库的销量与库存样表

【实现方法】

在H3 单元格中输入公式“=SUMIF($B$2:$G$2,H$2,$B3:$G3)”，按 Enter 键执行计算，再将公式向下填充，即可得总销量与库存，如图 4-156 所示。

H3 =SUMIF($B$2:$G$2,H$2,$B3:$G3)

	A	B	C	D	E	F	G	H	I
1		仓库1		仓库2		仓库3		合计	
2	种类	销量	库存	销量	库存	销量	库存	销量	库存
3	产品1	500	566	300	200	155	522	955	1288
4	产品2	700	855	500	1200	633	411	1833	2466
5	产品3	900	422	700	300	522	200	2122	922
6	产品4	800	155	600	400	411	855	1811	1410
7	产品5	400	633	200	1700	200	422	800	2755
8	产品6	600	522	400	700	855	855	1855	2077
9	产品7	700	411	500	500	800	422	2000	1333

图 4-156 统计所有仓库的总销量与库存

注意：

● 公式要从 A3 单元格（产品 1）填充到 A16 单元格（产品 14），在填充过程中，B2:G2 单元格区域不能变化，所以该单元格区域要绝对引用，写为“$B$2:$G$2”。

● 公式要从H2 单元格填充到 I2 单元格，计算的条件要从“销量”自动变为“库存”，所以 H 列单元格不能引用。公式要从 A3 单元格（产品 1）填充到 A16 单元格（产品 14），计算的条件都是第 2 行的“销量”“库存”，第 2 行单元格要绝对引用，公式的条件参数写为“H$2”。

● 公式要从 A3 单元格（产品 1）填充到 A16 单元格（产品 14），求和区域是 B 列到 G 列单元格的数值，而数值要自动从第 3 行填充到第 14 行，所以求单元格和区域写为

“$B3:$G3”。

【知识拓展】

1）SUNIF 函数可以实现查找与引用

依据图 4-155 的数据，查找产品 4、产品 12、产品 8 在 3 个仓库中的销量与库存，可以在 L3 单元格中输入公式“=SUMIF($A$3:$A$16,$K3,B$3:B$16)”，按 Enter 键执行计算，向右、向下进行填充，如图 4-157 所示。

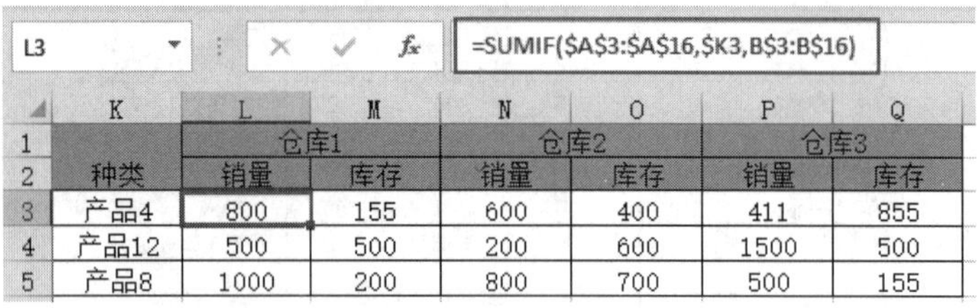

L3　=SUMIF($A$3:$A$16,$K3,B$3:B$16)

	K	L	M	N	O	P	Q
1		仓库1		仓库2		仓库3	
2	种类	销量	库存	销量	库存	销量	库存
3	产品4	800	155	600	400	411	855
4	产品12	500	500	200	600	1500	500
5	产品8	1000	200	800	700	500	155

图 4-157　查找产品 4、产品 12、产品 8 在 3 个仓库中的销量与库存

将公式向右、向下填充过程中，要注意产品种类单元格区域 A3 到 A16 不变，所以该单元格区域要绝对引用，写为“$A$3:$A$16”；计算的条件是 K 列单元格的 3 种产品，所以 K 列单元格要相对引用，写为“$K3”；查找引用的数据单元格区域是 B 列到 G 列单元格，每向右填充一列单元格，列数就增加一列，而行数永远是第 3 行到第 16 行，所以写为“B$3:B$16”。

2）多列单元格区域查找与引用

如图 4-158 所示，查找产品的库存，可以在 B9 单元格中输入公式“=SUMIF($B$2:$D$5,A9,$A$2:$C$5)”，按 Enter 键执行计算，再将公式向下填充。注意，条件单元格区域与数据单元格区域要绝对引用。

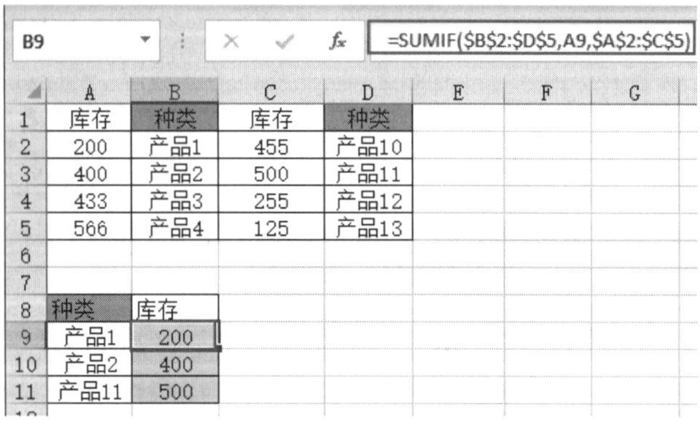

B9　=SUMIF($B$2:$D$5,A9,$A$2:$C$5)

	A	B	C	D	E	F	G
1	库存	种类	库存	种类			
2	200	产品1	455	产品10			
3	400	产品2	500	产品11			
4	433	产品3	255	产品12			
5	566	产品4	125	产品13			
6							
7							
8	种类	库存					
9	产品1	200					
10	产品2	400					
11	产品11	500					

图 4-158　多列单元格区域查找与引用

4.5.4　SUMIFS 函数多字段、多条件求和

【问题】

各地仓库各种产品的出货量样表如图 4-159 所示，要求统计宁波仓鼠标大于 1000 且小

于 5000 的出货量总和，该如何实现呢？

J15　　fx

	A	B	C	D	E	F
1	序号	仓库	商品	出货量		
2	1	宁波仓	鼠标	2568		宁波仓库鼠标 大于1000 且小于5000的出货量总和
3	2	北京仓	键盘	4585		
4	3	武汉仓	路由器	4585		
5	4	兰州仓	显示屏	8956		
6	5	深圳仓	硬盘	57423		
7	6	宁波仓	显示屏	512		
8	7	北京仓	键盘	5865		
9	8	武汉仓	显示屏	9523		
10	9	兰州仓	键盘	652		
11	10	深圳仓	显示屏	642		
12	11	宁波仓	键盘	586		
13	12	宁波仓	鼠标	3212		
14	13	武汉仓	鼠标	6865		
15	14	兰州仓	键盘	5423		

图 4-159　各地仓库各种产品的出货量样表

【实现方法】

在 F5 单元格中输入公式“=SUMIFS(D2:D15,B2:B15,"宁波仓",C2:C15,"鼠标",D2:D15,">1000",D2:D15,"<5000")”，按 Enter 键执行计算，即可计算出结果，如图 4-160 所示。

F5　　fx　=SUMIFS(D2:D15,B2:B15,"宁波仓",C2:C15,"鼠标",D2:D15,">1000",D2:D15,"<5000")

	A	B	C	D	E	F	G	H	I
1	序号	仓库	商品	出货量					
2	1	宁波仓	鼠标	2568		宁波仓鼠标大于1000 且小于5000的出货量总和			
3	2	北京仓	键盘	4585					
4	3	武汉仓	路由器	4585					
5	4	兰州仓	显示屏	8956		5780			
6	5	深圳仓	硬盘	57423					
7	6	宁波仓	显示屏	512					
8	7	北京仓	键盘	5865					
9	8	武汉仓	显示屏	9523					
10	9	兰州仓	键盘	652					
11	10	深圳仓	显示屏	642					
12	11	宁波仓	键盘	586					
13	12	宁波仓	鼠标	3212					
14	13	武汉仓	鼠标	6865					
15	14	兰州仓	键盘	5423					

图 4-160　宁波仓鼠标大于 1000 且小于 5000 的出货量总和

【函数简介】

SUMIFS 函数

功能：用于计算满足多个条件的全部参数的总量。

语法：SUMIFS(sum_range,criteria_range1,criteria1,[criteria_range2,criteria2]…)

中文语法：SUMIFS(求和单元格区域,条件单元格区域 1,条件 1,[条件单元格区域 2,条件 2],…)。

- sum_range：必需，要求和的单元格区域。
- criteria_rangel：必需，用来搜索条件 1 的单元格区域。

- criterial：必需，定义条件单元格区域 1 中单元格符合的条件。
- 其后的参数：[条件单元格区域 2,条件 2] …是可以省略的。SUMIFS 函数最多可以输入 127 个单元格区域/条件对。

在本示例中，求和单元格区域是出货量 D2:D15 单元格区域。有 4 个单元格区域/条件对：

- 条件单元格区域 1 是仓库 B2:B15 单元格区域；条件 1 是仓库“宁波仓”。
- 条件单元格区域 2 是产品 C2:C15 单元格区域；条件 2 是产品“鼠标”。
- 条件单元格区域 3 是出货量 D2:D15 单元格区域；条件 3 是“>1000”。
- 条件单元格区域 4 是出货量 D2:D15 单元格区域；条件 4 是“<5000”。

4.5.5 SUMPRODUCT 函数用法解析

SUMPRODUCT 函数是 Excel 中的数学函数，也是一个“神函数”，因为它对求和、计数、多权重统计、排名等要求都能完成。

【函数简介】

语法：SUMPRODUCT(array1,[array2],[array3],…)。

- array1：必需，其相应元素要进行相乘并求和的第一个数组参数。
- [array2],[array3],…：可选，2～255 个数组参数，其相应元素要进行相乘并求和。

特别注意：数组参数必须具有相同的维数，否则，SUMPRODUCT 函数将返回错误值。

【典型应用】

1）基本用法

SUMPRODUCT 函数数组间对应的元素相乘，并返回乘积之和。如图 4-161 所示，计算所有产品的总货款，在 E2 单元格输入公式“=SUMPRODUCT(B2:B9, C2:C9)”，按 Enter 键执行计算。该公式含义是“B2*C2+B3*C3+B4*C4+B5*C5+B6*C6+B7*C7+B8*C8+B9*C9”。

E2 =SUMPRODUCT(B2:B9,C2:C9)

	A	B	C	D	E
1	产品	单价	订购数量		总货款
2	产品1	10	53		21940
3	产品2	20	87		
4	产品3	30	74		
5	产品4	40	82		
6	产品5	50	92		
7	产品6	60	57		
8	产品7	70	33		
9	产品8	80	48		

图 4-161 基本用法

2）单条件求和

如图 4-162 所示，计算女员工业绩得分和。

E2　=SUMPRODUCT((B2:B11="女")*C2:C11)

	A	B	C	D	E
1	姓名	性别	业绩得分		女员工业绩得分和
2	王一	男	17		61
3	张二	女	11		
4	林三	男	7		
5	胡四	女	8		
6	吴五	男	19		
7	章六	女	15		
8	陆七	男	20		
9	苏八	女	18		
10	韩九	男	7		
11	徐一	女	9		

图 4-162　单条件求和

在 E2 单元格输入公式“=SUMPRODUCT((B2:B11="女")*C2:C11)”,按 Enter 键执行计算，即得结果。

【公式解析】

● B2:B11="女"：表示将 B2:B11 单元格区域内的每个单元格值与“女”进行比较判断，凡是性别为“女”的是 TRUE，否则是 FALSE。本部分公式的结果是一组逻辑值{FALSE;TRUE;FALSE;TRUE;FALSE;TRUE;FALSE;TRUE;FALSE;TRUE;}。

● (B2:B11="女")*C2:C11：将上述逻辑数组内的值与对应 C2:C11 单元格区域内的数值相乘。

3）多条件求和

如图 4-163 所示，计算女员工业绩得分高于 15 的得分和。

E2　=SUMPRODUCT((B2:B11="女")*(C2:C11>15),C2:C11)

	A	B	C	D	E
1	姓名	性别	业绩得分		女员工业绩得分高于15的得分和
2	王一	男	17		34
3	张二	女	11		
4	林三	男	7		
5	胡四	女	8		
6	吴五	男	19		
7	章六	女	16		
8	陆七	男	20		
9	苏八	女	18		
10	韩九	男	7		
11	徐一	女	9		

图 4-163　多条件求和

在 E2 单元格输入公式“=SUMPRODUCT((B2:B11="女")*(C2:C11>15),C2:C11)”，按 Enter 键执行计算，即得结果。

多条件求和的通用写法是“=SUMPRODUCT((条件一)*(条件二)*…*(条件 N),求和范围)”。

4）模糊条件求和

如图 4-164 所示，计算销售部门女员工业绩得分和。

销售部门不止一个，要查找所有的销售部门，就要按照关键字“销售”查找，这属于模糊查找。

在 F2 单元格输入公式“=SUMPRODUCT(ISNUMBER(FIND("销售",A2:A11))*(C2:C11="女"), D2:D11)”,按 Enter 键执行计算，即得结果。

F2 =SUMPRODUCT(ISNUMBER(FIND("销售",A2:A11))*(C2:C11="女"),D2:D11)

	A	B	C	D	E	F	G	H
1	部门	姓名	性别	业绩得分		销售部门女员工业绩得分和		
2	财务部	王一	男	17		34		
3	销售1部	张二	女	11				
4	销售2部	林三	男	7				
5	销售3部	胡四	女	8				
6	人事处	吴五	男	19				
7	销售1部	章六	女	15				
8	人事处	陆七	男	20				
9	后勤处	苏八	女	18				
10	销售2部	韩九	男	7				
11	后勤处	徐一	女	9				

图 4-164 模糊条件求和

【公式解析】

● FIND("销售",A2:A11)：在 A2:A11 单元格区域的各单元格值中查找“销售”，如果能查到，返回“销售”所在单元格的位置，如果查不到，则返回错误值“#VALUE!”。本部分公式的结果是{#VALUE!; 1;1;1;#VALUE!;1;#VALUE!;#VALUE!;1;#VALUE!}。

● ISNUMBER(FIND("销售",A2:A11))：判断“FIND（"销售"，A2:A11）”的结果中各值是不是数字，如果是则返回 TRUE。否则返回 FALSE。所以，本部分公式的结果是{FALSE;TRUE;TRUE;TRUE; FALSE;TRUE;FALSE;FALSE;TRUE;FALSE}。

5）单条件计数

如图 4-165 所示，计算女员工人数。

E2 =SUMPRODUCT(N(B2:B11="女"))

	A	B	C	D	E
1	姓名	性别	业绩得分		女员工人数
2	王一	男	17		5
3	张二	女	11		
4	林三	男	7		
5	胡四	女	8		
6	吴五	男	19		
7	章六	女	16		
8	陆七	男	20		
9	苏八	女	18		
10	韩九	男	7		
11	徐一	女	9		

图 4-165 单条件计数

在 E2 单元格输入公式“=SUMPRODUCT(N(B2:B11="女"))”，按 Enter 键执行计算，即得结果。

【函数简介】

N 函数

语法：N(VALUE)。

功能：将不是数值的值转换为数值形式。

N 函数返回值如图 4-166 所示。

VALUE	N函数返回值
数字	该数字
日期	该日期的序列号
TRUE	1
FALSE	0
错误值，如 #DIV/0!	错误值
其他值	0

图 4-166　N 函数返回值

本示例中，N(B2:B11="女")是将等于“女”的值 TRUE 返回 1，不等于“女”的值 FALSE 返回 0。

6）多条件计数

如图 4-167 所示，计算女员工业绩得分高于 15 的人数。

E2　=SUMPRODUCT((B2:B11="女")*(C2:C11>15))

	A	B	C	D	E
1	姓名	性别	业绩得分		女员工业绩得分高于15的人数
2	王一	男	17		2
3	张二	女	11		
4	林三	男	7		
5	胡四	女	8		
6	吴五	男	19		
7	章六	女	16		
8	陆七	男	20		
9	苏八	女	18		
10	韩九	男	7		
11	徐一	女	9		

图 4-167　多条件计数

在 E2 单元格输入公式“=SUMPRODUCT((B2:B11="女")*(C2:C11>15))”，按 Enter 键执行计算，即得结果。

7）模糊条件计数

如图 4-168 所示，计算销售部门女员工人数。

F2　=SUMPRODUCT(ISNUMBER(FIND("销售",A2:A11))*(C2:C11="女"))

	A	B	C	D	E	F	G
1	部门	姓名	性别	业绩得分		销售部门女员工人数	
2	财务部	王一	男	17		3	
3	销售1部	张二	女	11			
4	销售2部	林二	男	7			
5	销售3部	胡四	女	8			
6	人事处	吴五	男	19			
7	销售1部	章六	女	15			
8	人事处	陆七	男	20			
9	后勤处	苏八	女	18			
10	销售2部	韩九	男	7			
11	后勤处	徐一	女	9			

图 4-168　模糊条件计数

在 F2 单元格输入公式“=SUMPRODUCT(ISNUMBER(FIND("销售",A2:A11))*(C2:C11="女"))”，按 Enter 键执行计算，即得结果。

【公式解析】

- FIND("销售",A2:A11)：在 A2:A11 单元格区域的各单元格值中查找"销售"，如果能查找到，则返回"销售"所在单元格的位置；如果查找不到，则返回错误值“#VALUE!”。本部分公式的结果是{#VALUE!; 1;1;1;#VALUE!;1;#VALUE!;#VALUE!;1;#VALUE!}。

● ISNUMBER(FIND("销售",A2:A11))：判断 FIND("销售",A2:A11)的结果中各值是不是数字，如果是，则返回 TRUE，否则返回 FALSE。所以，本部分公式的结果是{FALSE;TRUE;TRUE;TRUE;FALSE;TRUE;FALSE;FALSE;TRUE;FALSE}。

8）按月份统计数据

如图 4-169 所示，按月份统计销售总额。

E2 =SUMPRODUCT((MONTH($A$2:$A$13)=D2)*($B$2:$B$13))

	A	B	C	D	E	F	G
1	日期	销售额		月份	销售总额		
2	2015/5/7	182865		5	479492		
3	2015/5/8	78980		6	444065		
4	2015/5/9	217647		7	305104		
5	2015/6/7	151397					
6	2015/6/8	118792					
7	2015/6/9	172058					
8	2015/6/13	1818					
9	2015/7/19	42762					
10	2015/7/20	51971					
11	2015/7/21	12345					
12	2015/7/22	46367					

图 4-169　按月份统计数据

在 E2 单元格输入公式“=SUMPRODUCT((MONTH($A$2:$A$13)=D2)*($B$2:$B$13))”，按 Enter 键执行计算，再将公式向下填充，即得结果。

9）跨列统计

如图 4-170 所示，要求统计 3 个仓库的总销量与总库存。

H3 =SUMPRODUCT(($B$2:$G$2=H$2)*$B3:$G3)

	A	B	C	D	E	F	G	H	I
1		仓库1		仓库2		仓库3		合计	
2	种类	销量	库存	销量	库存	销量	库存	销量	库存
3	产品1	500	566	300	200	155	522	955	1288
4	产品2	700	855	500	1200	633	411	1833	2466
5	产品3	900	422	700	300	522	200	2122	922
6	产品4	800	155	600	400	411	855	1811	1410
7	产品5	400	633	200	1700	200	422	800	2755
8	产品6	600	522	400	700	855	855	1855	2077
9	产品7	700	411	500	500	800	422	2000	1333
10	产品8	1000	200	800	700	500	155	2300	1055
11	产品9	200	855	500	900	1000	633	1700	2388
12	产品10	1200	422	1000	800	100	200	2300	1422
13	产品11	300	252	100	400	200	400	600	1052
14	产品12	500	500	200	600	1500	500	2200	1600
15	产品13	1700	800	1500	855	522	800	3722	2455

图 4-170　跨列统计

在 H2 单元格输入公式“=SUMPRODUCT(($B$2:$G$2=H$2)*$B3:$G3)”，按 Enter 键执行计算，再将公式向下、向右填充（此公式中一定要注意相对引用与绝度引用的使用），即得结果。

10）多权重统计

如图 4-171 所示，要求根据分项得分与权重比例计算总分。

在 E3 单元格输入公式“=SUMPRODUCT(B$2:D$2,B3:D3)”，按 Enter 键执行计算，再将公式向下填充，即得结果。

E3 =SUMPRODUCT(B$2:D$2,B3:D3)

	A	B	C	D	E
1	项目	能力测试	笔试	面试	总分
2	姓名	40%	30%	30%	
3	王一	95	53	57	71.0
4	张二	92	89	89	90.2
5	林三	81	63	52	66.9
6	胡四	46	47	89	59.2
7	吴五	81	85	60	75.9
8	章六	79	46	43	58.3
9	陆七	93	89	81	88.2
10	苏八	75	76	62	71.4
11	韩九	49	67	90	66.7
12	徐一	64	63	79	68.2

图 4-171　多权重统计

11）二维单元格区域统计

如图 4-172 所示，要求统计各销售部门的各商品的销量。

F2 =SUMPRODUCT(($B$2:$B$13=$E2)*($A$2:$A$13=F$1)*$C$2:$C$13)

	A	B	C	D	E	F	G	H
1	部门	商品	销量		部门 / 商品	销售1部	销售2部	销售3部
2	销售1部	鼠标	55		鼠标	55	52	50
3	销售1部	键盘	224		键盘	224	247	145
4	销售1部	显示器	122		显示器	122	163	98
5	销售1部	路由器	123		路由器	123	135	166
6	销售2部	鼠标	52					
7	销售2部	键盘	247					
8	销售2部	显示器	163					
9	销售2部	路由器	135					
10	销售3部	鼠标	50					
11	销售3部	键盘	145					
12	销售3部	显示器	98					
13	销售3部	路由器	166					

图 4-172　二维区域统计

在单元格输入公式“=SUMPRODUCT(($B$2:$B$13=$E2)*($A$2:$A$13=F$1)*$C$2:$C$13)”，按 Enter 键执行计算，再将公式向下、向右填充（此公式中一定要注意相对引用与绝对引用的使用），即得结果。

12）不间断排名

当用 RANK 函数排名时，如果有数值相同的情况，则会出现名次间断的现象。而使用 SUMPRODUCT 函数排名，可以很好地避免这种名次间断的现象发生，如图 4-173 所示。

C2 =SUMPRODUCT(($B$2:$B$7>=B2)/COUNTIF($B$2:$B$7,$B$2:$B$7))

	A	B	C	D	E	F	G
1	姓名	成绩	SUMPRODUCT排名	RANK排名			
2	胡四	91	1	1			
3	吴五	90	2	2			
4	章六	87	3	3			
5	王一	87	3	3			
6	张二	85	4	5			
7	苏八	83	5	6			

图 4-173　不间断排名

在 C2 单元格输入公式“=SUMPRODUCT(($B$2:$B$7>=B2)/COUNTIF($B$2:$B$7,$B$2:$B$7))”，按 Enter 键执行计算，再将公式向下填充，即得不间断排名。

当将公式填充到 C6 单元格时，公式为“=SUMPRODUCT(($B$2:$B$7>=B6)/COUNTIF($B$2:$B$7,$B$2:$B$7))”。

【公式解析】

- ($B$2:$B$7>=B6)：返回值是数组{TRUE;TRUE;TRUE;TRUE;TRUE;FALSE}，即{1;1;1;1;1;0}。
- COUNTIF($B$2:$B$7,$B$2:$B$7)：返回值是数组{1;1;2;2;1;1}。
- SUMPRODUCT(($B$2:$B$7>=B6)/COUNTIF($B$2:$B$7,$B$2:$B$7))：既是SUMPRODUCT({1;1;0.5;0.5;1;0})，也是名次 4。

4.5.6 SUMPRODUCT 函数的注意事项

【问题】

用 SUMPRODUCT 函数分部门、分产品统计销量和如图 4-174 所示。

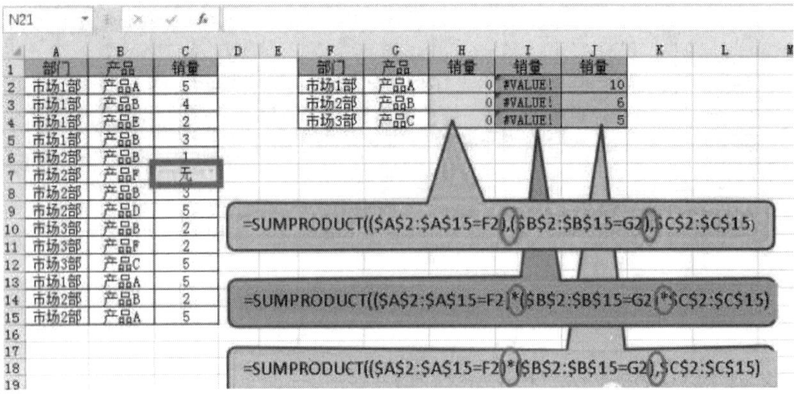

图 4-174　用 SUMPRODUCT 函数分部门、分产品统计销量和

【公式解析】

在图 4-174 所示的 3 个公式中，都含有 3 数组。

- ($A$2:$A$15=F2)：返回值是数组{TRUE;TRUE;TRUE;TRUE;FALSE;FALSE;FALSE;FALSE;FALSE;FALSE;FALSE;FALSE;TRUE;FALSE;FALSE}。
- ($B$2:$B$15=G2)：返回值是数组{TRUE;FALSE;FALSE;FALSE;FALSE;FALSE;FALSE;FALSE;FALSE;FALSE;FALSE;TRUE;FALSE;TRUE}。
- $C$2:$C$15：返回值是数组{5;4;2;3;1;无;3;5;2;2;5;5;2;5}。

以上 3 个数组之间的计算符号是不一样的，要么是“*”，要么是“,”。由于计算符号不同，所以公式的结果也不相同。

- H2 单元格中的公式为“=SUMPRODUCT(($A$2:$A$15=F2),($B$2:$B$15=G2),$C$2:

$C$15)”，返回值是 0，3 个数组之间都是逗号 “,”。由于该公式中前两个数组返回的都是逻辑值，中间如果用",", 则互相独立的两个逻辑数据之间不能进行对应位置处逻辑值相乘。如果将该公式改成“=SUMPRODUCT(($A$2:$A$15=F2)*1,($B$2:$B$15=G2)*1,$C$2:$C$15)”，通过 “*1”，可以先把逻辑值变成数值，中间再用 “,”，则对应位置处数据就可以相乘了。

● I2 单元格中的公式为 “=SUMPRODUCT(($A$2:$A$15=F2)*($B$2:$B$15=G2)*$C$2:$C$15)”，返回值是 “#VALUE”。该公式中第 3 个数组内有文本，文本是不能直接参与求和的。

● J2 单元格中的公式为 “=SUMPRODUCT(($A$2:$A$15=F2)*($B$2:$B$15=G2),$C$2:$C$15)”，返回值是正确结果。该公式中前两个数组之间对应位置进行逻辑值相乘后转变成数组{1;0;0;0;0;0;0;0;0;0;1;0;0}。第 3 个数组 “$C$2:$C$15” 前加 “,”，相乘位置中有文本，则当 0 处理。

总之，SUMPRODUCT 函数多条件求和公式的格式为 “=SUMPRODUCT((条件 1)*(条件 2)*…*(条件 *N*),求和范围)”。

4.5.7　利用 SUBTOTAL 函数实现忽略隐藏行统计

【问题】

在日常的数据处理中，部分数据一旦被隐藏，就不希望它再参与到统计中。如图 4-175 所示，希望隐藏某些月份，而总计数据会自动排除所隐藏月份的数据，只显示能看到的月份数据之和，该如何实现呢？

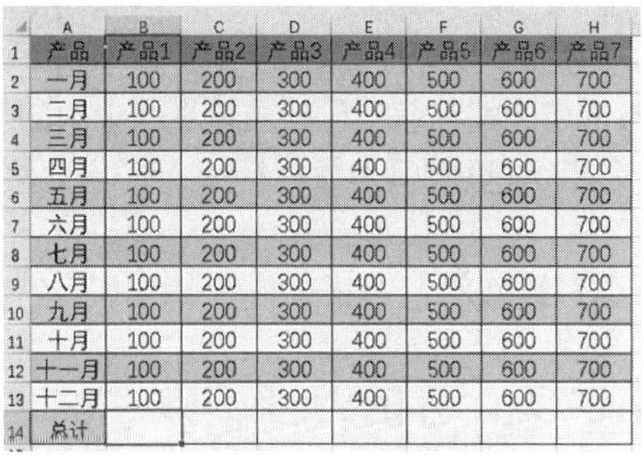

	A	B	C	D	E	F	G	H
1	产品	产品1	产品2	产品3	产品4	产品5	产品6	产品7
2	一月	100	200	300	400	500	600	700
3	二月	100	200	300	400	500	600	700
4	三月	100	200	300	400	500	600	700
5	四月	100	200	300	400	500	600	700
6	五月	100	200	300	400	500	600	700
7	六月	100	200	300	400	500	600	700
8	七月	100	200	300	400	500	600	700
9	八月	100	200	300	400	500	600	700
10	九月	100	200	300	400	500	600	700
11	十月	100	200	300	400	500	600	700
12	十一月	100	200	300	400	500	600	700
13	十二月	100	200	300	400	500	600	700
14	总计							

图 4-175　各产品每月销量

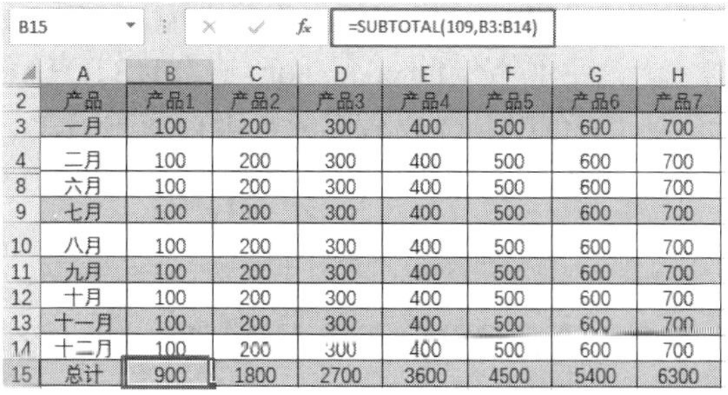

B15　=SUBTOTAL(109,B3:B14)

	A	B	C	D	E	F	G	H
2	产品	产品1	产品2	产品3	产品4	产品5	产品6	产品7
3	一月	100	200	300	400	500	600	700
4	二月	100	200	300	400	500	600	700
8	六月	100	200	300	400	500	600	700
9	七月	100	200	300	400	500	600	700
10	八月	100	200	300	400	500	600	700
11	九月	100	200	300	400	500	600	700
12	十月	100	200	300	400	500	600	700
13	十一月	100	200	300	400	500	600	700
14	十二月	100	200	300	400	500	600	700
15	总计	900	1800	2700	3600	4500	5400	6300

图 4-176　各产品所显示月份的销量和

【实现方法】

在 B15 单元格中输入公式 “=SUBTOTAL(109,B3:B14)，按 Enter 键执行计算，再将公式向右填充，计算出各产品所显示月份的销量和，如图 4-176 所示。选定无须汇总的月份所在行，在右键快捷菜单中选择 “隐藏” 选项，所在月份的数据就会自动不被汇总到总计中。

【函数简介】

SUBTOTAL 函数

语法：SUBTOTAL(function_num,ref1,[ref2],…)。

• function_num：必需，数字 1～11 或 101～111，指定分类汇总所使用的函数。如果使用 1～11，将包括手动隐藏的行；如果使用 101～111，则排除手动隐藏的行。始终排除已筛选掉的单元格。

• ref1：必需，要对其进行分类汇总计算的第 1 个命名区域或引用。

• 其他参数：可选，要对其进行分类汇总计算的第 2～254 个命名区域或引用。

不同 function_num 值对应的分类汇总所使用的函数如表 4-6 所示。

表 4-6　不同 function_num 值对应的分类汇总所使用的函数

function_num（包含隐藏值）	function_num（忽略隐藏值）	函数	函数解释
1	101	AVERAGE	平均值
2	102	COUNT	计数（对数值计数）
3	103	COUNTA	计数（对文本计数）
4	104	MAX	最大值
5	105	MIN	最小值
6	106	PRODUCT	计算乘积
7	107	STDEV	给定样本标准偏差
8	108	STDEVP	样本总体标准偏差
9	109	SUM	和
10	110	VAR	基于给定样本的方差

在本示例中，如果实现忽略隐藏行的计数，可用公式"=SUBTOTAL(102,B2:B13)"。

当 function_num 为 1～11 的常数时，SUBTOTAL 函数将包括通过"隐藏行"命令所隐藏行中的值，并当对列表中隐藏和非隐藏数字进行分类汇总时，使用这些常数；当 function_num 为 101～111 的常数时，SUBTOTAL 函数将忽略通过"隐藏行"命令所隐藏行中的值，并当只想对列表中的非隐藏数字进行分类汇总时，使用这些常数。

无论使用什么 function_num 值，SUBTOTAL 函数都将忽略任何不包括在筛选结果中的行。

SUBTOTAL 函数适用于数据列或垂直单元格区域，而不适用于数据行或水平单元格区域。如果想使隐藏列不参与汇总，请参考 1.7.5 节。

如果所指定的某个引用为三维引用， SUBTOTAL 函数将返回错误值"#REF!"。

4.5.8　AGGREGATE 函数——忽略错误值计算的万能函数

【问题】

在 Excel 数据统计时，不可避免的会遇到错误值，而错误值的出现，往往会影响到数据的进一步计算。如图 4-177 所示，B 列中含有错误值，如果用 SUM 函数、AVERAGE 函数、MAX 函数来对 B2:B13 单元格区域进行统计，就会出现错误，那么该如何忽略这些错误值来进行统计呢？

【实现方法】

如果使用 AGGREGATE 函数，就可以解决这个问题了！统计结果与公式如图 4-178 所示。

	A	B
1	姓名	消费记录
2	王一	10
3	张二	3
4	林三	8
5	李五	#NULL!
6	胡九	5
7	张二	1
8	李五	6
9	胡九	2
10	张二	7
11	林三	4
12	李五	15
13	张二	#NULL!

图 4-177　有错误值的数据

	传统函数		AGGREGATE函数	
	结果	公式	结果	公式
平均值	#NULL!	=AVERAGE(B2:B13)	6.1	=AGGREGATE(1,6,B2:B13)
总和	#NULL!	=SUM(B2:B13)	61	=AGGREGATE(9,6,B2:B13)
最大值	#NULL!	=MAX(B2:B13)	15	=AGGREGATE(4,6,B2:B13)
最小值	#NULL!	=MIN(B2:B13)	1	=AGGREGATE(5,6,B2:B13)
次大值	#NULL!	=LARGE(B2:B13,2)	10	=AGGREGATE(14,6,B2:B13,2)
次小值	#NULL!	=SMALL(B2:B13,2)	2	=AGGREGATE(15,6,B2:B13,2)

图 4-178　结果对比

【函数简介】

AGGREGATE 函数

功能：返回列表或数据库中的合计，可忽略隐藏行和错误值的选项。

引用形式：AGGREGATE(function_num,options,ref1,[ref2],…)。

数组形式：AGGREGATE(function_num,options,array,[k])。

- function_num：必需，一个 1～19 的数字。每个数字指定要使用的函数，如图 4-179 所示。在本示例中，用公式“=AGGREGATE(9,6,B2:B13)”代替求和函数“=SUM(B2:B13)”，其中第 1 个参数“9”代表求和。

Function_num	函数	功能
1	AVERAGE	平均值
2	COUNT	计数
3	COUNTA	文本计数
4	MAX	最大值
5	MIN	最小值
6	PRODUCT	乘积
7	STDEV.S	标准偏差
8	STDEV.P	总体标准偏差
9	SUM	和
10	VAR.S	方差
11	VAR.P	总体方差
12	MEDIAN	中值
13	MODE.SNGL	频率最高值
14	LARGE	第K个最大值
15	SMALL	第K个最小值
16	PERCENTILE.INC	K百分点值
17	QUARTILE.INC	四分位点(不含0,1)
18	PERCENTILE.EXC	数组的K百分点值
19	QUARTILE.EXC	四分位点(含0,1)

图 4-179　每个数字指定要使用的函数

- options：必需，一个数值，代表在函数的计算单元格区域内要忽略的内容。Options

不同数值代表在函数计算单元格区域要忽略的内容如图 4-180 所示。在本示例中，所有的 AGGREGATE 函数第 2 个参数都是“6”，即隐藏错误值。

Options	行为
0 或省略	忽略嵌套 SUBTOTAL 函数和 AGGREGATE 函数
1	忽略隐藏行、嵌套 SUBTOTAL函数和 AGGREGATE 函数
2	忽略错误值、嵌套 SUBTOTAL函数和 AGGREGATE 函数
3	忽略隐藏行、错误值、嵌套 SUBTOTAL函数和 AGGREGATE 函数
4	忽略空值
5	忽略隐藏行
6	忽略错误值
7	忽略隐藏行和错误值

图 4-180　Options 不同数值代表在函数计算单元格区域要忽略的内容

● ref1：必需，要统计的数据单元格区域。当在数组形式的使用中有 k 时，k 代表要计算的 2～253 个数值参数。对于“=AGGREGATE(15,6,B2:B13,2)”，function_num 是 15，k 是 2，就是统计第 2 小的数值。

如果对 function_num、options 数值对应的功能记不太清楚，也没关系，只要使用 AGGREGATE 函数时，在单元格中输入本函数，功能数字就会自动提示，如图 4-181 和图 4-182 所示。

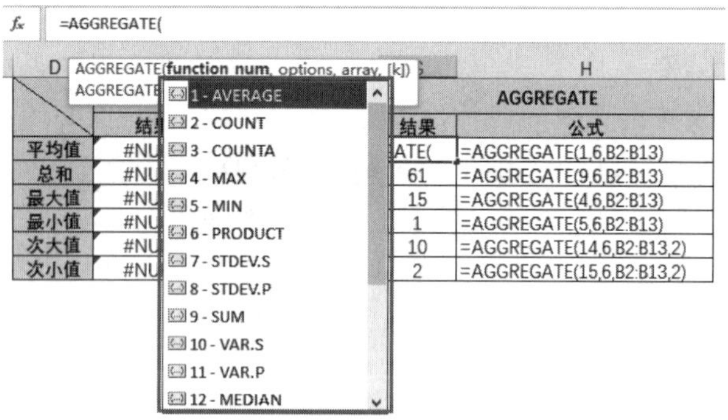

图 4-181　不同 function_num 数值代表的功能函数

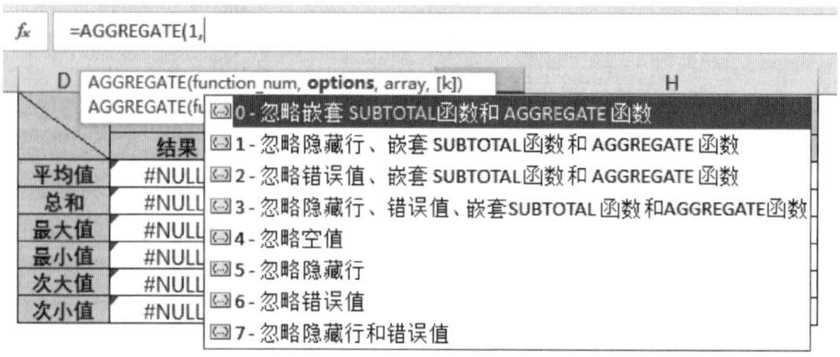

图 4-182　不同 options 数值代表的忽略的内容

4.5.9　ROUND 函数对数据四舍五入

【问题】

如图 4-183 所示，如何将 A2 单元格数值四舍五入到整百呢？

【实现方法】

在 B2 单元格中输入公式“=ROUND(A2,-2)”，按 Enter 键执行计算，即可实现，如图 4-184 所示。

	A	B
1	数值	四舍五入到整百
2	12567	

图 4-183　对数值进行四舍五入

B2　=ROUND(A2,-2)

	A	B	C	D
1	数值	四舍五入到整百		
2	12567	12600		

图 4-184　将数值四舍五入到整百

【函数简介】

ROUND 函数

功能：四舍五入

语法：ROUND(number,num_digits)。

- number：必需，要四舍五入的数值。
- num_digits：必需，位数，按此位数对 number 参数进行四舍五入。如果 num_digits 大于 0（零），则将数值四舍五入到指定的小数位；如果 num_digits 等于 0，则将数值四舍五入到最接近的整数；如果 num_digits 小于 0，则在小数点左侧进行四舍五入。

ROUND 函数用法举例如图 4-185 所示。

	A	B	C
1	数值	四舍五入后的结果	公式
2	123567	123600	=ROUND(A2,-2)
3	123.4567	120	=ROUND(A3,-1)
4	123.4567	123	=ROUND(A4,0)
5	123.4567	123.5	=ROUND(A5,1)
6	123.4567	123.457	=ROUND(A6,3)
7	123.4567	120	=ROUND(A7,-1)

图 4-185　ROUND 函数用法举例

【知识拓展】

当对时间进行四舍五入计算时，也可使用 MROUND 函数。如图 4-186 所示，在 B2 单元格中输入公式“=MROUND(A2,1/96)”，能将 A2 单元格时间四舍五入到 15min 的倍数。

B2　=MROUND(A2,1/96)

	A	B	C
1	时间	四舍五入到15min的倍数	
2	13:25:43	13:30:00	

图 4-186　MROUND 函数将时间四舍五入到 15min 的倍数

其理论依据是：在 Excel 中，日期是整数，1 天是整数 1；时间是小数。例如，24h 是整数 1，12h 是小数 0.5，6h 是小数 0.25。1 代表 24h 或 96×15min，即 15min 就对应的是 1/96。MROUND(A2,1/96)是指把时间换算成 15min 的倍数。

【函数简介】

MROUND 函数

语法：MROUND(number,multiple)。

- number：必需，要舍入的值。
- multiple：必需，要将数值 number 舍入到需要的倍数。

4.5.10 QUOTIENT 函数与 TRUNC 函数——截去小数，保留整数

【问题】

如图 4-187 所示的商品预算表，已知商品的单价与预算金额，计算订货件数。订货件数肯定是整数。例如，对于商品 A，预算金额是 100 元，单价是 2.53 元，则 100÷2.53≈39.5，即订货件数为 39。

	A	B	C	D
1	商品	单价	预算金额	订货件数
2	A	2.53	100	
3	B	1.36	100	
4	C	20.1	100	
5	D	6.35	100	
6	E	28.6	100	
7	F	4.32	100	
8	G	5.9	100	

图 4-187　商品预算表

【实现方法】

（1）使用 QUOTIENT 函数，在 D2 单元格中输入公式“=QUOTIENT(C2,B2)”，按 Enter 键执行计算，再将公式向下填充，如图 4-188 所示。

（2）使用 TRUNC 函数，在 D2 单元格中输入公式“=TRUNC(C2/B2,0)”，按 Enter 键执行计算，再将公式向下填充，如图 4-189 所示。

D2　=QUOTIENT(C2,B2)

	A	B	C	D	E
1	商品	单价	预算金额	订货件数	
2	A	2.53	100	39	
3	B	1.36	100	73	
4	C	20.1	100	4	
5	D	6.35	100	15	
6	E	28.6	100	3	
7	F	4.32	100	23	
8	G	5.9	100	16	

图 4-188　使用 QUOTIENT 函数

D2　=TRUNC(C2/B2,0)

	A	B	C	D	E
1	商品	单价	预算金额	订货件数	
2	A	2.53	100	39	
3	B	1.36	100	73	
4	C	20.1	100	4	
5	D	6.35	100	15	
6	E	28.6	100	3	
7	F	4.32	100	23	
8	G	5.9	100	16	

图 4-189　使用 TRUNC 函数

【函数简介】

1）QUOTIENT 函数

功能：返回除法的整数部分。要放弃除法的余数时，可使用此函数。

语法：QUOTIENT(numerator,denominator)。

中文语法：QUOTIENT（被除数，除数）。

- numerator：必需，是被除数。
- denominator：必需，是除数。

QUOTIENT 函数使用示例如图 4-190 所示。

公式	结果	说明
=QUOTIENT(5, 2)	2	5/2 的整数部分
=QUOTIENT(4.5, 3.1)	1	4.5/3.1 的整数部分
=QUOTIENT(-10, 3)	-3	-10/3 的整数部分

图 4-190　QUOTIENT 函数使用示例

2）TRUNC 函数

功能：将数字的小数部分截去，返回整数。

语法：TRUNC(number,[num_digits])。

- number：必需，是要截去小数部分取整的数字。
- num_digits：可选，用于指定取整精度的数字。num_digits 的默认值为 0（零）。

TRUNC 函数使用示例如图 4-191 所示。

	A	B	C
1	公式	结果	说明
2	=TRUNC(8.9)	8	将 8.9 截尾取整 (8)
3	=TRUNC(-8.9)	-8	将负数截尾取整并返回整数部分 (-8)
4	=TRUNC(0.45)	0	将 0 和 1 之间的数字截尾取整，并返回整数部分 (0)

图 4-191　TRUNC 函数使用示例

4.6　查找与引用函数

4.6.1　VLOOKUP 函数应用之基础——基本查找

【问题】

如图 4-192 所示，如何查找“张三”“陆七”的得分呢？

	A	B	C	D	E	F	G
1	基本信息表						
2	所属部门	姓 名	职称	得分		姓 名	得分
3	市场1部	王一	高级工程师	5		林三	
4	市场1部	张二	中级工程师	7		陆七	
5	市场2部	林三	高级工程师	9			
6	市场3部	胡四	助理工程师	8			
7	市场1部	吴五	高级工程师	4			
8	市场2部	章六	高级工程师	6			
9	市场1部	陆七	中级工程师	7			
10	市场3部	苏八	副高级工程师	6			
11	市场2部	韩九	助理工程师	9			
12	市场1部	徐一	高级工程师	5			
13	市场1部	项二	中级工程师	6			
14	市场3部	贾三	副高级工程师	8			
15	市场1部	孙四	高级工程师	7			

图 4-192　查找指定姓名的得分

【实现方法】

在 G3 单元格中输入公式“=VLOOKUP(F3,$B$2:$D$15,3,0)”，按 Enter 键执行计算，即可查找到“林三”的得分，再将公式向下填充，即可查找到“陆七”的得分，如图 4-193 所示。

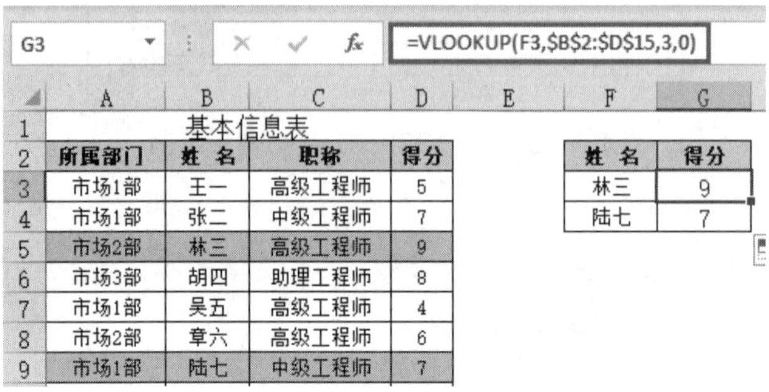
G3　=VLOOKUP(F3,$B$2:$D$15,3,0)

基本信息表

所属部门	姓 名	职称	得分
市场1部	王一	高级工程师	5
市场1部	张二	中级工程师	7
市场2部	林三	高级工程师	9
市场3部	胡四	助理工程师	8
市场1部	吴五	高级工程师	4
市场2部	章六	高级工程师	6
市场1部	陆七	中级工程师	7

姓 名	得分
林三	9
陆七	7

图 4-193　查找结果

【函数简介】

VLOOKUP 函数

功能：依据给定的查阅值，在一定的数据单元格区域中，返回与查阅值对应的想要查找的值。

中文语法：=VLOOKUP(查阅值,包含查阅值和返回值的查找单元格区域,查找单元格区域中返回值的列号,精确查找或近似查找)。

- 查阅值就是指定的查找关键值。在本示例中，查阅值是 F3 单元格“林三”，因为要在“姓名”一列中查找“林三”的得分，“林三”就是查找的关键值。
- 包含查阅值和返回值的查找单元格区域。一定要记住，查阅值应该始终位于查找单元格区域的第 1 列，这样 VLOOKUP 才能正常工作。在本示例中，查找单元格区域是 B2:D15，查阅值“林三”所在的“姓名”B 列就是该单元格区域的首列，而且该单元格区域还包括返回值“得分”所在的 D 列。
- 查找单元格区域中返回值的列号。在本示例中，查找单元格区域是 B2:D15，首列“姓名”是第 1 列，返回值“得分”是第 3 列，所以列号是“3”。
- 精确查找或近似查找。如果要精确查找返回值，则指定 FALSE 或 0；如果要近似查找返回值，则指定 TRUE 或 1；如果该参数省略，则默认为近似匹配。本示例中指定的是 0，即为精确查找。

在公式中，第 2 个参数“查找单元格区域”使用的是绝对引用“$B$2:$D$15”。绝对引用的作用是：当公式填充到其他行、列时，该单元格区域不变。

在本示例中，查找完“林三”的得分，将公式向下填充，再去查找“陆七”的得分，查找单元格区域始终不能改变，应该是包含所有姓名与得分的 B2:D15 单元格区域，所以该单元格区域是绝对引用。

4.6.2 VLOOKUP 函数应用之小成——多行多列查找

【问题】

如图 4-194 所示，要求查找多人多条信息，这种情况就须要灵活改动 VLOOKUP 函数的参数，实现用一个公式返回多行多列数据。

	A	B	C	D	E	F	G
1	基本信息表						
2	编号	所属部门	姓 名	性别	年龄	职称	得分
3	101	市场1部	王一	女	50	高级工程师	5
4	102	市场1部	张二	男	46	中级工程师	7
5	103	市场1部	吴五	女	38	高级工程师	4
6	104	市场1部	陆七	女	32	中级工程师	7
7	105	市场1部	徐一	男	34	高级工程师	5
8	106	市场1部	项二	女	30	中级工程师	6
9	201	市场2部	林三	女	32	高级工程师	9
10	202	市场2部	章六	男	40	高级工程师	6
11	203	市场2部	韩九	女	37	助理工程师	9
12	204	市场2部	孙四	男	42	高级工程师	7
13	301	市场3部	胡四	男	34	助理工程师	8
14	303	市场3部	苏八	男	42	副高级工程师	6
15	304	市场3部	贾三	男	48	副高级工程师	8
16							
17		姓 名	性别	年龄	职称	得分	
18		王一					
19		林三					
20		胡四					

图 4-194 基本信息表

【实现方法】

在 C18 单元格中输入公式“=VLOOKUP($B18,$C$2:$G$15,COLUMN(B1),0)”，按 Enter 键执行计算，再将公式向下、向右填充，即得到所有要求查找的返回值，如图 4-195 所示。

C18 =VLOOKUP($B18,$C$2:$G$15,COLUMN(B1),0)

	A	B	C	D	E	F	G
1	基本信息表						
2	编号	所属部门	姓 名	性别	年龄	职称	得分
3	101	市场1部	王一	女	50	高级工程师	5
4	102	市场1部	张二	男	46	中级工程师	7
5	103	市场1部	吴五	女	38	高级工程师	4
6	104	市场1部	陆七	女	32	中级工程师	7
7	105	市场1部	徐一	男	34	高级工程师	5
8	106	市场1部	项二	女	30	中级工程师	6
9	201	市场2部	林三	女	32	高级工程师	9
10	202	市场2部	章六	男	40	高级工程师	6
11	203	市场2部	韩九	女	37	助理工程师	9
12	204	市场2部	孙四	男	42	高级工程师	7
13	301	市场3部	胡四	男	34	助理工程师	8
14	303	市场3部	苏八	男	42	副高级工程师	6
15	304	市场3部	贾三	男	48	副高级工程师	8
16							
17		姓 名	性别	年龄	职称	得分	
18		王一	女	50	高级工程师	5	
19		林三	女	32	高级工程师	9	
20		胡四	男	34	助理工程师	8	

图 4-195 VLOOKUP 函数多行多列查找

【公式解析】

● $B18：查阅值，是查找的依据，后面的性别、年龄、职称、得分都是依据这个关键值查找到的。这个参数采用了对行相对引用、对列绝对引用，这样就可以实现将公式向下填充时，单元格自动变成 B19、B20，将公式向右填充时，查阅值永远是 B18 单元格的值。

● $C$2:$G$15：以姓名为首列，包含所有返回值的数据单元格区域。这个参数采用了绝对引用的方式，可以实现将公式向下与向右填充时，该单元格区域不变。

● COLUMN(B1)：返回值在 C2:G15 查找单元格区域的列数，这个列数随着返回值的不同而不同。COLUMN 函数的返回值是列数，当查询性别时，性别列是查询单元格区域中的第 2 列，所以将 COLUMN(B1)向右填充时，公式会自动变成 COLUMN(C1)、COLUMN(D1)、COLUMN(E1)，即变成了第 3、4、5 列，也就实现了列数的自动变化。

● 0：是指查找方式为精确查找。

【知识拓展】

F4 键是在 4 种引用类型之间切换的快捷键。例如，当选中 C2:G15 单元格区域：

按第 1 次 F4 键，相对引用变为绝对引用，即 C2:G15→$C$2:$G$15；

按第 2 次 F4 键，绝对引用变为对行绝对引用、对列相对引用，即$C$2:$G$15→C$2:G$15；

按第 3 次 F4 键，对行绝对引用、对列相对引用变为对行相对引用、对列绝对引用，即 C$2:G$15→$C2:$G15；

按第 4 次 F4 键，返回相对引用，即$C2:$G15→C2:G15。

4.6.3 VLOOKUP 函数应用之提升——区间查找、等级评定、模糊查找

【问题】

如图 4-196 所示，不同的采购数量可享受不同的折扣，如何根据折扣表填充每种货品的折扣呢？

	A	B	C
1	货品	采购数量	折扣
2	A	20	0%
3	B	45	0%
4	C	70	0%
5	A	125	6%
6	D	185	6%
7	E	140	6%
8	F	225	8%
9	G	210	8%
10	H	260	8%
11	I	385	10%

E	F	G
折扣表		
数量	折扣	说明
0	0%	0~99件的折扣
100	6%	100~199件的折扣
200	8%	200~299件的折扣
300	10%	300件的折扣

图 4-196 采购表和折扣表

【实现方法】

1）区间查找

在 C2 单元格中输入公式“=VLOOKUP(B2,$E$3:$F$6,2)”，按 Enter 键执行计算，再将公式向下填充，即可得到所有商品的折扣，如图 4-197 所示。

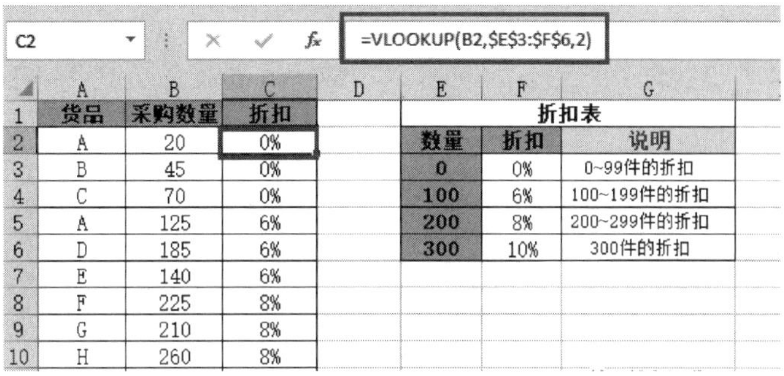
C2　=VLOOKUP(B2,$E$3:$F$6,2)

	A	B	C	D	E	F	G
1	货品	采购数量	折扣		折扣表		
2	A	20	0%		数量	折扣	说明
3	B	45	0%		0	0%	0~99件的折扣
4	C	70	0%		100	6%	100~199件的折扣
5	A	125	6%		200	8%	200~299件的折扣
6	D	185	6%		300	10%	300件的折扣
7	E	140	6%				
8	F	225	8%				
9	G	210	8%				
10	H	260	8%				

图 4-197　查找折扣

在公式“=VLOOKUP(B2,$E$3:$F$6,2)”中，省略了第 4 个查找方式参数，省略就代表把第 4 个参数设置成 TRUE 或 1，就是近似查找。

近似查找的返回值是：比查阅值小且最接近的查询单元格区域首列中区间值所对应的返回值。

在本示例中：

比 20 小的值且最接近 20 的是 0，所以返回 0 对应的区间值为“0%”。

比 225 小的值且最接近 225 的是 200，所以返回 200 对应的区间值为“8%”。

区间查找有一个最重要的注意事项：查找单元格区域的区间值必须是从小到大排列，否则查找不到正确结果。本示例的区间值是 0、100、200、300，按从小到大依次排列。

2）等级评定

等级评定是一种特殊的区间查找，是一种利用字符的模糊查找。VLOOKUP 函数可以利用通配符查找字符串中含有某个关键值的对应返回值，如图 4-198 所示。

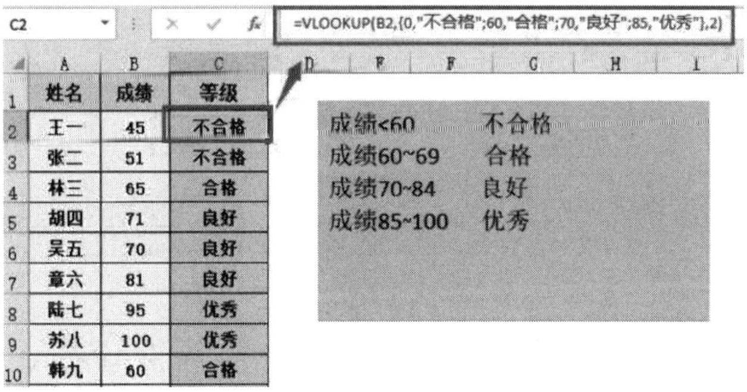
C2　=VLOOKUP(B2,{0,"不合格";60,"合格";70,"良好";85,"优秀"},2)

	A	B	C
1	姓名	成绩	等级
2	王一	45	不合格
3	张二	51	不合格
4	林三	65	合格
5	胡四	71	良好
6	吴五	70	良好
7	章六	81	良好
8	陆七	95	优秀
9	苏八	100	优秀
10	韩九	60	合格

图 4-198　使用 VLOOKUP 函数实现等级评定

在公式“=VLOOKUP(B2,{0,"不合格";60,"合格";70,"良好";85,"优秀"},2)”中，省略了第 4 个参数，就是近似查找。其中，{0,"不合格";60,"合格";70,"良好";85,"优秀"}是图 4-199 所示数据的变相写法。

0	不合格
60	合格
70	良好
85	优秀

图 4-199 等级标准

等级查找是区间查找的特殊方式，也可以写成区间查找的公式“=VLOOKUP(B2,$F$2:$G$5,2)”，如图 4-200 所示。

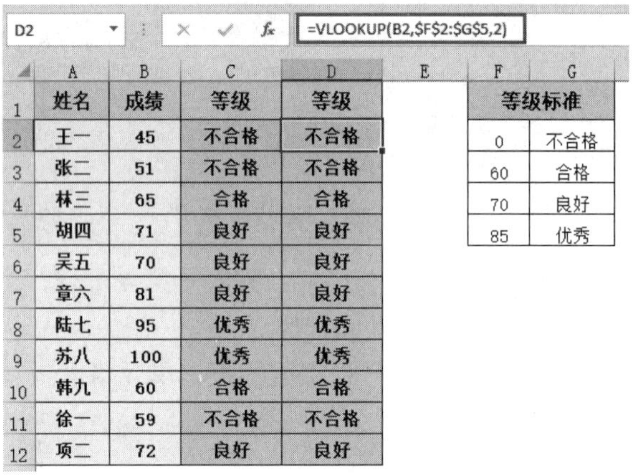
D2 =VLOOKUP(B2,$F$2:$G$5,2)

	A	B	C	D
1	姓名	成绩	等级	等级
2	王一	45	不合格	不合格
3	张二	51	不合格	不合格
4	林三	65	合格	合格
5	胡四	71	良好	良好
6	吴五	70	良好	良好
7	章六	81	良好	良好
8	陆七	95	优秀	优秀
9	苏八	100	优秀	优秀
10	韩九	60	合格	合格
11	徐一	59	不合格	不合格
12	项二	72	良好	良好

等级标准	
0	不合格
60	合格
70	良好
85	优秀

图 4-200 区间查找公式

3）模糊查找

如图 4-201 所示，查找 G 型号系列产品的销量，可以用公式“=VLOOKUP("G"&"*",A1:B8,2,0)”来实现。在该公式中，把查找值用通配符表示，此种方法可以查找字符串中含有某个关键值的对应返回值。

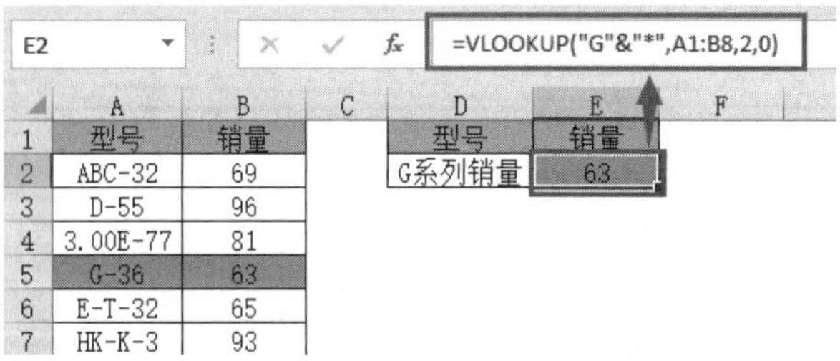
E2 =VLOOKUP("G"&"*",A1:B8,2,0)

	A	B	C	D	E
1	型号	销量		型号	销量
2	ABC-32	69		G系列销量	63
3	D-55	96			
4	3.00E-77	81			
5	G-36	63			
6	E-T-32	65			
7	HK-K-3	93			

图 4-201 使用 VLOOKUP 函数实现模糊查找

4.6.4 VLOOKUP 函数应用之进阶——多条件查找、逆向查找

【问题】

使用 VLOOKUP 函数查找时，有时要查找同时符合多个条件的值，也有时返回值位于查阅值的左侧，这就要构造新的查询单元格区域，以顺利查找到相应结果。

【实现方法】

1）多条件查找

如图 4-202 所示，查找仓库二中键盘的销量，查找条件必须符合仓库是“仓库二”、商品是“键盘”两个条件。可在 G2 单元格中输入公式“=VLOOKUP(E2&F2,IF({1,0},A2:A13&B2:B13,C2:C13),2,0)”，按 Ctrl+Shift+Enter 组合键执行计算，即得结果。

G2　{=VLOOKUP(E2&F2,IF({1,0},A2:A13&B2:B13,C2:C13),2,0)}

	A	B	C	D	E	F	G	H	I
1	仓库	商品	销量		仓库	商品	销量		
2	仓库一	键盘	12		仓库二	键盘	22		
3	仓库一	鼠标	13						
4	仓库一	显示器	14						
5	仓库一	路由器	15						
6	仓库二	键盘	22						
7	仓库二	鼠标	23						
8	仓库二	显示器	24						
9	仓库二	路由器	25						
10	仓库三	键盘	32						
11	仓库三	鼠标	33						
12	仓库三	显示器	34						
13	仓库三	路由器	35						

图 4-202　多条件查找

【公式解析】

- E2&F2：表示用文本连接符将 E2 单元格“仓库二”与 F2 单元格“键盘”连接在一起，形成新的查询条件，即仓库二键盘。
- IF({1,0},A2:A13&B2:B13,C2:C13)：生成一个新的查询单元格区域，如图 4-203 所示。
- 2：新的查找单元格区域里，返回值在第 2 列。
- 0：精确查找。

仓库一键盘	12
仓库一鼠标	13
仓库一显示器	14
仓库一路由器	15
仓库二键盘	22
仓库二鼠标	23
仓库二显示器	24
仓库二路由器	25
仓库三键盘	32
仓库三鼠标	33
仓库三显示器	34
仓库三路由器	35

图 4-203　IF 函数搭建新的查询单元格区域

2）逆向查找

如图 4-204 所示，“部门”位于“姓名”的左侧，要求按照“姓名”去查询“部门”，但直接用 VLOOKUP 函数进行查找，是查不到结果的。因此，须要构建一个新查询单元格区域，将“姓名”置于“部门”的左侧。构建新查询单元格区域，可以通过 IF 和 CHOOSE 两个函数来实现。

	A	B	C	D	E
1	部门	姓 名		姓 名	部门
2	市场1部	王一		章六	
3	市场2部	张二			
4	市场3部	林三			
5	市场1部	胡四			
6	市场2部	吴五			
7	市场3部	章六			
8	市场1部	陆七			
9	市场2部	苏八			
10	市场3部	韩九			

图 4-204　查询“姓名”所在“部门”

在 E2 单元格中输入公式“=VLOOKUP(D2,IF({1,0},B1:B10,A1:A10),2,0)”，按 Enter 键执行计算，即得结果，如图 4-205 所示。其中，IF({1,0},B1:B10,A1:A10)表示构造出“姓名”在前、“部门”在后的新查询单元格区域，如图 4-206 所示。

E2　=VLOOKUP(D2,IF({1,0},B1:B10,A1:A10),2,0)

	A	B	C	D	E	F
1	部门	姓 名		姓 名	部门	
2	市场1部	王一		章六	市场3部	
3	市场2部	张二				
4	市场3部	林三				
5	市场1部	胡四				
6	市场2部	吴五				
7	市场3部	章六				
8	市场1部	陆七				
9	市场2部	苏八				
10	市场3部	韩九				

=IF({1,0},B2:B10,A2:A10)
构造的新查询单元格区域：

姓 名	部门
王一	市场1部
张二	市场2部
林三	市场3部
胡四	市场1部
吴五	市场2部
章六	市场3部
陆七	市场1部
苏八	市场2部
韩九	市场3部

图 4-205　VLOOUKUP 函数+IF 函数实现逆向查找　　图 4-206　IF 函数构建新查询单元格区域

也可在 E2 单元格输入公式“=VLOOKUP(D2,CHOOSE({1,2},B1:B10,A1:A10),2,0)”，按 Enter 键执行计算，即得结果，如图 4-207 所示。其中，CHOOSE({1,2},B1:B10,A1:A10)表示构造出“姓名”在前、“部门”在后的新查询单元格区域，如图 4-208 所示。

E2　=VLOOKUP(D2,CHOOSE({1,2},B1:B10,A1:A10),2,0)

	A	B	C	D	E	F	G
1	部门	姓 名		姓 名	部门		
2	市场1部	王一		章六	市场3部		
3	市场2部	张二					
4	市场3部	林三					
5	市场1部	胡四					
6	市场2部	吴五					
7	市场3部	章六					
8	市场1部	陆七					
9	市场2部	苏八					
10	市场3部	韩九					

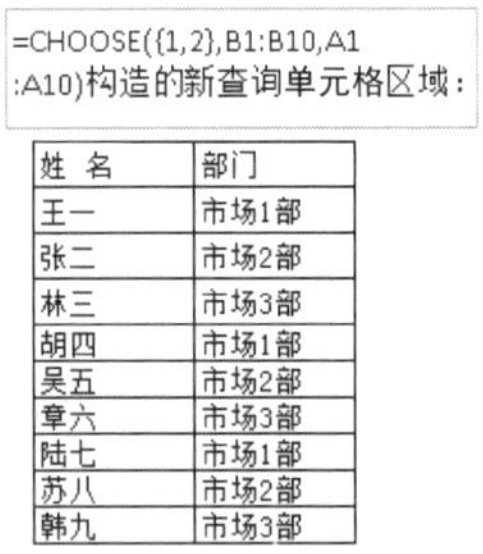

=CHOOSE({1,2},B1:B10,A1
:A10)构造的新查询单元格区域：

姓 名	部门
王一	市场1部
张二	市场2部
林三	市场3部
胡四	市场1部
吴五	市场2部
章六	市场3部
陆七	市场1部
苏八	市场2部
韩九	市场3部

图 4-207　VLOOUKUP 函数+CHOOSE 函数实现逆向查找　图 4-208　CHOOSE 函数构建新查询单元格区域

4.6.5　VLOOKUP 函数应用之高级篇——一对多查找

【问题】

如图 4-209 所示，如何用一个公式查找出“鼠标”的多次进货数量呢？

	A	B	C
1	日期	商品	进货数量
2	2017/5/10	鼠标	1
3	2017/5/11	键盘	2
4	2017/5/12	鼠标	10
5	2017/5/13	键盘	10
6	2017/5/14	路由器	30
7	2017/5/15	鼠标	222
8	2017/5/16	路由器	200
9	2017/5/17	鼠标	5000
10			
11			
12		鼠标	1
13			10
14			222
15			5000

图 4-209　查询多条记录

【实现方法】

VLOOKUP 函数查找相同内容的相关数据，结果是返回该内容对应的第 1 个相关值。所以，解决该问题关键之处，就是要构造一个新查找单元格区域，让查找内容“鼠标”不再完全相同。

在 C2 单元格中输入公式“=VLOOKUP($B$12&ROW(B1),IF({1,0},$B$2:$B$9&COUNTIF(INDIRECT("b2:b"&ROW($2:$9)),$B$12),$C$2:$C$9),2,0)”，按 Ctrl+Shift+Enter 组合键执行计算，再将公式向下填充，即得多次进货数量，如图 4-210 所示。

C12　{=VLOOKUP($B$12&ROW(B1),IF({1,0},$B$2:$B$9&COUNTIF(INDIRECT("b2:b"&ROW($2:$9)),$B$12),$C$2:$C$9),2,0)}

	A	B	C	D	E	F	G	H	I	J
1	日期	商品	进货数量							
2	2017/5/10	鼠标	1							
3	2017/5/11	键盘	2							
4	2017/5/12	鼠标	10							
5	2017/5/13	键盘	10							
6	2017/5/14	路由器	30							
7	2017/5/15	鼠标	222							
8	2017/5/16	路由器	200							
9	2017/5/17	鼠标	5000							
10										
11										
12		鼠标	1							
13			10							
14			222							
15			5000							

图 4-210　VLOOKUP 函数一对多查找

【公式解析】

- IF({1,0},$B$2:$B$9&COUNTIF(INDIRECT("b2:b"&ROW($2:$9)),$B$12),$C$2:$C$9)：实现一个新查找单元格区域，如图 4-211 所示。
- INDIRECT("b2:b"&ROW($2:$9)),$B$12)：分别指向 b2:b2、b2:b3、b2:b4、b2:b5、b2:b6、b2:b7、b2:b8、b2:b9 这 8 个数组，如图 4-212 所示的“公式求值”对话框中的画线部分。

因为要用到数组计算，所以该公式结束时要按 Ctrl+Shift+Enter 组合键执行计算。

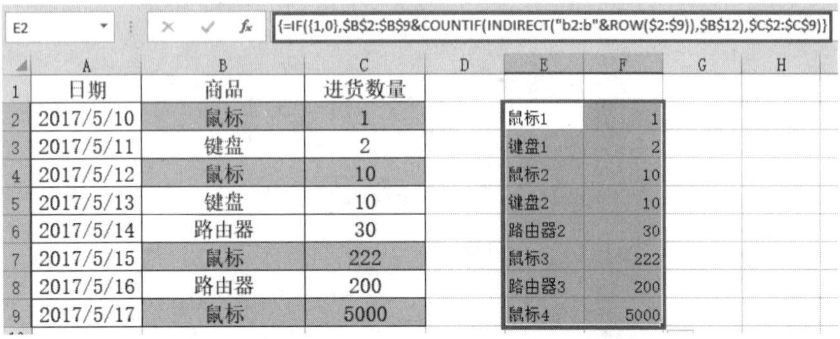

	A	B	C	D	E	F
1	日期	商品	进货数量			
2	2017/5/10	鼠标	1		鼠标1	1
3	2017/5/11	键盘	2		键盘1	2
4	2017/5/12	鼠标	10		鼠标2	10
5	2017/5/13	键盘	10		键盘2	10
6	2017/5/14	路由器	30		路由器2	30
7	2017/5/15	鼠标	222		鼠标3	222
8	2017/5/16	路由器	200		路由器3	200
9	2017/5/17	鼠标	5000		鼠标4	5000

图 4-211　实现一个新查找单元格区域

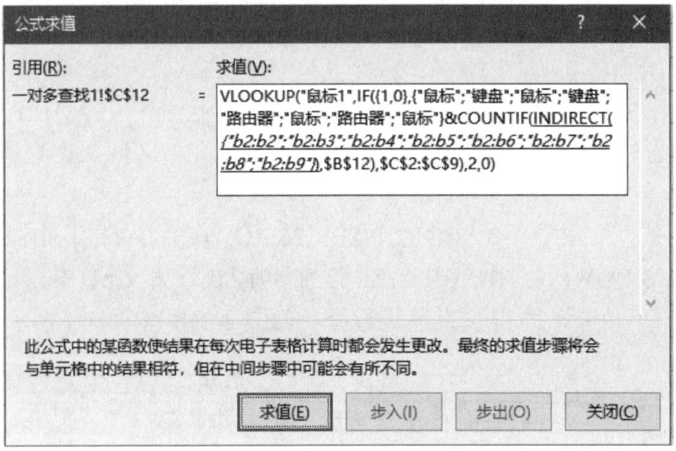

图 4-212　INDIRECT 函数指向的数组

4.6.6　HLOOKUP 函数实现行查找

【问题】

如图 4-213 所示，不同的采购数量可享受不同的折扣，如何根据折扣表填充每种货品的折扣呢？

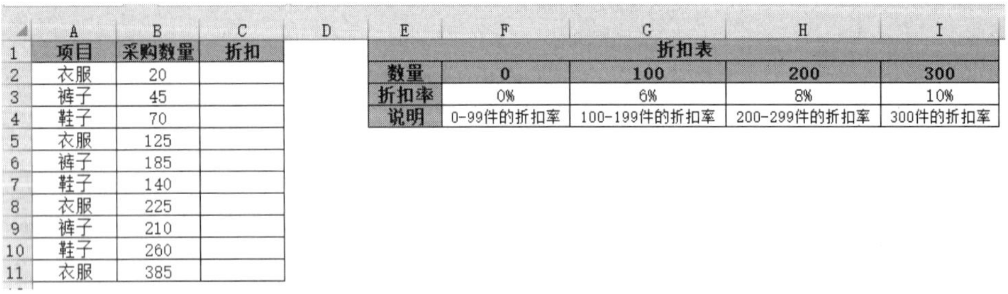

	A	B	C
1	项目	采购数量	折扣
2	衣服	20	
3	裤子	45	
4	鞋子	70	
5	衣服	125	
6	裤子	185	
7	鞋子	140	
8	衣服	225	
9	裤子	210	
10	鞋子	260	
11	衣服	385	

折扣表				
数量	0	100	200	300
折扣率	0%	6%	8%	10%
说明	0-99件的折扣率	100-199件的折扣率	200-299件的折扣率	300件的折扣率

图 4-213　折扣表

【实现方法】

像这种查找值与返回值横向分布的情况，可以用行查找函数 HLOOKUP。

在 C2 单元格中输入公式“=HLOOKUP(B2,$F$2:$I$3,2)”，按 Enter 键执行计算，再将公式向下填充，即得所有货品的折扣，如图 4-214 所示。

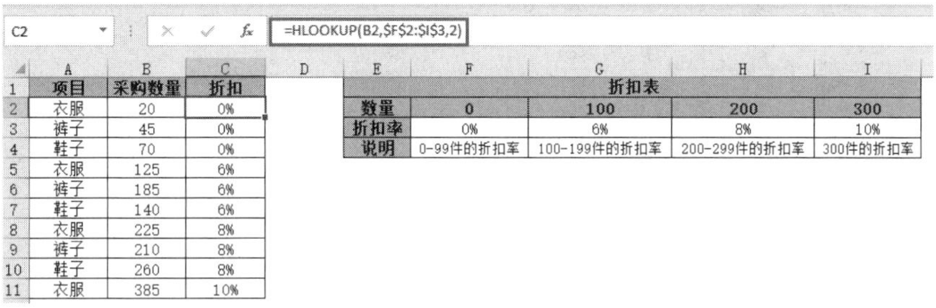
C2　=HLOOKUP(B2,$F$2:$I$3,2)

	A	B	C
1	项目	采购数量	折扣
2	衣服	20	0%
3	裤子	45	0%
4	鞋子	70	0%
5	衣服	125	6%
6	裤子	185	6%
7	鞋子	140	6%
8	衣服	225	8%
9	裤子	210	8%
10	鞋子	260	8%
11	衣服	385	10%

E	F	G	H	I
折扣表				
数量	0	100	200	300
折扣率	0%	6%	8%	10%
说明	0-99件的折扣率	100-199件的折扣率	200-299件的折扣率	300件的折扣率

图 4-214　HLOOKUP 函数实现行查找

【函数简介】

HLOOKUP 函数

功能：最常用的查找和引用函数，依据给定的查阅值，在一定的查找单元格区域中，返回与查阅值对应的想要查找的值。查找单元格区域中查找值、返回值都是行分布的。

中文语法：=HLOOKUP(查阅值,包含查阅值和返回值的查找单元格区域,查找单元格区域中返回值的行号,精确查找或近似查找)。

- 查阅值：指定的查找关键值。在本示例中，查阅值是 B2 单元格“20”，要在“采购数量”列中查找“20”对应的折扣，“20”就是查找的关键值。
- 包含查阅值和返回值的查找单元格区域。一定要记住，查阅值应该始终位于查找单元格区域的第 1 行，这样 HLOOKUP 函数才能正常工作。在本示例中，查找单元格区域是 F2:I3，查阅值是“20”所在的“采购数量”B 列，就是该单元格区域的首行，而且该单元格区域还包括返回值“折扣”所在的第 3 行。
- 查找单元格区域中返回值的行号：在本示例中，对于 F2:I3 查找单元格区域，“采购数量”是第 1 行，返回值“折扣”是第 2 行，所以行号是“2”。
- 精确查找或近似查找：如果要精确查找返回值，则指定 FALSE 或 0；如果要近似查找返回值，则指定 TRUE 或 1；如果该参数省略，则默认为近似匹配。

在本示例中，比“20”小的值且最接近“20”的是 0，所以返回 0 对应的区间值为“0%”；比“225”小的值且最接近“225”的是 200，所以返回 200 对应的区间值为“8%”。

区间查找有一个最重要的注意事项：查找单元格区域的区间值必须是从小到大排列，否则查找不到正确结果。在本示例中，区间值 0、100、200、300 就是从小到大依次排列的。

【知识拓展】

HLOOKUP 函数精确查找如图 4-215 所示。公式“=HLOOKUP(C3,$G$2:$J$3,2,0)”可实现不同职称工资标准的精确查找。

D3 =HLOOKUP(C3,$G$2:$J$3,2,0)

基本信息表

所属部门	姓　名	职称	基本工资
市场1部	王一	高级工程师	8000
市场1部	张二	中级工程师	6000
市场2部	林三	高级工程师	8000
市场3部	胡四	助理工程师	5000
市场1部	吴五	高级工程师	8000
市场2部	章六	高级工程师	8000
市场1部	陆七	中级工程师	6000
市场3部	苏八	副高级工程师	7000
市场2部	韩九	助理工程师	5000
市场1部	徐一	高级工程师	8000
市场1部	项二	中级工程师	6000

基本工资标准表

职称	高级工程师	副高级工程师	中级工程师	助理工程师
基本工资	8000	7000	6000	5000

图 4-215　HLOOKUP 函数精确查找

4.6.7　LOOKUP 函数查询的 10 种方法

【问题】

员工信息表如图 4-216 所示，如何查找指定员工的职称呢？

所在系	工号	姓名	性别	职称		姓名	职称
医学系	C02	王一	男	教授		项二	
电子系	B02	张二	男	讲师			
基础课部	D01	吴五	男	助教			
信息系	A01	陆七	女	副教授			
医学系	C01	徐一	女	讲师			
电子系	B03	项二	女	讲师			
电子系	B04	林三	男	教授			
电子系	B01	章六	女	副教授			
基础课部	D02	韩九	女	助教			
信息系	A02	孙四	男	讲师			
基础课部	D03	胡四	男	助教			

图 4-216　员工信息表

【实现方法】

在 H2 单元格中输入公式“=LOOKUP(1,0/(C2:C12=G2),E2:E12)”，按 Enter 键执行计算，即可完成查找，如图 4-217 所示。

H2 =LOOKUP(1,0/(C2:C12=G2),E2:E12)

所在系	工号	姓名	性别	职称		姓名	职称
医学系	C02	王一	男	教授		项二	讲师
电子系	B02	张二	男	讲师			
基础课部	D01	吴五	男	助教			
信息系	A01	陆七	女	副教授			
医学系	C01	徐一	女	讲师			
电子系	B03	项二	女	讲师			
电子系	B04	林三	男	教授			

图 4-217　查找员工职称

【公式解析】

● C2:C12=G2：在 C2:C12 单元格区域内，凡是与 G2 单元格的值相等的都返回 TRUE，否则返回 FALSE。所以，此部分公式返回的是数组{FALSE;FALSE;FALSE;FALSE;FALSE;TRUE;FALSE;FALSE;FALSE;FALSE;FALSE)}，即{0;0;0;0;0;1;0;0;0;0;0}。

● 0/(C2:C12=G2)：此部分公式返回的是数组{#DIV/0!;#DIV/0!;#DIV/0!;#DIV/0!;#DIV/0!;0;#DIV/0!;#DIV/0!;#DIV/0!;#DIV/0!;#DIV/0!}。

● LOOKUP 函数查找时忽略非法值，直接返回的是与 0 对应的 E2:E12 单元格区域中单元格的值。

以上公式应用是 LOOKUP 函数最基本的用法。

【知识拓展】

除上述方法外，LOOKUP 函数还有以下 9 种查询方法。

1）逆向查找

在 H2 单元格中输入公式“=LOOKUP(1,0/(C2:C12=G2),B2:B12)”，按 Enter 键执行计算，即可查找姓名对应的工号，如图 4-218 所示。

H2　=LOOKUP(1,0/(C2:C12=G2),B2:B12)

	A	B	C	D	E	F	G	H
1	所在系	工号	姓名	性别	职称		姓名	工号
2	医学系	C02	王一	男	教授		项二	B03
3	电子系	B02	张二	男	讲师			
4	基础课部	D01	吴五	男	助教			
5	信息系	A01	陆七	女	副教授			
6	医学系	C01	徐一	女	讲师			
7	电子系	B03	项二	女	讲师			
8	电子系	B04	林三	男	教授			
9	电子系	B01	章六	女	副教授			
10	基础课部	D02	韩九	女	助教			
11	信息系	A02	孙四	男	讲师			
12	基础课部	D03	胡四	男	助教			

图 4-218　逆向查找

2）多条件查找

在 I2 单元格中输入公式“=LOOKUP(1,0/(B2:B12=G2)*(E1:E12=H2),C2:C12)”，按 Enter 键执行计算，即可查找工号与职称对应的姓名，如图 4-219 所示。

I2　=LOOKUP(1,0/(B2:B12=G2)*(E1:E12=H2),C2:C12)

	A	B	C	D	E	F	G	H	I
1	所在系	工号	姓名	性别	职称		工号	职称	姓名
2	医学系	C02	王一	男	教授		A01	副教授	陆七
3	电子系	B02	张二	男	讲师				
4	基础课部	D01	吴五	男	助教				
5	信息系	A01	陆七	女	副教授				
6	医学系	C01	徐一	女	讲师				
7	电子系	B03	项二	女	讲师				
8	电子系	B04	林三	男	教授				
9	电子系	B01	章六	女	副教授				
10	基础课部	D02	韩九	女	助教				
11	信息系	A02	孙四	男	讲师				
12	基础课部	D03	胡四	男	助教				

图 4-219　多条件查找

3）查找最后一条记录

在 B11 单元格中输入公式“=LOOKUP(1,0/(B2:B10< >""),B2:B10)”，按 Enter 键执行计

算，即可查找最后一条记录，如图 4-220 所示。

B11 =LOOKUP(1,0/(B2:B10<>""),B2:B10)

	A	B	C	D	E	F
1	日期	A	B	C	D	
2	2017/5/1	100	100	100	100	
3	2017/5/2	200	200	200	200	
4	2017/5/3	300	300	300	300	
5	2017/5/4		400	400	400	
6	2017/5/5			500	500	
7	2017/5/6			600	600	
8	2017/5/7				700	
9	2017/5/8					
10	2017/5/9					
11	最后一笔记录	300	400	600	700	

图 4-220　查找最后一条记录

4）区间查找

在 C2 单元格中输入公式“=LOOKUP(B2,$H$2:$H$5,$I$2:$I$5)”，按 Enter 键执行计算，即可完成等级评定，如图 4-221 所示。

C2 =LOOKUP(B2,$H$2:$H$5,$I$2:$I$5)

	A	B	C	D	E	F	G	H	I
1	姓名	成绩	等级				分数段	分值	等级
2	王一	45	不合格				<60	0	不合格
3	张二	51	不合格				60－69	60	合格
4	吴五	65	合格				70－84	70	良好
5	陆七	71	良好				85－100	85	优秀
6	徐一	70	良好						
7	项二	81	良好						
8	林三	95	优秀						
9	章六	100	优秀						
10	韩九	60	合格						
11	孙四	59	不合格						
12	胡四	72	良好						

图 4-221　区间查找

5）模糊查找

在 B9 单元格中输入公式“=LOOKUP(9^9,FIND(A9,$A$2:$A$5),$B$2:$B$5)”，按 Enter 键执行计算，即可完成模糊查找，如图 4-222 所示。

B9 =LOOKUP(9^9,FIND(A9,$A$2:$A$5),$B$2:$B$5)

	A	B	C	D	E
1	标准名称	销量			
2	艾泰520路由器	100			
3	艾泰 SF124 24口交换机	200			
4	Canon 佳能 打印一体机 MF3010	300			
5	BENQ 明基 MX662 远焦 投影仪	400			
6					
7					
8	名称	销量			
9	路由器	100			
10	投影仪	400			
11	打印一体机	300			

图 4-222　模糊查找

其中，9^9 是 9 的 9 次方，表示一个极大的数。

6）查找最后一次进货日期

在 B11 单元格中输入公式“=LOOKUP(1,0/(B2:B10<>""),$A$2:$A$10)”，按 Enter 键执行计算，即可查找最后一次进货日期，如图 4-223 所示。

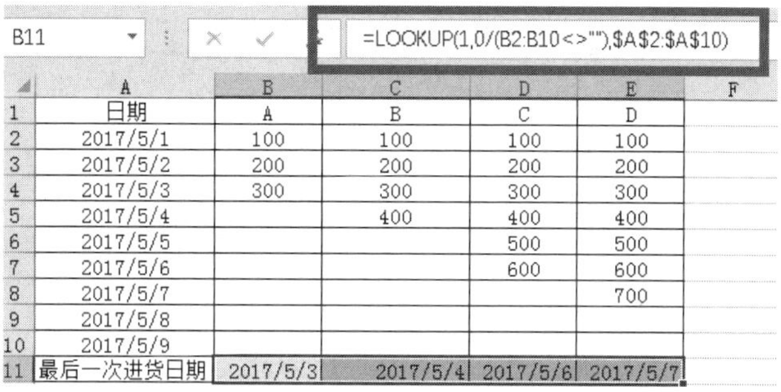

B11　=LOOKUP(1,0/(B2:B10<>""),$A$2:$A$10)

	A	B	C	D	E
1	日期	A	B	C	D
2	2017/5/1	100	100	100	100
3	2017/5/2	200	200	200	200
4	2017/5/3	300	300	300	300
5	2017/5/4		400	400	400
6	2017/5/5			500	500
7	2017/5/6			600	600
8	2017/5/7				700
9	2017/5/8				
10	2017/5/9				
11	最后一次进货日期	2017/5/3	2017/5/4	2017/5/6	2017/5/7

图 4-223　查找最后一次进货日期

7）关键字提取

在 B2 单元格中输入公式“=LOOKUP(9^9,FIND({"路由器","交换机","打印一体机","投影仪"},A2),{"路由器","交换机","打印一体机","投影仪"})”，即可完成关键字提取，如图 4-224 所示。

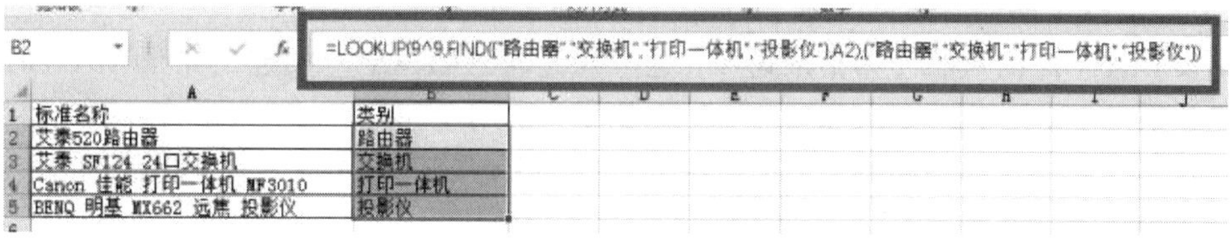

B2　=LOOKUP(9^9,FIND({"路由器","交换机","打印一体机","投影仪"},A2),{"路由器","交换机","打印一体机","投影仪"})

	A	B
1	标准名称	类别
2	艾泰520路由器	路由器
3	艾泰 SF124 24口交换机	交换机
4	Canon 佳能 打印一体机 MF3010	打印一体机
5	BENQ 明基 MX662 远焦 投影仪	投影仪

图 4-224　关键字提取

8）拆分单元格

在 B2 单元格中输入公式“=LOOKUP("座",$A$2:A2)”，按 Enter 键执行计算，即可完成拆分单元格，如图 4-225 所示。

B2　=LOOKUP("座",$A$2:A2)

	A	B	C
1	所在系	所在系	姓名
2	电子系	电子系	王一
3		电子系	张二
4		电子系	吴五
5		电子系	陆七
6	基础课部	基础课部	徐一
7		基础课部	项二
8		基础课部	林三
9	信息系	信息系	章六
10		信息系	韩九
11	医学系	医学系	孙四
12		医学系	胡四

图 4-225　拆分单元格

LOOKUP 函数查找文本是按照汉语拼音的顺序来进行的，座的拼音已经是比较靠后的了，所以用“座”来表示一个很大的文本，可以查找单元格区域中最后一个单元格数据。

9）合并单元格的查询

在 D2 单元格中输入公式“=LOOKUP("座",INDIRECT("A1:A"&MATCH(E2,B1:B12,0)))”，按 Enter 键执行计算，即可完成合并单元格查询，如图 4-226 所示。

D2　=LOOKUP("座",INDIRECT("A1:A"&MATCH(E2,B1:B12,0)))

	A	B	C	D	E
1	所在系	姓名		所在系	姓名
2	电子系	王一		基础课部	项二
3		张二			
4		吴五			
5		陆七			
6	基础课部	徐一			
7		项二			
8		林三			
9	信息系	章六			
10		韩九			
11	医学系	孙四			
12		胡四			

图 4-226　合并单元格的查询

【公式解析】

- MATCH(E2,B1:B12,0)：精确查找 E2 单元格“姓名”在 B 列中的位置。返回结果为 9，用字符串“A1:A”连接 MATCH 函数的计算结果 9，变成新字符串“A1:A9”。
- INDIRECT 函数：返回文本字符串“A1:A9”的引用。

如果 MATCH 函数的计算结果是 5，这里就变成“A1:A5”。同理，如果 MATCH 函数的计算结果是 10，这里就变成“A1:A10”，也就是此引用单元格区域会根据 E2 单元格的“姓名”在 B 列中的位置动态调整。最后，用“=LOOKUP("座",引用区域)”返回该单元格区域中最后一个文本的内容。

- “=LOOKUP("座",A1:A9)”：返回 A1:A9 单元格区域中最后一个文本，也就是信息系。

4.6.8　LOOKUP 函数典型应用——根据抽样标准计算抽样数量

【问题】

某单位对产品进行抽样检查，各产品数量不同，要依据抽样标准抽取样本数量进行质检。如图 4-227 所示，如何计算出各产品抽样数量呢？

	A	B	C	D	E	F	G	H	I
1	抽样标准表						各产品抽样数量		
2	序号	产品数量			抽样数量		产品	数量	抽样数量
3	1	2	～	8	2		产品1	10	
4	2	9	～	15	3		产品2	20	
5	3	16	～	25	5		产品3	30	
6	4	26	～	50	8		产品4	50	
7	5	51	～	90	13		产品5	95	
8	6	91	～	150	20		产品6	150	
9	7	151	～	280	32		产品7	200	
10	8	281	～	500	50		产品8	300	
11	9	501	～	1200	80		产品9	600	
12	10	1201	～	3200	125		产品10	1000	
13	11	3201	～	10000	200		产品11	1500	
14	12	10001	～	35000	315		产品12	15000	
15	13	35001	～	150000	500		产品13	2000000	

图 4-227　抽样标准表、各产品数量

【实现方法】

在 I3 单元格中输入公式“=LOOKUP(H3,$B$3:$B$15,$E$3:$E$15)”，按 Enter 键执行计算，再将公式向下填充，即可得各产品抽样数量，如图 4-228 所示。

I3 =LOOKUP(H3,$B$3:$B$15,$E$3:$E$15)

	A	B	C	D	E	F	G	H	I
1	抽样标准表						各产品抽样数量		
2	序号	产品数量			抽样数量		产品	数量	抽样数量
3	1	2	～	8	2		产品1	10	3
4	2	9	～	15	3		产品2	20	5
5	3	16	～	25	5		产品3	30	8
6	4	26	～	50	8		产品4	50	8
7	5	51	～	90	13		产品5	95	20
8	6	91	～	150	20		产品6	150	20
9	7	151	～	280	32		产品7	200	32
10	8	281	～	500	50		产品8	300	50
11	9	501	～	1200	80		产品9	600	80
12	10	1201	～	3200	125		产品10	1000	80
13	11	3201	～	10000	200		产品11	1500	125
14	12	10001	～	35000	315		产品12	15000	315
15	13	35001	～	150000	500		产品13	2000000	500

图 4-228 各产品抽样数量

【公式解析】

本公式是利用 LOOKUP 函数向量的查找方式。

在 B3:B15 单元格区域内查找 H3 单元格的值，如果查到，则返回 H3 单元格的值所对应的 E3:E15 单元格区域内的值；如果查不到，则返回比 H3 单元格的值小且最接近 H3 单元格的值所对应的 E3:E15 单元格区域内的值。

例如，H3=10，B3:B15 单元格区域中没有 10，比 10 小且最接近的数值是 9，公式则返回 9 对应的 E3:E15 单元格区域中 E4 单元格的值 3。

此处：B3:B15 单元格区域的值必须是升序排列才能用 LOOKUP 函数。

【函数简介】

LOOKUP 函数

功能：向量形式在单行或单列（向量）中查找值，然后返回第 2 个单行或单列中相同位置的值。

语法：LOOKUP(lookup_value,lookup_vector,[result_vector])。

- lookup_value：必需，LOOKUP 函数在第 1 个向量中搜索的值。lookup_value 可以是数字、文本、逻辑值、名称或对值的引用。
- lookup_vector：必需，只包含 1 行或 1 列的单元格区域。lookup_vector 中的值可以是文本、数字或逻辑值。lookup_vector 中的值必须按升序排列，即“…,-2,-1,0,1,2,…,A-Z,FALSE,TRUE”；否则，LOOKUP 函数可能无法返回正确的值。文本不区分大小写。
- result_vector：可选，只包含 1 行或 1 列的单元格区域。result_vector 参数必须与 lookup_vector 参数大小相同。

如果 LOOKUP 函数找不到 lookup_value，则该函数会与 lookup_vector 中小于或等于

lookup_value 的最大值进行匹配。

如果 lookup_value 小于 lookup_vector 中的最小值，则 LOOKUP 函数会返回错误值“#N/A”。

4.6.9 LOOKUP 函数典型应用——合并单元格的拆分与查找

【问题】

如图 4-229 所示，如何在不添加辅助列的情况下，计算销售总价呢？

	A	B	C	D	E	F	G
1	单价表				产品销售表		
2	产品单间	单价			产品	销售数量	销售总价
3	A产品	20			A产品	1000	
4	B产品	30				1200	
5	C产品	15				3500	
6	D产品	18				260	
7					B产品	450	
8						650	
9						621	
10						1100	
11						530	
12					C产品	230	
13						750	
14						56	
15						751	
16					D产品	263	
17						125	
18						1200	

图 4-229 销售情况表

【实现方法】

在 G3 单元格中输入公式“=LOOKUP(LOOKUP("々",$E$3:E3),$A$3:$A$6,$B$3:$B$6)*F3”，按 Enter 键执行计算，再将公式向下填充，即可得销售总价，如图 4-230 所示。

G3 =LOOKUP(LOOKUP("々",$E$3:E3),$A$3:$A$6,$B$3:$B$6)*F3

	A	B	C	D	E	F	G	H
1	单价表				产品销售表			
2	产品单间	单价			产品	销售数量	销售总价	
3	A产品	20			A产品	1000	20000	
4	B产品	30				1200	24000	
5	C产品	15				3500	70000	
6	D产品	18				260	5200	
7					B产品	450	13500	
8						650	19500	
9						621	18630	
10						1100	33000	
11						530	15900	
12					C产品	230	3450	
13						750	11250	
14						56	840	
15						751	11265	
16					D产品	263	4734	
17						125	2250	
18						1200	21600	

图 4-230 计算销售总价

【公式解析】

本公式较复杂，须要逐步对其解析。

（1）合并单元格的拆分。

LOOKUP("々",$E$3:E3)：在动态单元格区域中查找"々"。搜索不到“々”，则返回可变单元格区域$E$3:E3 的最后一个单元格，从而实现合并单元格的拆分，如图 4-231 所示。"々"可用 Alt+小键盘的 41385 打出，在 Excel 中特指文本最大的字符。

G3　=LOOKUP("々",$E$3:E3)

	A	B	C	D	E	F	G
1	单价表				产品销售表		
2	产品单间	单价			产品	销售数量	销售总价
3	A产品	20			A产品	1000	A产品
4	B产品	30				1200	A产品
5	C产品	15				3500	A产品
6	D产品	18				260	A产品
7					B产品	450	B产品
8						650	B产品
9						621	B产品
10						1100	B产品
11						530	B产品
12					C产品	230	C产品
13						750	C产品
14						56	C产品
15						751	C产品
16					D产品	263	D产品
17						125	D产品
18						1200	D产品

图 4-231　合并单元格的拆分

此公式是利用 LOOKUP 函数的数组方式查找的。

语法：LOOKUP(lookup_value,array)。

中文语法：LOOKUP(数组中搜索的值,单元格区域)。

如果搜索的值在单元格区域内搜不到，那结果则返回单元格区域的最后一个单元格。

（2）查找单价。

LOOKUP(LOOKUP("々",$E$3:E3),$A$3:$A$7,$B$3:$B$7)：在 A3:A7 单元格区域中查找产品对应的行，返回 B3:B7 单元格区域中对应的单价，如图 4-231 所示。

G3　=LOOKUP(LOOKUP("々",$E$3:E3),$A$3:$A$7,$B$3:$B$7)

	A	B	C	D	E	F	G	H
1	单价表				产品销售表			
2	产品单间	单价			产品	销售数量	销售总价	
3	A产品	20			A产品	1000	20	
4	B产品	30				1200	20	
5	C产品	15				3500	20	
6	D产品	18				260	20	
7					B产品	450	30	
8						650	30	
9						621	30	
10						1100	30	
11						530	30	
12					C产品	230	15	
13						750	15	
14						56	15	
15						751	15	
16					D产品	263	18	
17						125	18	
18						1200	18	

图 4-232　查找单价

此公式是利用 LOOKUP 函数的向量方式查找的。

语法：LOOKUP(lookup_value,lookup_vector,[result_vector])。

中文语法：LOOKUP(搜索的值,包含搜索值的单元格区域,包含搜索结果的单元格区域)。

（3）计算销售总价。

公式“=LOOKUP(LOOKUP("々",$E$3:E3),$A$3:$A$7,$B$3:$B$7)*F3”，单价与销量相乘,得出销售总价，如图 4-230 所示。

4.6.10 MATCH 函数——查找数据所在的位置

【问题】

如图 4-233 所示，如何查找指定姓名是第几位签到者呢？

【实现方法】

在 D2 单元格中输入公式“=MATCH(C2,A2:A10,0)”，按 Enter 键执行计算，即可计算出签到位次，如图 4-234 所示。

该公式含义是确定在 A2:A10 单元格区域中 C2 单元格的位次。

图 4-233　签到名单

图 4-234　计算签到位次

【函数简介】

MATCH 函数

语法：MATCH(lookup_value,lookup_array,[match_type])。

中文语法：MATCH(指定项,单元格区域,[匹配方式])。

- match_type：即匹配方式，其参数有 3 个：

查找小于或等于 lookup_value 的最大值；

查找等于 lookup_value 的第 1 个值；

查找大于或等于 lookup_value 的最小值。

MATCH 函数是查找函数最好的“搭档”，在与 INDEX 函数、VLOOKUP 函数、HLOOKUP 函数配合使用中起到重要作用。

【知识拓展】

如图 4-234 所示，是使用 MATCH 函数查找数据所在的行，也可以用它来查找数据所在列。如图 4-235 所示，在 B6 单元格中输入公式“=MATCH(A6,A1:E1,0)”，即可查找产品在第几列。

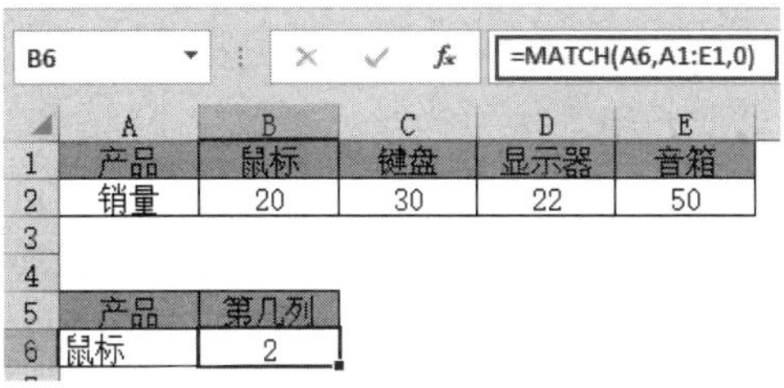

	A	B	C	D	E
1	产品	鼠标	键盘	显示器	音箱
2	销量	20	30	22	50
3					
4					
5	产品	第几列			
6	鼠标	2			

图 4-235 查找产品在第几列

4.6.11 INDEX 函数——查找某行、某列的值

【问题】

如图 4-236 所示，如何查找指定销售业绩的员工姓名呢？

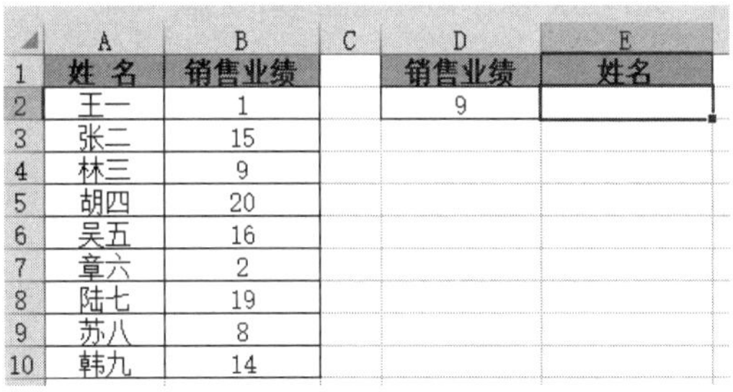

	A	B	C	D	E
1	姓 名	销售业绩		销售业绩	姓名
2	王一	1		9	
3	张二	15			
4	林三	9			
5	胡四	20			
6	吴五	16			
7	章六	2			
8	陆七	19			
9	苏八	8			
10	韩九	14			

图 4-236 销售业绩表

【实现方法】

在 E2 单元格中输入公式“=INDEX(A2:A10,MATCH(D2,B2:B10,0))”，按 Enter 键执行计算，即可查找到指定销售业绩的员工姓名，如图 4-237 所示。

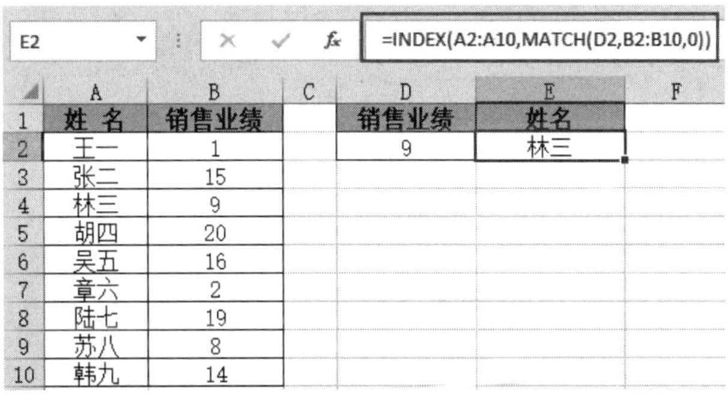

	A	B	C	D	E	F
1	姓 名	销售业绩		销售业绩	姓名	
2	王一	1		9	林三	
3	张二	15				
4	林三	9				
5	胡四	20				
6	吴五	16				
7	章六	2				
8	陆七	19				
9	苏八	8				
10	韩九	14				

图 4-237 查找销售业绩对应的姓名

【公式解析】

- MATCH(D2,B2:B10,0)：是指 D2 单元格销量业绩在所有销量业绩中位于第几行。
- INDEX(A2:A10,MATCH(D2,B2:B10,0))：返回销量业绩所在行的姓名。

【函数简介】

INDEX 函数

功能：查找单元格区域或数组常量中某行、某列或行列交叉单元格的值。

语法：INDEX(array,row_num,[column_num])。

中文语法：INDEX(单元格区域或数组常量,数组中的某行,[数组中的某列])。

如果查询不同销量的产品名称，可用公式“=INDEX(A1:E1,MATCH(A6,A2:E2,0))”，如图 4-238 所示。

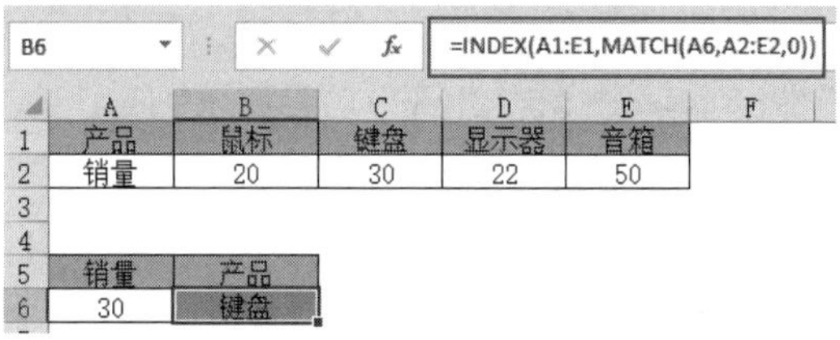

图 4-238　查询不同销量的产品名称

- MATCH(A6,A2:E2,0)：是指 A6 单元格销量在第几列。

4.6.12　查找“行列交叉单元格”数据的 4 个函数

【问题】

Excel 提供了很多数据查找函数。其中，INDEX、VLOOKUP、HLOOKUP、LOOKUP 是 4 个经常用于查找“行列交叉单元格”数据的函数。如图 4-239 所示，查找指定部门与指定产品的销量，就是查找“部门”所在行与“产品”所在列的交叉单元格数据。

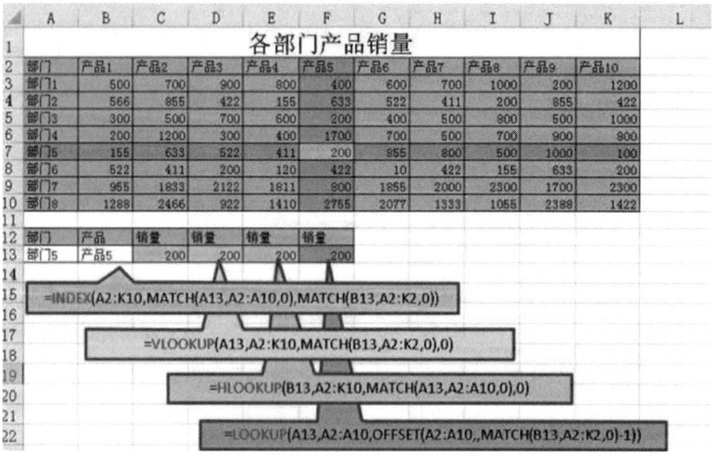

图 4-239　查找“行列交叉单元格”数据

【公式解析】

1）INDEX 函数

在 C13 单元格中输入公式“=INDEX(A2:K10,MATCH(A13,A2:A10,0),MATCH(B13,A2:K2,0))”，按 Enter 键执行计算。INDEX 函数公式含义如图 4-240 所示。

=INDEX(A2:K10,　MATCH(A13,A2:A10,0),　MATCH(B13,A2:K2,0))

数据单元格区域　A13在数据单元格区域中所在行　B13在数据单元格区域中所在列

图 4-240　INDEX 函数公式含义

其中，MATCH 函数用于查找指定项在单元格区域中的相对位置。

2）VLOOKUP 函数

在 D13 单元格中输入公式“=VLOOKUP(A13,A2:K10,MATCH(B13,A2:K2,0),0)”，按 Enter 键执行计算。VLOOKUP 函数公式含义如图 4-241 所示。

=VLOOKUP(A13,A2:K10,MATCH(B13,A2:K2,0),0)

产品5所在列

图 4-241　VLOOKUP 函数公式含义

3）HLOOKUP 函数

在 E13 单元格中输入公式“=HLOOKUP(B13,A2:K10,MATCH(A13,A2:A10,0),0)”，按 Enter 键执行计算。HLOOKUP 函数公式含义如图 4-242 所示。

=HLOOKUP(B13,A2:K10,MATCH(A13,A2:A10,0),0)

部门5所在行

图 4-242　HLOOKUP 函数公式含义

4）LOOKUP 函数

在 F13 单元格中输入公式“=LOOKUP(A13,A2:A10,OFFSET(A2:A10,,MATCH(B13,A2:K2,0)-1))”，按 Enter 键执行计算。LOOKUP 函数公式含义如图 4-243 所示。

=LOOKUP(A13,A2:A10,OFFSET(A2:A10,,MATCH(B13,A2:K2,0)-1))

"部门"所在列偏移到"产品5"所在列

图 4-243　LOOKUP 函数公式含义

4.6.13　OFFSET 偏移函数应用

【问题】

如图 4-244 所示，随着月份的增加，如何随时统计分析各产品最近 3 个月销量呢？

【实现方法】

在 E2 单元格中输入公式“=SUM(OFFSET(F2,0,-3,1,3))”，按 Enter 键执行计算，可实

现即使有新列插入，仍能计算最近 3 个月销量，如图 4-245 所示。

	A	B	C	D	E	F
1	产品	1月	2月	3月	4月	最近 3 个月销量
2	产品1	100	100	100	100	
3	产品2	200	200	200	200	
4	产品3	300	300	300	300	
5	产品4	400	400	400	400	

图 4-244　各产品每月销量

F2　=SUM(OFFSET(F2,0,-3,1,3))

	A	B	C	D	E	F
1	产品	1月	2月	3月	4月	最近 3 个月销量
2	产品1	100	100	100	100	300
3	产品2	200	200	200	200	600
4	产品3	300	300	300	300	900
5	产品4	400	400	400	400	1200

图 4-245　最近 3 个月销量

【公式解析】

OFFSET(F2,0,-3,1,3)：由基准单元格 F2 纵向偏移 0 行，向左偏移 3 列，到 C2 单元格，取 C2 单元格开始的 1 行 3 列的单元格区域，即 C2:E2 单元格区域。

在 F 列前插入列，基准单元格 F2 始终为当前统计结果所在列。因此，这个公式永远统计前 3 列，即最近 3 个月销量。

如果统计最近 3 个月销量的其他情况，可把 SUM 函数改为相应的函数。例如最近 3 个月销量平均值的公式为“=AVERAGE(OFFSET(F2,0,-3,1,3))”；最近 3 个月销量最大值的公式为“=MAX(OFFSET(F2,0,-3,1,3))”。

【函数简介】

OFFSET 函数

功能：以某一个单元格区域为基准，偏移指定的行、列后，返回引用的单元格区域。

语法：OFFSET(reference,rows,cols,[height],[width])。

中文语法：OFFSET(基准单元格区域,偏移行数,偏移列数,[引用区域行高],[引用区域列宽])。

- reference：必需，基准单元格区域必须是单元格或相邻的单元格区域，否则 OFFSET 返回错误值“#VALUE!”。
- rows：必需，是指向上偏移或向下偏移的行数。rows 可为正数（向下偏移的行数）或负数（向上偏移的行数）。
- cols：必需，是指向左偏移或向右偏移的列数。cols 可为正数（向右偏移的列数）或负数（向左偏移的列数）。
- height：高度可选，是指返回的引用行高。height 可为正数（向下引用行高）或负数（向上引用行高）。
- width：宽度可选，是指返回的引用列宽。width 可为正数（向右引用列宽）或负数

（向左引用列宽）。

例如“OFFSET（A1,5,2,13,3）”返回的结果是图 4-246 所示的阴影区域。该公式取值过程是以 A1 为基准单元格，向下偏移 5 行，向右偏移 2 列，到 C6 单元格，取以 C6 为起始单元格的向下 13 行、向右 3 行的单元格区域，即 C6:E18 单元格区域。

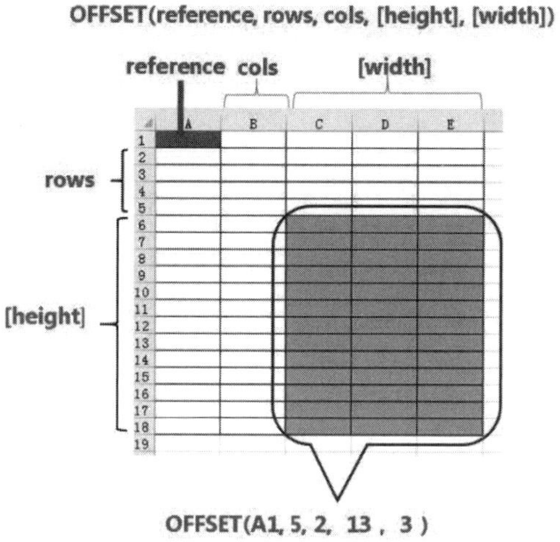

图 4-246 “OFFSET（A1，5，2，13，3）”返回的结果

【典型应用】

（1）以单元格为基准，偏移到单元格。

由单元格偏移到其他单元格，公式为“OFFSET(reference,rows,cols)”。如图 4-247 所示，由 D5 单元格偏移到四面八方的 8 个公式如下。

①向下只跨行，D5 单元格偏移到 D9 单元格：=OFFSET(D5,4,0)。

②向上只跨行，D5 单元格偏移到 D1 单元格：=OFFSET(D5,-4,0)。

③向右只跨列，D5 单元格偏移到 G9 单元格：=OFFSET(D5,0,3)。

④向左只跨列，D5 单元格偏移到 A5 单元格：=OFFSET(D5,0,-3)。

⑤向左上跨行跨列，D5 单元格偏移到 A1 单元格：=OFFSET(D5,-4,-3)。

⑥向右上跨行跨列，D5 单元格偏移到 G1 单元格：=OFFSET(D5,-4,3)。

⑦向左下跨行跨列，D5 单元格偏移到 A9 单元格：=OFFSET(D5,4,-3)。

⑧向右下跨行跨列，D5 单元格偏移到 G9 单元格：=OFFSET(D5,4,3)。

（2）以单元格为基准，偏移到行或列，如图 4-248 所示。

①D5 单元格偏移到 G4:G7 单元格区域，公式为“=OFFSET(D5,-1,3,4,1)”或“=OFFSET(D5,2,3,-4,1)”。

②D5 单元格偏移到 C9:G9 单元格区域，公式为“=OFFSET(D5,4,-1,1,5)”或“=OFFSET(D5,4,3,1,-5)”。

③D5 单元格偏移到 A3:A8 单元格区域，公式为“=OFFSET(D5,-2,-3,6,1)”或“=OFFSET(D5,3,-3,-6,1)”。

④D5 单元格偏移到 B1:E1 单元格区域，公式为“=OFFSET(D5,-4,-2,1,4)”或“=OFFSET

(D5,-4,1,1,-4)”。

每种偏移都有两个公式的原因：从基准单元格可以先偏移到行或列的两头任意一个单元格，然后再考虑行高或列宽。

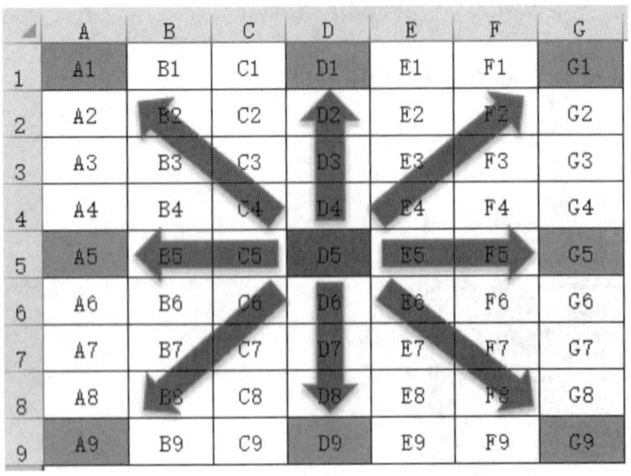

图 4-247　以单元格为基准，偏移到单元格

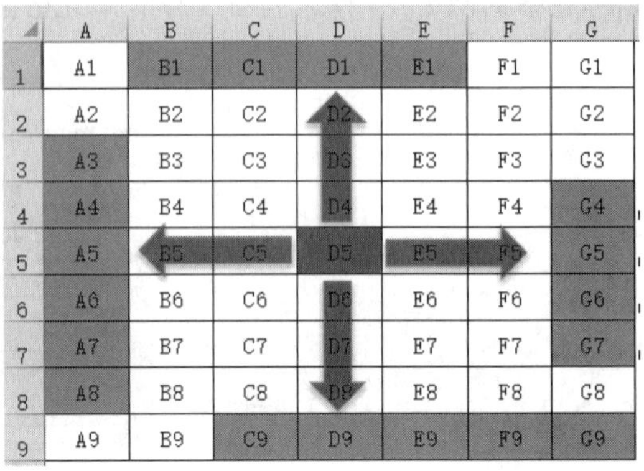

图 4-248　以单元格为基准，偏移到行或列

（3）以单元格为基准，偏移到单元格区域，如图 4-249 所示。

①D5 单元格偏移到 F4:G7 单元格区域，公式为“=OFFSET(D5,-1,2,4,2)”或“=OFFSET(D5,-1,3,4,-2)”或“=OFFSET(D5,2,2,-4,2)”或“=OFFSET(D5,2,3,-4,-2)”。

②D5 单元格偏移到 A1:B6 单元格区域，公式为“=OFFSET(D5,-4,-3,6,2)”或“=OFFSET(D5,-4,-2,6,-2)”或“=OFFSET(D5,1,-3,-6,2)”或“=OFFSET(D5,1,-2,-6,-2)”。

每种偏移都有 4 个公式的原因：从基准单元格可以先偏移到单元格区域 4 个角上的单元格，然后再考虑单元格区域大小。

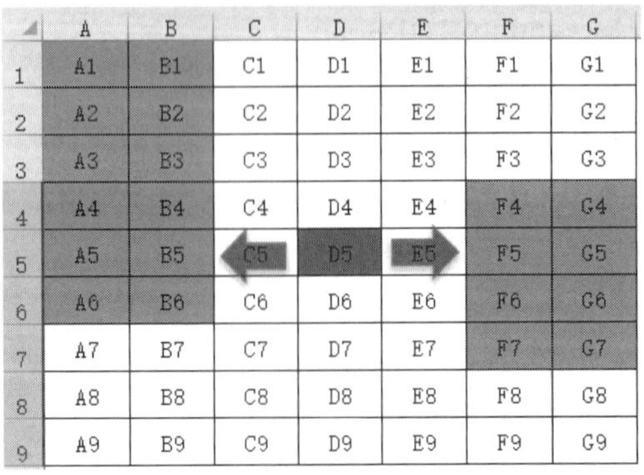

图 4-249　以单元格为基准，偏移到区域

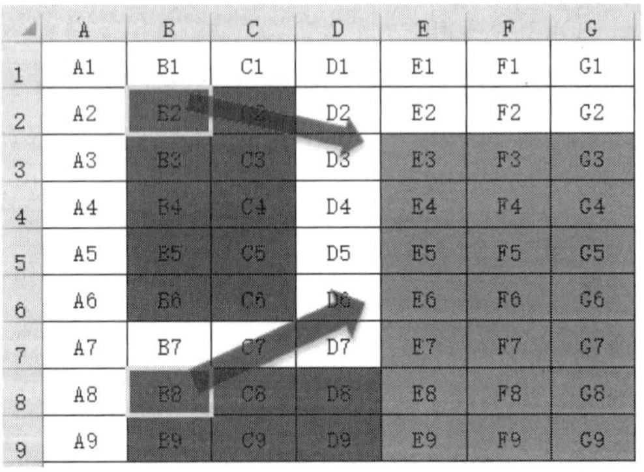

图 4-250　以单元格区域为基准，偏移到区域

（4）以单元格区域为基准，偏移到单元格区域，如图 4-250 所示。

① B2:C6 偏移到 E3:G9 单元格区域：公式为“=OFFSET(B2:C6,1,3,7,3)”或“=OFFSET(B2:C6,1,5,7,-3)”或“=OFFSET(B2:C6,7,3,-7,3)”或“=OFFSET(B2:C6,7,5,-7,-3)”。

② B8:D9 偏移到 E3:G9 单元格区域：公式为“=OFFSET(B8:D9,-5,3,7,3)”或“=OFFSET(B8:D9,-5,5,7,-3)”或“=OFFSET(B8:D9,1,3,-7,3)”或“=OFFSET(B8:D9,1,5,-7,-3)”。

可以看到，从基准单元格区域偏移到某单元格区域，都是从基准单元格区域的左上角第一个单元格为基准开始偏移的。

4.6.14　INDIRECT 函数汇总各仓库的合计到销售总表

【问题】

如图 4-251 所示，分仓库数据表中既有销售额明细又有合计，如何只汇总各仓库的合计到“销售合计”表中呢？

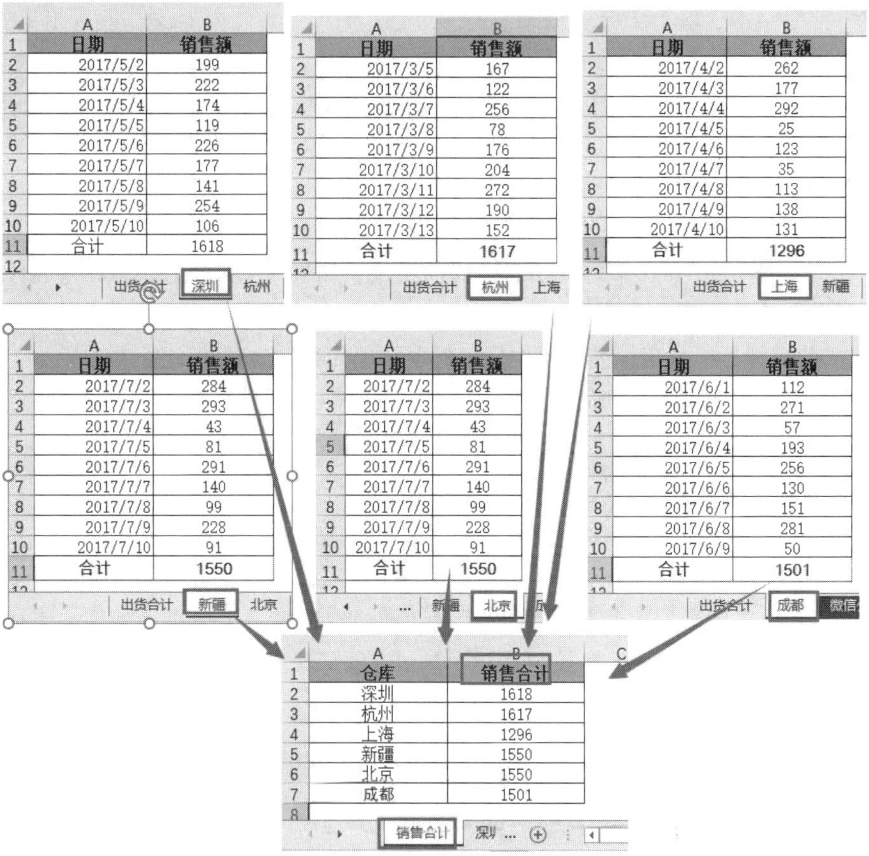

	A	B
1	日期	销售额
2	2017/5/2	199
3	2017/5/3	222
4	2017/5/4	174
5	2017/5/5	119
6	2017/5/6	226
7	2017/5/7	177
8	2017/5/8	141
9	2017/5/9	254
10	2017/5/10	106
11	合计	1618

	A	B
1	日期	销售额
2	2017/3/5	167
3	2017/3/6	122
4	2017/3/7	256
5	2017/3/8	78
6	2017/3/9	176
7	2017/3/10	204
8	2017/3/11	272
9	2017/3/12	190
10	2017/3/13	152
11	合计	1617

	A	B
1	日期	销售额
2	2017/4/2	262
3	2017/4/3	177
4	2017/4/4	292
5	2017/4/5	25
6	2017/4/6	123
7	2017/4/7	35
8	2017/4/8	113
9	2017/4/9	138
10	2017/4/10	131
11	合计	1296

	A	B
1	日期	销售额
2	2017/7/2	284
3	2017/7/3	293
4	2017/7/4	43
5	2017/7/5	81
6	2017/7/6	291
7	2017/7/7	140
8	2017/7/8	99
9	2017/7/9	228
10	2017/7/10	91
11	合计	1550

	A	B
1	日期	销售额
2	2017/7/2	284
3	2017/7/3	293
4	2017/7/4	43
5	2017/7/5	81
6	2017/7/6	291
7	2017/7/7	140
8	2017/7/8	99
9	2017/7/9	228
10	2017/7/10	91
11	合计	1550

	A	B
1	日期	销售额
2	2017/6/1	112
3	2017/6/2	271
4	2017/6/3	57
5	2017/6/4	193
6	2017/6/5	256
7	2017/6/6	130
8	2017/6/7	151
9	2017/6/8	281
10	2017/6/9	50
11	合计	1501

	A	B
1	仓库	销售合计
2	深圳	1618
3	杭州	1617
4	上海	1296
5	新疆	1550
6	北京	1550
7	成都	1501

图 4-251　6 个城市的销售数据汇总

【实现方法】

在“销售合计”表 B2 单元格中输入公式“=MAX(INDIRECT(A2&"!B:B"))”，按 Enter 键执行计算，再将公式向下填充，即可汇总各仓库的合计，如图 4-252 所示。

【公式解析】

- A2&"!B:B"：表示 A2 单元格数据与“!B:B”连接，组成新的字符串“深圳!B:B”。
- INDIRECT(A2&"!B:B")：利用 INDIRECT 函数整列引用“深圳”工作表 B 列。

● MAX(INDIRECT(A2&"!B:B"))：取“深圳”工作表 B 列数据的最大值，就是合计值。

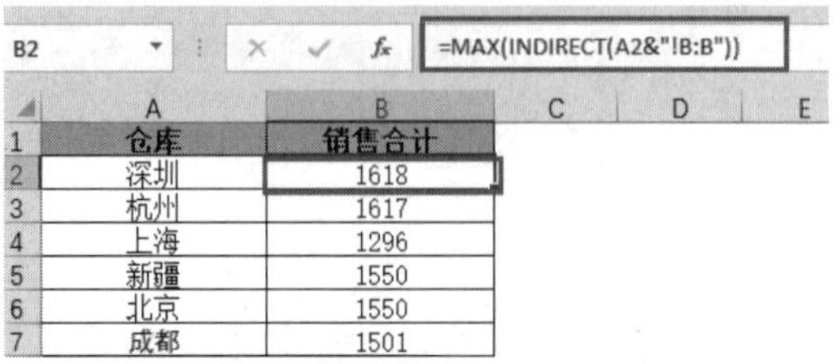

仓库	销售合计
深圳	1618
杭州	1617
上海	1296
新疆	1550
北京	1550
成都	1501

图 4-252　汇总各仓库的合计

【函数简介】

INDIRECT 函数

功能：返回由文本字符串指定的引用，此函数会立即对引用进行计算，并显示其内容。

语法：INDIRECT(ref_text,[a1])。

● ref_text：必需，对单元格的引用。

● a1：可选，一个逻辑值，用于指定包含在单元格 ref_text 中的引用类型。如果 a1 为 TRUE 或省略，则将 ref_text 解释为 A1-样式的引用；如果 a1 为 FALSE，则将 ref_text 解释为 R1C1 引用样式的引用。

A1-样式就是行号用数字、列标用大写字母表示单元格的方式，如图 4-253 所示。

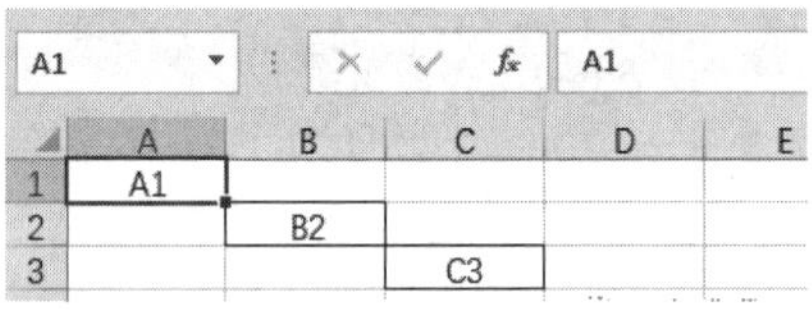

图 4-253　A1-样式

R1C1 引用样式是行和列都使用数字表示单元格的方式，一般不被使用。R 代表 ROW（行），C 代表 COLUMN（列），如果要用这种方式表示单元格，就要在“Excel 选项”→“公式”中勾选“R1C1 引用样式”项，如图 4-254 所示。

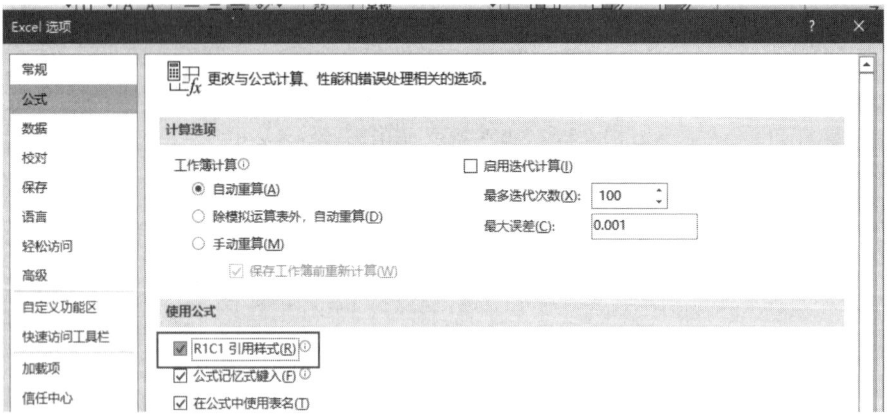

图 4-254　勾选“R1C1 引用样式”项

R1C1 引用样式如图 4-255 所示。

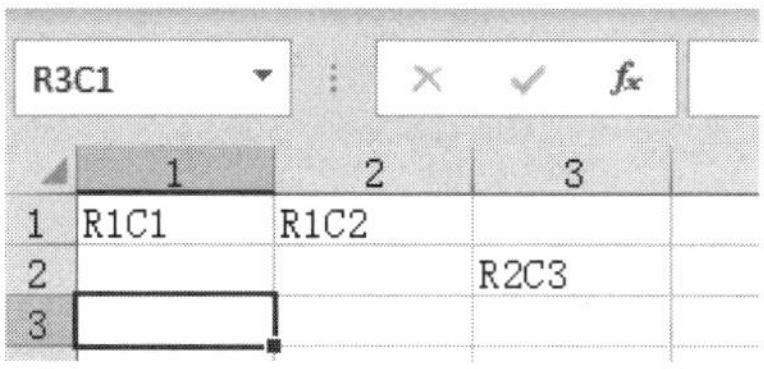

图 4-255　R1C1 引用样式

【典型应用】

1）引用单元格

公式“=INDIRECT(B2)”：返回 B2 单元格的引用。B2 单元格的值是 A2 单元格，所以返回 A2 单元格的值“韩老师讲 Office”，如图 4-256 所示。

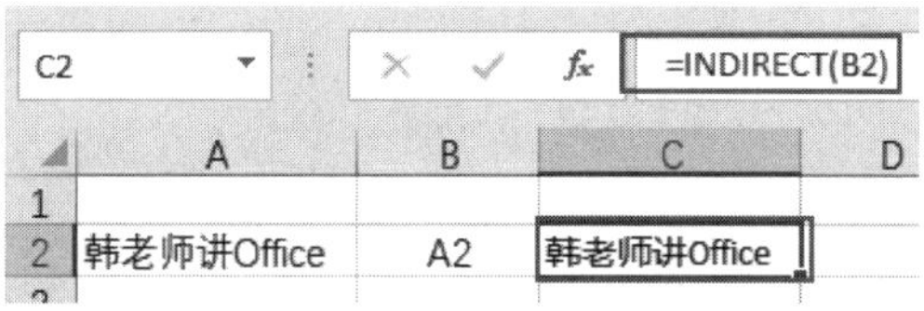

图 4-256　返回 B2 单元格的引用

公式“=INDIRECT("B2")”：返回 B2 单元格的值，如图 4-257 所示。

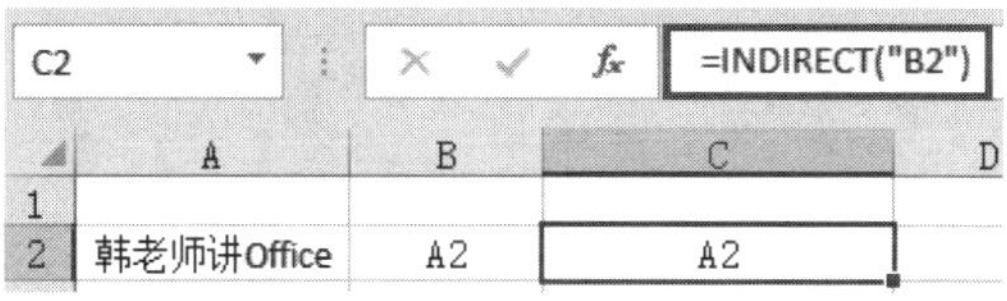

图 4-257　返回 B2 单元格的值

可见，INDIRECT(单元格)与 INDIRECT("单元格")，虽然只是参数差了一对双引号，但结果截然不同：前者是引用单元格中的地址，该地址指向谁，结果就返回谁。在图 4-256 中，是引用 B2 单元格中 A2 地址指向的值“韩老师讲 Office”；后者是引用单元格的值。

2）引用名称

典型的应用是制作多级联动菜单（详细步骤可参考 1.3.6 节）。

在名称管理器中可以看到已经建立的名称，如图 4-258 所示。

选中要添加地市的单元格区域，单击“数据”→“数据验证”，→“设置”，在“允许”中选择“序列”命令，在“来源”中选择“=INDIRECT($A2)”命令，即可实现 B2 单元格的选项是名称“浙江”的数值，B3 单元格的选项是名称“山东”的数值，如图 4-259 所示。

3）多工作表合并

如图 4-260 所示，一个工作簿里有 6 个月的销量数据，要求合并为图 4-261 所示的 6 个月销量汇总表。

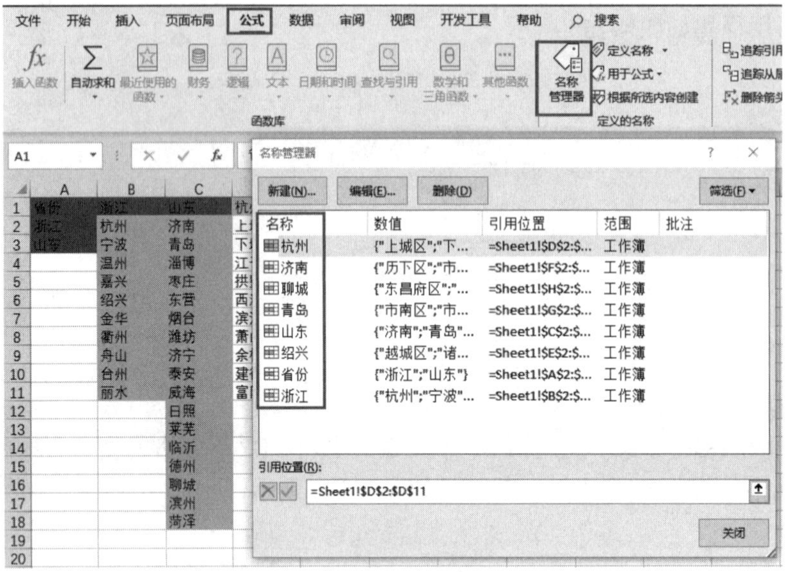

图 4-258 已经建立的名称

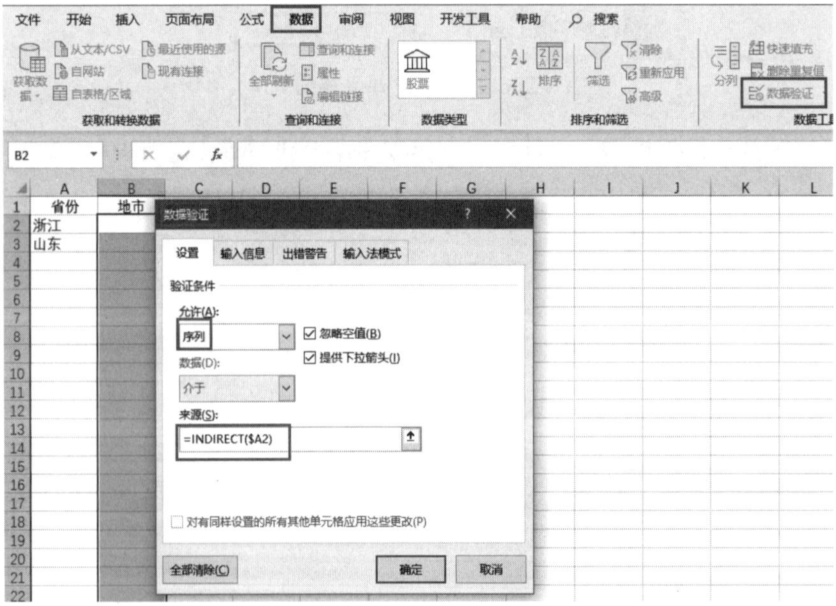

图 4-259 建立二级菜单

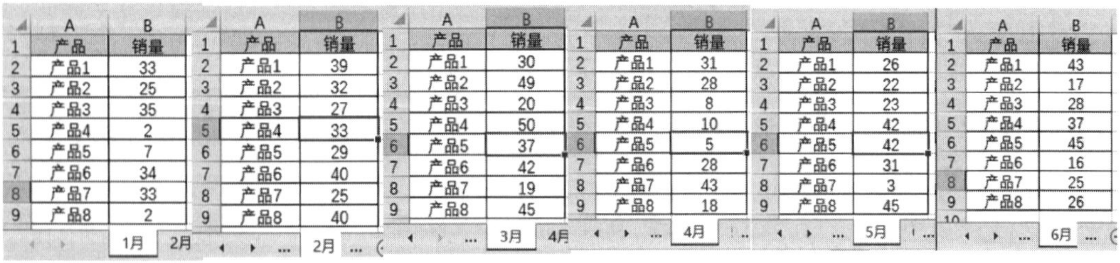

图 4-260 6 个月的销售数据

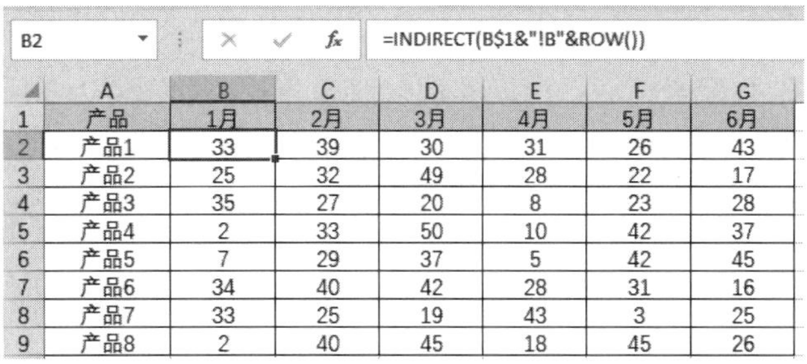

	A	B	C	D	E	F	G
1	产品	1月	2月	3月	4月	5月	6月
2	产品1	33	39	30	31	26	43
3	产品2	25	32	49	28	22	17
4	产品3	35	27	20	8	23	28
5	产品4	2	33	50	10	42	37
6	产品5	7	29	37	5	42	45
7	产品6	34	40	42	28	31	16
8	产品7	33	25	19	43	3	25
9	产品8	2	40	45	18	45	26

图 4-261　6 个月销量汇总表

这里可以使用 INDIRECT 函数实现多工作表合并。

在 B2 单元格中输入公式“=INDIRECT(B$1&"!B"&ROW())”，按 Enter 键执行计算，将公式向下、向右填充，即可完成。

- B$1：是指 B1 单元格的值，此值刚好与工作表“1 月”的名称相同。先使用混合引用“B$1”，再将公式向下填充，此时行号是不变的，永远是第 1 行的值；当将公式向右填充时，列标会自动改变，改变为表“1 月”“2 月”“3 月”等名称。
- "!B"&ROW()：!是表与单元格的分界标志，公式向下拖动到哪一行，ROW()都是当前行的行号。

4）与 SUMPRODUCT 函数配合使用

与 SUMPRODUCT 函数配合使用，可以对汇总项顺序不一致的多工作表进行汇总，如图 4-262 所示。每位员工每个月的销售业绩存放在 12 个月份工作表中。在每个月份工作表中，姓名排序是不一样的。在 C2 单元格中输入公式“=SUMPRODUCT(SUMIF(INDIRECT(ROW($1:$12)&"月!$B$2:$B$37"),汇总!B2,INDIRECT(ROW($1:$12)&"月!c2:c37")))”，按 Enter 键执行计算，再将公式向下填充，即可汇总每位员工全年的销售业绩。

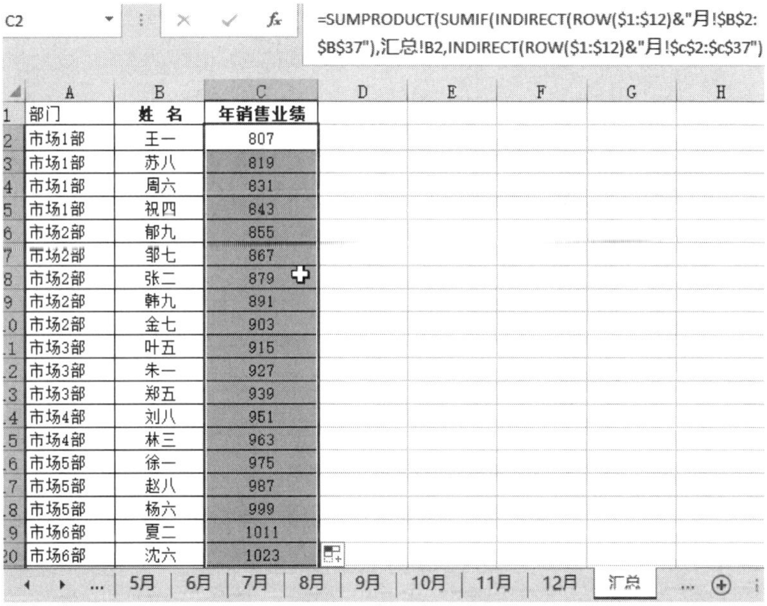

	A	B	C
1	部门	姓 名	年销售业绩
2	市场1部	王一	807
3	市场1部	苏八	819
4	市场1部	周六	831
5	市场1部	祝四	843
6	市场2部	郁九	855
7	市场2部	邹七	867
8	市场2部	张二	879
9	市场2部	韩九	891
10	市场2部	金七	903
11	市场3部	叶五	915
12	市场3部	朱一	927
13	市场3部	郑五	939
14	市场4部	刘八	951
15	市场4部	林三	963
16	市场5部	徐一	975
17	市场5部	赵八	987
18	市场5部	杨六	999
19	市场6部	夏二	1011
20	市场6部	沈六	1023

图 4-262　汇总项顺序不一致的多工作表

5）与 VLOOKUP 函数配合使用

与 VLOOKUP 函数配合使用，可以实现一对多查找，如图 4-263 所示。在 C12 单元格中输入公式“=VLOOKUP($B$12&ROW(B1),IF({1,0},$B$2:$B$9&COUNTIF(INDIRECT("b2:b"&ROW($2:$9)),$B$12),$C$2:$C$9),2,0)”，即可实现对“鼠标”多次进货记录的查找。

C12 {=VLOOKUP($B$12&ROW(B1),IF({1,0},$B$2:$B$9&COUNTIF(INDIRECT("b2:b"&ROW($2:$9)),$B$12),$C$2:$C$9),2,0)}

	A	B	C	D
1	日期	商品	进货数量	
2	2017/5/10	鼠标	1	
3	2017/5/11	键盘	2	
4	2017/5/12	鼠标	10	
5	2017/5/13	键盘	10	
6	2017/5/14	路由器	30	
7	2017/5/15	鼠标	222	
8	2017/5/16	路由器	200	
9	2017/5/17	鼠标	5000	
10				
11				
12		鼠标	1	
13			10	
14			222	
15			5000	

图 4-263　一对多查找

6）对工作簿引用

对工作簿引用的公式正确写法是“=INDIRECT("[工作簿名.xls]工作表表名!单元格地址")”。

当 INDIRECT 函数对另一个工作簿的引用时，被引用的工作簿必须是“打开”状态。如果被引用的工作簿不是“打开”状态，则函数 INDIRECT 会返回错误值“#REF!”。

4.6.15　CHOOSE 函数的用法集锦

【问题】

如图 4-264 所示，该如何计算所有仓库的总库存呢？

	A	B	C	D	E	F	G
1		仓库1		仓库2		仓库3	
2	种类	销量	库存	销量	库存	销量	库存
3	产品1	500	566	300	200	155	522
4	产品2	700	855	500	1200	633	411
5	产品3	900	422	700	300	522	200
6	产品4	800	155	600	400	411	855
7	产品5	400	633	200	1700	200	422
8	产品6	600	522	400	700	855	855
9	产品7	700	411	500	500	800	422
10	产品8	1000	200	800	700	500	155
11	产品9	200	855	500	900	1000	633
12	产品10	1200	422	1000	800	100	200
13	产品11	300	252	100	400	200	400
14	产品12	500	500	200	600	1500	500
15	产品13	1700	800	1500	855	522	800
16	产品14	700	500	500	422	300	20

图 4-264　各仓库产品销量与库存

【实现方法】

在 J5 单元格中输入公式“=SUM(CHOOSE({1,2,3},C3:C16,E3:E16,G3:G16))”，按 Enter

键执行计算，可以计算 3 列库存的总库存，如图 4-265 所示。

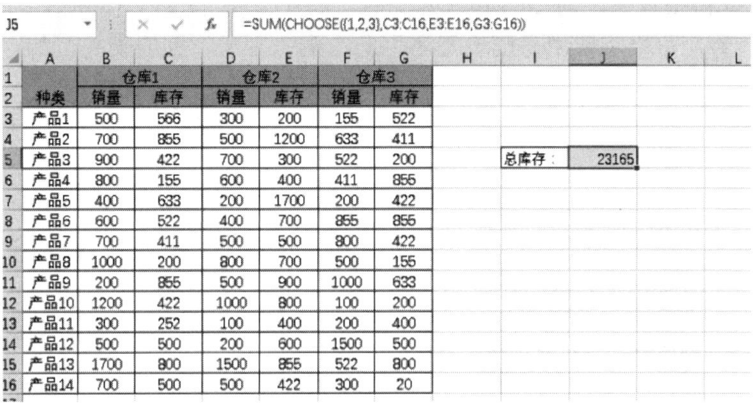

J5　=SUM(CHOOSE({1,2,3},C3:C16,E3:E16,G3:G16))

种类	仓库1		仓库2		仓库3	
	销量	库存	销量	库存	销量	库存
产品1	500	566	300	200	155	522
产品2	700	855	500	1200	633	411
产品3	900	422	700	300	522	200
产品4	800	155	600	400	411	855
产品5	400	633	200	1700	200	422
产品6	600	522	400	700	855	855
产品7	700	411	500	500	800	422
产品8	1000	200	800	700	500	155
产品9	200	855	500	900	1000	633
产品10	1200	422	1000	800	100	200
产品11	300	252	100	400	200	400
产品12	500	500	200	600	1500	500
产品13	1700	800	1500	855	522	800
产品14	700	500	500	422	300	20

总库存：23165

图 4-265　3 列库存的总库存

【函数简介】

CHOOSE 函数

功能：根据给定的索引值，从参数串中选出相应的数值或操作。

语法：CHOOSE(index_num,value1,[value2],…)。

● index_num：必需，用于指定所选定的数值参数。index_num 必须是 1～254 的数字，或者是包含 1～254 的数字的公式或单元格引用。如果 index_num 为 1，则 CHOOSE 返回 value1；如果 index_num 为 2，则 CHOOSE 返回 value2，以此类推；如果 index_num 小于 1 或大于列表中最后一个值的索引号，则 CHOOSE 返回错误值“#VALUE!”；如果 index_num 为小数，则在使用前将被截去小数部分取整。

● value1,value2,…：value1 是必需的，后续值是可选的。CHOOSE 将根据 index_num 从 1～254 个数值参数中选择一个数值或一项要执行的操作。参数可以是数字、单元格引用、定义的名称、公式、函数或文本。

【典型应用】

1）返回指定值

在 D2 单元格中输入公式“=CHOOSE(3,A1,A2,A3,A4,A5)”，按 Enter 键执行计算，返回第 3 个参数 A3 单元格的值，如图 4-266 所示。

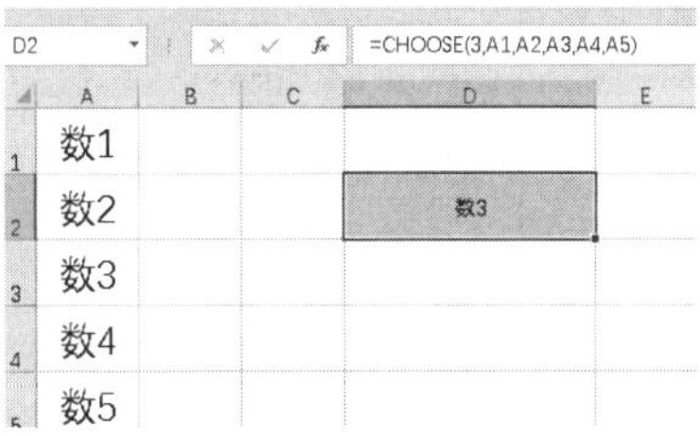

D2　=CHOOSE(3,A1,A2,A3,A4,A5)

	A	D
1	数1	
2	数2	数3
3	数3	
4	数4	
5	数5	

图 4-266　返回指定值

2）配合 VLOOKUP 函数，实现逆向查询

在 H2 单元格中输入公式“=VLOOKUP(G2,CHOOSE({1,2},C1:C12,B1:B12),2,0)”，按 Enter 键执行计算，可以实现由右侧“姓名”向左侧“工号”列的查找，如图 4-267 所示。

H2 | =VLOOKUP(G2,CHOOSE({1,2},C1:C12,B1:B12),2,0)

	A	B	C	D	E	F	G	H
1	所在系	工号	姓名	性别	职称		姓名	工号
2	医学系	C02	洪国武	男	教授		斯过苗	C01
3	电子系	B02	李国林	男	讲师			
4	基础课部	D01	刘德名	男	助教			
5	信息系	A01	刘乐	女	副教授			
6	医学系	C01	斯过苗	女	讲师			
7	电子系	B03	王小乐	女	讲师			
8	电子系	B04	吴大林	男	教授			
9	电子系	B01	张芳	女	副教授			
10	基础课部	D02	张红艳	女	助教			
11	信息系	A02	张军宏	男	讲师			
12	基础课部	D03	张武学	男	助教			

图 4-267　逆向查询

其中，“CHOOSE({1,2},C1:C12,B1:B12)”的功能是实现“姓名”列与“工号”列交换位置，如图 4-268 所示。

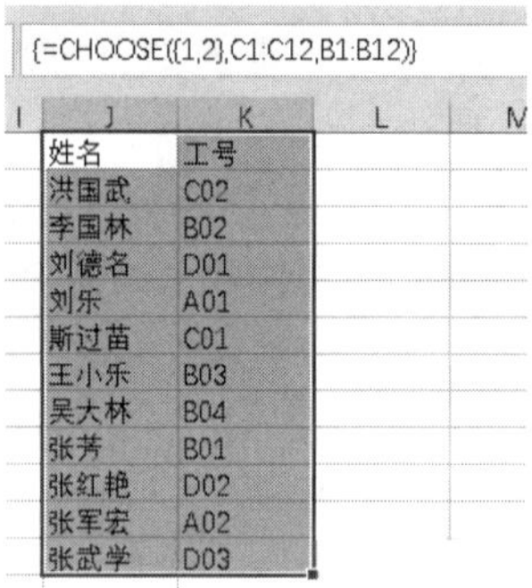
{=CHOOSE({1,2},C1:C12,B1:B12)}

J	K
姓名	工号
洪国武	C02
李国林	B02
刘德名	D01
刘乐	A01
斯过苗	C01
王小乐	B03
吴大林	B04
张芳	B01
张红艳	D02
张军宏	A02
张武学	D03

图 4-268　“姓名”列与“工号”列交换位置

3）与 IF 函数配合使用

在 D2 单元格中输入公式“=IF(C2<=3,CHOOSE(C2,"一等奖","二等奖","三等奖"),"")”，按 Enter 键执行计算，再将公式向下填充，可以按照排名填写奖项，如图 4-269 所示。

D2 | =IF(C2<=3,CHOOSE(C2,"一等奖","二等奖","三等奖"),"")

	A	B	C	D
1	姓名	成绩	排名	奖项
2	洪国武	86	3	三等奖
3	李国林	53	9	
4	刘德名	98	1	一等奖
5	刘乐	45	10	
6	斯过苗	69	7	
7	王小乐	95	2	二等奖
8	吴大林	75	6	
9	张芳	85	4	
10	张红艳	62	8	
11	张军宏	35	11	
12	张武学	84	5	

图 4-269　按照排名填写奖项

4）与 MATCH 函数配合使用

在 B2 单元格中输入公式“=CHOOSE(MATCH(A2,{0,30,70,100}),0,0.1,0.3,0.5)”，先按 Enter 键执行计算，再将公式向下填充，可以按照业绩提成标准计算提成，如图 4-270 所示。

B2　=CHOOSE(MATCH(A2,{0,30,70,100}),0,0.1,0.3,0.5)

	A	B	C	D	E	F
1	销售业绩	提成			销售业绩	提成
2	110	0.5			0-29	0
3	100	0.5			30-69	0.1
4	90	0.3			70-99	0.3
5	80	0.3			>100	0.5
6	70	0.3				
7	69	0.1				
8	59	0.1				
9	62	0.1				
10	85	0.3				
11	60	0.1				
12	23	0				

根据销售业绩提成
=CHOOSE(MATCH(A2,{0,30,70,100}),0,0.1,0.3,0.5)

图 4-270　按照业绩提成标准计算提成

4.6.16　空格——交叉运算符

【问题】

如图 4-271 所示，该如何计算指定部门指定产品的销量呢？

	A	B	C	D	E	F	G	H	I	J	K
1	各部门产品销量										
2	部门	产品1	产品2	产品3	产品4	产品5	产品6	产品7	产品8	产品9	产品10
3	部门1	500	700	900	800	400	600	700	1000	200	1200
4	部门2	566	855	422	155	633	522	411	200	855	422
5	部门3	300	500	700	600	200	400	500	800	500	1000
6	部门4	200	1200	300	400	1700	700	500	700	900	800
7	部门5	155	633	522	411	200	855	900	500	1000	100
8	部门6	522	411	200	120	422	10	422	155	633	200
9	部门7	955	1833	2122	1811	800	1855	2000	2300	1700	2300
10	部门8	1288	2466	922	1410	2755	2077	1333	1055	2388	1422
11											
12	部门	产品	销量	销量							
13	部门7	产品3									

图 4-271　各部门的产品销量

部门是行标签，产品是列标签，计算指定部门产品的销量就是计算部门所在行与产品所在列交叉单元格的数值，这可以用“空格”来实现。

【实现方法】

（1）建立“名称”。

选中 A2:K10 单元格区域，单击“公式”→“定义名称”→“根据所选内容创建”，在打开的“根据所选内容创建名称”对话框中，勾选“首行”“最左列”项，单击“确定”按钮，即可建立所有产品与部门的名称，如图 4-272 所示。

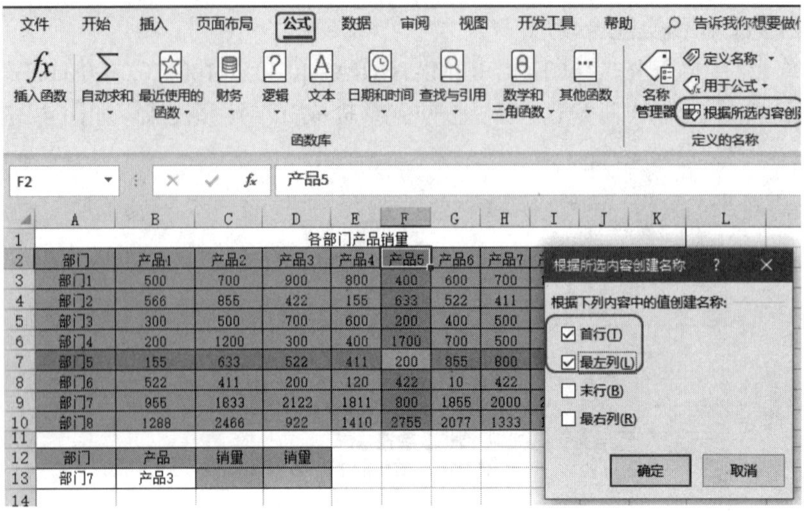

图 4-272　新建名称

单击“公式”→“定义名称”→“名称管理器”，可以看到已经建立的所有名称，如图 4-273 所示。

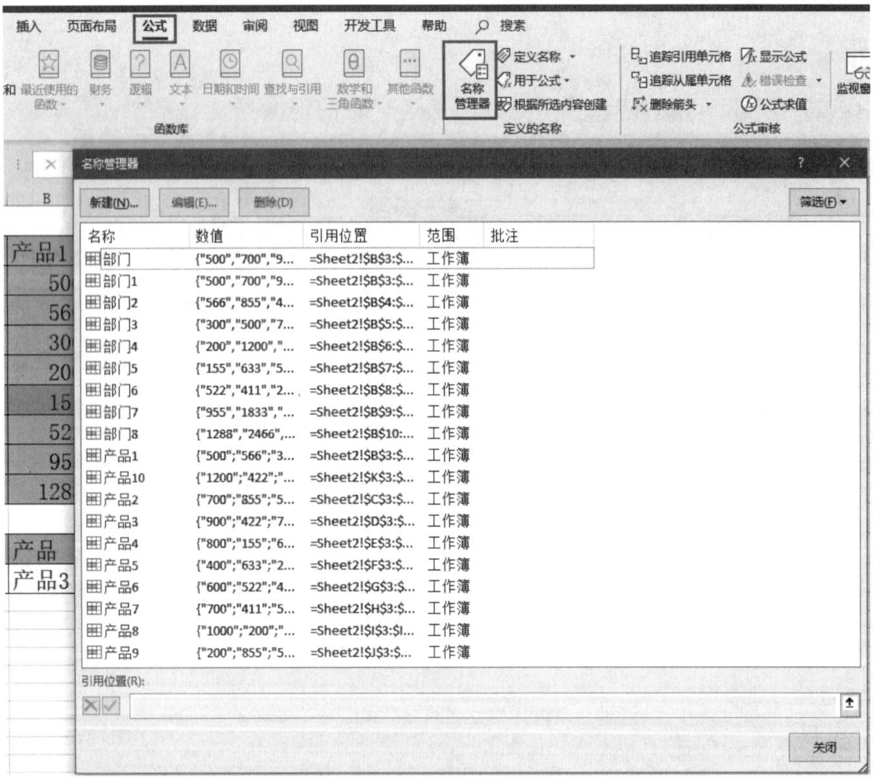

图 4-273　已经建立的所有名称

（2）输入公式。

在 C13 单元格中输入公式“=部门 5 产品 5”，按 Enter 键执行计算，即可得结果，如

图 4-274 所示。注意：公式中“部门 5”与“产品 5”两个名称之间要有英文空格。

C13 =部门5 产品5

	A	B	C	D	E	F	G	H	I	J	K
1	各部门产品销量										
2	部门	产品1	产品2	产品3	产品4	产品5	产品6	产品7	产品8	产品9	产品10
3	部门1	500	700	900	800	400	600	700	1000	200	1200
4	部门2	566	855	422	155	633	522	411	200	855	422
5	部门3	300	500	700	600	200	400	500	800	500	1000
6	部门4	200	1200	300	400	1700	700	500	700	900	800
7	部门5	155	633	522	411	200	855	800	500	1000	100
8	部门6	522	411	200	120	422	10	422	155	633	200
9	部门7	955	1833	2122	1811	800	1855	2000	2300	1700	2300
10	部门8	1288	2466	922	1410	2755	2077	1333	1055	2388	1422
11											
12	部门	产品	销量	销量							
13	部门5	产品5	200								

图 4-274　部门 5 的产品 5 的销量

（3）公式完善。

在 C13 单元格中输入的公式“=部门 5 产品 5”只能计算“部门 5 和产品 5”行列交叉单元格的数据，既使把 A13 单元格的内容改成其他部门，B13 单元格的内容改成其他产品，C13 单元格的结果也不会改变，仍然是“部门 5 产品 5”的销量。

在 D13 单元格中输入改进的公式“=INDIRECT(A13) INDIRECT(B13)”，按 Enter 键执行计算，则公式的结果就可以随 A13、B13 单元格数据的改变而改变，如图 4-275 所示。

D13 =INDIRECT(A13) INDIRECT(B13)

	A	B	C	D	E	F	G	H	I	J	K
1	各部门产品销量										
2	部门	产品1	产品2	产品3	产品4	产品5	产品6	产品7	产品8	产品9	产品10
3	部门1	500	700	900	800	400	600	700	1000	200	1200
4	部门2	566	855	422	155	633	522	411	200	855	422
5	部门3	300	500	700	600	200	400	500	800	500	1000
6	部门4	200	1200	300	400	1700	700	500	700	900	800
7	部门5	155	633	522	411	200	855	800	500	1000	100
8	部门6	522	411	200	120	422	10	422	155	633	200
9	部门7	955	1833	2122	1811	800	1855	2000	2300	1700	2300
10	部门8	1288	2466	922	1410	2755	2077	1333	1055	2388	1422
11											
12	部门	产品	销量	销量							
13	部门7	产品3	200	2122							

图 4-275　公式完善

“=INDIRECT(A13) INDIRECT(B13)”：是指返回 A13、B13 单元格数据所引用位置交叉单元格的数值，也就是返回名称部门 7、产品 5 所引用位置交叉单元格的数值。

总结：在 Excel 工作表内，空格称为交叉运算符，同“名称”联合使用可以查找行列交叉单元格的数据。

4.7 信息与逻辑函数

4.7.1 IF 函数——最常用的逻辑函数

【问题】

如图 4-276 所示，长跑项目要求女生跑完 800 米，男生跑完 1500 米，该如何实现根据性别自动填写项目呢？

	A	B	C	D
1	序号	姓 名	性别	长跑
2	1	王一	女	800米
3	2	张二	男	1500米
4	3	吴五	女	800米
5	4	陆七	女	800米
6	5	徐一	男	1500米
7	6	项二	女	800米
8	7	林三	女	800米
9	8	章六	男	1500米
10	9	韩九	女	800米
11	10	孙四	男	1500米
12	11	胡四	男	1500米
13	12	苏八	男	1500米

图 4-276 分性别长跑项目

【实现方法】

在 D2 单元格中填入公式“=IF(C2="女","800 米","1500 米")”，按 Enter 键执行计算，再将公式向下填充，可完成按“性别”填写“长跑”项目，如图 4-277 所示。

D2 fx =IF(C2="女","800米","1500米")

	A	B	C	D	E	F
1	序号	姓 名	性别	长跑		
2	1	王一	女	800米		
3	2	张二	男	1500米		
4	3	吴五	女	800米		
5	4	陆七	女	800米		
6	5	徐一	男	1500米		
7	6	项二	女	800米		
8	7	林三	女	800米		
9	8	章六	男	1500米		
10	9	韩九	女	800米		
11	10	孙四	男	1500米		

图 4-277 按“性别”填写“长跑”项目

【函数简介】

IF 函数

语法：=IF(条件判断,条件成立返回值,条件不成立返回值)。

【典型应用】

1）多条件使用

评定成绩：如果成绩大于或等于 85 为优秀，大于或等于 70 且小于 85 为良好，大于或等于 60 且小于 70 为合格，小于 60 为不合格。可在 E2 单元格中输入公式“=IF(D3>=85,"优秀",IF(D3>=70,"良好",IF(D3>=60, "合格","不合格")))”，按 Enter 键执行计算，再将公式向下填充，即可得结果，如图 4-278 所示。

=IF(D2>=85,"优秀",IF(D2>=70,"良好",IF(D2>=60,"合格","不合格")))

D	E	F	G	H	I
成绩	评定				
100	优秀				
77	良好				
85	优秀				
74	良好				
78	良好				
61	合格				
93	优秀				
83	良好				
57	不合格				
66	合格				

图 4-278 多条件使用

注：在做条件判断时可以有大于、大于或等于、小于、小于或等于、等于，用符号表示分别为>、>=、<、<=、=。

2）复杂条件使用

判断是否完成任务：出货量大于或等于 800 且库存量小于 100 为完成任务，否则为未完成。可在 D2 单元格中输入公式“=IF(AND(B2>=800,C2<=100),"完成","未完成")”，按 Enter 键执行计算，再将公式向下填充，即可得结果，如图 4-279 所示。

D2 =IF(AND(B2>=800,C2<=100),"完成","未完成")

	A	B	C	D	E	F	G
1	仓库	出货量	库存量	是否完成任务			
2	A	1001	100	完成			
3	B	800	50	完成			
4	C	500	200	未完成			

图 4-279 复杂条件使用

3）根据身份证号码判断性别

身份证号码的第 17 位代表性别：奇数表示男性，偶数表示女性。可以根据这个规律，利用 IF 函数判断性别。

在 B2 单元格中输入公式“=IF(MOD(MID(A2,17,1),2)=1,"男","女")”，按 Enter 键执行计算，再将公式向下填充，即可判断所有性别，如图 4-280 所示。

【公式解析】

- MID：返回文本字符串中从指定位置开始特定数目的字符。
- MID(A2,17,1)：从身份证号码里提取第 17 位。

- MOD：返回两数相除的余数，
- MOD(MID(A2,17,1),2)：身份证号码第 17 位除以 2 的余数。

B2 =IF(MOD(MID(A2,17,1),2)=1,"男","女")

	A	B	C	D	E	F
1	身份证号码	性别				
2	360201********1026	女				
3	360201********1125	女				
4	360201********4586	女				
5	360201********412X	女				
6	360201********8521	女				
7	360201********4512	男				
8	360201********1085	女				
9	360201********1191	男				
10	360201********1745	女				

图 4-280　根据身份证号码判断性别

4.7.2　IF、OR、AND 等逻辑函数的使用——以闰年为例

【问题】

如图 4-281 所示，如何判断这些年份是不是闰年呢？

	A	B
1	年份	是否闰年
2	2010	
3	2011	
4	2012	
5	2013	
6	2014	
7	2015	
8	2016	
9	2017	
10	2018	

图 4-281　数据样表

【实现方法】

闰年的定义：年数能被 4 整除而不能被 100 整除，或者能被 400 整除的年份。

在 B2 单元格中输入公式“=IF(OR(AND(MOD(A2,4)=0,MOD(A2,100)< >0),MOD(A2,400)=0),"闰年","平年")”，按 Enter 键执行计算，再将公式向下填充，即可判断出所有年份是否为闰年，如图 4-282 所示。

B2 =IF(OR(AND(MOD(A2,4)=0,MOD(A2,100)<>0),MOD(A2,400)=0),"闰年","平年")

	A	B	C	D	E	F	G	H	I	J
1	年份	是否闰年								
2	2010	平年								
3	2011	平年								
4	2012	闰年								
5	2013	平年								
6	2014	平年								
7	2015	平年								
8	2016	闰年								
9	2017	平年								
10	2018	平年								

图 4-282　判断年份是否为闰年

【公式解析】

- MOD(A2,4)=0：年数能被 4 整除。
- MOD(A2,100) < >0：年数不能被 100 整除。
- MOD(A2,400)=0：年数能被 400 整除。
- AND(MOD(A2,4)=0,MOD(A2,100)< >0)：年数能被 4 整除，但不能被 100 整除。
- OR(AND(MOD(A2,4)=0,MOD(A2,100)< >0),MOD(A2,400)=0)：年数能被 4 整除，但不能被 100 整除，或者能被 400 整除。

【函数简介】

1）OR 函数

功能：各条件是或者的关系。

语法：OR(条件 1,条件 2,条件 3…)。

2）AND 函数

功能：各条件是并且的关系。

语法：AND(条件 1,条件 2,条件 3…)。

3）MOD 函数

功能：计算余数。

语法：MOD(被除数,除数)。

特殊运算符如表 4-7 所示。

表 4-7　特殊运算符

运算符	含义	运算符	含义	运算符	含义
<	小于	>	大于	=	等于
<=	小于或等于	>=	大于或等于	< >	不等于

在表达式中，特殊运算符都为英文半角状态。

附录A

Excel与Word“双剑合璧”，提取无规律分布的字母、汉字、数字

【问题】

如图 A-1 所示，怎么实现字母、汉字、数字快速分离呢？

	A	B	C	D
1		字母	汉字	数字
2	韩老师讲Office包括WORD2EXCEL3PPT	OfficeWORDEXCELPP	韩老师讲包括	123
3	韩老师讲EXCEL2016已经有300多个知识点了	EXCEL	韩老师讲已经有多个知识点了	2016300
4	韩老师讲Office有400多个知识点	Office	韩老师讲有多个知识点	400

图 A-1　实现字母、汉字、数字快速分离

【实现方法】

像这种字母、汉字、数字无规律分布的内容，如果想把字母、汉字、数字单独提取出来，利用公式是非常难的，但可以通过 Excel 与 Word“双剑合璧”的方法来实现，而且这种方法使用起来简单方便，一学即会！

1）提取所有字母

将 A1:A3 单元格区域中的内容复制到空白 Word 文档中，单击“开始”→“替换”（或按 Ctrl+H 组合键），在打开的“查找和替换”对话框中，单击“更多”按钮，在“搜索选项”中勾选“使用通配符”项，在“查找内容”中输入“[!a-z,A-Z]”。其中，“!”为逻辑非运算符，表示 a～z 和 A～Z 以外的所有部分。单击“全部替换”按钮，即把非字母内容都替换掉，只保留字母，如图 A-2 所示。

2）提取所有汉字

在“查找内容”中输入“[a-z,A-Z,0-9]”，单击“全部替换”按钮，即把字母和数字的内容都替换掉，只保留汉字，如图 A-3 所示。

3）提取所有数字

在“查找内容”中输入“[!0-9]”。其中，“!”为逻辑非运算符，表示 0～9 以外的所有部分。单击“全部替换”按钮，即把非数字内容都替换掉，只保留数字，如图 A-4 所示。

图 A-2　替换非字母内容

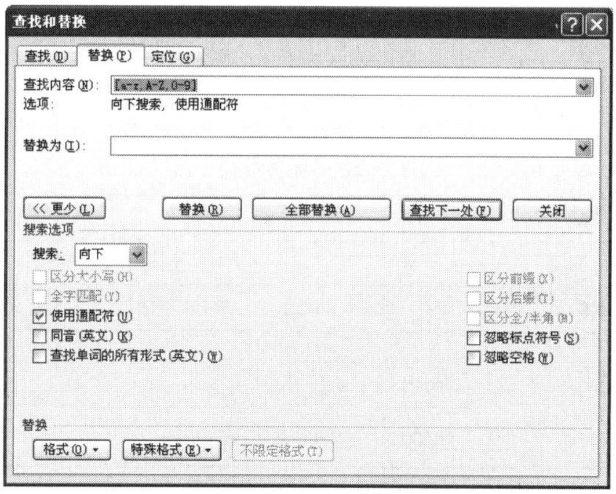

图 A-3　替换字母与数字

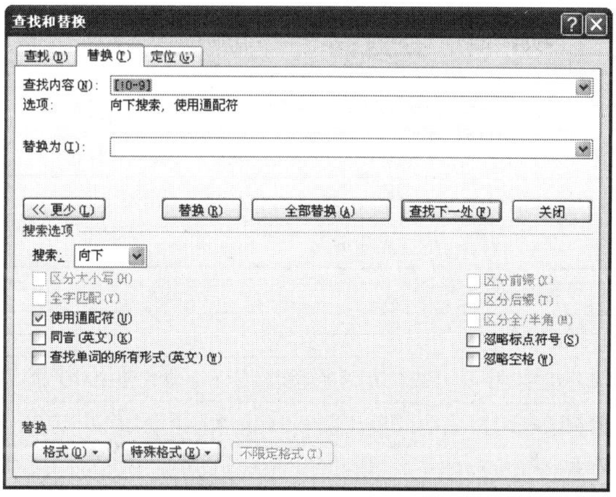

图 A-4　替换非数字内容

附录 B

组合键大全

（1）Ctrl+数字组合键如表 B-1 所示。

表 B-1　Ctrl+数字组合键

组合键	功　能
Ctrl+1	显示单元格格式对话框
Ctrl+2	应用或取消加粗格式设置
Ctrl+3	应用或取消倾斜格式设置
Ctrl+4	应用或取消下画线
Ctrl+5	应用或取消删除线
Ctrl+6	在隐藏对象、显示对象和显示对象占位符之间切换（工作表中要先插入对象）
Ctrl+7	显示或隐藏常用工具栏（主要针对 2003 及以前版本）
Ctrl+8	显示或隐藏大纲符号（工作表内容要先分级处理）
Ctrl+9	隐藏选定的行
Ctrl+0	隐藏选定的列

（2）Ctrl+字母组合键如表 B-2 所示。

表 B-2　Ctrl+字母组合键

组合键	功　能
Ctrl+A	第一次按 Ctrl+A 组合键将选择当前区域，再次按 Ctrl+A 组合键将选择整个工作表
Ctrl+B	应用或取消加粗格式设置
Ctrl+C	复制选定的单元格
Ctrl+D	将选定范围内最顶端单元格的内容和格式复制到下面的单元格中
Ctrl+E	快速填充（尤其用在 2016 版本中一列文字、字母、数字的分离）
Ctrl+F	显示查找对话框
Ctrl+G	显示定位对话框（按 F5 也会显示此对话框）
Ctrl+H	显示查找和替换对话框
Ctrl+I	应用或取消倾斜格式设置
Ctrl+K	显示插入超链接对话框，或者为现有超链接显示编辑超链接对话框
Ctrl+L	显示创建列表对话框
Ctrl+N	创建一个新的空白文件
Ctrl+O	显示打开对话框以打开或查找文件

续表

组合键	功　　能
Ctrl+P	显示打印对话框
Ctrl+R	将选定范围最左边单元格的内容和格式复制到右边的单元格中
Ctrl+S	保存当前编辑文件
Ctrl+U	应用或取消下画线
Ctrl+V	在插入点处插入剪贴板的内容，并替换任何选定内容
Ctrl+W	关闭选定的工作簿对话框
Ctrl+X	剪切选定的单元格
Ctrl+Y	重复上一个命令或操作
Ctrl+Z	撤销上一个命令

（3）Ctrl+功能键组合键如表 B-3 所示。

表 B-3　Ctrl+功能键组合键

组合键	功　　能
Ctrl+F1	显示隐藏功能区
Ctrl+F2	打印预览
Ctrl+F3	打开名称管理器
Ctrl+F4	关闭当前工作簿
Ctrl+F5	恢复选定工作簿对话框的大小
Ctrl+F6	切换到下一个工作簿对话框
Ctrl+F7	对对话框执行移动命令
Ctrl+F9	将工作簿对话框最小化
Ctrl+F10	最大化或还原选定的工作簿对话框
Ctrl+F11	插入以“宏*”命名的工作表
Ctrl+F12	打开保存对话框

（4）Ctrl+其他键组合键如表 B-4 所示。

表 B-4　Ctrl+其他键组合键

组合键	功　　能
Ctrl+(	取消隐藏选定范围内所有隐藏的行
Ctrl+)	取消隐藏选定范围内所有隐藏的列
Ctrl+&	选定单元格加外框
Ctrl+_	单元格删除外框
Ctrl+~	应用“常规”数字格式
Ctrl+$	应用带有两位小数的“货币”格式（负数放在括号中）
Ctrl+%	应用不带小数位的“百分比”格式
Ctrl+^	应用带有两位小数的“指数”格式
Ctrl+#	应用带有日、月和年的“日期”格式
Ctrl+@	应用带有小时和分钟，以及 AM 或 PM 的“时间”格式

续表

组合键	功　能
Ctrl+!	应用带有两位小数、千位分隔符和减号（-）（用于负值）格式
Ctrl+-	显示用于删除选定单元格的删除对话框
Ctrl+*	选择活动单元格的当前区域
Ctrl+:	输入当前时间
Ctrl+;	输入当前日期
Ctrl+`	在工作表中切换显示单元格值和公式
Ctrl+'	将公式从活动单元格上方的单元格，复制到单元格或编辑栏中
Ctrl+"	将值从活动单元格上方的单元格，复制到单元格或编辑栏中
Ctrl++	显示用于插入空白单元格的对话框
Ctrl+	箭头键移动到工作表中当前数据区域的边缘
Ctrl+\	两列数据快速找差异
Ctrl+Shift+↑	向上快速连续选中
Ctrl+Shift+←	向左快速连续选中
Ctrl+Shift+↓	向下快速连续选中
Ctrl+Shift+→	向右快速连续选中
Ctrl+End	移动到工作表的最后一个单元格
Ctrl+Shift+End	将单元格的选定范围扩展到最后右下角的一个单元格
Ctrl+Home	移到工作表的开头
Ctrl+Shift+Home	将单元格的选定范围扩展到工作表的开头
Ctrl+PageDown	移到工作簿中的下一个工作表
Ctrl+Shift+PageDown	选择工作簿中的当前和下一个工作表
Ctrl+PageUp	移到工作簿中的上一个工作表
Ctrl+Shift+PageUp	选择工作簿中的当前和上一个工作表
Ctrl+Tab	在对话框中，按切换到下一个选项卡
Ctrl+Enter	使用当前条目填充选定的单元格区域

（5）快速设置数值格式组合键如表 B-5 所示。

表 B-5　快速设置数值格式组合键

组合键	功　能
Ctrl+Shift+`	设置常规格式
Ctrl+Shift+1	设置千分符整数格式
Ctrl+Shift+2	设置时间格式
Ctrl+Shift+3	设置日期格式
Ctrl+Shift+4	设置货币格式
Ctrl+Shift+5	设置百分比格式

（6）其他常用快捷组合键如表 B-6 所示。

表 B-6 其他常用快捷组合键

组合键	功　能
Shift+F2	编辑单元格批注
Shift+F3	将显示插入函数对话框
Shift+F5	将显示查找替换对话框
Shift+F6	切换到已拆分的工作表中的上一个窗格
Shift+F7	将显示信息检索窗格
Shift+F10	显示选定项目的快捷菜单
Shift+F11	插入一个新工作表
Shift+↑	将单元格的选定范围向上扩大一个单元格
Shift+↓	将单元格的选定范围向下扩大一个单元格
Shift+←	将单元格的选定范围向左扩大一个单元格
Shift+→	将单元格的选定范围向右扩大一个单元格
Alt+↓	快速输入单元格上方已有数据
Alt+=	快速求和
Alt+F1	创建当前范围中数据的图表
Alt+Shift+F1	插入新的工作表
Alt+Enter	在同一单元格换行
Alt+PageDown	在工作表中向右移动一个屏幕
Alt+PageUp	在工作表中向左移动一个屏幕
Alt+Space	显示 Excel 对话框的控制菜单
Alt+F11	将打开 VisualBasic 编辑器

反侵权盗版声明

电子工业出版社依法对本作品享有专有出版权。任何未经权利人书面许可，复制、销售或通过信息网络传播本作品的行为，歪曲、篡改、剽窃本作品的行为，均违反《中华人民共和国著作权法》，其行为人应承担相应的民事责任和行政责任，构成犯罪的，将被依法追究刑事责任。

为了维护市场秩序，保护权利人的合法权益，我社将依法查处和打击侵权盗版的单位和个人。欢迎社会各界人士积极举报侵权盗版行为，本社将奖励举报有功人员，并保证举报人的信息不被泄露。

举报电话：（010）88254396；（010）88258888
传　　真：（010）88254397
E-mail：　dbqq@phei.com.cn
通信地址：北京市海淀区万寿路 173 信箱
　　　　　电子工业出版社总编办公室
邮　　编：100036